KB056700

정보 실패와 은닉

박 상 수

순 서

역자 서문

육군소장(예) 박상수

　이 책, 『정보 실패와 은닉(Military Intelligence Blunders and Cover-Ups)』은 저자인 Col. John Hughes-Wilson이 영국 군 정보장교로 전역 후, 군 생활 25년 동안 본인의 참전 경험과, 함께 싸웠던 동맹국 내부자(insider)들의 체험담, 그리고 관계 기관들의 협조로 작성된 정보 전사(the War History of Intelligence)이다. 저자는 철저한 비밀주의와 차단주의가 생리인 정보 세계의 좁은 문을 열고 2차 세계대전으로부터 9/11사태에 이르기까지 주요 전장 현장에서 이루어진 각종 정보활동과 정보생산자와 사용자 간의 관계, 그리고 언론 매체와의 관계 등을 망라하였다. 이 책은 현재 미국, 영국, 캐나다 참모대학에서 필독 도서로 활용되고 있다.

　역자는 현역으로 재직 시 기회 있을 때마다 야전교범 형태의 정보 서적이 아닌 생생한 실전 기록이 담긴 정보 전사를 찾았으나 뜻을 이루지 못하다가, 전역 후 미국 여행 시 뉴저지 북방 쇼트힐 몰의 한 서점에서 드디어 이 책자를 발견하게 되었다. 그것은 나에게 보석을 찾은 것 같은 기쁨이자 큰 행운이었다. 이 책자에는 실제 전장에서 이루어지는 역동적이고 다양한 정보활동과 국가급 정보기만 작전, 권력자들의 독단적 정보 묵살 행위, 정보역량의 결핍과 무능, 거대 정보기관 간의 관료적 경쟁과 불화, 적/이민족에 대한 업신여김/과소평가 등으로 인하여 초래되는 정보 실패와 은닉 사례들이 적나라하게 기록되어 있다.

역사적으로 수많은 정보성공 사례가 존재하지만 굳이 실패사례를 연구하는 것은 몇 가지 배경이 있다. 정보의 성공 사례담은 일반적으로 과장과 비밀이 많을 뿐 아니라, 공개될 경우에는 국가 간 외교적 마찰이나 국제법적 문제가 발생할 소지가 있으며, 무엇보다 정보 능력이 적에게 노출됨으로써 야기되는 국가 안보상의 문제와 차후 활용성의 문제가 야기될 수 있다. 그러나 정보 실패는 문책을 위한 엄중한 조사가 뒤따르기 때문에 비교적 실패요인이 명확하고 내용에 과장이나 오류가 적으며, 정보 실패로부터 교훈을 얻어 정보 실패를 예방할 수 있는 효용성이 크다는 점에서 의미가 부여된다.

1961년 4월, 미 CIA의 쿠바 침공(Bay of Pigs) 공작이 실패한 후 케네디 대통령은 "정보기관이 잘한 일은 하나도 알려지지 않지만 잘못한 일은 낱낱이 밝혀진다."고 CIA 직원들을 격려했던 점은 시사하는 바가 크다고 볼 수 있다.

역사적으로 영국 및 서구의 정보 실패의 사례를 열거해보면; 1978년 이란의 샤 체제 붕괴 예측 실패로부터 1979년 소련의 아프가니스탄 침공, 1980년대 말 소련 및 동구 공산권의 붕괴, 1991년 사담 후세인의 쿠웨이트 침공, 그리고 2001년 미국의 세계무역센터 테러 등을 들 수 있다.

한국의 경우는, 1592년 일본에 대한 정보가 전무한 가운데 일본에 파견된 조선 통신사들의 정보마저 동서 붕당구조에 묻혀 국론의 분열로 인한 무방비 상태에서 왜적의 침략을 받았다, 그러나 침략국 일본은 전쟁 전 호상(豪商) 도정종실(島井宗室)에 조선팔도에 대한 정보 수집을 명하여 조선의 도로, 교통, 읍성 위치와 방비태세, 하천과 도강, 조세창 위치, 조선 전역의 쌀 수출량 등 주요 정보를 수집했다. 조일전쟁 발발 20일 만에 수도 한양이 왜적의 수중에 넘어간 데는 그런 정보가 한몫했다고 사가들은 평가한다. 이렇듯 참혹한 7년 전쟁 임진왜란을 비롯하여, 1910년 한일합병, 6·25 전쟁 시 북한의 남침공격, 1990년대 후반의 IMF 위기, 북한의 핵실험 및 ICBM 발사 등 정보 실패로 인한 민족 수난의 역사들은 무수하다.

역자는 2차 대전 시 D-Day, 1944년, 노르망디 전역으로부터 1941년 독일군의 바바로사 작전, 동년 일본의 진주만 기습작전, 1942년 영국군 사상 최대의 재앙이라 불리는 싱가포르 함락, 동년 영국의 디에프 비연합작전, 1968년 월맹군의 구정공세, 1973년 이스라엘의 욤 키푸르 전쟁, 1982년 영국-아르헨티나 간의 포클랜드 전쟁, 1991년 걸프전, 그리고 사상 최대의 정보 실패라고 하는 2001년 세계무역센터 테러에 이르기까지 10대 주요 전장에서 미국, 영국, 소련, 독일, 일본, 이스라엘, 베트남, 이라크 등의 군사정보 전사들을 번역하였다. 또한, 각 전장의 정보전사 후미에 〈역자 촌평〉을 추가하여 역자의 입장에서 정보 실패 요인과 교훈을 분석하였고, 마지막 제13장에서는 역자가 『역자 후기: 정보 실패와 최소화 방안』을 역자의 실무 경험과 국가정보학 이론을 중심으로 대안으로 제시하였다.

정보 실패의 본질을 종합해보면 "정보 실패란 정보기관이 지휘관이나 정책결정자에게 적시적이고 정확하며 예측 가능한 정보를 제공하지 못함으로써 지휘관이나 정책결정자의 오판을 초래하고 이로 인해 전쟁실패나 국가안보이익을 해치게 되는 것을 의미한다." 세부적으로 보완한다면, 정보 실패의 원인을 규명하는데 있어서 '사전인지 가능성(knowability)'과 '조치를 취할 수 있는 정보(actionable intelligence)'라는 두 가지 추가적 개념이 필요하다는 것이다. 먼저 '사전인지 가능성'이란 예를 들어 9/11과 같이 4년 이상 장기간 준비한 전략적 테러행위는 사전인지 가능성이 있다고 판단되어 정보 실패로 인정할 수 있으나, 은행 강도 사건이나 1998년 케냐 및 탄자니아 주재 미국 대사관 폭파사건은 사전인지 가능성이 낮다고 보아 정보 실패라고 보기에는 무리가 있다는 개념이다. 두 번째 개념인 '조치를 취할 수 있는 정보'는 보고를 받은 지휘관이나 정책결정자가 즉각 조치를 취할 수 있는 적시적이고 정확하며 예측 가능한 정보 여부를 분별하여 실패여부를 판단해야 한다는 것이다. 예를 들어, 9/11테러 발생 시 테닛 CIA 부장은 테러공격 가능성에 대하여 고위정책결정자들에게 충분한 사전경고를 했다고 주장하였으나, 부시 대통령과 라이스 안보보좌관은 2001년 8월 6일자 '국가정보판단서(NIE)'를 받아보고 특별한 조치를 취해야 한다는 생각을 전혀 하지 못했다고 주장했는데, 그것은 그 내용이 즉각 조치를 취할 수 있는 정보가 아니었다는 의미가 내포되어 있다. 여기에 정보생산자와 정보사용자 간의 엄청난 괴리가 있는 것이다. 적어도 정보 최고책임자인 CIA 부장은 국가안보에 치명적인 긴급정보의 경우, 서면보고에 앞서 즉각적인 대면보고를 실시하여 대통령을 설득하고 경고해야 하지 않았나 하는 아쉬움이 남게 된다.

또한, 정보 실패를 수준별로 구분해보면, 정보를 생산하고 전파하는 순수한 정보적 차원의 실패, 생산된 정보를 사용하는 정책적 차원의 실패, 그리고 최고정치지도자의 정치적 차원의 실패로 구분할 수 있다. 따라서 정보 실패의 최소화 방안도 이러한 세 수준의 차원에서 복합적으로 개선책이 마련되어야 한다. 또한, 전쟁의 실패요인도 대별해서 정보의 실패, 작전의 실패, 그리고 전쟁지휘 리더십의 실패로 구분되어야 합리적이다. 실례를 들면, 금년(2021년) 8월 31일 단행된 미군의 아프가니스탄 철수 과정에서 정보와 정책 그리고 정치의 세 수준의 분명한 차이와 특징을 명백히 보여주었다. 마크 밀리(Mark Milley) 미 합참의장은 상원 청문회에서 "아프간 철군은 미국의 전략적 실패"라고 말하였다. 로이드 오스틴 국방장관도 "그들의 의견(밀리 의장과 케네스 매킨지 중부사령관은 2,500~4,500명의 미군 주둔을 권고)을 대통령이 받았고 물론 대통령이 고려도 했다"고 답했다. 밀리 의장은 또 자신은 조언할 뿐이고 "정책결정자들은 그 조언을 따라야 할 의무가 없다."고 잘라 말했다. 결국 대통령의 정치적 결단으로 철군이 단행된 것이었다.[1] 미국의 아프간 철군의 실패는 결과적으로 정보와 정책의 실패가 아니라 최고정치지도자인 대통령의 정치적 판단의 실패였다라는 사실을 극명하게 보여주고 있는 것이다.

　　그러면, 어떻게 정보 실패를 최소화할 수 있는가?
　　정보 실패를 최소화하기 위해서 우리 현실에서 필요한 몇 가지를 살펴보면:

---

[1] 조선일보, 2021.9.30. 일자 A14면

첫째로, 정보(생산자)와 정책결정자(사용자)의 상호 관계를 정립하여 정보의 정치화를 개선해야 한다. 미 육군정보학교에서는 "정보는 지휘관을 위하여, 지휘관은 정보를 주도한다(Intelligence is for the Commander and the Commander drives Intelligence!)"라는 모토를 내걸고 정보와 지휘관(정책결정자)의 관계를 규정하고 있으며, 이러한 관계설정은 현대 선진국들의 일반적 현상이다. 그러나 정보와 정책은 상호 충돌할 수밖에 없는데 이는 상호 직무의 특성상 불가피하다고 학자들은 주장한다. 정보 실패의 본질에서 언급한 바와 같이 정보는 경책결정자가 '조치를 취할 생각을 하게 만들 수 있는 정보(actionable intelligence)' 즉 정보의 신뢰도와 완성도가 높아 정보생산자가 자신감을 가지고 대면, 설득할 수 있는 정보를 생산해야 한다. 정보는 정책으로부터 고립이 아니라 독립된 상태에서 객관적이고 가치중립적인 분석과 판단을 통하여 정책적 적실성이 있는 정보를 정책결정자에게 제공해야 한다. 한편 지휘관은 예하 참모 중 유일하게 적대적인 지역에서 제한된 시간과 수단으로 위험한 임무를 수행하는 '정보의 한계와 능력'을 인식하고 현실석인 기대를 하는 것이 바람직하다. 사용자와 생산자는 신뢰를 바탕으로 하는 '상호 이해와 존중의 문화'를 조성해 나가는 노력이 절실히 요구된다. 이를 위해서 정보생산자들은 지휘관 또는 정책결정자들이 정보의 세계를 이해하는 것 이상으로 정책결정자들의 세계를 잘 이해할 수 있어야 한다. 미국과 영국 등에서 이미 시행하고 있는 바와 같이 정보기관 고위급 인사들을 정책부서 직위에 교차 보직하거나, 국가정보 전문연구기관을 설치하여 국가정보학(Intelligence Studies)을 학문적으로 발전시키고 정보·정책결정자들을 교육시켜야 한다.

둘째로, 정보 분석에서 나타나는 인지적 편향성(cognitive bias)을 극복해야 한다.

전문가들은 정보를 잘못 판단하게 하는 다양한 '편향(bias)'과 '지지(bolstering)'에 대해서 논의하고 있다. 정보와 관련된 편향이 야기하는 두 가지 현상이 있는데, 첫째는 바바로사 작전에서 스탈린이나 디에프 작전에서의 마운트 배튼 중장의 경우와 같이 필요한 정보를 무시하는 것이며, 둘째는 2차 대전 시 말레이반도에서의 영국군의 일본군 평가와 진주만에서의 미국군의 일본 해군 평가와 같이 획득한 정보의 중요성을 과소평가하는 행위이다. 한편, 지지는 분석관들이 자신이 선호하는 가설을 지지해줄 보고나 정보는 기다리면서, 자기가 선호하지 않는 정보는 버리거나 그 중요성을 감소시킨다는 것이다. 이러한 편향과 지지 현상을 극복하기 위해서는 컴퓨터나 인공지능을 활용하여 경보 시스템에서 기초정보가 버려지는 행위가 없도록 하거나, 주기적인 분석관 대면 및 화상회의를 통해서 소통을 원활히 하기 위한 시스템을 만들어야 한다. 그러나 IT기술을 이용한 인공지능도 한계가 있으며, 한계를 최소화하더라도 최종적으로 정책을 결정하는 인간의 오류를 극복할 수는 없기 때문에, 정보요원은 이러한 정보 분석에서 나타나는 인지적 편향과 IT기술의 한계, 그리고 정책결정 과정의 한계가 존재한다는 현실을 감안하여 항상 '겸허하고 성실한 자세'를 갖도록 교육되고 훈련되어야 한다. 분석관 자신이 터무니없다고 생각되는 첩보나 도저히 믿기지 않는 첩보라고 생각될지라도 과소평가하거나 묵살하지 말아야 한다. 분석관은 입장을 바꾸어 적의 입장에서 생각해보고 이것이 적의 의도적인 기만성 첩보인지를 따져보고 인내심을 가지고 수집요구를 하거나 유사첩보를 추적해야 한다.

셋째로, 적의 의도(intentions) 판단 능력을 개선하는 것이다.

능력은 과학적 수집수단과 분석으로 비교적 정확하게 평가될 수 있으나, 적의 의도는 변화무쌍한 인간성을 지닌 최고지도자의 영혼 깊숙이 숨어있기 때문에 헤아리기가 대단히 어렵다. 이라크나 북한의 경우와 같이 독재국가에서는 독재자 개인의 의도/기도 판단이 더욱 중요시된다. 독재자의 의도를 어림하기 위해서는 그의 개인적 성향이나 정치적 신념, 대내외적 각종 행위, 그리고 독재자 주변의 아첨 그룹(sychophantic support group)을 분석하여 추정할 수 있다. 또한, 영국의 MI6나 이스라엘의 모사드, 일본의 대를 이은 인간정보 요원 부식 등 휴민트 역량을 육성해야 한다. 이를 위해서 우리도 국가적 의지와 투자를 받는 '공작발전 마스터플랜'을 추진하여 근원적 신분위장을 보장할 수 있도록 대를 이은 장기적이고 신뢰성 있는 휴민트 역량을 육성해야 한다.

이외에도 정보 실패를 최소화하기 위한 방안들은 많다. 역자 후기에 기술된 바와 같이 적의 거부와 기만에 대한 대응방안, '국가정보공동체' 설치와 정보책임자 임명기준 설치를 통한 정보조직문화 개선방안 등은 정보·정책·정치의 차원에서의 수준별로 복합적으로 해결되어야 한다. 첩보수집 능력 향상을 위한 공작발전 마스터플랜 추진과 AI를 기반으로 하는 정보 분석 능력향상은 정보적·정책적 차원의 해법이며, 정보의 정치화 개선 및 정보기관 감독 개선방안은 정책적 차원의 해법이고, 국가정보공동체 설치와 정보책임자 임명기준은 정치적 차원의 해법이라고 볼 수 있다. 정보 실패를 최소화하기 위해서는 앞에서 제시한 정보·정책·정치의 3대 수준의 방안들을 상호보완적으로 적용하여 정보생산자와 사용자는 상호 신뢰를 바탕으로 '상호 이해와 존중의 문화'와 '열린 담론의 문화'를 창출해 나가야 할 것이다.

한반도의 주변국 여건을 고려할 때 유일하게 비교우위를 기대할 수 있는 전쟁억제력은 정보력뿐이다. 따라서 주변국보다 우세한 자주정보체제를 구축하기 위해서는 최고정치지도자가 정보의 비전을 제시함과 동시에 미래 스마트한 국방태세를 창조하기 위해 정보인력이 마음껏 행동할 수 있는 환경을 만들어 줘야 할 것이다.

이제는 역자의 개인적인 감사의 말씀을 드려야 할 시간이 되었다, 먼저 역자가 지난 5년 매일 아침 일과 시작 전 기도를 받아주셔서, 지혜와 총명과 모략과 재능과 지식을 공급해주신 전능자 하나님께 감사와 영광을 올린다. 또한, 간절한 기도와 따뜻한 대화로 격려해주었던 아내 김경숙 권사와 컴퓨터의 기술적 조언을 아끼지 않았던 사랑하는 아들 성서에게 이 지면을 통해서 고마움을 표하며, 항상 생동감이 넘치는 모습으로 무한한 기쁨과 희망을 주는 꿈나무들; 손주 손서현, 손승경, 손태욱 군의 앞날에 하나님의 은혜와 평강이 충만하시기를 축원한다.

끝으로, 오늘도 열악한 환경에서도 국토방위를 위해서 충성, 지식, 인격을 모토로 충성과 열정을 다하고 있는 국군 정예 정보전사들에게 승리와 영광이 있기를 축원하며. 출판을 허락해준 저작권 대리인 Mr. Andrew Hayward, Little Brown 사의 Kate Hibbert (Kate.Hibbert@littlebrown.co.uk) 저작권 실장에게도 감사를 드린다.

2021.10.9.

서 문

대통령이나 수상은 매일 아침 제일 먼저, 일일정보보고(the daily intelligence update)를 읽는 것으로 직무를 시작한다.

"정보"는 우리의 삶을 좌우하는 가장 중요한 요소의 하나다: 그러나 우리는 통상 전혀 그 존재를 깨닫지 못한다. 아직도 우리는, 이 모든 고비용의 활동들을 위한 납세자로서, 우리가 지불해서 획득한 산물들을 거의 보지 않고 지나친다.

세계 무역 센터 재앙 이후, 2003년 봄, 미국 주도 다국적군의 이라크 공격 과정에서, 정보는 예전과 달리 모든 매체의 머리기사로 부상하였다. 대중은 처음으로 정부 정책을 결정하는데 정보가 정말 얼마나 중요할 뿐만 아니라, 정보가 어떻게 작동하는지 알게되었다. 많은 사람들이 정보가 당시 그들의 정책에 맞지 아니할 때에, 정부가 정보를 어떻게 조작하고 무시하려 하는지를 알고 충격을 받았다. 통상 그늘 속에 가리워 있던 정보가 이전과는 전혀달리 1면 기사에 등장하여 대중에게 인식되었다. 이 책은 일련의 최근 사건들에 대한 어떤 관점을 제공하기 위하여 정보라는 색다른 관점에서 모두 생존한 인물들의 기억으로 만들어진 책이다. 그리고 군사정보와 민간정보의 구별은 통상 잘못된 것이기 때문에, 꼭 "군사정보"에만 국한된 것은 아니라고 생각한다. 상당 부분 모든 정보는 "정부 정보(government intelligence)"일 수 있다; 정보는 몹시 잘못되어질 때만 군사문제가 되는 경향이 있다.

대부분 우리는 이 책에서 다루는 사건들에 관한 기사와 서적들을 접했을 것으로 생각한다. 그러나 아주 소수의 사람들은 내부(inside)에서 이 사건들을 직접 목격할 수 있었다. 내부자(insider)는 관련 지식을 체득한다; 지식은 힘이다. 여기서 "내부자"는 정치인이나, 전직 정부 보좌관 또는 대통령과 친분을 내세우면서 본인 혼자만 알고 있는 사실이라고 자주 글을 쓰는 저명 기자들 같은 자기만족형의 부류들의 내부자로서의 관점을 의미하는 것이 아니다.

진짜 "내부자의 지식(insiders' knowledge)"은 항상 당시 정치인들이나 결정권자들에게 제공되었던 "정보"를 의미한다. 사건을 보도하는 신문 머리기사 이면에, 이러한 참 비밀정보가 숨어있었다는 사실은 망각하기 쉽다. 사건 당시 결정권자를 영웅으로 아니면 흉악범으로 보이게 만드는 것은 바로 정보다. 이 책은 지난 반세기의 주요 사건들, 즉 2차 세계대전으로부터 오늘날의 테러와의 전쟁에 이르기까지 무대 이면의 정보 세계에서 정말 어떠한 일들이 일어났는가를 밝히고 있다. 당시에 그들이 처리해야 했던 정보와 은밀한 일들을 기초로 하여, 선악의 가치와 인물의 신인도를 불문하고, 왜 그러한 결정이 이루어졌는지를 보여줄 것이다.

이 책은 정보의 실수들과 실패에 초점을 맞추었다. 그 이유는, 정보의 실수와 실패 사례보다 훨씬 많은 정보의 성공 사례는 필요할 경우 재활용되어야 하기 때문에 비밀로 남아있어야 한다는 단순한 생각에서 성공 사례보다는 실패 사례를 선택하였다. 또 한 가지 이유는, 정보 실패는 많은 경우, 정보비용을 세금으로 지불했던 납세자들에게 매우 조심스럽게 은폐되어왔었다는 사실이다.

그래서 이 책은 수많은 거짓과 은닉 행위들을 규명할 것이다. 이러한 모든 속임수는 적을 속이는 데 사용된 것은 아니며, 다음 페이지에 설명된 이야기가 보편적으로 인기를 얻지 못할 것으로 사료된다. 예를 들어, 디에프 작전과 특히 재앙적 참패를 초래케 했던 해군 중장 루이스 마운트배튼 경의 역할 뒤에 숨어있는 배경 이야기는 공분을 자아내게 한다. 그러나 기록된 사실들은 명확하며, 진실은 밝혀질 것이다. 바위를 굴리면 반드시 은폐하거나 망각되기를 바랐던 부분이 백일하에 드러나기 마련이다. 마운트배튼 같은 사람은 하나가 아니다. 그 외에도 모든 체제에 있던 많은 정부 관리와 정보 장교들이 그늘에 가려진 존재로 남기를 선호하고 그들의 실패와 잘못된 결정들을 비밀로 유지하여, 오직 자기들의 평판, 경력과 연금을 보호받으려고 한다. 정보 업무에서 비밀주의(secrecy)는 항상 고상한 동기만을 위하는 것은 아니다.

　비밀주의는 또한, 정보 비밀의 통제는 '책임지지 않는 권력(power without responsibility)'으로서의 최후의 보루를 그들에게 제공한다는 확실한 지식으로 자리매김하고 있어, 잘 나가는 모든 국가 행정부의 고위 공무원들끼리의 위험한 제휴가 이루어지고 있다. 정직한 정보장교는 항상 그들의 정치적 지도자들에게 상황의 유불리를 초월하여, 제공하는 직언에 대한 책임을 지는 도덕적 용기를 갖추어야 한다. 결국, 정보란 가장 정확한 미래를 예측하는 것이며, 오늘을 염려하는 결심수립자들에게 어제의 사실로 만족케 하는 것이 아니다. 지나간 사실은 모든 정부의 장관 집무실에 항상 비치되어있는 CNN, Sky와 BBC TV가 오히려 훨씬 잘 보도해준다.

　이 책에 수록되어 있는 다양한 사례 연구는 관계자들이 말로 설명하는 사건들을 읽을 수 있도록 해설을 제공하는데 의미를 두었으며, 사건 당시 그러한 사건들이 어떻게 발생하였으며 공개되었는지에 대한 정보 전문가의 식견이 가미되었다. 가능한 한 저자는 사후평가라는 평가를 회피하기 위하여 노력하였다. 사후평가는 관심 있는 개인에게 온당하지도 않고, 독자들에게 정직한 지침이 될 수 없기 때문이다. 사건이 끝나고 나면 (사후평가를 듣는)모든 사람은 보다 현명해지기 때문이다.

초판 발행 이후 학문 세계로부터 각 장의 내용들에 대하여 보다 상세한 출처와 배경들에 대한 이해할만한 요구 사항들이 제기되었다. 이는 항상 일반 대중적인 독자들을 염두에 두었던 책으로서는 까다로운 분야였다. 모든 분들을 만족시키기 위하여 나는 학계의 친구들을 배려하여 세부적인 주기를 다는 것과 보다 철저하게 탐구하는 아들을 위하여 이 책의 후미에 보다 포괄적인 출처 일람표(참고문헌)를 포함시킴으로써 "대중적인 역사(popular history)"를 만들기 위하여 세심한 노력을 경주하였다. 가능한 범위에서 인용부호를 명확하게 도입하였다. 바라건대, 결과적으로 이 책이 학술적으로나 대중적으로 많이 읽히는 책이 될 것으로 생각한다.

이 책자를 완성하는데 있어서, 영국 정부 청사 소속, 왕립 연합 지원청(Royal United Services Institute)의 청장 및 참모진들의 헌신적 지원과 특히 존 몽고메리 도서관원의 도움이 지대하였다. 베트남전과 관련해서 나는 수년 동안 많은 미국 친구들과 동료들에게 상당한 빚을 졌으며, 특히 미군 잔 문(John Moon) 대령과 잔 로빈슨(John Robinson)대령으로부터는 미국 관련 사건의 나의 초안에 대한 개념적인 서평과 구정 공세에 대한 출판되지 않은 체험담이 큰 도움이 되었다. 영국 샌드허스트(Sandhurst) 육군사관학교의 위기 연구본부 참모들은 스탈린 궁의 바바로사와 비잔틴 자료들을 활용하는데 가치를 측량할 수 없을 정도로 강력한 도움이 되었으며, 피터 쉐퍼드(Peter Shepherd)가 회의에서 만취한 일본인으로부터 들을 수 있었던 진주만 기습에 대한 비밀은 매우 소중한 자료가 되었다.

포크랜드와 걸프전에 관해서는, 나는 두 전쟁에 모두 직접 참전했던 개인적인 경험이 있다. 그러나 포크랜드 정보기구와 "다운 사우스(down south)" 작전에 관한 최상의 재수집 자료는 변함없이 오랜 인내심을 발휘해준 데이비드 부릴(David Burrill) 대령과 영국의 동지들로부터 받았다.

그 외에도, 다른 나라 국적의 정보 세계의 요원들로부터 공개적으로 또는 비공개적으로 도움을 받았으나, 그 과정에서 발생할 수 있는 어떤 착오나 누락은 저자 자신의 몫이기 때문에 하나의 견해로 간주해주기 바란다. 이 책은 저사가 약 25년의 기간에 걸쳐서 작업하고 심사숙고한 광범위한 "군사정보"의 개관이다. 전술한 바와 같이, 이 책은 가장 확실하게 말해서 국제문제에 대한 이론적 교과서가 아니라, 일반 독자와 정보 전문요원들에게 함께 읽혀지고 즐겨질 수 있는 서적의 하나다; 저자는 진정으로 양자가 나의 수고를 통하여 무언가를 건질 수 있기 바랄 뿐이다.

John Hughes-Wilson
Kent, 2004

01 정보 개론

01 정보 개론

 "군사정보(military intelligence)"는 "용어의 모순(a contra-diction in terms)"이라는 옛말이 있다. 이러한 따분하고 피곤한 농담은 치아에 구멍을 뚫고 있는 치과의사에게 석유를 찾기 위하여 시추를 하고 있느냐라고 묻는 조크와 같이 전문 정보 장교들에게는 충격이 아닐 수 없다. 그러나 역사는 재앙적인 정보의 실수들로 산재되어 있기 때문에, 이 말은 그저 통속적인 관점으로 간주되고 있다. 고대로부터 걸프전에 이르기까지, 모든 군대는 기습으로 무너졌다. 도대체 군은 왜 그토록 어리석을 수 있을까?

 기습은 아직도 가장 중요한 전쟁 원칙 중 하나이다. 세계의 모든 사관학교와 참모대학은 모든 개별 생도와 피 교육생들에게 기습 달성의 필요성과 - 아울러 기습을 방지하는 전술도 가르치고 있다. 그리함에도 불구하고, 군은 불을 보듯 예측이 가능한 (기습이라는) 규칙적인 질서를 붙잡지 못하고 결국 당하고 마는 실수를 되풀이하고 있다. 이러한 현상은 "풍토병의 하나인 어리석음(endemic stupidity)"으로 인한 실패인가 아니면 "상대의 교활함(opponent's cunning)"으로 인함인가?

 그에 대한 대답은 양쪽 모두이다. 모든 군사 지휘관들이 기습당하지 않기를 바라는 바와 꼭 같이, 잠재적 적들은 적을 오도하고,

기만하며, 알아차리지 못하도록 모든 술책과 자원을 총동원한다. 기습을 방지하기 위하여, 지휘관은 정보와 그들의 정보 참모들에 의존한다. 어떤 경우에는 성공하고, 어떤 경우에는 실패한다. 정보의 성공 여부에 따라 군사지휘관의 결심과 명성이 좌우되며; 또한 그의 국가와 민족의 미래가 결정된다.

그러므로 군사 전문가들의 결심에 대한 우리의 관심이 지향되며, 그들의 소명과 다른 사람들의 직업의 차이를 발견한다. 군사적 결심은 어떤 다른 분야의 경우보다 훨씬 중차대하다.

왜냐하면, 기업의 주인으로서 전문 경영인은 핵심적 결심을 하지만, 전쟁을 관리하는 정치가를 제외하고, 그들 중 아무도 이처럼 엄청난 책임을 감당하지 않기 때문이다. 만약 은행가가 치명적 과오를 범한다면, 경제가 무너지고, 많은 사람들이 실직하거나 경제적 손실을 입게 될 것이다. 또한, 외과의가 무서운 실수를 하면, 환자는 생명을 잃고 만다. 그러나 장군이나, 제독들이 큰 실수를 하게 되면, 군인과 민간인이 무차별 살상되는 엄청난 인명피해가 발생할 것이다. 하나의 실례를 든다면: 히틀러와 본 파올루스(von Paulus)는 약 2십 5만여 명의 장병들을 그들의 운명이 걸린 스탈린그라드에 투입했는데, 그 중 단 5천명의 부상병들만 러시아로부터 돌아올 수 있었다. 만약 히틀러가 소련 장군들의 계획에 대한 정확한 정보를 알고 있었다면 제6군을 그렇게 빨리 투입할 수 있었을까?

정보는 비록 도움은 줄 수 있을지 몰라도, 지휘관의 결심에 이르게 할 수는 없다. 최신화되고 직접적인 증거가 있는 정확한 정보에 의한 명명백백한 보고서를 접한 경우에도, 완강한 고집이 있고, 야심에 차 있거나 오도되고 있는 지휘관은 그 앞에 제시된 무쇠같이 확고부동한 증거물을 간단히 무시해버리는 허다한 사례들을 역사가 보여주고 있다. 이러한 실례를 찾기 위해 멀리 갈 필요가 없다.

1944년 11월, 영국의 "보이(Boy)" 브라우닝(Browning) 장군은 그의 정보장교인 브라이언 우르카아트(Brian Urquhart) 소령이 수집한 흑백 항공사진에 찍혀있는 아른헴(Arnhem) 전방에 배치 중인 독일군 SS팬저(최신 전차) 사단에 관한 정보를 일거에 묵살해 버렸다. 그뿐 아니라, 브라우닝은 즉시 그의 정보참모를 스트레스와 과로로 인한 정신착란 환자라는 이유로 보직 해임시켰다. 또한 우르카아트 소령은 군의관의 인솔하에 사령부에서 쫓겨났으며, 요양 휴가를 떠나야만 했다. 수일 후에(최신 전차사단이 배치되어있는 지역에) 공수부대의 낙하가 이루어졌다.

브라우닝의 명령의 결과는 불운을 가져오는 마케트 가든 작전에서 영국 제1 공수사단의 재앙적 손실로 이어졌다. 이 작전은 브라우닝의 결심만 없었다면 결코 있을 수 없는 재앙이었으며, 브라우닝은 그의 소견으로는 전쟁이 곧 끝날 것이라고 잘못 판단하여, 그러한 시기에 전투 행위에서 소외되지 않아야 하겠다는 욕망에서 무모한 결심을 했던 것으로 추정된다. 영국과 폴란드의 공수 여단들은 브라우닝이 그의 정보참모가 제시한 정확한 정보를 묵살하고, 개인의 독단과 오만의 함정에 빠짐으로써 그에 대한 가혹한 대가를 지불해야 했다.

역설적으로, 수년 후, 우르카트가 UN사무총장 수석 안보 보좌관으로 근무 당시에, 그 치명적인 가을 전쟁 이야기를 비탄에 젖어 회고하면서 다음과 같은 맺음을 하였다. "그러나 나는 정말 브라우닝 장군을 원망하지 않는다; 그의 입장에서, 그는 과연 또 무엇을 할 수 있었겠는가?"

대체로, 군사지휘관들은 어리석지 않다. 지적으로 가장 명석한 장군일지라도 항상 전쟁이란 최소한 두 가지 결과가 있다는 사실을 알고 있지만, 당연히 승자의 팀에 남기를 원한다고 한다. 승리는 승자에게 명예, 부, 보상과 그의 국민들의 열렬한 성원을 가져다줄 것이다. 그렇다면, 왜 그들 중 약 50%는 항상 패자가 되어야 하는가?

대다수의 경우, 전장의 패배는 통상 적에 관한 지식의 결핍으로부터 비롯된다. 과신, 무시, 기만당함에서 오거나, 또는 사실을 간파하지 못해서 오거나를 막론하고 군사작전의 실패는 대부분 정보의 실패이다. 1941년 말레이반도에서, 대영제국의 지휘관들은 일본군은 현대식 전투기는 말할 것도 없고, 전혀 위협이 되지 않으며, 정글 전투도 불가능하며 보잘것없고 왜소한 아시아인이라고 믿었다. 그들은 오판했다.

사후에 그러한 오판이 어떻게 일국의 군사정책의 일부가 되었는가를 따지는 것은 지난한 일이다. 따라서 우리는 각광을 받는 본 무대로부터 멀리 떨어져 있는 익명의 요원들에 의해서 수행된 특수 이면공작과 불가사의한 술책으로 오랜 기간 간주되었던, 정보 자체의 실제적 작동 메커니즘을 가까이서 살펴봐야 한다. 그렇게 많은 정보의 실수와 실패 이면에 어떤 진정한 이유가 있는가? "정보"가 어떻게 그렇게 처참하게 잘못될 수 있는가?

놀라지 말라! 좋은 정보가 얼마나 중요한지 알면서도, 때때로 군의 생명을 구할 수 있는 정보활동을 지원하는 면에서는, 그리 충분하거나 넉넉하지 않았다는 것이 전통적인 견해이다. 육, 해, 공군 대부분이 정보참모는 흔히 신데렐라같이 의붓딸 취급을 한다. (그들에게 깊이 뿌리박혀 있는) 문제는 군의 영광은 항상 작전의 영역에 있다고 믿는 사실이다. 적기를 격추하고, 적선을 격침시키며, 수 개의 적 여단들을 포로로 하거나 작전사령관이 되는 것이야말로, 모든 군사 조직에서 인정받는 확실한 지름길이라고 믿는다는 것이다. 그 결과, 전승의 파트너인 군수와 정보는 흔히 주류에서 밀려 나가는 역류(backwater)나 영리하지만 난해한 유령 같은 존재로 취급받는다. 그러나 역설적으로, 정보와 군수는 양자 모두 세계의 모든 참모대학에서 전장에서 지휘관의 전승을 보장할 수 있는 두 가지 기본 키로 인식되고 있다.

정보는 무시될 수 있으며 또는 입에 맞지 않고 부정확한 존재로 도전받고 있다는 깨달음에서, 현대 정보기관들은 그들의 기능을 대폭 강화하고 있다. 그 목적은 그들의 "고객"이 군인이거나 정치인이거나를 막론하고, 정보가 그들을 노려보고 있다는 사실을 알도록 하는 데 있다. 이를 달성하기 위해서, 오늘날 군사정보는 과오를 감소하고 최소화시키기 위하여 체계적으로 변화를 구상하고 있다. 그러한 절차가 '정보 순환주기'이다. 곧 첩보를 정보로 처리하는 과정이다.

이러한 정보활동의 기본 과정을 이해하는 것은 아무리 강조해도 지나치지 않다. 이러한 과정을 살피는 것만이 과거에 무엇이 잘못되었으며, 왜 그렇게 되었는지를 이해할 수 있기 때문이다.

정보 순환주기(The Intelligence Cycle)

정보란 체계적이고 전문적으로 처리되고 분석된 첩보 이상도 이하도 아니다. 정보의 정의는 많지만, 모든 전문 정보장교는 그(그녀)가 무엇을 전파해야 할 것인가를 정확히 이해하여야 한다.

왜냐하면, 전문적인 입장에서 정보는 요약해서 "처리된, 정확한 첩보, 결심권자가 어떠한 조치를 할 수 있는 충분한 시간 내에 제공되는 것"으로 정의되기 때문이다.

정보 순환주기는 보통 〈표 1〉과 같이 순환절차로 도식된다. 부정확한 첩보는 첩보 자체가 이를 대변해주며, 틀린 사실에 대해서는 아무도 신뢰하지 않는다. 설사 초급자들도 정보의 출처를 확인하지 않으면 해임된다. 피아노가 지면에 부딪쳐 박살이 난 후에 "조심해!"라고 한다면 적시적인 정보라고 할 수 없는 것과 같다. 그러나 정보장교는 또 다른, 보다 미묘한, 문제에 봉착한다: 바로 능력과 의도에 관한 문제이다.

능력 대 의도(Capabilities versus Intentions)

잠재적 적의 능력과 의도의 차이를 이해하는 것은 정보의 제공자가 당면하는 어려움을 이해하는데 중요하다. 예를 든다면, 내가 서랍 속에 먼지 낀 총기를 보유하고 있다면, 그것은 폭력 행위를 위한 능력을 가지고 있다고 볼 수 있다. 그러나 총기를 사용할 의도가 있다는 증거는 없다. 나는 살인용으로 설계된 물건을 소유하고 있다는 사실만으로 잠재적인 위협을 제기할 뿐이다.

이와는 달리, 내가 뾰족한 연필을 가지고 있을 경우, 내가 그것을 당신의 눈을 찌르기 위하여 당신의 얼굴 앞에서 겨누고 있다면, 나는 매우 위험한 존재가 된다. 분명히 제한된 공격 능력(모든 가구나 사무실은 한 두 개의 연필이 있음)에도 불구하고, 나의 의도에 따라 내가 주요 위협이 될 수 있다. 능력과 의도는 아주 별개의 사안이다.

의도와 능력을 구분하는 이 문제는 정보 실패의 시험장에서 지속적으로 반복되고 있다. 정보 순환주기는 이 두 가지 요소들을 구분하기 위한 노력을 기울이지만, 성공의 정도는 의심의 여지가 없지 않다. 그러나 그 차이는 분명하다.

그 이유는 단순하다. 능력은 상대적으로 측정이 용이하다 – 누구나 탱크나 항공기의 숫자는 헤아릴 수 있다 – 그러나 상대방의 진정한 의도는 그 양을 헤아리기 대단히 어렵다. 사람의 의도는 날씨와 같이 변할 수 있다. 최고로 정교한 정보일지라도, 사담이 1990년? 쿠웨이트를 침공하기 전 사담 후세인의 진정한 의도를 판단하는데 실패한 것과 똑같이, 사람의 마음의 괴팍하고 엉뚱하며 변덕스러움에 직면하면 실패하고 만다.

〈표 1〉 정보 순환주기(THE INTELLIGENCE CYCLE)

지시(DIRECTION)
지휘관 또는 정치 지도자
는 그의 정보요구를 통상
질문 형식으로 기술

전파(DISSEMINATON)
전파 형식: 서면 요약,
긴급 신호, 정기정보보고,
긴급시 지휘관/정치지도자
에게 대면 보고

수집(COLLECTION)
정보참모는 지휘관의 정
보요구를 첩보 기본요소로
전환, 수집계획을 작성, 수
집기관에 임무 부여.

해석(INTERPRETATION)
해석은 대조된 첩보를 분
석하여 정보를 생산함. 이
는 통상 핵심 질문에 대한
답변 형식: 그는 누구인가?
무엇을 하고 있는가? 그것
은 무엇을 의미하는가?

대조(COLLATION)
정보참모는 각 출처의 첩
보를 대조해서 즉각 이용
가능한 데이터베이스 구축.
수집된 모든 첩보는 검색
가능해야 함.

사실, 전형적인 냉전 시대의 정보 브리핑은 항상 소련의 능력 (다수의 탱크와 미사일) 대(對) 능력을 사용하고자 하는 의도에 관한 문제를 중점으로 하였다. 냉전 기간에는, "단순 개수(單純 個數) 평가자(bean counters)(즉, 능력 정보관)들"은 응징보복 차원에서 정보를 (사실상) 주도하였다. 역사상 처음으로, 기술의 발전이 정보기관들로 하여금 대규모 단위의 첩보 수집을 가능케 하였다, 따라서 정보는 엄청난 양의 첩보를 획득하는 부서로 축소되어, 고비용 전문화 영역으로 변모되고, 수집된 증거로부터 모호한 결론을 도출하는 기관으로 변화하였다.

이는 1979년 나토 정보 브리핑에서 소련이 보유한 탱크와 야포, 항공기와 미사일 등의 사진 정보가 제시되면서 노정되었다. 연합군 최고사령관은 젊은 정보 브리핑 장교에게 "그래서 우리는 (양적인 측면에서) 압도당하고 있군!"이라고 결론지었다.

"예 그렇습니다!"라고 그는 힘차게 답변하였다.

"그들은 그 무기들을 사용할 것이라고 생각하는가?"라고 조용히 되물었다.

그 브리핑 장교, 크레스트폴른(Crestfallen)은 "사령관님, 그러한 첩보는 입수하지 못했습니다." 그리고 이어서, "그러나 그들은 할 수 있습니다!"라고 덧붙였다.

때때로 이러한 수준의 답변과 직면하는 경우는, 지휘관을 동정하지 않을 수 없다. 능력은 항상 의도와 동일시 될 수는 없기 때문이다.

정보요구(Intelligence Requirements)

정보처리 과정을 이해하기 위해서는, 우리는 군사지휘관과 그의 요구 사항으로 돌아가지 않으면 아니 된다. 정보 순환주기의 제1단계는 지휘관의 정보요구로 정의된다. 지휘관이 정확히 무엇을 알기를 원하는가?

의외로, 대다수의 지휘관들은 그들의 임무를 수행하기 위한 매우 중요한 이 점에 대해서 이해하기 힘든 부분이 있다는 것이다. 그들은 그들의 잠재적 적과 정보의 업무 영역 전체가 마치 그들이 계획한 작전 계획에 단지 방해가 될 뿐이라고 여겨, 무시해도 무방하다는 식의 사고를 하고 있다. 워터루 전투에서, 역사상 가장 위대했던 두 장군, 나폴레옹과 웰링턴 장군조차도 둘 다 상대방의 의도와 자유로운 기질을 무시하고, 오직 전투장에서의 전투에만 집중하였다. 그들보다 300년 전 마키아벨리가 남긴: "전장에서 적의 작전 계획을 분쇄하기 위한 어떤 노력보다 비교가 아니 될 정도로 중요한 것은 '훌륭한 장군 한 사람의 주의력과 대처 능력(the attention of a good general)'이다."라는 충고가 있었음에도 말이다.

그러나 대부분의 현명한 장군들은 통상 이러한 중요한 질문을 할 것이다. 예를 들면, "아르헨티나는 포클랜드 도서들을 침공할 것인가? 만일 그렇다면, 언제, 어디서, 어떠한 병력으로?"에 대한 요구가 정보 순환주기를 작동시키는 전형적이고 명확한 지휘관의 정보요구이다. 만일 영국의 합동정보위원회(JIC: Joint Intelligence Committee)가 이러한 정보요구들에 대하여 1981년 말 분명하게 답을 제시할 수 있었다면, 포클랜드 전쟁은 그러한 방식으로 발발하지 않았을지도 모른다.

수집계획(The Collection Plan)

이들 다양한 정보요구들은 수집계획의 일부로 다양한 수집기관과 출처들에게 수집 임무가 부여된다. 수집계획을 작성하기 위해서는, 정보 사용자들이 모든 수집기관들의 강점과 약점들을 이해하는 것이 본질이다.

예를 들어, "인간정보"(공작원을 운용하는 업무 분야는 전통적으로 CIA, MI6, 영화 속의 제임스 본드의 영역)는 '적의 의도'를 파악해서 보고하는데 활용되며, 위성사진(미 국가정찰국, NRO: USA's National Reconnaissance Office)은 탱크나 로켓 등의 숫자를 헤아리는 적의 능력을 파악할 수 있는 수단이다. 양대 수집기관이 발견하기 어려울 경우에는, 불가능하지 않을 경우, 다른 수집수단을 활용한다. 수집기관이나 출처의 능력에 맞지 않는 임무 부여는 지혜롭지 못하다. 누구도 해상 레이다로 지상에 있는 핵 연구시설에 대한 최신 정보를 기대할 수는 없다.

정보(첩보) 수집계획은 다음과 같이 수행된다.

첩보 수집계획

지휘관의 정보요구(A Commander's Intelligence Requirement): *적은 침공할 의도가 있는가 아니면 없는가? 그렇다면, 언제, 어디서, 어떠한 병력으로?*

첩보의 기본 요소는?

• 적 배치?
• 부대 준비태세?

- 교육 훈련?
- 공중 및 해상 활동의 형태?
- 국가 동원령?
- 군수 지원태세?
- (공식적으로) 성명한 의도?

세부 첩보 수집계획은 정보참모가 작성하며 가능한 많은, 상이한 출처와 기관들에게 임무를 부여한다. 수집된 모든 첩보가 비밀로 분류되지는 않는다: 그러나 "살아 있는 극히 중대한 첩보(vital information)"는 최상급 비밀로 분류되어 특수시설("compartmentalized")에 보관되며 결과를 보고하는 기관에게 시간 제한을 명시한다. 수집 프로그램(계획표)은 지속적으로 확인되며 정기적으로 관리된다. "최신(Hot)" 첩보는 통상 즉각 보고된다.

첩보 수집계획의 요구는 〈표 2〉에서 보는 바와 같이 "첩보 기본 요소(EEI: Essential Elements of Information)"로 세분화 된다.

대조 – 모든 유사첩보들을 조합하기

첩보가 일단 수집되면, 서로 대조하고 유사첩보들을 식별하여 조합하여야 한다. 이 작업은 어렵고 귀찮은 일이며 비매혹적인 일이지만, 정보 요원들의 일감 중 대부분을 차지하는 것은 수집하는 일보다 산더미 같은 대량의 첩보를 흥미를 갖고 인내하며 대조하고 조합하는 작업이다. 이 작업은 영리하면서도 부지런한 사무원의 영역이며 대포와 미사일로 흥분되는 전투 현장과는 매우 동떨어진 환경이다. 오늘날에는 대조 시스템과 데이터 기록이 컴퓨터로 활용되고 있지만; 나폴레옹 시대에는 거위 깃으로 만든 깃펜과

〈표 2〉 첩보 기본요소(Essential Elements of Information)

출처/기관 첩보 기본요소	인간정보 예: SIS/MI6 CIA, KGB	신호정보 예:NSA(미국), GCHQ(영국)	영상정보 예:NRO(미국), JARIC(영국)	외교부 예:외무부, 대사(공사)관원	군 예:DIS(영), DIA(미국), GRU(러시아)	동맹군 예:영/미 조약, NATO	공개출처 예:CNN, BBC, 미디어, 신문
적 공격항공기 위치?			✓	✓	✓		
탄약하역 현장위치?	✓		✓				✓
공격기 조종사 주말외출 여부?	✓			✓		✓	✓
해병대 승선여부?		✓	✓		✓		
적국의 정부로선?	✓	✓		✓		✓	✓
적국의 동원령 선포 여부?		✓	✓	✓			✓

뛰어난 기억력에 의존하였다. 흥미로운 얘기로, 히틀러의 소련군에 대한 최고 권위자였던 프렘데 히레 오스트(Fremde Heere Ost) 의 겔렌(Gehlen) 대령이나, 동부 전선에 대한 첩보들을 매우 어

려운 작업과정을 통하여 작성한 최고의 카드식 색인표와 기록들을 정리하여 **활용했던** 동부지역 외국군 전문가는 1945년 말에 미 육군에 의해서 우선 채용되었다. 겔렌은 서독의 새로운 비밀기관인 BND를 창설하였다. 훌륭한 정보 데이터베이스는 (최종 결론을 도출하는데 있어서) 거의 모든 의심 가는 부분에 대한 망설임을 극복할 수 있게 한다.

첩보들을 대조하는 작업은 또 다른 이유에서 중요하다. 오늘날의 기술시대에서도, 아마도 처음으로, 과다한 첩보들로 정보체계가 과부하 되었던 경우가 있었다. 예를 들면, 베트남 전쟁 시 미군은 미처 열람하지 못한 항공사진들이 서랍에 방치되어야만 했던 유명한 실화가 있다. 이렇게 책상 서랍 속에 방치되었던 사진 정보들은 그들의 지휘관들에게 보고가 아니 되는 것은 물론, 첩보의 홍수를 해결하지 못하여 정보 실패의 상징으로 조롱거리가 되었다. 모든 낱장의 사진들을 살펴볼 수 있는 시간이나 인력이 없었다. 그러나 - 누가 이 같은 사실을 알 수 있단 말인가? - 아마도 그중에는 미국에 경보를 제공함으로써 베트남에서 미군들의 생명을 구할 수 있는 중요한 사건과 관련된 핵심정보가 있었을지라도 결코 발굴되지 못했을 것이다.

기술력은 자원을 압도할 수 있다. 현대의 경찰 감시 카메라는 동일한 문제로 골치를 앓고 있다. 그래서 '대조 체계(a collation system)'는 "신속한 검색 반응 능력(rapid retrieval response capability)"을 구비하여 데이터를 필요로 하는 사용자에게 즉각적으로 제공할 수 있어야 한다. 대조자(the collator)로서, 치명적인 죄악의 하나는 중요한 증거를 가지고 있으면서도 그 내용을 알지 못하고, 찾을 수 없어서 해석하지 못하는 것이다.

해석 - 그 모든 첩보들은 무엇을 의미하는가?

일단 대조가 끝나면, 첩보는 해석 또는 처리되어야 한다. 이 의미는 현존하는 모든 첩보들을 비교하여 다음과 같은 네 가지 질문에 답해야 한다.:

- 그것은 진실인가?
- 그는 누구인가?
- 무엇이 진행 중인가?
- 그것은 무엇을 의미하는가?

이러한 믿을 수 없을 정도로 단순한 질문들에 대한 객관적인 답들에 모든 고비용의 정보 노력의 성패가 달려있다. 전문 기술 관료들은 격노하겠지만, 직감이나, 전문성, 경험과 직관을 갖춘 인간적 요소에는 한계가 있다. 그러함에도 불구하고 첩보 해석은 오직 정보 전문가의 영역임에는 의심의 여지가 없다.

전파 - 지휘관에게 대면 보고(Telling The Boss)

정보 순환주기의 최종 단계인 전파는 아마도 가장 고민스러운 부분일 것이다. 불길한 소식을 전하는 사람을 죽여버리는 시대는 지난 지 오래지만, 관료 사회는 아직도 정치 또는 군사 지도자들에게 환영받지 못할 첩보를 전달하는 것을 좋아하지 않는다. 정보장교들도 다른 사람들과 마찬가지로 사람인지라, 민감하고, 야망도 있으며 또한, 잘 보이려고 하는 유혹을 물리치지 못하고, 상사의 기대에 어긋나지 않고 불쾌하지 않게 정보를 손질할 수 있다. 누가 **감히** 윈스턴 처칠이나 **또 다른** 강한 개성을 가진 수상이나 대통령에게 "죄송하지만 당신은 틀렸습니다…"라고 말하기를 좋아하겠는가?

해석은 1973년 이스라엘에서 "이집트는 전국적 동원령 선포 없이는 공격이 불가능합니다."라고 진언했던 것처럼, 사실과 달리 정치적 선입관에 따라 달라질 수 있다. 한 걸음 더 나아가, 정보 보고서들이 통째로 배제될 수도 있다. 1916년과 1917년, 헤이그의 정보부서의 수장, 챠터리스(Charteris)는 그의 부하 장교들에게 영국 총사령관의 독일군 평가와 반대되는 정보를 보고하지 않도록 부드러운 어조로 에둘러 명령하였다: 이런 문제로 총사령관의 비위를 거스를 필요는 없다 … 그것은 단순히 그의 부담을 가중시키며, 낙담하게 할 뿐이다." 이러한 '관료적 처리(bureaucratic manipulation)'에 대한 방어책은 거의 없다. 대학에서는, 그러한 행위는 "지적으로 부정직한 행위"로 가볍게 제적시킬 수 있다. 1차 세계대전에서는 정보 조작으로 수십만의 병사들이 몰살된 일이 있었다. 군사적 결심은 불명예로 통과되지 못한 대학 논문보다 가차없는 엄한 책임이 뒤따른다.

*전파*는 정확하고 적시적이어야 하며, 정보 *사실*(intelligence fact)은 해석적인 *설명*(comment)과 *평가*(assessment)와 분명하게 구분되어야만 한다. 또한 그것은 보안이 유지되어야 하며, 적의 첩보행위로부터 차단되어야 한다(만일 적이 아군이 수집한 정보를 인지할 경우에는, 적은 그의 계획을 변경할지도 모르기 때문이다). 무엇보다도, 전파는 혹독한(brutal) 정직함과 객관성이 요구된다. 이러한 요구들은 단순한 정서로 보이지만; 현실적으로 볼 때, 전권을 쥔 정치가들이나 장군들에 의해서 만들어 놓은 최선의 계획들이 적들이 그들의 계획을 변경하여 무용지물이 되거나, 또

는 전장에서 예측이 불가능한 유동적인 상황을 제외하고, 누가 감히 그들과 맞서기를 좋아하겠는가?

2차 대전 시 독일군의 전략적/전술적 운용을 모두 독자적으로 결정했던 최고 전쟁광, 히틀러라면 그의 참모들이 반대 의견을 제시했을 때, 엄청난 분노를 터뜨렸을 것이다. 스탈린그라드에서 러시아의 최후 공격이 감행되기 전의 한 경우를 살펴보면, 한 용기 있는 정보장교가 돈 벤드에 위치한 소련군의 군사력 증강실태를 보고한 일이 있었다. 총통은 대노하여, "나의 사령부에서 그따위 보고는 듣지 않겠다 … 말도 안 되는 비관주의야!"라고 고함을 치면서, 이에 깜짝 놀란 장군들 앞에서 그 불행한 상황에 빠진 보고자를 육체적 폭력을 가하고 나서, 그를 보직 해임하여 추방하고 말았다. 역사적으로 모든 정보장교들이 알고 있는 바와 같이, 진실을 말한다는 것은 때로는 최악의 경력 좌천으로 이어질 수 있다.

정보처리의 정점은 흔히 징후 및 경보(I&W) 현황이라고 불리는 상황판이 있다. 징후와 경보는 적의 능력과 의도를 추적하는 가장 중요한 길이다. 그것은 알고 있는 모든 정보들을 효과적으로 융합하여 쉽게 읽을 수 있도록 매트릭스로 만들어, 위험의 정도를 녹색, 노란색 그리고 적색으로 암호화한 것이다. 흑색은 통상 미상을 의미한다. 그것은 정말 모든 출처의 정보들을 망라한 종합상황도이다. 오늘날 미국과 같이 기술적으로 발전한 정부나 북미 방공사령부(NORAD)같이 첨단 기술을 구비한 기관들은 고도로 복잡한 컴퓨터로 운용되는 I&W 전시판을 사용한다. 전통적이고 정치적인 면을 강하게 의식하는 기관들(영국의 외무 및 연방성 요인들이나 또는 합동정보위원회 같은)은 그러한 명백한 기술적 도구들을 보다 우아한 "외교적 평가(diplomatic assessment)"에서 볼 수 있는

"지적인 미묘함(intellectual subtlety)"이 결여된 것으로 폄하하는 경향이 있다.

그러나 아주 단순하게 보이는 징후/경보전시는 누구도 부정할 수 없는 냉혹한 학문적 원칙을 적용하기 때문에 다양한 인간성을 넘어 명석하고 경험이 많은 군사/정치 계획관들에 의해 작성, 유지된다. 예를 들면, 1974년 말 사이프러스 위기 시, 영국 외무성은 터키 공군기들은 비행 시 산개 대형인가? 또는 아닌가? 그들은 폭격 시 전량을 다 하는가? 터키 조종사들은 주말에 대기하는가 아니면 외출하는가? 라는 핵심 질문에 대한 답을 요구했다. 만일 외무성이 1974년 말 사이프러스에 대한 질문들에 대한 국방부의 답변에 기초한 정치-군사 징후경보 평가에 귀를 기울였다면, 외무장관을 난처하게 만들지 않았을 것이며 내각 차원에서 사과를 강요받지도 않았을 것이다. 이 사실은 수치를 의식해서인지 아직도 은닉되어있다.

이 징후경보는 제3자의 객관적 입장에서 적절히 작성되었고, 핵심적 출처 분석을 위한 냉혹한 기법을 적용함으로써, 전 출처 정보를 성공적으로 융합하여 잠재적 적의 능력과 의도에 대한 실제적인 판단을 할 수 있었다. 훌륭한 징후경보 전시는 최악의 둔감한 장관이나 지휘관들에게도 첩보의 어떠한 요소가 완전한 상황을 구성하는데 필요한가를 깨우치게 할 것이다.

정보처리의 역학을 잘 이해하고, 정보의 진정한 역할을 분별할 수 있다면, 군, 전쟁과 국가의 운명을 좌우해왔던 몇몇 정보의 실패의 이면에 가려진 진실들을 보다 가깝게 바라볼 수 있을 것이다. 이 책에서 제시되는 사례연구와 실례들은 정보처리 절차의 단

계별로 엮어져 있다: 수집의 실패, 대조의 실패, 해석의 실패와 더불어 정말 정보가 필요한 자들에게 필요한 정보를 제공할 수 없었던 전파의 실패(여기에서 누군가 첩보를 가지고 있었음에도 그것을 전달하지 못했기 때문에, 그 사실을 알지 못했던 불행한 지휘관들에게는 연민을 느끼지 않을 수 없다.)

정보 미숙의 어두운 세상으로 첫걸음을 떼기 위해서는, 2차 대전 D-Day 전 단계에서 자신들이 성실하게 수집하고, 신중하게 대조한 첩보에 의하여 기만당함으로써, 정확하게 해석하는데 실패하여 - 오판자(the misinterpreters)들로 낙인된 불운한 정보장교로부터 시작하는 것이 좋을 것이다. 그들은 물론 그들의 과업은 수행하였으나; 다만 아주 잘 하지는 못했다.

02 오판자들
D-DAY, 1944

02 오판자들
D-DAY, 1944

만약 D-DAY 상륙작전이 실패했다면, 그 이후 20세기 역사는 아주 판이하게 달라졌을 것이다. 만약 제2차 세계대전에서 세계 역사를 바꿀 수 있는 한 사건 즉 노르망디(the Normandy) 해변에서 연합군이 상륙작전에 성공하지 못하고 반대로 격퇴되었다면, 세계는 역사적으로 다른 어떤 사건보다 더 큰 지각 변동을 초래했을 것이다. 독일군 장군들은 승승장구하는 아돌프 히틀러에 대항하여 폭탄에 의한 암살 음모를 감행하지 않았을 것이며, 또한 히틀러는 동부전선에 병력을 재배치할 수 있었고, 새로운 비밀무기들을 개발할 수 있는 시간을 확보할 수 있었을 것이다. 따라서 이에 맞서야 하는 스탈린의 소련군은 독일의 각종 산업시설에서 생산된 최강의 무장을 한, 막강을 자랑하는 연전연승의 독일군과 일전을 겨루어야 했을 것이다.(1944년 10월, 독일의 무기생산 능력은 최고조에 달했다.)

오늘날 우리는 연합군의 D-DAY, 암호 명칭 오버로드(Operation Overload) 작전은 성공한 작전이었다고 평가하고 있다.

그러나 그 당시에는 상륙작전이 실패하여 1942년 Dieppe에서 했던 것처럼 독일군이 연합군 상륙부대들을 바다로 다시 몰아넣기 위하여 기다리고 있을 것이라는 두려움이 팽배해 있었다. 처칠 수상 자신도 첫날 전투에서 약 60,000여 명의 사상자를 냈던 좀므(Somme) 전투를 연상하며 그러한 실패가 재현되지 않을까 고심하였다. 아이젠 하워(Eisenhower)는 1944년 6월 6일 아침 상륙작전이 실패할 경우를 대비해서 "노르망디 상륙작전은 실패했다."라고 시작되는 전문을 비밀리에 기안해놓고 있었다는 것은 우리가 알고 있는 사실이다.

그리고 만약 독일군 정보기관이 수집했던 첩보들을 정확히 해석했더라면, 아이젠하워는 실패한 지휘관, 불명예스러운 지휘관으로 전락했을지 모른다. 그러나 역사상 최대 규모의 기만작전에 의해서 장님이 되어버림으로써, 독일 정보기관들은 혼돈되고 오도되며, 함정에 빠져 연합군의 의도를 오판하는 불행한 결과를 초래하였다. 가장 기본적인 정보요구가 되는 "연합군은 침공할 것인가? 그렇다면 언제, 어디서, 어떠한 규모로?"라는 질문에, 당황한 독일 정보장교들과 관리자들은 네 가지 답변 중 세 가지 답변에 오답을 내고 말았다.

독일군이 연합군의 침공 의도를 놓친 것은 아니었다. 반대로 그들은 연합군의 침공을 예측하고 있었다. 1944년 1월 초, 독일군 서부 전선사령부(Foreign Armies West 또는 FHW), Baron Alexis von Roenne(이하 본 뢰네)대령은 영국에서 활동하고 있는 독일 군사정보국의 비밀공작원으로부터 아이젠하워 원수가 영국으로 올 것이라는 인간정보를 입수하였다. 1943년 독일군이 북아프리카에서 참패한 이후, 이러한 정보는 대단히 중요한 의미를 내포하고 있었다. 1944년은 제2 전선을 구축해야 하는 시기로 전망하고 있었고, 아이크는 서부지역에서 유럽 침공부대를 지휘하도록 되어 있었기 때문이었다. 그러나 이 첩보의 출처가 영국 MI5의 이중 첩자인 테이트(Tate)로부터 받아 전달된 것을 알고 있었기 때문에, 본 뢰네는 그리 달갑지 않게 생각하였다.

독일군 서부전선 사령관, von Rundstedt, 그리고 그의 대서양지역 부사령관, B 집단군사령관, Rommel은 공히 연합군의 침공위협을 잘 알고 있었다. 해결의 열쇠가 되는 기본적인 문제는 연합군이 어디를 타격할 것인가였다. 영국 해협의 반대편에 위치한 von Rundstedt와 Rommel의 딜레마는 상호 입장은 달랐지만 군사전문가들의 공유 영역인 만큼 연합군 측의 작전 계획 입안자들의 대화의 주제와 일치했다. 연합군이 설사 자신의 임박한 공격의도를 은폐할 수는 없었을지라도, 가용한 모든 수단과 방법을 동원하여 독일군 정보기관들의 혼란을 조성할 수는 있었다. 연합군은 독일군 고급사령부를 기만에 빠뜨릴 수 있는 중차대한 임무를 수행할 수 있도록 유례없는 그룹인 연합군 기만참모부- 음어 명 '런던 통제부(London Controlling Section or LCS)'를 설치하였다. 런던통제부의 일차적 임무는 D-DAY 연합군의 상륙작전 의도에 관해서 독일군 고급사령부와 히틀러 자신을 기만하고 혼란시키는 것이었다.

런던 통제부는 대단한 조직으로 독일 정보기관을 혼란에 빠뜨려 당황하게 만들어 철저히 패배시킬 수 있는 **충분한 역량을 갖출** 수 있도록 매우 영향력 있고 전문적 능력을 갖춘 각계의 필수 요인들로 구성되었다. 부장 John Bevan 대령 휘하에 당대의 저명한 소설가, Denis Wheatley, 은행가 Reginald Hoare 경, 그리고 비반의 명석하면서도 다국 언어를 구사할 수 있는 차장, 중령 Ronald Wingate 경 등 최고의 역량을 발휘할 수 있는 재능과 전문성을 가진 인사들로 국가적인 차원에서 특별히 차출된 인재 집단을 망라했다. 더욱 중요한 것은 런던 통제부 요원들은 연합군 진영의 권력과 영향력의 중심부와 개인적인 접촉을 할 수 있으며 직접 협조할 수 있는 막강한 연락망을 가지고 있었다. 예컨대 연합군 최고사령관이나 처칠 수상 자신, 그리고 전시 내각 관료들로부터 완전한 신임을 받음으로써 소신껏 일할 수 있는 여건이 확보되어 있었다. 이러한 전폭적인 신뢰 기반은 대단히 중요하였으며, 이러한 신뢰를 바탕으로 런던 통제부는 독일의 징후·경보체제를 기능별로 공격하고 있는 경쟁적이면서도 독립적인 다양한 정보/보안 기관들을 효율적으로 협조시키고 지시할 수 있었다.

히틀러는 예리하게도 연합군의 제1의 우선순위는 자신을 기만하는 것이라고 확신하고 있었다. 1944년 3월, 그는 서부전선 사령부 휘하의 지휘관들에게, "어떠한 선박들이 특정지역에 집중하는 것을 포착할지라도, 그것은 노르웨이로부터 Biscay만에 이르는 광범한 서부전선의 한 개 지역에만 적이 집중 공격할 것이라는 징후나 증거로 채택할 수 없을 것이며, 그렇게 해서는 안 된다."고 강조하였다. 고금의 대다수의 지휘관들과 같이, 총통은 총통인 자신이 자신의 정보 장교라고 믿고 있었으며, 따라서 그는 그의 휘하 모든 정보 전문집단들을 직접 지령을 하달하고 통제/조정해야 한다는 단호한 의지를 가지고 있었다.

그러나 히틀러와 그의 군사 전문가들은 연합군이 성공적인 침공을 이루기 위해서는 상륙을 위해서 항구를 장악해야 된다는 하나의 고정관념을 가지고 있었다. 독일 해군 측의 건의와 1942년 Dieppe에서 연합군의 강습을 격파했던 경험에 기초한 이러한 선입관은 객관적인 정보판단에 심각한 손상을 주고 말았다. 해협의 반대편에서는 이러한 독일의 선입관을 고양시킬 수 있는 유일한 목적을 가진 '플랜 바디가드(Plan Bodyguard)'라고 명명한 정교한 계획이 구상되고 있었다.

바디가드 계획은 독일의 정보체계를 활용하여 허위 전문을 전파하는데 초점을 맞춘 포괄적인 범위의 전략적 기만이었다. 그것은 두 가지 분명한 목적을 가지고 있었던 바, 첫째는, 히틀러의 병력을 노르웨이로부터 발칸 반도에 이르는 유럽 전역에 분산시킴으로써 히틀러의 전력을 약화시키는 것이었고, 둘째는, 독일군으로 하여금 가능한 오래 동안 연합군의 최초 상륙이 단지 양공 작전이었는지 아니었는지를 구분하지 못하고 혼동케 함으로써 독일군의 반격을 지연시키는 것이었다.

이를 구현하기 위하여, 비반(Bevan)의 런던통제부는 독일군 정보참모진들에게 그들이 찾고 있는 정확한 정보를 먹이기 위하여 광범위한 일련의 기만 작전을 고안하였다. 게다가 가능한 한 진짜 정보를 사용해서, 바디가드는 독일군 FHW의 뢰네 대령에게 그럴 듯하게 정확한 연합군 군사력 상황을 제공하곤 하였다. 연합군의 정확한 상륙 시기와 장소, 규모와 부대 배치에 관하여 독일군 정보참모진을 오도하기 위해서 참으로 정교하며 난해한 정보의 왜곡을 시현하였다. 이렇게 왜곡된 정보들은 대량으로 생산되어 독일군 정보체계에 직접 주입시킴으로써 독일군 정보참모부에는 서로 상충되는 정보들로 홍수를 이루게 하였다. 그 정보 중 일부는 놀랍게도 진짜 정보였다. 독일군 계획 요원들의 단 하나의 문제는 이 수많은 정보들이 전체 그림의 어느 부분일까 고민하는 것이었다. 현대적 정보 용어를 사용하자면, 런던 통제부의 목적은 독일군 정보기관들이 작성하는 징후경보체제를 혼돈과 소음으로 요란시키는 것이었다.

바디가드 계획의 실제 범위는 참으로 광대하였으며, Anthony Cave Brown 의 말을 빌리면, 사기를 전문으로 하는 대규모의 기업과 유사했다고 한다. 바디가드는 16개의 전략 또는 정보 분야로 구분되며, 각각의 분야들은 인간정보 분야로부터 전자전 분야까지, 표적분석으로부터 불란서의 레지스탕스 활동에 이르기 까지를 망라하며, 사전에 입수하여 이미 숙지하고 있는 독일군 정보수집계획을 충족시키도록 계획되었다. 이 점에 있어서 영국은 'Ultra'라고 명명된 암호 해독기로부터 헤아릴 수 없을 정도로 큰 도움을 받았다. Ultra는 영국의 Bletchly Park에 위치하여, 히틀러의 'Enigma'호 조립기에 의해서 암호화된 1급 비밀 전문들을 해독하여 읽을 수 있었으며, 때로는 사전에 기예정된 독일군 수신자들보다 연합군측이 먼저 읽어 독일군들이 어떠한 첩보를 찾고 있는지 정확하게 알 수 있었고, 그럴 때면 물론, 친절하게도 독일군을 오도하거나 오해시킬 수 있도록 적절히 위조된 정보들을 때맞추어 제공할 수 있었다.

결과적으로, Enigma는 영국에게 엄청난 대박을 터뜨리는 자산이 되었으며, 독일군의 보안체계를 무력화시키는 도구로 전락하고 말았던 것이다. 비록 그렇다 하더라도, Enigma 해독 스토리는 2차 대전 중 일어난 그 어떤 사건보다 많은 난센스가 있었다. 먼저 스토리의 시작은 영국의 기술력과 지력의 승리가 아니었다는 점이다. 에니그마 스토리는 최초 폴란드가 에니그마의 암호를 해독하였으며, 폴란드와 협력하고 있던 불란서가 일체의 관련 자료들을 영국에 제공함으로써 빛을 보게 되었다.

에니그마 기기는 일명 "Secret Numbers Machine"이라고도 불렸으며, 이의 스토리는 1차 대전으로 거슬러 올라간다. 1919년, 나무 상자 안에 들어있는 이 기계적 암호기는 네덜란드의 한 발명품 회사에 근무하던 독일인, Arthur Scherbius에 의해서 발명되어, 1923년 국제우편연합회의에서 상업용으로 공개적으로 판매되었다. Scherbius는 많은 량을 팔지 못하여 기대에는 못 미쳤으나, 1926년 독일 해군은 상당수의 에니그마 기기들을 매입하여 이를 군사용으로 개조하였다.

1929년 워르소(Warsaw)에서 한 경계심이 있는 폴란드 세관원이 라디오 장비로 표지되어 수신자가 독일 회사로 기록되어 있는 나무 상자 하나를 가로챘다. 일상적인 세관 검사를 하고 있던 중, 독일 대사관 직원 하나가 나타나서 흥분된 상태로 대단한 착오가 있었다고 하면서 즉각 독일로 반송해야 한다고 주장하였다. 호기심이 생기게 된 그 세관원은 무언가 이상한 일이 진행되고 있는 것으로 직감하고, 그날이 금요일이었기 때문에 다음 월요일 아침에 우선적으로 처리하기로 합의하고 그를 돌려보내는 기지를 발휘했다. 주말 기간을 통하여 그 세관원은 폴란드군 참모본부에 바로 귀띔해 줌으로써, 폴란드군에서는 은밀하게 상자를 개방하여 내용물에 대한 스케치와 사진을 촬영하였다.

그 상자에는 독일 대사관에서 사용하는 비밀 에니그마 암호기가 들어 있었던 것이다. 그 암호기 하나가- 만약 그들이 가능한 방법을 모색할 수 있다면- 얼마나 중요한 잠재력이 있는지를 간파한 폴란드군은 역설계 기법을 활용하여 에니그마를 재생시키고, 거기에 추가하여 교신내용을 읽어내는 방법을 연구하게 되었다. 1928년부터 1932년까지, 모든 독일군과 재외 기관들은 에니그마 기기를 완전 해독 불가능한 주 암호기로 채택하였기 때문에, 이 사실을 알고 있는 폴란드 측은 에니그마를 해독하는데 강력한 동기를 갖지 않을 수 없었다.

1932년 불란서 암호국장, 해군대령 Bertrand는 Hans Schmidt라는 독일인을 공작원으로 채용했다. Schmidt는 그가 독일군 암호국에 근무하고 있다고 과시함으로써 발탁된 것이었다. 공작원 "H"의 임무를 부여받은 그는 독일에서 센터로부터 입수했을 것으로 추정되는 수개의 장문의 암호화된 에니그마 전문과 몇 개 세트의 암호해독법들을 포함한 303개의 비밀문서들을 불란서 정보기관에 제공하였나. 불란서 당국은 버트란드 대령에게 이들 정보를 히틀러의 부상에 우려하고 있던 우방국인 영국과 폴란드에 정보를 제공함으로써 정보의 공조체제를 구성하도록 지시하였다. 그러자 영국은 외무성 지시에 따라 이들 정보자료 접수를 거절하였다.

그러나 폴란드 당국은 굴러들어온 행운의 정보자료들을 흔쾌히 받아서, 암호해독 교육과정을 최초로 개설하여 연구하고 있는 포즈난 대학의 수학 영재들에게 보냈다. 또한 폴란드 정보 당국은 Marian Rjewski와 두 명의 조수들로 BS-4라는 암호명의 비밀 팀을 만들어, 불란서와 협력 체제를 유지하면서, 최근 합법적으로 구입할 수 있었던 상업용 에니그마 기기와 "H"의 자료들을 활용함으로써 에니그마의 비밀을 풀어내는데 성공하였다. 1930년대 중반까지 그 들은 독일군 암호 전문의 80%까지 해독해낼 수 있었다. 1937년 폴란드 수학 팀은 전에 사용하던 전자계산기 용 천공 카드(펀취카드)와 장문 형식의 문서화된 해독법들을 대체하기 위한 'bombe'라고 불리는 초보적인 기계적 컴퓨터를 제작하기까지 이르렀다.

1938년 뮌헨조약 후 체코슬로바키아가 히틀러에 함락되자, 폴란드인들은 독일과의 전쟁이 불가피하다고 생각했다. 폴란드는 1939년 1월 영국과 비밀정보 회의를 열어 암호해독 문제를 토의하려고 하였다. 그러나 폴란드 정보 수장인 Meyer에 의하면, 영국은 당시 에니그마에 대하여 거의 지식이 없다는 사실이 확인되었고, 또한 그들로부터 해독법에 대하여 아무것도 돌려받을 수 없다고 생각되었기 때문에, 폴란드 측에서는 자신들이 개발한 정보를 영국에 제공하지 않고 성과 없이 회의를 끝냈다.(이는 엄밀히 말해서 사실이라고 볼 수 없는데, 그 이유는 영국이 스페인 전쟁 당시인 1938년 독일의 콘도 군단으로부터 나온 낮은 수준의 에니그마 전문을 읽기 시작했고, 또한 암호해독에 대한 잠재력을 가지고 있었다고 보기 때문이다.)

그러나 1939년 7월 상황은 완전히 돌변하였다. 폴란드는 독일의 암호 교신을 더 이상 판독할 수 없게 되었는데, 이는 독일이 암호기의 회전자(rotors)를 증가시켰기 때문이었다. 전쟁이 불가피했기 때문에, 폴란드는 새로운 암호해독법을 찾기 위해서 더 이상 수학적 논리 연구를 시작할 시간적 여유가 없었다. 따라서 전쟁 발발 19일 전인 1939년 8월 16일, 불란서 암호국장 Bertrand 대령은 개인적으로 폴란드의 복제품 에니그마 기기와 관련 서류, 암호

해독법, 암호문, 그리고 최초의 비밀 포즈난 컴퓨터의 기술적 스케치 등을 영국의 Bletchly Park에서 파견된 영국 비밀기관(British

〈1944년 6월, 부대배치 상황도〉

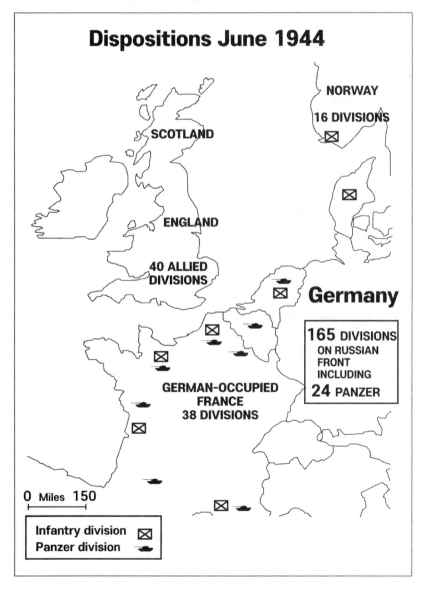

Dispositions June 1944

NORWAY
16 DIVISIONS

SCOTLAND

ENGLAND

40 ALLIED
DIVISIONS

Germany

165 DIVISIONS
ON RUSSIAN
FRONT
INCLUDING
24 PANZER

GERMAN-OCCUPIED
FRANCE
38 DIVISIONS

0 Miles 150

Infantry division
Panzer division

Secret Services) 연락장교에게 넘겨주었다. 이렇게 해서 영국은 폴란드의 도움으로 전쟁에서 승리할 수 있는 무기를 별다른 노력 없이 쉽게 받을 수 있었다. 영국은 이렇듯 엄청난 가치가 있는 자료들을 받아 전쟁 상황에 맞도록 적절히 발전시키고 정밀한 연구를 지속함으로써, 영국의 기만작전은 독일군에게 허위첩보를 제공할 수 있었을 뿐만 아니라, 독일군이 그 미끼들을 받아먹는지 아닌지를 확인할 수 있었던 것이다.

런던 통제부는 이 외에 다른 중요한 사실 즉 "정보기관들은 쉽사리 획득된 첩보를 거의 믿지 않는다."는 점을 예리하게 파악하고 있었다. 부유한 수집가가 값 비싼 그림은 가짜일 수 있다는 사실을 단호히 부정하는 것과 꼭 같이, 정보장교들은 쉽게 얻은 첩보보다 아주 어렵게 획득한 비밀들이 보다 사실일 것이라고 믿는 경향이 있다. 이것은 물론 난센스지만, 비반과 그의 참모들은 오직 간접적인 수단 - 때로는 값비싼 수단 즉 마드리드 소재의 무명의 공작원이나 스웨덴 증권거래소, 그리고 단지 세 개뿐인 중립국 신문을 통한 허위사실 유포 등을 통하여 본 뢰네와 그의 참모들에게 접근할 수 있는 일련의 기만계획을 준비하였다.

이러한 모든 면에서 비반은 괄목할만한 인간정보의 도움을 받을 수 있었다. 1940년 이후 영국 정보기관, MI5는 영국에서 활동하는 노출된 모든 독일 공작원들을 효과적으로 운용/통제해오고 있었다. 영국의 특수 MI5 팀은 1940~1941년 독일 군사정보국이 보낸 공작원 중 충성심이 이완된 대부분의 공작원들을 처형하는 대신, 그들이 영국에 상륙한 후 짧은 시간 내에 선발해서 그들의 이전 조정관들에게 허위정보를 보내게 함으로써 영국을 위해 일하도록 전향시켜 역용 공작에 활용하였다. 일단 체포된 독일 공작원들은 총살형과 역용 공작의 기로에서 총살형을 선택하는 대신, 대부분 영국에 매우 협조적이었다고 한다. 존 매스터맨(John Masterman) 경이 이끄는 이중 첩자 위원회는 보디가드가 요구하는 것이라면 어떠한 허위첩보도 장기간에 걸쳐서 준비된 이들 이중 첩자들을 활용하여 독일군에게 보낼 수 있었다. "아이젠하우어 원수가 영국에 도착했다."고 하는 이중첩자 Tate의 전문 보고는 정교하게 계획된 일련의 허위첩보 중 최초의 것이었으며, 이 첩보는 D-DAY 상륙 훨씬 후까지 계속 유효했다. 이 외에도 최소 여섯 명의 이중 첩자들이 함부르크와 마드리드에 있는 자신의 조정관들에게 직접 전문을 보냈으며, 그 내용 중에는 연합군의 부대 마크, 탱크와 보병 상륙 주정들의 집결상황, 병력 현황 등이 포함되었다.

영국의 전략적 기만계획 '보디가드'의 주요 하부계획의 하나인 'Operation Fortitude North'에는, 스코틀랜드 내 에딘버러에 영국의 유령부대로 "제4군"을 가장하는 계획이 있었는데, 이를 위해서 이중 첩자인 "Mutt"와 "Jeff" 두 사람이 이 막중한 역할을 담당하도록 임무가 부여되었다. 이들 두 사람은 사실 노르웨이의 애국자들로서 첩자 임무를 위해서 상륙 직후 즉시 영국에 귀순한 자들이었다. 영국의 담당관들은 신중한 계획을 작성하여 그들로 하여금 가공의 접촉자 및 협조자 망을 만들고, 이들로부터 들어온 첩보로 가장하여 함부르크의 조정관에게, 영국군 제4군 신임 사령관으로 전쟁 전 독일에서 영국 국방무관으로 근무 당시 히틀러에게 잘 알려진 바 있는 Sir Andrew Thorne 중장이 부임하였다고 보고토록 하였다. 또한 계획관들은 이 사실에 대한 신뢰도를 높이기 위하여 스코틀랜드 지방신문의 '민간 환영위원회와 군대 교통사고'란에 기사화하였다.

오래지 않아 독일군에서는 제4군 지역 부대 상호 간에 지속적으로 행정 사항을 주고받는 국부적 무선교신 내용을 감청, 기록할 수 있었다. 그러나 사실 제4군은 약 40 여 명의 참모장교들과 철저히 통제된 교신 내용들을 열심히 날려 보내는 약간의 무전기 조작 요원들이 전부였던 기만용의 유령부대에 지나지 않았던 것이다.

이들 무선요원들의 운용은 비반 대령의 복합적인 기만작전의 다음 단계였다. 비반 대령은 독일군 정보기관에서, 전문적 정보작전의 모든 경우와 같이 인간정보로 획득한 첩보를 상이한 출처의 첩보로 대조, 확인하기 위하여 제2, 제3의 첩보를 찾을 것이란 점을 간파하여, 독일군 뢰네와 그의 참모들에게 그들이 찾고 있는 첩보들을 친절하게 제공해 주었다. 위조된 제4군 사령부와 예하 부대들 간 정상적인 각종 교신행위들이 분주하게 이루어졌으며, 이러한 교신 내용은 탁월한 능력을 자랑하는 독일의 신호정보부대나 'Y'부대에 의해서 빠짐없이 감청되고 부대위치가 지도상에 일일이 표정되었다. 교신 내용 중 하나를 예로 든다면, 영국 육군 명부에서 쉽게 확인할 수 있는 장교 하나가 특별휴가를 가게 되는데, 한 격분한 병참장교가 대량의 스키 장비 손실 보충을 위하여 그에게 급히 주문하는 내용도 포함되어 있었다.

독일군 정보기관에서 각종 형태의 교신 전문과 첩보들을 종합해 보았을 때, 영국군이 대규모 산악작전이나 극한지 작전을 준비하기 위하여 스코틀랜드 지역에 집결하고 있다는 징후를 포착하였다. 또한 노르웨이 피요르드 상공 지역에 대한 영국 공군의 위험한 항공사진 정찰에 연합하여, 노르웨이 해안에 대한 영국 해군 구축함 활동의 증가는 단 한 가지(연합군의 노르웨이 상륙)를 의미하고 있었다. 결국, 히틀러는 결코 존재하지도 않았고, 결코 침공할 수도 없는 노르웨이 지역에 무려 12개 사단 병력을 묶어 놓고 마는 결과를 초래하고 말았다.

이러한 인간정보와 신호정보 보고 내용들은 런던 통제부에서 독일군에서 사용할 것으로 예상되는 다른 출처의 정보로 보충되지 않으면 아니 되었다. 독일의 항공정찰기로 북해를 횡단하여 영국의 에딘버러 지역(Fortitude North의 제4군 배치)을 장거리 정찰하는 것은 비행거리, 상승한계, 비행속도가 제한되어 불가능하였으나, 영국의 남부지역은 상황이 달랐다. 특수장비가 부착된 고고도 비행 Luftwaffe PR 항공기는 용이하게 Kent 지역 상공을 비행할 수 있었다. 보디가드는 'Operation Fortitude South'의 일부로서 독일군의 첩보수집계획을 충족시킬 수 있는 '표적들'을 준비하였다. 칼레 항구에 이르는 최단거리 해상을 횡단하여 침공할 것이라고 하는 독일군의 우려와 기대를 고착시키기 위하여, 비반 팀은 영국의 동남부 지역에 일개 집단군이 집결하고 있는 항공사진을 묘사하기로 결심하였다. 이것은 독일군의 관심을 노르망디로부터 전환하고, 칼레 지역에 대한 우려를 증대시키는 **효과**를 갖노록 하기 위한 것이었다.

대량의 모의 유류 저장시설이 파이프, 밸브, 저장탱크로 완전한 구성이 되어 도버 해협에 인접한 해안에 건설되었으며, 영국 왕 죠지 VI세에 의한 검열 사실까지 보도되도록 준비되었다. 영국의 환각법을 쓰는 화가, Jasper Maskelyne와 Basil Spence 경이 제작한 지상 시설들은 독일 항공기가 34,000 피트 상공에서 항공사진에서 나무로 만든 모조품이라는 사실을 밝혀낼 수 없었다. 독일의 항공사진 분석관들은 켄트 지역 과수원에 주차되어 있는 수백 대의 고무 제품에 공기를 주입해서 만든 셔먼 탱크라는 것을 식별해내지 못했다. 어떤 농부는 그의 황소가 고무 탱크를 들이받아 구멍이 나서 바람이 빠지는 것을 보고 놀라지 않을 수 없었다. 또한 Medway 해변에 수 개의 선형 대열로 정박된 상륙정들과 세척 작업을 하고 있는 수병들의 모습은 사실과 너무 흡사했다.

항공사진의 촬영 결과가 공작원들의 보고에 추가 확인되었고, 미 육군 무전병들의 송신 행위들로 잘 알려져 있는 켄트주, 에섹스주, 서섹스주 지역에서의 교신 분석과 미국의 조지 패튼 장군이 이 지역에 주둔하고 있다는 신문 보도 등을 종합 분석했을 때, 독일 정보 분석가들은 명확한 결론을 맺을 수 있었다. 즉, 영국의 동남부 켄트 지역 일대에 미국의 패튼 장군이 지휘하는 미 제1 집단군(FUSAG: First US Army Group)이 주둔하고 있으며, 칼레 항구 바로 맞은편에 위치한 영국의 동남부에서 상륙 작전을 준비하고 있다는 결론이었다. 매스터맨의 이중 첩자인 Brutus와 Garbo는 매일 아주 열정적으로 기만 첩보들을 보고하였으며, 동시에 변함없이 충성스러운 첩자 Tate 는 켄트의 'Wye'라는 암호 명의로 보내는 무선 전문으로 그들 두 사람의 보고 내용들을 확인시켜 주었다. "무언가 큰일이 도버 지역에 일어나고 있다."라고 그는 그의 조종관에게 보고했다. 그것은 바로, 비반 대령과 런던 통제부가 켄트 지역 일대에 환상적 모의 부대들을 만들어 놓음으로써, 연합군의 실제 상륙지점인 노르망디로부터 동쪽 150마일 지점 이격된 곳에 대량의 독일군 팬저 사단들을 묶어둘 수 있었던 결정적인 계기가 되었다.

지금까지 까다롭고 배타적 성격의 독일군 정보 총수, 본 뢰네는 그의 첩보수집계획에 따라 핵심적 첩보들을 수집하여 상호 대조, 확인할 수 있었다. 즉, 인간정보로 대규모 병력 증강 실태를 확인할 수 있었고, 신호정보로 영국에 도착한 새로운 부대배치를 확인하였으며, 영상정보로 영국의 동남부 지역에 대규모 병력과 군수물자의 집결 실태를 확인할 수 있었다. 독일의 모든 운명은 이제 본 뢰네와 그의 참모들이 산더미같이 많은 각종 첩보들을 평가하고 해석하는데 좌우될 수밖에 없었다. 그 첩보들은 진실이었는가? 그들은 어떤 부대들이었는가? 연합군은 무엇을 하고 있었는가? 그리고 그것은 무엇을 의미하는 것이었는가?

본 뢰네는 히틀러의 측근 서클내의 고위급 장교들과 달리 총통의 절대적인 신임을 받고 있었기 때문에 그 자신의 개인적인 정보판단은 대단히 중요하였다. 그러나 그는 그 사무실에서 자기 앞에 산적한 정보를 평가하는데 있어서 두 개의 적과 싸우고 있었는데 그 하나는 영리하고 기략이 뛰어나서 마치 그를 낚시 바늘에 꿰인 물고기같이 가지고 노는 연합군의 기만작전의 참모요원들이요, 다른 하나는 놀랍게도 그 자신의 편에 있는- 특히 독일의 모든 정보기관들을 강력하게 통제하고 있는 나치당의 보안기관, SD(Sicherheits Dienst)였다.

1944년 초, 독일군 군사정보국(Abwehr)장, Canaris 제독은 히틀러의 지시로 조용히 전역되어 연금 생활자가 되었다. Wilhelm Canaris는 대단히 복잡한 성격의 소유자로서 이해가 어려운 사람으로 전쟁의 참 에니그마 암호기같이 난해한 인물이었다. 영국의 비밀정보국(British Secret Service: 일명 MI5)장은 훗날, 그를 가리켜 대단히 용감하고 참다운 애국자의 한 사람이었다고 술회하였다. 카나리스는 과연 반나치 저항운동가였으며 또한 영국의 스파이였는가? 그것은 놀라운 질문이고 또한 전혀 그럴 것 같지 않게 보이지만, 그가 영국의 비밀정보국장, Stuart Menzies 경과 접촉함으로써, 영국군 정보당국과 나치를 혐오하는 독일 정보 요원들 간에 신비한 정보 교환이 이루어지는데 그의 역할이 있었다고 의심을 불러 일으킬만한 충분한 환경적 증거가 확보되고 있다. 독일의 군사정보국, Abwehr와 영국의 비밀군사정보국, SIS간에 은밀한 비밀 접촉은 D-DAY의 작전 결과에 깊은 영향을 끼칠 수 있었다고 추정된다.

카나리스는 1차 대전 당시 수완이 있고 용감한 해군 장교로, 1915년 칠레 먼바다에서 침몰한 '드레스덴'함에서 탈출하여 부에노스아이레스까지 육로를 개척하여 소설에 나오는 이야기처럼 숱한 모험을 하면서 독일로 돌아온 일화의 주인공이었다. 귀국한 뒤 그는 철십자 훈장을 받았으며 스페인에서 비밀정보 임무를 부여받았다. (흥미롭게도 당시 스페인에서 근무하고 있던 영국의 공작원 조종관은 영국의 젊은 MI5 요원, 스튜아트 멘지스 경이었다.) 그를 살해하려고 시도하던 영국의 음모를 피해서, 카나리스는 스페인에서 잠적하여, 지중해를 관할하는 U-보트 지휘관으로 자리를 옮겨 18척의 적 선박을 격침시키면서 종전을 맞이하였다.

전후 그는 비공식적인 비밀임무를 수행하다가 1934년, 새로운 총통, 아돌프 히틀러에 의해 독일 군사정보국의 수장으로 발탁되었으며, 히틀러로부터 직접 "영국의 BSS (MI5)와 같은 정보기관을 만들라."라는 명령을 받았다. 그러나 카나리스는 나치 당원이 아니었으며, 2차 대전이 발발했을 때 영국은 신기하게도 저절로 굴러들어온 정보문건들을 입수하는 대행운을 얻을 수 있었다. 예를 들면, 가치를 매길 수 없을 정도로 귀중한 기술첩보 서류 뭉치들이 여러 군데에서 발견되었으며, 그중에서도 특히 노르웨이의 수도, 오슬로 주재 영국 대사관 현관 계단에서 그러한 첩보 뭉치들이 익명으로 우연히 발견되는 사건이 발생하였다. (이 첩보들은 영국이 처음에는 믿을 수 없으리만큼 귀중한 내용들이 담겨 있었음.) 그 후 전쟁이 진행되는 와중에도 독일의 군사정보국과 상대국 정보기관 간에 이와 유사한 정보 유출과 유착 관계들이 지속적으로 유지되고 있었다는 것이 더욱 명백하게 드러나게 되었다.

그러자 이를 의심한 히틀러는 결국 카나리스 제독을 전역시켰으며, 그가 맡고 있던 독일 군사정보국은 그의 라이벌이자 당성이 강한 Walter Schellenberg 장군이 이끄는 나치당의 보안기관 (SD)에게 넘겨지게 되었다. 즉 카나리스의 군사정보국은 불신을 받아 쉘렌버그 장군의 SD에 병합되어, 철저하게 당의 통제를 받는 유일한 당의 통합 정보기관으로 신설된 '제국 보안·정보기관'으로 흡수된 것이었다. 이렇게 됨으로써 전쟁이 한참 치열한 상황 속에서도, 상호 이질적인 두 조직의 성원들 간에 전문적인 영역에 대한 통제권을 확보하기 위하여 피할 수 없는 치열한 관료주의적 쟁탈전이 벌어지게 되었다. 특히 중대 사안이 발생할 경우에는, 항상 군사정보전문가들이 힘에 밀려 상대측에게 완전히 제압당하고 강요받았던 것이다.

그러나 이 새로운 기관의 군사 분야만큼은 확실히 군 참모본부의 통제하에 남아 있을 수 있었다. 이 군사과에 근무하는 영국지역 담당관 Oberst Leutnant Roger Michel은 명랑하고 외향적인 성격의 소유자로 다른 동료 장교들과 같이 그의 새로운 나치당원 상관들을 몹시 혐오하고 있었다. 더욱이나, 그는 특별히 불리한 상황 속에서 고된 업무를 수행하고 있었던 것이다. 그가 판단한 전투서열 결과를 사령부에 보고할 때마다, 그의 직속상관인 SD 요원은 보고된 내용 중 비밀부분을 변함없이 일정하게 삭제하

거나 희석하곤 하였다. 즉, SD요원들은 그가 작성한 모든 영국 주
둔, 연합국 전투력 평가결과를 2등분하여 반감시키고 있었다. 이렇
듯, 적에 대한 정보평가 결과를 근거도 없이 표면상 정치적 이유로

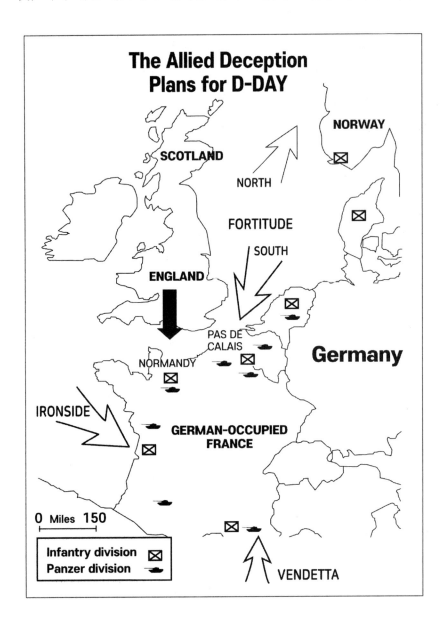

변경하는 것은 정보전문가들이 볼 때 정말 어처구니없고(국가안보를 해치는 이적행위였기 때문에 이해할 수 없었고) 화가 치미는 일이었다. 또한, 그러한 행위는 그의 전문성과 성실성, 그리고 객관적 타당성에 문제를 제기하는 것이었다. 혈기 왕성한 Michel에게는 더욱 참을 수 없는 것이었다.

그러나 본 뢰네 대령은 좌절감을 느낀 그의 부하 장교들을 위하여, 완벽에 가까운 정보판단에 대한 나치 상관들의 부당한 간섭을 막을 수 있는 한 가지 방법을 고안하였다.

만약 SD 측에서 그들의 정보판단을 절반으로 축소시킨다면, 그들이 선수를 쳐서 먼저 2배수로 배가시키는 방법보다 쉬운 방법이 어디 또 있겠는가? 그래서, 1944년 봄, 본 뢰네와 Michel은 궁여지책으로 연합군에 대한 군사력 평가를 2배로 증가시키기 시작하였으며, 이렇게 함으로써 SD 측이 반감시킬지라도 히틀러에게는 본래의 정확한 정보판단이 보고되도록 안전조치를 취하였다. 이러한 모험적인 계획을 사실처럼 보이게 하기 위하여, 두 사람은 스코틀랜드의 영국 제4군과 영국의 동남부에 위치한 팻튼 장군의 미 제1집단군의 전력 증강에 관한 Fortitude의 산적하는 (기만)첩보들을 여과 없이 받아 들였다. 역설적이게도, 본 뢰네와 마이켈은 연합군 측 LCS 기만 참모부에서 보내는 거의 모든 기만 첩보들을 필요로 하였던 것이다. 왜냐 하면, 영국의 Fortitde(기만)첩보들은 이들 두 사람에 의해서 과장된 숫자들을 뒷받침하기 위해서 첩보의 정확성을 대조·확인하는데 절대적으로 필요하였기 때문이었다.

1944년 5월, 본 뢰네는 독일군 서부전선사령부 정보(FHW)의 수장으로서, 적의 침공에 대비하여 작전 계획 수립에 대단히 중요한 'FHW 적 전투서열 평가서'를 발간하게 되었다. 그러나 놀랍게도, 본 뢰네의 예측과는 달리, 그 때에는 그가 작성해서 올린 전투력 평가가 반감되지 않고 배가된 상태 그대로 발간되고 말았다. 그 이유는 간단했다. 정보평가를 반감시켜왔던 SD 장교가 타 부대로 전출되었기 때문이었다. 이렇게 해서 본 뢰네의 정보평가서는 독일군 서부전선 사령부 예하 각급 사령부와 부대들에게 공식적인 비밀 전투평가서로 전파되었다. 그러나 본 뢰네는 그러한 사실을 감히 고백할 수 없었으며, 만일 사실대로 털어 놓았을 경우, 의심에 흥분된 당시의 히틀러의 군사 법정은 그를 즉결처분하였을 것이기 때문이었다. 그래서 본 뢰네의 이름으로 발간되는 영향력 있는 보고서에는 영국에 주둔하고 있는 연합군의 병력이 실제 40개 사단 규모에서 80개 사단 규모로 배가되어 평가될 수밖에 없었다. 이러한 비극적 기만은 궁극적으로 본 뢰네의 생명을 재촉하게 되었던 것이다.

비반 대령의 재치 있는 LCS 기만 정보 요원들은 최후의 추가적인 계략을 준비하였다. 만일 독일군 중 신망있는 장성급 장교 한 사람을 선택하여 그로 하여금 연합군이 그때까지 독일군 정보기관에 제공해왔던 허위 첩보들을 확증하게 할 수 있다면 더더욱 신뢰도를 높일 수 있을 것으로 판단하였다. 다행스럽게도 영국군에 기회가 왔는데, 그것은 1943년 5월, 튜니지아에서 추축국 군대가 붕괴될 때 포획된 독일군 장성 Von Cramer였다. 본 크레머 대장은 영국의 포로의 하나로 건강이 극도로 악화되어, 국제적십자사는 1944년 5월 중립국인 스웨덴 선박을 이용하여 본국으로 송환을 추진하고 있었다. 비반의 참모들은 그 독일군 장군이 빈손으로 돌아가지는 않을 것이라고 확신하였다. 그의 출항을 위한 항구까지의 육로 이동은 영국 남부지역에 병력이 밀집되어 배치되어 있는 중심 지역을 통과토록 계획하였으며, 출항 직전 마지막 일박은 팻튼 사령부에서 묵도록 계획되었다. 본 크레머는 그가 어디에 있었는지 전혀 짐작이 가지 않았지만, 병약한 적장에 대한 군대예우로 팻튼 장군이 몸소 준비한 영외 만찬에 초대되었다. 또한 그는 병약한 적군 장군에게 아주 품위 있고 예의 바른 태도로 대해주는 팻튼 장군 휘하의 사단장들을 만날 수 있었으며, 그들이 "칼레"항에 대하여 자기들끼리 잡담하는 것들도 어깨너머로 들을 수 있었다.

그 계략은 먹혀들었다. D-DAY 13일 전인, 5월 24일, 본 크레머는 독일에 복귀하여 영국에서 보고 들었던 모든 것을 확신을 가지고 독일군 참모총장 Zeitzler 대장에게 보고하였다. (연합군 측이)예상했던 대로, 그의 첩보는 그때까지 독일군 측이 수집한 것과 모두 일치했으며, 또한 본 뢰네의 정보판단에 신뢰를 가중시켰다. 그리하여, 상륙작전 개시 전 최종 수일동안에도 역사적인 LCS 기만계획은 한치의 착오 없이 이행되었으며, 거기에 추가하여 독일군 정보력의 진가를 입증해 주는 역할까지 감당하게 되었다. 히틀러는 최후의 순간 독자적으로 노르망디로 돌변시킬 수 있는, 거의 여자들에 가까운 예민한 직관력을 가지고 있었음에도 불구하고, 최후의 순간까지 그의 부대 배치를 변경하지 않았다. 결과적으로 독일군 300개 사단 중, 단 60개 사단 즉 20% 만 서부전선에 남아 있었으며, 그중 단 8개 사단만이 연합군 상륙에 직접적으로 대항할 수 있는 노르망디 지역에 배치되어 있었다. 그 나머지 부대들은 발칸 반도, 이탈리아, 러시아, 프랑스 남부, 덴마크, 홀란드, 노르웨이, 그리고 독일군이 연합군의 예상 상륙지역으로 가장 중요하게 여겼던 칼레 항구에 분산 배치되었다. 6월 1일과 2

일에 감청한 Ultra 암호해독에서, 베를린 주재 일본 공사 오시마가 동경으로 보낸 전문에, 다름 아닌 바로 히틀러 자신이 가장 위험한 예상 상륙지점은 칼레 항구이며, 다른 몇 개 지역에서 양공작전이 시도되리라고 판단한 것으로 나타났다.

비반과 그의 LCS 기만 참모들에게는 그것은 '정보의 위대한 승리'가 되고도 남았다. 규모는 작았으나, 고도로 전문화되고, 영향력을 발휘할 수 있는 참모들은 사전 경고되어 비상대기하고 있는 막강한 적에 대항하여, 역사상 가장 정교하고 복합적인 기만술을 성공적으로 통합할 수 있었다. 무심결에 튀어나온 단 하나의 첩보, 특정 메시지에서 발견할 수 있는 단 한마디의 실수, 잘 맞아들어가지 않는 신문/잡지 기사의 한 부분을 놓치지 않고 유의 깊게 보았더라면, 인간정보, 영상정보, 신호정보 등 다양한 정보의 출처들을 복합적으로 활용하여 상대방을 기만하려는 영국의 보디가드, 포티튜드 계획을 포함한 총체적인 기만 네트워크를 풀어 헤칠 수 있었을 것이다. 영국의 LCS는 독일군의 정보체제와 운용개념을 완전히 숙지함은 물론, 독일의 암호기 에니그마 교신 내용을 해독할 수 있는 능력에 힘입어, D-DAY에 관련된 독일군의 정보판단 내용을 효과적으로 감청/해독할 수 있었으며, 또한 본 뢰네와 총체적인 독일군 정보기관들로 하여금 연합군이 먹이고자 했던 기만 정보들을 사실로 받아들이도록 전문성을 십분 발휘할 수 있었다. 1944년 5월 말일, 독일군의 최종 정보요약은 문자 그대로 실수와 착오의 나열 일색이었다: 독일군은 연합군이 청명한 날씨에, 야음을 이용하여, 만조기에, 대 항구에 근접한 지점으로 공격해올 것이라고 확신하였다. 또한, 그들은 진짜 상륙 예상지점인 칼레 항구로부터 타 지역으로 독일의 예비대를 전환시키기 위하여 수개의 지점에 양공작전을 감행할 것이라고 평가했다.

경이롭게도, 이 기만 작전은 연합군이 상륙을 감행하였던 1944년 6월 6일 이후에도 지속적으로 순조로이 진행되었다. 6월 9일, 10일 칼레 항구 지역에 레지스탕스 부대의 경미한 공격과 더불어 공군기들의 치열한 공습이 병행되었으며, 항구 앞바다에서는 전례 없는 속도의 공격준비사격이 개시되었다. 영국의 매스터맨의 충실한 이중첩자들은 노르망디 상륙은 단순한 견제작전이고, 주공은 팻튼의 미 제1집단군으로 칼레 항구로의 침공이 임박하고 있다고 광범위한 인간정보들을 보내고 있었다.

본 뢰네는 그 자신에 의해서 부풀려진 정보판단을 가능성이 높은 것으로 믿기 시작했으며, 따라서 모든 독일군 서부전선 사령부 예하 부대들에게 다음과 같은 정보요약을 하달하였다. "가장 가능성 있는 적의 주 상륙지점은 6월 10일부터 벨기에 해안으로 지향될 것이 예상된다." 그의 오판을 더욱 악화시킨 것은, 총통 관저의 카이텔 원수 및 조들 원수와 상의하여 "칼레에 주둔하고 있는 독일군 제15 군의 철수는 바람직하지 않음"이라는 작전 판단을 첨가한 것이었다. 정보판단에는 결코 작전적 건의가 포함되면 아니 되는데도 말이다.

이러한 일련의 과오에 추가하여, 뢰네는 히틀러의 정보 연락장교, Krummacher 대령을 개인적으로 접촉하여 "6월 9, 10일 레지스탕스 부대의 공격을 시작으로, 본격적인 공격이 제15군 지역으로 지향될 것"이라는 본 뢰네가 개인적으로 획득한 정보의 정확성을 주지시키면서, 칼레에서 노르망디로의 부대 배치전환은 실책이 될 것이라고 주장함으로써, 서부전선 사령부의 서식 정보판단의 입장을 두둔하는 또 다른 과오를 범하였다. 상급 정보장교로부터 매우 이례적으로 특별한 진언을 접수한 Krummacher 대령은 히틀러가 주재하는 정오 상황/기획 회의에서 서부 전선 사령부 (FHW) 정보판단을 대변하겠다고 동의하였다.

그 회의에서, 요들(Jodl) 원수는 히틀러에게 FHW 정보판단 결과를 보고하였다. 그리고 Kuhlentahl 대장이 비밀공작원 Garbo 의 최근 비밀 무선 메시지를 인용하여, 영국 켄트 지역에 주둔하고 있는 패튼의 미 제1 집단군(가공의 부대)이 칼레로 주공을 지향하는 공격이 임박했다는 생생한 정보를 추가하였다. Kuhlentahl 대장은 폴투갈과 스페인에서 운용되는 비밀공작요원의 최고위 조종관이었다. 결국, 히틀러는 연합군의 미끼를 물고 말았다. 6월 9-10일 심야 참모회의에서, 독일군 최고사령관은 돌연 칼레로부터 노르망디로의 일체의 병력이동을 중지하라는 명령을 하달하였다. 그뿐 아니라 총통은 나머지 가용한 사단들을 심각한 압박을 받고 있는 노르망디 지역이 아니라, 칼레 지역에 위치한 제 15군 지역으로 이동명령을 하달하였다. 히틀러는 공작원 가르보가 무선 정보 메시지를 보내는데 무려 2시간이 소요된 것을 주목하였다면, 그가 내린 결심과 FHW/Kuhlentahl의 생생한 정보를 받아들이지 않았을지도 모른다. 빈틈없고 능력이 탁월한 영국의 신호 보안부대들이 무슨 이유로 2시간의 장시간에 걸친 송신내용을 포착하고서도 불법적인 발신자를 체포하지 않았을까 하는 결정적인 의문이 Kuhlentahl 대장과 본 뢰네에게는 생기지 않았을까? 정보장교들은 상황판단에 있어서 항상 비판적 관점에서 문제해결의 '결정적 요인(critical factor)'을 찾아내고, 이를 중심으로 발상의 전환적인 자세로 기존의 첩보와 정보 분석의 패턴을 재점검함으로써 적의 기만에 대비하여 진실을 규명하고자 하는 자세가 필요하며, 특히 그들의 선입관이나 편견이 아주 그럴듯하게 전개되어 나가고 있다고 판단될 경우에는 (적의 기만을 의심하여) 더욱 신중하고 경계심을 높여야 할 것이다.

한편 런던의 비반 대령과 그의 LCS참모들은 노르망디로 향하던 독일군 진출선이 갑자기 정지되고, 그다음 며칠 동안 칼레 방향으로 집중하고 있는 상황을 상기된 얼굴로 지켜보고 있었다. 포티튜드 계획과 보디가드 계획은 차질 없이 진행되었다. 그때까지도 대(大) 정보기만 작전은 끝나지 않았으며, 7월까지 순조롭게 이행되었다. 6월 10일 칼레 외곽 지역에 대한 모의 침공에 추가하여, 6월 마지막 주까지 칼레 서남쪽에 위치한 Boulogne와 Dieppe 지역 외곽에 연합군의 기만 공수작전과 해군작전이 후속되었다.

이러한 양공작전이 성공적으로 진행됨으로써 히틀러는 개인적으로 D-DAY 이후 만 1개월 동안 휘하 모든 사단들을 칼레 지역에 묶어 두어 7월 8일 연합군의 침공작전(독일군 자체 판단)에 대비토록 명령을 하달하였다. 이러한 독일군의 반응은 비반과 그의 LCS참모들에게는 기만의 대성공이었으나, 본 뢰네의 군사정보국이나 독일군 고위 사령부에게는 일대 정보 재앙이 되고 말았다.

그렇다면, 본 뢰네는 무능한 정보장교였는가? 그 답은 전혀 그렇지 않다는 것이다. 1944년 이전의 그의 경력은 매우 훌륭했다. 그의 실책은 자신의 정보체계에 대한 과신과 사실 규명을 위한 '비판적 분석(critical analysis)'을 망각했다는 것일 가능성이 농후하다. 비판적 분석은 각 출처에 대한 첩보를 분석하는데 있어서 기본이 되는 요소 - 그것은 진실인가?(진실과 기만의 구분), 그것은 믿을 만한가?(첩보출처 및 기관의 신뢰성), 그것은 타 출처의 첩보로 확인되었는가?(정확성) - 를 평가하는 전형적 정보처리체계가 정상적으로 작동되어야 하는 것인데, 본 뢰네는 이러한 정보처리의 기본이 붕괴되었거나 아니면, 에니그마가 해독당함으로써 FHW 정보체계의 운용체계가 적에게 완전 노출되어, 독일 정보체계를 기만할 수 있는 방법을 간파한 적의 기만작전에 의해 농락당한 것으로 볼 수 있다. 모든 정보활동의 '핵심 목표'는 '지휘관의 정보요구 충족'에 있으며, 지휘관의 정보요구는, "적은 공격할 것인가? 공격한다면, 언제, 어디서, 어떠한 규모로?"라는 4가지 의문사항인데, 독일군 정보참모부는 여기에서 완전한 오류를 범하였다. 그것은 베를린을 잿더미로 만들었으며, 제3제국의 붕괴를 초래한 대실패였다. 정보오판이 그러한 재앙적 결과를 가져온 것은 보기 드문 현상이었다.

D-DAY 정보기만 일화는 후일, 비반의 빈틈없는 노련한 잔꾀, 매스터맨의 전문적 직업정신, 그리고 독일의 비극으로 요약된다. D-DAY 새벽 3시, 매스터맨의 이중첩자 Garbo는 그의 독일 조종관에게 연합군이 배 멀미 약 가방을 휴대한 채로 숙영지를 출발했다는 망원의 보고를 타전하였다. 이 시간을 노린 것은, 메시지가 베를린까지 보고되는 동안 동이 트고, 먼동이 트는 시간 연합군의 상륙은 이미 시작된 시간 거리를 고려한 것 이었으며, 이렇게 함으로써 연합군 상륙작전에 피해를 주지 않으면서 첩보원으로서 Garbo의 신뢰도를 제고시킬 수 있는 일석이조의 효과를 얻을 수 있었기 때문이었다. 가르보는 그의 독일 조종관에게 "나는 당신에게 가치를 헤아릴 수 없이 귀중한 첩보를 보내 주었다. 나는 당신의 전문성과 책임감을 의심하지 않을 수 없다."라고 혹평하였다. 두 달 후, 가르보는 히틀러 사령부로부터 철십자 훈장을 수여한다는 메시지를 받았다.

본 뢰네는 불행하게도, 1944년 7월 20일, 히틀러 폭탄테러 음모로 체포되었다. 그는 후에 그의 과거 상관이었으며, 연합군의 기만 작전의 일익을 담당하였고, 영국과의 접촉이 확실시되는 카나리스 제독과 합류하였다. 나치가, 독일군의 정보의 이중성을 의심한 최후의 결정적 단서는 카나리스가 1944년 6월 프랑스로 의문의 여행을 했던 사실이었다. 카나리스의 후임자였던 Schellenberg는 카나리스가 후일 암살 음모에 가담했던 다수의 장군들과 대화를 나누고 있었던 사실을 알아냈다. 3일 후, 카나리스는 쉘렌버그에 의해 체포되었다. "안녕! 나는 당신들을 기다리고 있었지."라고 작은 체구의 제독은 체포 장교에게 말하였다.

1944년 10월 11일, Baron Alexis von Roenne 대령 독일군 총참모부 서부 전선 사령부 정보부서장은 히틀러 암살 음모에 가담한 반역죄로 나치 당국에 의하여 처형되었다. 정보장교가 정보 오판의 대가를 그토록 값 비싸게 치른 것은 보기 드문 일이었다. 카나리스- 총체적인 D-DAY 기만에 있어서 그의 역할이 결코 밝혀지지 않았지만- 도 그의 뒤를 따라야 했다. SD 요원이 과거 독일군 군사정보국(Abwehr) 사무실을 조사한 결과, 카나리스 세독과 그의 참모들이 관련된 기록 문서들과 일지들이 발견되었는데, 그가 마땅히 보고해야 했었을 많은 정보들이 은닉되어 있었다. Abwehr의 마지막 수장이었던 카나리스는 결국 적과 내통죄로 처형되었다. 카나리스는 적과의 접촉은 비밀공작을 취급하는 부서의 정상적인 과업이었고, 그는 국가에 충성을 다 했으며 결코 제국을 배신하지 않았다고 항변하였으나 허사로 끝났다. 그는 결국 투옥되었고, 제국이 광분하는 독재자 앞에서 무너진 것처럼, 히틀러의 명령에 의해 죽임을 당하였다.

카나리스의 최후는 평탄치 못하였다. 1945년 4월 9일, 플로쎈

버그에서, SD 요원의 고문과 구타로 얼굴이 문드러지고, 피를 흘리면서, 쇠갈고리에 매달린 채로 서서히 목 조여 비참한 최후를 맞았다. 그는 나치의 앙갚음에 외롭게 희생되었다. 그들 자신의 길을 걸어갔던 두 독일군 정보장교들, 본 뢰네와 카나리스는 D-DAY의 연합군의 성공적인 기만 작전의 희생자가 되고 말았다.

역자 촌평

정보활동은 전·평시 구분이 있을 수 없으며, 평시 정보의 성공은 전쟁을 억지할 수 있는 반면, 평시 정보의 무능은 적의 침공을 조기경보하지 못함으로써 기습을 당하는 참극을 초래하게 된다. 전시가 되면, 정보의 중요성은 더욱 절박하게 되며 전시 정보의 실패는 국가 존망을 좌우하게 된다. 위에 서술된 John Hughes-wilson의 1944년 D-DAY 군사정보 전사는 정보의 성공과 실패가 얼마나 국가운명/세계체제에 결정적 영향을 미치는가에 대한 충분하고도 필요한 입증 사례가 되고 있다. 영국의 대담하고도 정교한 기만계획이 성공함으로써, 독일은 300여 개 사단에 이르는 군사력을 발칸 반도로부터 이태리, 남 프랑스, 덴마크, 홀랜드, 노르웨이, 러시아, 북 불란서 칼레 항구 지역에 분산시켜, 주 상륙지역인 노르망디에는 그중 단 8개 사단만 대비토록 하는 정보·작전의 실패를 초래하였다. 이처럼 세계 제2차 대전을 종식시키는 결정적 계기가 되었던 영국의 정보기만의 완벽한 승리와 독일군 정보의 처절한 실패 사례를 보면서, 영국 정보의 성공 요인과 독일 정보의 실패 요인을 규명해보고 정보교훈을 도출하고자 한다.

영국 정보의 성공 요인

영국인들의 정보 인식은 탁월하다. 국가 지도부 인사나 일반 국민 모두는 정보의 중요성에 대한 깊은 이해와 실천적 의지를 향유하고 있었다. 작은 나라가 강대국과 맞서 양적 열세를 질적 우세로 국력의 승수효과(乘數效果)를 달성할 수 있는 국가정보력을 중시해

오고 있었다는 평가를 받을 만하다. 평시부터 고도로 전문화되고 첨단화된 MI5 와 MI6 등 군사정보체계는 국가 전체에 언제나 임무수행에 필요한 요구를 할 수 있고 협력케 할 수 있는 막강한 LCS, 기만통제부를 구성·운용함으로써 오버로드 작전을 위한 성공적인 정보기만을 달성하였다. 보다 구체적으로 요약 분석해 보면:

① 우선, 영국은 제2차 세계대전에 참전하게 된 전쟁 명분이 분명하다. 독일의 독재자 히틀러의 국가사회주의 이념과 게르만 민족의 민족주의 이념의 확산을 위한 팽창주의/침략전쟁에 맞서, 유럽의 평화와 안정을 회복하고 자유민주주의 체제와 자국민의 생존권을 수호하기 위한 참전 명분이 강한 설득력을 지닌다고 볼 수 있다. 따라서 국가 총력전을 수행할 수 있는 체제가 구축되어 있음으로써, 국력의 결집이 상대국을 압도할 수 있었다. 또한, 같은 맥락에서 노르망디 상륙작전 성공을 위한 국민적 공간대가 형성됨으로써, 기습을 위한 정보기만의 필요하고도 충분한 조건이 충족될 수 있었다.

② 영국은 전쟁 원칙의 핵심적 요소인 기습의 원칙과 기만의 원칙을 구현하기 위해서 강력한 영향력을 행사할 수 있는 범국가적 정보/기만기구인 런던통제부(LCS)를 설치, 운용함으로써, 조직적이고 체계적이며 전문적인 기만을 가능케 하였다.

③ 개전 초기 폴란드, 프랑스 정보기관들과 유기적 협력 체제를 활용하여, 독일의 에니그마 암호를 해독 가능한 암호해독기 Ultra를 제작, 활용함으로써, 정보 기만에 절대적으로 필요한 독일의 정보체제와 운용실태를 파악하여, 독일이 원하는 첩보를 독일이 원하는 방식으로 주입하는데 성공할 수 있었다.

④ 영국은 전쟁 이전인 1910년경부터 조직된 국가보안국 MI5 를 운용하고 있었던 바, 이 기구의 역량을 기만통제부와 연결하여, MI5 가 포섭, 활용하고 있던 영국에서 활동 중인 상당수의 신뢰할만한

이중 첩자들을 적시에 활용함으로써, 이들이 타전한 인간정보들을 독일이 획득 가능한 영상정보와 신호정보들과 상호 대조되어 이를 확인시켜줄 수 있었다. 즉 영국은 독일의 서부 전선 사령부(FHW)의 정보요구를 만족시키기 위하여 기만 정보의 3대 출처인 인간정보, 영상정보, 신호정보 출처를 망라하는 정보기만 능력을 십분 발휘하였다.

독일 정보의 실패 요인

독일은 독재자 히틀러가 이끄는 국가사회주의 정당, 소위 나치가 정권을 장악, 독일 중심의 세계질서를 재편하기 위한 침략으로 세계대전을 촉발시킴으로써, 2차 세계대전에 대한 국제적·국내적 전쟁 명분을 상실하였다. 인류의 보편적 가치로 자리매김하고 있는 자유·평등·민주주의와 배치되는 전체주의와 민족주의의 확산을 위한 팽창주의는 주변국은 물론 자국 내에서도 국민적 지지를 상실함으로써, 국가 총력전을 수행하기 위한 자발적 기재를 상실하였다. 즉 나치를 혐오하는 일부 요인의 일탈과 배반, 그리고 독재자의 영웅주의적 강박관념과 나치의 횡포로 독일군 정보체제가 심히 왜곡되는 결과를 초래하였다. 히틀러는 적의 상륙지점은 항구가 될 것이라는 고정관념을 포기하지 않았고, 나치당의 보안 당국은 군사정보기구를 정치적 논리로 제압, 통제하였으며, 해외 비밀 공작원들은 조국을 버리고, 오히려 이적행위를 서슴지 않았다. 이를 보다 구체적으로 요약, 분석해 본다면:

① 상기한 전쟁 명분 상실에 추가하여, 나치를 혐오하던 Abwehr, 독일 군사정보국장, 카나리스 제독과 서부 전선 사령부 군사정보 담

당 본 뢰네 대령, 그리고 영국에서 활동하던 이중첩자 Garbo와 Brutus 등은 정도에서 일탈하였다. 카나리스 제독은 적국 영국의 비밀정보국 MI6와 내통함으로써 D-DAY 정보판단을 흐리게 하였으며, 귀중한 기술정보 자료를 포함한 상당한 정보를 영국 MI6 와 비밀리에 교환했던 것으로 입증되었으며, 결국 적과의 내통죄로 처형되었다. 본 뢰네 대령은 악의는 아니었지만 나치 상급자들의 횡포를 막기 위하여 정보를 임의로 배가시키는 우를 범하였고, 그후 이를 합리화시키기 위하여, 영국의 기만 정보를 여과 없이 수용함으로써 정보 오판의 실책을 범하였다.

② 카나리스 제독의 정보 유출로 군사정보국을 나치당 직속 보안국에 병합함으로써, 이질적인 기관 간에 알력과 갈등이 증폭되고, 정치적 논리로 억압당함으로써 정보 기능이 왜곡/약화되었다. 이러한 이질적인 조직 간의 강제적 병합의 모순은 히틀러와 나치의 몰락을 재촉하는 요인의 하나가 되었으며, D-DAY 정보 오판의 계기가 되었다. 이는 독재자 히틀러 개인의 오만과 편견, 그리고 독재자의 지시에 맹목적으로 추종하는 세력들의 과잉 충성의 소치였다고 볼 수 있다.

③ 다음은, 히틀러 총통 자신의 군사정보체제에 대한 무지와 독단의 결과를 지적하지 않을 수 없다. 히틀러는 자신의 판단을 과신하고 있었으며, 또한 정보기관은 총통 자신이 직접 지령을 내리고, 통제해야 한다고 굳게 믿고 있었다. 히틀러는 적이 기만을 감행할 것으로 판단하였음에도 불구하고, 정상적으로 처리된 정보에 입각한 체계적인 정보판단과 기만계획을 찾아내려 하지 않고, 오히려 자기의 고정관념에 맞추어 개인의 구미에 맞는 첩보를 정보로 선호하는 경향이 있었다. 정보판단에 지휘관의 고정관념이나 선입관, 기대심리가 작용하게 될 경우, 십중팔구 적에게 오용 당할 수 있으며, 오판을 초래하게 된다는 교훈을 망각하고 있었던 것이다. 연합군의

D-DAY 정보기만은 히틀러의 이 같은 고정관념과 개인적 신념을 간파하여 이를 기만작전에 최대한 활용함으로써 히틀러에 대한 기만을 성공시켰다. 히틀러는 연합군이 항구 위주로 상륙작전이 이루어질 것이며, 어느 특정 지점이 아닌 다수의 지점에 광범위한 공격을 감행해 올 것이라고 예단하였었다.

④ 독일은 상용으로 개발된 에니그마 암호기를 일부 개조하여 주암호기로 사용함으로써, 국가/군사기밀이 노출되는 결정적인 실수를 하였으며, 노출된 이후에도 확인 없이 계속적으로 사용하는 우를 범하였다. 암호기 노출로 독일군의 정보체제와 운용개념, 작전 의도를 완전히 개방한 상태에서 결국 기습을 허용한 것이다.

⑤ 또한, 독일 비밀 공작원들 중 상당수는 영국의 MI5에 포섭되어, 처형되기 보다는 영국에 귀순하여 일신의 안위를 위하여 이중 첩자 역할을 하였으며, 독일 비밀정보 당국은 변절 여부에 대한 확인 없이 지속적으로 기만당함으로써 오판을 자초하였다.

⑥ 끝으로, 독일 군사정보 요원들, 특히 본 뢰네는 이유를 불문하고 적의 기만 여부에 대한 '비판적인 분석(critial analysis)' - 그것은 진실인가?(기만 여부?), 첩보의 출처 및 기관은 믿을만 한가?(신뢰성), 그것은 타 출처의 첩보와 일치하는가?(정확성) - 을 소홀히 하였다. 따라서 그와 그의 참모들은 적이 언제, 어디로, 어떠한 규모로 공격해 올 것인가에 대한 핵심 정보 목표(지휘관의 정보요구)를 충족시키지 못하였다. 또한 적에 관한 상황이 아측에서 기대하고 있는 방향으로 순조롭고 친절하게 조종되고 있다고 판단되거나, 조금이라도 그렇게 의심이 가는 경우에는 과감한 발상의 전환을 통하여 바로 잡을 수 있는 '결정적 요인(critical factor)'을 발굴하여 심층 분석을 하여야 함에도 불구하고, 자신의 정보체제에 대한 과신으로 이를 실기하고 말았다.

교훈

① 기습은 전쟁의 원칙 중 가장 중요한 원칙 중의 하나다. 기습을 방지하는데 있어서 핵심은 정보의 역할이다. 정보활동의 핵심 과업은 조기경보로서, 적이 공격할 것인가? 그렇다면, 언제, 어디로, 어떻게 공격해 올 것인가? 에 대한 4대 의문 사항을 적시적이고, 정확하며, 예측 가능한 상태로 충족시켜야 한다. 미 육군 정보학교에서는 현대의 정보활동의 7대 과업은 조기경보, 전장 정보 준비(IPB), 적 상황 판단, 표적 개발, 전투피해 평가(BDA), 전자전(EW), 부대방호 준비로 규정하고 있다.

② 정보장교는 기습을 방지함과 동시에 적에 의한 기만을 경계해야 한다. 정보장교에게 부과되는 '기습 방지와 기만 경계'의 책임은 정보라는 동전의 양면으로 아무리 강조해도 지나침이 없다. 브루스(Bruce Bercowitz)와 베네트(Michael Benett)는 정보장교는 항상 '준비된 마인드'와 '비판적 분석'을 통하여 적의 기만에 대비하여야 한다고 주장했다. 준비된 마인드는 빠진 첩보에 대한 세심한 분석과 첩보의 과잉일치 현상[2]에 유념하여야 한다는 의미이다. 비판적 분석은 첫째, 그것은 진실인가? 둘째, 첩보의 출처 및 기관은 믿을 만한가? 셋째, 그것은 타 첩보와 일치하는가? 에 집중하는 것이다. 특히, 적에 관한 첩보들이 아군이 기대하고 있는 방향으로 순조롭게 수집되거나, 지나치게 친절하게 첩보 제공이 이루어

---

[2] 서동구, "정보 실패 최소화를 위한 이론적 고찰"(『국가정보연구 제6권 2호, 2013, 서울) pp.123-124. 첩보의 과잉일치 현상은 수집된 첩보들이 상당 부분 중복, 일치되면서 기존의 가정이나 판단을 강화시키는 현상을 말한다.

진다고 의심이 가는 경우에는, 해당 첩보의 출처 감시, 전파 수단 및 소요시간 평가, 타 출처에 의한 첩보내용 확인 등의 문제 해결을 위한 '결정적 요인'을 찾아 진위를 판별할 수 있도록 재분석이 이루어져야 한다.

③ 기만은 작전기만과 함께 정보기만을 병행하여야 한다. 정보기만계획 작성 시 아군 작전에 대한 적의 개략적인 예상을 알고 있어야 하며, 적의 정보/보안체계를 사전 파악해야 한다. 전쟁 수행 시에는 국가통수 차원에서 2차 대전 시 영국에서 운용해서 성공했던 '런던 통제부(London Controlling Section: LCS)'와 유사한 기구, 즉 다양한 전문인사들로 구성된 범국가적 기만 기구를 설치하여 관련 기관들(정보/전자전, 작전, 인간정보, 저항 세력, IT 전문가, 외국어 능력 보유자, 언론인, 금융 종사자, 영상 전문가 등)을 조정·통제할 수 있어야 한다. 정보기만을 위해 가능한 인간, 신호, 영상정보 등 전 출처 기만 정보를 생산하여, 최소 2개 이상의 출처의 첩보가 일치되도록 하며, 적의 정보수집체제와 운용개념에 맞추어야 한다. 이를 위해서 정보기만 매트릭스(시간별, 상황별, 출처별 세부 기만계획)를 작성, 조직적이고 체계적이며 정교하게 통제하고 운용해야 한다. 인간정보에 의한 기만을 위해서 평시부터 이중첩자를 활용하며, 이때 이중 첩자의 신뢰도를 제고시키는 방안도 동시 고려해야 한다. 또한, 비밀 공작원의 변절을 막기 위해서는 지속적이고도 철저한 사후관리가 뒤따라야 한다. 기만 작전은 전쟁 발발 이전부터 개전 초기, 작전 진행 전 기간에 걸쳐서 지속적으로 운용하고, 기만 달성 여부를 수시로 확인하고, 상황 변화에 맞도록

발전시켜 나가야 한다.

④ 전·평시를 막론하고 암호 해독은 정보의 보배이다. 국가 암호체계를 강화해야 하며, 적의 암호체계 해독 능력의 구비는 물론, 아군의 암호체계가 노출되지 않도록 지속적인 보안 조치를 강구해야 한다. 국가 암호보안은 보안의 핵심이다.

03 "스탈린 동무가 다 알고 있어!"

– 1941년, 독일의 임박한 공격에 관한 스탈린 참모들의 전형적인 반응 –
바바로사(Barbarossa) 작전, 1941

03 "스탈린 동무가 다 알고 있어!"
- 1941년, 독일의 임박한 공격에 관한 스탈린 참모들의 전형적인 반응 -
바바로사(Barbarossa) 작전, 1941

1941년 6월 22일 새벽 01:45분, 소련의 화물 열차가 1,500톤의 양곡을 탑재한 채 Brest Litovsk에 위치한 독-소 국경 전방 부대에 도착하였다. 그 양곡은 독-소 불가침조약의 경제협력 조항에 따라, 스탈린이 아돌프 히틀러에게 독일의 전쟁경제를 지원하기 위하여 매월 보내는 200,000톤의 양곡과 100,000톤의 석유제품의 일부였다. 국경지역에서 이 장면은 일상적이고 평온하며 질서 정연한 광경이었다. 당시 소비에트 사회주의 연방공화국과 나치가 이끄는 독일 제3 제국은 정식 조약으로 맺어진 동맹 국가이었다.

그로부터 한 시간 반 후, 야심으로 가득 찬 독일군은 공산 러시아를 침공하기 위하여 소련의 군수지원 열차가 통과했던 그 다리를 통과하여 또 다른 맹렬한 전격전을 감행하였다. "우리는 꼭 문을 박차고 들어가야 한다. 전체적으로 썩어빠진 볼셰비키 체제는 붕괴하고 말 것이다."라고 히틀러는 그의 측근들에게 호언하였다. 공포의 대상이 되고 있는 나치 지도부는 그해 가을까지 - 크리스마스까지는 말할 것도 없고 - 소련은 무너지고 말 것이라고 확신하였다.

1941년까지는, 소련은 세계에서 가장 방대하고 효율적인 정보력을 자랑하였다. 소련 혁명 정부의 비밀정보기관의 창설자인 Felix Dzerzhinsky 휘하에서 1920년대까지, 소련 정보기관은 규모나 영역 면에서 급성장을 이루었으며, 해외의 공산당과 외국의 재판소뿐만 아니라 소련인들의 일상생활의 모든 면에 이르기까지 영향력을 미쳤다.

1941년 6월 22일 여명, 독일군 300여 만의 병력과 3,350여 대의 전차가 소련을 침공하여 기습작전으로, 준비되지 않은 소련 서부 국경지역 방어선을 완전 장악하였다. 도대체 어떻게 인류 역사상 가장 파괴적인 전쟁에서, 그러한 정보의 실패가(겉으로 보기에) 일어날 수 있었단 말인가?

그에 대한 대답은 간단하다. 소련의 독재자가 반복적으로 계속 보고되는 진실을 거부했기 때문이다: 나치 독일은 당시 소비에트 사회주의 공화국을 침공할 계획을 하고 있었다. 다름 아닌 스탈린 자신이 1941년 소련에게 내려진 정보재앙의 근원이었다. 제3 제국과의 전쟁을 회피해야 하겠다는 그의 강박관념이 독일이 침공해

올 것이라고 하는 명백한 정보보고를 지속적으로 묵살케 함으로써, 결국 독일의 바바로사 작전은 성공하게 되고, 반대로 소련은 재앙적 대 패전을 당하여 모스크바까지 밀리게 되었던 것이다.

스탈린은 여러 가지 복잡한 동기를 가지고 있었지만, 그중에서도 가장 중요한 것은 시간을 벌기 위한 욕심 때문이었던 것으로 보인다. 스탈린은 그의 군대가 전쟁 준비가 되어 있지 않다는 것을 어느 누구보다 더 잘 알고 있었다. 그래서 그는 전쟁은 일어나면 안 된다는 것을 자신에게 확신시키려고 헛된 노력을 하였으며, 그에게 올라오는 모든 정확한 정보들을 귀찮게 여기고 받아들이지 않은 것 같아 보인다. 그러나 그는 마르크스-레닌이 분석한 바와 같이, 공산주의와 자본주의 간의 궁극적 대결은 역사적 필연으로 보고 있었다. 스탈린의 문제는 헤겔-마르크스 이론의 꽃봉오리를 펼 수 있는 그러한 이념 대결은 아직 준비되지 않았다고 하는 것이었다. 바로 3년 전, 그는 철저하게 그의 군대를 파괴시켰다.

1937년 봄, 대(大) 테러의 일부로서, 스탈린은 '붉은 군대'를 '내부의 적'으로 숙청하였다. 그로부터 3년 동안, 대부분의 군사지휘관들을 날조된 죄목으로 처형하였다. 그 숙청은 공포스러운 것이었다: "군사 소비에트(Military Soviet)" 80인 중 75명이 처형되었다, 모든 지방에 산재 되어있는 군지휘관, 사단장의 2/3, 연대장의 절반 그리고 456명의 대령급 참모장교 중 400명이 처형되었다. 스탈린은 붉은 군대의 지휘부를 효율적으로 제거하였다.

놀랍게도, 1939년 겨울에 있었던 붉은 군대의 핀란드 침공은 군사적 완패로 끝났다. 핀란드는 불과 200,000의 소수 병력으로 백만이 넘는 붉은 군대를 궤멸시켰으며, 소련은 우세한 병력을 보유했지만, 약 250,000명 이상의 사상자가 발생하였다. 어린 소년

다윗이 거구의 적장 골리앗을 물맷돌로 쓰러뜨렸을 뿐만 아니라, 이때 적장은 행동이 느려빠진 무능력자였음을 보여 주었던 사실을 스탈린은 너무 잘 알고 있었다.

우리가 바바로사 기습작전이 성공한 배경에 있는 진실을 알기 위해서는 스탈린 개인의 숨기기를 좋아하고, 두려워하며, 교활한 영혼 내면의 깊숙한 곳을 살펴보아야 한다. 스탈린은 소련에서 최고의 권력을 휘둘렀을지 모르지만, 러시아의 독재자로서 마음에 항상 권력 상실에 대한 두려움- 일종의 편집증- 을 떨쳐버릴 수 없었던 것 같아 보인다. 그는 그의 정적들을 무수히 살해함으로써 소련에서의 모든 사건들을 주도할 수 있었지만, 그는 막강한 그의 군대를 공산주의 체제와 영도자에게 대항하는 숙명적인 위협으로 간주하였다.

이러한 점에서 스탈린의 많은 행동들은 이해될 수 있을 뿐만 아니라 한편(이상하게) 합리적이라고 생각할 수 있다. 이데올로기의 편집증을 가지고 있는 괴팍한 표준으로 보면, 스탈린의 행동은 일종의 호기심을 불러일으킨다. 그는 역사적 이데올로기 전쟁이 준비될 때까지는 여하한 희생을 감수할지라도 그를 파멸시킬 수 있는 전쟁을 막아야 한다고 생각했다. 만일 우리가 이러한 스탈린의 세계관을 이해한다면, 독일의 공격에 대한 명백한 정보에 의한 경고를 묵살하고 억압하려는 스탈린의 의중은 다소 논리에 접근한다고 볼 수 있을 것이다. 독재자 스탈린 같은 지휘관이 자신이 구상하고 있는 단계별 전략을 가지고 있다면, 이와 역행하는 정보는 그 정보가 아무리 정확하고, 또한 그 정보를 생산한 정보장교에게 최악의 좌절감을 준다 할지라도, 이를 무시하며 억압할 수 있으며, 따라서 정보를 만족시킬 수 있는 행동이 뒤따를 수 없게 된다. 스탈린은 "나는 내 자신의 정보원이다!(I am my own intelligence officer!)"라고 주장한 사람 중에서 처음도 아니고 마지막도 아니지만, 역사적 사실이 입증해 주는 바와 같이, 그 자신은 결코 탁월한 정보장교는 아니었다.

1940년 7월 말부터 1941년 6월 22일까지, 대략 90여 회에 걸쳐 독일의 공격이 임박하다는 명백한 경고가 스탈린에게 보고되었다. 모든 경우에 있어서, 수집된 첩보들은 전문적으로 상호 대조되었고, 정확하게 평가/해석되었으며, 최고 사령관인 스탈린에게 보고되었다. 그러나 그중 한 건의 정보도 예하 부대에 더 이상 전파되지 않았던 것으로 알려지고 있다. 이러한 정보 실패의 직접적인 결과로, 소련은 1941년 6월부터 12월까지 6개월 동안, 국경지역 전선으로부터 모스크바 외곽에 이르는 전 전선에 걸쳐서, 2백여만 명의 전쟁포로를 포함하여 4백만의 병력 손실과, 14,000여 대의 항공기, 20,000여 문의 야포, 1,700여 대의 전차를 독일군 침략자들에게 빼앗기고 말았다.

어떻게 이러한 참담한 현상이 발생하게 되었는가를 알아보기 위해서는, 3년 전 뮌헨으로 돌아가지 않으면 아니 된다. 1938년 9월 뮌헨협정은 소련에게는 엄청난 충격이었다. 소련은 제3의 보불전쟁(자본주의 전쟁)이 필연적으로 일어날 것이며, 이 경우 소련에게는 유리한 환경이 조성될 것이라는 마르크스 이론에 확신을 가지고 있었으며, 히틀러의 재기를 견제하기 위하여 국제적 "집단 안전보장" 체제가 벌써 작동될 것으로 믿고 있었으나, 뮌헨협정으로 유럽에 새로운 위험을 맞게 된 것으로 받아들였다. 런던 주재 소련 대사 Maisky는 "국제관계는 바야흐로 폭력과 포악성의 시대, 그리고 폭력 정책이 난무하는 시대로 진입하였다."고 모스크바에 보고하였다. 더 나아가서, 포스트- 뮌헨 세계에서의 소련의 입장에 대한 분석은 영국과 프랑스의 정책이 폭력적 본성으로 굳어진 것으로 해석되었다: 영국의 대외정책은 바야흐로 단 두 가지 목적을 지향하고 있는바, 첫째는 어떠한 희생을 무릅쓰면서도 평화를 추구하는 것이며, 둘째는 제3국을 희생시켜서라도 공자와 결탁하여 공자의 양보를 얻어내는 것이었다.

히틀러와 결탁하는 그러한 정책은 스탈린과 그의 보좌진들에게는 기본적으로 반공산주의, 그리고 반소련 정책으로 보였으며, 따라서 소련에 대한 심각한 위협으로 인식되었다. 소련 관료들의 우려는 점증하여, 영국과 프랑스가 히틀러의 탐욕적 야망을 그들로부터 전환시키기 위하여 독일과 소련과의 분쟁을 야기하려 한다는 신념으로 발전하기에 이르렀다.

히틀러의 보좌진들에 대한 Alan Clarke의 비유는 "허영심과 자기 현혹에 빠져서, 전제국가의 궁중에서 노는 어릿광대보다 못한 인물들"이라고 묘사하였는바, 이 비유는 비뚤어진 망상과 온갖 권모술수와 음모가 득실거리는 스탈린과 그의 볼셰비키 일당들이 모인 서클에도 그대로 적용시킨 것이라고 볼 수 있다. 일련의 상황들에 대한 어떠한 객관적인 분석도 소련 공산주의자들의 편견과 교리, 그리고 갓 태어난 소련을 멸망시키려고 하는 자본주의자들의 음모에 대한 두려움으로 더욱 왜곡되었으며, 그 결과 소련은 내부 반역자들과 반혁명분자에 대한 무자비한 색출이 가중되었다.

스탈린은 그의 정보 분석관들을 죽이려 하였으며, 따라서 모스크바에서 실재 무슨 일이 일어나고 있는가를 찾아내는 문제는 더욱 어려워지게 되었다. 붉은 군대의 경우와 같이, NIO(해외정보국)과 NKVD/NKGB(국가보안정보국)은 공히 1937년부터 1939년 사이 무자비한 숙청이 자행되었다. 집단안전보장 정책의 입안자였던 Litvinov는 정책 실패의 책임을 물어 축출되었으며, 뮌헨협정 이후인 1939년 초기 스탈린 위원회가 이를 장악하였다. 놀랍게도, 리트비노프는 살아남을 수 있었으나, 그의 참모들은 비참한 최후를 맞이할 수밖에 없었다. 반혁명분자들과 연루된 대다수의 외교관들과 대외기관 관료들은, 제2차 세계대전이 발발하기 직전 수년 동안에 걸쳐서 "하룻밤 사이 온데간데없이 사라져 버리는" 숙청을 당하였으며, 소련 인민들의 삶의 모든 분야도 숙청을 위한 감시 대상이 되었다.

이러한 상황에서, 스탈린이 뮌헨협정 이후 대외정책에 대한 적절한 정책 건의를 받을 수 없게 된 것은 놀랄 일이 아니다. 영국과 불란서의 향후 대외전략을 이해하고 있던 대부분의 전문가들은 처형당하거나, 강제노동 수용소에 수용되었다. 그 당시 생존이 가능했던 자들은 소련의 격언에 있는 바와 같이 "위험을 알아차리라, 아첨하라, 생존하라."를 적용하여 오직 살아남겠다는 생존정책으로 머리를 낮추고 있었던 사람들이었다. 다만 용감한 자나 아니면 어리석은 자만이 1939~1940년 기간에 발생하는 사건들에 대한 스탈린의 견해에 반론을 제기할 뿐이었다.

그러나 예상했던 바와는 달리, 뮌헨협정 이후 프랑스와 영국의 유화정책 기조는 막을 내리고 말았다. 1939년 3월, 체코슬로바키아 잔류 세력들에 대한 히틀러의 냉소적인 공격은 실제로 연합국들의 결단을 강화시켰으며, 그때까지 겁을 먹고 있던 정치가들로 하여금 영·불과 독일 간의 충돌은 불가피하게 되었음을 확신시키는 계기가 되었다. 그러나 소련 측은 달리 해석하고 있었다. 스탈린의 관점에서는, 이제 배신적인 자본주의 민주주의자들의 선동과 도움으로, 마치 굶주린 파시스트 늑대가 소련의 방호 되지 않은 서부 국경 지역에 풀어 놓아진 형국이 되었던 것이다. 그럼으로써, 소련은 독일과 화해를 하지 않으면 아니 되는 상황이 되었다고 판단하였다: 스탈린은 여하한 대가를 지불해서 라도 히틀러를 매수해야 한다고 믿었다. 그러나 만일 뮌헨협정 이후 서구 민주주의 국가들의 전략 방향이 독일과의 전쟁 쪽으로 굳어진다면, 이는 역설적으로 스탈린으로 하여금 독일과의 유화노선인 1939년 8월의 Ribbentrop-Molotov 조약을 체결하도록 여건을 조성해준 셈이 되고 만다.

독일과의 전쟁을 회피하는 방향으로 기울어진 소련의 정책으로, 영국과 프랑스는 제2류의 행위자로 전락되고 말았다. 소련의 지도부는 소련은 이제 고립되어 위험한 세계에서 혼자가 되었다고 믿었다. 거의 절망적인 상황에서, 스탈린은 몰로토프에게 그들의 잠재적인 적, 독일과 불가침조약을 맺도록 명령하였다. 1939년 3월, 히틀러의 일방적인 뮌헨협정 파기는 소련의 그러한 계획을 오히려 촉진시켰다. 그러나 독일에게 직접 접근하기 전, 스탈린은 영국과 프랑스가 어느 측도 폴란드와 루마니아 같은 동부지역의 새로운 종속국들을 보호할 입장에 있지 않음을 알고 있었음에도 불구하고, 그들과 최후의 접촉을 시도하였다. 1939년 4월, 스탈린은 소련은 물론, 동유럽을 보호하기 위하여 영국, 불란서, 소련으로 구성된 3국 동맹을 맺어 히틀러에 대항하는 집단방위체제를 제안하였다.

프랑스와 영국은 이 제안이 히틀러를 압박하기 위한 것인지, 시간을 벌기 위한 것인지, 아니면 스탈린의 입지를 넓히기 위한 것인지(가능성이 가장 높은) 매우 애매하여, 스탈린의 제안에 미온적이었다. 오히려 그들은 히틀러가 폴란드를 공격시 영국과 불란서가 러시아를 원조하는 군사협정을 맺자고 역제안을 하였다. 유럽의 모든 식자들이 알고 있는 것처럼, 폴란드가 히틀러의 영토 확장을 위한 차기 목표가 될 것이며, 또한 폴란드가 지형적으로 주변국에 둘러싸이고, 고립되어 있기 때문에 영국과 불란서 어느 나라도 나치의 폴란드 침공시 지원할 수 있는 능력이 없는 것을 알고 있는 스탈린에게, 이 역제안은 스탈린 자신이 가장 피하려고 하는 독일과 폴란드 전쟁에 소련을 끌어 들이려고 하는 속 보이는 책략으로 보였다. 그럼에도 불구하고, 스탈린은 조정이 절실하다고 판단하여, 폴란드와 새로운 우방국들(영국과 불란서)의 협조를 구하기 위한 밀사들을 파견하였다. 스탈린은 전쟁에 임하게 될 경우에는 어떠한 경우에도 단독으로 독일과 전쟁할 의사가 없었다.

3국 동맹에 대한 협상은 1939년 여름 내내 지지부진하였다. 불행하게도, 불란서와 영국은 이 회담이 히틀리를 겁박하려고 하는 정치적 행위로 보게 되었다. 특히 영국은 일부러 늑장 부리며 시간을 끌었다. 프랑스는 정확하게 스탈린의 마음을 읽었는데, 그것은 이 회담이 실패할 경우 소련은 히틀러와 손잡을 수밖에 없다는 것을 우려하였다. 그러나 스탈린은 이를 달리 보았다. 아무 권위가 없는 하급 대표들과의 협정 서명은 스탈린에게 아무 의미가 없었으며 자본주의 국가들의 이중성에 대한 의구심만 키울 뿐이었다. 그는 결과물이 필요했고, 또한 신속한 결말이 나기를 바랐다.

3국 동맹을 위한 회담의 부진에 격분한 스탈린은 히틀러에게 폴란드를 처리하는데 필요한 재량권을 주기 위한 독일의 대응접근전략을 기꺼이 받아들여, 1939년 8월 그의 잠재적 주적인 독일과 조약을 체결하기로 결심하였다. 놀랄만한 일대 전환을 시행하는데 있어서, 그는 소련의 몰로토프와 독일의 리벤트로프가 직접 대면 협상을 하도록 재가하였다. 이번에는 회담의 성공을 보장하기 위해서, 숙청되어 눈치만 살피는 외교관 대신 스탈린의 보안국, NKVD(베리아 지휘)가 회담을 주도하도록 하였다.

8월 23일, 비외교 기관의 기습적 접촉에 따라, 리벤트로프는 즉각 모스크바로 날아가서 다음 날, 히틀러가 폴란드 침공하기 꼭 8일 전인 8월 24일, 독-소 불가침조약에 서명하였다. 이러한 불경건한 독재자들간의 동맹은 일대 외교적 혁명이었으며, 어느 기자의 세련된 표현으로 "세계를 마비시킨 사건"이 되었다. 단숨에, 히틀러는 폴란드를 공격할 수 있는 행동의 자유를 얻었다; 대신 스탈린은 그가 소중히 여겨오던 평화를 보증받았다. 독일 대표가 떠났을 때, 걱정거리를 덜었다고 생각했던 스탈린은 "소련 정부는 이 새로운 조약을 매우 진지하게 생각하며, 소련은 결코 상대국을 배신하지 않을 것이다."라고 발표했다. 그는 진심이었다. 그 대가로 그로부터 18개월 동안, 스탈린은 그의 파트너(히틀러)가 그를 배신하려고 하는 대량의 정보 징후들을 끈질기게 묵살하는 행태를 고집하였다. 이러한 현상이 그의 정치적 계산이었는지, 아니면 일종의 기대심리가 작용했는지, 또는 단순한 두려움이었는지는 결코 알 수 없을 것이다. 바바로사 재앙의 씨앗들은 이렇게 뿌려졌다.

스탈린은 그 조약에 서명하면서, 그의 약속을 지키기로 결단을 내렸다. 소련 지도자의 대독 유화정책은 이제 히틀러의 환심을 사기 위하여 일련의 괄목할만한 정치적, 경제적 행위가 수반되었다. 어떤 부분은 스탈린이 모스크바역에서 당황한 독일 대사를 힘차게 포옹하면서 영원한 우정을 맹세했던 때처럼 순수한 장면도 있었던 것이 사실이다. 이러한 그루지아인들의 아주 대중적인 감정 표현에, 까다로운 von Schulenburg 독일 대사가 어떻게 응답을 했는지는 역사에 남아 있지 않다.

다른 행위들은 솔직하지 않은 면들이 나타났던 바, 러시아 국경 지역에 독일군의 병력 집결을 부정한 1941년 5월 8일 자 타스 통신의 공식적 보도가 그 일부이다. 이 상황은 스탈린도 잘 알고 있었던 사실로서 공식 보도와 상치되는 많은 증거가 있었다. 공공연한 독일 항공사진 정찰기들이 소련 영공에 고의로 출몰하였으며, 1941년 4월 15일, Rovno 지역에서 적어도 한 대의 Luftwaffe 정찰기가 추락하였고, 그 잔해에는 부인할 수 없는 항공사진 필름들이 노출된 채로 발견되었다. 소련 방공 부대들에게는 설사 독일 항공기들이 소련의 영공을 침해할지라도 사격하지 말라는 특별명령이 하달되었다. 스탈린은 1939년 가을부터 1941년 봄까지, 독일을 자극하는 것을 자제하고, 독일과의 전쟁을 방지하기 위하여 모든 자존심을 버리면서까지 인내하였다.

이 시기에 스탈린의 의향이 어떻게 작용했는지를 이해하는 것은 어렵지 않다. 처칠 수상에 의하면, 소련의 지도자는 "나는 6개월 정도는 더 시간을 벌 수 있을 것이라고 생각했다."라고 후회하였다고 한다. 그리고 스탈린의 목표는 소련이 전쟁 준비를 할 수 있는, 아마도 1942년까지 시간을 지연시키는 것이었다는 상당한 이유가 있다. 불행하게도, 스탈린은 혼자서 그 일을 해낼 수 있다고 생각했던 것 같다. 스탈린의 참모 누구도 그와 반대되는 관점을 제시한다는 것은 스탈린의 강박관념을 자극할 뿐 아니라, 그가 추구하고자 하는 평화에 대한 중대한 도전으로 보일 수 있는 대단히 위험한 일이었다. 1941년 봄에 스탈린의 정보장교가 된다는 것은 정말 난처한 일이었고 큰 위험을 내포하고 있었다. 그 시기,

스탈린이 가장 혐오했던 것은 객관적이고 정직한 정보 보고였으며, 또한 그가 정보에 따른 조치를 강요받는 것이었다.

스탈린이 독일의 임박한 공격에 대한 정보 경고에 주의를 기울이지 않은 것은 정보의 실패가 아니라, 그 자신이(역자 주: 독일과의 전쟁을 회피하고, 우선 국가 공산화 혁명 과업을 완수하며 전쟁 준비를 위한 시간 벌기를 위하여) 정보를 왜곡·관리해야 한다는 이러한 논리에서 유래된 것이라고 할 수 있다. 독일의 임박한 공격에 관한 관련정보는 결코 부족하지 않았다. 1940년 6월 말경 벌써, 히틀러의 의도에 관한 첩보는 모스크바에 전달되었다. 이 첩보가 어디로부터 나왔는가는 분명치 않으나, 1940년 7월부터 1942년 6월 22일까지의 기간에 정확하고, 신뢰할 수 있으며, 대부분 상이한 출처의 첩보와 일치하는 90 여개의 사실적 보고서들이 뒤를 이었다. 스탈린이 과연 어떻게 그에게 개인적으로 전달된, 거의 그의 신념을 변화시킬 만큼 중요한 정보들을 외면할 수 있었을까? 그 예로, 1940년 12월 25일, 베를린에 주재하는 소련 국방무관이 1940년 12월 18일자로 작성된 히틀러 총통 지침 21 - 바바로사 작전명령 - 의 개요를 수집하여 본국에 보고하였으며, 또한 1941년 3월 1일, 워싱턴의 Sumner Welles, 미 국무성 차관이 소련 대사를 호출하여, 직접 독일의 예상되는 공격계획에 대한 상세한 내용을 브리핑해주었다. 그 첩보의 출처는 베를린 주재 미국의 하급 상무관이었던 Sam E. Woods였다. 우즈는 베를린 무역성에 근무하는 불만이 가득한 반나치 관료로부터 1941년 봄으로 계획되어 있는 상세한 독일의 소련 침공계획에 대하여 들을 수 있었다.

소련 대사는 1940년 8월, 미국 대사관이 상세 내용을 알고 있다는 사실을 알고 대경실색하였다. 미국 당국은 깊은 관심을 가지고 그 보고서의 정확성을 평가하기 위하여, 1941년 1월 FBI에 의뢰하여 내용을 재확인하였다. 여러 자료를 다양한 각도에서 검증한 결과, 분석관은 그 보고서가 정확한 것이며, 타 출처의 정보와 일치된다고 확인하였다. 웰스 차관은 심각한 어조로 소련 대사에게 관련 증거가 압도적이므로 이 내용이 즉각 소련 외무상 몰로토프에게 보고되어야 한다고 강조하였다. 웰스 차관에 의하면, Urmansky 소련 대사는 이 말을 듣고 매우 창백해졌다고 전하였다. 그러나 이 보고를 받은 스탈린의 반응은 달랐다. 그는 미국의 보고서를 무시하면서 러시아 말로 "벽 속에 안전하게 보관하라."고 말하였으며, 또한 그 정보는 사장되고 말았다.

스탈린이 그렇게 할 수 있었던 것은 단순했다: 다수의 독재자나 최고사령관과 마찬가지로, 그는 그의 정보기관이 그 자신의 편견들을 반영하는 조직으로 성장하도록 만들었던 것이다. 정보장교가 살기 위해서는 오직 "적절한 정보(right intelligence)(독재자의 노선에 부합하는)"만이 위대한 지도자들에게 보고될 수 있었다. 스탈린의 정보 수장인 Golikov 대장은 인간인지라 정보 분석관이라기보다는 당의 노선에 정치적으로 충직한 교조적인 순 이론가로서, 그의 주인에게 보고되는 모든 정보를 아주 조심성 있게 "믿음직한 정보(reliable intelligence)"와 "미확인 첩보(not confirmed information)"의 두 부류로 분류하는 지혜를 발휘하였다. 1941년 초기의 "믿음직한"정보에 대한 크레믈린의 정의는 스탈린 동무의 정치 군사적 상황분석과 일치하는 첩보들을 의미하였으며, 이에 따라 이러한 '망상적인 스탈린의 성향(Stalin's propencity of self-delusion)'은 갈수록 강화되었다.

1940년 소련의 군사정보국(GRU) 국장으로 승진한 골리코프는 정상적인 조직에서의 승진 축하가 아니라, 오히려 그의 동료들로부터 슬픈 이별과 눈물의 보드카로 괴로워해야만 했을 것이다. 왜냐하면, 그의 전임자 일곱 명 모두가 현직에서 스탈린의 명령으로 총살되었기 때문이다.

그러나 골리코프는 살아남았다. 그의 바로 다음 후임자 두 사람 역시 스탈린에 의해서 총살되었지만, 그는 스탈린의 정치 군사적 성향을 확실히 존중하여, 스탈린의 구미에 맞는 정보만을 선별해서 보고하는 엄격한 일관성을 유지할 수 있도록 끊임없는 노력을 기울임으로써 결국 생존할 수 있었다. 골리코프가 생존한 것은 아주 신기함 그 자체였다. 독일의 소련 침공 이후 그는 1941년 말 영국으로 전출되어 해외 안전 기지에서 GRU의 망 조직을 운용하였다. - 영국은 이 사실이 알려지는 것을 꺼리고 있지만. 당시 영국의 GCHQ(Government Communications Head-Quarters)의 Venona의 암호 해독을 통하여 모스크바에서 영국으로 침투, 활동하고 있는 이중 공작원이 33명이 있었으며, 그 중에는 고위층 인물들이 포함되어 있고, 또한 Philby, Burgess, McLean, Blunt, Cairncross 등 "유명인사 5명"이 끼어 있다는 사실이 알려졌다. 소련은 그들의 군사정보 수뇌가 런던에서 그들의 스파이 망을 운용하고 있는 것을 신임하고 있었다.

골리코프는 확실히 스탈린의 신임을 받고 있었다. 1940년 12월, 스탈린의 명령에 따라서 그는 25명의 GRU의 고급장교들에게 독·소 조약은 정치적 천재인 스탈린의 독창적인 작품이었으며, 그것은 임시방편의 하나에 불과한 것이었고, 히틀러는 균형감각이 있는 사람이기 때문에 결코 소련을 침공하지 못할 것이며, 현실적으로 그러한 침공은 자살행위가 될 것이라고 설명하였다. 이 같은 설명은 물론, 기껏해야 그의 기대성 사고에 불과하며, 최악의 경우에는, 골리코프 입장에서 본 순수한 자기기만이었다고 볼 수 있다. 그러나 스탈린의 살인적인 법정의 한 복판에서 생존하고, 지위를 높여 가기 위해서는 아첨 행위는 일종의 규범이었고, "위대한 영도자"의 당 노선은 정확한 정보판단의 진정한 안내자였다.

골리코프는 1980년 그의 사저에서 숨을 거두었다. 그때에야 진실이 밝혀질 수 있었다. 그의 혁명 전기 작가에 의하면, 그는 소작농 출신의 청순한 아들로 태어났지만, 많은 다른 사람들과 같이 혁명에서 살아남기 위해서 그의 출신과 나이까지도 속였다고 했다. 그는 1911년, 1차 세계대전 이전에 황실 기병 사관학교에 입학하였으며(그가 주장했던 11살의 나이로는 들어가기 어려웠던 상황이었음에도 불구하고), 1918년 이후 영세농민들과 강제노동수용소의 진압 과정에서 무자비한 살인을 자행함으로써 당의 신임을 얻었다. 1940년 7월, 스탈린은 골리코프의 당노선과 스탈린 개인에 대한 무조건적 충성심을 배려하여, GRU의 위험한 직위에 발탁하였다. 스탈린은 그의 명령을 맹종하는 골리코프 동무를 의존할 수 있었다.

그 결과, 군 지휘관 티모센코와 주코프와 함께, 골리코프는 스탈린과 공모하여 1941년 6월 22일 독일의 침공이 있기까지 소련의 정보기관들의 눈을 가려 장님이 되게 만들어 버렸다. 1941년 4월 20일, 그는 GRU 일부 장교들 앞에서 독일의 임박한 침공에 관련된 최근 정보 경고를 비난하면서, 스탈린이 그를 보고 방금 전에 말했던 것과 똑같이 "이것은 사실일 수 없어. 그것은 영국의 도발이야! 조사하라!"라고 되풀이 했다.

골리코프는 이 점에 있어서 혼자가 아니었다. 그의 상대역인

Merkulov, NKGB 수장과 국제국장(INU), Fitin 도 동일한 생존 전략을 채택하였다. 두 사람 공히 바바로사에 관한 정보 홍수에 대하여 논쟁을 할 때는 꽁무니를 빼곤 하였다. Fitin 국장이 용기를 내어 스탈린에게 공동 경고를 하자고 제안할 경우에도, Merkulov 는 노골적으로 반대하면서 "안되오! 스탈린 동무는 우리보다 정보를 훨씬 더 잘 알고 있소. 스탈린 동무가 다 알고 있어요."라고 말하였다. 국가정보의 총수가 한 이 말은 주목할 만하다.

이 들과 같이 스탈린의 의도에 맞추어 정보를 조작하는 정보 책임자들을 통해서, 독일의 의도에 관한 스탈린의 망상은 점점 고착되어갔다. 처칠은(에니그마 암호 해독을 통하여 독일의 정예 사단들이 발칸 반도가 아닌 폴란드 크라코우에 주둔하고 있다는 것을 인지하여) 1941년 4월, 스탈린에게 믿을 만한 공작원을 통하여 개인적인 메시지로 경고해주었음에도, 스탈린은 보고서 여백에 "또 다른 영국의 도발이다."라고 갈겨 쓴 다음 아무런 조치를 취하지 않았다. 처칠의 정확하고도 적시적인 경고는 결코 단 한 차례뿐이 아니었다. 역시적으로 볼 때 분명히, 우리는 오늘날 소련과 독일 양측 공히 바바로사 작전에 관련한 정보가 증가되고 있었으며, 또한 당시 스탈린은 거의 맹목적으로 주어진 정보 경고들을 묵살하였다는 사실을 알 수 있다. 그것은 놀랄만한 결과를 만들고 말았다.

1940년 7월 22일(영국과의 전쟁이 절정에 도달하기 전) 벌써, 독일 육군 참모총장 Franz Halder 대장은 히틀러가 이제는 "러시아 공격계획을 준비"하기를 바라고 있는 것을 주목하였다. 그로부터 일주 후, 조들(Jodl)과 히틀러는 공히 러시아는 반드시 분쇄되어야 한다는 기록을 남겼다. 1940년 8월 9일, 독일 최고사령부는

1941년 봄으로 지정된 동부지역 공격 준비계획 "Otto"에 대한 지령을 하달하였다. 그리고 1940년 11월 8일, 조센 지역에 위치한 독일군의 신임 병참감은 그의 금고 안에 들어있는 러시아 침공작전 계획 초안을 인수하였다. 스탈린은 이러한 독일의 침공 의도를 알 수 있는 충분한 증거들을 가지고 있었다.

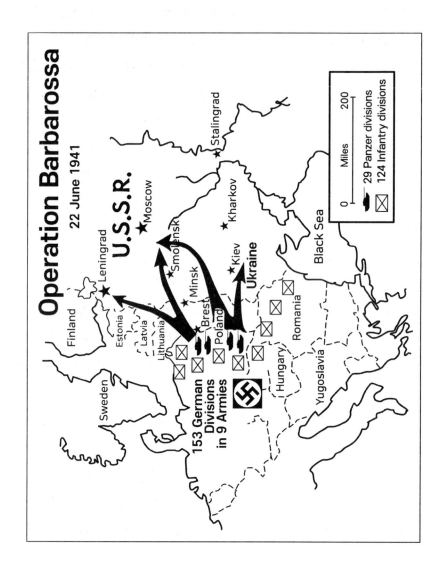

1940년 7월 1일, 처칠은 히틀러의 의도를 경고해주기 위하여 스탈린에게 개인 서신을 보냈다. 영국 수상의 편지는 특정 정보가 언급된 것은 아니었으나, 처칠은 스탈린을 경고하기에는 적합하지 않았으며, 또한 시기적으로도 그때가 영국의 Dunkirk 참패 직후였으므로 적절치 못했다. 스탈린은 그 편지를 읽으면서, 이는 소련을 영국의 실패한 전쟁에 끌어넣으려는 처칠의 유약한 술책에 불과한 것으로 판단하였으며, 반 볼셰비키의 선봉장인 처칠로부터 날아온 꼴사나운 도발로만 보았다. 놀랍게도, 그는 이 편지를 독일 대사 슐렌버그에게 직접 전달함으로써 영국을 또 다른 배반자의 표본으로 만들고 말았다. 아무도 그의 소중한 동맹인 히틀러와 나치-소련 협정에 대한 믿음을 이어가는 스탈린 동무를 비난하지 않았을 것이다.

이렇게 묵살되어 버린 경고 목록에 추가하여, 스탈린의 정보기관들은 독일군 전투부대 깊숙이 침투된 상당수의 신뢰하는 공작원들로 부터 들어온 고급 정보들을 입수하여 보고하였다. 그 예로, John Cairncross (후일 영국에서 활동한 KGB의 제5 인자로 드러남)는 처칠 정부에서 영국 정보기관을 책임지고 있던 장관, Hankey 경의 개인 비서로 활약했던 인물이다. 그가 모스크바에 어떤 정보를 보냈는지를 알 수는 없으나, Oleg Gordievsky는 그가 1940년 11월 채용된 이후 보낸 수톤의 보고서가 KGB 문서고에 보관되어 있다고 주장하고 있다.

영국에서 보고된 정보는 다른 보고서에 의해서 확인되었다: 독일 공군성에 기지를 둔 Schulze-Boysen 스파이 망, Trepper의 "Red Ochestra" 망, 그리고 폴란드 바르샤바 주재 독일 대사관 내의 독일의 변절자 von Scheliha는 공히 모스크바에 있는 골리코프의 책상에 일련의 경고 정보들을 보고하였다. 그들은 한 가지 분명하고 변함없는 독일의 장차 작전 추세를 확인하였는데 그것은 히틀러와 그의 장군들이 1941년 봄, 소련 공격을 계획하고 있었다는 것이었다.

공평하게 말하면, 바바로사 작전은 독일군 일반참모부에서 계획하는 완전한 군사작전과 같이 실제적인 기만 작전 계획을 준비하였다. 참으로, 그때까지 독일군이 사용했던 기만 수단 중 최대 규모였으며, 다만 연합국의 D-DAY 기만계획은 그보다 더 포괄적이었다고 할 수 있다. 기만의 요점은 첫 번째 거짓 행위로 독일군은 발칸지역을 엄호하고 있다는 것(무솔리니가 그리스와 알바니아와의 전쟁에서 고전하고 있던 지역)과 두 번째 거짓 행위는 1940/1년 겨울, 동부지역으로의 독일군 병력 이동인데, 이는 영국이 우려하고 있는 영국침공을 위한 독일의 "Sea Lion" 작전 계획이 취소된 것으로 보이게 하기 위한 책략이었다. 즉 독일의 대규모 바바로사 병력 재배치는 영국 침공작전에 대한 기만계획으로 묘사되었다.

비록 바바로사 작전에 대한 독일의 기만 작전명령은 "우리의 동부지역에 대한 병력 집중이 강화되면 될수록 우리의 계획들에 대한 기만 환경을 조성하기 어려워질 것이다 … 예하부대들의 제의나 제안이 요구되고 있음"이라고 푸념 섞인 말로 끝을 맺고 있었지만, 전반적인 기만계획은 어김없이 먹혀들고 있었다. 한편, 러시아 침공에 대한 수많은 정확한 정보 경고들이 누적되고 있음에도 불구하고, 스탈린의 귀는 막히고, 그의 눈은 장님이 되었다. 오늘날 정신과 치료 의사들은 스탈린은 모든 것을 "부정하는 상태"에 놓여 있었다고 말하곤 한다. 많은 물증들이 그에게 보고되었지만, 스탈린은 그 자신이 선호하고 있는 정보 인식과 일치하는 것들만 믿을 뿐, 그 외의 모든 것은 부정해 버렸다. 어떤 것이든지 그의 뜻에 맞지 않으면 그것은 자기에 대한 도전으로 의심하였고, 자신을 속이기 위한 그릇된 정보(disinformation)로 치부해 버렸다. 어떤 정보 보고들은 놀라우리만큼 정확했을지라도, 그는 결국 오직 그가 믿고 싶은 정보만을 믿을 뿐이었다. 1941년 6월 초, 항상 호의적인 독일 대사 본 슐렌버그는 소련의 신임 외무상에게 "외교사적으로 전례가 없었던 중대 사안을 말하려고 하는데… 그것은 독일의 국가 최고의 비밀인 1941년 6월 22일, 소련과의 전쟁을 개시하기로 히틀러가 결심했다는 사실이다."라고 언질을 주었다. 그러자 이 보고를 받은 스탈린은 정치국 회의에서 성난 어조로 "우리를 속이기 위한 그릇된 정보(disinformation)가 이제 대사급에까지 이르고 있다."라고 힐난하였다.

러시아인들에게 제공된 순수한 대량의 정보들을 보면, 바바로사 작전이 기습을 달성할 수 있을 것이라고는 보이지 않는다. 그러나 사실은 그렇게 되고 말았다. 스탈린은 일본에서 활동하고 있는 NKGB(KGB의 전신)의 영웅, 조르게(Richard Sorge)가 보내온 상세한 바바로사 작전 관련 정보조차도 묵살하였다. 소련 공산주의자들의 최고의 신임을 받고 있으며 정확도를 자랑하는 스파이였던 그는 그의 아내의 품에 안겨서 "모스크바가 나를 믿지 않아요."라고 울먹였다. 스탈린은 조르게가 1941년 5월 19일 보낸, 독일군 9개 군, 150개 사단이 소련을 침공하기 위해 집결하고 있다는 정보 경고를 거부하였다. 스탈린은 격노해서 조르게를 "일본에서 어떤 좋은 사업으로 자기를 치켜세우는 별 볼 일 없는 놈"이라고 비난하였다.

스탈린은 또한 독일 정찰기 사건과 폴란드에 재배치하고 있는 팬저 부대에 관한 뉴스를 보고도 못 본 체 하였으며, 이외에도 히틀러가 유고슬라비아의 폴 왕자에게 그가 6월 중순에 소련을 침공하리라고 하는 내용의 친서와 비밀공작원으로부터 보고받은 바바로사 작전명령의 개요, 독일 철도의 동부지역 집중 상황, 독일군 일반참모부의 발틱 연안 국가들과 소련 서부지역의 수천 장에 달하는 군사지도 요청, 독일군의 정확한 세부 공격 목표와 표적에 관한 탈독 귀순자 정보, 마지막에 말하기는 하지만 아주 중요한 사실 즉 1941년 6월 9일, 모스크바 주재 독일 대사 본 슐렌버그에게 보낸 "모든 서류들을 소각시키고 모스크바를 떠날 준비를 하라"는 상세한 지령문들조차도 묵살해 버렸다. 이렇듯 소련의 정보 보고들의 수효와 상세함은 마치 정보 장교들의 징후 및 경보에 관한 교과서 같았으며, 가용한 모든 정보출처와 기관들을 망라한 것이었다.

어떤 경고들은 매우 이상야릇한 것들도 있었다. 술에 취한 한 교수의 경우는 가장 괄목할만한 것의 하나였으며, 실재보다 더 실감 나는 영화 대사 같았다. 5월 15일 열렸던 외교 리셉션에서 괴벨스의 외신국장, Karl Bömer 교수는 술잔을 흔들면서, 놀란 외교관들과 기자들에게 "그는 6월 22일, 러시아 침공 후 이 자리를 떠나 크리미아 지방장관으로 영전될 것"이라고 공표해 버렸다. Bömer는 파티를 좋아하는 사람으로 알려져 있었으며, 또한 기자들에게 신중하지 못한 사람으로 악명이 높았기 때문에, 나치 고급 관리의 이 취중 허풍은 심각하게 받아들여졌어야 했다. 특히, 뵈머는 곧이어 보직 해임되어 세 명의 가죽코트를 입은 gestapo(비밀경찰)에 의해 체포됨으로써 이것이 사실이었음이 입증되었다.

또 다른 심각한 보고는 베를린에서 4월 말, 미국 대사관 1등 서기관을 위한 환송 파티에서의 정보 교환이었다. Patterson 서기관은 그의 파트너인 소련 외교관을, 한 독일 공군 제복을 착용한 소령에게 소개시켜 주었는데, 거기에서 그 독일 장교는 뵈머와는 달리 술 취하지 않은 상태에서, 롬멜 휘하에 있던 그의 비행대대가 최근 극비리에 북아프리카에서 폴란드의 Lodz로 재배치되었다고 진지하게 말하였다. 그 독일 장교는 덧붙여서 "내가 이 사실을 말해서는 안 되는 것을 알고 있지만, 나는 우리 양국 간에 어떠한 일도 일어나지 않기를 바라고 있다."고 강조하였다. 이 말을 듣고 당황한 소련 외교관은 모스크바에 즉각 보고했지만, 그것은 "또 다른 도발"이라고 무시되어 버렸다.

스탈린은 위의 모든 보고들을 무시해 버렸다. 더욱 나쁜 것은, 전쟁 발발 전 최종 수일 동안, 국경 지역을 넘어 바바로사 작전의 부대별 공격 목표를 소지하고 넘어오는 독일군 도망병들은 앞잡이로 간주하여 모두 사살하라는 명령을 내린 것이었다. 그리하여 귀순자 정보는 단 한 건도 상부에 보고될 수 없었다. Timoshenco 국방상이나 Zhukov 총참모장도 독일군의 임박한 공격에 관한 어떠한 데이터나 정보를 받아보지 못했다. 오직 골리코프가 스탈린의 승인하에 모든 정보들을 안전하게 폐기시켰던 것이다. 그러나 그들의 정보 결핍의 문제를 해결하기 위하여, 전방지역에 예하 부대를 배치한 러시아 장군들은 1941년 봄, 아래로부터 올라온 보고에 의해 상부에 경고 보고를 하게 되었다. 바바로사 작전을 위한 병력이동과 항공기 배치는 완전히 은폐할 수는 없었다. 소련군 전방부대를 방어에 유리한 지역으로 재배치하기 위한 우발계획을 승인해 달라는 건의들이 1941년 5월 말부터 6월 간 빗발쳤다. 필사적으로, 소련군 원수급 지휘관들은 최상급부대 정보 참모들에게 정확한 정보를 문의하곤 하였다.

그들이 정확한 정보를 얻을 수 없었던 사실은 스탈린의 진실 은폐에 추가하여 다른 두 가지 요인에 있다고 생각한다. 첫째, 동부지역에서 군사력의 증강을 위장하기 위하여 계획된 독일의 기만작전이 있었다. 소련 서부 국경 지역에서 발생했던 독일군의 개별 활동/사건들은 소련군 지휘관들에게 의심할 여지없이 애매한 해석을 불러일으킬 수 있을만한 것들이었다. 그러나 바바로사 기만 작전이 아무리 전문적이고 포괄적이었다 할지라도, 그것이 스탈린의 자기기만의 요인만큼 유효하게 작용할 수 있었을까 하는 것은 의문이다. 소련은 당시 독일의 소련침공에 관한 너무 많은 정보를 가지고 있었고, 또한 소련의 정보기관들은 너무 철저해서 기만당하지 않았다. 하지만 스탈린이 모든 것을 바꾸었다.

두 번째 이유는, 오늘날 우리가 믿기 어려운 이야기지만, 스탈린은 그 시대의 외교 통념상 최후 통첩 없는 전쟁은 있을 수 없다는 신념을 가지고 있었던 것이 아닌가 하는 것이다. 스탈린은 독일의 최후 통첩 없이는 어떠한 위기도 발생하면 안 된다는 완강한 신념을 히틀러 같은 사람에게 적용하려고 했던 우를 범하였다. 진주만 기습 이전의 전쟁에 관한 이러한 견해는 모든 정보판단에 영향을 미쳤으며, 꼭 크레믈린에서만 있었던 것은 아니었다. 결과적으로, 1941년 나치 체제에 대한 스탈린의 유화정책의 총체적인 취지는 독일로 하여금 최후통첩을 감행할 수 있는 어떠한 상황도 사전에 예방하도록 의도된 것으로 보인다. 만약 우리가 전쟁을 예방하기 위해서는, 어떠한 상황에서도 전쟁 구실이 될 만한 것을 상대에게 보이면 안 된다는 사실을 받아들인다면, 그러한 경우에는 스탈린이 원하지 않는 정보를 철저히 은폐/통제한 것은 일리가 있다고 볼 수 있다. 그러나 정보를 정보로 받아들이지 않고 강제력을 동원하면 할수록, 소련의 국가 운명은 점점 더 위험에 빠져들어 갔다. 몽둥이를 겁내는 개와 같이, 스탈린은 어떠한 위험을 감수하고서라도 히틀러를 자극하지 않기로 다짐하면서, 그의 등을 굽히고 있었다.

전쟁 발발 전 최종 며칠이 남은 때에, 2차 대전 중 가장 기괴한 사건이 벌어졌는데, 그것은 독일의 침공 의도에 관한 영국의 경고의 신뢰성에 먹칠을 하게 되는 사건이었다. 1941년 5월 10/11일, 히틀러의 보좌관 Rudolf Hess가 예기치 않게도 Me-110 장거리 전투기를 타고 스코틀랜드에 착륙하였다. 오늘날까지도 그의 신비한 비행행위는 설명되지 않고 있다. 헤스는 독일이 두 개의 전선에서 장기간에 걸친 전쟁의 악몽을 막기 위하여 영국과 절박한 상황에서 최종 협상을 하기 위해서 개인적인 결단을 내렸던 것으로 보인다.

헤스의 동기가 무엇이었던지 간에, 그의 귀순과 영국 정부의 반응은 치명적으로 바바로사 작전에 대한 영국의 잇따른 경고들에 대한 소련의 의심을 자아내게 하였다. 스탈린의 가장 큰 두려움은 영국과 독일이 평화 협상을 맺음으로써 독일이 자유롭게 그들의 모든 군대를 동부로 지향하는 것이었는데, 이러한 현상이 갑자기 현실로 나타나는 것으로 보여 놀라지 않을 수 없었던 것이다. 따라서 그다음 한 달은 영국의 모든 행위가 크레믈린에게는 영국이 독·소 전쟁을 부추기기 위하여 전력투구하고 있다는 믿음으로 악화되어 갔다. 6월 2~13일 간, 독일의 임박한 침공에 대한 Anthony Eden의 개인적 경고들마저도, 런던 주재 소련 대사는 전쟁하지 않고 소련의 양보를 얻어 내려는 히틀러의 신경전의 일부에 불과한 것으로 폐기시키고 말았다. 상황은 바바로사 작전에 유리하게 전개되었다.

그리하여 1941년 6월 21~22일 어간의 밤에도, 소련은 밀과 유류를 만재한 열차들을 서부로 보내어 독일을 지원하고 있었던 것이다. 브레스트 리토프스크 시의 부그강 철교를 건너온 그 곡물 열차가 소련의 마지막 지원 열차였다. 나치 세관원은 근엄하게 그 열차와 화물들을 확인하고 강을 건너 그의 조국 독일로 보냄으로써, 히틀러가 - 계산된 뻔뻔스러움으로 - 수천 톤에 달하는 곡식과 유류들을 소련으로부터 공급받아서 이를 몰염치하게도 소련 침공 물자로 사용하도록 하였다.

그 열차가 서쪽으로 전진하여 폴란드에 진입했을 때, 그 열차는 이미 야음을 이용하여 집결되어있는 독일군 포병 부대 사이를 꿈틀거리며 지나가고 있었고, 독일군 포병들은 그 무더운 밤에 땀을 흘리면서 실탄 사격준비를 하고 있었다. 그로부터 약 한 시간 반 후 전투가 개시되었다. 독일은 6월 22일 03:15분 발틱해로부터 흑해에 이르는 동부 전선 1,250마일 전 전선에 걸쳐 소련 공격을 위한 대규모의 포병 연발사격을 개시하였다. 그것은 역사상 최대 규모의 침공작전이었으며, 2차 세계대전 중 가장 피비린내 나는 전역이었다.

최초의 사망자는 독일군 공산주의자로서 6월 21일 러시아에게 경고하기 위하여 탈영했던 Alfred Liskow 이등병이었다. 그는 스탈린의 명령에 의해서 즉각 총살되었다.

독일의 소련 침공은 모스크바 당국에게 총체적인 충격이 아닐 수 없었다. 주코프 원수의 회고록은 소련 공산당의 숙청에서 살아

남을 만큼 빈틈없는 생존자에게 걸맞게 조심스럽게 저술되었지만, 크레믈린의 스탈린은 당시 일종의 신경마비에 빠졌었다고 회고하였다. 위대한 영도자는 그의 빌라가 있는 Kuntsevo로 사라졌다. 그는 열차로 후송되었다. 몰로토프는 떨리는 목소리로 소련 국민들에게 독일군 침공 뉴스를 발표하였다. 스탈린은 공포에 질린 채 대경실색하여, 그의 가족에게 모든 자녀들을 데리고 우랄 산맥 지역으로 대피하라고 말하였다.

스탈린은 며칠 동안 평정을 되찾지 못하였다. 그가 그때까지 속여왔고, 살해하였고, 은폐하였던 모든 것들이 명백하게 산산조각이 나고 말았다. 추측컨대, 우리는 그가 국가에 핵심적으로 중요한 정보를 부정하고 또한 오판함으로써, 그 결과 그의 정치적 입지가 위험에 처했을 것으로 생각된다. 결국, 그는 다른 사람들을 속죄양으로 몰아 Lubyanka의 음산한 지하 감옥에서 처형하도록 명령을 내렸다. 다행스럽게도 러시아 독재자에게, 크렘린은 1941년 6월 마지막 주 동안 정치국 지도부의 혼란스러움에 더 큰 우려를 표명했다.

세월을 뛰어넘어, 어떻게 그토록 확실한 군사력의 증강 사실이 무시될 수 있었겠는가 하고 자문하지 않을 수 없다. 어떻게 그토록 노련한 정보 전문가들이 그러한 정보 재앙을 불러일으킬 수 있었겠는가? 공평하게 말하면, 상당수의 경고들은 무시되지 않았다. 그들은 잘못 해석되었다: 정치적 압력으로, 또는 다른 목적을 위한 병력 재배치로, 또는 발칸 지역과 동부 지중해 지역에 대한 히틀러의 광범한 야망 등으로. 스탈린만이 가용한 정보들을 오판한 것은 아니었다. 영국의 합동 정보 위원회조차도 1941년 5월 말일까지는 양면적인 결론을 도출하였으며, 6월 초에 들어와서야 독일의 최종 침공 의도를 확인할 수 있었다.

최종적으로 분석해본다면, 바바로사 작전에 대한 소련 정보의 실패는 역사상 최대의 정보 재앙의 하나임에 틀림없으며, 모든 비난의 초점은 스탈린 개인에게 있다는 것은 의심할 여지가 없다. 당시 모스크바에 있었던 Harrison Salisbury는 그의 저서 《900Days》에서 소련의 독재자의 정보 실패라고 다음과 같이 결론을 맺고 있다:

국가 지도부가 적시적이고 단호하게 행동하느냐 하지 않느냐 하는 것은 정보 보고의 양의 문제도 아니고 질의 문제도 아니다. 그것은 보고된 정보를 이해하고, 이것을 첩자들의 보고와 외교관들의 경고를 융합시킬 수 있는 국가 지도부의 능력의 문제이다. 하급 제대로부터 최고위급 레벨까지 분명한 보고 계통이 확립되어 있지 않고, 국가 지도부가 정직하고 객관적인 정보 보고를 강조하고 또한 어떤 선입관이나 편견에 구애됨이 없이 정보에 따른 후속 조치를 취할 태세가 구비되지 않는 한, 수집된 정보가 아무리 훌륭한 정보일지라도 그것은 아무 소용이 없게 되고 만다- 또한 더욱 나쁜 현상은, 그 정보는 어떤 정보 조직 자체를 자기기만시킨다는 것이다. 이것은 명확히 스탈린의 경우였다. 소련의 권력을 독점하고 있던 독재자가 그 자신의 내면적 강박 관념에 사로잡혀 있음으로써 볼셰비키 체제의 어느 누구도 그러한 소련의 권력독점에서 초래되는 결함을 제지할 방법이 없었던 것이다.

스탈린의 치명적인 오판과 명확한 정보의 부정은 소련으로 하여금 2천만 명의 사망자와 7만 개의 도시, 읍, 부락들을 황폐화시켰으며, 세계 지도를 영원히 바꾸어 놓았다.

세계 최강의 정보기관이 오직 생존을 위해 스탈린이 시키는 대로 정보를 조작함으로써 그러한 비참한 결과를 초래하였다. 이보다 다른 심판이 어디 또 있을 수 있단 말인가? 그는 비록 소비에트 사회주의 연방 공화국을 건설하기 위해 약간의 시간을 벌었을지 모르지만, 소련 군대가 적의 침공에 대비한 전쟁 준비를 전혀 불허함으로써, 1941년의 소련의 손실은 예상외로 참담한 결과가 되고 말았다. 1941년, 고립된 러시아는 처칠의 표현대로 스탈린이 오직 자신과 자신의 체제 생존에만 집착함으로써 거의 2백만의 전투 사상자를 희생시켰으며, 이들 중 상당수는 소련군 전방 사단들이 함정에 빠져 포위되었을 때 생명을 건질 수 있었으나, 나치 팬저 부대의 맹습으로 전멸되었다.

스탈린은 정말 그 자신이 자신의 정보장교였다 - 그러나 그는 완전히 불량한 정보장교였다. 우리는 탈냉전 시대인 오늘도 그의 실책에 대한 대가를 지불하고 있다.

역자 촌평

2차 대전(1939-1945)의 중반기에 접어드는 1941년 6월 22일, 독일의 러시아 공격작전 계획, 바바로사 작전은 단순한 군사적 관점보다는 정치 군사적 관점에서 평가되어야 역사적 객관성에 근접할 수 있다고 본다. 독일은 독재자 히틀러가 이끄는 팽창주의적 전체주의 국가로서 러시아를 포함한 유럽 전역과 아프리카 일부 지역으로의 게르만 민족의 생존권 보장을 위한 투쟁을 목표로 삼은 반면, 러시아는 독재자 스탈린을 중심으로 마르크스-레닌 사상에 입각한 세계 공산화를 달성하기 위한 자유 민주주의 국가들과의 이데올로기 전쟁을 국가 목표로 설정하였다. 따라서 스탈린은 장차 역사 발전의 필연적 과업으로 귀결될 영국과 프랑스와의 이념대결을 위한 시간을 벌기 위하여, 독일과의 전쟁을 회피하는데 수단과 방법을 가리지 않았으며, 특히 독일과 불가침조약(1939.8)을 맺고, 이 조약을 준수하기 위하여 이에 반하는 모든 정보 경고들(90여 건)을 묵살시켰다. 특히 스탈린은 2차 대전 초기, 소련을 중심으로 한 공산주의 세력과 영국, 불란서 등의 자본주의 세력, 그리고 독일의 나치 세력과의 3면 게임에서 전략적 주도권을 잡기 위하여 자본주의 세력 대신 제3의 세력으로서 독재자 히틀러를 선택하였다. 그러나 히틀러는 이러한 스탈린의 의도와 국내외적인 약점을 간파하여 독·소 불가침조약에 응하였으며, 이를 기만 작전의 주 수단으로 역 이용하여 기습을 성공시켰다. 그 결과, 소련은 1941년 12월까지, 전쟁 포로 2백만 명을 포함하여 4백만 명의 병력 손실과 14,000대의 항공기, 20,000여 문의 야포, 그리고

1,700여 대의 전차들을 상실함으로써 모스크바까지 후퇴하는 재앙을 만나게 되었다. 러시아의 패배의 결정적인 요인은 독재자 스탈린 한 사람의 공산주의 혁명 이데올로기와 강압적 통치 행위, 그리고 정치적 강박관념에 의하여 국제정세를 오판함으로써 비롯되었다고 볼 수 있다. 스탈린은 독일과의 정치적 제휴를 유지하기 위하여 독일의 임박한 침공에 관한 정보를 억압, 묵살함은 물론, 만약의 사태에 대비하기 위한 전쟁 준비를 불허하는 결정적 실수를 범하여 결국 국가적 대 재앙을 초래하였다. 독재 체제에서만 볼 수 있는 정보 수난의 일대 사례라고 볼 수 있다.

독일의 성공 요인

독일의 독재자 히틀러는 1933년 1월 30일 집권한 이후, 게르만 민족의 팽창을 위해 1938년 9월 30일, 독일, 영국, 불란서, 이탈리아가 참가/서명한 '뮌헨협정'을 성사시킴으로써, 체코슬로바키아 서쪽 주데텐란트 지역을 합병하는데 유리한 고지를 선점하였다. 녹일과 협정을 성사시킨 영국의 챔벌린 수상은 평화를 갈망한 나머지 "이제 유럽에서의 전쟁 위협은 사라졌다."라고 선언하였으나, 그 후 6개월도 안된 1939년 3월, 히틀러는 일방적으로 뮌헨협정을 파기하고 체코를 침공하였으며, 그해 9월에는 폴란드를 침공하였다. 또한, 히틀러는 신생 소련이 뮌헨협정으로 인한 국제적 고립에서 탈피하고, 독일과의 전쟁을 회피하기 위하여 제의해온 독·소 불가침협정에 서명함으로써 러시아 침공에 대한 스탈린의 우려를 불식시키면서, 바바로사 작전을 은폐하였다. 히틀러는 바바로사의 기만작전으로 독·소 불가침조약을 이용하면서, 독일 동부 지역에 대한 병력 집결을 발칸 지역에서 고전하고 있는 무솔리니를 지원하기 위한 것으로 묘사하여 독일의 영국 침공계획인 "Sea Lion"을 포기한 것으로 위장하였다. 또한, 바바로사 한 달 전, 히틀러의 보좌관 루돌프 헤스의 스코틀랜드 귀순으로 영국과 소련 간 갈등과 의혹을 한층 증폭시킬 수 있었다. 히틀러는 간교한 외교 정책과 기만 작전으로 바바로사 작전의 성공 여건을 조성하였으며, 정보망을 활용한 신생 소련의 내부적 취약점(1937~1940년의 붉은 군대 대 숙청으로 인한 군사 지휘체제 혼란, 체제전환으로 인한 사회 불안, 스탈린 독재 체제의 약점 및 전쟁 준비 태만 등)을 간파함으로써 바바로사 대첩을 쟁취할 수 있었다.

소련의 실패 요인

바바로사 작전에 대한 소련의 실패는 소련 정보의 실패라기보다는 소련의 절대권력자인 스탈린 개인의 실패라고 볼 수 있다. 스탈린은 1924년 레닌 사망 이후 집권하여 정치적 테러에 의한 일인 독재 체제를 구축하였으며, 세계 공산화를 위해 양대 진영 간 이념전쟁을 준비하였다. 따라서 스탈린은 장차 영국과 불란서와의 이념전쟁에 대비하기 위하여 시간 벌기에 주안을 두었고, 이를 위해서 독-소 간의 전쟁을 회피하는 것이 급선무라고 판단하였으며, 따라서 독·소 불가침조약을 주도하였고, 독일을 자극하지 않기 위하여 모든 조기경보들을 무시하였으며, 실제 전쟁 대비도 불허해야 한다는 정치 군사적 강박관념을 시종 견지하였다. 대부분의 독재자에게서 볼 수 있듯이, 스탈린은 개인의 권력에 대한 편집증 현상에 붙들려 있었으며, 독재자 히틀러의 민족적 팽창주의를 과소평가하였고, 강박관념에 사로잡혀 현실감각을 상실함으로써, 외부의 임박한 침공 의도를 보고받고도 고의로 묵살하고, 오히려 현실을 자신의 정략적 의지로 극복하려고 하였다.

　또한, 스탈린은 자신을 스스로 자신의 정보장교로 고집하였으며, 자신의 정치 군사적 상황분석과 일치하지 않는 정보는 자신의 권좌에 대한 도전으로 생각하여 정보의 묵살은 물론, 보고자를 숙청하고, '정보 분석 체제'를 자신의 구미에 맞도록 '정책지원 체제'로 변형시켰다. 스탈린 치하에서는 정상적인 정보활동을 할 수 없었으며, 정보장교가 자신의 목숨을 부지하기 위해서는 먼저 영도자의 노선과 정치 군사적인 신념을 파악하는 것이 급선무가 되었다. 그의 정보장교들은 적에 관한 첩보를 정확하게 분석하여 적의 의도를 판단하는 것보다, 수집된 첩보 중에서 영도자의 노선이나 정책방향에 맞는 첩보들을 분석하여, 이를 '적절한 정보(독재자의 노선에 부합하는)(right intelligence)' 또는 '믿음직한 정보(reliable intelligence)'로 분류하고, 그의 노선에 맞지 않는 첩보들은 '그릇된 첩보(disinformation)' 또는 '미확인첩보(not confirmed information)'로 기각시키는 생존 전략으로 연명하였다. 스탈린 독재 치하에서 소련의 모든 정보기관들은 스탈린의 의도에만 맞추는 하수인으로 전락함으로써, 독일의 임박한 침공을 예측하는 90여 건의 정확한 정보가 있었음에도 불구하고 히틀러가 중시하는 독·소 불가침조약 정신의 강요에 눌려, 그릇된 첩보/미확인 첩보로 분류되어 결국 민간인 희생자 포함 약 2천여 만의 막대한 인명 및 재산 피해를 입는 국가적 재앙을 초래하였다. 한편 독일의 기만 작전은 스탈린의 기대와 신념과 일치하였으므로 '적절한 정보'로 받아들여졌으며 아무런 장애를 받지 않고 성공하였다고 볼 수 있다. 스탈린은 역사상 최다의 자국민 인명 피해를 낸 최악의 독재자였으며, 권력과 이데올로기를 위해서 국가정보를 희생시킨 대표적 인물이었다.

교훈

(1) 전쟁은 정치적 목적을 폭력적 수단으로 관철하는 행위이므로, 국가 정보력을 총동원하여 상대국의 정치적 목적이 무엇인지를 우선 파악하는 것이 중요하고, 애매할 경우 정치적 해결과 병행하여 군사적 대비가 반드시 수반되어야 한다. 스탈린은 히틀러의 정치적 목적을 파악하지 못하고 자신의 의지를 관철시키는데 급급하였으며, 군사적 대비도 하지 않음으로써 국가적 재앙을 자초하였다.

(2) 팽창주의적 전체주의 국가와 평화를 추구하기 위한 어떠한 양보나 조약은 아무 소용이 없다는 사실이 역사적으로 무수히 증명되어왔다. 히틀러는 뮌헨협정과 독·소 불가침조약을 일방적으로 파기하고 군사적 도발을 자행함으로써, 평화를 부르짖던 영국의 체임벌린 수상과 전쟁을 회피하려 했던 스탈린을 기만하고, 체코와 폴란드, 그리고 급기야는 러시아를 기습 공격하였다. 이러한 팽창주의적 전체주의와 공산주의 이데올로기 혁명 투쟁은 한반도의 남북관계에서도 원용되고 있다고 볼 수 있다. 북한의 전체주의적 독재자 김일성은 1950년 6월, 통일을 위한 평화협상을 추진하면서 동시에 남침을 자행하였으며, 그 후 남북대화와 남북정상회담을 하면서도 핵무기를 개발하고 각종 군사도발을 감행함으로써 대화와 대결의 이중적 대남정책을 구사해오면서 최종적으로 무력에 의한 한반도 적화통일을 획책하였다. 히틀러, 스탈

린, 김일성은 전체주의적 독재자라는 점에서 공통성을 공유하고 있다고 볼 수 있다.

(3) 국가권력이 독점되어 있는 전체주의적 독재체제에서는 국가 존망보다 개인의 권력을 중시하는 경향이 있기 때문에 정보가 왜곡되고, 정보체제가 독재의 도구로 전락하는 구조적 폐단을 보인다. 또한 전체주의 국가에서는 독재자의 의도가 매우 중요한 의미를 갖는다. 따라서 독재자의 성향과 신념체계를 연구하는 것이 중요하다. 한반도와 같이 분단 상황에서 북한의 독재자도 다른 독재자들과 같이 자신의 정치 군사적 신념이나 강박관념에 따라 정세를 오판할 가능성이 농후하며, 북한의 정보기구들도 정권유지의 수단으로 운용될 개연성을 간과하면 아니 될 것이다.

04 "역사상 최고급 정보를 가지고서도" 진주만, 1941

04 "역사상 최고급 정보를 가지고서도" 진주만, 1941

　D-Day, 오버로드 작전은 효율적인 정보기관이 만들어 낸 기만 작전의 성공이었고, 바바로사 작전은 한 독재자의 우매함으로 전문적 정보기관을 무력화시킨 사례였다면, 진주만은 적절한 정보기관을 전혀 가지지 못한 한 국가의 결과라고 볼 수 있다.

　정보 분석관의 입장에서 볼 때, 진주만에 대하여 특별한 관심을 가질만한 가치가 있다고 보는 이유는, 미국이 적의 임박한 공격에 관한 거의 모든 핵심 정보 징후들을 실제 확보하고 있었음에도 불구하고, 그 정보 징후들을 제대로 인식하지 못하고, 그에 상응하는 조치를 취하지 않았던 전형적인 사례라고 보기 때문이다. 미국 정보 미숙의 결과로 세계 역사는 되돌릴 수 없이 달라졌으며, 진주만 사건으로부터 4년 후 미국이 세계 최초로 원자탄을 개발함으로써 새로운 우월성이 확인되었다. 그날 히로시마 상공에 피어오른 버섯 구름은 오늘날 세계정세에 그림자를 던졌으며, 진주만 사건이 없었다면 미국은 태평양에서 일본과의 전쟁에 말려드는 상황을 달갑지 않게 생각했을 것이다.

1941년 12월 7일 일요일 새벽, 일본 제국의 해군에 의한 기습적인 공습으로, 미국은 총 8척의 전함 중 4척을 포함한 18척의 주 전투함정들이 격침되었고, 188대의 항공기가 파괴되었으며, 2,403명의 미군 장병들이 사망하는 재앙에 직면함으로써 미국 국민들에게 엄청난 충격을 안겨 주었다. 그 시대에 살고 있던 모든 미국인들은 전쟁이 발발되었던 그날, 그가 어디에 있었는지를 기억할 수 있으리라 생각한다. 루스벨트 대통령은 "미국의 불명예로 기억될 하루"라고 언급하였다.

의외로 생각되는 것은 대다수의 시사 해설가들은 몇 가지 면에서 일본과의 전쟁을 예견하고 있었다는 사실이다. 국제 정세로 볼 때에도 태평양 전쟁은 불가피했고 임박했다는 충분한 증거들이 있었다. 그런데 미국 정부 고위층에서 "명백하고도 당면한 위험"이라고 인식하였음에도 불구하고 왜 대처하지 않았던 것인가? 그러한 재앙이 어떻게 미국같은 대국에 일어나게 되었는가를 이해하기 위해서는, 2차 대전의 발발 초기로 되돌아가지 않으면 아니 된다.

1939년의 미국의 세력은 정치적으로나 경제적으로나 그리고 순수한 크기 면에서도 세계적이었다. 그러나 역설적으로, 해군을 제외하고는 세계 강대국에 걸맞은 군사력을 보유하지 못했다. 미 육군은 소수였으며, 미국은 국제연맹(UN의 전신)의 회원국조차도 아니었고, 정부와 민간 사회 모두 극단적인 고립주의 국가였다. 미국은 통합된 정보조직이 없었으며, 고집스럽게도 그러한 조직을 창설하기를 거절하였다. 양대 대양을 천연 장벽으로 확보함으로써 미 대륙은 오직 평화와 번영만을 추구하였다. 1940년, 워싱턴은 대통령 선거와 국내정치로 여념이 없었다.

이러한 태도는 이해할 수 있는 상황이었다. 즉 1931~1938년의 대공황은 미국으로 하여금 다른 어떤 민주국가들보다 혹독한 곤경을 치르게 하였기 때문이다. 수백만의 실업자가 생기고, 식량을 구하기 위해 줄지어 차례를 기다려야 하는 등 효과적으로 규제되지 않은 자본주의의 붕괴 현상에 직면하여, 30년대의 미국 경제는 오늘날 우리가 알고 있는 것보다 훨씬 더 사회 전체의 와해 위기에 근접하였다. 오직 미국의 신임 대통령, 프랭클린 루스벨트의 전례 없는 정치적, 경제적 조치로- 그중에는 일부 헌법상 적법성 여부가 의심되는- 아메리카 합중국이 소생할 수 있었다. 1938년 당시의 미국은 경제적으로나 사회적으로 상처투성이의 나라였다.

유럽 전쟁의 발발은 여러 가지 면에서 미국에게는 순전한 축복이었다. 만일 어떤 국가가 전쟁에 말려들지 않을 수 있다면, 다른 나라의 불행 속에서 경제적 부양을 이룩할 수 있게 된다. 그 예로, 히틀러가 폴란드를 침공함에 따라 미국의 화학, 항공기, 철강, 조선과 자동차 산업 등 군수품 가격이 급등함으로써 1939년 가을에는 미국의 백만 실업자 가운데 3/4이 일자리를 찾을 수 있었다. 산업과 경제가 호황을 맞아 "행복한 시절이 다시 돌아왔네."라고 하는 지난 대공황 시절의 가사가 현실화 되었다.

이러한 분위기 속에서 미국의 정치 지도자들은 자국의 국내 경제회복을 저해시키지 않기 위하여 행동에 신중을 기하지 않으면 안 되었다. 프랭클린 루스벨트 대통령의 정적들은 그가 미국을 원하지 않는 전쟁에 끌어들이려 하고 있다고 주장하고 있는 동안, 루스벨트 대통령은 파시즘과 공산주의의 장기적 위협을 모르는 바 아니었으나 미국의 경제회복 외에는 관심이 없는 듯한 정책들을 추진하였다.

음모론자들의 일부 주장에도 불구하고, 진주만 사건은 미국을 전쟁에 끌어들이기 위한 심도 있는 모의나 아니면, 어려운 상황에 처해 있는 영국을 구하기 위한 처칠의 교활한 계획이 있었던 것은 아니었다. 오히려 미국의 대 정보 재앙으로 초점을 맞추어 고찰을 해보면 할수록 더욱 명백한 답을 찾을 수 있는데, 그것은 대부분의 사고의 경우와 같이 일련의 크고 작은 착오들이 복합적으로 작용하여 결국 치명적인 결과를 초래하였다고 볼 수 있다. 지나고 나서 보면 공정한 평가를 할 수 있게 마련이다. 과거에 일어났던 여러 가지 증거들을 고찰해 보면, 미국이 그렇게 불행하게도 전쟁에 참전하게 된 일련의 과정들을 좀 더 상세하게 살펴볼 수 있다. 미국의 재앙은 오산이 연이어 누적된 결과로 확인되고 있지만, 한 가지 명확하고 변명할 수 없는 요인은 정보의 실패이며, 그것은 의심의 여지가 없다.

전문 정보 분석관의 입장에서 진주만의 실패를 초래한 원인들을 공정하게 분석해보면 다음과 같다.

1. 국가급 정보조직의 부재
2. 잠재적 적으로서의 일본에 대한 총체적 과소평가
3. 가용한 모든 증거들의 종합 분석 기능 미비
4. 각종 정보 제공 기관들에 대한 관심 및 지원 부족
5. 제공된 정보의 중요성에 대한 이해 실패
6. 정보기관 간의 경쟁
7. 고위급 장교들의 무지
8. 조기 경보체계의 결여
9. 정치 군사적 권력 장악과 영향력 행사를 위한 각 군(육·해·공) 간 경쟁

10. 훈련된 정보 분석 요원들의 부족

11. 위기의식의 부재

이러한 일련의 정보의 과오가 경종을 울리고 있지만, 이러한 경종은 여기서 끝나지 않을 것이다. 그러나 진주만 실패의 원인은 대단히 중요한 의미를 갖는다. 1941년 12월, 미국은 일본과의 전쟁 가능성을 심각하게 받아들이지 않았으며, 또한 전쟁에 관한 조기경보를 할 수 있는 정보기관들을 조직하지도 않았다. 되돌아보면 정보가 그린 그림은 매우 선명하게 보이지만, 대부분의 재앙들은 사건이 발발하고 나서야 비로소 정말 확실해진다.

진주만 스토리 중 하나의 특이한 현상은 일본으로 하여금 잠자고 있는 미국 함대를 공격케 한 촉매가 있었다는 것을 거의 정확하게 식별할 수 있다는 것이다. 그것은 미국의 정책에 기인하였다. 1941년 7월까지 군국주의와 팽창주의로 치닫는 일본의 제국주의 정책과 주변국에 대한 침략은 결국 이에 격분한 연합국들로 하여금 모종의 행동을 취하는 빌미를 주게 되었다. 중국과 만주에 대한 무자비한 침략 이후, 1941년 일본의 남 인도차이나 점령은 최후의 일격이었다. 그에 대한 보복으로, 미국은 동인도에 식민지를 가지고 있는 영국, 네덜란드와 함께, 일본을 협상 테이블로 유도하기 위한 운동의 일환으로 일본으로의 석유, 철강의 수출을 금지하는 전략적 봉쇄를 단행하였다. 일본의 전쟁 수행 능력과 경제적 생존은 석유 자원과 네덜란드령 동인도와 영국령 말레이에서 나오는 고무와 같은 중요한 원자재에 의존하고 있었다. 현장과 멀리 떨어져 회의실 책상머리에 앉아 있는 정치가들은 이러한 봉쇄 정책이 확실히 의미가 있고 사리에 맞는 조치라고 전망하였다. 그러나 일본의 도조 수상의 입장에서는 이와는 다른 정책적 대안을 가지고 있었다. 당시 일본의 문화와 사상에 정통한 사람들이 설명할 수 있었듯이, 미국의 외교적 압력은 교만하고 지나치게 독선적이며 구제 불능의 사무라이 정신으로 무장한 일본에게 오직 한 길 즉, 미국과 그 우방들의 어떤 방해에도 불구하고 전쟁으로 일본의 필요를 충족시키는 길밖에 없었다는 것이다. 1941년 7월 이후, 일본인들의 마음속에는 오직 폭력만이 유일한 대안이었다.

일본의 예상 공격 시기를 판단하는 것은 어렵지 않았다. 그해 여름, 미국의 정책 입안자들은 일본의 항공유 저장량이 차후 6개월분 밖에 남지 않았다는 사실을 정확하게 계산해낼 수 있었다. 그때 워싱턴의 정책수립자들은 일본이 1941년 12월까지는 연합국에 굽실거리며 나올 것이라고 확실히 믿고 있었다. 그러나 일본이 그들에게 절실하게 요구되는 석유와 전략물자들을 원하고 있는 상황에서, 과연 동남아 지역에 대한 불법 정복으로부터 철수하라는 연합국의 요구를 받아들이는 외에 다른 대안은 없었을까?

불행하게도, 일본의 정책입안자들은 1941년 7월, 미국에 의해서 시작된 양국 간의 긴장의 시계 소리를 달리 듣고 있었다. 당시 일본의 관점에서는 미국과 우방들이 거부하고 있는 봉쇄행위에 대항할 수 있는 것은 폭력으로 점령하는 방법 외에는 다른 대안이 없었다. 따라서 일본은 그들의 현존하는 전략물자가 고갈되는 1941년 12월 이전에 점령 작전이 이루어지지 않으면 안 된다고 판단하였다. 상호 적대적인 계획자들이 동일한 첩보를 가지고 극적으로 상반되는 결론을 도출하는 것은 처음이 아니었다. 바로 여기에 진주만의 실패의 본질이 있다.

일본의 공격 가능성에 대한 미국의 순진한 오산이 사실이었지만, 미국 행정부가 일본의 정책과 군사적 사고를 완전히 인식하지 못한 것은 아니었다. 독일의 에니그마 교신을 해독한 영국의 Ultra 작전에 필적하는 암호 해독의 승리로, 미국은 1941년에는 일본의 대부분의 극비 암호를 파악할 수 있었다. 일본의 모든 고급 외교 전문들이 해독되었으며, 또한 이러한 내용들은 미국 대통령과 국방정책 입안자들에게 모두 전달되었다. 값으로 헤아릴 수 없을 만큼 정보의 우세권을 확보할 수 있는 이러한 작전의 암호명칭은 'Magic'이었으며, 이러한 유령 같은 암호 해독 세계의 미로를 통해서 진주만의 대부분의 비밀들은 사전에 밝혀졌다.

미국의 신호정보 역사는 특이했다. 1929년, 전설적 인물의 하나인 Herbert Yardley가 이끄는 미국의 외교암호 해독의 원조인 MI8은 미 국무장관 Henry Stimson이 후에 말한 대로 "신사들은 서로의 메일을 읽지 않는다.(Gentlemen don't read each other's mail)"는 이유로 장관 즉결로 해체되었다. 이렇게 놀라운 정치적 절제 행위는 역사가 입증할 만큼 아주 고매한 발상은 아니었을지 모른다. 왜냐 하면, 야들리의 MI8이 해체되는 바로 그때, 그 임무는 윌리엄 프리드만(William F. Friedmann) 휘하의 미 육군 신호정보국(SIS)으로 신중하게 전환되고 있었기 때문이다. 프리드만은 헌신적이고 과학적인 인물로서 일본의 외교암호를 해독하는 임무를 맡게 되었다.

보다 정교한 정세를 파악하기 위하여, 또 다른 신호정보 기구가 성공적으로 일본의 무선 교신내용을 읽고 있었다. 워싱턴에서, 미 해군은 조용하면서도 난잡한 성격의 해군 대위 로렌스 새포드(Lawrence Safford) 휘하의 OP-20-G로 알려진 고급 비밀 암호 해독 기구를 설립하였다. 이들 두 신호정보기관이 서로 협조했다는 증거는 발견되지 않고 있다. 그러나 신기하게도 SIS와 OP-20-G는 워싱턴 D.C. 내에서 단 한 블록밖에 떨어져 있지 않았다. 새포드의 해군 팀은 컨스티튜션 가(Constitution Avenue)에 위치한 해군 건물에서 신비스러운 작업을 열심히 진행하고 있었으며, 바로 길 위에 위치한 Munitions 빌딩에서는 프리드만의 육군 SIS 요원들이 똑같이 집념을 가지고 일본의 외교 암호를 공격하고 있었다.

1941년까지 두 기관은 과중한 업무를 담당해왔다. 해군 OP-20-G는 일본의 암호명 '오렌지(Orange)'였던 해군 일일 교신내용을 거의 완벽하게 해독할 수 있었다. 일명 'Purple'로 알려진 매직(Magic) 일본 외교 교신내용을 해독하는 것은 SIS의 책임이었다. 육군이나 해군 기관들은 상호 신뢰하지 않았으며, 첩보도 공유하지 않았다. 해군 기밀은 해군을 위해서, 육군 기밀은 육군을 위한 것이었다. 거기에 추가하여 또 다른 재앙의 씨가 움트고 있었다. 퍼즐(jigsaw puzzle)을 맞추기 위해서는 상자 안에 들어 있는 모든 그림 조각들을 찾아야 한다.

만약 이러한 관료주의적 병폐가 없었다면, 1940년 후기 OP-20-G와 SIS 간의 폐쇄적인 관계는 믿기 어려울 것이다. OP-20-G의 책임자였던 새포드는 "우리는 일본 외교교신 처리업무를 일자별로 교대하기로 SIS와 합의하여 홀수 일에는 해군이, 짝수 일에는 육군이 담당하도록 하였으며, 후에는 해군 정보참모부와 육군 정보참모부가 1개월 주기로 교대하여 일본의 외교암호 해독결과를 백악관과 국무성에 홀수 월에는 해군이, 짝수 월에는 육군이 전파하도록 합의하였다."라고 기록하였다.

이에 부가하여 정보판단을 더욱 혼란케 한 것은 미 육군과 해군이 수집 표적, 교신 분석 또는 기술분석 기법 개발에 대한 상호 협조가 이루어지지 않았을 뿐 아니라, 정보평가 결과도 공유하기를 거부하였다는 것이다. 종합해서 말한다면, 그들 두 기관은 수집된 정보를 그들의 정치적 권력자들에게 독립적으로 보고해서 인정받으려고 하는 경쟁을 하고 있었다는 것이다. 오늘날과 같이 지식이 유가치한 상품으로 인정받는 세상에서는 정치인의 귀에 속삭일 수 있는 독점권을 확보하는 것이야말로 관료주의적 대 승리로 당연히 환호하는 것이다. 놀랍게도, 1940년과 1941년의 수개월 동안 미 육군과 해군의 정보 수장들은 그들의 군 최고 수뇌에게 보고되는 핵심적 가치가 있는 정보들을 대통령에게 보고하기를 거부하였다.

그들의 동기는 복잡한 이유가 있었으며, 특히 워싱턴의 정치가들은 비밀 유지가 어렵다는 그들 나름대로의 사려 깊은 의심에 기초하고 있었던 것으로 보인다. 분명하지는 않지만 또 다른 동기가 있었던 것으로 보인다. 당시 Marshall 육군 참모총장과 Stark 해군 참모총장은 모두 대통령 주변의 정치적 보좌진들에 대하여 불신감을 공유하고 있었다. 모든 사람이 미국의 루스벨트 대통령의 뉴딜정책을 지지하지는 않았다. 그 결과 육군과 해군 모두 매직 암호 해독문의 배부선(read lists)을 꼭 알아야 할 필요가 있는 사람(the fiercest need-to-know)을 기준으로 엄선함으로써 극소수로 제한하였다. 루스벨트 대통령, 스팀슨 전쟁성 장관(1941년까지 남의 편지를 읽는 것에 대한 혐오감을 가졌던 것을 극복한 것으로 보이는), 해군 장관 Knox, 그리고 Cordell Hull 국무장관만이 아주 제한적인 범위에서 매직 비밀 문건 열람이 허용되었을 뿐이다.

1941년 12월까지는, 미국 정보기관들은 일본 해군 작전암호, JN 25와 대부분의 일본정부 고위급 외교교신 내용을 해독할 수 있었다. 따라서 미국은 진주만 피습 이전에 일본의 의도를 간파할 수 있는 능력이 있었다고 볼 수 있다. 그러나 불행하게도 미국은 신호정보 부대들을 통합하지 않고 독립적으로 육성시켰으며 또한 상호 협조시키지 않음으로써 암호 해독 능력을 효과적으로 발전시킬 수 없었다. 그들은 정보기관 간 협조 임무를 수행하는 참모부를 설치하는데도 역시 실패하였다. 마지막이지만 대단히 중요한 것은, 미국의 정보기관들이 대량의 전략정보들을 경쟁대상인 타군 정보기관이나 혐오의 대상인 워싱턴 정치가로부터 격리시키기 위하여, 그들은 특정한 정보를 특정한 시기에 특정한 결심수립자들에게만 제공하고 있었다는 점이다. 이는 진주만 재앙을 이해하는 데 있어서 상당한 의미를 갖는다.

그러나 이렇듯 편협하고 왜곡된 신호정보의 관리문제보다도 훨씬 더한 진주만의 문제가 발견되고 있다. 1941년 12월 정보 분석관들은 진주만에 적의 전력이 증강하고 있다는 다수의 중요한 징후들을 접수함으로써 징후경고판에는 적색과 황색 불빛이 반짝거리고 있었다. 신호정보만이 책임을 져야 할 사안은 아니었다. 미국 당국은 신호정보 외에도 다양한 출처로부터 다양한 정보들을 입수할 수 있었다.

2장에서, 존 매스터맨 경(Sir John Masterman)의 이중첩자 위원회가 영국의 MI5가 운용하는 전향한 독일의 공작원들을 어떻게 활용하였고, 또한 그들을 이용하여 이전의 독일 조정관들에게 어떻게 역용 공작을 수행했는지를 알아보았다. 만약 관료적인 워싱턴이 진주만 참패의 주된 책임을 져야 한다면, FBI 국장이던 J.

Edgar Hoover 를 포함시키는 것이 당연하다고 할 수밖에 없다. 그는 MI5가 운용하던 우수한 이중 첩자의 한 사람으로부터 제공된 진주만에 관한 핵심적인 경고가 있었음에도 불구하고, 그의 개인적 편견에 집착되어 이를 무시했던 것으로 보인다.

전향된 독일의 이중 첩자들을 활용하는 정교한 작전의 일부로서, 영국의 암호명 "트라이시클(Tricycle)"로 알려진 Dusko Popov (Yugoslavia 인)는 영국의 지령으로 1941년 늦은 여름, 리스본을 경유하여 중립국 미국으로 파견되었다. Popov의 가치는 두 가지로 볼 수 있는데: 첫째는, 미국의 대정보기관의 수뇌들에게 영국이 활용하고 있는 이중 첩자들의 운용 방법을 교육하는 것이었고, 둘째는 더욱 중요한 사항으로서, Tricycle은 독일의 정보 조정관으로부터 첩보 수집의 우선순위에 관한 내용이 포함된 신형 microdot (점 크기의 미소 사진을 촬영하고 확대하는 정보 장비)을 수령했다는 것이다. 사실상 트라이시클은 장문의 질문서 형식으로 독일로부터 미국에 대한 첩보 수집 임무를 부여 받았다. 이 임무 지시는 추축국(Axis alliance)의 의도, 고정관념, 그리고 우려하는 문제가 무엇인가를 대량 포함하고 있었다.

그 질문서에 있는 나치의 우려 사항은, 많은 양의 질문 속에서도, 속내를 보이는 일부 질문들이 포함되어 있었다. 그것은 특히 진주만에 관한 부분이었는데 진주만의 설계도, 병력 배치, 그리고 방호 태세에 집중되어 있었다. 이러한 내용을 가지고 이중 첩자 Popov는 1941년 8월 말 무렵고 습도 높은 워싱턴에서 FBI 국장을 만났다. 그러나 그 만남은 낭패였다. 후버 국장은 그 수상한 발칸반도의 플레이보이를 대단히 혐오하였다. 영국의 암호명, Tricycle은 한 침대에서 두 여자와 동시에 즐기기를 좋아하는

Popov의 성적 도착증을 염두에 두고 만든 노골적인 농담에서 유래 되었지만, 성적으로 매우 까다롭고 외국인을 가리는 후버는 그렇게 썩어빠진 성적 도착자인 Tricycle의 어떠한 말도 믿으려 하지 않았다. 후버는 "진주만의 동쪽과 동남쪽 협만에 이르는 입구의 준설 작업 진행 상황은 어떠한가?"와 같은 중요한 질문 항목도 무시하거나 지나쳐 버렸다. 결국, Tricycle은 추방 되었고, 결과적으로 협조적인 영국과 교만한 미국인 후버 간의 총체적인 안보 협조 노력은 실현되지 못 하였다. 후버는 해군에게도, 국무성에게도 독일의 질문 내용을 알리지 않았고, 대신 후에 그의 회고록에서 그는 개인적으로 "더러운 나치 스파이를 면접했는데 …… 즉시 내쫓았다."고 자못 고소했다는 듯이 진술하였다. 안타깝게도 후버는 그 무더운 8월, 진주만 기습의 퍼즐을 완성하는 핵심 조각을 움켜쥐고 썩히고 말았다: 1941년 1월 30일 이후, 일본은 동맹국 이태리, 독일과 함께 미국 내에서의 첩보 수집을 협조하는데 뜻을 같이 하였었다. Popov의 질문서는 부분적으로 독일이 아닌 일본의 실제 수집 계획이었다. 그러나 J. Edgar Hoover(미국 세 31대 대통령은 Herbert Clark Hoover)는 그러한 사실을 알지 못했고; 더욱 중요한 것은 그것을 전혀 유념하지도 않았다는 것이다.

사람들이 후버나 포포브를 어떻게 생각하든지 간에, 부인할 수 없는 사실이 드러나고 있는데: 만약 FBI가 Tricycle의 독일군 첩보 수집계획을 해군이 가지고 있던 일본의 J-9과 PA-K2 전문 해독 내용과 비교했더라면, 그 중요성은 마치 벼락같이 엄청난 충격을 주었을 것이다. 일본의 전문 해독 내용과 Popov의 질문서는 거의 동일했다. 누군가가 참으로 진주만의 모든 전술적 세부 내용들을 알고 싶어 했다는 사실이다; 그는 누구였으며, 무슨 이유에서 그랬을까?

1941년 워싱턴에 있던 어느 누구도 각자의 정보를 상호 협조하지 않았으며, 고위층 어느 누구도 모든 출처의 정보를 종합적으로 평가하지 않았고, 후버 국장 역시 그가 가지고 있던 첩보를 군부대와 결코 공유하지 않았다. 설사 후버 국장이 호놀룰루에 위치하고 있는 그의 FBI 지국장이 Popov의 질문 내용과 그 섬에 대한 일본의 침공 징후들에 매우 관심이 있어 왔다는 것을 알고 있었다고 할지라도 그것은 관심 밖의 일이었을 것이다. 왜냐하면, 하와이 주재 FBI는 하와이의 보안과 대정보에 대한 책임만을 지고 있었고, 하와이 주재 일본 총영사는 Popov와 유사한 질문서를 사용할 것이라 판단하고 있었기 때문이다. 이렇게 또 다른 진주만의 퍼즐 조각은 다만 지나쳐 버린 것이 아니라 후버 개인의 자만과 선입견 그리고 오만으로 내던져지고 말았다.

'정보의 왕관'에 비유하는 미국의 Magic 감청에 의한 일본의 Purple 암호 해독도 하마터면 명성이 손상될 뻔하였다. 1941년 5월 5일, 암호의 보안을 걱정하는 도쿄 당국에서 워싱턴 대사관으로 "믿을 수 있는 첩보에 의하면 워싱턴 당국이 당신에게 보내지는 암호문의 일부를 해독하고 있는 것으로 드러나고 있다."라는 신호를 보냈다. 이러한 내부비밀 누설의 정확한 출처는 밝혀지지 않았지만, 노무라 일본 대사는 아마도 베를린의 독일군으로부터 귀띔을 받았던 것 같았다. 그러나 일본의 수사 결과, 의심할만한 뚜렷한 증거가 없다는 결론에 도달하였으며, 그래서 5월 20일, 노무라는 하급 전문의 일부가 해독되고 있으나 상급 외교 전문은 이상이 없는 것으로 답전을 보냈다. 일본은 일본어는 외국인에게 대단히 어렵고, 또한 Purple 암호는 독일의 에니그마 기기처럼 해독 불가할 것이라는 어리석은 신념이 그들의 판단을 흐리게 한 것으로 판단된다. 어떻든 워싱턴 신호 정보요원들은 다시 한숨 돌릴 수 있었다.

전쟁으로 향한 초읽기가 계속되고 있었기 때문에 적대행위로 이어지는 징후들이 증가되고 있었다. 1941년 내내, 각종 신호 정보들이 방콕, 베를린, 부에노스아이레스, 바타비아, 런던, 모스크바, 로마, 상하이, 그리고 싱가포르에서 감청되었다. 모든 메시지가 한결같이 일본이 전쟁 준비를 하고 있는 것으로 확인되었다. 얄궂게도 스탈린의 러시아조차도 일본의 전쟁 준비에 관한 정보를 지원하였다. 소련의 독재자는 두 개 전선에서의 동시 전쟁을 막기 위한 필사적인 노력의 일환으로서, 소련은 1941년 4월, 일-소 불가침 조약을 체결하였다. 이는 소련으로 하여금 서부 국경 지역으로 불안하게 다가오는 나치의 위협에 병력을 집중시킬 수 있었다; 그러나 이 조약은 일본에게도 동일하게 작용하여 시베리아 외의 타 지역으로 병력을 배치할 수 있는 계기가 되었다. 미국의 조기 경고판에는- 이러한 상황들이 포함되어- 전쟁징후들로 채워지기 시작했으며, 거의 모든 항목들이 적색으로 채워졌다.

비교적 온건한 노무라 주미 일본 대사는 본국의 외무대신 마쑤오까로부터 최악의 사태에 대비할 수 있도록 북미 지역에 비밀공작 정보조직을 만들라는 독단적인 명령을 받고 전전긍긍하고 있었다. 미군 측의 정보요원들은 관련 정보를 성실하게 보고하였으나, 합동 국가정보 판단기구가 없었기 때문에 전쟁 경보의 중요성은 잡다한 배경 잡음과 상반되는 신호들로 뒤범벅이 되어 상실되고 말았다.

돌이켜 보면 진주만은 미국에 가해진 외상적 충격이었을 뿐 전쟁 자체는 아니었다는 사실을 알 수 있다. 정말 놀라운 사실은 전쟁이 발발했던 과정과 장소였다. 미국 당국은 경계를 강화했어야 했다. 미국은 진주만에 대한 일본 해군의 질문사항과 영국의 암호명 Tricycle의 독일군 질문서들을 제대로 처리했어야 할 뿐 아니라 모든 극동 지역으로부터 오는 호전적인 일본의 전문들을 매일매일 분석했어야 했다. 이러한 많은 정보들은 미국의 영토들을 잠재적 표적으로 삼고 있었다.

해가 지나면서, 1941년 여름 중반에 일본의 악명 높은 대동아공영권 구축을 위한 표적 목록을 상세하게 설명해 놓은 소위 '광둥'이라 불리는 신호 명이 감청됨으로써, 일본의 호전적인 전쟁 도발 의도는 더욱 확실해 졌다. 그 출처를 부정하지는 않지만, 미 해군 정보국(US Office of Naval Intelligence: O N I)은 그러한 내용들을 일본의 '도쿄 당국의 소망적 사고(Tokyo's wishful thinking)'를 표현한 단순한 희망 사항 목록(wish list)으로 무시해 버렸으며, 공격용 표적으로 경계심을 갖지 않았지만 그것은 후에 실제 사실로 나타나고 말았다. 다른 출처로부터 수집된 많은 량의 정보들도 똑같이 중요하였다. 그 한 예로, 마닐라에서 활동하고 있던 영국의 MI6는 12월 3일, 호놀룰루에 주둔하고 있던 미 육군과 해군 정보 수뇌들에게 미국이 조만간에 공격 목표가 될 것이라는 영국의 정보 평가를 경보해 주었다.

관련 증거들을 살펴보면서, 우리는 스스로 두 가지 질문을 하지 않으면 안된다. 첫째, 1941년 12월 6일까지의 가용한 정보들은 진주만을 정확한 공격 목표로 식별할 수 있었는가? 둘째, 진주만은 이러한 상황에 대비하였는가? 만일 대비하지 않았다면 무슨 이유가 있었는가? (둘째 질문은 정보 소관은 아니지만, 일본의 위협과 재앙의 마지막 단계에 대한 미국의 반응을 살펴보는데 중요하다.)

일본의 전략 기획가들에게 진주만은 단순히 부수적인 소 사건이었다는 사실을 기억하는 것은 중요하다. 진주만은 일본의 주공의 측방에 위치한 미국의 함대를 무력화시키기 위하여 계획된 공중 기습에 지나지 않은 것이었다. 주공은 동남아시아의 핵심 경제적 목표들을 점령하기 위하여 계획되었다. 받아들이기 어렵지만 진주만은 1941년 12월 7일 일본의 주공 목표는 아니었다. 1941년 12월 첫 주의 태평양 지역에 배치된 일본의 군사력 균형 면에서 얼핏 보면, 일본의 힘의 오직 일부가 미국 함대를 무력화시키는데 동원되었다. 정치적으로 진주만 공격은 말레이 반도와 비율빈 공격만큼 중요하였지만, 노골적으로 말해서 군사적으로는 그것은 부수적인 공격 행위였다.

이 사실은 다소 충격적일 수 있다. 결국, 미국을 전쟁으로 끌어드리고 또한 본질적으로 유럽의 분쟁을 세계 대전으로 확전시킨 것은 진주만이 아니었을까? 이에 대한 판단은 어렵지 않게 입증될 수 있는 바, 그것은 일본군의 배치된 군사력 균형뿐만 아니라 12월 7일 공격을 위한 일본군의 계획에도 잘 나타나 있다. 일본의 작전 중심은 전략적 점령 지역에 중점을 두고 있었다. 이러한 사실은 미국과 영국의 수많은 통신 감청결과에 잘 나타나있다. 대부분의 교신 내용은 서남 태평양과 아세아 지역에 관련된 사건과 관련되어 있었으며, 일본의 참모부는 최소한의 함대가 있거나 아니면 함대가 아주 없는 미국 함대 정박지역에 관심을 두고 있었다. 전략적 우선순위의 비교 평가는 일본 전쟁 참모 회의에서 결정되었다. 그 예로, 일본 해군 참모부에서는 특히 초기에 야마모토 제독의 진주만 기습계획에 높은 의구심을 가졌었다. 나가노 일본 해군 참모총장은 언제든지 취소될 수 있고, 또한 보다 중요한 전략적 작전을 방해하지 않는 조건에서만 공격을 하도록 조건부 허락을 하였다. 일본이 극동 지역을 공격하려고 했던 증거들은 많았던 반면에, 진주만에서의 여하한 행위에 대한 신호들은 본질적으로 계획되고 있던 주공격에 비하면 부차적인 것들이었다. 전략적 우선순위의 비교 평가는 연합국들에 의해서 수집된 정보량의 비교에 의하여 이루어진다.

진주만의 정보 재앙에 관한 특징적 사실은 대부분의 징표들이 당시 쇄도하는 다른 정보들에 의해서 가려졌다는 것이다. 이러한 핵심징후의 차폐화는 각종 다양한 출처에서 나오는 다른 신호들에 의해서 이루어졌으며 정보전문가들은 이러한 현상을 "잡음(noise)"이라고 일컫는다. 아주 간단하게 말해서, 시끄러운 잡음으로 진주만에 관련된 소리들이 안 들리게 되고 말았다는 것이다. 여하한 기습 공격도 지나고 나면 관련 징표들을 상대적으로 용이하게 발견할 수 있을 뿐만 아니라 긴요한 징후들을 선별할 수 있게 되는데, 진주만도 같은 경우였다. 그러나 사건 당시에는 그들은 동일한 조건에서 다른 징후나 정보와 경쟁할 뿐이었다.

진주만에 관련된 또 하나의 사실이 있다. 1941년 11월 말까지, 거의 모든 시사 해설가들은 일본을 외교적으로 굴복시키는 것은 실패하고 있었고, 일본은 전쟁 준비를 하고 있었다는 사실을 인지하고 있었다. 이는 당시의 하와이 신문들에서 쉽게 확인될 수 있다. 진주만 공격 이전 2주일 동안 신문들의 머리기사들은 다음과 같다:

미국-일본 협상 결렬
미국, 절충 거부
하와이 - 주둔군 비상 발령

일본, 2주일 협상 연장 - 결렬시 군사 행동 준비
태평양 예정 행동 개시 시각 임박: 일본, 미국에 답신

문제는 모든 사람들이 진주만의 위기의 심각성을 알고 있었지만, 모두 모든 시사 해설가들은 일본의 주 공격 목표는 타이, 말레이 반도, 버마 그리고 네덜란드 령 동인도 제도들이 될 것이라는 데 집중하고 있었다는 데 있었다. 그러할지라도 미국은 그 상황을 심각하게 받아들이고 있었다는 것은 의심할 여지가 없었다. 미 전쟁성 Stimson 장관은, 1941년 11월의 마지막 주 동안의 루스벨트 대통령 휴가 기간 중, 대통령을 대리하여 위의 신문 머리기사들이 쓰이고 있던 11월 27일, 미국의 모든 군사 지휘관들에게 실제로 전쟁 경보를 발령하였다. 11월 27일, 이와 관련된 미 해군 작전참모부장 명의의 태평양과 대서양의 함대 사령관들에게 하달한 경보는 다음과 같은 내용보다 더 구체적일 수 없었다.

본 전문은 전쟁 경보로 고려되어야 한다. …… 일본의 공격 준비를 위한 부대 이동이 다음 수일 이내에 실시될 것으로 예상되고 있다.

결정적이게도, 전문은 다음과 같이 이어지는데:

해군 기동부대가 비율빈이나 태국 크라반도, 또는 가능성이 낮지만 보르네오로 상륙작전을 감행하려는 징후가 나타나고 있다.

진주만에 대한 언급은 없었다.

스팀슨 전쟁성 장관과 해군 작전참모부에서 보낸 전문은 하와이에 주둔한 각 군에 각각 전달되었다. 그러나 놀랍게도 이들 두 전문은 철저히 무시되었으며, 육군이나 해군, 어느 지휘관도 최고의 경계 태세를 갖추지 않았다. 다소 강화되기는 했지만, 평상시 태세가 지속되고 있었다. 분명

하게도 일본의 위협은 진주만과 연계되지 않았다. 계통상의 또 다른 취약한 관련성이 전개되고 있었다.

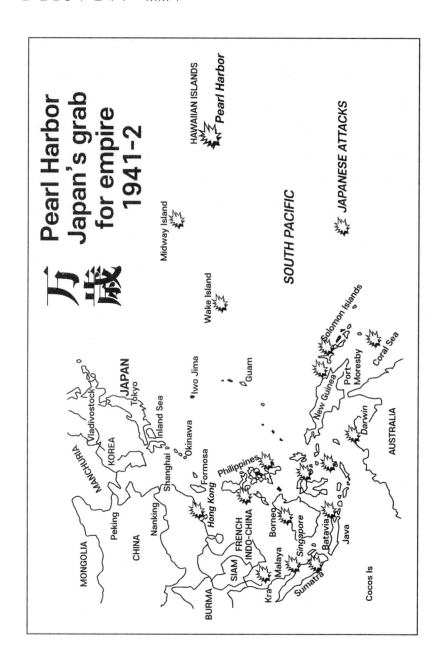

그래서, 두 가지 의문점이 발견되는데, 첫째는 그 답이 명백한 것으로: 1941년 12월까지, 미국이 일본과의 전쟁이 임박했고, 미국의 영토가 일본의 표적이 되리라고 예상은 하고 있었지만, 진주만이 일본의 공격 목표였다는 명확한 정보는 없었다. 이제 두 번째 의문점이 우리들을 궁금하게 하는 초점인데: 하와이 주둔군 사령관들은 일본의 공격을 대비하고 있었는지? 아니면, 왜 그러지 않았는지? 어떤 다른 것보다 이 문제가 관심을 끌고 있다. 지금에 와서 진주만은 기습의 모델로서 자리매김하고 있는 바, 아무것도 모르는 수병들이 일요일 아침 교회 예배 준비 중에 청청한 하늘에서 날벼락 내리듯 빗발치는 포탄과 기총 소사로 처참하게 죽어간 곳이었다. 진주만에 대한 여섯 번에 걸친 조사가 이루어졌는데 그 중 하나만이 가용한 모든 정보가 비밀로 분류되었다.

이러한 비난과 반소가 교차하는 상황에서 음모론이 무성한 것은 놀라운 일이 아니다. 진주만 음모 사태에서 통상적인 피의자는 추측하건대, 루스벨트와 처칠이다. 루스벨트는 하와이 지역에 대한 일본의 공격이 임박했다는 사실을 너무나 잘 알고 있었으나, 미국의 국민들이 전쟁에 말려드는 것을 바라지 않는 상황이었기 때문에 전쟁 개입의 명분을 쌓기 위하여 불행하게도 하와이 주둔군 지휘관들에게 아주 정교한 방법으로 직접적인 경고를 하지 않았던 것으로 간주 된다. 처칠은 더욱 간교한 전략으로 영국의 생존을 위해서 미국을 전쟁에 끌어 들일 수 있도록 워싱턴 당국에 결정적인 관련 정보와 경고를 차단했던 것으로 주장되고 있다. 일부 음모론자들은 스탈린도 진주만에 대한 모든 정보를 알고 있었음에도 불구하고, 일본을 태평양 지역 전장에 휩쓸어 넣기 위하여 철저한 정보 통제를 했던 것으로 주장하고 있다. 그렇게 함으로써 소련의 동부 시베리아 지역에 대한 위협이 완화될 수 있다고 보았을 것이다.

　이러한 음모론자들의 주장은 어느 하나도 정밀 조사에 근거를 두고 있지 않다. 루스벨트와 그의 자문 요원들은 무엇인가 일어나고 있었다는 것은 알고 있었지만, 진주만을 구하기에는 너무 늦어 어찌할 바를 모르고 있었다. 처칠과 영국의 신호정보국 요원들, 특히 그들의 극동지역 연합 정보 지부에서는 미국 측 상대역과 대량의 관련 정보들을 공유하고 있었다. 그들은 전쟁 중인 나라가 중립국에 통상적으로 전파할 수 있는 양보다 훨씬 많은 정보를 교환했다. 누구도 미국의 참전으로 인한 처칠의 안도감에 대하여 논박하지 않으며, 미국의 대일본 선전포고에 대한 처칠의 반김도 비난하지 않는다. 처칠과 루스벨트 모두 일본의 공식적인 구상이 어떻게 진행되고 있는지 많이 알고 있었지만, 처칠이 정교하게 미국을 전쟁으로 오도했다거나 또는 처칠이 진주만 공격에 대해서 루스벨트보다 많이 알고 있었다는 증거는 없다.

　오늘날과 과거 1941년의 정보 분석 평론가들이 직면하는 문제는 왕왕 문제를 악화시키는 고위급 신호정보가 소량 뿐 이라는 것이다. 만일 적국의 내부에서 이루어지는 정책 토론의 모든 과정이 투명하게 수집될 수 있다면, 분석가들은 다만 보이지 않는 옵서버 자격만으로서 라도 그 토론에 참가한 당사자의 입장에서 분석할 수 있을 것이다. 그러나 그러한 정책의 배경에 대한 구체적인 내용은 기록으로만 확인할 수 있는 최종 방책, 방책에 따른 작전 계획, 위치·시기·암호명들이 명시된 시행 지침만으로는 확인되기 어렵다. 이러한 상황이 1941년 12월의 첫째 주, 진주만의 미군 지휘관들의 입장이었으리라 생각된다. 그들은 일본의 공격이 임박했었다는 것은 알고 있었으나 그것이 그들의 머리 위에 떨어질 줄은 예상치 못했다.

그래서 1941년 12월 7일 아침, 진주만 지상에서의 세부적인 작전적, 전술적 실패의 이유는 군사적인 실패나, 전략적인 실패가 아니라 의심의 여지없이 국가급 내지는 정부급의 정보 실패들이었다. 그러나 그날의 하와이의 군 지휘관들의 '준비태세'의 문제는 루스벨트나 처칠 또는 마키아벨리안(Machiavellian)식 음모자들의 탓으로 돌려질 수는 없다 ; 진주만 현지에서의 (경계)실패는 정면으로 지역 지휘관들과 그들의 직속상관들에게 있었다. 이를 이해하기 위해서는, 오늘날의 통합 지휘체계나 합동 지휘체계 등과는 거리가 먼 1941년의 하와이 지휘체계와 당시의 세계를 살펴볼 필요가 있다. 가장 결정적인 사실은 단일 지휘체계가 아닌 이원화된 "지휘체계"였다는 사실이다. 하와이는 방어 책임이 분산되어 있었다: 킴멜 제독이 이끄는 태평양 함대사령부 휘하의 미국 해군은 함대와 태평양 지역에서의 작전, 그리고 진주만에서의 정박 활동이었다. 다른 한편 미 육군은 쇼트 중장의 지휘하에 하와이 제도에 대한 도서 방어 책임과 대태업(1946년 까지는 미 공군 미배치) 임무를 수행하고 있었다. 불행하게도 1941년에는 미 육군과 해군이 합동 근무를 하지 않았다. 그들은 전적으로 독립되어 경쟁 관계에 있는 별개의 조직들이었다. 두 군 지휘관들과 참모들의 관계는 소원했다. 미 해군은 그들 자신이 주 임무 부대로 생각하면서 육군의 쇼트 중장은 해군 기지방어를 위한 조금 높은 기지방어 사령관쯤으로 간주했다. 그들은 어떤 합동 참모 조직도 없었고, 지상에서의 양군 간의 정보 교환을 위한 효과적인 연락 대책도 없었다.

세월이 경과함에 따라 판단하기는 어렵지만 쉽게 이해할 수 있는 한 가지 사실을 끼워 넣자면, 하와이는 영국의 사이프러스나 프랑스의 타히티와 같이, 전통적인 휴양지에 위치한 비교적 안락한 기지라는 사실이다. 태양과 모래, 그리고 아열대 지역의 낙원에서 누릴 수 있는 오락과 즐거움에 있어서 그 평판은 1941년 당시나 지금이나 대단한 것이었다. 해군으로 말하자면, 진주만은 힘든 해상 근무를 마치고 정박하여 함정이 재보급을 받는 동안 해변에 가서 여유를 즐기는 곳이며, 육군에게는, 미 국방성 비밀 조사를 패소케 한 변호사 헨리 클라우슨 대령의 표현대로 "육군 하와이 사령부는 영원한 휴양지"였다.

진주만 이전의 하와이의 상태는 잘 알려지지 않았지만 1941년 7월, 버웰 대령이 새로 부임한 쇼트 중장에게 보고한 충격적인 보고서로 증명되었다. 그 보고서는 많은 점에 있어서 그의 사령부의 문제점들을 지적하였는데, 특히

- 일본과의 갑작스런 마찰시 적의 기습 공격의 가능성에 대한 인식의 절대 결여
- 평화 시기로 뿌리 깊게 타성화 됨으로써 모든 제대에서의 현실 안주
- 공세적 기질의 결여와 미래에 대한 무관심
- 평화에 안주함으로써 평시 정보활동에 대한 부주의
- 타군과의 합동작전 계획 실행의 실패

쇼트는 이러한 고질적인 문제에서 혼자만의 책임은 아니었다. 하와이 주둔 해군 킴멜 제독은 의도적으로 함대와 그의 참모들과의 문서 배부선에서 육군을 제외하였다. 그 예로, 후속 조사 결과에 따르면 다음과 같은 과오들이 발견되었다.

- 도서 방어를 위한 합동 기획참모 부재
- 하와이 주변 해상에 대한 합동 항공/레이더 감시 부재
- 해군과 육군 간 공식 연락장교 부재
- 신호정보를 육군에게 알리지 말라는 태평양 함대 사령관의 방침, 특히 킴멜 제독과 휘하 참모들이 일본의 최종 전쟁경보인 소위 "Winds Code" 전문을 전파하지 말라는 결정
- 괌과 웨이크 섬 같은 외곽 지역에 대한 해군과 육군의 지휘권에 대한 다툼

킴멜 제독은 전쟁이 임박한 시간에도 문제 해결을 위해 육군 지휘관과의 접촉을 하지 않았다. 후에 해군 사문위원회에서 밝힌 충격적인 증언에 보면, 평시 합동 지휘에 실패한 상황이 잘 묘사되어 있다:

나는 육군 지휘관에게 유용하리라고 판단한 모든 것을 알려 주려고 하였다. 그러나 나는 그에게 내가 결심한 작전 계획은 알려주지 않았다. 나는 그 계획에 포함되지 않은 어떠한 기관에게도 그 정보가 누설되는 것을 원하지 않았기 때문이었다.

양군의 지휘체계가 분산된 상태에서 상호 연락 대책도 강구하지 않았으며, 긴요 정보를 공유하지도 않았을 뿐만 아니라 그토록 전반적으로 위기의식이 결여된 무방비 상태에서는, 하와이 주둔 미군들의 준비태세가 결여되어 있었다고 하는 것은 전혀 놀랄만한 일이 아니다.

비극이 일어나기 전 최종 며칠 동안, 미국과 연합국 정보 요원들은 지나치게 혹사했다. 1941년 12월 초 교신 분석은 일본 공격 함대가 바타비아, 태국, 말레이 반도에 무력을 집중하는 것을 정

확하게 포착하였다. 무엇보다 일본의 공격 시기가 핵심 요구사항이었다. "첩보 기본요소"나 "우선 정보요구"가 내려 왔는데 그것은 간단한 질문 즉 언제 공격할 것인가? 이었다.

일본은 그러한 우발사항에 대비하기 위하여 상당한 기간을 두고 해외 대사관을 준비시켰다. 기습 공격을 감행하기 위해서, 일본은 그들의 대사들이 주재국 정부에 직접 선전포고 전문을 전달하도록 충분한 시간을 확보하도록 하였다. 전쟁 개시시기 선택은 당하는 쪽이나 공자에게 모두 중요한 사안이다. 이러한 내용의 교신은 일본의 국가 안보에 대단히 취약하였지만, 그들은 그들의 대사관과 외교관들을 쉽게 포기할 수 없었다. 이러한 종류의 신호들은 당연히 정보 분석관들에게는 중요한 징후경보가 된다.

11월 19일, 도쿄 당국은 주미 대사관에 "미국과의 단교와 국제적 통신을 중단하는 비상사태 발생 시" 특별 방송을 청취하라는 특별 경고를 하달하였다. 이 방송은 일본의 일일 국제 단파 뉴스 방송에 암호화한 개인 전문을 삽입함으로써 이루어지는 것이었다. 그 전문은 기상 예보(앞으로 일명, "Winds Code")로 위장하는 바, "East Wind Rain"은 미국과의 단교를, "West Wind Clear"는 영국과의 단교를 의미하는 것이었다. 그 지시는 모든 하급 수준의 비밀 외교 암호와 음어를 파기하고, 외교관들의 전쟁 준비를 이행토록 하기 위한 명령이었다.

이러한 전문은 때에 알맞게 감청되어 모든 연합국 정보 요원들에게 읽혀졌다. 말할 필요도 없이, 그 순간부터 모든 미국과 연합국 정보 요원들의 제일 우선순위는 "Winds Code" 전문을 청취하는 것이었다. 그것은 진주만 사건에서 정보 요원들에게 하나의 강박 관념이 되었고, 그 전문이 보내졌는가에 대한 미스터리는 오늘날까지 풀려지지 않고 있다.

악화 일로로 치닫고 있는 상황에 대한 경고와 사건의 심각성을 충분히 인지하고 있는 상태에서, 해군 정보 참모부와 워싱턴의 전쟁성은 경계를 강화하였다. 그 결과, 그들은 어떤 것보다 명확한 두 개의 결정적인 감청을 할 수 있었는데, 그것은 이제 전쟁이 임박했다는 것이었다.

12월 3일, 워싱턴의 해군성은 하와이에 주둔하고 있는 킴멜 제독에게 두 개의 중요한 신호를 경고하였다:

신뢰성이 높은 첩보가 입수되었는데 그 내용은, 홍콩, 싱가포르, 바타비아, 마닐라, 워싱턴, 런던에 주재하고 있는 일본 외교 기관들은 대부분의 음어와 암호들을 즉각 파기하고, 모든 다른 2급, 3급 기밀문서들을 소각하라는 우선순위가 높은 지침들이었다.

워싱턴으로부터 하와이 태평양 함대사령관에게 긴박한 제2의 경고 전문이 하달되었다.

12월 1일 도쿄 당국은 런던, 홍콩, 싱가포르, 바타비아, 마닐라에게 "암호기"를 파괴하라는 명령을 하달하였다. 바타비아 암호기는 이미 도쿄로 이송되었다. 12월 2일, 워싱턴 역시 다른 체계의 암호기 하나를 제외한 모든 암호기들과 모든 기밀문서들을 파기하도록 지시하였다.

대사관이 보유하고 있는 모든 음어와 암호문 특히 중요한 것은 암호기(code machines)인데, 이러한 모든 것을 파기하라는 명령이 하달된다면 그것은 단 한 가지 경우로 해석될 수밖에 없다: 대사관은 철수하고 외교 관계는 단절되는 것이다. 암호기가 파괴되면 다시 되돌릴 수 없다. 음어와 암호기의 파괴는 정보 분석관에게는 전쟁에 대한 최후의 경보가 된다. 하와이 주둔 해군 정보부서에서는 이러한 감청 정보를 수신했던 것으로 기록을 통해서 알 수 있다. 서글프게도, 킴멜 제독이 하와이 방어를 책임지고 있던 육군 사령관 쇼트에게 이렇게 중요한 첩보를 전파했다는 아무런 증거를 찾아볼 수 없었다. 1941년 12월 첫 주간에 오아후 주둔 미군들에게 합동 지휘 및 상호협조는 현저히 결여되었다.

진주만 사태가 발생한지 많은 세월이 지나갔지만, 최후의 날이 임박해 오는 며칠 동안 재앙으로 치닫는 거의 비극적인 촉매 요소가 있었던 것으로 보인다. 미 해군은 알고는 있었지만 경보는 하달하지 않은 상태에서 무엇을 해야 할 것인가를 놓고 고민하고 있었다. 1941년 하와이에서 해군의 경보 발령은 실제적인 한계가 있었다. 항구에 정박해 있는 함정에 대한 병력 배치는 각 함장의 책임이었다. 이미 해군 가족들은 항구에 정박해 있는 함정에 불필요하게 근무하고 있는 남편들의 재박 근무에 대단한 불평들을 하고 있었다. 미 인디애나 함정의 행정 장교는 항구에 있는 선원들의 경계근무를 느슨하게 해주지 않으면 해안에 있는 그들의 부인들로부터 항의를 받을지 모른다고 생각하였다.

해안에 있는 병영에서는, 평시 육군 수비대가 신형 레이다에 배치될 특기병이 부족하여 매일 3시간 이상 근무토록 결정하였다. 그들은 또한 더 많은 특기병들을 하와이에 배치시켜 해군과 하급 부대 수준에서 협조할 수 있도록 하기 위해서 워싱턴과 로비를 계획하고 있었다. 잠정적인 대 태업 조치로서 히캄 공군 기지의 모든 항공기들은 기체 간 날개 끝이 닿을 정도로 밀집시켜 경계를 용이하도록 하였다. 이렇게 함으로써 며칠 후 일본기들이 급습할 때 지상 표적을 확대시키는 역효과를 만들어 내고 말았다.

11월 26일 일본 북방에서 극비리에 출항하여, 북서 태평양의 안개 낀 해역으로부터 하와이 제도로 접근하고 있던 일본 연합함대로부터 하와이가 구출될 수 있었던 마지막 기회가 있었다. 하와이 도착 예정시간은 1941년 12월 7일 새벽이었다. 만약 미국이 일본의 명확한 공격 의도를 적시에 알 수만 있었다면 하와이는 미리 경보를 받을 수 있었을 것이다.

다행히도, 정보 전문가는 가능한 사태 진행 방향을 예측할 수 있는 명확한 정치적 징후 하나를 포착할 수 있었다. 미국은 일본에게 최후의 평화적 해결을 위한 외교적 제안을 하였는데, 이에 대한 일본의 반응이 이루어졌다면 그것은 대단히 중대한 사태로 발전되었을 것이다. 그것은 다만 예 아니면 아니오 즉 평화 아니면 전쟁이었을 것이다. 미국은 모든 역량을 집중하여 귀를 기울였으며, 일본의 반응을 기다렸다. 또 한 번, 매직 암호 해독기가 성공적인 역할을 해냈다.

미국 당국은 그들의 신호정보 요원들로부터 워싱턴의 일본 대사관이 1941년 12월 6일 밤늦은 시각에 일본 외무성으로부터 14개 항으로 작성된 장문의 1급 비밀 전문을 접수하기로 예정되어 있다는 사실을 보고 받았다. 그 전문은 미국의 제안에 대한 일본의 응답으로 미국 당국에 공식적으로 직접 전달되도록 되어 있었다. 그러나 그 전문의 정확한 전달 시간은 별도의 전문으로 보내지도록 되어 있었다. 미국의 암호 해독관들은 매직을 통하여 일본의 1급 외교 암호를 감청할 수 있었고 또한 읽어낼 수 있었기 때문에, 그 전문이 도착했을 때는 이미 그 내용을 다 알고 있었고, 따라서 중요한 시점에서 최후의 몇 시간을 벌 수 있었다.

그 후 일어났던 일들은 관리상의 실수, 잘못된 조직 편성, 진주만 사건의 전반에 걸쳐 특징 지워지는 관료주의적 논쟁과 만성적인 인원 부족 현상들이 하나의 사슬처럼 서로 연계되어 있었다. 12월 6일까지 미국의 제안에 대한 일본의 응답이 보내지고 있다는 것은 워싱턴 당국에 명백히 인식되었다. 일본의 응답은 적시에 미 육군과 해군에 의해서 감청되었으며(홀수 일과 짝수 일에 상호 교대로 해독하기로 협의하였음에도 불구하고),미 해군은 신호를 풀고 해석하는 면에서 육군보다 앞서 있었다.

워싱턴시간으로 대략 22시경, 해군 연락장교가 루스벨트 대통령에게 첫 번째 전문의 13개 항의 일본의 답신 내용을 보고하였는데 대통령은 부관이었던 해리 홉킨스와 함께 그 내용을 읽었다. 두 사람은 영어로 된 내용을 주의 깊게 읽은 다음, 루스벨트는 "이것은 전쟁을 의미한다."라고 언급하였다. 해군 연락장교였던 크래머 소령은 이어서 자정에 이르는 시간까지 상급 특수 신호정보를 다른 해군 고급장교들에게도 직접 전달하였다. 결국, 그는 그의 신호정보 사무실에 돌아올 때까지 제14항을 보지 못한 채로, 12시간의 근무를 마치고 12월 7일 01시에야 집으로 돌아와 잠을 청하였다.

한편 육군 정보 참모부에서도 동일한 전문이 처리되고 있었다. 이번에는 그 신호정보는 개봉되었으며, 두 명의 육군 정보 근무자인 극동 과장 루퍼스 브래튼 대령과 부 과장 클라이드 두센버리 중령은 완전한 전문이 도착하기를 조바심하며 기다렸다. 21시 30분까지 해군과 육군은 모두 중요한 14항을 접수하지 못하였다. 그러나 해군과 달리, 브래튼 대령은 토요일 밤 늦게 열리는 워싱턴 만찬 연회에 가지 않고 피곤해서 그의 부 과장에게 마샬 육군총장에게 전문 전체를 보고하도록 당부하고 귀가하였다.

1941년 12월 6/7일 자정 무렵, 드디어 두센버리 중령은 도쿄의 비밀 전문 최종 14항을 접수하였다. 그 전문은 일본 대사는 정확히 동부 시간 기준 13시 정각, 하와이 시간 07시 정각에 워싱턴과 외교 관계를 단절하라는 내용이었다.

오랜 동안 기다리던 최종 부분을 접수한 두센버리 중령은 마샬 총장과 접촉을 시도하였으나 끝내 찾지 못하고, 지친 나머지 다음 날인 일요일 아침 관계관들에게 보고하기로 마음먹고 01시 30분 잠자리에 들었다. 마을 건너편에 위치한 해군 사무실에서는 일본 전문의 14항이 역시 해군 크래머 소령의 책상에서 미결 상태로 남아 있었다. 그 역시 아침에 전파될 예정이었다. 이렇듯 워싱턴이 수면에 잠겨 있는 동안, 귀중한 9시간이 버려지고 말았다.

일요일 아침 일찍 드디어 그 진실이 핵심 요원들에게 알려지기 시작했다. 해군 본부에서는 해군 사령관이 그 전문의 마지막 부분을 읽고 있었다. 육군 정보과장 브래튼 대령은 Marshall 육군 참모총장에게 흥분된 상태에서 일본의 답신 전문 전체를 보고하려고 노력했다. 루스벨트 대통령은 해군으로부터 보고 받은 14항을 읽으면서 "일본이 마치 협상을 결렬시키려 하는 것처럼 보이는구만."이라고 말했다. 그러나 그것이 전부였다.

그러나 14항은 절망적이면서도 최종적인 내용이었다. 그 내용은 "일본 제국주의 정부는 미국 정부의 태도로 볼 때, 미국과 정상적인 협상을 통해서는 합의가 불가능하다는 사실을 통보하지 않으면 아니 되는 것을 유감으로 생각한다."라고 하는 것이었다.

다행스럽게도 대통령 휘하의 각 군 총장들은 외교적 언어이지만 일본의 퉁명스러운 반응을 담은 전문에 뜻밖이라고는 생각하지 않았다. 13시 워싱턴 (외교적 해결의) 마감 시간의 중요성은 스타크 제독이나 Marshall 장군에게 모두 즉각적으로 명백하게 작동하였다. 긴급 작전 회의 후 육군 총장은 하와이에 우선적으로 경고를 하달하고, 여타 태평양 지휘관들에게 경고 명령을 하달하였다. "일본은 동부 표준 시간 오늘 13시를 최후 통첩시간으로 제시하고 있다. 또한 그들의 암호기를 즉시 파기하라는 명령을 내렸다. 그 시간에 무엇이 일어날 것인가에 대해서는 정확히 알 수 없으나 심각한 상황으로 간주하여 경보를 하달한다."라는 내용이었다.

국가통수기구로부터 이와 같은 전문을 하달한 것은 꼭 장차 청문회에 대비한 것만은 아니었다. 지역 사령관은 이러한 경보를 접수하면 즉각적으로 적절한 조치들을 하달해야 하며, 특히 공개적인 매스컴에 전쟁이 임박했다는 헤드라인 기사가 실릴 때는 더욱 그렇게 했어야 했다. 워싱턴으로부터 내려온 이 전문은 전투 지휘관들에게 이에 따른 즉각적인 경계 강화 조치를 할 수 있는 완전한 자유를 효과적으로 부여하였다. 함대는 바다를 방호할 수 있어야 했고, 육군은 적색경보를 하달하고 실탄을 분배할 수 있어야 했다. 참으로, 직업 군인의 입장에서 판단해 보면, 이처럼 국제적 긴장이 조성되고 사태 진전에 대한 공감대가 형성되는 상황에서 사령부로부터 야전 지휘관들에게 그러한 전문이 내려졌을 경우, 상기한 조치들은 일사불란하게 이루어져야 했었다.

그러나 불행히도, 그 전문은 적시에 전파되지 못했다. Marshall 총장은 워싱턴시간으로 약 11시 30분 경(일본의 공격 개시 1시간 30분 전)에 그 전문을 통신실로 보냈지만, 전쟁성 메시지 센터에서는 비밀 통화 무선이 불가능하였기 때문에 하와이에 전파할 수 없었다. 결과적으로 통신장교 프렌치 대령은 Marshall의 결정적인 경고 전문을 암호화하여 웨스턴 유니온 민간전화선을 활용하여 쌘 프란시스코로, 거기에서 다시 RCA 상용 전보로 호놀룰루로 전하게 되었다. Marshall의 경고 전문이 실제 하와이에 도달할 때 즈음에는, 일본의 공습 항공기들은 이미 발진했었고, 오토바이 우체부가 쇼트 장군에게 전보를 전달했던 시간은 하와이시간 11시 45분, 워싱턴시간 17시 45분이었다. RCA사에서는 분명히 평상시보다 전달이 늦어진 것에 대하여 사과하였지만, 일본 항공기의 공습으로 지체될 수밖에 없었다고 말하였다.

미국의 정보 경보 하달은 완전히 실패하였으며, 쓸모없게 된 최후의 순간의 경보 시도에도 불구하고 일본은 준비되지 않은 미국 함대와 지상군 기지에 기습을 달성하였다. 후에 국회 청문회에 의해서 그렇게 긴박했던 12월 7일, 시간이 제약을 받는 상황에서, 왜 하와이로 바로 전화를 하지 않았는가를 물었을 때, 프렌치 대령은 비화(보안) 기능이 없었기 때문에 메시지 센터에서 해외 일반 전화는 결코 사용된 경우가 없었다고 답변하였다. 또한 "만일 고급 장교가 전화를 사용하기를 원했다면, 그들은 가능했을 것이다."라고 말했다.

일본의 기습 공격의 충격파가 태평양 전역에 반향을 불러일으키고 있을 당시, 또 다른 몇 가지 꽤 명백한 징후들이 갑자기 새로운 의미를 갖게 되었다. 그때, 왜 다음과 같은 징후들이 무시되었는가는 오늘날 미스터리로 남아 있다. 게다가 이들 징후가 무슨 이유로 무시되었는가 하는 것은 더 큰 의문으로 남게 된다. 12월 2일과 3일, 맷슨 해운회사 소속 정기선인 SS Lurline은 쌘 프란

시스코 항을 출항하여 서쪽 방향에 위치한 호놀룰루를 향해서 적막한 북 태평양을 항해하고 있었는데 그 때 정기적인 무선 주파수를 조작하던 중, 12월 2일, 그 배의 무선 요원은 갑작스럽게 일본 해군의 저주파에 의한 강력한 타격을 받게 되었다. 그 신호는 상당 기간 동안 강력했기 때문에 그 배의 무선 요원은 그것이 일본 해군 사령부의 호출 부호라는 것을 식별하게 되었고 이어서 지속적으로 이틀 동안 그들의 통신 방향을 추적하였다. 그 무선 요원은 드디어 하와이의 북서쪽 어딘가에서 동쪽 방향으로 서서히 이동하는 일본 해군 부대의 강력한 전파 발신을 찾아낼 수 있었다.

그로부터 2일 후 그 정기선이 하와이에 정박했을 때, 모든 일에 신중한 두 민간 무선 요원은 즉시 킴멜 제독이 이끄는 태평양 함대의 미 해군 정보처로 달려가 근무 장교에게 무선 감청 일지를 제출하고, 그들이 청취했던 내용들에 대하여 설명해 주었다. 그러나 그 일지는 그 이후 어디에서도 찾아볼 수 없었고, 그것에 관한 미 해군의 경보 조치 기록도 발견되지 않았다.

또 다른 의혹은 모든 요원들이 그토록 찾으려 했던 "풍향 코드 (Winds Code)"였다. 통상적으로 최종적으로 폭탄이 투하되고 전투가 발발되면 현대의 전자 징후 경고판의 모든 경고등들은 마치 피습당한 항공기의 계기판이 적색으로 변하는 것처럼, 적색등으로 반짝이게 되어있게 마련이다. 그러나 역설적이게도, 일본의 해군기들이 진주만을 덮쳤을 때, 대부분의 경고판들은 집요하게 녹색등을 유지하고 있었다. 일본의 임박한 전쟁의 확실한 표지가 되는 그 유명한 "풍향 코드" 전문은 문서상 어디에도 보냈다는 기록은 결코 발견되지 않았다. 그러나 이 문제는 진주만에 관련한 많은 이야기들과 함께 시간의 경과와 상호 대치되는 증언으로 역사 속에 묻히게 되고 말았다.

12월 4일 새벽이 되기 전, 미 해군 신호 감청 기지에서 일하는 일본어 전문 무선 감청원인 랄프 브릭스는 정기적인 해군 기상 방송에서 "동풍과 강우(히가시 노 가제 아메)"에 대한 일본 전보 부호를 잡아냈다. 그는 의무적으로 정보 일지에 기록한 다음, 비화된 TWX 망으로 진주만에 위치하고 있는 새포드 중령의 함대 정보장교에게 전파하였다. 그 후 브릭스는 풍향 암호 전문을 최초로 포착한 공로로 4일간의 포상 휴가를 받았다. 이 사실은 일본이 공격했을 당시 브릭스가 오하이오주 클리브랜드시에 위치한 고향 집에 머무르고 있었던 사실로 확인되었다. 브릭스는 또한 12월 7일, 진주만에 주둔한 미군들이 일본군이 공격해올 것이라고 알고 있었기 때문에, 일본군도 엄청나게 놀랐음에 틀림없었으리라고 말한 것으로 기록되어 있다.

시간이 경과함에 따라, 브릭스가 감청하여 포착한 사실에 대한 기록 근거를 추적하는 것은 불가능하다. 새포드 중령과 브릭스는 공히 사활적인 풍향 암호 전문을 받았고 또한 보고했음에 단호한 입장이었지만, 일본의 공격 이후의 무시무시한 일주일 동안 불상의 기관(추측컨대 해군 정보국의 명령에 의해서)이 정보 은닉을 위해서 상당수의 관련 문건들을 대량 파기하였다. 수 미상의 중요 비밀 서류들이 해군 본부 건물의 "2층" 위에 있는 비문 보관함에서 소리 없이 신비롭게도 사라졌다.

하와이로부터 워싱턴으로 보고된 새포드 중령의 전문도 그 사라진 서류들 속에 있을 것으로 추측이 되지만 그 이상은 알 수 없게 되었다. 그것은 해군 정보국 장교의 비문함에 들어 앉아 있는 매우 난처한 전문의 하나가 될 수 있었다. 그러나 우리는 결코 사라진 서류를 찾아낼 수 없을 것이다. 공식적인 워싱턴 청문회는 "풍향 암호" 전문에 대한 어떠한 증거도 부정되었으며, 새포드의 반박에도 불구하고, 그것은 새포드 중령의 기억이 잘못된 것이었고 시간이 지나감으로 인한 혼돈으로 결론지어 졌다. 그러나 브릭스는 의문의 여지없이 4일간의 포상 휴가를 얻었다. 만일 그 휴가가 "풍향 암호"에 기인한 것이 아니었다면, 과연 무슨 연유로 포상 휴가 기록이 남아 있을까? 그러나 공식 조사관 어느 누구도 이에 대해 Ralph Briggs에게 질문을 했다는 기록은 없다.

진주만에 대한 또 하나의 의심이 가는 미스터리는 만족스럽게 답을 주지 못하고 있다. 전쟁 전망이 가시화됨에 따라, 태평양 주변의 연합국 정보기관들은 확실한 목적을 위해서 비공식적인 협조를 강화하기 시작했다. 영국의 정보기관, 특히 극동지역 연합정보위원회(Far East Combined Board: FECB)와 국가통신/암호학교 분교(outstation of the Government Communications and Cipher School)는 공동 교전국인 네덜란드가 했던 것처럼 미국과의 연락 임무를 증가시켰다. 1940년 5월, 네덜란드가 독일에 의해서 점령당하자 네덜란드령 동인도 제도(현재의 인도네시아)는 효율적으로 독립적인 식민지 정책을 유지하였으며 보다 중요한 것은, 동인도 제도는 당시 영국 런던에 위치하고 있던 네덜란드 망명 정부를 대변하는 외교적 지위를 인정받았다는 것이다.

네덜란드 해군 대령 요한 래니프트(Johan Raneft)는 워싱턴의 해군 무관으로 근무하고 있었는데, 그의 주 임무는 미 해군에 40미리 대공포인 Bofors (스웨덴 특허 보유)를 판매하는 것이었다. 이는 스웨덴 Bofors AG 회사의 특허권을 침해하는 한편, 공동 제작회사인 네덜란드 Signall사에게는 수입을 올리는 것이었다.

미 해군은 그들의 새로운 대공화기에 만족하였으며 또한 그에게 모든 편의를 제공했고, 인정받는 무관도 획득하기 어려운 비공식 접근권을 허용하였다. 래니프트는 존중받는 친구였을 뿐만 아니라 워싱턴에 있던 미 해군 장교들의 눈에는 동료이자 상급 장교이며 미국의 이익에 합한 "호남아"였다. 그 결과 네덜란드 해군 무관은 외국인으로서 보통 이상의 것들을 목격할 수 있었다. 래니프트는 공식적인 일기를 작성하였으며, 그의 기록 내용은 흥미롭다.

1941년 12월 6일, 래니프트 대령은 미 해군 본부의 "2층"에 있는 해군 정보 참모부를 방문했었다. 그때 방 안에서는 일본 연합 항공모함 함대가 어디에서 활동하고 있는가에 대한 활발한 토론이 진행되고 있었다. 래니프트 대령은 네덜란드령 동인도 제도가 일본의 예상 표적이었던 것을 알고 있었으며, 바타비아와 동인도 제도로부터 획득된 정보를 미국 측 상대역과 정기적으로 공유하고 있었던 터라 일본의 의도에 대한 전문적 토론에 즉각 참여하게 되었다.

며칠 전, "2층" 사무실에 아침 일찍 일상적인 방문 시, 래니프트는 자기보다 상대적으로 계급이 낮은 미국 해군 장교 두 사람으로부터 북 태평양상의 일본 연합 항공모함 함대의 항적을 확인할 수 있었다. 놀랍게도, 그 항적은 일본의 동쪽에서 알래스카와 알류샨 열도를 향하고 있었다. 래니프트는 깜짝 놀라서 그의 공식 일기에 "미 해군 정보장교, 두 척의 일본 항공모함의 위치를 지도로 보여 주었다. 그들은 일본을 출항하여 동쪽 코스로 향하고 있었다."라고 기록하였다.

며칠 후 그는, 미 해군 정보 수장 윌킨슨 제독의 테이블에 앉아, "그 두 척의 항공모함은 무엇이며, 그들은 현재 어디에 위치하고 있는가?"하고 질문하였다. 누구인지 기억할 수 없었으나 어떤 장교가 하와이 제도로부터 약 400마일 북방의 한 지점을 가리켰다. 래니프트는 깜짝 놀랐으며, 1941년 12월 6일 공식 일지에 "나는 호놀룰루에 있는 모든 사람들은 미 해군 정보 참모부에 있던 모든 사람들이 알고 있는 것과 꼭 같이 100퍼센트 경보 상태에 있다는 것을 믿고 있었기 때문에 나는 나 자신 그것을 신중히 생각하지 않는다."라고 가정했다.

래니프트는 같은 날(12월 6일) 그가 파악했던 사실들을 런던에 있는 네덜란드 망명 정부에게 보고하였다. 그러나 이러한 래니프트의 증언은 진주만 재앙의 어떠한 조사 보고서에서 찾아볼 수 없었다. 또한, 워싱턴 미 해군 정보 참모부에서는 당시 일본 항공모함들이 어디에 있었는지에 대해서 알고 있었던 사실을 단호하게 부인하였다. 확실히, 일본의 강력한 항공모함 함대가 미 태평양 함대의 주 기지 북방 400마일 지점에서 포착되었다는 보고를 킴멜 제독에게 보고되었다는 기록은 찾아볼 수 없었다.

이 이야기를 보다 비극으로 몰아넣은 것은 2성 장군에서 두 계급을 수직 상승하여 4성 장군으로 진급한 매우 전문성을 견지한 킴멜 제독이 실제 12월 2일 일본의 항공모함들의 위치에 대하여 토의를 했다는 사실이다. 하와이에 기지를 둔 함대 정보참모가 그 항공모함들의 위치를 모르고 있다고 보고하자, 킴멜 제독은 냉담하게 "그래서 일본 함대는 하와이 다이아몬드 헤드 산(오아후 소재의 사화산) 주변을 언제라도 선회하고 있을 수 있다는 말인가?"라고 말했다. 그러자 난처해진 참모 한 사람이 "그러한 사태가 벌어지기 전에 우리는 그들을 찾아낼 수 있기를 바라고 있습니다."라고 답변한 것으로 기록되어 있다. 그러한 환경 속에서, 이러한 질의응답은 특정한 의미를 내포하고 있다고 볼 수 있다.

그로부터 수년이 흐른 1960년, 막 전역한 래니프트 제독은 NATO로부터 워싱턴으로의 고별 방문 기간에 스타크 제독(1941년 래니프트가 워싱턴에서 해군 무관으로 재직시 미해군 선임장교)을 만나서 이 문제를 제기하려고 시도하였다. 스타크 제독은 래니프트 제독이 그를 보자고 했던 이유를 간파하고는, 돌연 면담을 취소하고 네덜란드 장교를 만나주지 않았다. 그에 대한 설명은 어디에도 찾아볼 수 없었다.

지금까지 언급한 진주만에 관한 일련의 미스터리들을 마무리하기 위해서, 끝으로 한 신문 배달원의 신기한 증언을 제시하고자 한다. 1941년 12월 7일 일요일 이른 아침, 16세의 톰 니콜스는 워싱턴 DC, 커네티커트가 3601번지, 맨 위층에 거주하는 정기구독자였던 일본 해군 무관의 숙소에 워싱턴 타임즈-헤럴드 일요일 판 한 부를 배달하였다. 놀랍게도, 두 명의 건장한 해병대 복장을 한 사나이가 그 무관의 문을 지키고 있었으며, 그로부터 신문을 가져가는 것이었다. 1941년 12월 7일 워싱턴 시각으로 새벽에 일본 해군 무관 숙소에 누가 해병대 병사에게 경비 임무를 하달하였는지 아무도 설명하지 못하고 있다; 또한, 더욱 중요한 것은 왜 경비 임무를 명하였는가 하는 문제이다. 그 신문 배달 소년이 신문을 배달한 시간은 미국 대통령도 도쿄의 비밀 외교전문 14항을 아직 보지 못했을 그 이른 시각이었던 것이다. 오직 미 해군과 특히 해군 정보 참모부의 크래머 소령만이 그 정보를 가지고 있었다. 그러나 미 해병대는 미 해군성으로부터 정기적으로 임무를 부여받고 있었다. 아무도 1941년 12월 7일 사태에 대한 이상한 이 부차적 이야기에 대하여 답하고 있지 못하다.

정보 분석관의 입장에서 보면, 진주만 사태는 독특하기 짝이 없다. 그것은 많은 기회들을 놓쳐버린 이야기이며, 광범하고 비극적인 분야에서 정보가 무시되고 관료주의직인 실수로 얼룩져 있다. 전술한 전체의 미스터리들은 불충분하지만 끊임없이 모종의 음모나 정보 은닉의 가능성으로 흥미를 돋우고 있다. 6개의 주요 국가 조사기관들이 미국 당국의 비극에 대한 세부적인 조사가 광범위하게 진행되었으며, 모든 기관은 누가 무엇을 알고 있었고, 언제 일어났는가 하는 문제에 목적을 두고 진행되었다. 그들 조사 기관들은 다음과 같다:

1. The Roberts Commission(1941)(Roberts 는 미 대법관이었음)
2. The Hart Inquiry(1944)(Hart는 상급 제독의 한 사람)
3. The Army Pearl Harbor Board(1944)
4. 미 해군 법무 조사단(1944)
5. 미 의회 조사 위원회(1945~1946)
6. The Clausen Inquiry(1945)

이들 중, Clausen 대령이 이끄는 조사만이 일급비밀과 남아있는 신호정보 교신 내용을 열람할 수 있었다. 따라서 Clausen 대령의 결론은 속죄양을 찾아내거나 비난의 대상을 찾아내기 위한 의도로 계획된 각 군이나 정치적 기관의 공격적인 조사와는 상당히 다르다는 것은 그리 놀랄만한 일이 아니다. 불행하게도, 2차 대전 중의 많은 양의 신호 정보들과 함께, 클로슨 대령이 1992년 50년의 정적을 깰 때까지 사건과 관련된 사실적 신호 정보들은 특수 비밀로 분류되어 있었다.

크로슨 대령의 조사 결과는 워싱턴의 공식적인 입장을 광범위하게 지지하고 있었는데, 그것은 불운했던 킴멜 제독과 쇼트 중장이 진주만 사태를 책임져야 할 장본인이었으며, 최종적인 비극의 주인공으로 비난받아야 한다는 것이었다. 크로슨은 누가 무엇을 알았었고, 언제 알았느냐에 대한 명확한 이해를 바탕으로 그들 두 사람을 비판하였다. 1945년, 신선한 기록 문서를 찾아서, (유사시 파기할 수 있는 폭약을 몸에 붙이고) 세계 방방곡곡을 비행함은 물론이고, 1941년 당시 해당 참모들의 코앞에서 1급 비밀에 해당하는 신호정보들을 파헤치면서, 모든 관련 사실들을 꼼꼼하게 종합함으로써 크로슨은 과거 공식 조사에서 찾아볼 수 없었던 민감한 신호정보들까지 조사에 포함시켰다.

비밀 세계의 가장 큰 위험의 하나는 지나친 비밀주의다. 정보장교는 까닭 없이 열람을 거부하지 않는다. 특히 자물쇠를 잠그고 폐쇄된 건물에서 독점적인 첩보를 다루면서 고위 지휘관들에게만 열람을 허용하는 그들은 흔히 접근권이 없는 사람들로부터 "다람쥐 클럽"이라고 불린다. 매우 민감한 첩보를 철저히 통제하기 위해서 계획된 비밀통제 원칙은 안전 보장에 절대적으로 중요하지만, 다음과 같은 두 가지 이유로 대단히 위험할 수 있다.

첫째는, 결심권자들은 그들이 알 필요가 없는 현장 첩보에 대한 접근이 거부될 수 있다. 그것은 1941년 하와이 주둔 쇼트 중장의 경우도 그러했다; 그는 모든 가용한 신호정보들에 대한 열람권이 없었고, 따라서 확실히 미 해군이 읽고 있던 일본군의 의도를 알지 못하고 있었다. 이러한 정보의 무지는 1941년 12월 7일 이전 그의 결심에 영향을 미쳤음에 틀림없다. 같은 맥락에서, 같은 섬에서 공동 지휘관인 육군 지휘관에게 해군의 정보를 통제한 킴멜 제독의 입장은 이해할만 하다. 쇼트는 해군의 특수 비밀에 대한 접근권이 없었다. 더욱 안타까운 사실은 킴멜 자신도 해군이 감청하고 있던 모든 정보를 보지 못하였다는 사실이다. 1941년 초 킴멜의 개인 매직 암호 해독기는 영국과의 상급 신호정보 교환 협정으로 제거된 상태였다. 하와이 주둔 양측 사령관들은 상당한 부분 적을 보지 못하는 상태였었다.

문제는 당시 미국의 국가급 정보기관들이 상호 협조되지 못함으로써 더욱 악화되었다. 대통령을 보좌하기 위한 국가정보판단 참모가 없었으며, 어떠한 단일 정보기관도 타 정보기관의 정보를 볼 수 없었고, 특정 정보의 중요성을 보고하지 않았다. 모든 정보기관들은 자기 분야의 정보 조각들만을 가지고 있었으나 어느 기관도 전체 그림을 놓고 맞추는 노력을 하지 않았다. 클로슨은 그들을 "잠자는 보초들"이라고 비유하였음에도 불구하고, 결과적으로 그 완패에 대한 엄청난 비난과 불명예를 뒤집어 쓴 킴멜과 쇼트에게 일말의 연민을 느끼지 않을 수 없다.

둘째는, 더욱 심각한 사항인데, "(먹이를 은밀히 숨기는 습성을 가진) 다람쥐같은 비밀주의 사고방식"은 때로는 과오나 실수를 은폐할 수 있다는 것이다. 진주만 사태 직후의 비밀주의가 정직하고 온전한 사실 조사를 방해했다고 보여 지지는 않지만, 초기 조사들에서는 많은 량의 진실들이 결코 밝혀지지 않았다. 문제는 "국가적 보안"이 전쟁에서 승리할 수 있는 비밀(미국이 일본의 암호 해독이 가능하다는 사실)을 적이 알지 못하도록 숨기기 위한 덮개로 쓰였는지, 또는 공개 시 난처하고, 동시에 정치적으로 폭발적인 실수를 은폐하기 위한 구실로 사용되었는지이다. 그 답은 무익하게도, 두 가지 모두 해당된다고 할 수 있다.

또 다른 이유로서는 아마 심리적 이유라고 볼 수 있다. 1941년, 사계의 전문가들은 진주만은 공격받을 수 없을 것이라고 알고 있었다. 미 태평양 함대의 기지는 일본이나 가상 적국들로부터 너무 멀리 이격되어 있었으며, 정박지는 안전하였고 경비도 양호했다. 또한 지형적으로도 주변의 고지들과 협소한 정박지는 적의 어떠한 어뢰 공격도 기술적으로 불가능한 지역이었다. 당시의 지혜로는 진주만은 취약하지 않았다고 믿어지고 있었다.

불행하게도, 1939년의 진실은 1941년에는 더 이상 통하지 않았다. 1940년 11월 11일, 영국 해군은 2차 세계대전 중 가장 성공적이면서도 잘 알려지지 않은 전투행위를 치룬바 있었는데. 그것은 남부 이태리 타란토에 정박하고 있는 이태리 전투 함대를 잡아낸 것이었다. "황새치"로 명명된 구식 복엽 항공기들로부터 발사된 11발의 특수 어뢰는 3척의 이태리 전함과 두척의 중 순양함을 격침시키거나 무력화시켰는데, 이는 원양에 위치한 영국의 항공모함에서 발진한 과감한 공격이었다.

피아 공히 자주 언급되는 이야기지만, 당시의 일반적인 미국의 속성은 "미국에서는 남의 것을 날조하지 않는다."라는 경향이었다. 초창기의 자신감과 역사상 가장 발전되고 혁신적이며 성공적인 경제력에 힘입어 무한한 힘을 가진 미국은 오직 미국 사람들의 아이디어와 발전만을 믿으려 했고, 다른 나라의 발전은 무시하거나 분개하는 경향이 있었는데 이는 무기, 상품, 심지어는 TV 쇼에 까지 이르렀다.

미 해군은 실제 타란토의 교훈을 무시했다. 이와는 달리 일본 해군은 그 전례를 의심할 여지없이 괄목할만한 전략적 승리로 인식하고, 그러한 영국의 승리를 그들 자신의 교리로 재창조할 수 있도록 연구를 착수하였다. 후에 일본 해군 참모장교들은 "타란토가 진주만을 가능하게 했다."고 말하였다.

특히, 일본 해군 함재기 조종사들은 영국 해군이 그렇게 수심이 얕은 정박지에서 공중 발사 어뢰를 어떻게 작동시킬 수 있었는가에 대하여 호기심을 가졌다. 시행착오를 거치면서 일본은 공중 어뢰에 특수한 수중익(水中翼) 장치(어뢰 하부의 離水 장치)나 지느러미를 부착하여 공중에서 낙하된 후 즉각적으로 부상시켜서 수면에 근접하여 이동할 수 있는 방법을 찾아냈다. 당시 이미 세계 최고의 성능을 자랑하던 일본의 어뢰는 1941년 영국이 공중 투하 시 사용했던 것과 같은 특수 지느러미를 장비하였으며 얕은 수심에서 발사 시험을 마쳤던 것이다. 그 결과 일본은 진주만의 얕은 정박지에 투묘중인 미국 함대에 대한 공격이 실제적으로 가능하게 되었다. 이것은 미국이 늦게 까지 알아내지 못했던 기술정보의 일부이지만, 역설적으로 미국이 영국에게 요구만 했더래도 영국 해군이 무상으로 제공해줄 수 있었던 사안이었다. 그러나 1941년 진주만 이전, 당시에는 미국 해군은 자기만족과 편협함에 빠져 일본과 달리 다른 나라에서 배울 것이 없다고 판단했던 것으로 보인다.

1941년 기술적 기습의 심리적 효과가 어떻든지 간에, 제 1장에서 언급한 바 있는 정보순환 주기의 차원으로 곧바로 들어가 진주만 기습 공격을 냉정하고 논리적으로 상세하게 분석해볼 필요가 있다. 기초적인 정보계획 단계를 분석해 보면, 미국의 정보와 조기경보 체계의 결함들을 명백하게 찾아볼 수 있으며, 이는 신중하게 연구해볼 가치가 있다.

I. 총체적인 미국의 국가 정보요구가 있었는가?

없었다. 모든 경기자들이 일본과의 전쟁이 가능성이 있다고 보거나 임박했다고 알고 있었고, 각급 정보기관들이 각각 관련정보를 열심히 수집하는 것처럼 보였으나, 어디에도 협조된 국가적 수집요구가 있었다는 증거는 없었다.

II. 수집계획은 있었는가?

역시 없었다. 각급 기관들은 고유 임무(해군 정보는 일본 함대, FBI는 일본의 스파이 추적)범위 안에서는 계획되고 지시된 수집계획이 있었지만, 결코 통합된 수집계획이 없었으며, 정보자산들은 중복되고 낭비되고 있었다.

III. 수집자산들은 협조되고 지시되었는가?

아니었다. 각 군 또는 정보기관들은 타 기관과 협조 없이 각자 고유 임무에만 전념했다. 그 예로, 1941년 호놀룰루 주재 FBI 지국장은 Robert L. Schivers 한 사람 뿐이었는데 그의 주 임무는 보안 즉 스파이 수사, 태업, 전복에 관한 문제만을 담당하였다. 호놀룰루에는 많은 일본인들이 거주하고 있었기 때문에, 지난 날 공작원 Tricycle의 독일군 첩보요구서를 후버 국장이 무시해버렸음에도 불구하고, 이러한 임무들은 FBI가 매우 심각하게 다루고 있는 내용이었다. Schivers는 업무 협조를 위해서 섬에 있는 각 군과 주간 단위 연락장교를 설치 운영했는데, 그들은 조 로체포오트 해군 중령과 조지 빅넬 육군 중령이었다. 그는 특히 하와이 일본 총영사관에 깊은 관심을 가졌었는데, 미국 해군 정보기관에서 일본

영사관의 통화 기록을 1년 이상 녹음하고 있었다는 사실을 알고 기뻐했다. 감청은 FBI가 허용하고 있었기 때문에, 그는 일본 영사관에 그 자신의 감청 라인을 추가하기로 결심하였다. 불행하게도 전화 회사는 본래의 감청자인 미 해군 대령 Mayfield에게 또 다른 연방 감청기관이 감청에 끼어들고 있다고 통보하였다. 이 사실을 통보받은 Mayfield 대령은 보안이 누설될 것을 우려하고, 또한 일본이 감시당하고 있다는 사실을 발견했을 때의 정치적 파장을 염려하여 1941년 12월 2일, 해군의 일본 영사관 감청을 즉각 중지할 것을 지시하였다. 아무도 Schivers에게 이 사실을 알려 주지 않았지만, 그는 어리석게도 FBI 감청을 추진하지 않았다. 그 결과, 진주만 공격 이전 중요한 일주일 동안, 어떤 기관도 일본의 영사관을 도청하지 않았고, 아무도 이렇게 중지된 사실을 알지 못 했다.

Ⅳ. 정보들은 상호 비교 분석할 수 있는 준비된 절차와 형식이 있었는가?

역시 없었다. 각 군과 기관들은 그들이 보유하고 있는 귀중한 정보 노다지들을 교환하여 넓은 그림을 그리는데 개의치 않고, 서로 감추고 오직 그들의 주인들에게만 독립적으로 보고하는데 급급하였다. 현대의 정보의 전문적인 용어로 말하여, 일본에 관한 "통합된 전 출처 데이터베이스"가 없었다.

Ⅴ. 가용한 정보들은 정확히 해석되었는가?

이에 대한 답은 예와 아니오 둘 다이다. 예를 들면, Magic 신호정보 수집 내용은 정확하게 평가되고 해석되어 일본과의 전쟁을 선도하였다. 일본의 연합 항모 함대들의 위치는 미국 해군 정보기관에 의하여 무시되었거나 아니면 오판되었지만, 대부분의 수집된 정보들은 정확하게 해석되었다. 문제는 정보의 의미는 해석되었지만, 해석된 정보의 실행은 무시되거나 간과해버린 것처럼 보인다. 당시의 총체적인 제도권의 심리 상태는 아시아의 일본을 미국의 필적할만한 적으로 볼 수 없는 광범한 경멸적 태도가 지배적이었음이 틀림없었을 것으로 보인다. 미국의 정보 해석자들은 대통령으로부터 하급자에 이르기까지 모든 계층에서, 기술적으로나 전쟁 수행 면에서나 일본을 철저하게 과소평가했던 것이다.

Ⅵ. 분석된 정보는 적시에 결심수립자들에게 전파되었는가?

그 대답은 위로부터 밑바닥까지 단호하게 아니라는 것이 틀림없다. 대통령과 워싱턴의 결심수립자들은 일본 외무성으로부터 제14항의 전문을 받고 그것을 실행에 옮길 수 있을 만큼의 충분한 시간 내에 경보를 받지 못했다; 킴멜 제독과 하와이는 최후의 순간에 경보 받지 못한 상태로 남아 있었으며; 핵심적인 해군 작전 징후들은 해군성과 하와이 어간에서 사라져 버렸고; 하와이의 그 불행한 육군 사령관은 어두움 속에 내던져진 상태였다. 진주만 이전의 정보 전파 체계는 유감스럽다기보다는 간담이 서늘해지는 이야기였다. 전 출처 정보의 통합이 없었으며, 전 출처 정보 분석이 없었고, 알아야 할 사람들에게 아무런 브리핑이 없었던 것이다.

1941년의 미국 정보의 모든 실패들을 관통할 수 있는 어떤 하나의 요인을 말한다면, 그것은 "전 출처 통합 분석의 결여"라는 구절로 표현된다. 오늘날에는 각각의 평가나 임무 부여 참모들은 최상위 급에서 국가의 모든 정보 역량을 협조시키고 통합하는 것이 기본 원칙화 되어 있는 것이 사실이다. 이 원칙은 말하기는 쉬우나 실행하는 것은 대단히 어려운 문제다. 모든 정보기관들은 특정한 비밀의 독점권을 가지고 있으며, 그럼에도 불구하고 모든 정보기관들은 두 가지 이유로 타 기관에게 그것을 공개하기를 꺼린다. 그 중 건전하다고 생각되는 하나의 이유는 항상 보안이다. 꼭 알아야 할 사람에게 만 알리는 엄격한 기준(the strictest need-to-know criteria) 없이, 타 기관과 정보를 공유할 경우에는 정보출처가 노출되는 경우, 주요한 정보출처의 잠재적인 통제력을 상실하게 되고 그렇게 되면 결국 추가적인 정보를 획득할 수 없게 됨은 물론, 새로운 출처를 개발하기 위한 엄청난 노력과 시간이 소요되기 때문이다. 두 번째 이유는 그다지 바람직하지 않지만 이해할만한 것이다. 관료적인 정보기관은 비밀 출처에 대한 독점권을 장악함으로써 통상, 조직의 발전을 위하여 정치인들이나 권력층에 접근하여 유리한 여건을 보장받을 수 있다. 정치적 우위를 점하기 위한 변함없는 관료사회의 투쟁에서, 정보기관들은 그들의 승리를 타 기관과 공유하기를 꺼리며 권력의 현장에서 보다 많은 인력과 예산을 확보하기 위하여 전력투구한다.

이것은 궁극적인 결심권자들, 통상 정치인들에게 엄청난 책임을 부여하게 된다. 왜냐하면, 그들이야말로 각급 정보기관들이 함께 일할 수 있도록 국가자원을 통제하고 조정할 수 있는 권한을 가지고 있기 때문이다. 물론 각급 정보기관들을 조정·통제하는 전문평가단(영국의 통합 정보위원회와 같은)을 운용할 수 있지만, 누군가는 모든 노력을 통합시키지 않으면 안 된다. 최종적 단계에서 정치인들은 공무원이나 군사지도자들과 함께 심사숙고하지 않으면 아니 된다.

1941년 12월에, 워싱턴에 분명하게 없었던 한 가지는 각 출처로부터 생산된 가용한 정보들에 접근할 수 있는 국가급 정보판단과 브리핑 기관이었다. 홀수 일에는 해군 브리핑을, 짝수 일에는 육군 브리핑을 하게 하는 어리석은 조치로, 루스벨트는 정치-군사적 정보의 최고 협조자(coordinator)로서, 또한 임무 부여자(tasker)로서의 권한을 내던지고 말았다. 그것은 일본에 대한 이해의 결핍과 그로 인한 그의 책임을 완수하는데 있어서 그가 저지른 크나큰 실책의 하나라고 할 수 있다. 그는 일본 군부의 의도를 분석해낼 수 있는 소양을 갖추지 못하고 있었으며, 또한 그에게 보고되지 않는 것은 결코 알 수 없었다. 그의 각 군 총장들은 통수권자에 대한 책임을 다 하지 못했으며, 각 군 총장들의 정보 책임자들은 본연의 책임을 유기하였다. 진실은 위의 관계관들은 물론 국가 총체적으로 일본의 적대적인 능력과 의도를 지속적으로 과소평가했다는 것이다.

무슨 변명이나, 또는 모든 제대에서 하급 기관들의 실책들을 막론하고, 냉엄한 사실은 태평양의 어딘가에, 아마도 진주만에 대한 일본의 기습 공격이 예상된다는 광범위하고 적시적인 정보가 다양한 출처로부터 확보되었었다는 것이다. 국가 수뇌부가 통합된 국가 정보기구를 적시에 설치하지 못하고, 워싱턴 관료집단을 통제하는데 실패함으로써, 2,000명 이상의 군인들이 희생당함은 물론, 피할 수 있었던 전쟁에 휘말리게 되었다.

진주만에 대한 최종적 비판의 대상은 당시의 대통령과 정부 요인, 그리고 그들을 보좌했던 참모진들이 되어야 마땅하다. 진주만의 재앙에 대하여 직접적으로 죄를 대신 뒤집어 쓴 킴멜과 쇼트 두 사람은 1941년 12월 7일 사상당한 희생자 못지않게 많은 상처를 받았던 것으로 보인다. 처칠은 영국의 전쟁에 들어온 동맹국 미국을 매우 기쁘게 생각했음에도 불구하고, 미국을 전쟁에 끌어들이기 위한 어떠한 음모도 꾸민 사실은 없다. (역설적으로, 히틀러는 처칠과는 다른 입장에서 일본의 참전을 매우 기쁘게 생각하는 것으로 그의 심경을 표현한 바 있었다. 정말, 그의 환호는 오판에 의한 것으로서 미국 참전의 중요성을 간과했을 뿐만 아니라 그의 성급한 대미 선전포고로 사태를 악화시켰다고 볼 수 있다. 진주만 소식을 접하고, 총통은 나치당 친구인 Walter Hewell에게 달려가, "삼천년 동안 한 번도 정복당한 적이 없는 동맹국 하나를 얻었다."라고 소리쳤다)

진주만 기습이 있던 그날 저녁 늦은 시간, 진주만에는 서툴게 조직되고 협조되지 않은 편협한 정보 제공자들이 저지른 최대의 정보 은닉을 자행하였다는 무서운 경고가 남아 있다. 그들이야말로 정보를 생산할 수 있는 도구들을 가지고 있었음에도 불구하고, 일 처리를 어떻게 할 줄 모르는 문제의 인물들이었다고 볼 수 있다. 1946년 국회 조사 결과에는, "우리 역사상 최고급 정보를 가지고 있었고, 전쟁이 임박했다는 거의 확실한 지식을 가지고 있었으며, 1941년 12월 7일 아침 발발되었던 적의 공격 계획을 가지고 있었는데도 불구하고, 무슨 이유로 진주만 공격이 가능할 수 있었는가"라고 기록되어 있다.

역자 촌평

    1941년 12월 7일, 일요일 새벽 진주만에 대한 일본의 기습 공격의 성공으로 미국은 진주만에 정박되어 있던 8척의 전함 중 4척을 포함하여 18척의 주 전투함정과 188대의 항공기가 파괴되었으며, 2,403명의 장병이 사망함으로써 유럽 전쟁으로 엄청난 경제적 활력을 누리며 관망하던 미국에 국가적 재앙이 엄습하였다. 그 결과 미국은 일본에 선전포고를 단행함과 동시에 제2차 세계대전에 참전하여 1945년 8월 히로시마와 나가사끼에 원자탄을 투하함으로써 일본의 무조건 항복을 받아냈고 진주만의 불명예를 씻어, 전승국으로서 세계질서 재편을 선도할 수 있었다.

    미국은 제1차 세계대전 이전 1912년부터 암호분석 작업을 시작하여 1941년 미국이 제2차 세계대전에 개입하기 이전에 이미 상당한 수준의 암호 해독 능력을 보유하고 있었다.[3] 미국 수뇌부는 암호 전문 해독을 통해서 일본 측의 기습계획을 사전에 파악하고 있었지만, 일본군이 구체적으로 어느 지역을 기습 공격할 것인지에 대해서는 파악하지 못한 것으로 조사되었다. 미국은 진주만 피습을 미국의 정보 역사상 최악의 실패로 결론짓고, 국가급 정보활동의 체계화를 위하여 1942년 OSS(Office of Strategic Service)를 창설하였으며, 이를 모체로 하여 1949년 CIA(Central Intelligence Agency)를 창설[4]하였다.

---

3) Berkowitz and Goodman, *Strategic Intelligence for American National Security*, p. 7.
4) William Colby and Peter Forbath, *Honorable MEN: My Life in the CIA* (New York: Simon and Schuster, 1978), p. 57.

미국에게 진주만은 국가적 재앙으로 부각되고 있지만, 전후 국제질서의 재편 과정으로 보게 되면, 그것은 국부적이고 극히 전술적인 실패일 뿐, 전략적으로는 미국의 국제적 위상과 국력의 결집, 국가급 정보체계를 획기적으로 발전시키는 긍정적 계기가 되었다고 볼 수 있다.

일본의 성공 요인

일본의 진주만 기습은 한반도를 비롯하여 만주, 중국, 인도 - 차이나, 필리핀, 보르네오, 말레이 반도, 네덜란드령 동인도제도, 웨이크 섬, 마샬 군도, 오스트레일리아 북부의 다도해를 포함하는 환태평양 요새(일본이 주장하는 소위 '대동아 공영권' - 역자 주)[5]를 구축하기 위한 제국주의적 팽창주의 전략의 일부로서 자국의 국가이익에 반하는 미국의 전략적 봉쇄정책을 차단하기 위한 것이었다. 일본은 태평양에서의 제해권을 확보하기 위하여 450대의 항공기를 보유한 6척의 항공모함을 중심으로 진주만에 정박 중인 미국의 태평양 함대를 기습 공격하였으며 필리핀에 주둔한 미군에 대한 공습과 병행하여 완벽한 기습을 달성하였다. 그러나 일본의 선전포고 없는 기습 공격은 전술적으로는 성공하였으나 전략적으로는 오히려 국가적 재앙을 초래하였으며 급기야는 두 도시에 대한 원폭 공격을 받음으로써 결국 일본의 3,000년 역사상 최초로 패전국이 되는 참혹한 결과를 초래하고 말았다. 만일 진주만 공격이 없었더라면 미국으로부터 인류 역사상 최초의 원자탄 세례를 받을 수 있었을까 하는 문제는 많은 시사점을 안겨 준다.[6] 일본의

---

5) 버나드 로 몽고메리 저, 승영조 옮김, 「전쟁의 역사 Ⅱ」, 책세상, 1996, p. 804.

침략전쟁은 군국주의와 팽창주의에 의한 산물로서 동남아 지역의 자원을 확보하기 위한 경제적 목표에 주안을 두고 있었으며, 이에 대항하여 미국은 대일본 전략적 봉쇄정책을 단행함으로써 일본에게 동측방의 잠재적 위협으로 인식되었다. 미국은 일본을 협상 테이블로 유도하기 위하여 일본의 전쟁 수행과 국가 생존에 절대적으로 필요한 석유 자원과 고무 같은 원자재의 공급원이 되는 네덜란드 령 동인도 제도와 영국 령 말레이 반도와 함께 대일본 금수조치를 단행하였다. 한편 일본은 전쟁 물자가 6개월 정도로 한정된 상황에서 이를 극복하기 위해서는 협상보다는 오직 전쟁으로 필요를 충족시키는 길밖에 없다는 결론을 도출하고 폭력을 유일한 대안으로 자원을 찾아 동인도 제도와 말레이 반도, 미얀마 등을 공격하면서 동시에 미국을 공격하였던 것이다. 이처럼 동일한 상황을 놓고 한 편(미국)에서는 상대방의 저자세 협상을 예상하였으나, 다른 한 편(일본)에서는 반대로 폭력 행사를 선택했던 사실은 정책 결심자나 정보 담당자들에게 모두 많은 시사점을 안겨 주고 있다.

일본은 진주만 이전, 일본의 외교암호가 해독됨으로써 기습의 시기는 노출하였으나 그 장소는 철저한 기만 작전과 주도면밀한 기동으로 보안을 유지함으로써 진주만에 정박 중인 미 태평양 함대와 지상 수비대를 유린할 수 있었다. 일본은 전략적 중심을 동남아 지역의 경제적 목표에 집중시킴으로써 미국으로 하여금 관심을 전환시키는데 성공할 수 있었으며, 영국의 타란토 작전 경험을 발전시켜 진주만의 낮은 수심에서도 공격이 가능한 특수 어뢰를

---

6) Without Pearl Harbor there woud'nt have been Hiroshima! (1985, Time)

개발함으로써 기술적인 기습을 달성할 수 있었다. 그러나 진주만 기습의 성공으로 일본은 암호체계에 대한 보안대책을 강구하지 않고 계속 사용함으로써 그 후 미드웨이 해전 등 태평양 전쟁에서 일본의 암호를 해독하고 있는 미국에게 연전연패 당하는 수모를 당하는 결과를 초래하였다.

미국의 실패 요인

진주만에서의 미국은 전술적으로 재앙이었으나, 국가적으로는 제2차 세계대전의 승전국으로 국제적 위상을 과시할 수 있는 역사적 계기가 되었다. 1941년 12월 7일 밤부터 미 해군 정보참모부에서 벌어진 대규모 정보 은닉 작전의 전모가 밝혀지지 않고 있기 때문에 단정 지을 수는 없으나, 진주만의 실패는 진주만에 주둔하고 있던 미 해군과 지상군의 경계 실패요, 부대 준비태세의 실패이며, 국가적 정보 시스템의 실패라고 볼 수 있다. 본문에서 미국 정보체계의 실패에 대해서는 상세하게 분석되고 있으나, 그 핵심은 당시 미국의 국내 상황과 일본에 대한 인식 수준이 진주만 실패의 원인(遠因)이라고 볼 수 있다. 미국은 1931~1938년 대공황으로 인한 경제 사회적 혼란의 와중에서, 1939년 히틀러의 폴란드 침공으로 군수품 가격이 급등하게 됨으로써 산업·경제가 모처럼 호황을 맞아 경제력 회복에 전력투구하고 있었으며, 다음 해인 1940년 대통령 선거로 외부 문제에 관여할 여유가 없었다. 또한 지정학적으로 천연 장애물인 태평양과 대서양을 건너 멀리 동남아와 유럽에서 일어나고 있는 정치적 긴장과 군사적 분쟁은 고립적 평화에 안주하고 있던 미국 지도부에 직접적인 위협으로 인식되지 않았다. 또한, 미국은 일본의 기술력과 전쟁 수행 능력을 충분한 정보도 없는 상태에서 경멸적으로 과소평가하였다. 미국은 당시 국가안보를 위협하는 내·외부 위협평가가 제대로 이루어지지 않았으며, 따라서 국가안보 위협평가가 포함된 국가정보판단이 부재하였고, 산재한 정보기관들을 통합하는 국가 차원의 수집관리와 모든 출처의 정보를 종합분석해서 국가 통수기구에 전파하는 정보보고 체제가 작동되지 않았다. 특히 피습 당일 기습 개시 1시간 30분 전, 마샬 육군참모총장 자신이 직접 하와이 지역 사령관에게 구두 경고를 하지 않고 비화기도 준비되지 않은 실무자에게 경보 전파를 맡기는 우를 범하였다. 또한, 피습 이틀 전, 맷슨 해운 소속의 민간 선박이 하와이 북방에서 포착한 일본 연합함대 간의 무선통화 감청일지가 진주만의 태평양 함대에서 묵살/은닉된 사실과 미국과 단교를 의미하는 랄프 브릭스의 풍향코드가 사라진 것은 미궁에 빠져 있는 정보 은닉이 아닐까?

정보의 은닉

정보의 궁극적 목표는 진실을 추구하는 것이다. 정보는 상대적 게임의 결과이다. 따라서 정보인들은 상대방의 기만 정보를 분별할 수 있어야 함은 물론, 자신의 기만 정보를 생산, 유포, 추적해야 한다. 평시 정보전에 실패하면 적에게 기습을 허용하게 되고 정보전에 성공하면 기습을 예방하고 전쟁을 억제할 수 있다. 정보의 실패로 인한 기습의 허용은 엄청난 피해가 발생하며 국운을 좌우한다. 역사적으로 바바로사 작전의 경우처럼 독재자 스탈린의 독단과 강박관념에 의해 정보가 왜곡되고 묵살됨으로써 결국 기습을 허용하게 될 수도 있다. 이렇듯 정보의 실패에는 대내외적인 변수에 따라 정보 능력의 열세로 인한 실패, 적의 기만에 의한 실패, 지휘관 또는 결심수립자의 오만과 편견, 그리고 정치적 목적 달성을 위한 정보의 유용에 따른 실패 등 다양한 요인이 있을 수 있다.

진주만 피습 당일부터 약 한 주간 미 해군 정보참모부 '2층'에서 감쪽같이 사라져 버린 일본의 기습에 관련한 정보들의 은닉 사태는 아직까지 심증은 가나 물증은 발견할 수 없는 채로 미궁에 빠져 있다. 그것이 과연 정보의 실패에 대한 은닉이었는지 아니면 통수권 차원의 통치행위의 일환이었는지는 알 수 없다. 우선 12월 5일, 맵슨 해운의 민간 선박이 하와이 북서쪽 지역에서 일본 연합함대의 교신 내용을 포착 보고한 감청일지가 미 태평양 함대 정보장교에게 전달된 이후의 조치들에 대한 관련 기록이 사라졌다고 볼 수 있고, 두 번째로는 12월 4일 새벽, 미 해군 신호감청 기지에 근무하던 일본어 전문 요원 랄프 브릭스가 '풍향코드(East wind rain: 미국과 단교)'를 포착하여 진주만의 태평양함대 정보장교 쌔포드 중령에게 보고했다고 하는 관련 기록이 사라졌으며, 세 번째로 네덜란드 주미 무관 레니프트 대령이 미 해군 정보참모부 상황도에서 일본 연합항공모함 함대가 12월 6일, 하와이 북방 400마일 해상에 위치한 항적 확인 내용은 무엇을 의미했으며 어떻게 조치되었는지는 수수께끼로 남아 있다.

진주만의 교훈

① 동서고금을 망라하여 부대의 승패에 대한 모든 책임은 오직 지휘관에게 있다. 지휘관의 책임 중 회피할 수 없는 으뜸은 경계의 실패이다. 1941년 12월은 유럽과 동 아시아 지역에서 이미 제국주의 국가들의 침략전쟁이 치열하게 진행되고

있는 상황이었고, 특히 일본은 미국과 국교 단절을 포함한 적대행위가 외교 암호의 해독으로 예측되고 있는 상황이었으며, 이미 전략적 조기경보가 전군에 하달된 상태에 있었기 때문에 진주만의 킴멜 제독은 일본의 기습에 대비한 해상 정찰, 전력 배치 조정, 예상되는 모든 상황에 대비한 부대준비태세에 만전을 기했어야 했다. 그는 하와이 북방 400마일 해상까지 접근한 일본의 연합항공모함 함대의 기습 공격으로부터 경계에 대한 1차적 실패에 대한 책임이 있다. 그는 기습을 방지하기 위하여 가용한 전략/전술정보자산을 총동원하여 정찰활동을 강화했어야 했고, 정보참모는 지휘관의 정보요구를 충족시켜야 했었다. 미 태평양함대 정보참모의 정보활동의 흔적은 보이지 않고 있다. 전략적 조기경보를 받은 상태에서 전술적 조기경보에 실패하는 것은 해 부대 지휘관과 정보참모의 책임이다. 정보는 지휘관을 위하여 존재해야 하며, 지휘관은 정보를 주도함으로써 전장에서의 승리를 보장한다.

② 시야를 넓혀서 국가차원에서 보면, 국가는 전평시 구분 없이 현존위협과 잠재적위협에 대비하여 인간정보, 영상정보, 신호정보, 사이버 정보 등 정보 출처별 국가급 정보조직을 가급적 독립적으로 운용하되, 전 출처 종합분석을 위하여 대통령 직속 '국가정보위원회(가칭)'를 운용하여 국가정보판단을 통수권자에게 적시적으로 제공할 수 있어야 하며, 아울러 국가비상시 위기관리체제가 상설화되어 있어야 한다.

③ 일본은 독일, 이탈리아와 함께 제2차 세계대전의 추축국의 하나로서 주변국을 불법적으로 무력으로 침략, 자원을 약탈

하고 피점령국의 국민들의 인권과 재산을 유린하며, 심지어는 강제 징용, 강제 위안부, 강간, 학살, 생체실험 등을 자행한 전쟁 범죄국가로서, 현재도 유사한 입장에 있었던 독일과는 판이하게, 과거사를 부인하고 합리화하면서 군사대국화를 지향하고 있다. 향후에도 일본의 제국주의적 팽창주의와 침략적 본성을 결코 과소평가하면 아니 될 것이다.

④ 암호 해독은 '정보 왕관에 박힌 보석(the crown jewels of intelligence)'이라고 할 만큼 중요하다. 일본이 태평양의 제해권을 장악하는 데 있어서 결정적 패인의 하나는 일본의 'Purple' 암호체계가 미국에 의해서 진주만 이전부터 해독되고 있었기 때문이다. 진주만의 성공에 안주하여 자국의 암호가 해독 당하고 있다는 것도 모른 채 미드웨이 해전에 임한 일본의 모든 극비 작전 계획과 지시가 미국에 노출됨으로써, 미국은 일본의 연합함대를 완패시키고 태평양 전쟁의 주도권을 쟁취할 수 있었다. 국가적으로 암호해독 능력의 우세야 말로 아무리 강조해도 지나치지 않다.

끝으로, 정보와 보안은 동전의 양면과 같다. 보안을 통하여 정보의 출처를 보호함으로써 지속적인 정보 생산이 가능하고, 보안이 노출되어 출처가 폐쇄 또는 변경되면 새로운 출처를 획득하기 위하여 많은 시간과 노력, 막대한 예산이 요구될 뿐만 아니라 당장 필요한 정보 수집원이 폐쇄된다. 따라서 정보는 "알 필요가 있는 사람에게만 알려야 하는 원칙(the principle of need to know)"을 적용하여 전파 범위를 결정하게 된다. 그러나 문제는 그 범위를 어떻게 정하느냐가 관건이다. 왕왕 일부 정보/보안 요원들은 '다람쥐(먹이를 감추어 두는)' 같은 비밀주의 성향(Secret squirrel mentality)이 있어 꼭 알 필요가 있는 지휘관/결심권자/참모들에게도 긴요 정보를 누락시키는 우를 범하곤 한다. 또한, 과도한 비밀주의는 정보기관 간 협조를 배척하며, 정보요원 자신들의 과오나 실수를 은닉하기 위하여 이를 이용하기도 한다. 정보와 보안이 배타적으로 대치될 경우, 선택의 기준은 국가안보가 최우선적 기준이 되어야 한다. 관료주의와 집단 이기주의는 철저히 배격되어야 하며, 이의 이행을 위하여 지휘관은 우선 정보요구, 정보자산 할당 및 정보 배부선 선정 등 정보 업무를 주도하여야 한다.

05 "영국군 사상 최대의 재앙" 싱가포르 함락, 1942

05 "영국군 사상
최대의 재앙"
싱가포르 함락, 1942

1941/1942년 영국이 점령하고 있던 말레이반도와 싱가포르가 함락된 것은 가장 위험한, 정보의 악덕인 '적을 과소평가(underestimating the enemy)'한 것에 기인하였다.

윈스턴 처칠 수상은 그것을 "영국군 사상 최대의 재앙"이라고 묘사하였다. 1942년 2월 15일, 말레이반도 남단에 위치한 난공불락의 싱가포르 요새에 주둔하고 있던 대영제국의 수비대는 수적으로 훨씬 소수인 일본의 강습 부대에게 항복하고 말았다. 영국, 호주, 인도 장병으로 혼합 편성되어 충분한 보급품과 장비로 무장된 약 13만의 장병들은 굶주리고 기진맥진하여 숨을 헐떡거리던 단 3만 5천명의 일본군 제일선 전투부대에게 항복을 한 것이었다. 일본군도 이렇게 손쉬운 승리에 놀라움을 금치 못 하였다. 대영제국의 군 역사상 이보다 더한 군사적 수치는 없었다.

말레이 전역 전체에서 일본군 총 6만여 명의 병력 중 단 9천명의 사상자가 발생했을 뿐이었다. 영국군이 지휘한 다국적 부대는

146,000여 명의 손실을 입었으며, 그중 130,000명 이상이 항복하였다. 많은 수의 이들 동맹국 포로들이 일본의 포로수용소에서 참혹하게 죽어 나갔다. 싱가포르에서의 와해는 BC 415년 시라큐스에서의 아테네 참패와 비유할 수 있는데, 이 들 양대 참패는 대 해양제국의 종말의 시작을 의미하였다.

영국의 참패의 근본적인 원인은 다른 많은 패배의 경우와 마찬가지로 '부실한 정보체계(poor intelligence)'에서 찾을 수 있다. 잠재적 적국으로서의 일본을 과소평가한 서구인들의 의식과 함께, 영국 정부와 말레이반도에 주재한 식민지 체제는 놀랄만한 교만함과 자아도취에 빠져 "우리에게는 전쟁이 닥치지 않을 것"이라는 인식으로 극동지역의 전쟁에 몽유병 환자처럼 끌려 들어갔었다. 1942년 2월 15일 일요일 단 하루에, 승전국 일본은 십 수만에 달하는 사기 저하된 영국군과 인도군, 해안에 배치된 특별 영국 해군 요원, 달아나는 영국 공군 지상 근무 요원들, 수천에 달하는 술에 취하여 달아나는 호주군 탈영병들, 싱가포르에 위치한 퍼시발(Percival) 중장의 지휘부 요원들을 유린함으로써 말레이반도의 영국을 역사 속에서 영원히 지워 버렸다.

의심스러운 점이 없는 것은 아니지만, 일본군들이 겁에 질린 주민들을 총검으로 강요하면서 자행한 일부 강간 행위들은 잘 알려져 있는 사실이다. 아시아에서의 당연한 것 같았던 백인 지배 시대는 종언을 고했으며, 3년 반 동안의 길고 긴 악몽 같은 일본의 포로수용소 생활이 시작되고 있었다. 불행한 말레이반도의 원주민들은 아시아의 식민지 점령군을 단순하게 영국으로 바꾸었지만, 아시아에서의 백인 우월의 신화는 단번에 허구로 입증되고 말았다. 세상사는 결코 원점으로 다시 돌아가지 않는다.

제2차 세계대전이 발발하기 전 수년 동안, 영국은 일본 제국주의 해양세력의 부상을 불안하게 감시하고 있었다. 제1차 대전 기간 중, 일본은 태평양에서의 독일 해군들의 활동을 제압하는 데 영국과 동맹 관계를 유지하고 있었다. 그러나 1919년 베르사이유 평화조약은 승전국으로 추정할 수 있는 적어도 한 나라에게 쓰디쓴 실망을 안겨 주었다. 비록 일본에게 약간의 독일 식민지 영토들이 주어졌지만 일본인들은 그들이 전쟁에서 이룬 기여에 상응하기에는 역부족이었다는 인식을 하고 있었다. 이러한 박탈감에 대한 원한은 1922년 워싱턴 해양회의에서 조인된 새 조약에 의해 이론적으로 일본이 태평양에서 미국보다 불리한 입장에 묶이게 되자 더욱 증폭되었다.

일본은 1850년대 말 서구에 가까스로 문호를 개방하였다. 서구 민주주의 척도로 보면 당시 막부 국가 내에서 이루어지는 일본의 중세풍의 정치제도는 원시적이었고, 또한, 군부 세력이 정치에 지배적으로 영향력을 미치는 오늘날의 개발도상 국가와 유사하였다. 1920년대와 1930년대의 세계적인 경제적 압박이 일본에 소용돌이치자, 일본의 군부는 정권을 장악하여 동아시아의 경제적 부와 원자재에 접근할 수 있는 팽창주의 정책을 채택하여 무력에 의한 점령을 준비하였다. 1931년 일본의 군국주의 세력은 만주를 침략하였고, 이와 같은 맥락에서 정치 군사적 팽창주의의 대장정을 계속함으로써 그로부터 10년 후인 1941년 12월 7일, 급기야는 진주만과 말레이반도를 동시 침공하였던 것이다.

말레이반도의 영국 식민지는 특별히 일본의 경제적 융성을 달성하는 매혹적인 표적이 되었다. 1930년대에는 일본은 중국을 점령하여 충분한 석탄을 공급받을 수 있었다. 그러나 철, 중석, 석유와 고무 같은 긴요 원자재는 아직 태부족이었다. 북방으로 진출하기 위한 추가적인 시도는 1939년 칼킨 골 전투에서 소련군에게 결정적으로 분쇄되었다. 이에 일본은 남방으로 방향을 전환하였다. 1940년까지, 프랑스령 인도-차이나로의 일본의 팽창에 대응하여, 미국은 서서히 미국과 그의 영토에서 일본의 무역 수입과 경제 활동들을 동결시키기 위한 정치적 압력을 가하기 시작하였다. 그 결과로 일본 경제기획위원회는 1941년 중반까지는 일본이 원자재의 결핍으로 국가 기능이 마비될 것으로 예측하게 되었다. 또한, 일본의 기획관들은 (그중에서도 이례적으로 냉정하고 명석한) 평화적인 방법으로는 석유자원을 획득하기는 불가능할 것으로 예측하였다.

일본인의 견해로는, 이러한 전략물자의 부족 현상을 극복할 수 있는 유일한 방안은 멀리 남방 지역에 있다고 보았으며, 이들 영국령 말레이반도와 네덜란드령 동인도 제도들은 자원이 풍부하면서도 방어태세가 허술하고 평화로운 식민지라고 판단되었다. 중석과 고무 자원이 풍부한 말레이반도는 영국의 달러 박스 이상으로 간주되었으며, 영국은 여기서 나온 재원으로 매년 런던시를 부요케 할 뿐만 아니라, 유럽과 중동지역에서 히틀러와의 전쟁자금을 지원하는 것으로 파악되었다. 패배당한 네덜란드 정부는 런던에 망명 정부를 세워 동인도 제도에서 쏟아져 나오는 Royal Dutch Shell 유전에 힘입어 효과적으로 유지될 수 있었다. 만일 일본이 이들 두 개의 식민지들을 소유하게 된다면, 일본은 산업적으로 독립할 수 있으며, 영국이나 네덜란드 어느 나라도 그들의 자산을 잘 방어할 능력이 없는 것으로 판단하였다.

1차 대전 후 동양에 경제적 제국을 보호하기 위하여, 영국 정부는 항구와 도서를 중심으로 한 함대 정박지와 해군 요새로 "싱가포르 요새"를 구축하였다. 이러한 의도는 명백하게 적의 침공시 영국 해군이 영국으로부터 증원 함대를 보내서 끈질긴 침략자를 물리칠 때까지 저항을 계속할 수 있는 고정된 방어 거점으로 만들기 위한 것이었다. 영국은 의회의 대담한 약속에도 불구하고 예하 제국을 기만하고 있었다. 로마가 2천 년 전에 수 세기에 걸쳐 증명해 보인 것처럼, 멀리 떨어져 있는 제국을 방어할 수 있는 유일한 길은 방어선 상의 위협을 받고 있는 지점에 내선을 이용하여 신속히 전개할 수 있는 강력한 기동부대를 보유해야 한다는 것이다. 그러나 후에 전쟁이 일어나서 영국이 유럽 전선에 고착되자 처칠은 더 이상 이를 보장할 수 없었다.

이러한 제국의 정책은 기록으로 남아있지만, 전략적 개념으로서 많은 의구심을 내포하고 있다. 왜냐하면, 그 해군 기지는 얼마나 오랜 시간을 버티어야 하는가? 증원 함대를 편성하고 그 극동 지역까지 이동하는데 얼마의 기간이 소요 될 것인가? 보호를 필요로 하는 말레이반도가 세계 고무와 중석의 60퍼센트를 생산하는 굉장한 부를 창출하는 지역인데도 불구하고 왜 하필 싱가포르에 영국이 그렇게 많은 재원을 투입해야 하는가? 그 경비는 말레이 식민지 화폐로 지불해야 하는가 아니면 이미 대공황의 고통을 감수하고 있는 바다 건너 영국의 납세자들이 담당해야 하는가?

이러한 의문점들과 재정 지출을 회피하기 위한 구실로 장차 10년 이내에는 전쟁이 없을 것이라는 정부 정책을 이용했던 재무성의 교활함으로, 영국은 이른바 난공불락의 싱가포르 요새를 1920년대와 1930년대를 지나는 동안 막대한 경비를 들이면서 단일 통합 방어계획도 갖추지 못한 상태로 완만하고 비효율적인 상태로 만들어 놓았다. 그 결과, 사실상 최종적 산물은 난공불락의 요새는 결코 아니었다. 말레이반도 삼림 지역을 통한 북방으로부터의 주 접근로는, 사전 경고가 있었음에도 불구하고, 계획 입안자들에 의해서 실제로 무시되었으며, 비행장은 지상 방어를 담당하는 육군과 아무런 조율 없이 경험이 미숙한 영국 공군에 의해서 말레이 전역에 걸쳐서 건설되었다. 그렇게 된 데에는, 경계에 대한 나름대로의 착각이 있었기 때문이었다.

비록 대규모 군사기지와 그의 평시 수비대가 전시에는 전혀 방호력을 제공해주지 못했지만, 말레이에서 안락한 평화 시대를 사는 귀화민과 서방 세계에 사는 시청자들은 싱가포르는 세계 역사상 찾아볼 수 없는 최대의 요새인 것처럼 영상으로 보여주는 선전을 진실로 믿고 있었다. 이러한 사실은 일본군이 그 후 말레이반도 북부지역을 침공했음에도 불구하고 신기하게도 영국본토에서 별 관심을 갖지 않았다는 것을 대변해주고 있다. 싱가포르는 안전하다고 믿고 있었기 때문이었다. 그러나 그것은 1942년 2월 도저히 믿기지 않는 현상, 바로 "동양의 지브랄탈"이 실제로 함락됨으로써 임청난 심리적 공포와 마비 현상을 초래하고 말았다.

1·2차 대전 간 싱가포르 방어계획 작성에 있어서 일관된 하나의 주창은 놀랄만한 것이었는데 그것은 바로 윈스턴 처칠의 주장이었다. 그는 1928년 재무부 장관으로 재직하면서 국가의 기금조성계획에 부정적이었으며, 동시에 "향후 10년 이내에 전쟁은 없다."라는 원칙하에 국방정책을 추진, 전직 해군본부 위원회 수석위원으로서, 처칠은 영국 해군이 정교하면서도 냉철하게 그리고 아주 현실적으로 작성한 싱가포르의 해군기지 방어력 보강계획을 뒷받침하는 예산 판단서를 극렬히 반대하기도 하였다; 또한, 그는 1940~1942년 사이 당시 수상으로서 말레이반도의 재앙적 참패에

대한 궁극적인 책임을 면할 수 없다.

위대한 2차 대전의 지도자 처칠의 신화에도 불구하고, 싱가포르는 윈스턴 처칠에게 절대로 화려한 치적은 아니었다. 처칠은 1941년 5월 크레타 섬의 재앙에 대해서는 매우 민첩하게 조사단을 보내도록 명령했던 반면, 싱가포르의 붕괴에 대해서는 의회 청문회를 열지 않았다. 또한, 말레이 전역과 관련된 정부 공식 문건들은 오늘날까지 공개되지 않고 있다. 만약 싱가포르 함락에 대한 책임을 져야 할 한 사람을 고른다면 그는 다름 아닌 윈스턴 처칠일 것이다.

호주 정부는 1941년까지 처칠에 대하여 각별히 신중하였다. 양국 관계는 정치적으로 모호했었으며, 양측 모두 전쟁 전 각각의 자국 방어를 위한 소요를 작성하고 이를 충족시키는데 있어서 일련의 매우 의심스러운 보장정책과 잘못된 전제에 기초하고 있었다. 처칠에게 있어서 호주는 동양에 위치한 잠재력이 있는 하나의 기지이면서, 동시에 영국의 소규모 군사력을 신선한 영연방 호주의 병력으로 보강하기 위한 영국의 준비된 보급기지에 불과하였다. 호주를 이러한 관계로 묶어 두면서도, 유사시 연방국가에서 보다 많은 병력을 지원한다는 어떤 약속이나 재확약은 아낌없이 주어졌다. 그 한 예로, 해군 수석위원 시절 처칠은 1939년 말, 호주 리차드 케이시 장관에게 호주를 구하기 위해서 필요하다면 지중해를 버릴 준비도 되어 있다는 것을 재확인하였다. 이 약속은 그가 감당할 수 없는 약속이었다.

그러나 모든 외교적 수사는 영국 측에만 있었던 것은 아니었다. 평화 시기에는, 그러한 약속이 호주로 하여금 자국 방어를 게을리하고 영국의 안보 지원이 보장될 것이라는 안도감을 갖게 할 수 있었다. 이래서 1930년대 호주의 국방비는 예산의 1% 이하를 유지할 수 있었다. 호주는 호주 방어의 1차적 책임은 영국이 담당하고 상황이 악화될 경우에는 영국이 자동적으로 구출해 줄 것이라는 허구에 만족하였다. 비록 한 순간이라도 냉정하게 숙고해 보면 평시 한 번도 파견해 보지 않았던 함대를 과연 전시에 파견 가능할 것인가 하는 우려가 있어야 했지만, 이 약속은 "전쟁을 지지하는 정치인에게는 국민들의 지지표가 없다."는 미국인들을 따라가는 호주 정치가들에 의해서 수용되었다. 그러나 누구도 그처럼 입장 곤란한 질문을 제기하지 않았다. 그것은 잘못된 전제하에서 자국의 방위비를 다른 사람에게 부담시키기 위한 너무 지나친 정치적 편의주의라고 볼 수 있기 때문이다.

1940년 5월, 처칠이 챔벌린으로부터 수상직을 물려받았을 때, 그는 극동지역에서 일어나고 있는 사태들과 관심이 증대되는 일본의 위협을 눈여겨보았다. 1941년이 되자, 그의 호주와 동방의 안보에 대한 전략적 재확인이 북아프리카 전쟁과 곤경에 처한 소련을 도와야 하는 비용 부담으로 영국에게 위험한 도박으로 노정되기 시작하였다.

1941년이 시작되자, 일본이 칼킨 골 지역에서 소련에 의해 결정적으로 저지됨으로써 시베리아를 통한 북방 진출이 좌절된 후 남방으로 관심이 전환되었다. 그해 이른 여름, 말레이 바로 북쪽에 위치한 태국 정부는 인도-차이나의 프랑스 비시(Vichy) 정부와 국경 분쟁으로 인한 단기간의 전쟁을 치렀다. 1941년 6월, 일본은 양 국가 간의 중재를 가장하여 추정 병력 약 2십만의 군대를 인도-차이나 지역에 주둔시키고, 태국 정부에 압력을 가하여 일본군의 태국 주둔과 통과권을 요구하였다. 처음으로 말레이 북부 지역이 직접적으로 위협을 받게 되었다. 일본군이 축차적으로 인도-차이나 남부의 비행장으로 이동하자 갑자기 말레이 반도 전체가 일본 폭격기의 사정권 내로 들어오게 되었다.

영국 정보 당국은 이러한 사태의 진전으로 관심을 증대시키고 경고를 제고시켜 나갔다. 그러나 영국은 정보 측면에서 다음 네 가지 근본적인 문제들로 제한받고 있었다: 일본군의 전투력에 대한 완전한 과소평가; 극동지역에서의 각 정보기관들의 단편적 운용 및 정보 협조체제의 결여; 정보 수집을 위한 지역적 자원의 심각한 부족 ; 끝으로, 말레이 내의 민간 및 군사 참모요원들로 구성된 전쟁자문위원회에서 정보 영향력의 결여였다.

이들 가운데, 의심의 여지없이 최악의 실패는 맨 첫째로 제시한 일본을 겨우 생존이 가능한 수준의 적으로 과소평가한 점이었다. 이는 일본이 호전적인 국가로서의 지나온 행적을 고려하면 여러 가지 면에서 놀라운 일이다. 그 들은 1904~1905년 극동에서 러시아를 격파하였으며, 대규모 현대식 함대를 보유하였고, 1931년 이후 중국과 만주에서 주요 지상 전쟁을 성공적으로 수행해 왔다. 적에 대한 과소평가의 원인을 잘 이해하기 위해서는, 1941년의 충격들이 있기 전 백인 식민지 세계의 의식구조를 살펴볼 필요가 있다.

아시아인들을 영리한 원주민보다 조금 나은 정도로 멸시하고 있었던 것은 영국만이 아니었다. 대규모 이민자들이 있던 미국에서조차도 진주만 전날 밤까지 일본인들을 일반적으로 영국에서처럼 멸시되고 있었다. 인종 우월주의(racial superiority)의 신화들은 1930년대에 히틀러의 나치 독일에 국한되지 않았다. 이에 대한 영국의 관점은 당시 극동군 사령관, 공군 대장 Robert Brooke-Popham 경이 1940년 12월 홍콩 방문 시 언급했던 다음 내용에 잘 요약되고 있다.

　나는 철조망 넘어 근접해 있던 누추한 회색 군복을 입은 … 다양한 인간 이하의 종족들(전선에 배치된 일본 경계병들)을 잘 볼 수 있었다. 그들의 음식과 숙영시설이 아주 보잘것없지만, 만일 그들이 평균적인 일본군을 대표한다면, 나는 그들이 효과적으로 전투를 할 수 있는 부대라고 믿을 수 없다.

　당시에는 일본인들은 정말 신체적으로 왜소하고, 뻐드렁니에, 시력이 나빠서 야간작전이나 또는 복잡한 기계류 조작이 불가능할 것으로 믿어졌다. 백인들이 천부적으로 우월하다는 그러한 관념이 널리 퍼져 있었다. 어떤 해군 전문인이 쓰기를, "모든 목격자들은 일본 조종사들은 용감하지만 무능하다 … 그들은 일반적으로 근시인 것과 똑같이, 귀 내부의 튜브에도 인종적인 결함이 있다. 이로 인하여 균형감각에 결함이 있다." 또한, 일본인들은 "한 번에 한 눈만 감을 수 없기 때문에 소총 사격을 할 수 없었다." 이와는 다른 점에서 항공조종 문제에 대해서 진지한 어떤 필자는 "일본인 한 사람보다 더 우둔한 사람은 없으나, 두 사람보다 더 명석한 사람은 없다."라고 말하였다. 또 다른 관점은 "겁에 질린 일본군은 백인 병사를 보자마자 도망하곤 한다." 말레이의 두 영국군 보병 대대장은 그들의 장군들에게 "우리는 일본군을 일격에 억지할 수 있기 때문에 말레이반도에서 전력을 더 이상 증강시키지 않고 있다."라고 보고한 것이 기록에 남아있다. 아마도 가장 교만한 언급은 또 다른 지휘관이 말한 "당신은 나의 부하들이 일본군보다 한 수 위에 있다고 생각하지 않는가?"라는 언동이다.

　이러한 현상들은 매우 위험천만한 난센스였다. 일본 제국주의 군대와의 실제 전투는 모든 연합국 육, 해, 공군 장병들 모두에게 엄청난 충격으로 나타났다. 호주 출신 러셀 브래든은 말레이에서 우연히 마주친 "일본군은 신장이 6피트도 넘고, 안경도 끼지 않았으며, 뻐드렁니도 없었다."며 혼비백산 했다고 하였다. 그리고 일본군이 기계조작이 뒤떨어진다고 하는 주장에 대해서 따져보면, 영국군은 말레이반도에 단 한 대의 탱크도 보유하지 못했던 반면, 일본군은 기계류 조작이 미숙하다는 추측에도 불구하고, 북부지역에서는 기갑부대를 상륙시켰으며, 주 도로상에 고정 배치되어있는 영국군에게 경전차들을 투입 공격함으로써 엄청난 충격 효과를 발휘하였다.

말레이 영국 총사령부는 크게 당황하였다: 모든 사람이 알고 있는 것처럼, 정글에서는 탱크를 결코 운용할 수 없다는 것이 영국의 작전 교리였다. 어찌 되었든 간에 정보에서는 절대적으로 일본군의 전차위협은 없을 것이라고 작전 계획관들에게 주지시켜 왔었다. 그러나 당장 일본군은 영국군 정글 방어 부대에게 정면 기갑부대 공격을 감행하여 돌파를 계속하며 조호레와 싱가포르를 향하여 남진하였다. 일본군은 또한 강력하게 돌진하여 신속히 현대식 말레이 도로들로 내리 미는 새로운 전술(1941~1942년에 대부분의 말레이 전투는 칙칙한 정글이 아니라 너도밤나무와 비슷한 초기 단계의 삼림 지역이나 고무 농장 지역에서 전투가 이루어짐으로써 나무와 나무 사이의 공간이 충분하였고 양호한 시계를 제공받을 수 있었다.)을 개발하였다. 일본군 보병이 일단 멈추면, 신속히 도로 양측 숲으로 사격을 하면서 전개하여 그들의 전진을 방해하기 위하여 구축된 방어진지를 신속히 포위하였다. 이른바, "물고기 가시(fishbone)" 전술을 사용하여 그들은 당황하여 어쩔 줄 모르고 진지에 박혀 있는 호주, 영국, 인도로 혼성된 제국 중보병의 측면을 포위해 나감으로써 지속적인 철수를 강요하여 기진맥진하게 하고 사기를 떨어뜨리며 의기를 소침케 하였다.

〈Malaya and Singapore, 1942〉

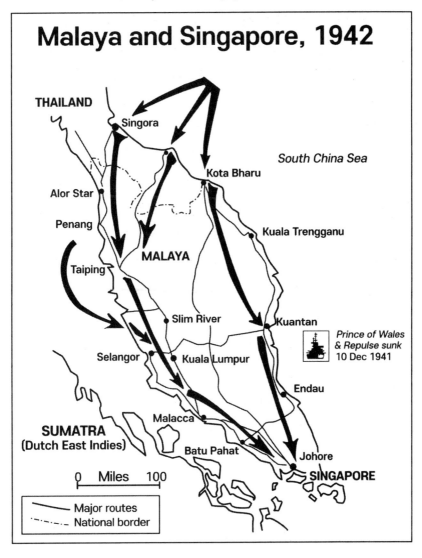

낭패한 방자들은 많은 장비, 화포, 보급품과 부상자들을 일본군의 처분에 맡기고 1월 몬순 우기 동안 남쪽에 있는 다음 도로 차단 진지까지 맥이 빠진 채로 터덕터덕 걷고 있었다.

　사태를 더 악화시킨 것은, 퇴각하는 보병들은 거추장스러운 제국 보병보다 경량화한 일본군들이 현저하게 기동성을 발휘할 수 있는 자전거를 타고 나무 사이로 지나가는 것을 자주 볼 수 있었다는 것이다. 영국 정보 당국은 재앙이 끝나고 난 다음 사후보고서를 작성할 때에야 비로소 이들 "비밀 무기들"을 알 수 있었다.

　공중에서도, 적에 대한 과소평가가 동일하게 이어지고 있었다. 일본 공군 조종사들은 - 그 들의 항공 산업이 복잡한 현대식 항공기들을 공급할 수 있을지라도 - 비행시 가중되는 높은 중력을 견디지 못하기 때문에 서구 수준에는 도달하지 못할 것이라고 생각하였다. 일본 폭격기들이 최초로 영국 비행장들을 공습했을 때, 조롱받을만한 영국 공군들은 지역목표에 대형을 갖추어 동시에 폭탄을 투하하는 이른바 "설사식(diarrhoea)" 폭격전술에 대하여 경멸을 퍼부었다. 그것은 영국 공군이 훈련했던 개별적인 정밀폭격이 아니었기 때문이었다.

　그러나 그러한 방식의 폭격은 놀라우리만큼 성공적이었다. 일본 공군은 중국에서 4년 동안의 지역 공습작전에서 발전시킨 전술을 사용함으로써 그들의 임무 수행에 정통하였다. 지휘 폭격기의 폭탄투하 지시에 따라서 일본의 폭탄들은 비행장을 효과적으로 거부할 수 있도록 광범한 형태로 투하됨으로써 항상 표적에 실수 없이 명중시킬 수 있었다. 또한, 말레이의 제국 공군들을 난처하게 만든 것은 신기하게도 일본 폭격기들은 항상 정확히 언제, 어떤 목표를 타격해야 할 것인가를 알고 있는 듯이 보였다는 것이다.

공중에서 또 다른 언짢은 놀라움은, 공군 정보에서 예상하지 못했던 일로, 일본 항공기의 고성능, 특히 일본 해군의 "제로" 전투기의 성능이었다. 어떤 미국 분석관의 말에 따르면, "전선에 비무장, 비장갑의 1,000마력 엔진을 장착한 경 스포츠 항공기"에 지나지 않아 퇴역된 것으로 추정된 제로기의 '잠자리의 비행과 유사한 기동능력'은 그의 경이적인 공중전 능력을 알지 못했던 동맹국 조종사들에게 지울 수 없는 상처와 충격을 안겨 주었다. 수적으로 압도하면서 이미 폐물이 된 말레이의 영국 Brewster Buffalo 전투기 조종사들은 일본 항공기가 보다 뛰어난 사실을 그제서야 터득하였다.

싱가포르 전투보다 조금 후의 일이지만, 일본의 공군력을 과소평가한 대표적인 사례는 1942년 초 호주 북부 영역 상공에서 있었던 사건으로서, 극동 지역에 파견하는 신형 미국제 P-40 전투기들을 공장에서 현지로 이동시키던 "다윈 비행단"과 일본 폭격기들을 호위하던 제로기와의 전투사례였다. 그 전투는 주목할 만한 사건이면서도 노련한 "Battle of Britain" 비행대대가 호주에 도착한지 얼마 안 되는 시점에 있었다는 이유로 기억되기를 원하지 않고 있는 상처로 남아있다. 일본의 제로기를 포착한 노련한 영국 조종사들이 일본의 급강하 제로기들 속으로 돌진했을 때(독일의 Luftwaffe's Messerschmitt 109와의 전투시 성공적 전투기법으로 입증된 전술), 일본기들은 신속히 방향을 전환하여 그 들의 안쪽으로 파고들어 옴으로써 일본기는 힘 들이지 않고 총 12대의 영국기 중 11대를 격추시키고 그들은 겨우 한 대의 손실을 봄으로써 압도적인 승리를 거두고 말았다. 이 수치스러운 패배는 영국에는 잊혀지지 않고 있으며, 그리고 영국과 미국을 포함한 태평양 전쟁의 모든 조종사들은 그들의 전투기들은 우월한 급강하 속도와 화력에 의존해야 한다는 사실을 배웠으며, 그 후부터 경량화된 제로기와의 공중전에서 그들의 능력을 결코 시험하려 들지 않았다.

사실 말레이의 영국 공군 정보부서에서는 전쟁 발발 오래 전부터 제로기와 그 성능의 모든 것을 알고 있었다. 1941년 5월, 중국은 일본의 신형 전투기 한 대를 충킹 부근에서 격추시키고 그 전투기의 전투능력을 경고하는 종합적인 공군 정보보고서를 생산하였다. 이 정보는 런던에 있는 공군성에 보고되었으며, 공군성에서는 이를 다시 말레이의 모든 정보부서의 협조를 담당하는 극동 연합정보국(FECB: Far East Combined Bureau)에 전파하였다. 말레이에서는, 그것이 분명한 중요성을 가지고 있음에도 불구하고 - 모든 병과 중에서 비행병과는 다른 어떤 병과보다도 더욱 기술적인 우월성에 의존하였다. - 그 정보는 그저 무시된 것만은 아니었다: 2급 비밀인 공군 기술정보보고서는 아예 사라져버렸던 것이다.

이는 극동 연합정보국이 총체적인 일본의 위협에 대하여 말레이 모든 부대들에게 경고를 하지 않았다는 것을 말하는 것은 아니다. 정확하고 명백한 말레이 일반참모 정보 회장에는 1941년 중반부터 상세히 작성된 일본군 전투서열과 무기 성능이 수록되어 있다. 문제는 설사 그 정보가 제공되었다 할지라도, 작전참모부 요원들이나 부대, 특히 정치가들이 대부분 그것을 믿어 오지 않았었다는 사실이다. 그러기 때문에 전쟁 발발 바로 전날에도, 총사령부의 한 참모장교가 공식적으로 언급하기를 "왜 총독이 긴장을 부추기며 지역 자원군을 동원하는지 이해할 수 없다."라고 하였다. 일본이 침공하기 전날에도 정치가들은 망설였다. 불운한 사령관, Brooke-Popham은 '마타도어' 작전(Kra 반도의 가장 협소한 지역을 차단하기 위한 태국으로의 진출)을 해야 할 것인가에 대한 결심을 요구했을 때에, 12월 6일 런던에서의 회답은 "현지 지휘관의 결심에 따라 작전 가능함"이었다. 그의 참모장은 난처한 입장에 빠진 그를 응시하면서, "사령관님! 그들은 일본에 대한 선전포고에 대한 책임을 현지 사령관인 당신에게 개인적으로 책임 지우려 하고 있습니다."라고 냉담하게 말 하였다.

영국과 그들의 정보기관은 일본으로부터의 위협을 과소평가 했지만, 그때 일본은 영국에 대한 똑같은 실수를 하지 않았다. 전쟁 전 말레이 전역에 대한 일본의 정보활동은 종합적이고 철저하며 잘 지원되었다. 공자는 항상 전장의 주도권을 확보하며, 전쟁 발발 이전 정보활동에서 조차도 주도적인 역할을 수행한다. 일본 정보기관은 10년 전부터 말레이에 상주하는 많은 일본의 합법적 회사와 무역활동, 7,000여 명의 일본인 체류자와 방문객을 통하여 복잡한 정보조직을 대규모로 구축할 수 있었다. 이에 추가해서, 동쪽 해안을 따라 소형 선박에 의한 해상 무역이 이어졌으며 여기에는 정찰 임무를 위한 일본 해군상교들이 나수 포함되어 있있다. 후에 알려진 사실이지만 싱가포르 해군기지의 공식 사진사도 일본군 정보장교 나까지마 대령이었다고 한다.

이러한 일본군의 정보활동은 말레이에 잘 알려져 있었다. 영국령 '해협 안정 경찰서장(Straits Settlement Police)'은, 전쟁 후 그의 저술에서, 일본 간첩세력의 확장을 차단하기 위하여 장차 적어도 일본 회사의 절반은 비일본인으로 채용하도록 총독에게 건의할 수밖에 없었다고 주장하였다. 그러나 무반응이었다. 런던은 일본을 적대시 할 경우 그들의 도발을 우려한 나머지 어떠한 자극적인 정책도 채택하려 하지 않았다.

때때로 일본의 간첩행위는 너무 노골적이고 익살맞기까지 하였다. 1940년 말 주 싱가포르 공보담당관 마모루는 말레이시아에서 공개적인 첩자들(영국 육군 상등병 포함)을 운용하고 특히 말레이를 방문 중인 일본군 장교들에게 영국군 막사와 군사시설에 대한 여행안내를 제공함으로써 현행범으로 체포되었으며, 결국 영국 당국에 의하여 3년 반 징역형을 선고받고 수감되었다.

　가장 노골적인 예는 두 척의 일본 잠수함이 일본 광산회사가 소유하고 있던 말레이 엔다우 항에 불법적으로 정박했던 사실과 해협 자원군 대령 콜린즈의 증언이었다. 그는 1940년 9~10월경, 정장을 한 일본군 장교가, 추측컨대, 원해에 대기 중인 모선과 접선하기 위하여 소형 모터보트에 탑승하기 전 침착하게, 훈련 중인 영국군 장갑차 대대를 관측하고 있는 모습을 목격하였다. 그가 이 사실을 보고했을 때, 콜린즈는 총독 사무실에 근무하는 영국인 두 사람으로부터 그것을 문제 삼지 말 것을 종용받았다. 그 이유는 총독 각하의 정책으로서 여하한 희생을 무릅쓰고라도 일본을 진정시켜 도발을 방지하자는 취지였다.

　세월을 거슬러 되돌아본다면, 우리는 다만, 이러한 상황에서 첩보를 대조하여 정보를 생산하는 무력한 말레이 FECB(연합정보국) 정보장교들의 격분함과 총사령부의 군사 지도부를 경고하려고 헛되이 안간 힘을 썼던 당시의 상황을 미루어 짐작할 수 있을 것이다. 후덕지근한 아열대 낙원의 민간인들로 구성된 식민지 총독부는 기강이 해이된 침체 현상의 중심에 있었다. 말레이에서 상업적 부를 축적하고자 했던 어떤 사람, 어느 백인도 말레이에 다가오는 최악의 사태를 대비하려고 하지 않았다. 말레이는 전쟁으로부터 멀리 떨어져 있었으므로 영국 식민지에서의 삶은 그저 좋았을 뿐이었다.

말레이 영국군은 전쟁준비를 하지 않았었지만, 그때 일본은 이와는 정반대였다. 우리는 다행스럽게도 야마시다 장군의 승승장구하는 제25군 작전참모 쓰지 마사노부(Masanobu Tsuji) 대령이 작성한 말레이 점령계획 일체를 기록물로 확인할 수 있었다. 말레이 침공계획은 1941년 9월 15일에 시작되었으며, 이는 집중적인 항공정찰계획에 의해서 뒷받침되었다. 침공개시 일자가 다가오자, 일본 공군 조종사들은 영국 공군의 비행장과 군사시설들에 대한 노골적인 정찰비행을 단행하였으며, 이들은 대부분 영국에 의해서 탐지되었다. 1941년 10월 22일 쓰지 대령은 실제 일본 항공기 100 "다이아나"형 정찰기를 직접 탑승하여 코타 바루 상륙지점과 아로 스타에 위치한 영국 공군 기지를 6,000피트까지 근접 비행하고 돌아 왔으며, 이들 대부분의 비행들은 영국공군에 의해서 목격되었으나 그들은 아무런 조치도 취하지 않았다.

두 번째 예는, 앞의 예보다 훨씬 시사하는 바가 큰 내용으로서 1941년 12월 말레이 북부에 위치한 Sungey Patany 전방 비행장에서 영국 공군 이등병으로 근무하고 있던 18세의 Peter Shepherd 기술병의 이야기이다. Shepherd(이하 셰퍼드)는 고도로 훈련받은 영국공군 Halton 견습생으로 지적 수준이 높고, 교육을 잘 받았으며, 그들은 트렌챠드 경의 영국군 신세대 기술 엘리트를 양성한다는 비전에 따라 전쟁 전에 모집된 젊은 엘리트 중의 하나였다.

1941년 12월 4일, 셰퍼드는 치료 중인 네덜란드 기능사 대리로 네덜란드령 동인도 민간 항공기에 탑승하도록 임무를 부여 받았다. 그에 진술에 의하면:

놀랍게도 우리 비행기는 캄보디아 남쪽 캄포트 시에 인접해 있는 개인 비행장에 착륙하였다. 프랑스령 인도차이나는 그 당시 실제 일본군의 수중에 있었기 때문에, 네덜란드 비행기가 착륙하는 것은 매우 위험한 상황이었다. 프랑스 당국은 물론 나치 독일과 협력하는 비시 정부 요원들과 편견 없이 관대하게 관계하고 있었기 때문에 1941년 인도차이나에 영국의 우방은 존재하지 않았다.

그래서 민간 복장을 하고 있었지만, 영국 공군 병사로서 나의 직위는 매우 위험한 것이었다. 사태를 더욱 악화시킨 것은, 네덜란드 조종사가 북으로 비행하면서 그의 참 목적은 (내가 생각하기로는) 금지품목을 밀수하는 비밀공작을 위한 한 사람의 위장된 영국인을 수송하기 위한 것이라고 누설한 것이었다. 이는 나에게 공작원 운용과 밀수를 혼합하는 것으로 비쳐졌다. 이러한 사실은 출발 전 전혀 모르고 있었던 사실이었다. 나는 캄보디아가 아닌 중립국 태국으로 가고 있는 것으로 알고 있었기 때문에 매우 불쾌하지 않을 수 없었다. 따라서 나는 지상에 내린 다음 밖에서 머물기로 작정하였다.

그날 늦게 그 조종사는 나를 식당으로 안내하였다. 거기에는 우리 둘 밖에 없었다. 그 조종사는 주방 위로 가서 아마도 화물 처리를 하는 것 같이 보였다. 나는 불과 18세에 불과했고 생소한 지방에서 민간 복장을 하고 오도 가도 못 하게 되었다. 나는 내가 간첩으로 총살될 수도 있겠다 싶었으며, 그래서 상당히 두려웠으므로 머리를 떨어뜨리고 있었다.

그 식당에서 어느 동양인 한 사람이 내게로 와서 모기에 물려서 악화된 상처 부위에 그가 가지고 있던 타이거 밤이라는 고약을 발라 주었다. 그런 다음 그는 나에게 말을 걸어왔지만 나는 하나도 알아들을 수 없었다. 그러나 차츰 나는 그의 서툰 영어와 손짓 언어(sign language)를 조합해서 그가 일본 민간인이라는 사실과 항공기 기사라는 것을 짐작할 수 있었다. 결국 "엔지니어"라는 단어는 전 세계적으로 통한다는 사실을 알았다. 그는 내가 프랑스 항공기 엔지니어라고 생각하였다. 그는 무언가 매우 기뻐하는 것처럼 보였으며 나에게 말을 계속하였다. 그는 꽤 취했었는데 주로 코냑 때문이었다. 우리는 손짓 언어와 지명, 나중에는 그의 일기와 지도를 기묘하게 섞어서 통할 수 있었으며, 그는 지금까지 어디에 있었으며 무엇을 하고 있었는지를 설명하려고 애썼다.

그는 항공모함을 타고 일본에서부터 일본의 북쪽에 위치한 Hitokappu 만까지 가 보았는데 그곳에 거대한 함대가 집결해있는 것을 보았다고 일러주었다. 11월 24일에는 비행기를 타고 남쪽 Phu Quoc 섬으로 내려와 캄보디아 남쪽에 기지를 둔 일본 항공기들의 폭탄 걸이를 긴급히 개조하는 작업을 감독하였다고 하였다.

그는 그가 하고 있는 일과 무엇을 보았는가에 대해서 매우 자랑스럽게 생각하는 것처럼 보였으며, 그 함대에 대해서 알고 있는 사람은 오직 우리 두 사람뿐이라는 것을 강조하였다. 그는 또한 그 함대는 진주만에 있는 미 태평양 함대를 제거하기 위하여 11월 26일 항해를 시작하기로 계획되어 있고, 말레이와 싱가포르 공격을 동시에 병행하기로 하였다고 말했다. 그는 이러한 사실을 많은 손짓 신호와 쿵쿵하는 소리로 설명했다. 내가 놀라는 표정을 짓자 그는 일종의 일기장 같은 것을 끄집어내서 그가 일주일 전에 보았다고 하는 일본 해군 함정들의 일부를 그려가면서 나를 확신시키려고 하였다.

나는 그 사실이 매우 중요하다고 생각되어, 그가 화장실에 간 사이 그 그림을 훔쳐냈다. 그가 돌아왔을 때는 더 많이 취했고, 나와 함께한 조종사가 가자고 했을 때 베란다에서 토하고 있는 그 새 친구를 남겨둔 채 자리를 떠났다.

말레이로 돌아온 다음날인 12월 5일, 나는 즉시 영국 공군 정보장교에게 내가 청취했던 모든 사실을 보고하였다. 그날 아침 조금 후에 나는 쿠알라룸푸르로 비행기로 내려가서 정보장교로 생각되는 두 사람의 민간인에 의해서 심문을 받았다. 나는 일본 기사가 그린 함정 그림을 건네주고 내가 들었던 모든 사실들을 상세히 진술하였다. 나는 인터뷰가 진행되는 동안 그 일본인이 그가 본 것을 사실대로 말했던 것으로 믿는다고 말하였으며, 우리는 그가 말한 모든 이야기가 사실이라면 예상 공격개시 시간은 3일 후인, 12월 8일(하와이시간으로 12월 7일)이 될 것이라고 의견의 일치를 보았다. 나는 그날 오후 선게이 파타니로 복귀하였으며 기지에 도착한 후 일체 입을 다물라는 엄격한 지침을 받았다.

그러나 내가 복귀한 이후 여하한 조치도 없었다. 놀랍게도, 긴급 비상 상황 임에도 불구하고, 비행장에는 전면전에 대한 어떠한 경보도 발령되지 않았던 것이다. 드디어 12월 8일 아침 07시, 일본기들의 기습적인 공습이 개시되어 한 발의 폭탄으로 나는 사병 샤워실 복도의 콘크리트 바닥에 날려 떨어지고 말았다.

나는 중상을 입고 나는 말레이에서 바타비아로, 그리고 카라치로 후송되었으며, 그 후 2년 동안 완치될 때까지 더 이상 관심을 기울이지 않았다.

나는 가끔 쿠알라룸푸르의 정보장교들에게 제공했던 그 정보는 어떻게 되었을까하고 염려하지 않을 수 없다. 오늘날까지 말레이 사령부가, 원해에서부터 탐지가 되어 왔던 것으로 우리가 알았던 일본 함정들을 공격하는 것은 말할 것도 없거니와, 그날 아침 왜 전쟁경보에 돌입하지 않았는지 나는 이해할 수 없다.

그 후 피터 셰퍼드의 이야기는 자세하게 전해져 오고 있다. 그러나 그것은 단순히 넘쳐나는 정보 경보 중의 하나의 극적인 예가 되었을 뿐, 일본의 말레이 침공 전 11월에 영국 당국에 보고된 수많은 정보홍수 속에 묻혀버리고 말았다. 일본은 영국 정보기관들에게 최후의 순간의 공격의 신호와 징후들을 대량으로 제공했던 것으로 나타나고 있다; 유일한 미스터리는 왜 그들이 그 징후들을 받아들지 않았느냐 하는 것뿐이다

이점을 이해하기 위해서는 말레이에서 영국 정보를 저해한 제2의 근본적인 문제점, 즉 '부실한 정보체계(poor intelligence)'에 대하여 살펴보아야 할 것이다. 극동 지역에서의 영국의 정보관리 및 협조체제는 현저하게 파편화되어 있었다. 영국이 나치 독일같이 잔인하고 위험한 적으로부터 직접적인 위협을 받고 있는 상황에서, 생존을 위해 코앞의 적에 우선순위를 두었던 반면, 멀리 떨어진 극동 지역에 큰 관심을 두지 못한 것은 쉽게 이해할 수 있다. 그것은 나름대로 일리가 있다고 본다. 그러나 이해하기 어려운 것은 말레이 지역 자체의 정보활동의 분명한 분열과 혼란이다. 그 이유는, 편성 면에서의 결함과 가용자원의 부족을 포함한 두 가지 측면 모두의 결함으로 보인다.

아무리 줄잡아 말하더라도, 말레이의 정보구조는 허약했다. 극동 연합정보국(Far East Combined Bureau: FECB)은 그의 핵심으로 이론적으로는 육, 해, 공군의 정보와 신호정보, 그리고 때때로 비밀정보국(SIS: Secret Intelligence Service) 정보를 협조시키는 한편, 영국의 국가이익에 위협이 되는 요소를 적시적이고 정확하게 종합해서 당국에 보고하는 책임 기관이었다. 그러나 사실은 그의 주 역할은 Bletchley Park's Ultra 암호해독 작전을 위한 해외 기지의 역할을 수행하는 것이었다. 극동 연합정보국의 활약은 화이트홀(영국 행정부)에 기지를 둔 통제부, 합동 정보위원회(Joint Intelligence Committy: JIC)와 국가 음어/암호학교(Government Code and Cypher School: GCCS)에 비하면 아주 미미했다. 극동 지역에서 그의 역할은 화이트홀에서와 같은 정치적 권위를 누리지 못했다. 그의 역할은 협조기구나 종합분석기구보다는 하나의 수집기관에 불과하였다. 극동 연합정보국은 1939

년 홍콩으로부터 싱가포르에 재배치되었다.

극동 연합정보국은 분명 국가 음어와 암호학교의 효율적인 극동지역의 해외수집기지였다. 그러한 신호정보기관으로서의 역할은 그를 "변두리에" 머물게 할 수밖에 없었다. 우리가 알아두어야 할 것은 FECB는 역할 상, 말레이 전쟁 각의에서 주목받는 조직이 될 수 없었다는 사실이다. 아무튼, 그것은 그들로부터 배제된 상태에 있었고, 그리고 엄격한 보안상의 이유로(FECB는 비밀이 일본인의 수중에 들어가지 않도록 하기 위해서 싱가포르 함락 이전에 철수되었다.) 말레이 반도 방어의 책임을 감당해야 하는 세부적인 민간 및 군사위원회에 모습을 드러내는 것을 꺼려했다. 따라서 사실상 1941년 말레이 지역에는 정보협조기구가 존재하지 않았다고 볼 수 있다.

정보 파편화(fragmentation)의 문제는 정보가 무엇을 할 수 있는지와 무엇을 해야만 하는 지에 대한 이해의 부족에서 파생된 것이었다. 군사정보는 말레이 식민지를 운영하는 관료체제에 있어서 단지 작은 규모의 하급제대 참모 소관에 불과하였고, '참 정보(real intelligence)'에 의해서 대부분 무시되고 말았다. '참 정보'에 대한 오해는 식민지 정부의 무지와 군사정보와 비밀 정보기관들은 하나이며, John Buchan과 Bulldog Drummond의 관점과 같이 신비에 바탕을 둔 "비상한 활동(Great Game)"이라는 구시대적 관점에서 유래된 것으로 보인다. 극동군 사령부는 총체적으로 비밀정보기관(SIS 또는 MI6)과 간첩 활동이 정보의 전부라는 신념에 사로잡혀 있었던 것으로 보인다; 현대정보의 순환단계 즉 수집, 대조, 해석, 전파 체계를 모르고 있었거나 무시된 것이다. 일본의 암호를 해독해서 일본의 외교 메시지를 읽어내는 중요한 신호정보 자산들은 1942년 봄 이전에는 아무런 영향을 주지 못했고, 만일 영향을 주었다고 할지라도 작전이나 총사령부를 움직이게 할 수 없었다.

이렇게 세상 물정에 어두운 비전문성을 더욱 악화시킨 것은 대정보 임무를 독점적으로 수행하는 소위 국방 보안장교(Defence Security Officer: DSO)들이었다. 영국 국가 보안기관(MI5)은 대영제국의 영토 내에서 적의 간첩 활동, 태업, 전복 행위를 방지하는 최고의 책임을 수행해오고 있으며, 이는 오늘날까지도 지속되고 있다. 그러나 MI5는 여전히, 운용 요원이 부족했다. 또한 정보의 파편화는 말레이 식민지에 있는 경찰 기관들에 산재되어 있는 다양한 비밀 정치경찰들(소위 특수기관: Special Branches)에 의해서 더욱 가중되었다. 그 결과, 극동지역에서의 정보협조는 철저하게 차단되었으며, 정보기관 간에 끊임없이 사소한 말다툼이 발생하곤 하였다.

이러한 혼돈 상태에 추가하여, 다양한 정보기관들을 지휘하고 있는 많은 인물들이 개인적으로 원만한 인간관계가 형성되지 않음으로써 그들의 부하들 간의 협조를 불가능하게 만들고 말았다. 그한 예로, 싱가포르에 주재하는 MI5의 국가 보안장교인 Hayley Bell 대령은 싱가포르 경찰 특수기관의 일본 과장과 대화를 주고받는 사이가 되지 못 했다. 특수기관의 장인 Morgan(모간)은 총독의 보안 및 정보 위원회의 의장을 맡고 있는 국가 보안장교와 인간관계가 원만치 못해서 보안상의 이유로 그가 알고 있는 일본의 간첩행위에 대하여 일체 입을 다물고 있었다.

결국, 양자 간의 싸움은 군의 관심을 끌게 되었다. 싱가포르를 포기했던 Percival 중장이 1937년 참모장(Chief Staff Officer)

으로 재직하던 날로부터 작성했던 파일 속에 비밀 경찰, 모간 소령에 대한 재미있는 기록이 있다: 모간 소령은 전혀 신임할 수 없는 사람이다, 그의 진술과 관점에서 모간은 괴벽한 성격에, 흐리멍덩한 판단력, 까닭 없는 과묵함이 뒤섞여있는 사람으로 보였다. 냉소적 관점으로 보면, 이는 비밀 세계에서 오랜 기간 일해온 비밀경찰로서 누구나 피할 수 없는 편집증 현상의 일종이라고 볼 수 있지만, 퍼시발 장군 - 1941~1942년 사령관을 할 때보다 1937년 참모장을 할 때가 훨씬 예리했다고 판단되는 - 은 "모간은 분명 무능하고 그의 직책에 적합하지 않은 인물로 낙인찍혀 있었으며, 이는 그의 경력과 근무결과가 입증 해주고 있다."고 하였다. 그러나 모든 공무원들처럼, 모간 소령은 그의 행동의 결과로부터 잘 빠져나갈 수 있었으며, 특히 그는 단순한 군인이었음에도 불구하고 더욱 그러했다. 퍼시발은 계속해서 "그러나 그는 7년에서 10년 동안〔공무원〕으로 계약이 이루어져서 그를 해임시키는데 어려움이 있었다."고 언급하였다.

모간처럼 무능한 지도자가 존재하는 집단이 스파이를 잡는다고 한다면, 영국의 대 정보활동이 그들에게 들이닥칠 재앙으로부터 식민지를 방호하는데 얼마나 위험할 것인가 하는 문제는 놀랄만한 일이 못된다. 만약 1940~1941년 말레이 지역에 주요한 일본의 군사 간첩 작전이 있었다는 사실을 알았다면, 모간과 그의 동료들은 발작을 일으켰을 것이다. 그 작전은 바로 현역 복무 중인 영국 육군 장교에 의해서 시행되고 있었다.

패트릭 히난 대위는 짐작컨대, 그가 1938년 겨울, 일본 방문시 일본의 군사정보기관에 의해서 스파이로 포섭된 것으로 보인다. 그는 말레이 주둔 3/16 판잡 연대 예하 대대에서 능력을 인정받지 못해서 공군 정보 연락장교로 밀려나게 되었다. 그 보직은 보병 장교로서 결코 좋은 경력이 될 수 없었지만, 군사비밀에 접근할 수 있게 됨으로써 공작원을 운용하는 조종관의 꿈을 가지게 하였다. 공군 정보 연락장교로서, 히난 대위는 모든 말레이 사령부의 전투서열과 반도의 모든 영국공군 항공기의 형태, 배치, 무장 상태, 그리고 우발작전 계획까지도 열람이 허용되었다.

말레이 전쟁의 가장 신비로운 현상의 하나는 영국공군 비행장들을 정확하면서도 적시에 타격할 수 있는 일본의 초인적인 공습 능력이었다. 그 전쟁이 지난 한참 후 현장에 있었던 한 영국공군 하사관은, "그들은 마치 우리의 모든 계획을 거의 알고 있는 것처럼 보였다."라고 진술하였다. 그들은 실제로 그랬다. 히난 대위는 그가 알고 있는 모든 것을 일본군에 제공하였으며, 특히 북방의 핵심 비행장인 영국공군기지 Alor Star의 정확하고 세부적인 계획들을 제공한 것으로 보인다. Alor Star 기지는 몇 차례의 공습으로 초기에 무력화 되었으며, 이로 인해 남은 전쟁기간 중 일본이 공중 우세권을 확보할 수 있는 계기가 되었다. 더욱 가증스러운 것은, 그는 1급 비밀인 영국의 암호와 음어들을 넘겨줌으로써, 일본 신호정보 요원들로 하여금 전쟁기간 중 모든 육군과 영국공군의 교신내용을 해독할 수 있게 하였다.

히난은 조심성이 결여된 성격의 사람이었다. 그는 전쟁 전에 군 내에서 주목을 끌었고 의심도 받았지만, 아무런 제재를 받지 않았다. 그러나 1941년 12월 10일 그는 그의 과장이었던 프랜스 소령에 대한 살인 미수로 체포되었으며, 그의 숙소가 수색당했다. 그 결과 그는 비인가된 비밀 지도와 작전명령들, 그리고 두 개의 위장된 송신기와 암호 조립문서를 소지하고 있는 것이 발견되었다. 전쟁의 긴박성으로 인하여, 히난의 간첩활동에 대한 충분한 조사는 불가능했지만, 그가 직접 간첩행위를 수행했을 뿐만 아니라 전쟁 전에 말레이에서 공작망을 운용했다는 사실이 명백하게 드러났다.

히난은 전쟁 이후 영국군의 퇴각과 함께 남쪽으로 호송되었으며, 1942년 1월 싱가포르에 수감되어 1941년 12월 말레이에서 현역 복무 중 의도적으로 적에게 유가치한 첩보를 제공했다는 간첩죄로 군사재판에 회부되었다. 그는 유죄가 입증되어 사형선고를 받았다. 정보를 제공한 사람이 히난 한 사람 뿐만은 아니었다. 영국은 전쟁이 끝난 후, 끔찍하게도 일본이 런던에 있던 처칠이나 전쟁성과 1941년 싱가포르 사령관 사이에 주고받았던 모든 최상급 비밀 전문내용도 역시 알고 있었다는 사실을 알아냈다.

영국 정부는 1940년 9월 말, 무전 교신이나 적의 정찰기에 의해 노출되지 않도록 비밀성을 보장하기 위해 가장 빠른 7,500톤급 상선 Automedon호에 전령 편으로 최상급 비밀 서류들을 싱가포르로 보냈었다. 그 배에는 1급 비밀인 극동지역 작전 계획과 말레이 방어를 위한 매우 비관적인 영국 총참모부의 지원능력 평가가 들어 있는 배낭이 실려 있었다. 그 배의 선장인 McEwen 대령과 외교연락관 Evans 대령은 만약 상황이 악화될 경우에는 그 배낭을 바다에 던져 버리도록 강력한 지침을 받고 있었다.

아니나 다를까 불행한 상항이 일어나고 말았다. 1940년 11월, Automedon호는 인도양을 통해서 북으로 항해하던 중 니코발 도서 근해에서 영국 상선의 암호를 읽어오던 위장된 독일 수상 단속함 Atlantis에 의해 차단되고 말았다. 불과 300야드 거리에서 - Atlantis의 노련한 함장 뢰게는 그의 몇몇 선원들을 여자로 변장시켜 네덜란드 국기를 게양하게 만들었다. - 28발의 5.9인치 함포 사격이 Automedon의 무전실로 집중하여, 함장과 외교연락관, 그리고 무전기를 무력화시켰다.

이어서 영국 상선에 탑승한 독일 수색조의 조장인 모르(Mohr)는 영어를 구사할 수 있었으며, 그 앞에 전개되어 있는 행운을 믿을 수 없었다. 기쁨으로 어쩔 줄을 몰라 하던 그 독일인은 1급 비밀이 들어 있는 묵직한 영국의 외교 연락 배낭과 정보 금고의 보석이라 할 수 있는 암호문서와 모든 신규 영국 해양 암호 문서들을 수거하였다. 그러나 영국은 그러한 사실을 전혀 모르고 있었다. 해군본부에서는 Automedon호가 잠수함의 어뢰 공격으로 격침된 것으로 추정하고 있었는데, 그것은 독일 수상-단속함의 공격을 받으면 통상 신호를 보낼 수 있기 때문이었다; 그러나 이번 경우에는 그럴 수 있는 상황이 아니었다.

독일은 극동지역에 관한 영국의 세부계획에 대하여 깊은 관심을 갖지 않았다 - 영국의 신규 해상암호는 관심이 있었으나 - 그래서 그들은 극동지역과 관련된 모든 서류들을 그의 동맹국인 일본에 전달하였다. 그러나 영국은 1941년 초기 일본이 런던과 싱가포르 간의 최고위급 정책의 사본들을 가지고 있었고, 또한 영국의 거의 모든 비밀 해상 무선교신을 읽고 있었다는 사실을 모르고 있었다. 런던이 뒤늦게 이 사실을 알았을 때는 이미 너무 늦었다.

Automedon 사건은 극동지역에 있어서 영국 정보의 최대 손실이었다. 영국의 적국에게 중대한 이점을 제공한 것을 고려해 본다면, 미스터리의 하나로 회상되는 것은 왜 Automedon 사건으로 인한 측량할 수 없을 정도로 엄청난 화물 손실이 있었음에도 불구하고 이러한 사실이 2차 세계대전의 영국 정보의 공식 기록에서 제외되었는가 하는 것이다. 그러나 분명한 것은 일본이 독일로부터 영국 총참모부의 보고서의 사본을 넘겨받은 이후, 그들의 사고와 계획을 바꾸어 진주만과 말레이에 대한 보다 과감한 공격을 감행할 수 있었던 촉매제는 바로 Automedon의 횡재였다는 사실이다. Automedon의 중요성에 대하여는 다소 의문이 있을 수 있지만, 분명한 것은 1942년 싱가포르가 함락된 후 독일의 Atlantis 함장 뢰게는 일본 천황으로부터 직접 사무라이 보검을 수여 받았다는 사실이다; 이는 서구인들이 감히 상상할 수 없는 일본 최대의 영예요 엄청난 정보의 대성공에 대한 감사의 징표였다.

일본의 탁월한 군사정보 능력과 영국의 무능하고 적을 과소평가하며 빈약한 정보조직에 추가하여, 말레이의 영국 통치는 모든 면에서 스스로 자초한 상처 즉, 지휘체제가 분권화되고 약화된 상태로 인하여 제한받고 있었다. 말레이와 싱가포르 함락의 결정적원인은 식민지 정부 자체의 파편화 현상에서 찾을 수 있다. 1941년 전쟁을 대비할 당시 과연 누가 영국의 식민지 정권을 지배하고 있었는가는 아직도 의문으로 남아 있다. 확실히 말할 수 있는 것은 일본이 침략을 하기 이전이나 이후에도 군대가 좌지우지한 것은 아니었다는 사실이다.

문제는 확언하건대 식민지 총독부 자체에 있었다. 1934년 이후 총독으로 임명된 Shenton Thomas 경의 지배아래 싱가포르와 말레이 해협 문제 해결은 긴박한 외부 현실보다 현상 유지와 식민지 내부 생활에 보다 치중하는 식민지 특유의 무기력 현상에 빠져들어 가고 말았다. 당대의 미국의 한 옵서버가 "현실이 도외시되고 귀찮은 일이 생기는 것을 기피하는 꿈같은 세상에서 살고 있는 영국 공무원들에게 거드름 피우는 노예"로 기술한 것처럼, 토마스 총독은 20세기 초반의 영국적 가치관의 가장 나쁜 특징을 가지고 있었던 것처럼 보인다.

말레이 붕괴에 대한 대부분의 비난은 그와 관련된 것이었으며, 비난은 특히 영국군부에 의해서 주도되었다. 그러나 총독 자신은 적어도 부분적으로는 그 자신의 리더십 부족의 피해자였던 것으로 간주될 수도 있다. 처칠의 전쟁성은 그에게 말레이의 우선적 역할은 일본군과 전쟁 준비를 하는 것이 아니라 미국에 고무를 판매하여 영국이 독일과의 전쟁 수행을 위한 최대한의 자금을 확보하는 것이라는 엄중한 지침을 하달하였다.

이러한 분위기에서 그의 최우선 과업은 의심의 여지없이 경제였다. 그래서 주석과 고무의 생산과 판매를 저해하는 여하한 행위 - 지역 경계 의무나 군사훈련을 위해 지역방위 자원군을 소집하는 것과 유사한 - 도 말레이의 선결 과제를 수행하는데 지장을 초래하는 것으로 간주하였다. 이러함에도 불구하고, 토마스 총독은 상당한 량의 일반 시민들의 노력을 기울여 군대 병영을 건축하거나 비행장을 건설하여 군을 돕도록 지시하였으며, 크게 성공은 못했지만 노력 동원에 대한 새로운 지시를 내렸다. 그는 조심스러운 공무원의 한 사람으로서, 전쟁 후 해명서에서 1941년 식민지 내에서의 세부적인 원주민 노동임금 책정에 대한 복잡한 절차와 정부 예산의 추가지원이 없는 상태에서 노동자들에 대한 실질적 임금을 지급하기가 얼마나 어려웠던가에 대하여 중점적으로 밝히고 있다. 이 보고서는 1941년의 상황에 대하여 의구심을 갖게 하는 바: 말레이 정부가 군부에 의한 전시편제로 운용되었는지 아니면 구 식민정부에 의해서 민간경제로 운용 되었는지 애매하였다. 이에 답은 양편 모두 만족스럽지 못했다는 것이다.

아마도 말레이 문제의 진정한 이유는 무능한 정보조직과 함께 이러한 모호하고도 무사안일한 통치 방식에서 찾을 수 있다. 식민지 정부 앞에 당면한 치명적 위협에서도, 평시의 사회적 생활 패턴과 공무원의 근무 패턴이 전혀 변화되지 않고 지속된 것으로 보인다. 치명적인 위험에 직면하여 태연함을 유지하는 것은 영국인들에게 상당히 존경받을 수 있는 일이지만: 1942년의 싱가포르에서는 그 한계를 넘은 것이었다.

모든 영국인들이 안일한 총독처럼 자기만족과 자신감에 빠져 있지는 않았다. 적어도 다음 두 사람은 싱가포르의 참 위협에 대한 정확한 정보 예측을 하고 있었다: 그들은 다름아닌 1937년 참모장교 시절의 Percival 육군 중장과 전쟁 전 정확한 경고를 했던 C.A. Vlieland이었다. 불운하게도 Vlieland는 민간인으로 토마스 총독부의 참모 관료였다. 그는 1938년 말레이 국방장관으로 임명되었으나, 전쟁이 발발되기 전 1941년에 이상한 중상모략을 받아 정치적 음모에 의거 결국 사임하여야 했다. 그러나 사임되기 전, Vlieland는 입증되지는 않았지만 구체적인 일본의 가능성 있는 접근로와 공격 결과를 예측하였는데, 그것은 일본이 태국과 말레이를 통과하여 북쪽으로부터 공격해 올 것이라는 것이었다. 동시에 싱가포르 북방의 삼림 지역에 강력한 방어진지를 구축할 것을 역설하였으며, 일본이 해상으로 공격해올 것이라는 관념을 일축하였다. 그는 "싱가포르 요새화"는 완전히 종이 코끼리에 불과하며, 말레이 방어의 진정한 우선순위에 무의미한 것이라고 까지 주장하였다. 이러한 주장은 공식적인 영국 정책을 따르는 관료 공동체나 말레이의 관·3군 연합체제의 호응을 받지 못했다.

Vlieland가 비극적인 상황에 빠지게 된 진짜 이유는 총독, 육군, 영국 공군, 그리고 1939년 8월에 도착한 신임 사령관 Bond 대장과의 관료주의적 파워 게임에 말려든 때문이었다. 본드 대장은 강력하면서도 완고한 인물로서, 그의 사령부 내의 많은 수의 넌더리 나는 민간인들로부터 방어전략의 지휘통제력을 신속하게 장악하려고 하였다. 본드의 특정한 강박관념은 싱가포르섬과의 문제였으며, 그는 그의 방어정책에 간섭하려고 하는 단지 식민지 정부 공무원들에 불과한 그들과 상대하려 하지 않았으며, 그중에서도 특히 그 자신의 정보평가를 그들에게 제공하기를 거부하였다. 충돌은 불을 보듯 뻔했다. 군의 술책에 빠지고, 그의 상관인 총독으로부터 버림받아 상처받은 Vlieland는 결국 1941년 초 결국 국방장관직을 사임하고 말았던 것이다. 영국에 돌아가자마자 그는 최악의 가책으로 괴로워해야 했다: 말레이와 싱가포르 방어에 대한 그의 모든 비관적인 예측들이 일본에 의해서 성공적으로 자행되고 있는 모습을 목격하면서!

추측컨대, 다른 어떤 요소, 즉 빈약한 정보나 적에 대한 과소평가보다도 민·군관계의 불협화음이 말레이 함락을 자초하였다. 내분과 불분명한 지휘구조의 폐단으로 정보작전으로부터 민간 방어에 이르기까지 어떤 조직도 과연 누가 총체적인 책임을 지고 있는가에 대한 끝없는 논쟁으로부터 살아남을 수 없었다. 또한, 영국 정보의 취약성과 일본의 영국 작전 흐름에 대한 정보수집 능력을 고려해본다면, 일본이 싱가포르를 봉쇄하고 최후의 공격을 감행하였을 마지막 순간까지 설사 말레이와 싱가포르가 식민지가 아니라 정상적인 국가와의 전장으로 운영되었을지라도 영국의 성공을 기대할 수 없었을 것이다.

1942년 1월 말부터 2월 초까지 싱가포르항에 최종적인 증강을 해보았지만, 전세를 역전시키기에는 이미 늦었었다. 호주 정부는 1942년 1월 24일, 싱가포르에 위치한 제8 호주 사단에 대한 최종적 증원병력 상륙이 불쏘시개에 불과하다는 것을 알고 크게 당황하였다. 그 전투는 헛된 것이었다.

처칠이 공해상에 있는 영국 제18사단을 전환해서 교전 중인 싱가포르 대신 중동으로 보내는 것을 숙고하고 있다는 것을 찾아낸 것은 호주 수상에게 미미하나마 최후의 기회였다. John Curtin 수상은 처칠이 1941년 그리스와 크레타에서 이미 두 번씩이나 호주군을 희생시킨 것을 목격했기 때문에 영국이 또다시 표리부동한 이중성을 되풀이하지 않을까 경계하고 있었다. 1942년 1월, 그는 처칠과 전화통화를 통해서 18사단의 싱가포르 증원계획을 변경하려는 여하한 시도도 호주 국민들에게는 "용서받지 못할 배신행위"가 될 것이라고 강력히 경고하였다. 이에 처칠은 한 발 물러나서 9, 11, 18사단의 장병들을 일본군에 포위되어 저주받은 식민지에 남아 있는 호주군 동료들과 합력하도록 증원하였다.

이들 병력들은 극동지역 전역에서 군 병력의 퇴각과 이에 따른 공황이 만연되어 있었기 때문에 타 지역에 투입해야만 했었다. 1942년 다윈(Darwin: 호주 북단에 위치한 항구 도시: 역자 주)항에 대한 일본의 후속 공습은 북 호주의 고립된 인원들에게는 당혹감과 공황을 더욱 확산시키고 있었다. 최악의 공습으로 항구에 정박하고 있던 모든 선박들이 피격되거나 격침된 이후, 주요한 공군 기술요원들과 그들의 가족들이 안전을 위해서 내륙지역으로 이동함에 따라 허둥지둥 남으로 철새처럼 이동하는 피난민 대열("다윈 장애 현상"으로 알려진)이 줄을 이었다. 천만다행으로, 일본은 자원의 한계점에 도달하여 더 이상 호주를 침략할 수 없었다. 그러나 이러한 1942년 초기의 사태들은 호주 역사상 불명예로 남았다. 당시의 분위기는 피난민 행렬과 절망으로 한 시대의 종말을 보는 것 같았다.

다른 어떤 것보다 다음 두 가지 이야기로 싱가포르의 최후의 순간들을 요약해볼 수 있다. 피곤에 지쳐있는 영국의 한 보병대대가 싱가포르의 한 골프장에 최후의 방어진지를 구축하고 있을 때, "아주 못된 식민지 농장주"가 나와서 분노로 떨면서 도대체 무슨 일을 하고 있는가라고 물어 왔다. 그 부대의 한 젊은 장교가 그 이유를 해명하고 있는 도중, 그는 "격노하여 골프장은 개인 사유지이며, 총독에게 고발하여 이러한 어처구니없는 행동을 중지시키고 전액 보상을 청구할 것이라고 으름장을 퍼부었다."는 첫 번째 이야기이다.

두 번째 이야기는 잘 알려진 유언비어인데, 싱가포르 요새 안에 정말 물이 부족하여 결국 퍼시발 육군 중장을 설득하여 항복을 종용하였다는 것이다. 한 지방 공무원이 싱가포르 급수를 위한 대책은 방법이 없다고 했을 때, 영국 육군 공병부대 지휘관이 답변하기를 트럭 몇 대와 100여 명의 병력으로 급수시설을 보수하고, 급수원인 호수와 급수관을 관리하면 필요한 기간 동안 급수가 가능할 것이라고 하였다. 그러나 그는 그럴 수 없었다: 1942년 2월 15일, 그 악몽의 일요일의 저주받은 싱가포르섬은 화염과 대혼돈의 중심에서 거리마다 울부짖는 패잔병들, 수십만에 이르는 절망적인 시민들, 수 천명의 만취자들이 우글거리는 아수라장 속이 되어 속수무책이었다.

싱가포르 최후의 격앙과 혼돈의 소용돌이 속에서 끔찍한 한 사건이 일어났다. 1942년 2월 13일, "불길한 금요일(Black Friday)"

에 편잡 연대의 배신자 패트릭 히난 대위가, 적어도 공식적으로, 총살분대에 의하여 처형되었다. 그러나 소문으로는, 그가 실제 일본의 공습으로 인한 화염과 폭발의 와중에서 두 사람의 병사에 의해서 선창 부근으로 끌려갔으며, 격분한 헌병 병장이 일본군이 도착하기 전, 그의 리볼버 권총으로 히난의 두개골을 날려 버리고 시체를 발로 찼으며 마지막 배로 탈출하려는 성난 시민들과 도망병, 만취자들의 발아래 짓밟히게 하였다고 전해지고 있다.

일본군이 승리함에 따라 질서를 회복하고 제국의 병영을 평정하였다. 그들은 그들의 잔인한 방식대로 아주 신속하고도 효과적으로 처리함으로써 다시 한번 그들을 끝까지 과소평가했던 것이 대단한 과오였다는 사실을 입증하려 하였다. 추측컨대, 결국 처칠이 "난공불락의 요새"로 자랑했던 싱가포르의 함락과 그릇된 처리들을 의회 청문회에 회부하지 않은 것은 현명한 조치가 아니었나 생각된다. 어떤 재앙들은 너무 수치스러워서 조용히 묻어 두는 것이 상책일 수 있다: 그러나 그들의 교훈은 결코 잊히면 안될 것이다.

역자 촌평

1941~1942년 일본의 말레이 점령과 싱가포르 함락은 영국의 백인우월주의와 유색인종인 일본과의 한판 승부였다고 볼 수 있다. 영국은 제국주의 국가로서 당시 고무, 석유 등 전략자원이 풍부한 말레이와 동양의 지부랄탈이라고 불리는 말라카해협을 통제할 수 있는 전략적 요충지인 싱가포르를 식민통치하면서 일본인과 일본 제국주의 팽창정책을 인간적, 군사적인 양면에서 모두 과소평가하였다. 반면 자신들이 지배하고 있는 싱가포르섬을 난공불락의 요새로 과대평가하는 우를 범하였다. 전쟁 준비 면에서도, 일본은 10년 이상 조직적이고 체계적인 정보활동을 통하여 말레이와 싱가포르의 방어태세와 전쟁준비 상태를 파악하고 있었으나, 이와는 정반대로 영국과 영국 식민정부, 말레이 주둔 영국군은 안일 무사주의 정책과 부실하고 열등한 정보체제로 적을 과소평가함으로써 대참패를 맞이하여 백인우월주의의 역사적 허구를 드러내고 말았다. 전쟁 결과, 영국, 호주, 인도의 혼합 편성된 146,000여 명이 손실을 보았으며, 그중 13만여 명이 일본군에게 항복하였고, 상대적으로 일본군은 총병력 60,000명 중 단 9,000여 명의 사상자로 영국의 무조건항복을 받아냈다.

일본의 성공 요인

일본은 1850년 말, 동양에서는 최초로 서구에 문호를 개방한 이래 근대화를 통해서 국가체제를 정비하여 영국과 네덜란드가 주축이 된 서구 제국주의에 편승하여 일본 제국주의적 팽창정책을 채택하였다. 1910년 한반도를 식민지화하고, 1931년 만주를 침략하여 석탄 수요를 충족시켰으나, 석유, 고무, 철, 중석 등 원자재 결핍으로 1941년경에는 국가기능이 마비될 것을 우려하여, 이를 해결하기위한 대책으로 1940년 프랑스령 인도차이나를 점령하고 1941년 드디어 말레이를 침공하였다.

일본의 성공 요인은 대별해서 두 가지로 요약할 수 있다. 첫째로는, 평시 정보전의 승리의 결과였다. 정보에 대한 국민적 인식의 확산과 장기적이고 종합적인 정보활동으로, 전쟁 전 10년 이상 말레이와 싱가포르에 대한 인간정보 수집과 충분한 지형정찰로 말레이반도에 대한 최상의 공격 기동로와 싱가포르 요새의 취약성을 분석함으로써 영국보다 한 수 위의 정보우세를 달성하였다. 특히 일본은 현지에 있는 일본 회사, 각종 무역 활동 인원, 7,000여 명에 달하는 현지 체류민과 방문객을 활용하여 체계적이고 종합적인 정보망을 조직/활용하였으며, 일본을 방문한 말레이 주둔 영국 장교 히난 대위를 포섭, 내부 첩자로 활용하였다. 또한, 일본은 독일군이 영국의 Automedon호를 나포하여 입수한 영국의 극동지역 비밀 정책자료들을 넘겨받았으며, 영국의 해상 암호교신 관련 책자들을 넘겨받아 영국의 모든 해상 비밀교신내용을 읽을 수 있었다. 심지어는 말레이 상륙부대인 일본 제25군 작전참모 쓰지 마사노부 대령은 직접 정찰기를 탑승하여 코타바루 상륙지점과 영국 공군기지들을 근접 정찰까지 감행하는 대담함을 보였다. 둘째로, 사전 철저한 현지 지형분석과 수집된 정보에 입각한 전술 교리 개발 및 작전 운용으로 소수의 병력으로 2배 이상의 상대를 제압할 수 있었다. 당시 영국 군사전문가들은 유럽과 같은 개활지나 구릉지역에서 전차 운용이 가능하고, 말레이반도 같은 정글 지역에서는 전차 운용이 불가능하다는 고정관념을 가지고 있었다. 그러나 일본은 정글 지역에서 전차를 무시한 재래식 진지 방어개념을 고수하는 영국의 허점을 간파하여 도로 주변에 발달된 농장 지역, 초기 삼림 지역, 시계 확보와 기동이 가능한 야지 등을 활용하여 기갑부대를 기습적으로 운용함으로써 심리적 마비를 달성하였다. 또한, 물고기 뼈 전술(fishbone tactics)'을 개발하여 보병이 일단 멈추면 신속히 도로 양측 숲으로 사격을 하면서 전개하여 주요 도로 견부를 방어하고 있는 영국군 진지를 포위하였으며, 소 수목지역에서 자전거를 이용한 경보병을 운용함으로써 기동 속도를 증가하고 적의 후방을 선점하는 신 전술 교리를 창의적으로 활용하였다.

영국의 실패 요인

방자의 총병력 14만 6천 대 공자 6만의 대결에서 방자인 영국군이 패배한다는 것은 쉽게 납득이 가지 않을 수 있다. 전술교리상 방자는 지형과 장벽의 이점이 있고, 공자는 공격의 시기와 장소를 선택할 수 있는 이점이 있으나, 일반적으로 통상 방자는 최소 3배 이상의 공자를 저지할 수 있는 방어력을 발휘할 수 있다는 것이 통념이다. 영국군은 2.5배 이상의 병력과 장비를 가지고도 열세인 일본군에 항복한 것은 연구 대상이다. 여러 가지 원인이 있겠지만 우선, 영국군은 호주, 인도군과 혼성부대로 편성되어 말레이반도와 싱가포르섬에 산재되어 있었기 때문에 전투력을 집중할 수 없었으나, 일본군은 임의로 공격지점을 선정하여 기습과 집중의 이점을 최대한 이용할 수 있었다는 원론적인 분석이 가능할 것이다. 말레이 식민정부의 Vlieland 국방장관이 예측한 것처럼 태국을 경유한 말레이 북부 삼림 지역에 강력한 방어진지를 구축하고 코타바루 항구 등 주요 예상 상륙지역에 방어력을 집중해서 대비했더라면 상황은 달라졌을 것이다. 그러나 보다 근원적인 문제는 전쟁에 임하는 영국 정부와 말레이 식민정부의 위기 대응의 문제였다. 영국 정부는 유럽에서 독일과의 전쟁에 우선을 두고 말레이는 전쟁 준비보다 전쟁자금을 확보하는데 중점을 두도록 강력히 통제하였으며, 식민정부는 일사불란한 지휘체계가 구축되지 않은 상태에서 민·군관계가 불협화음을 빚으면서 일본의 침략 기도를 무시한 채 오히려 일본을 자극하지 않는데 역점을 두었다. 1941년 중반, 극동 연합정보국에서 작성한 일본군의 전투서열과 무기 성능 등 일반참모 정보 회장과 일본 제로기에 대한 공군 정보보고서, 셰퍼드 이병의 말레이 공격에 관한 첩보 보고가 제출되었음에도 불구하고, 작전 관계자나 정치가들은 이를 무시하거나 불신하고 일본의 군사력을 과소평가하였다. 유럽에서 독일과 맞서 북아프리카 전투와 러시아 지원에 정책의 우선을 두고 있는 영국 정부 입장에서 수천 마일 떨어진 동남아시아 대륙 남단에 위치한 말레이 식민정부를 지원한다는 것은 사실 간단한 문제는 아니었을 것이다. 당시 영국은 두 개의 전쟁을 동시에 수행할 수 없는 제한된 능력을 가질 수밖에 없었던 것으로 볼 수 있다. 문제는 말레이 현지 식민정부와 주둔군 사령관의 전쟁에 임하는 자세와 식민지 수호 의지이다. 토마스 총독은 식민지 특유의 무기력 현상에서 벗어나지 못하고 단순히 영국의 지령에 충실한 나머지 임박한 전쟁 위협을 도외시함으로써 지도자로서 리더십의 무능을 드러냈다. 지도자로서 국가안보의식이 결여되고 전쟁을 대비한 국가 총력전체제를 구축하는데 직무를 유기함으로써 영국에 대재앙을 초래케 하였다. 토마스 총독과 퍼시발 사령관은 머리를 맞대고 일본의 단계적 제국주의 팽창정책에 대응하여 국가적 전쟁 준비를 독려하고 정보 체제를 정비/보강하여 일본의 위협을 판단하여 전시체제를 선포했어야 했다. 무능한 통수권자 밑에 무능한 군사령관이 있었고 무능한 군사령관 밑에 '부실하고 열등한 정보체제(poor intelligence)'가 있었다. 정보기관들은 관리/협조 면에서 파편화되고 분열과 혼란이 가중되며, 인력과 재원은 태부족이었다. 무능한 통수권자와 무능한 군사지도자에게는 아무리 좋은 정보가 주어지더라도 무용지물일 수밖에 없다. '정보는 지휘관을 위하여 정보를 생산해야 하며(Intelligence is for the Commander!), 지휘관은 정보를 주도해야 하는(Commander drives Intelligence!)' 현대 전쟁 승리의 관건을 역사적으로 입증해 주고 있다.

정보의 은닉

정보의 은닉은 통상 정보를 무시했던 사람들에 의해 자행된다. 처칠은 전후 말레이반도 전역의 일체의 공식 문건을 비공개하였으며, 의회 청문회를 저지하였다. 처칠은 재무장관 시절 전쟁 불가론을 주창하면서 국방정책에 대한 예산지원에 소극적이었고, 해군본부 위원회 수석위원 시절에는 싱가포르 방어계획 예산지원에 반대하였다. 영국 정보의 최대 실패의 하나로 기록되는 Automedon호의 해상 나포 사건 기록은 2차 대전 중 영국 정부의 공식 기록에서 제외되었다.

교훈

① 영국의 백인우월주의는 일본인과 일본군을 과소평가하는 근원적인 원인이 되었다. 그들은 아시아인을 원주민보다 조금 나은 정도로 멸시하였다. 전쟁을 하는데 있어서 중요한 것은 싸워야 할 상대의 전투서열 즉 군사적 위협이지 피부 색깔이나 외모가 아니다. 영국은 일본군에 대한 선입관을 백인 우월주의적으로 단순 평가하여, 그들은 신체적으로 왜소하고, 시력이 저하되어 야간작전 및 복잡한 기계류 조작이 곤란하며, 근시로 신체 균형감각이 결여된 것으로 폄하하였다. 이러한 백인우월주의 의식 구조는 일본의 전쟁 위협을 무시하게 만들었으며, 적에 대한 과소평가의 원인이 되었고, 따라서 정보활동을 소홀히 하는 등 총체적인 전쟁 준비에 태만하였다. 이는 일찍이 손자가 언급한 것처럼, '전쟁은 국가의 대사로 국민의 생사와 나라의 존망이 달린 것이니 깊이 살피지 않을 수 없으며(兵者, 國之大事也, 死生之地, 存亡之道, 不可不察也)', 따라서 '정보비에 인색하여, 적의 정보를 알아내지 못 하는 자는, 지혜롭지 못함의 극치로, 한 나라의 장수가 될 수 없으며, 한 임금의 신하가 될 수 없고, 전장에서 승리의 주인공이 될 수 없다(愛爵錄白金, 不知敵之情者, 不仁之至也, 非民之將也, 非主之佐也, 非勝之主也)'는 진리를 상기시키는 전례의 하나라고 볼 수 있다.

② 말레이에서의 영국과는 대조적으로 일본의 정보 노력은 대단했다. 전쟁 전 적과 지형/기상에 대한 전장 정보 준비는 전승의 요체이다. 일본은 한반도, 만주, 인도차이나, 동남아

시아 국가들을 침략하기 위해서 수십 년 전부터 계획적이고 종합적이면서도 철저하게 사전 정보를 수집하고 인적 정보망을 구축하여 대를 이어 정보역량을 관리하고 있음이 확인되고 있다. 말레이반도가 대부분 열대 정글 지역임에도 불구하고 발상의 전환을 통해서 과감하게 대규모 농장 지역이나 초기 삼림 지역을 이용하여 전차를 투입 운용하고, 정글 사이로 경보병을 위한 자전거를 투입한 것은 일본 첩자들의 사전 치밀한 지형정찰 없이는 불가능했을 것이다. 또한, 도로망이 제한되고 도로 주변에 정글 지역이 있을 경우 전방 보병이 적의 저항으로 일단 멈추면 신속히 도로 양측 숲으로 일제 사격을 하면서 적의 방어진지를 신속히 포위하여 영국, 호주, 인도 혼성 중보병 부대의 측방을 위협함으로써, 지속적인 철수를 강요하는 '물고기 뼈 전술' 개발 역시 철저한 전쟁 준비의 일부였을 것이다. 말레이반도 전쟁은 전쟁 준비 면에서 이미 일본이 승리한 전투였다.

③ 영국군은 싱가포르 요새를 난공불락의 요새로 과대평가하였다. 역사상 유명한 방어선이나 요새진지가 공자의 집요한 공격으로 무너지지 않은 선례가 없다. 모든 방어선은 상대의 집중공격에 취약하다. 방어진지는 일정 기간 시간은 벌 수 있다. 따라서 방자는 융통성을 확보하여 돌발 사태에 대비하여야 한다. 또한, 요새 내의 주민 통제와 치안, 식수, 식량 배급 등 전쟁공황 발생 요인들에 대한 관리 역시 전쟁 지속 능력에 지대한 영향을 미친다.

④ 적에 대한 과소평가는 가장 위험한 '정보의 악덕'이다. 적극적이고 능동적인 정보활동에 의거하지 않은 선입관이나 기대

성 사고는 절대 금물이다. 우세한 적을 과소평가했다가 실제 상황을 접하게 되면 그것은 전쟁공황으로 직결될 수 있다.

⑤ 정보기관 간 노력의 중복, 비합리적 경쟁, 관료주의적 폐단을 최소화하고 정보 공유의 범위를 넓히기 위해서는 국가급 정보 컨트롤 타워의 설치가 필요하다. 이를 위해서 정보 기능별 국가급 정보기관의 독립성을 보장하여 정보의 획일화를 방지하며, 기능별 정보를 통합 분석할 수 있는 통합정보기관이 요망된다. 즉 기능별로 생산된 정보와 이를 대조·통합하여 전 출처 종합정보를 생산할 수 있는 국가정보체제의 설치가 매우 중요하다. 국가정보체제는 국가정보판단, 정보자원관리, 정보과학기술의 발전, 최정예 정보인력관리 등의 과업을 수행해야 할 것이다.

⑥ 영국의 정보 연락선 'Automedon'호의 교훈은 대단히 중요하다. 적함으로부터 무전실이 일격에 무력화되었을 경우, 본국에 통신/연락대책이 두절됨으로써 암호문서와 최상급 기밀문서들이 노출되었으나 이에 대한 대책을 취하지 못함으로써 지속적인 피해를 감수해야 했다. 정보 연락선/연락 항공기와 기타 연락수단이 격침/나포되었을 경우에 대한 후속 보안 및 대응조치를 게을리하지 않아야 할 것이다.

06 비연합 작전
(Uncombined Operations)
디에프(Dieppe),
1942

06 비연합 작전
(Uncombined Operations)
디에프(Dieppe), 1942

1942년 8월 19일, 영국 서섹스에 기지를 두고 있던 캐나다 제2사단은 프랑스 북부 해안의 소도시인 Dieppe(디에프)를 강습했다. 그 상륙작전은 먼동이 튼 직후인 대낮에 이루어졌으며, 30대의 중무장한 영국 신형 전차의 지원을 받았다. 상륙 개시 5시간 후 부대는 패전하였으며, 2차 대전 전 기간에 감행했던 동맹군 공격 중 최대의 사상자를 내고 철수하고 말았다.

5,000명의 부대원 중 2,700명이 전사, 부상, 포로가 되었다. 단 4,000명이 해안에 상륙했기 때문에, 60%의 사상률을 보이고 있으며 이는 1916년 좀므(Somme) 전투의 초일 전투손실 기록보다 많았다. 방어하던 독일군들도 공격자들의 우둔함과 무모함에 경악하였다. 어떤 독일의 시사 해설자는 "이러한 무모한 공격은 군사전략과 논리의 모든 원칙들을 웃음거리로 만들어 버렸다."고 썼다. 디에프 전투를 둘러싸고 믿기 어려운 이야기와 미스터리가 많다.

캐나다 민족주의자들에게는, 디에프는 경직되고 무능한 영국 장군들에 의해서 전멸된 용감한 캐나다 군인들의 애국적 신화로 정의되고 있다. 그러나 영국 대중들에게는, 그것은 대영제국이 소련에 대한 독일의 압박을 완화시키기 위해 제2전선을 펴고 있다는 사실을 스탈린에게 보여주기 위한 희생적이고도 정치적 제스처로 인식되었다; 또한 음모론자들에게는, 디에프는 1942년 유럽 전쟁에 생소하고, 나치에 대항하여 결정적인 타격을 준비하는 미국의 정책 입안자들에게, 충분한 준비 없이 조급하게 서두르는 해협횡단 공격은 피로 물든 패배로 끝날 수밖에 없다는 사실을 보여주기 위한 영국의 교활한 술책으로 비쳐지고 있다.

이들 모든 주장들은 진실의 일부는 될 수 있지만, 그들 중 단 하나도 전체를 설명할 수 없다. 왜냐하면, 한 가지 핵심적인 관점에서, 디에프는 특이하다: 디에프는 연합참모부의 공식 승인 없이 제국 군대에 의해서 독단적으로 실시된 유일한 주요 공격작전으로 간주되고 있기 때문이다. 디에프는 2차 대전 기간 중 주요 연합군 작전 결심 기록이 없는 유일한 작전이다. 바로 거기에 디에프에 관한 미스터리가 숨어있다.

관련 근거들을 밀착 분석해보면 디에프는 지휘계통을 교묘하게 회피했던 비공식 공격이나 다름없다. 디에프 공격은 충분한 수단 없이, 독일군의 방어 상태에 관한 핵심적인 정보가 결여된 상황에서 이루어졌으며, 중요한 것은 공격 당일 영국 본토 사령부가 이 사실을 모르고 있었기 때문에 그로부터 전면적 지원을 받을 수 없는 상태에서 공격이 실행되었다는 것이다. 설상가상으로 공격계획 수립자들은 의도적으로 정보기관들에게 사전 경고를 누락시켰으며, 정보요구도 하지 않았다. 결과적으로 정보 실패의 재앙을 초래하였다.

비록 어느 한 지휘관이 유럽의 독일군 요새를 독단적으로 공격할 수 있겠는가 하는 것이 이상하게 보일지라도, 그 이상함은 바로 디에프 작전 책임자인 마운트배튼(Mountbatten)의 성격과 야망, 그리고 그의 경력을 살펴본다면 이해할 수 있다. 1941년 말, 해군 대령 Louis Mountbatten 경은 영국 해군의 일개 함장에서 진급하여 연합작전의 수장으로 임명되어, 참모 회의에서 Alan Brooke 육군 원수와 자리를 함께 하게 되었다. 1942년 3월까지 Mountbatten은 세 계급을 초고속 승진하여 영국해군 사상 최연소 해군 중장이 되었던 것이다.

Mountbatten의 명성에 대해서는 세 가지 주장들이 있다. 첫째는 그는 패기 있는 구축함의 함장으로 두각을 나타냈다 - 해전에서 그의 최종 세 척의 함정들이 그의 지휘아래 전투력을 상실하였으며, 그를 모함하는 자들은 그가 과시적인 무모함과 무능함 때문이라고 비난하였다. 두 번째는, 그가 개인적인 홍보의 달인이었으며, 또한 독일과의 전쟁에서 패배에 지쳐있는 영국에 희망을 주고, 독일과의 전쟁을 수행하는데 있어서 젊고, 패기 발랄하며, 영웅적인 지휘관의 이미지를 부각시키는 데 있어서 탁월하였다. 마지막으로, 그는 정부 고관들과의 연고 관계가 굉장했다. 왕의 사촌이자, 수상의 절친이었으며, Noël Coward의 개인적 친구였고, 할리우드나 영국 고위관료들을 힘들이지 않고 소집할 수 있는 능력을 가지고 있었던 사람으로, Mountbatten은 1942년 초 전쟁으로 그늘진 영국 사교계의 꿈이었다. 그는 능력 면에서 참모총장 이상으로 승진할 수 있는 사람이라는 말이 일부 보수 정치인들 사이에서 나올 정도였다.(이 말은 Mountbatten 자신이 퍼트린 것

으로 거의 확실시 됨)

Mountbatten의 전설적인 명성은 조심스럽게 꾸며졌으며, 여기에는 위대한 인물들이나 그들의 성공담에서 흔히 등장하는 무모함과 야망이 숨겨져 있었다. 그는 해군 전투에서 그의 동료 장교들보다 유리한 고지를 차지하기 위하여 업적을 허위로 조작하는 것을 마다하지 않았으며, 전후 그의 조작된 이미지가 탄로 날 위험에 처하게 되었을 때 계획적으로 각종 군사작전 기록들을 제거하거나 날조하였다. 그의 공식 전기를 작성할 때에도, 그는 사실을 대담하게 왜곡하여 역사를 재기술하는 일을 주저하지 않았다.

Mountbatten의 허구는 몇 가지 한계가 있었다. 전쟁 실패에 대한 그의 책임이 한창 거론되고 있던 시점에서 그의 가까운 친구인 Noël Coward가 그를 패기 넘치는 구축함의 함장으로 영웅화하여 선전한 In Which We Serve라는 영화가 상영되고 있었다. Mountbatten 은 실제로 디에프 습격 이후 Coward에게 보낸 편지에서 "친구가 보낸 편지가 가장 분주한 하루를 보내던 나를 사로잡았네 … 그러나 그 사건 이후 … 매우 착잡한 심정이지만, 나는 만사를 제치고 그 사건을 수습하고 있다네." 정상적인 지휘관이라면 통상 부상병들을 문병하거나 생존자들로부터 당시 상황보고를 받는 것이 관례였다.

Beeverbrook 자신은 Mountbatten이 자신의 평판과 이미지 관리에 저해되는 어떤 인신 공격도 참지 못 한다는 어두우면서도 신뢰할 수 없는 측면이 있다는 사실을 알고 있었기 때문에, 전쟁기간 중 "Mountbatten의 대중적 인기를 믿지 말라."라고 경고하였다. Beeverbrook의 경고에도 불구하고, 그 젊고, 사악하며, 허황되고, 야심에 가득 찬 귀족은 영국 최고 군사위원회 위원이 되어, 독일이 점령하고 있던 유럽을 공격하기 위한 자원과 권한을 가지게 되었다. Mountbatten의 인간성에 새로운 권력과 야망이 결합됨으로써 그러한 비극적 결과를 초래하게 되었다.

1942년 디에프 공격의 뿌리는 24년 전인 1918년 성 조지 일 (St George's Day)에 감행된 Zeebrugge 공격에서 찾을 수 있다. 도버 정찰대를 맡고 있던 해군 대장 Roger Keyes 경의 지휘 하에, 일련의 전함, 해병, 장병들로 구성된 습격부대가 카이젤의 U-보트의 해상 진출을 차단하기 위하여 벨기에 해안에 위치한 독일군 잠수함(수리) 독을 급습했다. 그 작전은 부분적으로 성공하였으며, 많은 사상자가 발생하였음에도 불구하고, 1차 대전 당시 독일 최후의 지상 공격의 충격으로 전열이 동요되는 시점에, 영국군의 사기를 높이는 기폭제가 되는 작전이었다. Zeebrugge 습격은 적은 비용으로 심각한 피해를 강요할 수 있는 빛나는 군사 혁명적 이미지를 창출하였다 - 영국 전략가들이 수년 동안 선호해 왔던, 정확히 말해서 일종의 간접접근전략에 의한 공격이라는 의미에서.

1940년까지 Keyes는 후방에 있었으나, 이번에는 연합작전 사령관으로 임명되어 연전연승하는 독일군의 공격을 둔화시키고 1918년의 승리를 재연하고자 하였다. 도대체 왜 영국이 유럽 해안의 방어진지를 공격하지 않으면 안 된다고 생각했는가는 좀처럼 문제시되지 않았던 것으로 보인다 - 한편, 독일은 결코 영국의 해안에 대하여 유사한 군사적 보복을 감행하기 위한 충동을 고려하지 않았었다. 그러나 1940년, 영국의 신임 수상 처칠은 영국군이 대륙에서 축출되는 한이 있더라도, 독일군에게 살상을 강요할 뿐 아니라, 1941년 독일군에게 점령당하여 고통받고 있으면서도 해방될 희망이 없는 유럽인들에게 믿음을 주기 위해서는, 공세적 작전이 지속되어야 한다고 결단을 내렸던 것이다. 폭격 사령부와는 별도의 개념으로, 당시에는 그것이 유일한 공세적 선택이었다.

연합작전사는 신기한 사령부였다. 그것은 본질적으로 시험적인 기구로서, 전쟁 경험의 결과로 만들어진 3군 협조 및 계획을 위한 참모조직으로, 그 이름이 함축하고 있는 바와 같이 3군의 자산을 통합하여 적에 대항할 수 있는 연합작전을 위해서 만들어진 것이었다. 1941년 말 윈스턴 처칠의 직접 명령에 의거 Mountbatten이 지휘권을 넘겨받은 이후, 그의 명령은 Mountbatten의 말로 "공격기세를 고조시키기 위해 Keyes가 눈부시게 시작한 습격작전을 지속하는 것과 … 둘째로, 필승의 신념으로 유럽 침공을 준비하라는 것이었다." Mounrbatten은 처칠이 "나는 당신이 방어의 요새로부터 공격을 위한 도약대를 만들기 위해 영국의 남쪽 해안으로 전환하기를 바란다."라고 말했다고 주장하였다.

이러한 사실은 다음 보직으로 영국의 신형 항공모함을 지휘하게 될 41살의 갓 진급한 해군 대령에게는 무척 고무적인 일이었다. 그러나 처칠은 Mountbatten을 그러한 높은 자리에 임명하는데 있어서 또 다른 정치적 함의가 있었다: 수상은 전쟁에 새롭게 참전하여 그들의 동맹국의 전투 능력에 대하여 미심쩍게 생각하고 있던 미군들에게 영국의 감투 정신을 보여주지 않으면 안된다고 생각하였다. 노르웨이, 프랑스, 던커크, 그리스, 크레타, 말레이와 싱가포르에서의 굴욕, 그리고 1942년 6월 토브룩에서의 항복으로 최고조에 달했던 롬멜의 북아프리카 승리들을 목도한 이후, 미국은 영국의 전투 능력에 대하여 매우 의심스러워했다. 심지어 처칠까지도 "왜 우리 장병들은 싸우려고 하지 않을까?"라고 푸념 섞인 말을 되뇌면서, 그의 군대가 왜 항복을 계속하는지 이해할 수 없었다.

처칠은 훌륭한 선택을 했다. 지혜가 넘치는 처칠은 미국의 루스벨트 대통령 측 인사들, 특히 엘리노어 루스벨트 영부인에게 Mountbatten의 매력적이고 수려한 외모와 멋쟁이 기사도의 이미지 효과를 의식하여, 미국의 최고 결심수립자들에게 전투 정신을 심어주는 데는 Mountbatten이 적임자라는 것을 알고 있었다. 신임 "연합작전" 사령관은 그의 미국 방문에서 공화당 군사위원회 위원장과 미국의 가장 강력한 군인 George C. Marshall 대장을 포함한 모든 미국인들을 설득하여 자기의 주장에 동조하게 만들었으며, Marshall 장군은 후에 그의 개인적인 친구가 되었다. 이 젊은 영웅은 그의 외교적 과업을 탁월하게 수행하였으며, 때로는 그 자신을 위한 것 뿐 아니라 그 외의 국가적인 영역까지도 잘 소화해 내었다. Mountbatten은 자신이 처칠의 의도를 폭넓게 이해하고 있는 것으로 자부했으며, "윈스턴은 그가 원하고 있는 것을 나에게 말했으며, 그것을 수행하는 것은 나에게 달려있다."고 자랑스럽게 친구들에게 말하곤 했다. 이러한 수준의 후원을 고려한다면, 아무리 겸손한 사람일지라도 자아도취에 빠지지 않는다고 장담하지 못할 것이다. 디에프에 관한 캐나다 당국자의 한사람인 Brian Loring Villa 교수는 "이와 같이 Mountbatten의 머리를 환각에 빠뜨린데 대하여, 처칠의 책임이 적다고 말할 수 없다."라고 언급하였다. 심지어는 Mountbatten은 자신의 목적을 위해서 젊은 제독의 약점을 이용했던 비도덕적인 처칠의 희생자로 보는 입장도 있다.

Keyes는 물러났지만, Mountbatten은 많은 연합작전을 결심하였으며, 그의 직위에 있었던 많은 전임자들과 같이, 초기에는 전임자들의 노력에 대한 보상을 거둘 수 있었다. 연합작전은 노르웨이 Vaagso에서 공수연대의 최초 전투를 승리로 이끌었으며, 또한 북프랑스의 Bruneval에 위치한 독일군 레이다 기밀 절취 작전 등에서는 성공적인 습격의 영광을 누릴 수 있었다.

1942년 3월 27일, St. Nazaire 습격작전도, 다소의 희생에도 불구하고, 대서양의 독일 전함들의 유일한 대형 건선거(독)를 폭파하여 영국에 대한 전략적 압박을 제거함으로써 성공한 작전으로 간주되었다. 이러한 일련의 공격작전들은 본래 Keyes의 참모들의 계획의 산물들이었다.

1942년 Mountbatten 연합작전사령부의 새로운 계획들은, Channel Islands의 Alderny의 일시적 점령으로부터 파리의 게슈타포 사령부 습격을 위한 엉뚱한 계획에 이르기까지 광범위한 공격계획들로 이루어졌다. 그 일부가 암호명 "Rutter"로, 그해 6월의 디에프 습격작전이었다. 디에프 습격의 목적은, 후에 잘못된 유럽 침공작전이었거나, 또는 독일군과 프랑스의 레지스탕스를 혼란시키기 위한 일종의 허세였다고 주장되었음에도 불구하고, 매우 솔직한 것으로: 제한된 기간이니마 주요 항구를 점령, 유지할 수 있는 가능성 여부를 알아보고; 노획된 포로나 문서, 장비들로부터 정보를 획득하며; 프랑스 해안에 상당한 규모의 무력시위를 감행함으로써 이에 대한 독일군의 반응을 측정하는 것이었다.

이러한 순수한 군사적 목적에 추가하여, 윤곽이 뚜렷하지 않은 세 가지 다른 이유가 있었다. 첫째는, 서부 전선에 위치한 독일의 전투기 Luftwaffe를 주요 공중전투장으로 끌어들여 프랑스에 배치되어 있는 독일 공군기들에게 심대한 손실을 입게 하려는 영국 공군의 바램이었고; 두 번째는, 소련에게 영국이 참으로 독일군의 목을 노리고 있다는 것을 보여주기 위한 정치적 목적이 있었으며;

셋째는, 세 가지 중 가장 막연한 이유로서, 전쟁에 깊이 참여하려는 캐나다 정부의 바람이었다.

이들 중 첫째 이유는 후에 Mountbatten의 손에서 더욱 강화되었다. 영국 해군과 육군은 "Rutter" 작전에 너무 많은 전투력을 투입하는데 신중한 입장이었지만, 공군 참모총장, Portal원수는 유독 1942년 광대하게 증강된 전투기의 능력을 과시하고, 독일의 Luftwaffe전투기들을 전장으로 끌어들여 궤멸시키고자 하는 의욕에 불타 있었다. 영국의 남부 지역에 위치한 비행장들로부터 출격 거리 안에 드는 항구를 주 전투기들로 강타하면 "Luftwaffe를 끌어 올릴 수 있을 것"이라고 판단하였다. 그 결과, 영국 공군은 그 계획의 적극적인 지지자가 되었으며, 반면 다른 두 군은 상대적으로 미온적이었다.

1942년 봄과 여름, 처칠이 당면한 정치적 난관은 특별히 Rutter 작전과 전체적인 연합작전 활동들을 지원하는데 많은 관련이 있었다. 서부전선에서 어떤 영국의 승리는 동맹국들 간 벌어지고 있던 복잡한 계략을 수립하는데 있어서 유리한 협상의 입지를 마련할 수 있었다. 결정적인 조치에 대한 필요성은 1942년 2월 스탈린의 연설로 보다 심각하게 되었으며, 스탈린은 그 연설에서 독일과 단독으로 휴전협상을 하겠다는 간접적인 암시를 하였다. 이에 총체적인 충격을 받은 영국 외무성은 그 연설의 의미를 소련이 독일과 휴전협상을 하거나 또는, 러시아에 대한 독일의 압력을 영국이 완화시켜 주기를 바라고 있다는 뜻으로 해석하였다. 어떠한 경우에도, 소련은 영국의 전쟁의지를 재확인하지 않으면 안 되었다. 서부전선에서 영국의 주요 공격작전은 결과에 관계없이 이를 충족시킬 것으로 보였다.

여름이 되면서 아프리카 사막에서의 연이은 패전과 국내에서의 그의 리더십에 대한 정치적 불만들이 터져 나오자, 처칠은 더욱 낙심하게 되었고 승리라면 어떤 승리에도 절박하게 되었다. 1942년 6월 21일 토브룩 함락으로 웨스트민스터 국회와 정부 관료사회 내에서 정치적 화산이 그의 전쟁 지도력에 의심을 품는 불평세력으로 폭발하였다. 정치와 언론에서의 억수같은 비난이 처칠과 그의 행정부를 강타했다. 그 결과(투표 결과는 475대 25로 처칠이 유리)가 미리 조작해 놓은 것 같이 의심스러워 보였지만, 하원에 불신임 투표가 상정되어 처칠을 궁지에 빠뜨렸다. 그는 후일 그가 가장 두려워했던 단 한 가지는 하원이 일제히 들고 일어나는 것이었다.

처칠은 생존을 위한 성공이 필요했으며; 그는 그러한 입장을 알고 있었다. 그는 이제 독일과 그의 동맹국 들 뿐만 아니라 루스벨트, 스탈린과 싸워야 했으며, 또한 회의적인 의회와 정부를 이끌어야 하는 난관에 빠져있었다. 조심스러우면서도 실용주의적인 육·공군 참모총장들은 그가 제안하는 대부분의 군사적 모험들을 시기상조로 치부함으로써, 오랜 기간 모험하지 않고 각 군의 군사력을 증강하는데 만족하여 그를 실망시켰다. 정치가 처칠은 민주주의의 틀 안에서 대중들에게 흥미를 유발시킬 수 있는 어떤 단기작품을 필요로 하였다. 호전적인 성품의 Harris 휘하의 유일한 폭격기 사령부와 사기왕성한 Mountbatten 휘하의 연합사령부가 처칠과 같은 뜻을 가지고, 1942년 여름 적과 싸울 준비가 되어 있었다.

Operation Rutter의 세 번째 이유는 공격의 목적 달성 면에서는 가장 실용성이 적었지만, 인간적으로는 최대의 결과를 창출해야 했다. 그것은 2년 반 동안 아무 활동을 못했던 캐나다 원정군의 실전 참여 욕구였다. 전쟁 발발 이후, 캐나다 수상 Mackenzie King은 정치적으로 민감하지만, 기본적으로 영속성이 없는 정책을 추구하였다. 그는 대중에게 전쟁 지원에 대한 강력한 의지를 표명했지만, 실제 전투에는 참여시키지 않았다. 따라서 공세적인 기질과 정정당당하기로 유명한 캐나다인들의 감투 정신은 그의 정책을 결코 더 이상 용납할 수 없었다. 비록 많은 수의 캐나다인들이 군대로 모였지만, 맥킨지 킹 수상은 징병, 특히 불어를 구사하는 캐나다 해외파견 징병은 정치적 문제로 인식하여, 캐나다 병력의 최일선 전투에의 노출을 최소화하도록 강조하였다.

캐나다의 전쟁정책에 내재되어 있는 정치적 모순들은 장병들로 하여금 오타와에 있는 정치가들에게 점차 압력으로 나타나기 시작하였다. 대규모로 잘 훈련되고 잘 장비된 군대를 전쟁에 대비하여 영국의 서색스에 파견시킴으로써, 캐나다의 정치가들은 그들의 군대가 그들 자신의 동기가 조성되어있음을 발견하였다. 영국에 있던 캐나다 원정군의 고급 지휘관들인 McNaughton, Crerar, Roberts는 2년 이상 훈련으로 실증이 난 그들의 병사들에게 무엇인가 일감을 주는 것만으로도 좋은 것인 양, 전투에서 보다 앞장서는 자리를 차지하려고 하였다. 당시 캐나다군은 통상의 경우와 마찬가지로, 한창 젊은이들이 고향으로부터 멀리 떠나와서 특별히 하는 일 없이, 넘쳐나는 독신 여성들 가운데서 흔히 일어날 수 있는 성적 문란행위나 절도, 음주, 폭행 등 군기 문란행위가 만연하고 있었기 때문이었다.

그러나 캐나다 공보기관에서는 캐나다 병사들의 범죄율은 다른 나라보다 나쁘지 않다고 허위 발표를 하였다. 이를 들은 서색스 시민들은 불쾌해하였고 점점 화가 치밀어 1942년 8월까지 캐나다 장병들 중 3,238명이 군법회의에 회부되는 것을 계산하고 있었으며, 그들이 활력이 넘치는 손님답게 곧 그들의 마음을 다른 일들(전투: 역자 주)에 집중하기를 희망하고 있었다. 베를린에서 선전방송을 하던 Haw-Haw 경의 조롱 섞인 말을 빌리면, "정말 베를린을 점령하기를 원한다면, 캐나다 병사들 각자에게 오토바이 한 대와 위스키 한 병씩을 주어라. 그리고 나서 베를린을 출입금지 구역으로 선포하면 캐나다 병사들이 48시간 내에 그곳을 점령하고… 전쟁이 종식될 것이다."라고 빈정대곤 하였다. 1942년까지 영국에 주둔하고 있던 캐나다군은 최고의 훈련상태를 유지하고 있었지만, 전쟁에는 거의 참여하지 않고 있었다. 그러나 캐나다 병사들과 그들의 지휘관들은 전투를 원하고 있었다. 캐나다군의 1군단장 Harry Crerar 중장이 1942년 4월 27일, 몽고메리의 동남부 사령부에 호출되어 프랑스 해안 상륙작전의 주공이 되기를 질문 받았을 때, 그는 흔쾌히 수락하였다.

1942년 5월 13일 참모총장은 Operation Rutter를 승인하였다. 승인 당시의 계획은 디에프 마을 해안을 정면공격하고, 해안 접근을 엄호하기 위하여 특수부대를 측방에 투입, 해안에 배치된 적의 포병부대를 제압하는 것이었다. 공중에서는 1,000여대의 영국 공군기들이 제공권을 장악하고 해군은 해안 마을을 포격하도록 계획되었다. 그러나 실제 Rutter는 좋은 계획이 아니었다. 계획의 최종 단계에서 공격역량은 상당히 약화되었다: 해군은 화력지원을 위한 전함이나 다른 주 전투함들의 지원을 거부하였고, 공군도 프랑스 민간인 살상을 회피하기 위하여 디에프 해안 전선 지역에 대한 집중폭격계획을 축소시켜 일련의 전투폭격기의 기총소사로 대체하고 말았다. 그러한 상황에서 캐나다 제2사단이 공격의 선봉에 서서 레이다 기지를 점령하고, 제한된 기간 동안, 내륙 3마일 지점의 Arques 비행장을 점령하도록 계획되었다.

7월 5일과 6일 캐나다 부대는 상륙 주정에 탑승했지만, 기상이 악화되어 그들은 승강구 입구를 밀폐한 상태로 닻을 내리고 폭풍을 이겨내야 했다. 부대가 그들이 탑승하고 있던 소형 상륙정 안에서 배 멀미로 누워 있을 때, 두 대의 독일군 폭격기가 Wight 섬(영국 본토 남단 중앙에 근접한 섬: 역자 주)의 중간 항구에 나타나서 소형 선대를 폭격하였으나 큰 피해는 없었다. 영불 해협의 광풍이 계속되고 있었기 때문에, 7월 7일 작전이 취소되었으며, 병력들은 배에서 내려 남부 영국의 술집과 주거지역에 실행도 되지 않았던 디에프 작전과 폭풍으로 요동치는 소형 상륙정 안에서 공포에 떨던 이야기들을 퍼뜨렸다. 모든 관계자들은 디에프 작전은 절망적으로 손상되었으며, 이제 영원히 끝난 것으로 믿었다.

그것은 아주 잘된 일이었다. 육군 사령관 몽고메리나 해군 사령관 윌리암 제임스 제독 모두 그 작전 계획을 정말 믿지 않았다. 그 작전 계획이 발전될수록 그들의 관심은 더욱 커졌다. 육군 사령관으로서 몽고메리는 보병의 정면공격에 대한 전체적인 구상에 대하여 불안해하였으며, 특히 영국 공군이나 폭격기 사령부가 제공하는 충분한 공중 폭격없이 적을 제압하는 것은 더욱 위험하다고 생각했다. Bernard Law Montgomery는 1차 대전 참전 경험이 있었기 때문에 충분한 화력지원 없이 허약하게 준비된 정면공격의 모든 것에 대하여 알고 있었다.

포츠마우스(Portsmouth)에 위치한 영국 해군사령관과 상륙부대를 직접 지휘하는 제독은 둘 다 Prince of Wales 함과 말레이

원해에서 6개월 전에 있었던 Repulse 함의 비극적인 운명을 잊지 않고 있었다. 그들은 적 해안으로부터 5마일 내에서 전함들을 위험에 빠뜨릴 마음이 없었으며, 독일 전투기들의 사정거리 안에서 활동하는 위험을 감수하려 하지 않았다. 제1 해군위원, Dudley Pond 제독은 이에 전적으로 동의하였다. 군사전문가의 견해로 디에프 공격은 잘못 잉태되었으며, 충분한 화력지원이 결여되었고 또한, 협조되지 않은 작전이었다. 그들은 이제 안도의 숨을 쉴 수 있었다.

그러나 Rutter 작전이 취소된 이후 뒤따라 이루어졌던 것은 디에프 작전의 미스터리의 시작이었다. 연합사령부의 위상을 확고하게 굳힐 수 있도록 오랜 기간 공들였던 계획의 취소로 인한 비등하는 Mountbatten 자신의 불만과 연합사령부 조직이 비대하고 Rutter 작전 계획 절차가 수준 이하라는 비난을 받자, Mount-batten은 그의 방식대로 행동에 임하기로 결정하였다. 7월 8일과 11일, 그는 본래 계획작성에 참여했던 주요 참모들을 소집하여 두 차례 회의를 실시하였고, 그 강습작전을 재개할 수 있도록 지원을 요청했다. 그러나 그는 지원을 받지 못했다.

제2차 회의가 7월 11일 재개되었을 때, 그 계획에 대한 비판자들(Baillie- Grohmann 제독 등, Rutter 작전 해군 지휘관으로 임명된 자)이 자리를 뜨고 난 후 Mountbatten의 동조자들이 조용히 남았다. 이후 그 비밀회의에서 무슨 일이 일어났는지는 분명히 알 수 없지만, 그때로부터 Mountbatten과 그의 핵심 참모인 John Hughes-Hallet RN 대령은 제2의 Rutter 작전 계획을 전력을 다해 작성하였다. 이것이 "Jubilee" 작전으로 불렸으며, 그 목표는 다시 디에프가 되었다.

유럽 대륙을 공격하는 어떠한 주요 작전도 참모총장의 승인을 받아야 했다. 그해 7월 이후에 일어났던 사태들은 2차 대전의 대단히 중요한 사건들의 하나다: 연합 작전사령관이자 수상의 피보호자이면서, 미디어의 총아로 이름을 떨치던 Mountbatten은 연합 영국 참모총장, 영국 정보협조기구, 여타의 육군 부대와 대부분의 그의 직속 참모들을 정교하게 속여 나가기 시작했다. Mount-batten은 다른 이름으로 그리고 공식 승인 없이 유산된 디에프 공격을 재개하기로 결심하였다.

마운트 벳튼과 가장 가까우면서도 디에프 공격 재개를 위한 계획에 있어서 전적인 공모자였던 Hughes-Hallet 대령조차도 상부의 승인이 없다는 이 부분을 의아하게 생각하였다. 그는 연합작전의 주무 장교로서 모든 작전 서류처리와 명령서에 상부의 공식 승인이 있어야 한다고 지적하였다. 따라서 7월 17일, 연합사 작전처장은 각 군 총장 회의록에 다음 회의에서 "연합 작전사령관이 Rutter 작전을 대체할 비상작전을 … 같은 수의 병력으로 재개하도록 구상하고 있다."는 의제에 대한 토의 및 의사결정을 포함시키도록 요청하였다. 그러나 참모총장은 이를 반대하여, 그 의제는 회의록에서 빠지고 말았다.

Mountbatten은 절박한 상황이 되었다. 그는 7월 25일과 26일 참모총장 회의에서 다른 방안을 모색하였는데, 이제는 공격할 때마다 특정 목표를 지정함이 없이 대규모 강습작전을 할 수 있는 총괄적 권능을 부여해줄 것을 요청하였다. 각 군 총장들은 이미 Mountbatten의 급부상과 특혜적 접근권에 대한 질투심, 그리고 그의 야망과 동기에 대한 높은 의구심을 품고 있었다. 그러나 7월 27일, 그들은 결국 그의 계획 역량을 단순히 조금 확장하는 결심을 하였으며, 그러나 새로운 작전을 개시하기 전 연합작전을 위한 공식적인 작전권을 획득하는 노력이 현실적으로 필요하다는 사실을 인정한다는 특정한 배서를 해주었다.

그러나 그것은 Mountbatten에게는 충분한 것이었다. 그는 새로운 기회를 얻은 것에 흥분하여, Hughes-Hallet 대령과 그를 따르는 참모장교들에게 계획을 추진하도록 직접 지시하였다. 그가 휴즈-할렛에게 무슨 말을 했는지 정확히 알 수 없으나, 그가 그를 속였을 것이라는 의심이 가는 바, 아마도 7월 27일 실시된 그의 계획 역량을 확장하는 총괄적 권능을 이용하여 새로운 작전 계획인 Jubilee를 추진할 수 있는 권한을 부여받았다고 주장했던 것으로 보인다. 그러나 휴즈-할렛은 그를 절대 지지하였으며, 그의 카리스마 넘치는 상관이자, 수상에게나, 영화 배우는 물론이고, 참모총장에게 직접 대화할 수 있는 그가 지시한 것을 믿을 수밖에 없었다 - 어느 주무 참모가 그의 상관을 믿지 않겠는가?

7월 28일 암호명 Jubilee, 참모총장의 승인하에 Rutter 작전이 재개된다는 명령이 선별된 연합작전사 참모들에게 하달되었다. 새로운 작전명령이 7월 31일, 강습부대 본부에 하달되었으며, 유산되었던 작전의 전체적인 계획이 격앙된 가운데 다시 시작되었다. 8월 12일, 참모총장은 원론적 차원에서 마운트 벳튼이 폐기된 Rutter 작전에 대한 대체 공격을 계획할 수 있을 것이라는 사실을 유념하고 있었다. 그러나 디에프가 표적이 되리라는 것은 언급도 없었고, 토의된 적도 없었다.

그의 마지막 순간까지 마운트 벳튼은 이들 광범한 참모총장 회의의 계획지침을 활용함으로써 제2의 디에프 작전에 대한 공식적 후원을 받아 왔었다는 인상을 주려고 했을 것이다. 흥미롭게도,

작전 진행 기간이나 작전 후를 막론하고, 각군 참모부내의 어떤 동료나 내각의 서류상에도 이러한 주장을 지지했다는 기록은 없었다. 심지어 처칠도 1950년 「The Hinge of Fate」 전쟁 회고록에서 디에프 습격작전에 관한 결심이 어떻게 진행되었는가를 조사하는데 큰 어려움을 겪었다고 기술하였다. 결국, 갈등하면서, 그는 마운트 벳튼의 독단으로 받아들여 그에게 책임을 지웠다: 그러나 그의 서신을 통해서 알 수 있는 것은 처칠이 자신이나 그 어느 누구도 그에 반대되는 물적 증거 서류를 발견하지 못했다는 그 이유만으로 그렇게 결론을 맺었다는 것을 알 수 있다.

변할 수 없는 사실은 디에프 작전 재개에 대한 특정 허가가 존재하지 않았다는 것이며, 마운트 벳튼은 그 사실을 알고 있었다는 것이다. 그는 캐나다군 사령관에게 새로운 작전의 세부 내용에 대하여 "보안을 위하여" 비밀을 유지할 것을 당부함으로써 문제의 소지를 제거하였다. 제한된 참모장교들만 극비리에 Jubilee 작전 계획에 착수하였다. 그러나 모든 사람에게 통보된 것은 아니었다. "비밀"을 가장하여(다른 사람이 싫어하는 일을 은폐하고자 하는 사람들의 매우 귀중한 군사적 술수), 몇몇 핵심 기관들은 정교하게 보안을 유지했다. 비협조적이었던 해군 사령관 Baillie-Grohmann 제독은 보직 해임되었으며, 그 자리에 Hughes-Hallett 대령이 마운트 벳튼에 의해서 임명되었다. 총사령부에 위치한 몽고메리의 육군 참모장교들은 무시되었으며, 마운트 벳튼은 캐나다 지휘계통과 직접, 비밀리에 모든 것을 처리했다. 무엇보다 위험했던 것은, 마운트 벳튼의 직속 참모장과 고위급 정보 연락장교와 그의 공식 부사령관이었던 Haydon 소장도 디에프 작전이 재개된다는 사실을 모두 모르고 있었다는 것이다. 이에 가장 가까운 상업적 유추는 영국에 위치한 포드 자동차 지점장이 영국에서 신차 개발을 위하여 미국에 있는 포드 본사에 알리지 않음은 물론, 또한 판매/영업 이사나 실무진들에게 말하지 않고 투자하는 것과 같은 상황이다. 계획자로서 의아스럽게 생각되는 것은 마운트 벳튼이 어떻게 사태를 수습할 것인가 하는 것이었다. 추측컨대, 그는 "승리가 모든 것을 말해 준다."라는 신념으로 승리에 도취되어 도박을 하고 있었던 듯하다.

재개된 작전에 대한 진짜 위험은 정보 세계에 있었다. 군수와 행정은 항상 어떤 종류의 군사작전이 진행되고 있다는 사실을 노출시킬 수 있지만, 그 작전의 목표는 제공할 필요가 없다. 그러나 정보요구는 필연적으로 표적을 노출시키게 된다: 마운트 벳튼의 속임수도 디에프에 관한 지도, 계획, 항공사진, 첩보가 필요했다. 사실 마운트 벳튼은 그의 보안유지에 두가지 면에서 위협이 되고 있었는데; 독일군으로부터 그의 재개되는 공격을 은닉하는 것 뿐만 아니라, 가능한 한 그의 참모총장이 알아차리지 못 하도록 하는 것이었다. 이러한 기만의 범위는 가슴 조이는 것이었다. 그러나 마운트 벳튼은 독일군에 의해서 점령되어 방어태세에 있는 유럽대륙의 항구를 성공적으로 공격하기 위해서는 정보가 필요했고 그것도 많은 정보가 필요했었다.

수년을 지나오면서 영국은 정보 관리와 협조 면에서 상당한 기술을 보유하고 있었다. 실수와 경험을 통한 학습으로, 1941년 말까지 기본적인 원칙 하나를 발전시켰다; 모든 작전은 3군 보안위원회(Inter Service Security Board: ISSB)에 신고되어야 한다는 것이었다. 이러한 관료적 제도의 목적은 간단하지만 대단히 중요한 의미가 있었다: ISSB는 기만계획을 위한 정보센터 기능을 수행하였다. 이 위원회는 제2장((D-Day, 1944)에서 기술한 바 있는 영국 최상급 비밀 기만참모부서인 런던통제부(London Control Section: LCS)의 활동을 협조시키는 유일한 기관이었다. ISSB는 또한 모든 작전의 보안에 관한 책임을 가지고 있었다. 오직 ISSB 만이 다양한 대정보활동과 기만 작전을 위해서 독일로 흘려보내는 허위정보와 진짜 정보가 무엇인지를 알고 있었다. 또한, 오직 ISSB 만이 어느 한 작전에 대한 총체적인 보안 위험을 평가할 수 있는 능력을 가진 기관이었다.

마운트 벳튼은 신중하게도 Jubilee 작전을 ISSB에게 신고하지 않았다. 공식 전사인 *British Intelligence in the Second World War*에 분명히 그에 대한 기록이 없다. 단지 그것뿐만 아니라, 마운트 벳튼은 비밀정보국(Secret Intelligence Service: SIS)같은 주요 정보기관에도 일체의 정보지원을 요구하지 않았으며, 이미 존재하는 기존의 Rutter 목표지역에 대한 일건 서류에만 의존하였다. 그는 기본정보에 작전을 위해 요구되는 어려운 정보요구는 제외하고, 그가 지휘하는 연합작전사령부가 직접 지시할 수 있는 전술 항공정찰이나 소규모 신호정보에서 생산된 특별정보만을 최신화하였을 뿐이었다.

이렇게 정보를 외면한 위험은 심각한 것이었다. 첫째로, 마운트 벳튼은 그의 병력들이 해안에 상륙했을 때 가장 필요한 정보를 수집하지 않았던 위험을 각오하고 감행하였다. 둘째로, 독일군이 그의 공격계획을 얼마나 잘 알고 있었는지를 확인하지 않았다. 디에프는 이미 의심의 여지없이 신뢰가 손상된 표적이었다. 7월 7일 Rutter 작전이 취소되어 하선한 이후 약 6,000여 명의 병사들이 남부 영국에서 작전 취소 사실을 회자하고 있었지 않았던가? 그 사실은 이미 역사적 사실이 되어 있었다. 설상가상으로, 런던통제부(LCS, 마운트 벳튼은 알지 못했던 기관)는 그들의 반대편에 있는 독일군 정보부서에 구 디에프 작전에 관한 귀중한 첩보들을 조심스럽게 처리하여 보내는 이중공작(역자 주)을 열심히 하고 있었다. 당시에는 이미 Rutter 작전이 취소되었기 때문에 런던통제부는 MI5가 운용하는 독일군 이중 첩자들의 신뢰도를 높이기 위하여 정말 갖고 싶어하는 싱싱한 정보를 먹이는 데 아무런 제약이 없었던 것이다. 영국의 이중공작 작전은 MI5의 전향한 첩자들을 이용하여 그들의 독일 조종관들에게 허위정보를 보냄으로써, 1942년 여름 대성공을 거두었다. 그 결과, 독일 정보기관에서는 그들이 신뢰하는 영국에 위치한 거짓 첩보원들로부터 디에프 작전에 관한 최소한 네 가지 특정 경보를 입수하였다. 독일군은 사실 제2 디에프 작전에 대해서 매우 잘 알고 있었으며, 일부 해설자들은 제2 디에프 작전을 MI5의 거짓 첩자들의 신뢰도를 높여 주기 위해서 아군의 희생을 담보로 실시한 정교한 기만작전으로 추정하였다. 그러나 이는 지나친 추정이 아닌가 생각된다. 가장 적절한 설명은 ISSB가 Rutter작전 취소 이후 과다한 잉여의 비밀들을 독일군에게 제공하도록 허가해 주었다는 것이다. 유일한 문제는 그들이 잉여의 비밀들이 아니었다는 사실이다: 디에프는 실제로 공격이 진행되고 있었고, 그러나 마운트 벳튼은 작전이 재개된다는 사실을 ISSB에게 알리지 않았던 잘못을 범한 것이었다. 마운트 벳튼의 부대들의 위험은 상상을 초월할 만큼 참담하게 되었다.

전쟁에서 일어나는 운명의 이상한 꼬임의 한 현상으로, 파리에 위치한 독일 정보기관은 디에프를 방어하고 있는 현지 부대에 어떤 경고도 내리지 않았다. 비록 1942년 8월 17, 18 양일간에 걸쳐서 프랑스 해안에 연습 경보를 발령한 일이 있었고, 히틀러나 서부전선 사령관 von Rundstedt 양자 모두 프랑스 해안에 강습이 있을 것이라는 경고는 했었지만, 이것은 디에프 작전과 직접적으로 관련이 있었다는 근거는 발견되지 않았다. 또한, 독일군이 캐나다군을 대비하여 증강되거나 대기하고 있었다는 증거도 없다. 마운트 벳튼이나 캐나다 정보 참모들도 모두 이러한 사실을 알 수 없었다. 이 점에서 마운트 벳튼은 행운이었다.

Jubilee 작전의 정보요구는 상대적으로 간단 명료했다. 방어 상태의 해안을 공격하기 위해서, 작전부서에서는 다음 네 가지 첩보를 요구한다: 적과 전투하고, 병력을 증강하며, 필요시 철수하기 위해서 필요한 전장의 지형 - 해안의 경사도, 조류 등.; 적의 군사력, 배치, 구성.; 적의 무기, 위치, 능력.; 끝으로 적의 대응 계획에 대한 지식-에 대한 사항이었다.

이러한 정보요구는 이론적으로 특별히 어려운 것은 아니지만, 그러나 그러한 요구를 충족시키기 위해서는 모든 정보의 출처와 기관들의 저명한 전문가들을 접촉할 수 있어야 하는 것들이었다. 예를 들어, 해안의 형태나 경사도는 전쟁 이전에 저술된 책자들에 나열되어 있지만, 간·만조 시간은 가능한 한 강습 시간에 근접시키기 위하여 실제 잠수부를 투입, 확인하는 작업이 필요한 사안이다. 적의 군사력과 배치, 사기 상태는 여러 출처로부터 종합된다: 사진정찰, 공작원 보고, 신호정보와 공개정보. 적의 무기체계와 탄약 저장량은 정밀 분석이 필요한 분야로서; 항공사진으로 무기의 형태와 배치 장소가 일단 확인되면, 그 세부 내용은 오직 공작원, 노획 문서 또는 신호정보가 있어야 확인될 수 있는 것이다. 끝으로, 적의 작전 계획과 의도는 오직 인간정보, 노획문서 또는 신호

정보에서만 획득/판단할 수 있다.

요점은 성공적인 디에프 작전을 위해서는 영국의 총체적인 정보수집 자산을 필요로 하였다는 점이다. 이것이야말로 모든 질문에 대한 적절한 답이 될 수 있었다. 그러나 만약 마운트 벳튼이 디에프 작전에 필요한 모든 지원을 합동 정보위원회(Joint Intelligence Committee: JIC)에 요구한다면, JIC는 내각과 총참모부에 그가 공격을 재개하려 한다는 사실을 경고했을 것이고 그렇게 되면, 그의 작전은 중지될 것으로 알고 있었다. 그래서 총참모부를 통하지 않았으며, 정보기관들에게도 알리지 않았을 것이다.

정보 공동체의 역할을 무시해버림으로써, 마운트 벳튼은 그의 공격부대들이 핵심적인 정보를 사용하지 못하는 상태에서 공격하는 위험을 감수하지 않으면 안 되었다. 가용한 정보자산을 활용하여 충분한 정보를 생산/사용에 실패를 자초함으로써 불필요한 희생을 초래하게 되었다. 단 두 가지 간단하지만 중요한 예만 든다면: 디에프 해안은 너무 급경사였고, 헐거운 궤도의 전차에게는 너무 암반이 많았으며; 둘째로, 그 해안 좌·우측 동굴 속에 숨겨진 포병들이 있었다는 것이다. 이러한 상황을 식별하는데 실패한 그날, 많은 캐나다 장병들이 죽어갔다. 만약 미리 알았더라면 JIC나 그의 정보자산들은 쉽게 답을 제공할 수 있었지만, 마운트 벳튼은 외부나 상급기관에게 도움을 요청하는 모험을 의도적으로 포기하였다. 그는 그의 으뜸 패를 들고 영광을 향한 비밀을 유지하려 했던 것이다.

디에프에서의 또 다른 정보의 실패는 어처구니없었다. 연합작전사령부의 정보참모부에서는 - 군사정보국과 같이 - 디에프를 점령하고 있는 독일군을 제110사단으로 식별하였다. 만약 그것이 사실이었다면, 이역에서 비지땀을 흘리고 있는 110사단 장병들은 매우 즐거운 시간을 보내고 있었을 것이다: 그때 그들은 2천 마일 떨어진 러시아에서 끝없는 시베리아 스텝 지역을 가로질러 동쪽으로 도주하는 소련군을 추격하면서 행군하고 있었기 때문이다.

디에프에서 프랑스 와인과 여인들 곁에서 시음하고 있던 실제 부대는 302사단 예하의 제571 보병 연대였으며, 이 부대는 2급 사단으로 대부분 중년기의 독일계 폴란드인으로 구성되었고, 군마, 자전거, 포획된 체코와 프랑스 무기, 그리고 파리에 위치한 독일군 서부전선 총사령부 병참부가 베를린으로부터 끌어모아 급조 지급한 장비들로 무장되어 있었다. 무기, 탄약과 훈련, 병력이 부족한 상태에서, 302사단장은 현명하게도 적의 가장 가능성이 있으며 위험한 접근로인 디에프의 조약돌이 깔린 해변에 그의 부대를 집중시켰다. 역시 현명하게도, 그는 적의 항공사진에 찍혀서 공중 공격을 받을 경우를 대비해서 그의 포병을 준비된 진지에 배치하지 않도록 조치하였다. 연합작전사령부의 전술정찰 항공기들은 해안을 저공 비행할지라도 디에프의 절벽 안의 동굴 내부를 관측할 수 없었다. 지혜로운 Conrad Hasse 소장의 단순하면서도 효과적인 사단 방어계획으로, 캐나다 장병들이 해안의 급경사진 암벽을 힘들게 기어오를 때, 은폐된 진지의 다양한 화기들과 방파제 안에 시멘트로 굳혀진 유개 진지의 노획한 한 대의 프랑스제 전차가 측방사격을 가함으로써 캐나다군을 유린할 수 있었다.

마운트 벳튼이 SIS와 프랑스에 있는 SOE 공작망의 지원을 무시했지만, 적어도 그의 참모들은 전략적 수준의 JIC는 아닐지라도 전술적 수준에서 신호정보활동을 시도하였다. 이는 그해 봄에 있었던 St. Nazaire 강습의 경험에서 나온 결과였다. 만약 사령부

참모들이 전투 중에 실제 진행되고 있는 적의 반응과 상대적 움직임을 청취할 수 있다면, 그것은 연합작전사령부 지휘관들로 하여금 거기에 신속하게 대응할 수 있는 계기가 된다. 이는 훌륭한 전술적 방침이었으며, St. Nazaire 작전에서 그날 실제 작동되었고, Cheadle에 위치한 감청 본부 요원이 생각했던 것보다 훨씬 잘 이루어졌다. 그러나 얄궂게도, 디에프 연합작전사 통신참모부는 완전히 전술 정보의 홍수를 만나서, 전투 기간 중 어떠한 적시적인 정보도 공군 사령관에게 전달할 수 없었다. 그러나 그러한 의도는 훌륭한 것이었다.

공격 일자가 가까워지면서, 주빌리 작전의 성공 전망과 작전의 보안 유지에 대한 관심이 커져 갔다. 특히 작전에 대한 보안 유지 문제가 주된 관심이 되었다; 최초의 공격작전이 취소된 후 이 문제는 조금 무의미한 것으로 보였지만, 그러나 작전내용의 절충과 분실된 서류들로 인한 다양한 우려는 다른 누구보다도 영국 정부와 합동 정보위원회로부터 부대의 움직임에 대한 보안을 유지할 필요를 증가시켰다. 설사 멸시봉공의 정신으로 똘똘 뭉친 캐나다 군도 의구심을 가지게 되었다. 사단장 로버츠 소장은 그 계획에 불안해했지만 연합작전사령부의 마운트 벳튼 사령관과 그의 참모들의 교묘한 설득으로 속아서 불편한 침묵을 하고 있었다; 결국 그는 마운트 벳튼보다 그의 노련한 참모들을 믿고 자위하였다. 그러나 많은 캐나다군들은 그의 불안한 심기를 공유하고 있었다.

캘거리 탱크로 구성된 공격 탱크 부대의 부관 오스틴 스탠튼 대위는, "내 생각에는 안전에 대한 희망이 없다."라고 불안하게 생각하였다. 사실, 그는 그의 상관에게는 성가신 일이었지만 전쟁포로가 될 경우에 대비하여 그날 새 전투복을 갈아입을 만큼 비관적

이었다. 그럼에도 불구하고, 주빌리 작전부대의 일부로서, 캘거리
전차부대는 침울한 주민들이 지켜보는 가운데 8월 18일 밤, 뉴헤

〈DISASTER AT DIEPPE, 19 August 1942〉

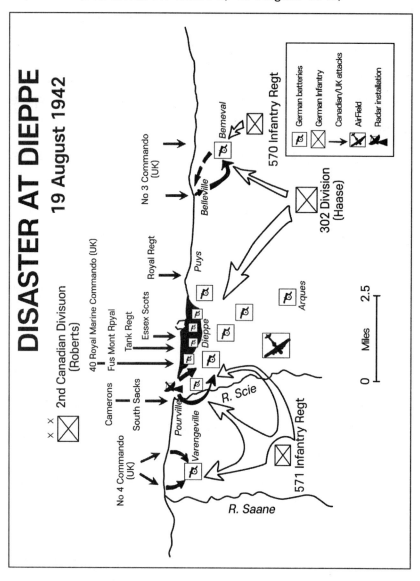

븐 항에서 195피트 길이의 탱크 상륙정에 탑승하였다. "우리가 부두에 줄지어 서 있을 때 분위기는 적막하고 험악했다."라고 스탠튼은 당시의 상황을 술회하였다. 여타의 237척의 선박과 4,963명의 장병들과 함께, 불안한 캐나다 탱크부대의 부관은 상륙정에 탑승하여 전장으로 향했다.

그 공격작전은 시작부터 잘못되어 나갔다. 독일 해군은 야간에 소형 상선을 프랑스 해안에 투입하기 위해서 정기적인 근해 정찰을 하였다. 이러한 사실은 도버와 포츠마우스 해상탐지 레이다에 의해서 탐지되어 독일의 정기적이고 일정한 소규모 호위 선단이라는 것으로 해석되었다. 그러나 호송계획에 대한 정확한 정보는 에니그마 암호해독 작전같이 민감한 전략적 출처로부터 나오기 때문에 상급제대에서 보유하고 있었다. 마운트 벳튼의 정보참모부 어느 누구도 8월 18/19일 밤의 독일 해협의 움직임에 대한 상세한 정보를 요청하지 않았었다. 그렇게 하는 것은 그 작전을 합동 정보위원회와 총참모부에게 노출하는 것이 되고 말았을 것이기 때문이다.

그 결과는 불가피한 것이었다. 8월 19일 이른 시간, 제3 특공대 요원을 실은 호송선이 디에프 동쪽에 있는 Belleville과 Berneval의 절벽 지역에 접근했을 때, 그들의 호송선이 어둠 속에서 실수로 독일 해안 호송선단으로 들어가고 말았다. 01시 27분과 02시 44분 두 차례에 걸쳐서 영국 해군 레이다 기지에서 영국 호송선 *Calpe*호에 탑승하고 있던 상륙군 사령관에게 독일 호송선의 정확한 위치를 통보했음에도 불구하고, 그 경고는 동측방의 호송선단에 전달되지 않았던 것이다. 연합작전사의 계획은 시작부터 잘못되었다.

주빌리 공격부대들이 독일 호송선을 처음 알았을 때는 머리 위에서 조명탄이 터질 때였으며, 이어서 차갑고 흔들거리는 조명 속에서 독일 호송선이 사격을 개시하여 동쪽 상륙정을 근접지원으로 방호하고 있던 5번 함포 기선을 무력화시켰다. 마치 "불꽃 놀이 같이" 모든 방향에서 예광탄이 빗발치듯 치열한 화력전이 전개되었으며, 여타의 영국 해군 호송선들이 가세 함으로써 한때 우세한 화력을 보유했던 독일 함정들이 막대한 손실을 입고 달아났다. 주빌리 작전은 큰 타격을 입었다. 먼동이 트자, 동쪽의 상륙정에 탑승하고 있던 병력들이 음산한 적막 가운데 동쪽 해안에 접근하였다. 제3 특공대의 한 하사관은 "쌍안경을 통해서 바라보니 우리가 해안으로 뛰어 들어갔을 때 살벌한 독일군들이 쌍안경을 통해서 우리를 감시하고 있는 광경이 목격되었다."라고 말했다.

동이 트자마자 다양한 공격이 실시되었다. 좌측 지역인 동쪽에서는, 강인한 피터 영(호송선들의 화력전이 이루어지는 한 복판에서 공포심 속에서 목격했던)이 지휘하는 제3 특공대는 독일군 철조망을 정면으로 기어올랐는데, "그는 로프 투척기(Huns)를 이용하여 우리가 절벽을 기어오를 수 있도록 절벽 아래로 로프를 내려 주었고", 특공대를 내륙에 있던 독일군 Goebbels 포병 포대로 이끌어 폭파시켰다. 그날 정오 영국 뉴헤븐으로 후송되었을 때, 그의 전투복과 양손은 갈가리 찢겨 있었다. Varengeville 의 서쪽 끝 측방에서는, 로밭 경(Lord Lovat)의 정예 제4 특공대는 교과서에 나와 있는 양 측면 협공작전으로 Hess 포대를 격멸하였다.

측방을 엄호하는 독일군 포대를 무력화시키기 위한 이 특공대의 양공 작전이 오직 유일한 성공이었다. 해안 내륙으로 접근하면서, 디에프 동쪽 끝 Puys에서는, 캐나다 왕립연대가 해안에 상륙하기 위해서 몸부림칠 때 거의 전멸되었으며, 225명이 전사하고 264명이 포로가 되었다. 단지 33명의 부상자만 생존하였다. Pourville 마을의 서쪽에서는, 캐나다 South Saskatchewans와 Cameron Highlanders 부대는 큰 어려움 없이 해안에 상륙할 수 있었으나 디에프에 이르는 Scie강을 도하할 수 없었다. 2개 대대 천여 명에 달하는 병력 중에서 단 341명만이 나올 수 있었고; 144명이 전사했으며 나머지는 독일군 포로수용소 신세가 되었다.

해안을 감싸고 있는 양쪽 돌출부가 아직도 견고한 독일군의 수중에 있었으므로, 캐나다 사단장, 로버츠 장군은 그 상황에서 공격을 포기하는 것이 현명했을 것이라 생각된다. 그러나 그는 이전에 사단급 상륙작전은 말 할것도 없고 대대급 공격전투경험도 없었다. 그는 공격부대가 조성한 연막 차장으로 해안과 양 측방의 돌출부도 식별할 수 없었으며, 통신 두절로 예하 지휘관과 연락도 할 수 없었다. 강인한 정신력과 성실한 군인이었던 로버츠 사단장은 연합작전 계획의 탁월성에 대한 마운트 벳튼과 그의 참모들의 모든 장담을 믿고, 상급부대의 계획대로 해안에 정면공격을 단행하고 말았던 것이다.

다소 놀랍게도, Royal Hamilton 경보병 대대와 캐나다 Essex Scottish 대대는 심각한 사상자 없이 중앙지역의 해안에 상륙할 수 있었다. 공격부대가 방파제에 접근할 때 허리케인 영국공군 전폭기들이 독일군 방어부대를 한 순간 마비시킬 수 있었다. 그러나 재편성을 마친 캐나다군이 방파제와 철조망 지대를 넘어 반대편 건물 지역으로 공격을 재개하자, 방어부대는 기관총과 박격포를 총동원하여 사전 계획된 일련의 사격지대에 맹렬한 집중화력을 퍼부어 집단 살상을 강요하였다. 모든 장교나 통신병은 해안에 연해 있는 다양한 건물들로부터 저격을 당하였고, 카지노 건물은 방어 거점이 되어 해안 지역으로 집중 사격을 실시하였다. 공격은 돈좌되어 캐나다군은 엄폐하고 있었으며, 움직이는 모든 물체는 독일군의 사격을 받았다.

이러한 화력 전투에 캘거리 연대의 처칠 전차들이 굉음을 내며 투입되었다. 독일군 박격포 탄이 함정의 갑판에 정확히 투하되고 빗발치는 총탄이 난무하는 가운데, 전차 상륙정이 해안에 접근하여 전차들이 밖으로 나왔다. 부분적인 피해와 난관 속에서도 29대 중 27대의 전차가 상륙에 성공했지만, 단 15대만이 부드러운 지반과 포도 알 크기의 조약돌로 가득한 해변에서 미끄러지고 구르면서 어렵게 해안 산책 도로에 도달하였다. 그러나 독일군이 마을 진입을 차단하기 위해서 구축한 대전차함정으로 인하여 더 이상 진출하지 못하고 있었다. 캐나다 병사의 말을 빌리면, "우리는 연료와 탄약을 소모시키면서 제자리걸음하면서 처참한 상태에 빠져 있었다."

한 대의 전차가 길을 뚫어 서쪽 끝 해안에 도달하여, 격분해 있는 해밀튼 보병대대가 카지노 건물로 돌격하도록 도왔으나 (보병들의 접근은 불가능하였고: 역자 주)오직 그 전차 한 대만 성공할 수 있었다. 만약 디에프 작전을 위한 정보가 적절히 협조되었더라면, 연합작전사의 계획작성자들은 해안 산책 도로에서 마을로 진입을 차단하기 위해 구축해 놓은 6피트 높이 4피트 두께의 대전차장애물을 처리하지 않으면 안된다는 사실을 알았을 것이다. 그러한 상황은 끝까지 비밀이 될 수 없으며, 디에프의 모든 주민들은 그 장애물이 무엇이며, 또한 어디에 설치되어 있는지 똑똑히 알고 있었던 내용이었다. SIS와 SOE의 공작원 운용자들, 그 지역에 있는 프랑스 인간정보 요원들이 "촬영한 사진"을 취급하는 특수작전 관리자들은 모두 그 사실을 알고 있었다; 그러나 아무도 주빌리 작전에 대한 정보를 요구하지도 않았고, 또한 협조하려고도 하지 않았으며, 연합작전사의 최종 항공정찰에서도 전차 장애물은 잘 확인되지 않았다. 이처럼 캐나다군은 기초적인 정보의 결여로 위신이 실추되고 있었다. 1916년 Somme 전투에서조차도 공격부대는 적에 관한 보다 상세한 정보를 보유하고 있었다.

재앙은 7시경 가중되었다. 해안으로부터 보고가 부족하고 단편적인 가운데 필사적인 노력으로 로버츠 장군은 두 개의 명확한 첩보를 선별하였다: Essex Scottish 대대는 해안에 상륙하여 디에프의 주택가로 진출했고, 카지노 건물을 함락시켰다. 그때 로버츠는 일단 작전이 개시될 경우, 공격부대 지휘관으로서 그에게 부여된 유일한 결심을 해야 했다: 그것은 언제, 어디서, 예비대를 투입해야 하는 것이었다. 그것은 1차 대전 중 포병장교로서 십자 훈장을 받고 부상을 당했던, 둔감하고 고집 센 캐나다 매니토바 출신 지휘관에게는 결정석인 순간이었다. 그의 부하들의 생명과 그 자신의 군 생활이 그의 결심에 달려 있었다. 그는 그의 기동 예비인 French-Canadian Fusiliers Mont-Royal 대대와 40 특공부대를 현재까지 성공적으로 작전을 진행하고 있다고 판단되는 부대를 증강하기 위하여 중앙 해안에 상륙하도록 명령하였다.

French-Canadian 병사들은 특이한 인종이다. 프랑스인이라는 격렬한 민족적 긍지와 북 아메리카에 산다는 자부심이 결합된 대단한 투사들이다. Fusiliers 대대가 달려 들어오자 폭풍같은 사격이 그들의 작은 선박 위에 쏟아졌다. 50개 이상의 포탄 구멍이 선체에 박혔다. 그러나 대대는 노도와 같이 6피트 수심의 해안으로 상륙, 돌진하면서 강력한 사격을 퍼부었다. 그러나 비참하게도, "Mont-Royal 연대는 손실에 손실을 증가하는 것 외에 아무것도 할 수 없었다. 상륙하자마자 수 분 내에 대대는 독일군의 사격으로 제압되었고, 오직 생존만을 추구하는 겁에 질린 소수 인원만 남게 되었다." 그날 밤 600명의 상륙 인원 중 단 127명만이 영국으로 복귀할 수 있었다.

8시 17분, 로버츠는 그날의 두 번째 결심으로 독일군의 측면을 포위하기 위하여 무모한 시도로 마을의 서쪽 끝 지역에 40 특공대를 상륙시키도록 명령하였다. 지휘관인 영국 해병대 중령 Joseph "Tiger" Phillips는 이미 디에프 항구로 그의 부대를 항해시키려 시도했었지만, 독일군의 치열한 대응 사격으로 철수했었다. Phillips는 부대원들을 날카롭고 강인하게 하기 위하여 1941/1942년 겨울 내내 그의 부대원들과 함께 야외에서 야영을 감행했던 사람으로 그렇게 가벼이 포기할 사람이 아니었다. 그는 영국 해병 제40 특공대의 선박들을 디에프의 서쪽 끝으로 이끌었다.

그들이 해안으로부터 600야드 지점에서 연막 차장의 은폐를 뚫고 밝은 햇볕으로 나갔을 때, 맨 앞의 선박에 있던 필립스 중령은 그들이 험악한 상황에 처해 있다는 사실을 알기 시작하였다; 그는 그의 부하들을 해안 도살장으로 이끌고 있었으며, 예광탄이 난무하고 독일군의 사격으로 산산조각이 난 캐나다 병사들의 유해로 뒤덮여 있는 장면을 목격하였다. 사단장의 명령에도 불구하고, 필립스는 그의 특공대를 다른 경보병 여단의 책임지역으로 보이는 곳으로 이끌고 있었다. 그가 잔여 병력들을 확인하고 있던 바로 그 때, 사단 지휘부가 바라보고 있던 상황에서, 폭풍 같은 소화기 사격이 그 지역에 집중되었으며 독일군들은 공격 단정들에 대하여 기총소사를 퍼부었다.

놀랄만한 도덕성과 육체적 용감성이 넘치는 행위 가운데서도, 더 이상의 공격이 무용함을 깨달아, 필립스는 지휘용 함정 선미에 섰다. 적들이 뻔히 보고 있는 앞에서, 두 손에 하얀 수갑을 끼고 서 뒤따르는 그의 함정들에게 공격을 하지 말고 연막 속으로 되돌아가라는 신호를 보냈다. 수초 후에 그는 총탄에 쓰러져 치명적인 부상을 입고 말았다. 그의 부하들 중의 한 장교는 "그의 마지막 명령은 의심의 여지없이 2백 명 이상의 목숨을 구할 수 있었다."라고 말하였다.

모든 상황은 끝났다. 10시 50분, 로버츠 사단장은 철수 명령을 하달하였다. 해군은 가까스로 단 300명만을 해안으로부터 구출하였다. 지쳐서 초라해진 주빌리 작전 생존자들이 해협을 건너 본토로 돌아올 때, 사격은 점차 약화되었고 들것 드는 병사들과 조심스런 독일군들이 서서히 고개를 들고 신음하는 부상병들을 돕기 시작했다. 잔여 생존자들은 투항하였다. 주빌리 작전은 종료되었다.

최종적 피해는 엄청났다: 1,027명 전사, 2,340명 포로, 그리고 많은 뼈아픈 교훈과 함께 얻은, 오직 유일하게 유럽 침공을 감행한 캐나다의 긍지뿐이었다. 이러한 피해에 추가하여 더욱 모욕적인 사실은, 영국 공군의 패배였다. 신형 Focke Wulf 190은 영국 공군 조종사들에게 아주 고역스러운 충격으로 다가왔다. 105대 이상의 영국 항공기가 격추되었으며, 그 중 88대가 전투기였으며, 다른 100여대는 피해를 입었으나; 독일 Luftwaffe는 단지 46대만이 손실을 입었을 뿐 이었다. 해군은 구축함 한 척과 13 척의 상륙함을 잃었다. 연합작전사령부에게나 캐나다 군에게는 모두 최악의 날이었다.

그 후 과시성 대외적 선전이 일단 끝나자, 세부 조사가 이루어졌다. 처칠은 모든 책임을 안고 하원 보고에서, 디에프 작전은 유효한 정찰 작전이었고 본인이 시인한 작전이었다고 언급하였다. 그러나 실제 그는 재가하지 않았으며, 재가하지 않은 작전으로 알고 있었다. 이는 1942년 12월 날짜로 참모총장 위원회에 전쟁성 대표로 파견된 Ismay 대장에게 보낸 개인 서신에 분명하게 나타나 있다. 이때까지 참모총장은 디에프작전의 배후에 깔려있는 표리부동한 내막을 파악하고 있었으며, "절차상의 불행한 문란행위가 재발하지 않도록" 조치를 하고 있었다. 그는 연합작전사령부를 명백히 지적하고 있었지만, 자책감에 시달리고 있던 마운트 벳튼을 특정하게 지적하지는 않았다. 디에프 작전의 참 미스터리를 함축하고 있는 처칠의 기록물을 수정없이 인용하는 것은 의미가 있다.

비록 여러 가지 이유로 모든 사람들이 이 사건을 가능한 한 좋은 방향으로 보이게 만들기를 원하지만, 그 군사계획에 관하여 보다 정확하게 정리할 때가 왔다고 생각한다.

다음과 같은 많은 의문점들에서 보면, 1942년 처칠은 그 작전에 관해서 전혀 몰랐던 것으로 간주되고 있는 바, 그는 이어서,

누가 그 계획을 만들었는가? 누가 그것을 승인했는가? 몽고메리 대장이 관여한 것은 어느 부분인가? 그리고 MacNaughton 캐나다 원정군 사령관의 관련 부분은?

MacNaughton 대장이 선발한 캐나다 장군들의 의견은? 총참모부에서는 그 계획을 검토했는가? 영국의 참모총장 부재중에 참모차장은 무엇을 보고 받았는가?

마지막 의문점은 그 사건의 핵심을 찌르는 날카롭고 위험한 질문이었다. 처칠은 그 질문을 했을 때 거의 확실히 알고 있었던 것처럼, 진실은 참모차장 Nye 대장은 공격 당일 영국에서 최고 선임 장교였음에도 불구하고 주빌리 작전에 대하여 전혀 알지 못하고 있었다는 것이다.

　　1942년 8월 2일, 주빌리 작전 2주일 반 전, 처칠은 영국 참모총장 Alan Brooke 원수를 대동하고 카이로에 날아가서 징계를 받아야 할 장군들을 대대적으로 파면 조치하고, 소련과 민감한 정치적 협상을 하기 위하여 모스크바로 갔다. Brooke 총장 부재중에, 대단한 군사식견과 명성이 있는 부참모총장 Nye 대장은 각군 총장 회의에 대한 의사결정권을 부여받았다. 그런데 다름 아닌 바로 Ismay 대장으로부터 Nye 대장이 디에프 작전에 대하여 처음 알았던 때는 8월 19일(작전 당일: 역자 주) 아침이었다는 사실을 알 수 있다. 이는 그가 Nye 총장 대행에게 Portsmouth 사령부와 연합작전사에서 보고되었던 모든 보고서들에 관해 질문했을 때 답변된 내용이었다.

　　처칠이 디에프 공격 명령을 하달하지 않았고 또한, 이 작전이 당일 총장대행을 포함한 각군 총장들과 협의되지 않았다면, 과연 누가 공격명령을 하달했다는 말인가? 모든 길은 마운트 벳튼에게로 향하고 있는 것으로 보인다. 마운트 벳튼이 계획작성의 역량을 확장하기 위해서 참모총장 지시를 왜곡하여 만든 교활한 책략과 7월 초 폐기된 디에프 작전인 Rutter를 대체하기 위한 후속계획을 연구해도 좋다는 그 후의 상부 승인이 이 미스터리의 관건이다. 마운트 벳튼은 제2의 디에프 공격에 관한 그의 결심이 공식 승인을 받았다는 인상을 그의 참모들에게 심어주기 위해 진실을 조작하였다. 하지만, 누가 연합 작전사령관에 반대할 수 있었겠는가? 고급 사령관들은 그들의 참모들에게 거짓말을 하지 않는다.

이러한 분석은 제2 공격을 계획하는 과정에서 뒤따랐던 마운트 벳튼의 속임수에 의해서 뒷받침되고 있다. 주빌리 작전 추진에 관한 결심을 알았던 상급 참모는 Hughes- Hallett, 캐나다 선임장교, 각 작전부대 지휘관들(그 중 하나가 Hughes-Hallett으로, 7월 11일 비밀회의 후 통보되지 않았던 Baillie-Grohmann제독의 후임자다)과 그리고 새로운 참모장의 직접 지시하에 움직이는 신뢰도가 높은 몇몇 선발된 참모들뿐이었다는 사실이 분명하다.

그 작전에 대한 고도의 보안에 대한 몇 가지 의심사항은 마운트 벳튼이 말한 대로 수상이 개인적으로 직접 지시한 비밀 기습작전이라는 명분으로 교묘히 빠져나갔다. 오직 마운트 벳튼만이 연합 작전사내에서 그 작전을 계획하고 처리할 수 있는 모든 권한을 부여할 수 있었다. 1972년 최종적으로 마운트 벳튼이 수용한 바와 같이, 오직 그 자신만이 모든 권한을 가지고 있었으며, 그의 이름이나 그를 대신해서 취한 모든 조치들을 제재할 수 있었다.

그렇다면 그는 왜 그랬을까? 그것은 그가 전쟁 기간을 통해 줄곧 보여준 그의 야망과 헛된 공명심이 주된 원동력이었던 것으로 나타나고 있다. 그의 한 친구가 당시에 그에 관하여 쓴 글에서 - 추측하건대 개인적 소견으로서 - "이 작전〔디에프〕는 연합 작전사령관의 개인적 경력이라는 관점에서 대단히 중요한 의미를 가지고 있다 … 만일 이 작전을 성공시킨다면 … 그는 세계의 최고가 될 수 있으며, 완전한 지휘권이 주어질 것이다."라고 기술하였다. 맨 나중 기술된 내용은 추측하건대, 마운트 벳튼이 꿈꾸던, 처칠에게 직접 보고할 수 있는 영국군 총사령관의 직위에 대한 허황된 욕망(영국 보수당 국회의원 Leo Amery에게 표현했던)의 암시로 볼 수 있다. 마운트 벳튼은 확실히 야망과 자신감에 빠져 있었다. 그 당시에 마운트 벳튼에 대한 관점은 다른 출처로부터도 가중되고 있다. 하다못해, 잘 알려진 한 해설자는 연합작전 차원에서 그를 "사람의 생명을 가지고 장난하는, 버릇없이 잘못 길러진 어린애와 같이 권모술수와 질투심, 어리석음의 장본인"으로 기술하였다.

마운트 벳튼의 공명심과 자만, 그리고 영광을 훔치려는 열망에 대한 함의는, 40 특공대의 지휘관, 로밧 경의 말에 의하면, 의미심장했다. 주빌리 작전은 잘못 착안되고, 미약한 작전지원에, 기본정보의 결핍과 졸렬한 계획이었던 것 같다. 그러나 만일 마운트 벳튼과 그 일행들만이라도 정직했고, 공식적 정보기관으로부터 도움을 구하였더라면, 그의 작전 병력들은 해변의 상태나 전차 장벽, 동굴 속에 숨겨져 있던 대포를 미리 알았을 것이며, 디에프에 배치되어 있던 독일군을 제압하기 위한 우군 폭격기와 전함의 압도적인 화력지원을 받을 수 있었다는 것은 거의 의심할 여지가 없다.

분명히 독일군들은 그렇게 생각하였다. 302사단을 지휘하여 그날 성공을 거둔 Haase 장군은 그 계획은 그저 평범했고, 시간계획이 너무 경직되어 있었으며, 상륙작전 기간 중 방자를 제압할 화력지원이 전적으로 불충분했다고 기술하였다. 그는 캐나다군의 용감성과 과감성에 대하여 찬사를 보냈으며, 룬트슈테트와 베를린에게 Haase 의 사후보고서를 보낸 15군 사령관도 이에 공감하였다. 룬트슈테트 원수는 "적은 두 번 다시 이를 반복하지 않을 것이다."라고 통찰력 있는 후기를 추가하였다.

디에프작전에 관련된 일련의 거짓, 실수, 신화들이 무성한 가운데서, 정보의 실패는 2차적인 문제이지만, 핵심은 디에프작전 전반에 걸친 마운트 벳튼 자신의 기초적인 거짓 행위의 직접적인 결과라고 볼 수 있다. 그러나 만일 그가 작전에 필요한 가용한 모든 정보자원들을 적절히 사용했더라면, 많은 캐나다 장병들의 생명을 구할 수 있었다는 것은 자명하다. 적절한 정보를 활용했더라면, 그 작전은 더욱 성공했을지 모르며, Louis 경(마운트 벳튼의 이름: 역자 주)은 그가 한결같이 바라던 진급도 가능했을 것이며 추종자도 많아졌을 것이다. 분명한 사실은 그가 그 후 군대에서 결코 다시 신뢰받지 못 했다는 것이다. 그러나 마운트 벳튼은 거의 병리학적으로 자기 확신에 빠진 사람 중의 하나였으며, 그는 정말로 그의 생애에서 결코 실패한 적이 없는 사람이라고 굳게 믿고 있었다. 그는 그의 기록을 통해서 말하기를 "정말 이상한 일이다. 그러나 나는 내 생애에서 내가 한 모든 말과 행동이 옳았었다."라고 하였으니, 이는 정말 기가 막히는 오만의 결정이라고 하지 않을 수 없다.

이 이야기에 다음과 같은 주기가 첨부된다. 1944년 9월 3일, 몽고메리 원수가 노르망디 작전에서의 캐나다 군사령관인 Crerar 중장에게 왜 전투회의에 참석하지 않았느냐고 질책하였다. 그때 Crerar 장군은 캐나다군이 디에프를 점령하고 난 후, 과거 디에프 강습시 희생된 캐나다 병사들에 대한 추모행사를 하고 있었으며, 행사 후 몽고메리에게 전투회의에 참석할 수 없었던 수백 가지의 이유가 있었다고 뼈있는 답변을 하였다: 그는 수백명의 캐나다군 묘지가 있는 디에프 묘소를 최초로 참배하고 방금 도착했었던 것이다. 몽고메리는 지혜롭게 받아들여 캐나다 군사령관의 이 말을 기록에 남기도록 하였다.

역자 촌평

전장에서 일반적으로 공자는 공격 시기와 장소를 선택하여 기습의 이점을 활용할 수 있는 반면, 방자는 지형지물의 이점과 장벽 설치를 통한 방호력의 보강, 그리고 조기경보체제의 확립으로 적의 기습을 방지하며, 병력, 화력, 장벽, 지형의 조합으로 방어력의 균형을 유지한 상태에서 융통성을 확보하여 적의 주공을 판단, 격퇴함으로써 임무를 달성한다. 따라서 공자의 승리를 보장하기 위해서는 공자의 전투력이 적어도 방자에 비하여 3~7배의 우위를 확보해야 한다. 1942년 8월 19일 아침 영국군 연합사령부의 독단적인 지휘하에 동맹국 캐나다 원정군 사단의 디에프 강습작전은 공격 시간과 목표가 사전 노출됨으로써 공자의 기습이 실패하였고, 공자의 전투력, 특히 항공지원과 함포지원 면에서 충분치 못하였다. 또한 공자는 적과 목표지역에 대한 정보 노력의 결핍으로 전술 교리적으로 터부시되어 오던 정면공격을 무모하게 감행함으로써 오히려 방자의 기습적 대응을 받아 역사적으로 최대의 참패를 당했다. 그러나 방어를 하던 독일군은 보병연대 규모의 사단 병력과 무기, 탄약, 훈련의 열세에도 불구하고 영불 해협이라는 천연적 장애물의 이점을 활용하여 적의 기습을 차단하고, 병력과 화력, 장벽, 그리고 기만의 이점을 최대한 활용하여 잘 준비된 방어태세로 대승을 거둘 수 있었다. 결과적으로, 캐나다군은 용감성에도 불구하고 작전참가 인원 5,000여 명 중 4,000여 명이 상륙하여 그 중 2,700여 명이 사상/포로가 되어 67%, 즉 2/3가 피해를 입었으며, 190대의 영국 항공기 중 105대 이상이 격추되었고 독일은 46대만 손실을 입었다. 또한 영국 구축함 1척, 주 상륙정 13척이 격침되었다. 독일군의 이 해안 방어작전의 성공이야말로 전사상 가장 전형적인 방어작전의 성공사례의 하나로 볼 수 있다.

독일군의 성공 요인

독일군은 전쟁원칙을 준수하여 디에프 앞 바다에 정기적인 초계함정을 운용하여 적의 공격함정들이 해상에서 기동하고 있을 때에 조기에 발견함으로써 해상에서 화력으로 대응하였고, 해안방어부대는 전면적인 방어태세에 돌입할 수 있었다. 또한, 야음을 이용한 공격부대의 전진을 지연시킴으로써 아침 07시인 대낮에 상륙을 강요함으로써 양호한 관측과 사계를 확보하였다.

방어준비 면에서도 용의주도함을 보여, 독일군 302사단장, Conrad Hasse 소장은 화력과 장벽을 적절히 조화시켰으며, 특히 포병 진지를 준비된 진지에 배치하지 않고 절벽 동굴에 숨겨 공중 관측으로부터 은폐시키고, 방파제를 이용한 고정배치 전차 진지를 구축 측방사격을 가능하게 하였으며, 전차 접근로에 대한 6피트 높이 4피트 두께의 대전차장벽을 설치함으로써 주도면밀한 방어태세를 구축하였다.

영국/캐나다군의 실패 요인

디에프 작전은 한번 포기되었다가 비공식적으로 재개된 작전으로 전적으로 연합작전 사령관 마운트 벳튼의 개인적 야망과 허황된 공명심으로 일관된 독단적 작전의 실패였다. 그는 상급부대 지휘계통을 무시하고 독단적 작전을 진행하기 위하여 상급부대의 승인절차를 생략함은 물론, 작전의 보안을 유지한다는 명분을 내세위 극소수의 측근들로 참모계획을 추진토록 하고 작전 임무 수행에 절대적으로 필요한 일체의 정보요구를 억제시켰다. 특히 영국군의 기만작전 협조기구인 '3군 보안위원회(ISSB)'에 신고하지 않음으로써 런던통제부(London Control Section: LCS)에서 디에프작전 관련 정보를 MI5의 이중 첩자 신분 보장을 위해 독일군에 제공하는 난센스를 자초하는 결과를 초래하였다. 또한, 연합작전사령부의 능력을 초과하는 정보요구를 의도적으로 차단함으로써, 조수의 변화, 상륙 해안의 경사도, 지반의 견고성, 적의 대인/대전차 장애물, 적의 병력/화기 배치, 해안호송선의 초계활동 등에 관한 기본정보 없이 작전을 강행하였다.

최초에 계획되었다가 취소된 제1차 'Rutter' 디에프작전 계획은 1,000여대의 영국 공군기 지원하에 제공권을 장악하고, 영국해군 함포사격으로 디에프 해안 도시를 무력화시킨 상태에서 특수부대를 사전 투입하여 양 측면 공격을 실시함으로써 해안포를 제압하려 하였다. 그러나 영국공군은 민간인 피해를 이유로 디에프 전선 지역 집중폭격을 축소하여 전투기 기총소사로 대체하고, 해군 역시 과거 전례를 고려하여 공중공격에 취약한 전함과 주 전투함 지원을 거절하였으며, 결국 작전이 취소되었다. 그러나 제2차 '주빌리' 디에프작전은 이러한 지원도 받지 못한 상태에서 연합작전사 자체 전력만으로 정보지원도 없이 무지원, 무정보하에 상부 승인도 받지 않은 상태에서 무모한 공격을 감행함으로써, 수천 명의 고귀한 생명을 희생시켰다. 한때 정치인 처칠의 절대적인 신임과 젊고 수려한 외모, 기사도 정신, 현란한 외교적 수완을 두루 갖춘 당시 영국 고위 사교계의 총아 마운트 벳튼은 공명심과 자아도취에 함몰되어 군인으로서 기본을 망각함으로써 대재앙의 주인공이 되고 말았다.

정보의 은닉

마운트 벳튼 사령관(중장)은 작전 실패 후 본인에게 불리한 각종 군사기록을 제거하거나 날조하였으며, 반성의 기색없이 사실을 왜곡하여 자신의 개인 전기를 작성하려 했다. 그러나 그는 작전 기간 중 획득한 정보를 은닉하여 작전을 실패케 하지는 않았으나, 오히려 영국의 정보기관을 경계하여 작전보안을 유지하려고 고민하였으니 정보은닉보다 더욱 치명적인 정보 결핍으로 인한 작전 실패를 초래케 하였다.

교훈

① 전시 작전의 성패는 기본적으로 통합된 정보활동과 적시적이고 정확한 정보를 작전부대가 공유하는데 달려있다. 또한, 정보활동은 기만 활동과 밀접히 통합되어야 한다. 이를 위해서 2차 세계대전 중 영국은 '정보관리·협조·기만 작전 지휘체계'를 설정하여 국가급, 총참모부급, 각군급 정보/작전 및 기만 활동을 통합·조정하였다.

〈표 1〉 영국 정보관리·협조·기만 작전 지휘체계

런던 통제부(London Control Section: LCS)

3군 보안위원회(Inter Service Security Board)

육·해·공군 정보/작전 참모부

〈표 1〉에서 보는 바와 같이 런던통제부는 영국 최고 기만 작전 컨트롤 타워로서 국가급 기만 작전을 실행하며, 3군 보안위원회는 육·해·공군의 기만 계획을 조정·통제하기 위하여 각 군의 작전 활동을 런던통제부에 보고 및 협조시키는 기관으로, 모든 작전에 대한 보안 책임을 수행하며, 대 정보 활동, 기만 작전을 위해 독일로 들어가는 기만 정보와 실 정보를 확인/통제하는 기능을 수행한다.

영국의 이러한 기만 작전 지휘체계는 모든 작전보안과 기만 작전을 통제/조정함으로써 일사불란한 전쟁 수행을 효율화하기 위한 필수적인 제도이다. 영국은 이를 통해서 앞에서 설명한 연합군의 노르망디 상륙작전을 위한 정교한 기만 작전을 성공시켰으며, 마운트 벳튼은 이러한 체계를 무시함으로써 디에프작전에서 기습을 달성하지 못하고 대패하였다.

② 전·평시를 막론하고 예하 부대 지휘관들의 독단적인 행동을 통제하여 일사불란한 지휘체계를 확립해야 한다.

07 "나는 우리가 승리하고 있는 것으로 생각했다?" 구정 공세 작전, 1968

07 "나는 우리가 승리하고 있는 것으로 생각했다?" 구정 공세 작전, 1968

　진주만 피습은 한 강대국이 정보를 올바르게(properly) 평가하는데 실패한 사례의 하나라고 볼 수 있지만, 그 결과는 가혹한 것이었으며, 그때 미국은 한때의 실수를 통해서 신속하게 교훈을 얻을 수 있었다. 그 후 미국은 놀랄만한 국가에너지와 최고의 국민수준으로 특징 지어지는 목적 지향적인 정책추진을 지향함으로써, 세계 최고의 국가정보기구를 설립하여 워싱턴이 다시는 기습을 허용하지 않도록 보장하는 과업에 착수하였다.

　그 결과는 대단한 것이었다. 1945년, 미국은 범세계적인 신호정보 역량과 국제적인 비밀정보기관, 효율적인 비밀공작 능력과 세계에서 가장 훌륭한 장비를 갖춘 항공정찰 능력을 완전히 구축하였다. 이러한 장비들은 각 군의 정보 기능에게 주어진 우선순위에 따라 배치되었으며, 모든 분야의 과업을 성공적으로 수행할 수 있도록 값비싼 기술지원과 고도로 훈련된 전문가들을 투입함으로써 증강되었다. 그것은 실로 경이적인 성취였다.

미국은 진주만 피습 이전의 실수들을 결코 되풀이하지 않도록 확실한 보장을 하기 위하여, 공식적인 국가정보판단 기구를 가동시켰으며, 이 기구의 주 임무는 대통령과 그의 보좌진들에게 항상 적시에 최고의 정보를 제공하는 것이었고, 이를 위해서 소요되는 모든 예산이 지원되었다. 이론적으로, 1960년대 초, 진주만 이후 불과 20년 만에, 미국은 세계에서 가장 정교하며 최고의 정보 능력을 갖춘 정보기관들의 주인이 되었다. C. Northcote Parkinson 교수가 가용한 시간을 집중하여 그 유명한 법을 완성할 때, 그는 법인체들의 생리와 관료제도를 균등하게 적용하였다. 파킨슨이 경험한 전후 영국의 사회주의 관료제도는 명령하는 것과 억압하는 것이었지만, 그는 결코 그 후에 공직자들이 권력투쟁과 영향력을 확장하기 위하여 마치 회사 내의 중역 회의에서 서로 자기의 이익을 위해서 이전 투구하리라는 것을 과소평가하지 않았다. 그것은, 파킨슨이 안타깝게 목격한 바와 같이, 인간의 본능뿐이었으며, 법인체들의 조직은 그저 보다 크게 각인된 인간의 본능에 지나지 않았다.

관료적인 워싱턴 당국도 예외는 아니었다. 비록 진주만 이후 정보제공 능력은 백여 배로 증가했지만, 한 가지 예견치 못한 부작용은 워싱턴 관료들을 상대로 한 이권 경쟁이 치열해지고 있다는 것이었다. 새롭고 강력한 정보기관들은 새롭고 강력한 자금을 끌어 드렸다. 그 결과, 1960년대까지 미국 정보기관들 간의 권력 경쟁은 미국 정보기관의 새로운 문제로 부각 되었다.

아주 적은 규모의 정보기관들을 도처에 분산시킴으로써 야기된 문제는 경쟁 기관들로부터 너무 많은 정보를 생산케 하는 문제와 통제를 위한 기관 간의 암투를 유발하는 문제를 야기 시켰다. 각

정보기관들은 그들 자신만의 특정 분야에 대한 독점에 집착하여 타 기관과 '철저한 구획화(tightly compartmentalized)' 행동을 선호하였으며, 미국 중앙정보부는 미국 전체의 정보 수장으로서의 역할을 잘 감당할 수 없게 되었다. 일종의 '경쟁적 시장경제(competitive market economy)'가 미국의 비밀 세계를 지배하게 되었다. 이상적으로 말하면, 정보 사안에 대해서는 강력한 집행기관이 통상 그러한 문제들을 잡음 없이 지도할 수 있어야 한다. 그러나 미국 헌법은 달성하기 매우 어려운 문제를 중앙 통제하도록 규정하였다. 이에 추가하여 방위산업체들이 뿌리는 금품 뇌물에 의한 뿌리칠 수 없는 유혹, 피선된 정치인들의 로비 활동, 정치적 배려로 지급되는 정부 보조금의 지역적 요구, 각 군의 경쟁적 요청과 '미 정보기관 내부의 부서 이기주의(the internal battles of US intelligence)' 등은 워싱턴 정부의 어두운 그림자로 영향을 주게 되었다.

미국의 새로운 정보 능력이 절실히 요구되었다. 제2차 세계대전과 1947~1948년의 그리스 재정지원에 대한 굴욕적인 정리 이후, 대영 제국의 힘은 붕괴되었다. 그 자리에, 산체스 드 그라몽의 표현을 빌리면, 미국은 자유 진영의 지도국가의 책임을 맡아 책임과 열의로 "세계를 위한 투쟁"에 뛰어들었다. 공산주의자들의 팽창주의에 의한 도전은 소련에서 구체화되었고, 그의 혁명적 동맹 국가들이 결성되어 짐에 따라, 미국은 새로운 지구적 책임들을 진지한 자세로 받아들였다. 진주만 이전의 고립주의 정책은 그 후 오랫동안 잊혀져갔다. 세상 어느 곳에도 1961년 케네디 대통령 취임 연설문에 포함되어있는 "미국은 어떠한 희생도 감수할 것이며, 어떠한 짐도 감당할 것이다(We shall pay any price, bear any burden)"라는 표현보다 더한 함축적 시사는 없었다. 많은 사람들은 그것을 일종의 백지 수표로 보았다. 미국의 갓 태어난 정보기관들은 그야말로 절호의 기회였다. 견고 무비 하면서도 자원이 충분한 적에 의한 엄청난 이념 충돌은 미국에게 숭고한 투쟁에 대한 열정과 신념을 제공하였으며, 이는 미국의 막대한 재정 지원으로 가능하였다. 그 한 예로서 베트남에서의 전쟁보다 더한 곳은 없다.

베트남은 본질적으로 프랑스의 '후-식민지(post-colonial)'의 문제였지만, 영국은 원래 이 지역에 관련이 있었다. 드골과 그의 자유 프랑스의 수사적 표현에도 불구하고, 프랑스는 1945년 8월 일본이 항복했을 때, 극동 지역에 있던 전쟁 전 식민지 영토들에 대한 지배권을 즉각적으로 거듭 주장할 수 있는 능력이 없었다. 호찌민으로 불리는 성공적인 민족주의자-그러나 공산주의자-저항운동의 지도자는 베트남 인민을 대표하여 베트민(Vietminh: 베트남 독립연맹)의 이름으로 베트남 자유 인민공화국을 신속히 선포하였다. 1945년 8월과 9월에 가장 가까운 동맹군은 영국군이었으며, 그 들은 식민지 세력에 대항하여 일어선 공산주의 민족주의 봉기에 대하어 분명한 반대 이유를 가지고 있었기 때문에 전혀 동조하지 않았다. 그래서 그레이시 장군이 지휘하는 제20 인도 사단은 도쿄만에서 서명한 항복 문서에 따라 사이공을 재점령하였으며 세계대전 전의 현상 유지 상태를 회복시켰다.

거리의 소요 상태의 위험을 민감하게 느껴 여느 때와 마찬가지로 실용적인 생각에서, 영국 지휘관은 일본군을 재무장시키는 비정상적인 조치를 취하여, 그들이 정복당한 자가 되었음에도 불구하고 새로운 정복자인 양, 그들이 과거 3년여 동안 통치했던 하노이 거리로 다시 나가게 하였다. 그들은 한때 겉으로 보기에는 평화유지군으로 베트남 사람들의 충격을 감소시킬 수 있었다. 무언가 숨 쉴 틈도 없이 허겁지겁 파견된 프랑스 식민정부 팀은 1945년 9월 뜻밖에 나타나서, 베트민 본부에 대하여 식민 통치를 재주장하며 호통을 쳤다. 영국은 못마땅해하는 인도차이나 국민들을 프랑스에 맡기고 그곳을 떠났다. 그러나 그것은 시기적으로 너무 늦었다. 베트남 독립을 위한 잔인한 전쟁이 빠르게 프랑스 체제를 요란시켰으며, 그 전쟁은 주로 항일 저항운동의 영웅들(1944~1945년 영국과 미국에 의하여 잘 무장되었던) 즉 교활하면서도 무자비한 민족주의자 호찌민에 의해서 지도되는 베트민에 의해서 이끌어졌다.

1954년 까지 모든 것은 끝이 났다. 프랑스는 최선의 노력을 다했음에도 불구하고, 그들은 공산주의자들의 술책에 허약했으며, 수적으로 열세하였고, 싸움에서 지고 말았다. 그 절정은 하노이 서쪽 160마일 지점에 위치한 북방의 디엔 비엔 푸(Dien Bien Phu)에서 일어났으며, 지압 장군(General Giap) 휘하의 베트민이 프랑스 병영을 포위 점령하였다. 1954년 봄, 2개월의 기간에 걸쳐서, 16,000명의 프랑스군은 집중 포병 포대들의 지원을 받는 50,000명의 베트남 군에 의하여 포위·섬멸되었다. 1954년 5월 8일 그 병영의 함락은 프랑스 세력의 최종 패배로 기록되었다. 그들은 베트민 육군의 결의와 전기, 그리고 전투력을 매우 과소평가 하였으며, 디엔 비엔 푸의 함락은 인도-차이나 지역에서의 프랑스의 식민 지배를 종식시켰다.

8,000명의 프랑스 포로 중, 단 3,000명 만이 후에 굴욕을 안고 고국에 돌아올 수 있었다. 디엔 비엔 푸에서 "아시아의 농부 군대(an Asian peasant army)"에 의하여 잘 훈련되고 장비된

서양 군대의 굴욕적인 패배의 쓰라린 기억은 그 후 많은 세월에 걸쳐서 베트남에 있던 여타 미군 장군들을 유령처럼 따라다니며 괴롭혔다.

1954년 제네바 평화협정으로 베트남은 베트남 사람들에게로 돌아갔지만, 영토는 혹독하게 둘로 분단되어, 17도선 이북에는 공산주의의 북베트남, 이남에는 반공산주의 남베트남이 창건되었다. 1956년까지 베트남은 두 개의 적대 국가로 양극화되었다: 하나는 전체주의적인 공산국가와 다른 하나는 부패한 전제국가로. 남쪽 절반에서는 장래 문제의 씨앗이 움트고 있었다. 북쪽 공산국가에서는 베트남 전체를 통치해야 한다는 호찌민의 완강한 주창이 지속되고 있었을 뿐 아니라, 베트민의 노동자 낙원에서의 숙청을 피해 탈출한 900,000명의 천주교 신자들 내에는 디엠 대통령의 부패 정부를 불안정하게 하기 위한 직업 혁명가들의 핵심 요원들이 포함되어있었다. 이렇게 해서 베트콩이 탄생하였으며, 이들은 남베트남 민족해방전선(National Liberation Front of South Vietnam: NLF)의 군사조직이 되었다.

1961년까지 이 공산주의 폭동 그룹은 남베트남의 85%를 장악하였으며, 주로 교외 지역을 석권하기에 이르렀다. 디엠의 전제적 통치(Diem's imperious rule)에 대한 불만은 고조되었으며, 공산주의자, 민족주의자와 종교적 반대세력의 혼합은 국가 전체를 불안정하게 만들었다. 1년 평균 월 600건의 베트콩 공격이 자행되었다. 그러한 환경에서, 새로 미국 대통령으로 당선된 케네디는 고도로 불안정한 지역에서 명백히 반공산주의 정권에 대한 그의 지원을 결심할 수밖에 없었다. 반공산주의 전쟁에 얽혀 있는 라오스와 남베트남 공화국 중 선택의 기로에 직면하여, 케네디는 후자를 선택하였다. 그것은 동남아시아에서의 공산화 도미노(domino) 현상을 차단하기 위한 미국의 의지였으며, 미국은 어떠한 희생을 감수해서라도 "우방국이면 모두 지원하고, 적대국이면 모두 대항한다(support any friend, oppose any foe)"는 하나의 본보기를 보여주었다.

오늘날까지도 도미노 현상을 차단하기 위한 케네디의 최종적 선택에 영향을 끼쳤던 참 요인에 관해서는 논쟁이 지속되고 있다. 북·남베트남 간의 이념 대결에 추가하여, 불교도와 천주교도간의 뿌리 깊은 베트남인들의 종교적 갈등 또한 내재하고 있었다. 프랑스를 패퇴시킨 공산주의자들의 승리 후, 많은 천주교 신자들은 남쪽으로 이주하였다. 디엠은 독재를 지속하는 과정에서 실천적인 천주교도였으며, 이를 이용하여 서구의 지원을 구걸하였다. 케네디 대통령은 독실한 천주교 신자였으며, 그의 가계는 오랫동안 정기적으로 천주교 신자들로 구성된 정치적 지지자들을 지원함으로써 케네디 가문에 대한 지지표를 확보해 왔다. 케네디의 본거지인 보스턴의 천주교 추기경의 영향력은 결코 1950년대와 1960년대의 뉴잉글랜드의 정치적 암흑기에도 학생들에 의하여 정화되지 않았지만, 누구도 성직자의 정치적 영향에 대하여 거론하지 않았다. 디엠 정권을 지원하기로 결정한 케네디의 결심이 미국 최초의 천주교 신자 출신 대통령으로서 전혀 사심이 없었다고 말할 수는 없을 것이라는 강한 의구심이 미국 정가에 남아있다.

이유가 어떠하든 간에 그것은 숙명적인 결정이 되고 말았다. 1961년 12월, 최초의 미군 전투부대가 33대의 중 헬리콥터와 함께 베트남에 도착하였으며, 1962년 2월에는 주월 미 군사지원사령부(United States Military Assistance Command, Vietnam: MACV)가 설치되었다. 소위 "미국의 악몽"이 시작되었던 것이다.

미국의 베트남 참전은 신속하게 확대되었다. 1965년 미 9해병여단이 다낭에 상륙하였으며, 동년 봄, 미국은 북베트남의 공산주의자들의 은거지와 주요 시설에 대한 가시적인 공중 공세 작전을 시작하였다. 군사작전을 후속 지원하기 위하여 미국은 그 후 12개월 동안 약 2억 5천만 달러를 쏟아부었다. 지상군 투입은 1960년 1,000여 명에서 1966년까지 300,000명 선으로 증대되었다. 미국의 군사력은 동남아에 전력 투사되고 있었다.

사상자들이 발생하기 시작하였다. 1965년 미군 1,484명이 전사하였다. 1년이 못 되어, 그 숫자는 5,000명에 이르렀다. 갑자기 머나먼 전쟁이 미국의 모든 주에 걸쳐서 가정과 가족들에게 충격을 주기 시작했다. 더욱 중요한 사실은, 전쟁은 새로운 차원으로 발전되기 시작하였다. 그것은 더 이상 남베트남 사람들의 마음과 생각을 위한 단순한 전투행위가 아니었다: 베트남 전쟁은 또한 미국인들의 마음과 생각을 위한 전투가 되어가고 있었으며, 그들은 남베트남 사람들을 지원하는데 그들의 세금 지출을 요구받을 뿐 아니라 그들의 귀한 자식들의 목숨까지도 요구받고 있었다.

베트남 전쟁의 모든 면은 미국 언론과 TV의 집중 조명의 대상이 되고 말았으며, 그 결과 1966년까지 미국은 두 개의 전선에서 싸워야 했다. 그것은 동남아에서 무자비하고 교묘히 달아나는 적과 매일 아주 까다로운 전투를 수행하면서; 동시에 회의적인 미국민들에게 "우리가 전혀 모르는 머나먼 나라의 사람들 간의 분쟁 때문에" 부패하고 비민주적인 외국 체제를 지원하는 것이 미국의 가정과 유권자들, 그리고 납세자들의 이익이 된다는 것을 납득 시키는 것이었다. 그것이 반공산주의 십자군이든 아니든 간에, 그것은 대단히 도전적인 과업이었다. 왜냐하면, 최초 케네디나 그 다음 존슨과 그들의 보좌진들에게 그것은 영구적인 골치 덩어리가 되었다: 국내 문제들은 항상 못마땅한 전쟁 수행 문제와 충돌하고 있었다.

1967년까지는 미국이 사실상 승리하고 있었다. 대대적인 병력, 물자와 원조, 새로운 전술의 개발, 보다 나은 정보, 남베트남 정부와 군의 혁신은 베트콩과 북쪽의 후원 세력에게 초기 단계에서 패배를 안겨 주었다. 더욱이나, 점증하는 반전운동에도 불구하고, 미국의 중산계급은 존슨의 전쟁 수행을 아직 광범하게 지지하고 있었다. 웨스트모어랜드(Westmoreland) 장군은 정확하게 기술하였다. "미국의 꽤 많은 병력이 전투를 개시한지 일 년 남짓하여, 그 결과를 눈으로 직접 확인할 수는 없지만, 공산군의 손실은 엄청나게 증가하고 있었다."라고.

남쪽에서의 평정 노력은 역시 성공적으로 진행되고 있었다. 안전과 향상된 경제적 부요는 정부의 안정을 되찾게 해주었다. 그 예로, 1967년까지 남쪽의 242개의 지방행정기관 중 단 20개 기관만이 불안정 상태로 남아있을 뿐이었다. 베트콩의 군수체제는 10년 이상 기간요원들과 열성 당원들에 의하여 힘겹게 구축되었지만 궤멸되고 말았다.

북 베트남군과 베트콩 연합세력들의 사기와 투입 능력은 미군-남베트남군에 의한 일련의 소탕 작전에 의하여 그들의 거점들이 궤멸되었으며, 쉽사리 회복할 수 없었다. 1967년 봄, 최대 작전의 하나인 Operation Junction City에서 미군과 남 베트남군 26,000여 명은 강력한 공중 및 화력지원 하에 2,700여 명에 달하는 북베트남 정규군과 베트콩을 사살하였다. 남 베트남에 위치한 비밀 공산군 본부(the COSVN)는 국경을 넘어 캄보디아로 도주하였다. 양측에서는 이 작전과 이와 동반한 많은 소규모 공세 활동들이 미군들의 주요 승리였고 공산군들의 심각한 패배였음을 아주 잘 알고 있었다.

노획된 문서에서 이러한 내용이 이를 뒷받침하고 있다. 당시의 북베트남 정규군의 문서에는 그 시점까지 괴뢰(남베트남군)에게 귀순하는 인원이 증가 추세에 있으며, 남쪽에서 싸우고 있는 전투원들이 전쟁에 점점 더 환멸을 느끼고 있다고 기록되어 있다. 그 예로, 1967년 북베트남 정규군 포로는 그의 일기에서 그의 상급 장교로부터 괴뢰군에게 귀순하지 말라고 하는 경고를 정기적으로 받고 있었으며, 그가 속한 부대의 "이데올로기의 취약성, 조직상의 약점, 명령 이행의 문란"에 대한 비판 내용이 수록되어 있었다. 이들 많은 유사한 서류와 문서들은 최후의 승리에 대한 희망으로 사기를 높이는 혁명군의 문서는 아니었다. 이와는 반대로, 그 문서들에는 전쟁에 대한 환멸이 노정 되어 있었으며, 간담이 서늘해질 정도의 대규모 사상자의 발생, 식량과 탄약의 결핍, 미군 폭격에 대한 지속적인 공포심, 폭락하는 사기, 실패와 자포자기 현상이 묘사되어 있었다. 총체적으로 공산군의 작전은 붕괴 일로에 있었다.

1967년 7월, 북베트남의 공산당 간부들의 분위기는 전쟁에서 패배가 임박하고 있다는 것이었다. 북베트남 지도부는 미국 참전의 규모와 성공의 양면에서 대경실색하였다; 더욱 중요한 것은, 많은 마르크스주의자들이 분석한 바로는, 전개되고 있던 정치 군사적인 상황을 볼 때, 승전 가능성이 희박하다고 하는 것이었다.

뒤이은 당의 전략에 대한 토론에서는 많은 시간 동안 매우 신랄하고 비판적인 토론이 이어졌다. 공산주의자들은 조국을 통일하는 것이 실패하고 있으며, 남쪽에서의 그들의 전투력과 전투행위가 미력한 것이라고 하였다. 그러나 미국과 남베트남의 성공에도 불구하고, 미국의 입장에 심각한 잠재적인 취약점이 있으며, 공산주의자들의 전략과 자원 배분의 우선순위를 조정하면 미국의 약점을 더욱 확대시킬 수 있다고 판단하였다.

공산주의자들은 분석을 통하여 남쪽에서 적용할 수 있는 몇 가지 요인들을 찾아냈다. 두 가지 핵심분야가 식별되었다: 첫째는 전쟁지지에 대한 미국 시민층의 불확실성과 미국정부 간의 괴리가 잠재적 취약점으로 보였고, 두 번째는 신 식민주의 미국과 남베트남의 연합에 본래부터 존재해온 매우 현실적인 정치적 문제가 존재하고 있다는 것이었다. 이들 두 공격 목표들은 모두 본질적으로 정치적인 목표들로 그때까지는 북에서 비교적 무시해 왔었다. 군사적인 측면에서 미군 주력부대와의 조정되지 않은 대결 행위는 현저히 실패하였으며, 또한 그러한 상황은 앞으로도 지속될 것으로 인식하였다. 그러나 영활한 북쪽의 전략가들은 임시 유류 저장소나 탄약고, 그리고 비행장과 같은 고정된 군수시설 등에 대한 제한된 그러나 장관을 연출할 수 있는 공격은 상대적으로 편조하기도 쉽고 대규모 사상자의 발생도 회피할 수 있다는 지혜로운 발상을 하였다. 그들 목표에 대한 공격은 또한 눈부신 볼거리를 제공함으로써 텔레비전 방영에 아주 효과적일 것이라 판단했다.

이것은 아주 예리한 판단이었다. 바야흐로 구정 공세의 전략적 개념이 싹트고 있었던 것이다.

하노이에서의 그 전략토론에서 또 다른 안건이 논의되었지만,

당시 서방 옵저버들에게는 공개되지 않았다.(민주주의 국가에서의 전략 토론과 달리, 하노이 당국은 더 이상 이를 공개하지 않았다.) 1967년 7월 하노이에서 열렸던 비밀 정책/전략회의에 대한 공식적인 기록은 존재하지 않지만, 수년을 지나오면서, 그 토론의 핵심 주제를 서로 모아 종합할 수 있었다. 그 예로, 미국의 북폭은 확실히 효과를 나타내기 시작하였다. 약 600,000의 북베트남 민간인들이 국가의 사회간접자본 시설을 복구하기 위하여 동원되었으며, 또 다른 145,000명의 병력들이 대공방어에 투입되었다. 북폭은 주민들에게 심각한 경제적 파탄과 고난을 야기했다. 이는 전쟁에 휩쓸려 있는 작고 가난한 나라에게는 엄청난 자원의 고갈을 가져다주었다.

그러한 상황에서, 남베트남과의 전쟁에 대한 북베트남 내부의 반대가 없었다는 것은 놀랄만한 일이 아니었다. 1967년 7월 22일자 발행, 공식 기관 잡지인 Quan Doi Nhan Dan의 이상한 기사를 보면, 북베트남 공산주의 지도부의 내부 방침이 반영된 것을 알 수 있다. 그 기사(북베트남 지도부에게 청원하는)는 명쾌하게 "미국과 북베트남의 치명적이고 화해 불가능한 차이점을 찾아내는데 실패한 … 관료들"을 비난하면서, "하노이 정부는 협상에 의한 해결을 하도록 양보할 수 있을 것이라고 믿는다."라고 보도하였다. 그 기사의 필자는 비록 가명을 썼지만, 현존하는 일련의 북 베트남 공산당 당직자 집단은 전쟁의 지속을 반대했던 사실이 있었으며, 이것은 극비로 진행된 하노이 토론에서 치열한 논쟁의 대상이 되었고 대립 되었을 것으로 유추된다. 또 하나의 두려움은 미국이 북베트남을 실제로 침공할 수도 있었다고 하는 사실인데 이를 회상해보면(디엔 비엔 푸 전투의 승리를 이끈 지압 장군은

1967년 초기 당 간부 회의에서 연설을 하면서, 미국의 북베트남 상륙에 대비한 본토 방어를 강화할 것을 경고하였다), 북베트남 지도부는 의견이(매파와 비둘기파로: 역자 주) 양분되어 있었으며, 1967년 중반까지는 미국의 공격 개연성에 공포심을 가지고 있었다는 것이 거의 분명해진다. 그해 7월에 있었던 결정적인 하노이 회담은 비둘기파와 매파로 나뉘어 있었으며: 즉 일시적이긴 하지만 미국과 화해를 추구하는 부류와 베트남을 재통일하기 위하여 무장투쟁을 강화하기 위한 시도로 극적인 일격을 원하는 부류로 팽팽한 대립이 있었다는 사실은 의심의 여지가 없다.

결국, 매파가 승리했다. 1967년 9월, 지압 장군의 "대 승리, 위대한 과업"이라는 제목의 잡지 기사는 다음 해 1월 구정 공세의 청사진이 무엇인가에 대한 윤곽을 제시하고 있다. 그는 특별히 두 가지 주제: 첫째, "미국은 지구전을 바라지 않고 있으며", 둘째, "미국 지도부는 … 미국 시민들의 점증하는 반전 여론에 직면할 것이다."를 간파하고 있었다. 이들 두 가지 요소는 그의 핵심 전략이었다. 지압은 또한 다른 몇 가지 흥미 있는 정보를 흘렸다. 그는 북베트남 인민들의 용기와 저항 의지 그리고, 사랑하는 조국의 통일을 향해 전진하기 위한 그들의 "확고한 신념"을 견지할 것을 강조하였다. 이는 일부 북베트남 인민들의 사기가 흔들리고 있으며, 사실상 독려가 필요했다는 사실을 암시하고 있었다. 또한, 그는 반동분자들과 스파이들의 악의적인 음모를 분쇄하기 위하여 필요한 조치가 이미 취해지고 있다고 밝혔다. 공산주의 전문가들에게 이러한 말을 하는 것은 통상 오직 하나: 즉 공산당 당원들이 당의 노선에 반대하였으며- 그들은 실패하였다는 의미일 뿐이다. 1967년 가을, 북베트남의 정보 수장을 포함한 200명 이상의 관료들이 은밀히 체포되었으며 처형되었다. 사회주의 인민들의 낙원에서 반대는 위험한 것임을 입증해주고 있다.

지압의 관점에서, 총체적이고 장기적인 베트민 전략의 기본적 목적을 재강조할 시기가 왔다고 판단하였다. 1967년 9월 그가 제안했던 것은 가용한 북베트남 정규군과 베트콩을 총동원하여 남베트남 전역에 걸쳐서 눈부신 전면적인 공세 작전을 전개하는 것이었다. 이것이야말로 그가 희망했던, 억눌린 남베트남 인민들의 대망의 봉기를 촉진할 수 있으리라고 보았다. 지압은 참으로 공산주의자들이 보유한 모든 자원- 정치적, 외교적, 군사적 자원-을 동원하여 남쪽의 모든 마을과 도시에서 일련의 전시적 공격을 가한다면, 베트민과 남베트남 민족 자유 전선은 혁명의 최종 촉매로 활동하여, 대중들을 선동하여 그들 자신이 집으로부터 뛰쳐나와 자본주의 억압의 멍에를 벗어 던지리라고 생각하였다.

군사적인 면에서, 남베트남의 당시 상황을 고려한다면, 지압의 정치-군사적인 분석은 다소 거리가 있는 것이었다. 그러나 때때로 판단이 잘못된 전술일지라도 예측지 않은 전략적·심리적 결과를 낳을 수 있다. 구정 공세로 알려진 사건이 이를 증명하고 있다. 그러나 다른 면에서는, 지압의 분석은 대단히 지각이 예리했다고 볼 수 있다. 예를 든다면, 그는 "주관적이고 당당한" 미군 고급장교들로부터 일말의 심리적 약점을 식별할 수 있었다. 북베트남 사람들에 의하면, 미군 고급지휘관들은 그들의 주인의 명령을 실행하는데 있어서 단순한 "폭력의 관리자"에 불과한 군사기술자에 지나지 않았다. 그들은 매우 단순한 군사적 견해로만 사고하는 경향을 보이고 있었다. 그들은 전장에서 승리를 쟁취하거나 또는 유리한 고지를 선점하기 위하여 새로운 체계를 개발하는데 집착하였다. 무엇보다도 그들은 숫자와 "부대 관리"에 사로잡혀 있었다. 그들은 그들이 상대하고 있는 적과 같이 사고하지 않았으며, 적의 입장에서 적은 그들을 어떻게 생각하고 있을 것인가 하는 문제를 고려하지 않고 있었다. 특히 퇴각하고 있는 적이 돌발적인 기습을 감행할 수 있다는 생각을 하기를 달갑게 생각하지 않는 그들의 태도는 매우 실제적인 약점이었으며, 심사숙고하는 지압에게는 더욱 그러하였다. 그 한 예로, 1944년 미군 장군들은 아르덴느 지역의 벌지 전투에서 그 이면에 있던 실제 정치적 목적을 찾지 못 하였다. 당시의 미군 지휘관들은 그들의 승리에 몰두하여 적의 기습공격의 가능성을 감지하지 못 하였을 뿐 아니라, 그들은 전쟁의 실제 목적이 무엇인지 정치적으로 둔감하여 본질상 정치적 동기를 지닌 명백한 공격의 가능성을 깨닫지 못했다.

지압은 또한 미국이 여하한 맹습을 당할 경우에도 베트남의 미군 병력 수준을 증가시킬 수 없는 이유를 정확히 간파하고 있었다. 미군 부대들의 범세계적 수요는 가용한 사단들의 이동을 제한하였다; 냉전 시대 미국의 세계전략은 "제한 반응"이었다. 끝으로, 지압은 미국의 국내적 압박과 국제적 여론은 미군이 북베트남에 가서 핵무기를 사용함으로써 그들의 급소를 공격하는 여하한 시도도 제한 될 것이라고 판단하였다. 그렇다 할지라도, 북베트남은 미군 군사력이 정치적 의지를 결합하여 전면 가동하면 북베트남은 석기시대로 돌아갈 수밖에 없을 것이라는 미국의 힘을 결코 잊지 않았다.

지압은 또한 점증하는 미국의 반전 여론으로 인한 국내적 불안, 특히 "확산되고 있는 미국 흑인들의 투쟁"과 미국 내의 여타 취약 요소들로 인하여, 그가 추구하는 공격에 대항하여 미국의 반응이

제한될 것이라는 데 주목하였다. 그의 문제의 분석 결과에 대한 확신, 그리고 그의 정치적 수반의 전폭적인 지원에 힘입어, 디엔 비엔 푸의 영웅은 1967년 9월, 승리를 위한 그의 최종 계획을 착수하였으며, 결국, 민족 해방을 위한 역사적 전쟁을 수행하게 되었다.

작전을 위한 제일가는 핵심 요소는 보안 유지였다. 이 부분에 있어서 지압은 최고 사령관으로서 문제에 직접 뛰어들어 북베트남군의 구정 공세 작전 계획 작성에 총력을 경주하였다. 북 베트남군에 두 가지 목표가 있었다: 첫째, 최대의 효과를 누리기 위하여 가용한 모든 공산군과 남쪽의 동조자들을 동시에 일제히 동원하는 것과 둘째, 남 베트남군과 미 동맹군의 경계가 최대한 이완된 상태에서 절대적인 기습을 달성하는 것이었다. 어떤 면에서는 이들 두 개의 목표들은 상호 배타적이었다. 하나는 당의 모든 열성 당원들에게 메시지를 전달할 수 있는 전파가 요구되었고, 다른 하나는 적들이 알아차리지 못하도록 최대한의 보안 유지가 요구되었던 것이다. 전파 대 보안 유지: 그것은 작전 계획자들에게 난세였다.

중요한 착상이 문제를 해결하였다. 그것은 분명히, 여하한 기만계획도 이른바 남쪽의 혁명 단체들과 정글에 숨어서 낙담해 있는 베트콩들을 고무하기 위한 전투준비를 명령할 때는 아주 공공연하게 공표해야 한다는 것이었다. 최종 기만계획은, 모든 최상의 기만계획과 같이, 사실과 허구의 정교한 조합으로 이루어졌다. 미군의 선입관을 증대시키기 위하여, 기만계획은 미국과 그들의 동맹국들이 기대하는 것과 참으로 알기를 원하는 것들을 고려하였으며, 그들을 혼합해서 서로 상치되는 신호들의 조합을 만들었다.

북베트남은 또한 그들의 기만계획을 지원하기 위하여 몇 가지 조치들을 단행하였다. 그 예로, 1967년 10월, 그들은 베트콩과 민족해방전선(NLF)이 1968년 1월 31일 구정 명절 초기부터 1주일 전체 기간 동안 휴전을 실시할 것이라고 공표하였다. 1주일간의 휴전 기간은 보는 사람들을 놀라게 하였지만, 민족해방전선은 지난 20년 동안 베트남의 신정 기간에 일종의 휴전을 실시해 왔기 때문에 이 공표는 기대해 왔고 또한 환영을 받았다.

미국의 분석관들은 휴전의 기간은 남쪽에 있는 약화된 베트콩 부대들이 전년도에 미군으로부터 정확한 공중폭격을 받았기 때문에 휴전 기간을 통하여 재보급을 받을 수 있도록 하기 위하여 계획된 것으로 추정하였다. 사실, 구정 기간의 긴 휴전은 북베트남 정규군과 베트콩 부대들이 피해를 많이 받은 결과라는 미국의 견해를 더욱 확신시켜 주었다. 1주일의 휴전은 다른 어떤 단일한 조치보다 더욱 미국을 안심시켜 그들의 경계태세를 낮추기 위하여 착안되었던 것이다. 그것은 또한 남 베트남군 지휘관들이 그들의 병사들을 그들의 가족에게 보내어 말쑥한 모습으로 고향 휴가를 즐기도록 해주고 싶어 하는 절호의 기회가 되기도 하였다.

이처럼 거짓 휴전과 같은 효과를 나타낼 수 있는 다른 소극적인 기만 수단은 없었다; 그리고 구정 공세 이후 이보다 더 남베트남 주민들의 분노를 자아내게 한 계략은 없었다. 그것은 마치 북베트남이 휴전을 충실히 이행하겠다고 약속한 다음, 크리스마스, 신정, 부활절, 매년 조상들의 성묘를 하는 기간을 모두 통틀어서 계획적인 공격을 감행하는 것이었다. 구정은 신성한 민족 명절이었고, 베트남의 독특한 문화를 상징하는 것이었다.

미국은 북폭의 성공에 대한 반응과 남쪽에 있던 민족해방전선의 전력의 역전현상에 고무되어 매우 간절하게 어떤 평화의 손짓

이 오기를 기대하고 있었다. 북 베트남 군사령부는 모든 외교 채널을 통해서 그들은 심각한 피해를 입었으며, 대화를 원하고 있다는 것을 확인 시켜 주었다. 1967년 9월 그들은 한 기만작전을 실시하기로 결심하였는데, 그것은 미국 당국에 구미가 당기는 조난신호를 보냄과 동시에, 그들이 잠재적 약점으로 식별한 신 식민주의 노선의 단층선(斷層線)에 쐐기를 박아 미국과 남 베트남 사이를 이간시키기 위한 양면적인 의도를 지니고 있었다.

하(Ha)라고 불리는 베트콩 하나가 믿을 만한 비밀서류들을 지참한 채 남베트남군에 위장 포로로 잠입하여, 친절하게도 그는 전쟁포로와 정치 사안을 협상하기 위하여 미국과 채널을 여는 임무를 띠고 밀파되었다고 진술하였다. 후에 미국 당국이 이 사실을 알게 되어, 미국 측은 하와 논의하기 시작하였고, 미국 측은 남베트남 정부에 그의 요구사항(체포된 베트콩 테러리스트들의 조기 석방과 같은)을 들어주도록 압력을 행사하여 갈등을 야기했다. 동맹간에 불신과 알력이 중요한 시점에 고조되기 시작하여, 남베트남은 미국이 그들의 배후에서 북과 일종의 일방적인 음모를 꾸미고 있는 것으로 깊이 의심하게 되었다.

이러한 기만 행위는 후에 하노이 방송으로 증원되었는데, 북베트남의 외무장관은 미국이 북폭을 중단하는 경우에만 실질적인 대화를 할 수 있다고 언급하였다. 그러자 미국은 이것이야말로 북베트남이 미국의 압력에 반응하기 시작하였으며, 그들의 전쟁 지속 의지가 약화되고 있는 진정한 현상으로 받아들였다. 그러나 이는 사실과는 터무니없이 먼 거리에 있었다.

이러한 외교적이고 공개적인 정치적 제스처는 북베트남의 술어로 "소극적" 기만 작전의 일부였으며, 이들은 그들의 진정한 의도를 은폐하기 위하여 착안된 것이었다. 공산주의자들의 기만 계획의 또 다른 팔은 소위 "적극적"인 수단이었다. 이 전략은 의도적으로 구상된 것으로서 미 군사지원사령부(MACV: 이하 '주월 미군사령부'로 호칭)의 관심을 끌기 위하여 일련의 주요 핵심 기지에 대한 '치밀한 세트 피스 군사 공격(set-piece military attack)'을 감행하는 것이었다. 그 발상은 민족해방전선(NLF)이 붙잡혀서 장차 계획되어 있는 공격 내용을 발설하도록 강요받는다면, 미군 정보 분석가들이 찾고 있는 것과 똑같은 공격 내용을 미국에 제공하는 것이 타산적이라고 판단했기 때문이었다. 이것은 남에서의 전국적인 봉기가 아니라(미군들이 우려하고 있는: 역자 주) 고립되고 취약한 미군 병영: 즉 사실상 또 하나의 디엔 비엔 푸가 될 것이라는 데 착안한 것이었다.

미군들이 그들에게 임박한 군사공격의 심각성을 알아차리는 데 실패하지 못하도록 확실히 하기 위해서, 지압은 그들의 주적에게 한 개가 아닌 두 개의 가능성 있는 제2의 디엔 비엔 푸 표적들을 제공하였다. 두 개의 목표 모두 북-남 국경선 근처에 위치하고 있으며, 구정 공세의 실제 표적들인 미군 군수기지들과 인구 밀집 지역과는 멀리 떨어져 있었다. 이러한 양공 작전은 미군의 관심을 구정 공세 계획으로부터 다른 곳으로 유도하여 미군 예비대와 화력을 다른 곳으로 전환하기 위하여 특별히 고안된 것이었다. 그들은 또한 굉장히 떠들썩한 행동으로 주월 미군사령부 전체와 많은 세계 기자들의 관심을 끌었으며, 심지어는 사이공의 주월 미군사령부의 정보참모부 요원들조차도 임박한 공격에 대한 양질의 정보를 사전에 수집하지 못하도록 하였다. 미국이 그들에 대한 공격을 찾고 있을 때는, 호지명과 지압 장군은 그에 대한 화답으로 공격을 감행하였다.

최초의 습격은 베트남 중앙지역이며, 캄보디아 국경에 가까운 서측 지역 닥 토(Dak TO)에 위치한 미군 방어기지에 가해졌다. 그것은 1967년 11월 4일에 시작하여 그달 말일까지 지속되었다. 그 공격으로 북베트남 정규군 6,000여 명 이상의 사상자가 발생하였으며, 그것은 비정하게 보였지만 다른 조치들과 같이 의도적이었고 부분적으로는, 후에 구정 공세를 이끌어 가야 할 장교들에게는 실제 전투 연습이었다. 미국의 관점에서 보면, 공산주의자들의 값비싼 패전이었으나, 그들은 가장 중요한 목적을 달성하였다: 구정 공세를 준비하는 중요한 시기에, 웨스트모어랜드 장군과 그의 참모들의 관심을 '고립된 미군 주둔지들에 대한 치밀한 세트피스 군사 공격'에 붙잡아 놓을 수 있었다. 닥 토 공격은 공산주의자들이 주장하고 있던 "위대한 최후의 승리"로 향하고 있지 않았는가?

닥 토는 단순히 시작에 불과하였다. 12월 중, 남베트남의 공산지역군시령관들에게 다음과 같은 중요한 메시지가 포함된 최후지시가 하달되었다: "1967년 7월 총체적인 공세 작전과 민중봉기에 대한 결정 ··· 현재의 정치·군사적 평가에 대한 장고 끝에 ··· 1,000년에 한번 있을 총공세가 있을 것 ··· 그리고 그것은 전쟁의 운명을 결정하게 될 것이다." 미국 정보 당국은 이 지시문과 많은 노획 문서들로부터 동일한 내용을 입수함으로써 다가오는 폭풍에 대하여 잘 알고 있었다. 정말, 1968년 1월 사이공에 있는 주월 미군사령부 공보장교는 1967년 11월 미 101 공수사단에서 노획한 문서를 기초로 구정 공세를 위한 작전명령에 해당하는 기사를 실제로 배포하였다. 여기에는 베트콩의 문구들이 포함되어 있었다.

〈THE VIETNAM WAR 1956-1975〉

마을과 도시들을 장악하기 위하여 지역 주민과 함께 매우 강력
한 군사공격을 감행하라. 군대는 홍수와 같이 저지대를 휩쓸어야

하며 … 계속 전진하여 사이공을 해방시키고 권력을 장악하며 적 "괴뢰"〔즉 남 베트남 〕군대를 우리 편에 규합해야 한다.

이러한 양질의 정보를 미군이 가지고 있었다는 것을 고려할 때, 미군이 구정 공세로 기습을 당했다는 것은 얼른 이해할 수 없는 것처럼 보인다. 그러나 다음과 같은 예외적 요소가 있었기 때문에, 지압과 하노이 당국은 완전한 전략적 기습을 달성할 수 있었다. 즉 어떻게 이러한 일이 발생하게 되었는가를 이해하기 위해서는 그 조직과 사회학자들이 말하는 "신념 구조(belief structure)", 또는 1967년 말 베트남 문제에 대한 미국의 정보 문화를 검토하지 않으면 아니 된다.

미국 정보체제는 유사한 문제에 직면한 다른 정보 조직보다 특이하게 유리한 점을 보유하였다. 미군은 학식이 풍부하며 논리가 있고 전문성이 탁월하면서도 아주 협조적인 베트남의 "지역 전문가", 즉 남베트남 사람들의 거의 제한 없는 지원을 받을 수 있었다. 모든 문서들은 신속하게 번역될 수 있었고; 모든 포로들은 지체 없이 심문이 가능하였으며; 언어상의 뉘앙스, 공산주의자들의 전문술어와 지역별 편견들에 있어서 미국 분석관들은 그들의 동맹들과 의견을 교환함으로써 전혀 문제가 될 수 없었다. 이는 외국에서 다른 언어를 사용하는 적과 싸울 경우를 생각해 보면 압도적으로 유리한 카드가 아닐 수 없었다.

그러나 불행하게도, 미 군사정보는 베트남에서 미군에 대항해서 움직이는 내부에 부식된 불리한 요소들을 또한 수용하고 있었다. 이러한 불리한 요소들은 구정 공세에 대한 미국의 해석과 대응의 두 가지 면에서 모두 치명적으로 작용하곤 하였다. 미국의 이해를 왜곡시키는 주된 불리한 요소의 하나는 역사에 대한 지나친 고정관념이었다. 미국의 정책입안자(policy maker)와 정보 분석관(intelligence analyst) ((결코, 너무 가까이해서는 아니 될 양자 관계 (who should never enjoy too close a relationship)- 정책입안자들의 정치적 기대(political wish)는 통상 그들의 주인을 만족시키기 위하여 지나친 열심을 가진 일부 정보 장교들의 인간적 성정으로 늘 객관성을 부패시킨다)) 들이 구정 공세에 대한 정보를 바라보는 것처럼, 그들은 '역사적 유사성(historical parallels)'을 좇고 있었다. 베트남에서, 그들은 먼 앞을 바라볼 필요는 없었다. 디엔 비엔 푸에서의 프랑스 패배의 망령이 북 베트남군의 목표를 분석하는 모든 서방 분석관들의 뇌리를 떠나지 않았다. 디엔 비엔 푸를 넘어, 한반도에서의 공산주의 전략과 1944년의 벌지 전투와 같은 유형의 공격이 유추되었다. 사실, 1967년 12월 디트로이트에서 미 합참의장은 연설에서 조만간에 벌지 전투에서의 독일의 공격과 비교할 수 있는 북베트남 군의 최후의 맹공이 있을 것이라고 언급하였다.

웨스트모어랜드(General Westmoreland) 주월미군사령관과 에이브람스(General Creighton Abrams)부사령관은 1944년 실제 아르덴느에서 전투에 참가하였다. 냉정하게 바라보면, 본 룬트슈테트(von Rundstedt)와의 최후의 전투의 유추가 점점 코너에 몰려 절망적인 상태에 빠져 들어가는 북 베트남군의 위협을 평가하는데, 당시 미군 고위급 사령관들에게 영향을 끼쳤을 것이라고 생각할 수 있다. 그러나 우리 인간들은 모두 우리들 자신의 경험의 포로에서 벗어날 수 없다. 웨스트모어랜드와 그의 고위 보좌진들은 벌지 전투의 유추를 오직 치명적인 타격을 입은 적의 최후의 군사적 발악 정도로 보았을 뿐, 특별한 정치적 목적을 가진 전면적인 봉기로 보지 않았다.

　이러한 최후의 군사적 반격을 해올 것이라는 관점에서 볼 때, 공산주의자들은, 아르덴느 공세 기간 중 바스토뉴 전역과 같이, 미군의 주력부대를 절단하여 치밀한 군사작전으로 각개격파하려 시도할 것으로 결론지었다: 즉 1954년의 디엔 비엔 푸와 같이. 미국의 분석관들과 군 지휘관들은 절망적인 북 베트남군이 미국을 모욕함은 물론, 전쟁을 종식시키기 위하여 미군의 본국으로의 철수에 대한 국내적 압력을 가중시킬 수 있도록 고안된 치밀한 군사작전에 모든 것을 바치려고 할 것으로 굳게 믿고 있었다. 비록 디엔 비엔 푸는 프랑스에게 전술적 패배를 안겨 주었지만, 역사는 나머지 프랑스 원정군이 인도-차이나 지역에 대규모 병력이 건재함으로써 전투 준비태세를 갖추고 완벽한 임무 수행을 할 수 있었다는 사실을 지나치곤 하는 경향이 있다. 그러나 디엔 비엔 푸의 악몽은 전쟁에 기진맥진한 도시 주민들에 의해서 되살아나기 시작했다. 미국인들, 특히 CIA는 베트남에 관여하던 순간부터 디엔 비엔 푸의 악몽에 사로잡혀 있었다. 하여 만약 한 곳에서 북베트남군의 공격의 승리가 임박하고 있으나, 전체적으로 공산당 측이 패전하고 있다면, 그들은 베트남에 대한 미국 국민들의 지지를 제거하기 위하여 제2의 디엔 비엔 푸를 획책하려 할 것이라고 추정하였다.

　그러나 역사적으로 유사한 사태가 반복된다는 강박 관념은 미국의 입장에 존재하는 오직 유일한 취약점이라고 할 수는 없었다. 미국-남베트남의 복잡한 지휘구조 역시 문제를 가중시키고 있었으며, 특히 신속한 반응 능력에 문제가 있었다. 웨스트모어랜드의 관점에서 본 엄연한 사실은 그는 베트남에서의 미 군사력을 지휘하는 유일한 책임자가 아니었다. 해군은 미 태평양함대 사령관이 모든 미 전략공군과 해상 공군력을 지휘하였고, 미 공군은 독립된 요소로 작전하였다. CIA는 자체의 국내 프로그램을 운영하고 있었으며, 그 일부는 Phoenix 비밀공작이나 암살계획같이 재래식 군사작전과는 전혀 다른 분야였다. 사이공에 있는 미국 대사는 남베트남과의 관계 유지에 관한 모든 책임을 지고 있었다. 또한, 남베트남은 그들 자신의 군대와 행정부, 지방 조직을 가지고 있었다. 이러한 모든 요소들 뒤에는, 여론에 영향을 미칠 수 있는 베트남 내의 모든 변화에 민감한 워싱턴의 존슨 민주당 정부가 5,000마일 멀리서 '미세관리 전쟁정책(micro-managing the war)-장관의 현장 전투지휘 정책(역자 주)'을 점점 더 강화하고 있었다.

이렇게 중앙집권적인 정책의 중심에 있었던 관료는 미 국방장관이었던 야심 많고 오만한 Robert McNamara였으며, 그는 하버드 경영대학에서 가르치고 있던 미세경영(micro-management) 기법들이 유일한 전쟁 관리 방법이라는 사실을 철저하게 신봉하고 있었다. 이는 곧 대통령과 함께 베트남의 전술 표적 지도들을 열심히 주시하면서 그의 공군참모장교로부터 세부적인 폭격피해평가서들을 요구하는 우스꽝스러운 지경에 까지 이르렀다. 어떤 때는 대통령 전용기에 탑승한 상태에서도 이러한 보고서들이 전달되곤 하였다. 사실, 존슨 대통령은 어느 폭격피해평가서(bomb damage assessment)를 검토한 후 "이것이 공군이 할 수 있는 전부인가? 이들 지저분한 오두막집들을 날려버려!"라고 말했다는 소문까지 전해지고 있다.

1968년까지 실재적인 결심들이 미 군사 지휘계통에게 위임되지 않고 있었다. 로버트 맥나마라의 군사문제 처리 방식은 간단했는

데: 그의 뜻에 반대하는 자들은 그가 할 수 있는 한 해임시켰고; 그가 할 수 없으면 그들을 장외로 물러나게 하고 르네상스 시절의 추기경같이 대통령에 접근하지 못 하도록 차단시켰다. 국방장관의 악의적인 영향력 하에서, 존슨 대통령은 맥나마라와 다른 관점을 가진 군사 지휘관들을 접할 기회가 결여된 것은 다음과 같이 패전의 주요한 요인이 되었다.

이처럼 지나치게 중앙 집권화되어 있던 국가 통수체계에서는 다수의 경쟁적 정보기관들이 난립함으로써 지휘·통제·통신(C3)체계가 무너질 수밖에 없었다. 관련되었던 정보기관들의 목록을 보면 베트남 문제를 다루는 정보 수집자와 분석자들 간에 마치 과거 동로마제국의 비잔틴의 번잡한 관료정치를 연상케 하는 혼란스러운 권모술수가 있었다: 국가 정보판단실(O/NE); 중앙정보국(CIA); 국방정보본부(DIA); 국가보안국(NSA); 국가정찰국(NRO); 해군정보국(ONI); 베트남 군사지원사령부(MACV) 합동정보처(J2); 베트남 연합정보본부(CICV); 연합 군사심문센터(CMIC); 연합 문서정보센터(CMEC). 이 모든 미국 정보기관들은 베트남 자국익 정보기관 및 출처들과 매우 병렬적인 관계에 있었다.

더욱 혼란스럽게 하는 것은, 베트남 내의 연합 정보센터에 근무하는 대부분의 남베트남 장교들은 NSA의 "NoForn" 신호정보와 같은 최 극비의 미국 정보는 접근이 불가능하였다. 알아야 할 필요성 유무(the need to know)에 따른 철통 보안의 유지가 매우 냉혹하게 적용되었기 때문에 진실된 정보 그림이 산산히 분해되고 말았다. 미군의 이러한 태도에 반발하여 남베트남 정보장교들도(아일랜드 공화국군(IRA)에 관한 세부 기밀자료들을 "외국의(foreign)" 영국군 장교들에게 건네주기를 꺼려하는 영국 왕립 아일랜드 경찰

청의 특수과의 경찰들과 같이)전출입이 빈번한 미군 정보장교들에게 자신들이 입수한 극비의 인간정보들을 제공하기를 꺼려하였다. 1년 근무를 주기로 하는 미군 장병들의 해외 주둔 인사체계는 작전의 연속성과 경험 면에서 문제가 되었다. 결국에 가서는, 동맹국 파견대 중 가장 강인하고 성공적이었던 주월 한국군조차도 특별한 지시가 없는 한 그들의 정보를 제공하기를 거절하였다.

복잡한 베트남의 각종 정보기관들을 통해서 수집된 무수한 정보가 홍수가 날 정도로 넘쳐흘렀다. 연합 문서정보센터에서는- 언어 문제를 고려한다면, 남베트남 공화국군의 영역이었던- 매달 50만 페이지에 달하는 민족해방전선과 월맹 정규군의 노획 문서들을 처리하고 있었다. 그중 약 10퍼센트는 고급 정보 가치가 있었으나, 전장에서 피로 물들거나 더럽혀진 페이지들은 별도 처리되어야 읽을 수 있었다. 베트남에서 미국의 문제는 정보가 부족했던 것이 아니고; 아주 단순하게 말하자면 정보가 너무 넘쳐났다는 것이다.

이러한 방대한 과업을 통제하고 협조시키는 일이야말로 1944년 아이젠하우어 대장 시절 운용되었던 대규모 정보기관과 노련한 정보요원들에게는 무거운 부담이 되었을 것이다. 1967년 후반, 겨우 6명의 연락 장교들이 남베트남군 정보참모부(RVN-J2)에 파견되었다. 그들은 즉각적으로 그리고 당연히 미국, 주월 미군사령부, 베트남 내의 모든 미 정보기관들 그리고 남베트남군을 지원하는 남베트남 자체의 정보기관들 간에 연락장교들의 정보요구와 업무협조와 관련된 서류의 홍수에 빠져들었다. 또한, 미국은 1967년 12월까지 매우 심각한 정보기관들의 지휘/통제/통신상의 문제가 있었다. 우둔하게도, 당시에는 실제적인 합동사령부가 없었으며, 또한 모든 업무가 적절하게 협조될 수 있도록 보장하는 제도적 장치도 존재하지 않았다. 이는 펜실배니아 거리에서 이루어지고 있는 로버트 맥나마라의 미세 경영방법에 의한 고통스러운 전쟁지도를 웃음거리로 만들었다. 북베트남 정규군과 베트콩들은 이러한 지휘의 취약점들을 너무 잘 알고 있었으며, 구정 공세를 위한 계획의 일부로 그들은 남베트남군의 통신 링크는 제외하고, 미국의 주요 무선 링크들을 무력화시키기 위해 전자전에 의한 전파방해를 감행하였다. 모든 형태의 지휘, 통제, 통신망들이 구정 공세의 주 표적이 되게 하였다.

과거, 특히 디엔 비엔 푸에 대한 강박 관념의 문제를 더욱 악화시킨 것은, 베트남의 혼란스럽게 얽혀있고 분산된 지휘구조와 과다하면서도 협조되지 않은 정보기관들로 인하여, 미군 당국은 치명적으로 북베트남군/베트콩의 전략을 오판하고 말았다. 하노이의 비밀정책회의가 있던 1967년 7월까지, 미국의 분석관들은 그들 판단에 의하면, 공산주의자들의 총체적인 목표를 식별하였다고 생각하였다. 남쪽에서 패전하고 또한 북쪽의 방어에서도 미국의 북폭: 융단폭격(Rolling Thunder bombing)에 엄청난 피해를 입어, 북베트남군은 미군의 세력이 강력한 해안이나 인구 밀집 지역에서 멀리 떨어진 국경 지역에서만 효과적인 공격작전을 할 수밖에 없을 것이라고 믿었다. 오직 하나, 남베트남의 1,100마일에 달하는 산악과 정글로 이루어진 국경선 전체를 위협하는 이론으로, 공산주의자들은 이 지역에 인접한 상당한 규모의 미군 부대를 기습 공격하여 격파함으로써 미국민들의 전쟁 지속 의지를 말살하려 할 것으로 판단하였다. 이러한 분석을 기반으로, 미 정보요원들은 미군 자체가 추정하는 제2의 디엔 비엔 푸를 찾기 시작했다.

그들은 그것을 찾는 데 오랜 시간이 걸리지 않았다. 비록 다양한 정보기관들이 1967년 가을까지 그들 자신의 치열한 관료주의적 전쟁에 휩쓸려있었지만, 그해 11월 말과 12월 초에는 무언가 비정상적인 움직임이 현저하게 포착되고 있었다. 정보 징후들이 변화되고 있었다. 라오스와 캄보디아의 호지명 루트 상의 트럭 움직임이 1967년 8월의 500대에서 12월에는 6,300대로 증가하였다. 소련과 무기협정 서명 후, 남쪽에서 신형 무기들이 발견되었다. 신호 교신이 증가하고 있었다. 귀순자들이 더 이상 나오지 않았다. 노획된 문서들에서는 전승을 위한 새로운 대규모 공세 작전이 언급되고 있었다. 비정상적인 병력 이동과 증강들이 보고되었다. 남베트남인 들은 사복을 착용한 상당한 숫자의 베트콩들이 허위 민간 문서들을 만들고 있으며, 또한 미군 시설들을 정찰하고 있다는 사실을 확인해 주었다. 비정상적으로, 고갈된 베트콩 부대들이 처음으로 북베트남 정규군 지원자들로 구성된 신병으로 보충되었다. 중부 고원지대에 있던 당황한 미군 정보 장교들은 1967년 늦가을부터 구정 공세를 위한 병력 증강의 일환으로 보이는 신형 군복과 장비로 무장된 적들과 조우하고 있었다.

만약 정보 해석의 핵심이 비정상의 출현을 찾고, 정상의 부재를 발견하여 그것이 무엇을 의미하고 있는가를 자문하는 것이라면, 미 정보공동체는 1967년 늦가을까지는 어떤 징후들을 찾아냈을 것이다. 그러나 미 정보공동체는 그 모든 징후들이 의미하고 있는 것이 무엇인가에 대한 합의를 찾을 수 없었다; 더욱 잘못된 것은, 그들은 동의하지 않을 것이라는 것이다. 그러한 문제의 일부는 미 정보기관들은 베트남전쟁에 대한 다양한 정책적 관점을 가지고 있었다. 그들은 무관심하여, 어떤 상상의 나래를 펴지 않는 주관적인 관찰자에 불과하였다. 군부(MACV)는 그들이 승리하고 있었으며, 또한 웨스트모어랜드 장군의 군사정책들은 성공적이었다는 사실을 입증하는데 관심이 있었다. 베트남 전쟁에 대한 오래된 비관적 인식에도 불구하고, CIA는 사이공에 있는 현지 요원들과 미본토 랭글리에 위치한 CIA본부 요원들과는 결정적으로 평가의 차이가 있었다. 한편, 워싱턴 미 합동참모부는 북베트남군/베트콩의 군사력 증강에 대한 MACV-J2의 평가는 존슨 행정부와 여론을 난처하게 만들고 경우에 따라서는, 베트남 증파를 요청할 수도 있다는 편집증을 가지고 있었다. 이러한 정치적 정책들은 군사적 객관성을 왜곡시키고 있었다.

그러한 문제의 해결책은 가용한 모든 출처의 정보를 망라할 수 있는 독립적인 국가정보판단 기관이 있어야 한다. 2차 대전 이후 미국은 정확히 그러한 참모조직을 구비하였다: 국가정보판단(NIE)을 생산하는 국가정보 판단실(the Office of National Intelligence Estimates: O/NE)이다. 국가정보판단 프로세스는 진주만 사태와 같은 재앙을 되풀이하지 않도록 대통령과 그의 보좌진들에게 최고급의 객관적인 평가서를 제공하기 위함이었다.

1950년, 국가정보를 위한 트루먼 대통령의 최초 계획은 단호하고 강력하였다. 중앙정보국장(Director of Central Intelligence: DCI), Walter Bedell Smith 대장이 이 일에 임명되었다. 베델 스미쓰는 유럽에서 아이젠하우어의 참모장이었으며, 그는 경험을 통해서 전시 합동정보 위원회(Joint Intelligence Committee: JIC)가 어떠한 일을 수행해야 하는가를 잘 알고 있었다. 신임 중앙정보국장은 가장 명석하고 최고의 요원들로 구성된 독립적인 국가정보 판단실을 설립하여 국가정보판단 초안을 작성토록 하였으며,

이를 국가급 정보기관장들로 구성된 국가정보위원회에서 중앙정보 국장이 의장이 되어 검토 후, 최종 결론을 도출하도록 하였다.

그러나 불행하게도 베델 스미쓰는 정보기관들이 반대하거나 또는 다른 경쟁적인 부서를 만드는 것을 방지할 수는 없었다. 그 자신의 강력한 의장으로서의 지도력 하에서는, 그 시스템이 작동되었으나, 1968년 CIA가 백악관에 일일 정보 보고를 하는 별도의 정보국(Directorate of Intelligence: DDI)을 설립하고, 국무성은 국무성대로 정보/연구국(Bureau of Intelligence and Research)을 설립함으로써, CIA나 국무성의 입장과 맞지 않을 경우, 국가정보 판단실에서 작성하는 국가정보판단은 이들로부터 도전을 받게 되었다. 이러한 환경에서, 1967년 가을, 북베트남군/베트콩의 전투서열과 군사력을 평가한 미 국가정보판단 14-3/67은 미국의 모든 정보기관들의 융합에 기초한 워싱턴의 공감대를 만족시킬 수 있는 입증력을 갖출 수 없었으며, 다만 미국의 다수의 경쟁적인 정보기관들 간의 또 다른 악의적인 논쟁거리로 남을 수밖에 없었다. 유감스럽게도 파킨슨 교수는 명백하게 그러한 상황을 이해할 수 있었을 것이다.

정보기관 간 정책적 전투경계선은 빠르게 그어졌다. 청 코너에는 베트남 군사 편제를 판단하는 주월 미군사령부 정보참모부와, 홍 코너에는 미 CIA였다. 이러한 주역들의 배후에는 각종 위원회 모임에서 충언과 지지, 어떤 정치적 언동 등을 통해서 어슬렁거리는 지원세력들이 있기 마련이다. 문제는 간단했다: 북베트남군과 베트콩은 얼마나 많은 병력 규모로 미군과 동맹군들에게 공격해올 것인가? 이러한 관료주의적인 경쟁의 결과로 공산주의자들의 새로운 공세에 투입되는 적의 군사력 평가가 좌우되고, 이에 따라 적절한 군사적 대응을 하게 됨으로써 모든 국내 정치적 결과를 초래하게 된다.

미 베트남 군사지원사령부(MACV, 일명 주월 미군사령부)와 그의 배후 후원세력인 미 국방정보본부(DIA)는 베트콩 민간 동조자들은 적의 군사력 평가에 포함시키지 말아야 한다고 격렬하게 주장하였다. 이와는 달리 CIA는 남쪽에서 민주화 투쟁을 하는 데 힘을 보탤 수 있으며, 또한 소총을 운반할 수 있는 능력을 가진 120,000명에서 150,000명에 이르는 베트콩(남베트남의 월맹군 동조자들)을 제외하는 것은 문제의 참 크기를 얼버무리기 위한 어리석기 짝이 없는 시도라고 주장하였다. 이것은 단지 숫자에 관한 난해한 문제만은 아니었다. 그 해답은 현실적으로 매우 실제적인 군사적 결과를 초래하곤 하였다. 이와 유사한 예는 1940년 독일이 잠재적 적의 총체적인 군사력에 영국의 본토 수비대를 포함시켜야 했는지의 여부이다. 어떻게 결정되었든지 독일의 침공 작전에 소요되는 군사력 평가에는 큰 차이를 보였을 것이다.

베트남에서의 이해관계는 지대하였으며, 뼈 아픈 논쟁거리가 되었다. 주월 미군의 성공의 지표가 되는 베트남에서의 미군 병력 소요에 대한 매우 민감한 정치적 계산은 위험한 상태에 있었다. 미 합동참모본부와 주월 미군사령부는 그들의 병력 수준이 1968년 초에 정치적으로 이미 한계에 도달했다는 사실을 알고 있었다. 만약 주월 미군사령부의 전략이 그들이 주장하고 있는 것처럼 전쟁을 승리로 이끌고 있었다고 한다면, 도대체 베트콩 병력의 돌발적인 증가는 미국 국민들에게 어떻게 받아들여질 것인가? 이 문제는 존슨 대통령 재선과 국내 정치 일정의 핵심 사안이었다. 미 합참의장이 웨스트모어랜드에게 보낸 사신에는:

나는 통계적 수치와 장차 병력 수준과의 관계에 대하여 … 우려가 됨을 주목하고 있으며 … 어떤 도박을 시도하려는 행위는 우리 모두를 난처한 입장에 빠지게 할 뿐이라고 생각한다.

이렇게 워싱턴의 최고위급 정치-군사적 레벨의 입장은 명백하고 자세하게 설명되었었다. 베트남에 미군 병력을 추가로 확보하기 위하여 정치적으로 곤혹스러운 경우에 빠지게 되는 여하한 시도 즉 적의 병력 숫자를 부풀리지 말 것이며, 그렇지 않을 경우 로버트 맥나마라는 당신을 해임할 것이라는 전문이 하달되었다.

웨스트모어랜드 대장과 그의 주월사 정보참모는 힌트를 얻었다. 합동참모본부 의장이 "우리 모두에게 골칫거리가 되는" 일을 하지 않도록 누군가에게 경고했을 때, 정치적으로 기민한 야전 지휘관이라면 이러한 충고를 무시하지 않으려 할 것이 자명하다. 그 메시지의 진정한 의미는 명백하고 솔직한 것이었다: 진실에 집착하지 말라(don't tell the truth)- 이것은 정치적 사안이다(this is political). 이렇게 해서 합참에서 자세히 지적한 바와 같이, 국가정책은 군의 (정치적)판단을 받아, 그것에 기초하여 핵심 국가정보판단에 반영시키게 되었으며, '군사적으로 엄연한 사실(hard military facts)들'은 무시되고 말았다. 그러나 결국 국가정보판단실은 그들의 국가정보판단 초안에 (CIA 주장)120,000명의 베트콩(남베트남 자체 방위군 내지는 월맹군 보조세력들)을 포함시켰으며, 이에 대한 맹렬한 반론에 직면하였다. 미군 당국은 그 정보판단이 북베트남 정규군/베트콩에 대항하여 싸운 그들의 성공적인 지구전을 부정하고 있으며, 또한 주월 미군사령부의 성공적인 베트콩 살상의 범위를 의심하고 있는 것이라고 생각하였다.

문제의 핵심은 그 수치스러운 "전사자 숫자 계산"이었다. 1916 ~1917년 서부 전선사령부의 헤이그 장군과 같이, 베트남의 웨스트모어랜드 장군은 적을 소멸시키기 위하여 무자비한 정찰을 하라는 로버트 맥나마라의 지시를 따랐다. 헤이그가 생존하고 있는 독일군 사단들과 그들의 전투력 비율을 지도에 표시한 것과 동일한 방식으로 웨스트모어랜드도 생존하고 있는 북베트남 정규군과 베트콩의 위치와 전투력 비율을 지도에 표시하고 있었다. 미국의 경영 기법, 영국의 스프링필드의 병기 공장에서 적정량의 대포를 생산하기 위해서 처음 적용했던, 문제의 양을 정하는 정량과 비용 대 효과 분석기법은 한 세기가 지난 후에도 전쟁을 운영하는 데 적용되고 있었다. 본질적으로 정치적인 적군에 맞서 군사적 승리를 얻는 것은 생소하면서도 어렵지 않은 일이었지만, 새롭고 어설픈 방법론들은 1960년대 중반의 워싱턴의 군사 계획자들의 생각을 지배하고 있었다.

성공을 저울질하는 이 방법의 문제점은 맥나마라와 그의 방법론, 그리고 그의 하급관리들이었다. 이들 하급관리들의 한 사람이 바로 주월미군사령관 웨스트모어랜드였다. "웨스티"의 임명은 전쟁을 수행하는데 있어서 맥나마라의 정치적 영향력의 직접적 산물의 하나였다. 웨스트모어랜드는 장신으로 외모가 수려하며, South Carolina의 정치적 인맥과 친분이 두터울 뿐 아니라, 신사에 적합한 경력으로서 전통적으로 군대를 선택했던 또 다른 남부 엘리트 출신이었다. 그는 강력한 하원 군사위원회 의장이었던 역시 South Carolina 출신, L. Mendel Rivers의 비위를 거슬리지 않았다.

당시 웨스티의 많은 동기생들은 1960년대 초기 그가 소장 계급의 101 공정사단장을 하는 것이 그가 최고 정점에 이르렀다고 믿고 있었으며, 그 이상 최고 지휘관에 이르는 데는 지적으로나 기질적으로 부적합하다고 생각하고 있었다. 그는 전쟁을 수행하는 데 있어서 작전적 수준이나 전략적 수준보다도 개인적으로 전술적 수준에서의 부대 지휘에 적합하였으며, 아무도 전장에서 웨스티의 용감성과 늠름한 태도에 의문을 갖는 사람은 없었다. 아주 단순하게 말한다면, 그의 동료들은 그가 대부대의 총사령관으로서는 전략적 비전이 부족하다고 보았다. 그래서, 그는 맥나마라가 주도하는 "맥나마라의 전쟁"에 도전하기를 꺼려하였다.

그것이 전 포드 자동차 회사 사장의 마음에 들었다. 미국의 월남전의 실패에 대하여 책임 추궁을 당할 사람은 맥나마라 보다 더한 사람은 없다. 그는 그의 의지를 관철하는 것 외에는 장군들을 필요로 하지 않았으며, 오히려 전통적인 군대 경험이 현대전에 있어서 힘을 효율적으로 사용하는데 필요한 경영적 마인드 구현에 실제적인 장애가 되는 것으로 간주하였다. 그는 쿠바 미사일 위기 시 케네디의 내부 참모의 한 사람으로서, 후르시초프를 강인하게 몰아 부처 군사적 승리를 이루어냈으며, 또한 국제적 자동차 회사에서의 경영의 성공에 도취됨으로써 정치적 기민성을 발휘하여 분명한 두 가지 목적을 설정하였다: 그의 정치적 주인인 존슨 대통령이 원하고 있는 것을 제공하는 것 하나와 또 하나는 군대를 그의 뜻대로 움직이도록 강제하는 것이었다.

첫 번째 목적을 달성하기 위해서, 맥나마라는 뻔뻔스럽게도 워싱턴 정치체계를 조작하여 대통령에게 군사적 조언에 관한 모든 통제권을 행사하고 있음을 입증해 주었다. 그는 존슨 대통령이 어떤 점에서 대통령으로서 정통성이 결여(존슨 대통령은 케네디 대통령이 암살됨으로써 그의 뒤를 승계 하였었다.)되어 있었다고 생각하고 있었기 때문에 이러한 대통령의 불안정성을 십분 활용하였다. 존슨 대통령은 뿌리 깊게 분쟁에 휘말리는 것을 회피하려 하였고, 어떤 논쟁이나 반대가 없는 가운데 직무를 수행하려 하였다. 누구든 방해가 되면, 뇌물로 매수하거나, 재갈을 물리거나, 관직을 주어 코를 꿰거나 제거하였다. 이것이 워싱턴 주변에서 존슨이 사건을 해결하는 방식이었다.

이러한 상황을 잘 알고 있었기 때문에, 맥나마라는 베트남 전쟁 수행에 대한 미 군사지도자들의 어떠한 반대 의견도 무력화시키는 데 주저하지 않았다. 그는 상당한 기간 동안 미 합참이 사적으로든 공식적으로든 베트남 전쟁 수행 방식에 대한 그들의 입장을 방송에 내보내지 않도록 단속을 소홀히 하지 않았다. 특히, 맥나마라는 미 해병대 사령관의 조언 즉 "만약 대통령이 베트남에서 진정으로 전쟁에 승리하려면 50만의 미군 병력이 필요하며, 향후 5년의 기간이 필요할 것이라고 충언해야 한다."고 말한 것과 같은, 정치적으로 불리한 결과를 초래하게 될 군사적 조언들을 억제하는 데 특별한 관심을 보였다. 각 군의 참모총장들은 각 군의 예산과 인력을 증강하기 위해서 투쟁해야 하기 때문에, 맥나마라는 이러한 약점을 이용하여 한 사람씩 골라서 위협과 정치적 매수로 한 사람 한 사람 제압해 나갔다. 군의 민주적 문민 통제를 위한 엄격한 학교 교육을 받았고, 또한 한국에서의 맥아더의 비운을 잊지 않고 있었기 때문에, 각 군 총장들은 맥나마라와 존슨의 미숙한 베트남 정책의 동조자로 비난을 감수하면서도 오랜 동안 입을 다물고 있었다: 그러나 때는 너무 늦고 말았다.

두 번째 목적인 미군을 그의 명령에 따르도록 굴복시키기 위하여, 민간 사회에서 일찍이 활용함으로써 그를 미국이라는 회사의 최고 직위에 올리는데 기여한 '경영기법'을 군에 그대로 적용하였다. 국방 장관에 임명되자마자 미군의 모든 제대에 대한 '비용 대 효과' 검열을 실시하여 전통적인 마인드를 선호하는 육·해·공군·해병대 고급 지휘관들을 당황케 하였다. 반대자들은 신속하게 교체되었고, 겁에 질린 자들은 새로운 주인의 방식을 따르게 되었다. 미국 경영대학에서 새로 고용된 젊고 유능한 MBA 팀의 냉혹한 '효과' 분석으로 군의 낭비와 무능함이 다수 식별되었다. 전장에서 분노에 복받친 총소리 한번 들어보지 못했음에도 불구하고, 그들은 미국의 주요 사령부를 돌면서 노련한 경험을 가진 장교들이 야전에서 어렵게 습득해온 경험들을 신랄하게 경멸하며 창피를 주고 거만을 떨었다.

군 전통주의자들의 비명에 찬 탄식에도 불구하고, 맥나마라는 어떤 면에서는 긍정적인 면도 있었다. 미 항공모함 컨스틸레이션(Constellation)호가 북베트남의 표적들을 공중 폭격하기 위한 단 하나의 목적을 달성하기 위하여 "Yankee Station"을 출항하는데 3천만 불의 비용을 들이면서, 고가의 함재기들과 조종사들을 발진시켜 표적의 불특정 지역에 자유투하 방식으로 철제 폭탄들을 뿌리는 것은 경제적인 면에서 의심의 여지가 없는 낭비로 볼 수 있다. 국가적인 "성과 위주 투자전략(product investment strategy)" 측면에서 더 바람직한 방법은 훨씬 고가의 정밀 유도 무기들을 사용케 함으로써 표적을 재래식 폭탄투하가 아닌 정밀 타격을 실시하는 것이다: 이처럼 항공모함 내에 고가의 정밀무기들을 탑재한다면 그 투자는 상대적으로 정당화 될 수 있었다. 이것이야말로 경제적이라고 볼 수 있는 것이다. 납세자 어느 누구도 이러한 논리에 반박하지 않았을 것이다.

그러나 맥나마라와 그의 측근들은 경제 논리보다 한 걸음 더 나아가 문제를 해결하기 위하여 숙고하지 않았던 것으로 보인다.: 본질적으로 정치적 목적을 가지고 기민하면서도 신출귀몰하는 게 릴라와 싸우는 데 있어서 군사적 표적들을 과학적으로 선정하여 공중폭격을 하는 것만이 정말 최선의 전략이었는지 여부를 생각하지 못했던 것 같다. 전장에서 숫자와 통계수치는 다만 한 부분에 불과한 것이다; 전장은 원래 계측 불가능한 것이다. 유감스럽게도, 맥나마라는 국제 정책과 비정규전의 민감한 세상을 다루는데 준비되지 않았으며, 따라서 그는 베트남에서 얼마나 많은 베트콩이 사살되었는지에 대한 정확한 일일 통계를 수집하는 것과 같이 그가 정말 이해하고 있는 일에만 의존하고 있었던 것으로 증명되고 있다. 밥 맥나마라에게 있어서, 그가 미국의 기업경영에서 배운 것이 있다면, 그것은 "숫자"가 모든 것을 말해준다는 교훈이었다. "전사자 숫자 세기"는 그가 가장 중요하게 생각하는 핵심 사안이 되고 말았다.

베트남에서 맥나마라의 "관리자"였던, 웨스트모일랜드 장군에게 가장 중요한 핵심 숫자는 남베트남에서 계산된 북베트남 정규군과 베트콩의 손실 숫자가 북베트남군의 병력 보충 능력을 초월하는 극적인 순간이 되는 "교차점"이었다. 그 시점이야말로 주월 미군사 참모들은 북베트남/베트콩 병력이 감소하기 시작하는 출발점이 될 것으로 계산하였다. 1967년 중반까지, 주월 미군사에 의하면, 매월 6,000명의 사상자와 단 3,500명의 보충병으로 판단할 경우, 그 교차점에 도달해 있었으며, 따라서 북베트남의 압박은 정책적으로나 병력 수준면에서 일단락되었다고 보았다. 그러나 여기에서 CIA가 판단한 120,000명의 베트콩 병력이 국가정보판단에 추가로 포함될 경우, 이는 주월 미군사의 신중히 계산된 통계수치와 상치됨으로써, 이러한 사실은 결국 비밀을 지키기 어려운 워싱턴 당국의 사정상, 아주 빠른 시간에 공론화될 것이 분명했다.

따라서 1967년 9월 황급해진 DIA와 CIA 팀들은 사이공에 모여 서로간의 의견 차이를 해소하고, 국가정보판단을 절충하려 하였다. CIA의 계산에 의하면, 주월 미군사의 북베트남 정규군과 베트콩 병력 판단은 설득력이 없다는 것 이었다. 기관간의 관료주의적 다툼은 극에 달하였는데, 어느 순간 주월 미군사령부의 정보장교는 책상을 마주하고 있던 CIA 선임 분석관에게 "아담스, 당신은 형편없는 사람이야!"라고 고함을 쳤다. 사이공 주재 미 CIA 지부장마저도 랭글리 본부의 직속 상사로부터 "군의 주장에 휘말리는 것"에 대하여 질책을 받게 되었다.

그 회의는 불안한 절충, 최악의 절충으로 끝났으며, 양측 모두 수용할 수 없었다. 그 결과는 구정 공세에 대한 징후경보가 축적되는 상황에서, 미국의 국가정보정책의 심장부에서 웨스트모얼랜드의 사령부에 얼마나 많은 적이 전개될 수 있는가에 대한 심각한 정치적 견해 차이를 해소하지 못한 채, 시계추는 멈추지 않고 흘러가고 있었다. 국가정보 판단실은, 베델 스미쓰 대장이 국가적 수준에서에서 미국 정보를 조화시키기 위해 사려 깊게 창설했음에도 불구하고, 그 후 20년 동안 자기 측 판단이 옳다고 주장하기를 굽히지 않는 각급 국가정보기관들과의 정보 융합을 달성하는 데 실패하였다.

이러한 미 정보기관들 간의 정치·법률상의 궤변과 관료주의적인 갈등에 반하여, 남베트남의 미국인들을 기만하기 위한 북베트남의 신중한 계획은 다만 제한적인 영향을 끼치는데 불과했다. 북베트남은 의심의 여지없이 미국의 정보판단이라는 우물 속에 독약을 풀어 넣는데 성공했지만, 북베트남의 복잡한 기만계획들은 어떤 면에서, 전체적으로 볼 때 지엽적인 것에 불과했다고 볼 수 있다. 많은 점에서 미국 정보공동체는 적에 대한 기만 활동의 필요를 느끼지 않았다: 미 정보공동체는 철저하게 자신을 기만할 수 있는 능력을 보유하고 있었다. 어떤 격분한 미군 정보 장교들은, "북베트남은 구정 공세가 개시되던 밤에 사이공에 있던 미군사령부를 공격하지 않는 것이 더 좋았을 것이며; 그들의 성공은 오히려 베트남의 미군 사령부내의 기존의 혼란을 종식시키는 결과를 가져왔기 때문이다."라고 말하였다.

워싱턴에서 일어나고 있는 여하한 권력투쟁에도 불구하고, 1968년 1월 초순, 베트남에서 무엇인가 상황이 전개되고 있다는 사실은 분명했다. 북베트남의 소극적 기만 전략은 최고위급 정치적 차원에서 신년 양자 회담 제안(미국이 북폭을 중단 시, 남베트남을 제외한)으로 다시 재개되었다. 이 제안은 새로운 정치적 공세의 하나였으며, 여타 지역에서의 북베트남군/베트콩의 전투 준비에 대한 관심을 전환시키는데 기여하였다. 남쪽에서는 이미 미군 시설들에 대한 맹렬한 일련의 소규모 공격들이 지속되고 있었으며, 남북 베트남 국경선 지역에서는 케산(Khe Sanh)으로 향하는 최소 2개 사단 규모의 명백한 병력 이동이 있었다. 또한, 여섯 명의 북베트남 정규군이 미 해병대 복장을 하고 케산 화력 기지의 정문을 도보로 침투하려다 실패한 사실이 알려지자 미국의 의심은 한층 가중되었다. 미군 정문 보초들은 그들 모두를 즉각 사살하였다.

케산 기지는 남베트남 전 지역을 통틀어 가장 고립된 미군 기지였다. 그 기지는 북베트남 남쪽으로 12마일, 라오스 국경으로부터 6마일, 사이공으로부터 800마일 지점에 위치하고 있었으며, 남베트남의 북방 측면으로 들어오는 호찌민 루트의 한 지점을 확고하게 가로막고 있었다. 그곳에는 미 해군 정예 2개 여단이 주둔하고 있었다. 그 기지는 높은 산악으로 둘러싸여 있었고 자주 안개로 뒤덮여 재보급이 어려웠다. 이렇게 고립된 지형 여건과 더불어, 가설 활주로도 취약하였으며, 또한 전초기지라는 점에서, 케산은 제2의 디엔 비엔 푸 로서 모든 여건을 구비하고 있었다. 무엇보다 위험한 상황은 국경 넘어 북베트남의 포병 사정권 내에 위치하고 있다는 점이었다.

웨스트모얼랜드 장군은 사이공에 주재하는 미국 대사와 워싱턴 당국에 북베트남과의 정치회담을 맡기고, 그는 케산이 정말 북베트남의 "전쟁 승리를 위한 총체적인 섬멸지역"으로 포고될 것을 확신하여, 미 해병과 지원부대를 망라하여 전력을 보강하였다. 작전명 나이아가라에는 수천여 발의 무인 지상탐지장비(UGS: Unattended Ground Sensors)가 북베트남군의 활동을 감시하기 위하여 기지 주변에 공중 살포되었으며, 태국에 멀리 이격되어 있는 극비 신호 정보기지의 정보 분석관들은 곧바로 북베트남군들의 통신 내용들을 감청하기 시작했다. "동무! 도대체 화력 지원없이 무슨 작전을 하는 것이요?", "긴장을 늦추지 마시요! 동무! 케산 도착이 늦어지고 있소!"라고 주고받는 북베트남군의 교신내용을 청취하였다.

케산에서의 나이아가라 작전은 대단한 정보의 승리를 거두었으며, 1968년 1월 중순, 북베트남 정규군 325사단과 304사단 병력 합 15,000여 명이 기지로 접근하고 있음이 식별되었다. 해병 수색대는 기지 주변을 둘러싸고 참호를 파고 기다리면서 공산주의자들의 올가미 조이기 작전을 준비하는 북베트남 정규군과 조우하기 시작했다. 웨스트모얼랜드 장군과 그의 참모들은 케산이야말로 공산주의자들이 오랜 동안 준비했던 결정적 공격의 표적이었다고 더욱 확신하게 되었다. 언제나 믿을 수 있는 적의 의도에 관한 징후가 되는 신호 정보들은 케산 일대에서 구축되고 있는 북베트남군의 무선 교신의 증가를 보고함으로써 이러한 사실을 확인해 주는 것처럼 보였다. 더욱 난해하게도, 그들은 전국적 범위에 걸쳐 베트콩들의 비정상적인 활동 양상을 보고하였으며, 실제로 남쪽에서의 임박한 공격을 경고하고 있었다. 그러나 때는 너무 늦었다; 모든 시선은 남쪽에서 베트콩들이 재편성되고 재보급이 이루어지는 상황에 있지 않고, 케산 주변에 배치된 북베트남 정규군 2개 사단에 고정되어 있었다.

그러나 1968년 1월 20일, 북베트남군 초급장교 하나가 케산 보초에게 귀순하여, "바로 그날 저녁, 방어부대의 두 개 고지를 공격할 것이며, 이는 미군 기지에 대한 내일의 전면공격의 전초전의 성격"이라는 진술을 함으로써, (전국적 범위의 공세에 대한: 역자 주) 일말의 의심은 사라지고 말았다. 미 해병부대의 지휘관, 라운스 대령은 신속하게 행동했다. 그래야 했다. 두 개의 고지는 예정대로 공격을 받았으며, 1968년 1월 21일 새벽 무렵, 미 해병 2개 연대는 케산에 갇히고 말았고, 그들의 남베트남군 엄호부대는 해병기지의 내부로 철수를 강요받았다. 이제 케산기지는 베트남의 타 부대와 단절되었고, 포위되어 적의 강력한 공격을 받게 되었다. 웨스트모얼랜드와 그의 참모들, 그리고 미 정보 분석관들은 드디어 그들이 염려하던 제2의 디엔 비엔 푸가 왔음을 인지하게 되었다.

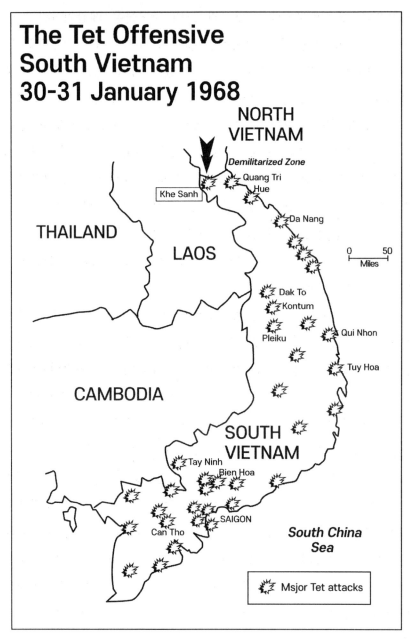

The Tet Offensive South Vietnam 30-31 January 1968

NORTH VIETNAM

Demilitarized Zone

Quang Tri

Khe Sanh

Hue

THAILAND

LAOS

Da Nang

0   50
Miles

Dak To

Kontum

Pleiku

Qui Nhon

Tuy Hoa

CAMBODIA

SOUTH VIETNAM

Tay Ninh

Bien Hoa

Can Tho

SAIGON

South China Sea

Msjor Tet attacks

우리가 1968년 1월, 케산 공격이 미 군부에 가져다준 엄청난 심리적 충격을 주었다고 하는 것은 이해하는데 어렵지 않다. 당시 미군이 느끼고 있던 총체적인 문화적 선입견은, 1944년 아르덴느 전투와 같이, 함정에 빠져 패색이 짙은 적이 필사적인 군사공격을 감행하고 있다는 것이었다. 그 공격은 하나의 고립되어있는 미군 기지를 공격해서 군사적 승리를 쟁취함으로써, 그 전쟁에 대한 공공연한 지지를 얻는데 목표를 두고 있을 것이라고 예상하였다. 미국의 미시-경영적 군부는 즉각 행동에 임했다. 그들은 이 위기를 "효과적으로" 대처할 수 있을 것이라고 생각하였다. 존슨 대통령은 백악관 지하실에 케산 기지의 지형 사판을 만들어 놓고 일일 상황보고를 청취하였다. 상급 브리핑 장교들은 맥나마라에 의해서 개인적으로 지명되어 현지 병사들이 점령하고 있는 참호 단위로 케산 기지의 포위 진행 상황만을 보고하였다. 그러나 아무것도 할수 있는 일이 없었다; 포위된 기지 사령부 벙커로부터 아무런 변동 상황이 없어서, 워싱턴으로부터 케산 방어에 대한 어떤 지시도 할 수 있는 상황이 못 되었다. 현지에서는 (주월미군사 자체 계획으로: 역자 주) 병력 증강과 보급 활동이 막대한 경비를 들여가며 위험을 무릅쓰고 감행되었다. (워싱턴에서는: 역자 주) 어떤 정치적 또는 군사적 노력도 포위된 미군 기지를 최후까지 버틸 수 있도록 보장해줄 수 있는 방도가 없었다.

지압 장군의 진짜 공세작전을 은폐하기 위한 주된 적극적 기만작전은 기막히게 먹혀들어 갔다. 미군은 자신들의 편견에 눈이 멀어, 마치 투우사의 어깨 망토에 끌려 공격하는 황소와 똑같이, 진짜 주공이 아닌 양공에 어쩔 수 없이 끌려가고 말았다. 그것은 북베트남 작전의 대 승리였고 미군의 심각한 정보 실패였다. 웨스트모얼랜드 장군은 심지어 "케산에서 진행되고 있는 적의 실제 공격 지역으로부터 미군의 전력을 전환시키고 분산시키기 위하여 적은 남베트남 타 지역에서 양공을 시도할 것"이라는 준비 명령까지도 하달하였다. 그는, 무의식중에, 전면적인 구정공세를 언급했지만, 당시 모든 시선은 적의 케산 기만공격에 초점이 집중되어 있었다.

모든 사람이 어리석은 것은 아니었다. 미국과 남베트남의 정보 수집역량은 방대하고 활동적이어서 여타 지역에서의 임박한 상황을 놓치지 않았다. 얄궂게도, 이들 타 지역에 관련된 징후들은 미군 지휘관들에게 다른 지역이 아닌 케산에 대한 "실재 공격"으로 부터 관심을 전환하기 위해서 의도된 전환적 수단으로 평가되었다. 특히 미 국가안보국(NSA)의 신호정보활동은 남쪽에서 통신 교신량이 증가하고 있는 것에 관심을 가졌다. 구정공세가 시작되기 정확히 일주일 전, 그들은 베트남 전국적 범위에서 협조된 제파 공격이 있을 것을 경고하였다. 한편, 남베트남군의 인간정보를 종합해 본 결과는 군사시설에 대한 계획된 공격과 시위에 관련된 수백 개의 정보가 중첩되었다. 그 결과, 남베트남군은 무슨 일이 진행되고 있는가에 대한 정확한 정보를 수집하기 위하여 일련의 정보수집 작전을 시작했다. 1월 28일 퀴논 해변도시에서 우연히 노다지를 발견하였다.

1968년 1월 28/9일, 경찰 검문에서 11명의 베트콩 지도자들 그룹과 그들이 소지하고 있던, 정확히 3일 후에 시행될 "대 해방 공세"에 대한 작전 계획과 준비 사항이 적혀 있는 문건들을 포획하였다. 포획된 서류와 지도 꾸러미 안에는 베트콩 전사들이 방송국들을 장악했을 경우, 방송에 내보낼 육성 테이프들을 포함하고 있었다. 놀란 남베트남 보안경찰들은 그 테이프들을 틀어 보았다.

그 테이프들에는 "드디어 조국해방의 날이 왔도다. 이제 남베트남의 키(Ky) 괴뢰정부를 전복시키기 위하여 총 궐기하자!", "조국의 평화를 위한 투쟁 역량과 사이공, 후, 그리고 다낭시를 점령한 혁명군의 주권"을 지지하라고 하는 민중에 대한 독려의 목소리가 울려 퍼지고 있었다.

남베트남군 당국은 이에 심각한 충격을 받아 그 테이프들을 전화기를 통해, 사이공에 있는 미군 정보 분석관들에게 들려주었다. 분명히 공산주의자들은 아직 후와 사이공을 점령하지 못했었다. 아마도 그들은 그렇게 의도하고 있었을 것이다? 주월미군사 정보처에서는 이에 관심을 가져 내용을 번역하도록 요청하였지만, 이는 시간이 소요되고, 연락병을 활용하지 않으면 안 되었다. 미군과 베트남군 간, 경찰과 군 간의 방대하고 복잡한 지휘/통제체계는 또 하나의 중요한 지연 요소가 되었다.

그로부터 24시간 후, 주월미군사 정보처는 그 번역 내용을 접수하는 순간, 퀴논 육성녹음테이프의 중요성을 간파하기 시작하였으며, 더 큰 위협이 갑자기 나타나고 있다고 판단하였다. 1968년 1월 29일 아침(구정공세 H-48시간) 바로 그 시간, 케산 방어선을 감청하고 있던 미군 감지기 통제소에서는 수많은 북베트남 정규군 주력부대가 화력기지로 접근 중이라는 경고를 발령하였다. 사실, 그들의 보고서는 실제로 "이는 '대규모 공격'으로 보인다."라는 구절을 사용하였다. 비록 그것은 이전에 없었던 적의 움직임일지라도, 미군 지휘관들의 관심은 당시 북쪽에 있는 비무장지대와 포위되어 있던 기지에 대한 위협에 편집증적으로 고착되어 있었다. 여타 지역에서의 적 활동에 대한 다른 정보 징후들은 단순히 북베트남 정규군의 주 전투지역으로부터 미군의 관심을 전환하기 위한 시도로 경시되었다. 공정하게 말해서, 웨스트모얼랜드 장군과 그의 참모들은 전국적인 범위에서 구정공세가 다가오고 있던 사실을 모르고 있지 않았다: 다만 그들은 구정공세의 취지를 오해하고 있을 뿐이었다. 그들에게는 그것은 단순히 관심 전환용일 뿐이라고 치부되었다.

1968년 1월 29일 구정 휴전이 발효되었다. 연합군에게는 다행스럽게도, 남북 베트남 모두 지압 장군이 의도했던 휴전에 비중을 두지 않았다. 북베트남과 그들의 동조자 베트콩들은 남쪽 전 지역에 걸쳐서 상당한 수의 도시들을 너무 이른 때에 성급한 공격을 시작함으로써 구정 휴전을 급속히 파기하고 말았다. 열악한 북베트남군-베트콩 간의 통신 소통의 결함으로 그와 같은 군대의 무능이 노정되었다. 전군적으로 비상사태 하에 있었기 때문에, 남베트남군은 장병들의 구정 휴가를 50% 축소하였으며, 북베트남군과 베트콩들의 전반적인 휴전협정 위반의 가능성에 대한 준비명령을 하달하였다. 전략적으로 그렇게 한 것은 아니었지만, 전술적인 수준에 있는 열악한 하급 제대에서는 구정 휴전이 제대로 지켜지지 않았다.

그것은 별다른 문제가 되지는 않았다. 1월 30일 새벽 4개 지방의 성의 수도에서 공산군의 때아닌 성급한 제파 공격이 돌발되었을지라도, 내재하고 있던 미국-남베트남 간의 지휘 구조상의 마찰로 인하여 적이 보내는 신호들을 전달하지 못했고, 그들을 분석하지도 못했으며, 베트남에 흩어져 있는 수천의 연합군 부대들과 지방의 민간 행정요원들, 미군 숙소에게 적시에 경고하지도 못했다. 주월미군사의 선임 정보장교이자 전사자 세기 통계의 주요 입안자이며 동조자인 데이비드슨 장군은 뒤늦게 사태의 중대성을 인식하였다. 그는 1월 30일 일찍, 그의 사령관에게 "향후 24~48시간 동안 주요 후속 공격이 베트남 전 지역에서 전개될 것이다."라고 경고하면서 동시에 남베트남군은 속히 그들 자신의 휴전을 취소할 것을 건의하였다. 웨스트모얼랜드 사령관은 즉각 모든 미군 지휘관들은 정상적인 작전을 재개하도록 명령하고, 각 제대 사령부 지역과 군수시설, 비행장, 인구 밀집지역과 군 숙소 지역에 비상사태를 발령하였다. 단 24시간을 활용하여, 베트남에 있던 미군은 전국적 범위에서 전개되고 있는 위험에 대비한 각종 조치들을 힘겹게 추스르기 시작하였다.

그러나 때는 이미 늦어 있었다. 제임스 월츠(James Wirtz) 대령의 구정공세에 있어서 정보의 문제에 관한 석사 학위 논문 내용에는, "미국 지휘체계는 그러한 단기 경고를 모든 부대에게 전달할 능력을 구비하지 못하고 있었다."라고 기술하고 있다. 월츠는 이어서 "간단히 말해서 통신망은 모든 야전지휘관들에게 적시에 충분한 첩보를 제공할 수 없었다."라고 지적하였다. 지압 장군은 미국이 복잡한 정보체계를 보유하고 있었음에도 불구하고, 웨스트모얼랜드 장군을 앞질러 기선을 제압하였다. 단적인 증거로, 월츠는 다음과 같이 냉담한 어조로 당시를 회상하였다.

베트남에 주둔한 미군사령부의 합동정보 공동체에 근무하는 200여 명에 달하는 모든 대령급 정보장교들은 1월 30일 밤, 사이공에 있는 독신장교 숙소에서 '구정' 파티에 참석하고 있었다.

베트남에 있던 미 정보공동체의 실패에 대하여 논할 때, 이보다 더 큰 고발 거리는 찾아볼 수 없다. 이들 중 한 사람이었던 정보 분석장교, 제임스 미챰(James Meacham) 대령은 다음 날 아침 미군 고급장교 숙소를 방호하기 위하여 지붕에 배치된 캘리버 50 기관총을 발견하고도, 행복감에 젖어 구정공세가 닥쳤음을 깨닫지 못하고 있었다. 그러한 그가 과연 미군의 선임 정보장교였던가!

구정공세는 미국과 주월 미군사령부에게 벼락처럼 내리쳤다. 44개 지방성의 수도 중 36개 수도가 1968년 1월 31일 밤사이 북베트남군과 베트콩의 혼성부대에 의하여 습격 받았으며, 6개의 지방자치 시 중 5개 시와, 245개의 주요 읍 중 58개 읍이 습격을 받았다. 남베트남군 부대들과 그에 동조하는 촌락들이 특별히 목표가 되었다. 주요 공격대상은 미국 대사관이 있던 사이공이었으며, 미 대사관 공격은 미국 텔레비전에는 성공하지 못한 것으로 비쳤고, 그 외에도 쾅트리, 나트랑, 퀴논, 콘툼, 반 미 투읕, 미토, 칸 토, 벤 트레와 후에가 공격을 받았다. 아주 짧은 기간이었지만 베트콩은 실제로 10개의 성의 수도를 일시 장악했었다.

북쪽 고대 수도였던, 후에의 중심지역은 남베트남군의 합동참모본부로부터 열흘 전에 분명한 공격 경보를 받았음에도 불구하고, 침공을 받아 베트콩과 북베트남 정규군의 혼성부대에 의해 점령되었다. 미군과 남베트남군들은 그들의 공격으로 봉쇄되었으며, 치열한 전투가 전개되었다. 접근해 오고 있는 북베트남군을 향하여 그가 소지하고 있던 M-16소총으로 사격을 하고 있던 미 해병 하나는 "형편없는 개자식들이 우리를 포위해버렸구만. 여보게, 그들은 필사적으로 달려들고 있어……!" 남베트남 1개 사단과 미 해병 수개 대대에 의해서 함정에 빠진 공산군들은 초개와 같이 목숨을 던졌다. 미국의 텔레비전 카메라는 젊은 미 해병들의 전투 현장을 열심히 녹화하여, 미군 장병들이 주요 전투 현장에서 생사를 넘나 드는 치열한 전투를 하고 있는 모습을 미국 내의 모든 가정의 거 실에 방영함으로써 미군이 전장에서 패배하고 있다는 지울 수 없 는 인상을 안겨 주었다. 그러나 사실은 정반대였다.

그러나 불행하게도, 미국의 TV 기사들은 아군에게 포위되어 전 멸된 베트콩과 후에 시의 베트콩 최후의 거점에 사로잡혀 있던 남 베트남 인질들의 참혹한 현장에 대하여는 동등한 입장에서 정직하 게 보도하지 못했다. 이처럼 일방적이고도 부정확한 미국의 미디 어의 보도 태도는 전쟁의 흐름을 바꾸어 놓고 말았다. 기자들의 취재 범위는 또한 미군의 군심(軍心)에 지울 수 없이 뿌리 깊은 불평과 불만의 원인을 주었는데, 특히 기자들의 거짓말, 무능함 그리고 자기 본위의 이기주의적 야망에 혀를 내둘렀으며, 일반적 으로 미디어 전체에 대하여 실망하지 않을 수 없었다. 그러한 기 자들의 잘못된 보도 태도는 오늘날에도 상존하고 있는 것이 현실 이다. 베트남 참전 어느 노병의 말을 옮기면:

이들 거짓말을 일삼는 개○○ 같은 기자들이 구정공세에서 사이공과 후에 등 지옥 같은 전장에서 용감히 싸우다가 처참하게 죽어가는 미군 장병들을 방송에 내 보냈을 때, 우리 는 베트남 전쟁에서 패배할 수밖에 없었다. 소위 기자라고 하는 자들은 과연 실전이 어떻게 전개되기를 기 대하고 왔던가? 그들은 처절한 전장을 여자들이 기거하는 방에서 벌어지 는 고양이들 싸움 정도로밖에 생각하지 못했단 말인가? 그들은 불공평하 게도 후에 등 최후의 거점에 있던 베트콩들에게 어떤 일이 벌어지고 있 으며, 그들이 실제 남베트남 민간인들에게 어떤 짓을 하고 있었는지에 대해서는 결코 방송하지 않았다. 또 엉터리 같은 기자들은 우리가 어떻 게 북베트남군 놈들을 짓부셨는가에 대해서는 결코 설명하지 않았다 …

나는 결단코, 결단코, 더 이상, 기자들을 신뢰하지 않을 것이다 … 그들은 거짓말 투성이었다.

이러한 질문에 함축되어있는 내용이 미국의 비극이라고 할 수 있다. 사실 베트콩과 북베트남군의 입장에서는, 그들의 구정공세는 총체적인 군사적 참패이었던 반면에, 미군과 그 동맹국들에게는 구정공세야말로 실제 적에게 심대한 손실을 강요함으로써, 적의 광범위한 기습공격에 대항한 성공적인 격퇴였다. 그러나 대외 홍보 면에서는 대이변이자 대실패가 되고 말았다.

공산주의자들의 공세의 최초 2주일 동안, 세력은 점차 약화되었으며, 북베트남군/베트콩은 33,000명이 전사하고, 약 60,000명이 부상한 것으로 추정되었으며, 6,000명이 포로가 되었고, 단 한 개의 목표도 점령하는데 성공하지 못했다. 남베트남군은 특히 완강하면서도 잔인하게 싸웠다. 지압장군의 *Khnoi Nghai* 또는 "남쪽에서 억압받고 있는 대중들의 전국적인 봉기"는 실현되지 못하였다. 그분만 아니라, 남쪽의 대중들은 오히려 배은망덕한 심정에 분노를 느낀 나머지, 베트콩이 가는 곳마다 신고하기 위하여 행동에 나섰고, 기회가 주어진다면, 무기를 들고 "해방자"들을 죽이거나 그들의 적에 대하여 가혹한 군사재판을 시행하는 남베트남군에게 넘겨주었다. (구정에 민간 복장을 한 베트콩 죄수의 머리에 권총 사격을 가함으로써 두개골을 파열시키는 사이공 경찰서장 로안 장군의 사진은 유명하다)

호지명과 북베트남 정치국의 관점에서 보면, 군사적으로 구정공세는 완전한 실패였다. 그러나 때때로, 진실에 대한 인식은 진실 그 자체보다 더 현실적이곤 한다. 대부분의 사람들에게는 TV 영상에 보여 질 수 있는 것이 진실이라고 인식한다. "카메라는 거짓말을 할 수 없다."는 오래되고 진부한 표현이 있다. 그러나 카메라는 물론 거짓말을 할 수 있는 소지가 있다. 카메라에 담기는 모든 영상은 선택적으로 첨삭된다. 다큐멘터리는 왜곡되고, 의상 담당자와 등유로 젖은 카메라 차광포를 사용하는 TV팀에 의해서 고용된 배우들은 실재 인물이나, 폭도와 데모 군중들의 흉내를 내는 연기를 하고 보수를 받으며, 촬영된 영상은 신중하게 선별되어 마치 전체적인 모습을 보여주는 것같이 짜 맞추어진다. 구정공세도 그렇게 방영되었다. 손상된 베트남의 빌딩들은 마치 히로시마의 폐허된 모습인 것처럼 묘사되었다; 챨스 맥도널드의 말을 빌리자면, "텔레비전 카메라는 심히 파괴된 베트남의 한 블록을 집중 촬영함으로써, 이것으로 도시 전체가 파괴된 듯한 인상을 심어주는 데 심혈을 기울였다."라고 말하였다. 사실상 구정공세 이후의 전체적인 피해는 경미하였지만, 피범벅이 된 약간의 시체들, 울부짖는 피난민들, 그리고 긴장해서 무차별 사격을 해대는 병사들의 모습이 담긴 완전히 잿더미가 된 도시의 영상은 엄청난 충격을 주었다.

미국과 일부 국제 기자단은 민첩하게 그러한 이야깃거리를 써 내려갔다. 사실과 달리 그릇된 인상을 주는 일련의 텔레비전 영상과 신문에 게재된 사진들이 편견에 치우친 기사들과 함께 시청자와 독자들에게 여과 없이 전달되었다. 이렇게 사이공은 사실과는 달리 "폐허"가 된 도시로 잘못 알려지게 되었으며, 또한 공산주의자들은 "미군과 남베트남군에게 쓰라린 패배"를 안겨 주었다는 인식을 심어주게 된 것이었다. 그러나 사실은 그와는 정반대로, 미군과 남베트남군은 성공적으로 공산군을 격퇴시켰으며, 단 2,800명의 남베트남군과 1,100명의 미군 전사자(북베트남군과 베트콩의

10% 미만)만 발생했을 뿐이었다. 언론은 공산군의 공세로 발생한 수천 명에 달하는 남베트남 피난민들과 피해자들에 대해서는 철저히 무시하는 우를 범했으며, 정말 잊히지 않을 만큼 수치스러운 것은 서방 언론들이 베트콩이 단기간 점령했던 후에 시에서 5,000여 명의 남베트남 주민들을 고문하고 살해했던 베트콩의 만행을 보도도 하지 않고 그냥 지나쳐 버린 것이었다. 언론은 그들 피해자들에게는 관심이 없었다. 왜냐하면 남베트남에 주재하고 있던 언론인들은 다만 남의 기사를 베껴내고, 그럴싸한 이야기 꺼리를 만드는데 관심을 가질 뿐 이었다.

그 기사는 사기 즉, 기자들이 속해있는 정부와 군에 의해서 만들어낸 대규모로 꾸며진 허위 기사였다. 존슨 행정부와 웨스트모어랜드 지휘부는 베트남전쟁은 승리하고 있다고 수개월 동안 그들에게 장담해 왔지 않았는가? 사이공의 웨스트모어랜드 사령부의 공보장교가 강화조약 진전상황과 전사자 누계에 관한 평범한 이야기를 보도하는 "다섯 시의 시사 풍자" 프로그램이 거짓말과 속임수로 점철된 궤변이 아니었다는 증거가 나와 있지 않았는가? 언론과 미국 국민들은 이렇게 조직적으로(확대 해석한다면) 사기당해 왔던 것이다. 기자들은 "미국은 승리하지 못했다. 공산군은 미군을 기습하였으며, 남베트남의 미군에게 좌절을 안겨주었으며 힘을 소진케 하였다."라고 송고하였다. 저명한 TV 앵커맨 Walter Cronkite조차도 푸념하듯 한탄하며 "나는 우리가 이기고 있는 것으로 생각했다."라고 말했었다.

그러나 기자들 사이에 그러한 음모는 없었다. 그것은 그들이 보았던 사실을 이야기로 꾸몄을 뿐이었다. 공식적인 미국의 의심은 그들이 개별적이면서도 단체적으로 미국이 성공적인 기습의 피해자라는 정확한 결론에 도달했다고 주장하였다. 전쟁이라는 혼돈된 상황에서 경험이 미숙한 기자들은 미국이 심각한 패배를 당했다고 잘못 추정하였다. 또한 본국에 있던 편집자들 역시 무비판적으로 일선 기자들의 판단을 받아들이고 말았다. 그로부터 수년이 지난 뒤, 사이공 주재 기자단의 하나였던 워싱턴 포스트의 Peter Braestrup은 기자들이 미국의 여론을 상당 부분 왜곡 보도했다는 사실을 후회스럽게 인정하였다. 그는 TV 다큐멘터리에 출연하여 "회고해 보면, 당시의 언론 보도가 실제 현실과는 너무 동떨어짐으로써 드물게 언론의 위기가 드러나게 되었다."라고 고백하였다. 그러나 그 때는 이미 10년이라는 세월이 지나버린 후였다. 오직 한 가지 관점에서 기자들의 판단은 정확하였다. 1968년 1월 구정 미군 지휘관들은 기습을 당하였다는 관점이다. 이 점에서는 사실이었지만, 기습의 원인은 잘못된 정보에 기인되었으며 특히, 잘못된 정보판단이 문제가 되었다. 논리적으로, 논란의 여지가 있으나 미국이 베트남에서 패전한 것은 구정공세 이전에 지속되어온 근거가 불충분한 정보판단에 기인한다고 보아야 할 것이다.

사실은 구정공세 이전까지 미국은 베트남에서 승자의 입장에 서 있었다. 구정공세의 현실이 드러나기 까지, 미국은 오직 철군에만 관심이 있었다. 구정공세가 베트남전쟁의 결정적인 전투가 되었지만, 역설적으로 지압 장군과 그의 참모들이 추구했던 결과는 아니었다. Wirtz의 표현을 빌리면, 구정공세는 "미군의 확전과 철수 간의 전환점"이었다. 맥나마라의 주장대로 그가 주도하는 베트남전쟁은 잘 통제되고 있다고 믿었던 미국 여론과 대통령이 받은 충격은 실로 엄청난 것이었다. 구정공세에서 지압이 입은 엄청난 피해에도 불구하고, 그는 그 전장에서 결과적으로 승리하게 되었으며, 이는 남베트남에서의 승리가 아니라 미국민들의 가슴과 마음에서 승리를 얻게 된 것이었다. 북베트남에서는 어느 누구보다 놀라움을 금치 못했는데, 이는 미국이 구정공세에 대하여 거의 이해할 수 없을 정도로 신경질적인 반응을 보였기 때문이었다. 수년이 지난 후, 북베트남의 Tran Do 장군은 "아주 정직하게 말해서, 우리는 남쪽에서 전반적인 민중봉기를 촉발시키는 목표를 달성하는 데 실패하였다. 미국에서 프로파겐다 효과를 조성시킨 것에 관해서는, 우리들의 주된 의도가 아니었지만, 그것은 우리들에게 매우 다행스러운 결과를 가져다주었다."라고 인정하였다.

정보 분석관들에게 구정공세는 기회 포착의 상실과 잘못된 평가가 배태된 불행한 결과였다. 그렇게 많은 정보가 가용했음에도, 미국의 정보체제가 그처럼 잘못된 판단을 내릴 수 있었던가? 이는 진주만이 아니었으며; 미국의 정보 수집부대들은 경이적인 노력을 경주하였으며, 주월미군사 J2는 임박한 공격징후들로 가득하였고 그 가운데는 아주 정확한 정밀도를 보여주고 있는 정보가 있었다. 문제는 정보를 어떻게 해석하느냐에 있었다.

바로 여기, 미국 체계가 그들의 위신을 떨어뜨렸다. 정보란 꼭 광대한 양의 첩보를 수집하는 것만이 아니다. 이동 중인 공산군 부대들에 관해 기록되어 있는 윤이 나는 10×8 용지로 가득 차 있는 첩보 함들이나, 접근이 곤란한 정글 속에 숨겨져 있는 무전 송신기를 감청하거나 애매한 암호를 해독하는 것이 정보의 전부가 아니다. 첩보가 정보로 처리되기 위해서는 전문적인 분석이 요구된다. 결국, 정보는 다름 아닌 해석과 분석이다. 미군 정보체계는 제도적, 문화적, 조직적 이유로 실패하였다. 그러나 그들의 실수를 보면, 미 정보 요원들은 미군 사령관들의 관심을 주공 방향이 아닌 양공 방향으로 유인하기 위한 지압 장군의 기만계획에 크게 유인되고 말았다. 지압 장군의 최종 승리에 대하여 누구도 부인할 수 없다. 왜냐하면, 미국의 핵심 결심권자들, 웨스트모어랜드 장군 그리고 존슨 대통령은 케산지구의 양공작전에 나방이 빛에 끌려나오는 것처럼 말려들고 말았기 때문이다.

그러나 미국의 모든 분석이 틀린 것은 아니었다; 이 점에 있어 구정공세의 비극적인 일면이 있다. 그 한 예로, 사이공 주재 CIA 지국장, Joseph Hovey는 구정공세가 개시되기 두 달 전인 1967년 11월 23일, 구정공세에 관한 놀라울 만큼 정확한 전 출처 정보 분석 결과를 생산하였다. 그는 베트남에 대한 미국 정부 정책의 제도적 굴레나 주월 미군사령부의 전략이 잘 먹혀 들어가고 있다는 것을 입증하기를 바라는 군부의 요구의 속박을 벗어나 북베트남의 통합된 정치·군사적 목표와 이를 달성하기 위한 계획이 어떤 것인가를 설명하는 분명한 해석을 제시하였다. 그의 해석은 정확했다.

그러나 아무도 그의 해석결과를 들으려 하지 않았다. 당시 워싱턴에는 공산주의자들의 의도에 대하여 많은 경쟁적 분석들이 있었으므로 어느 것이 옳은 분석인지 알 수 없었으며, 믿을만한 공감대를 만들 수 있는 국가기관이 존재하지 않았다. 하비의 정확하고 타당한 분석은 랭글리(CIA 본부)에 위치한 그의 상사에 의해서 채택되지 않았다. 그 이유는 사태를 바라보는 CIA 본부의 관점 또는 특정한 그 시기에 행정부의 정치적 기대에 미치지 못했기 때문이었다. 워싱턴의 관료들에게 있어서 정보는 당시의 고위 관료들의 구미에 맞는 관점이 되어야 했으며; 야전에서 실제로 종사하는 정보요원들이 작성한 전문적인 분석은 정보위원회의 끝없는 내분으로 채택될 수 없었다.

만약 정보 분석과 해석이 구정공세에 관련해서 미국의 당국자들을 실망시킨다면, 정보순환주기의 최종단계인 전파단계에서 신속한 반응을 얻는데 실패했을 것이다. 또한 전국적인 공격이 임박했다는 사실을 깨달았을 때까지는, 모든 관련 부대에게 적시에 경보하기는 어려웠을 것이다. 그러나 어떤 경우에는 그것이 문제가 되지 않았는데, 그것은 이미 경고된 상태에서 지역 지휘관들이나 정보요원들은 이미 무엇인가 일어나고 있음을 깨닫고 나름대로 각자의 조치들을 취할 수 있었기 때문이다. 그러나 그렇지 않은 일부 지역에서는 완전한 기습을 허용하기도 했다. 결과적으로 구정공세에 대한 반응은 지역마다 다양한 형태로 나타나게 되었다.

예를 들면, 제173공수여단은 닥토 지구에서 전투로 몇 달 동안 고전을 한 후, 나트랑 북방 해안의 성도 투이호아에서 정비 중이었다. 다행스럽게도 이 부대는 양호한 지역 정보와 북베트남군의 오판으로 사전 경보가 이루어져 구정공세에 대비할 수 있었다. 여단의 정보장교의 한 사람인 John Moon 대위의 말에 의하면:

제 173여단은 구정공세에 준비된 상태에 있었는데, 구정공세라는 술어는 그 공세가 끝날 때까지 그렇게 부르지 않았다. 우리 부대장은 Leo H. Schweiter 장군으로 캔사스 출신의 작지만 터프한 지휘관이었다. 그는 지난 2차 대전 시 D-Day에 공수작전에 직접 참가했던 미 공수사단 정보장교의 경험을 가지고 있었다. 또한, 그는 특전부대의 지휘관을 해본 경험이 있었기 때문에 정보가 무엇을 할 수 있고 무엇을 할 수 없는지를 잘 알고 있었다. 그는 참모들이 제공하는 모든 일에 만족할 줄 모르는 성향이었다. 그는 그의 정보장교들을 힘들게 일을 시켰으며, 항상 부하들이 모든 사항을 숙지하도록 압박을 가하 곤 했다. 그는 때때로 우리들 각자의 업무를 우리보다 더 잘 파악하고 있었다. 설사 우리가 생각건대 안전지대에 있을 때에도 항상 경계를 늦추지 않았다. 어떤 개새끼 한 마리도 그의 부대를 놀래키지 못하도록!

구정이 가까워 올 무렵 여단 정보장교는 무언가 비정상적인 움직임이 있다는 것을 분명히 감지하였다. 지역에 주둔하고 있는 남베트남군을 통하여, 낮은 수준의 징후들이 다수 포착되고 있음을 알게 되었다; 그와 같은 징후는 우리의 전술지역에서도 똑같이 일어날 것으로 간주하였다. 그 결과, 슈와이터 장군은 전술지역에서 필요시 신속히 병력을 뽑아 배치할 수 있도록 정글지역에 특수 LZ(헬기 착륙지점)들을 만들도록 각 대대에게 명령하였다. 지역의 남베트남군들도 역시 경보상태에 있었으며, 따라서 우리는 모두 만약의 사태에 대비하고 있었다.

구정 밤, 북베트남군은 투이호아에 진입하는데 많은 시간이 걸렸으며, 이는 그들의 기동로 상에 위치한 소규모 비행장과 레이더 기지를 습격하는데 시간을 보냈기 때문이었으며, 따라서 일찍부터 교전이 개시되었다. 따라서 경보가 발령되자, 여단 병력들은 투이호아에 이르는 모든 접근로를 차단하기 위하여 신설된 LZ에 야간에 긴급 공중 투입되어 전투지역에 배치될 수 있었다. 그리하여 북베트남군들은 새벽 무렵, 그들이 목표지역에 이르기 전 측방과 후방이 계속 공중투입으로 증강되는 미군 병력들에 의하여 포위되고 있음을 깨달았다. 게다가 북베트남군에게 더욱 불리한 것은 투이호아 공군 비행장이 단 5마일 남쪽에 근접해 있었다는 사실이었다.

그것은 마치 산 칠면조를 쏘는 사격대회 같았다; F-100 수퍼 세이버 전투기는 그저 바퀴를 걷어 올리는 순간 폭탄을 투하할 수 있었으며, 곧바로 비행장 활주로에 돌아와 재무장을 할 수 있었다. 얼마나 많은 공군기가 출격했는지는 하나님이 아실 것이다. 북베트남군 목표지역에 수많은 폭격이 있었기 때문에 지역 주민들은 그 지역을 빠져나오기 위해 목까지 차는 남 지나해의 미지근한 강물을 도강해야 했다. 결국, 단 25명의 북베트남군만이 투이호아에 접근할 수 있었으며, 이들은 남베트남군에 의하여 즉각 궤멸되고 말았다. 도시는 거의 피해를 입지 않았다.

구정공세가 남베트남을 전복시키려는 목적으로 시도되었다면, 투이호아에서는 군사적으로 완전히 실패였으며 공자는 전멸당하였다. 제173 여단은 훌륭하게 싸웠으며, 준비태세가 갖추어진 부대로서 그날 상대를 완전히 제압하였다.

전투경험이 많은 제173 보병여단은 1965년 이후 베트남에 주둔하고 있던 부대로서 다행스럽게도 경험이 많은 참모들로 편성되어 있었다. 남베트남에 있던 대부분의 다른 연합군부대들은 갑작스런 공격에 대응하였거나 또는 지역적으로 발생한 사건으로 사전경보를 받아 1급이나 2급 비상사태에 있었다. 그 예로 퀴논 부근에 있었던 부대들은 1월 29일, 베트콩 선전용 녹음테이프를 포획함에 따라서 일제히 적색경보 상태 하에 있었다.

구정 휴전으로 인하여 휴전을 취소하고 연휴기간 중의 지휘관들을 소집하기 위한 정보 경보를 전파하는데 많은 어려움이 있었다. 어느 통신장교는, "주월 미군사령부에 있던 전 장병들에게 전언통신문을 보내기 위해서는 실제 36~48시간이 요구되었다."라고 말하였다. 그러나 당시, 주월 미군사령부의 경보를 전파할 여유시간은 정확히 18시간밖에 없었다. 그 결과, 대부분의 예하 부대들은 1968년 1월 31일 밤, 기습을 당할 수밖에 없었다.

한 예를 든다면, 미 제1기갑사단은 북방 도시인 쾅 트리시 주변에 주둔하고 있었다. 그 예하 2공수여단의 알파 포대는 6문의 야포로 편제되어 있었는데, 젊은 포대장 John Robbins 대위는 그의 부대를 1월 28일 갑작스레 쾅 트리 서쪽 10킬로 지점에 있는 고립된 고지 LZ Ann으로 단기 경고 하에 재배치되도록 임무가 주어졌다. 포대 장병들은 새로운 진지에서 105 미리 야포 진지를 구축하고 베트남의 구정 휴무에 앞서서 도심으로부터 고립된 지역에 배치됨으로써 초조하였다. 1기갑사단의 로빈스 대위의 상관들은 무언가를 눈치채고 있었던 것 같았으나, 지루해하는 포병요원들은 31일 밤 구정 경축 불꽃놀이가 벌어지고 있는 것으로 위로를 받았다. 사실은, 북베트남군과 베트콩들이 소련제 122 미리 로켓 공격을 쾅 트리 시에 퍼붓고 있는 광경을 그들이 착각하고 있었던 것이다.

다음으로 로빈스 대위는 촌락의 중앙에 위치해 있던 대대 본부로부터 가능한 한 신속히 그의 포대를 사격 준비시키라는 긴박한 지시를 받았다. 그의 사격 표적 요청에 따라, 대대 화력지휘반으로부터 세부적인 사격명령이 호통치듯 날아왔으며, 전에 적의 포격을 받아본 일이 없던 그들은 "야 포대장! 우리 지휘소는 지금 적의 포화로 책상 밑에 피신하고 있어! 그 개새끼들에게 빨리 포탄을 퍼부어!"라는 비명 섞인 소리를 질러 대었다.

즉각적으로, LZ 위의 야포는 200년 전의 나폴레옹 포병들이 했던 것처럼, 육안과 지도를 혼합하여 4마일 이격된 숲속에서 로켓 공격을 할 때 나타나는 섬광 지점을 어둠 속에서 조준하여 포문을 열었다. 새벽녘에 로빈스 대위가 사격중지 명령을 내릴 때까지 야포 한 문 당 10발씩 포격을 하였다. 그리고 짙은 안개가 고지를 덮었다. 일주일 후 알파 포대가 기지로 복귀하고 나서야 그 공세작전이 얼마나 대규모 작전이었다는 사실을 인지하였으며, 구정 전날 밤, 그들이 위치하고 있던 LZ Ann 바로 아래 정글을 통하여 로켓포들을 운반하는 북베트남군의 코끼리 보급수송 대열이 덜거덕거리며 지나갔었다는 사실을 짐작할 수 있었다. 그러나 그 순간에는 양측 모두 상대의 존재를 감지하지 못했었다.

구정공세가 베트남에 주둔하고 있는 미군 지휘관들과 장병들에게 깊은 경악을 주었다면, 워싱턴에서는 총체적인 충격으로 확대되었다. 존슨 대통령은 1월 30일 아침, Daividson 대장으로부터 문제가 커지고 있다고 하는 최후 브리핑 내용조차 청취하지 못한 상태였다. 웨스트모어랜드는 사실, 그의 예하 정보부장의 경보에 과민하게 반응하지 않고, 그날 밤 보통 때와 같이 숙소에 돌아가 수면을 취하였다. 그는 다음날 아침, 사이공에 있던 대부분의 장교들과 마찬가지로, 공산주의자들의 공격에 갇혀서 어쩔 줄을 모르고 집에 갇혀 있다가 헌병들의 구출 작전으로 구조되어 간신히 사령부로 돌아올 수 있었다.

워싱턴의 정치가나 언론인들에게 구정공세는 "믿을 수 없을 만큼의 충격이었으며, 완전한 재앙"이었다. 정치인들은 군사 자문요원들로부터 속았다고 느꼈으며; 언론에서는 군부와 정치권으로부터 속임을 당했다고 느꼈다. 맥나마라와 웨스트모어랜드는 전쟁에서 이기고 있으며, 1969년에는 철수를 하게 될 것이라고 호언하지 않았던가? 게다가 추측컨대, 베트콩은 베트남 전국에서 미군과 그의 동맹군들에게 가시적인 기습 공격과 패배를 안기면서도 결국 패배하고 말지 않았는가! 구정공세는 의심의 여지없이 국부적인 실패였지만, 그것은 결코 언론이 숨 가쁘게 묘사한 것 같은 총체적인 재앙은 아니었다. 당시 언론 책임자의 우두머리 격에 있던 월터 크롱카이트가 이끄는 보도진들과 텔레비전을 보고 느꼈던 군 장교들이 생각했던 충격적인 모습과는 거리가 먼 것이었다. 그러나 구정공세의 가장 큰 손실은 대통령과 정부와 군대에 대한 미국민들의 신뢰가 무너진 것이었다.

✳ ✳ ✳

구정공세는 다음 달에 점차 소멸되었지만, 그 파문은 후에도 오랜 동안 널리 확산되었다. 정보기관 간에 일상적인 소동이 일어났다. CIA는 사이공에서 판단한 구정공세 기간 동안 북베트남군과 베트콩의 사상자 수가 공세 전 주월 미군사령부가 판단한 북베트남군과 베트콩의 전투력을 상회하였다고 지적하였다. 사상자 수가 부풀려졌거나 아니면 CIA의 판단이 옳았음이 틀림없었다. 즉, 그들은 사이공의 미 군부와 맥나마라가 이끄는 국방성에 의하여 기만당했음이 틀림없다고 생각하였다. 따라서 이에 대한 새로운 논쟁이 야기되었다.

환멸을 느낀 로버트 맥나마라는 전쟁 수행방법과 실패에 대한 책임을 지고 사임하였다. 그의 후임자, Clark Clifford는 존슨 대통령으로부터 베트남에서의 미 군사전략을 철저히 재평가하라는 지시를 받았다. 놀랍게도, 클리포드는 미군이 채택하였던 방법으로는 전쟁을 이길 수 있다고 믿었던 고급장교는 하나도 없다는 것을 발견하였다.

워싱턴 당국은 주월 미군사령부를 더 이상 신뢰하지 않았다. 반전 시위와 저항이 증가하였다. 3월, 존슨 대통령은 책임을 감당하지 못하여, Robert Kennedy와 경쟁을 포기하고 대통령 재선에 출마하지 않겠다고 선언함으로써 미국을 놀라게 하였다. 한참 후, 세계는 "여보시요! LBJ! 오늘은 얼마나 미군을 희생시켰소?"라고 하는 저항권의 조롱이 최선을 다하고 있었다고 확신하던 텍사스 출신의 정치가에게 치명상을 주었는가를 알게 되었다.

4월, 웨스트모어랜드 주월 미군사령관의 교체가 공표되었다.

1968년 12월, 미군 철수를 공약한 Richard Nixon이 대통령으로 당선되었다. 웨스트모어랜드는 그에 대한 부정적 비판 속에서 한직으로 밀려나 합동참모본부에 보직되었으며, 이는 항상 그렇듯이 조변석개하는 정치가들의 변덕스러운 입김 때문이었다.

미 당국의 공식적인 조사는 불가피하게 되었으며, 조사를 통해서 미군이 어떻게 구정공세라는 기습을 받아야 했던 이유를 규명하고, 늦었지만 정보구조의 일대 혁신을 모색하게 되었다. 미국 정책이 전반적으로 전환되었다. 미국 국민들은 미국이 월남전의 수렁에서 빠져나오기를 원했다. 더 이상 미국의 평판을 떨어뜨릴 뿐만 아니라 그들의 귀한 자식들이 베트남에서 죽어 나가는 것을 원하지 않았다. 월남전에 대한 정치적 신념과 전승의 의지는 사라지고 말았다. 지압장군은 구정공세의 군사적 실패에도 불구하고, 미국 자체의 국내문제로 말미암아 결과적으로 그의 조국 북베트남에게 영광을 돌릴 수 있게 되었다.

1968년 4월 14일, 케산을 포위했던 북베트남군은 미군의 강력한 지상 방어 노력과 30,000여 소티의 공군기 지원으로 심각한 타격을 입고 최소 5,000명 이상의 사상자를 내고 국경을 넘어 철수하였다. 그들은 미국의 도움으로 개선 장군이 되어 한호성을 올리며 구출된 것이다.

그러나 미국은 그로부터 단 2개월 후인 1968년 6월 23일, 케산 화력 기지를 포기하였다. 1973년 3월 29일, 미군 마지막 부대가 남베트남에서 철수하였으며, 그로부터 단 3년 후인 1975년 4월 30일, 북베트남군이 통일된 베트남의 통치자로 사이공에 입성하였다.

어느 미군 정보장교가 비탄에 젖어 푸념했던 것처럼, "구정공세는 모든 것이 산산이 무너져 내리는 계기가 되고 말았다."

미국의 베트남 참전은 미·소 냉전시대의 산물이며, 구소련의 공산주의 팽창정책을 차단함으로써 동남아 지역에서 공산화 도미노 현상을 방지하는데 목적을 두었다고 볼 수 있다. 1940년대 말 동구권과 중국이 이미 공산화되었으며, 1950년대 초, 한반도의 공산화 시도가 휴전으로 봉합되었다. 한반도 적화에 실패한 공산주의의 팽창 기세가 동남아시아로 방향을 돌려 북베트남을 중심으로 공산화 운동이 활발히 전개되었다. 1954년 3~5월, 공산 베트남이 보병 3개 사단, 포병 1개 사단 등 50,000여 명의 병력과, 땅굴과 교통호에 의한 기습적인 포위 공격으로 디엔 비엔 푸 에서 16,000여 명의 프랑스 군과 외인부대 등을 전멸시킴으로써 8년의 전쟁이 종결되었다.[7] 1954년 7월 미국·영국·소련·프랑스·베트남 간 제네바 국제회담에서 휴전과 동시에 북위 17 도선을 따라 남북이 분할되었다. 베트남이 분단된 후 미국은 프랑스군을 대신하여 남베트남을 지원하게 되었다.

구정공세는 북베트남의 기습공격으로 1968년 1월 31일부터 약 3개월 동안 지속되었으며, 그 결과 최초 2주간, 북베트남 측은 전사자 33,000여 명, 부상 60,000여 명, 포로 6,000여 명의 손실을 보았으며, 미측은 사상자 1,100여 명, 남베트남군 2,800여 명의 손실을 보았다. 군사적 측면에서는 미측이 성공적으로 북베트

---

7) 하대덕, 『통일 한국의 안보, 이래서는 안된다』(서울, 경제풍월, 2015), pp 117
   -118. 최용호, 『베트남전쟁과 한국군』(서울, 국방부 군사편찬연구소, 2004),
   pp 59-70.

남의 기습을 격퇴한 것으로 볼 수 있다고 할 수 있겠으나, 언론이 사실과는 달리 미군의 피해 위주로 편향적인 보도를 함으로써 미국 내의 반전 여론을 비등시켜, 결과적으로 미군 철수로 이어지는 비극적 종말을 가져오고 말았다.

북베트남의 성공 요인

북베트남은 상대의 약점을 간파하여 이를 공격하고, 상대의 의도를 파악하여 기만함으로써 기습을 성공시켰다. 미국은 미국 정부와 미국 국민들의 베트남 전쟁에 대한 인식의 괴리가 점증하고 있었으며, 남베트남에서의 신 식민주의 미국과 남베트남 간 정치적 갈등 요소가 내재하고 있었으며, 북베트남은 이들 약점을 정치적 목표로 하여 정치·심리전 공세를 병행하였다. 군사적 측면에서는 미군의 '제한 반응' 전략을 인지하여 미군 주력부대와 정면 대결을 회피하고, 지구전 위주로 유류·탄약 보급시설, 비행장 등 고정된 군사시설에 대한 전면적 공세작전을 채택하였다. 이를 달성하기 위해서 정교한 기만작전을 구사하였다. 구정공세를 은폐하기 위하여 정치회담을 통하여 구정 휴전을 선포(소극적 기만)함으로써, 구정공세 준비에 대한 관심을 전환시키고 긴장을 완화시켰다. 또한, 국경 지역에 위치한 케산 기지로 북베트남 정규군 2개 사단 병력을 이동시킴으로써 '제2의 디엔 비엔 푸 化'를 시도(적극적 기만)하여 전국적 범위에서의 전면적 공세작전을 은폐하였다. 결과적으로 북베트남은 정교한 적극적/소극적 기만작전으로 군사적 기습은 달성할 수 있었으나, 전투 결과 작전은 실패하였으며, 당초 예상치 못했던 서방 언론의 무지한 편향적 보도의 도움으로 미국 내 반전 여론을 악화시킴으로써 정치적 승리를 안게 되었다고 평가할 수 있다.

미국의 실패 요인

주월 미 군사지휘부는 '역사적 유사성(historical parallels)'에 영향을 받는 관념 구조를 탈피하지 못하고, 과거 프랑스군의 '디엔 비엔 푸의 망령'에 사로잡혀 남베트남의 전면적 봉기에 대한 정보판단에 실패하였다. 특히, 주월 미군사령관 웨스트모어랜드는 게릴라전의 특수성에 대한 이해가 부족하였고, 전쟁 경험이 전무할 뿐만 아니라 순수 경제 논리인 '비용 대 효과 분석' 기법을 불확실성과 마찰이 혼재된 전쟁 상황에 적용하려 했던 당시 국방장관 맥나마라를 설득하지 못함으로써, 북베트남의 노련한 지압 장군의 정치/전략적 전쟁수행 방법을 극복하지 못하였다. 또한, 베트남 전쟁에서 전략적 중심이 되는 미국 및 서방 언론 통제 및 대국민 홍보전략에 실패하였다.

끝으로, 미군은 제한전쟁의 개념하에 압도적으로 강력한 군사력과 현대적 군수지원체제로 대부분의 전투에서는 승리하였으나, 북베트남의 민족주의적 통일전선 전략과 자연조건을 이용한 저항정신, 베트남의 민족징신을 제내로 이해하지 못하였다. 결과적으로, 베트남에서 미군은 군사전에서는 승리하였으나, 북베트남의 지압 장군에 의해서 정교하게 시행된 기만과 정치·심리전에서 패배하였다고 볼 수 있다.

교훈

① 군이 전쟁을 수행하는 것은 본연의 과업이지만, 전투 행위 외에도 전쟁에 영향을 미칠 수 있는 기타 요소에도 대비하여야 한다. 현대전은 국가총력전으로 군사작전의 성공적 보

장을 위해서는 군사작전 외에 대언론작전이 긴요하다. TV매체나 SNS 매체의 허와 실을 분별하고, PD의 자의적 짜깁기, 기자들의 왜곡 보도 등을 통한 국민여론의 호도를 막을 수 있는 대책이 강구되어야 한다. 또한, 언론의 편향 보도를 차단하고, "카메라는 거짓말을 할 수 없다."는 인식적 허구를 "카메라도 얼마든지 거짓말을 할 수 있다."는 입증된 진실을 밝혀야 한다. 동시에 주기적 전황 브리핑을 통해서 언론을 선도하는 홍보전략도 필수적이다.

② 미군은 구정공세에서 군사전에서는 승리하고 정치/심리전에서 패배하였다. 수단과 방법을 가리지 않는 공산주의자들과 대항하여 승리하기 위해서는 군사전과 정치/심리전에 동시 대비하여야 한다. 북베트남의 지압 장군은 구정 휴전 제의 등 화전 양면 전술을 영활하게 구사하였으나, 미군 지휘관들은 막강한 군사력을 과신한 나머지 적의 의도를 파악하는 데 소홀하였으며, 적이 아군을 어떻게 평가하고 있는가에 대하여 관심을 기울이지 못했다.

③ 정보 생산자는 적시적이고 정확한 정보를 생산하는 것도 중요하지만, 그것보다 더 중요한 것은 정보 사용자로 하여금 정보 공감대를 형성하며, 적시적으로 작전에 반영토록 설득하고 추적함으로써 생산된 정보가 유산되지 않도록 해야 한다. 이를 위해서는 우선, 생산자는 사용자와 깊은 신뢰 관계가 형성되어야 하며, 사용자는 정보의 한계를 인식하는 노력이 필요하고, 우선 정보요구를 도출하며 정보자산을 할당하는 등 정보를 주도해야 한다. 특히 정보생산자는 적의 기만 행위를 분별하는데 항상 '준비된 마인드'를 견지해야 한다.

08 *"수상님, 전쟁입니다."*
욤 키푸르,
1973

08 "수상님, 전쟁입니다."
욤 키푸르, 1973

　진주만 사태처럼 정보의 대실패로 인하여 전쟁에서 패배할 경우에는 국가가 정보체계 전체를 혁신하는데 박차를 가하지만, 역설적으로 우월한 정보에 힘입어 대승리를 거둔 경우에는 자기만족에 빠져 패망에 이를 수 있다. 이러한 경우가 1973년 10월에 있었던 4차 중동전, 즉 아랍의 선제공격에 혼이 났던 작은 나라 이스라엘이었다.

　유대인의 '속죄의 날'인 1973년 10월 6일, 욤 키푸르에, 시리아와 이집트 연합군이 "보다 커진 이스라엘"의 확장된 국경선을 기습하여 충격에 놀란 이스라엘군에게 가혹한 손실을 입혔다. 18일간에 걸쳐서 지속된 치열한 전투에서 침략자들은 많은 피해를 입고 퇴각하였으며, 이스라엘은 영토를 재탈환하였으나 피해는 피할 수 없었다. 1967년 6일 전쟁의 압도적 승리 후 얻어진 무적 이스라엘의 신화와 전지적 정보 신화는 영원히 산산조각이 났다. 적대적인 주변 아랍국가들에 둘러싸여 극한적인 생존을 위한 투쟁에도 불구하고 항상 예상외로 극적 승리를 자랑했던 용감무쌍한 작은 나라 이스라엘은, 무능한 정보로 인하여 적국으로부터 불의의 기습을 당한 그저 평범한 나라로 전락하고 말았다.

아랍-이스라엘의 대립은 그 뿌리가 깊다. 간단히 말해서 그 분쟁은 팔레스타인을 둘러싼 영토 문제였으며, 이는 20세기 전반에 걸쳐서 유대인 정착민들이 조금씩 조금씩 이 땅을 차지하기 시작했기 때문이었다. 유대인의 분산, '디아스포라'는 서기 70년 로마 황제 디도스(Taitus)에 의해서 자행된 대학살을 피해서 전 세계로 흩어진 이후, 그들은 지난 2,000년 동안 조국인 유대 땅으로 돌아오고야 말겠다는 꿈을 가지고 있었다. 그해 로마 제국 군대는 그들에 대항하여 반란을 일으킨 유대인들을 잔혹한 방법으로 제압하였으며, 지중해 지역으로 분산시켰다. "내년에는 예루살렘에서!"는 흩어진 유대인들의 역사적인 건배사였다. 제2차 세계대전 말엽에 이르러 성경에 나오는, 유대인들의 고향으로 돌아가야 한다는 민족운동인 '시오니즘(Zionism)'의 실현 가능성이 전쟁으로 폐허가 된 유럽에서 강력한 힘을 받게 되었다.

전쟁범죄를 처리하는 정치 역학은 좀처럼 공명정대한 개혁을 위한 적절한 비결이 아닐 수 있다. 이는 유럽의 유대인들에게 입증되었다. 유대인 대학살에 대한 혐오감과 많은 이산 유대인들의 고통을 보면서, 1945년의 승자들은 1920년대와 1930년대 몰려들었던 50여만 명에 추가해서 팔레스타인으로 향하는 새로운 유대 피난민들을 못 본 체 묵인하였다. 팔레스타인의 질서를 유지해야 할 의무가 있으며, 동시에 유엔의 힘을 가지고 있는 영국조차도, 비타협적이고 필사적인 유대인 피난민들이 영국인과 아랍인들에게 구분 없이 자행하는 방어적 투쟁 운동과 테러행위에 대하여 그들의 공권력을 행사하는 것을 꺼렸다. 1947년, 영국은 아랍인과 유대인들이 서로 싸워서 해결하도록 남겨둔 채 팔레스타인에 대한 책임에서 손을 놓았다. 아우슈비츠(Auschwitz)와 베르센(Belsen)에서의 대학살 이후, 누구도 유대인들이 고국으로 돌아가는 길을 가로막으려 하지 않았다.

그렇지만, 훗날 이스라엘은 적대적인 아랍 국가들에게는 해외에서 들어온 불법 침입자같이 인식되었다. 서방에게는 그들이 안식처를 찾아 역사적인 고국을 찾아온 것으로 보였지만, 이와는 판이하게 아랍인들에게는 이스라엘은 뇌물, 권모술수, 테러, 도적질과 부패를 총동원하여 아랍 특히, 팔레스타인을 집어삼킨 인위적인 침입자로 인식되었다. 아랍 세계는 유대인에 대한 히틀러의 행위에 대하여 죄의식을 느끼지 않았으며, 오히려 그들은 유대인 식민주의자들이 주변 아랍 국가들에게 행한 행위와 1930년대의 내륙전투들을 지적하였다. 이와 같이, 새로운 정착자들과 토착민들 간에는 증오와 대립이 뿌리를 내리고 있었다.

1948년 5월 14일, 이스라엘 국가가 공식적으로 선포되었다. 1948년 5월 15일, 이집트, 시리아, 요르단, 레바논 그리고 이라크 연합군이 이스라엘 건국 초기에 전면전을 시도하여 격멸함으로써 중동지역의 평화를 방해하는 이스라엘을 지중해 바다로 몰아넣으려 하였다. 그러나 그들은 실패하였다. 결사적인 용기와 수 세기에 걸쳐 만들어진 '십자가 성전(crusade)'에 대한 종교적 열정으로, 이스라엘은 압도적으로 우세한 아랍인들을 모든 전장에서 물리쳤다. 아랍 침략자들은 유대 국가의 사나움과 투쟁력에 놀라서 대패하여 퇴각하였다. 이스라엘은 아랍 세계가 결사적으로 반대했지만, 피의 대가로 탄생하였으며, 전투에서 승리함으로써 곧장 진정되었다. 그러나 이스라엘이 절대적 생존권을 쟁취하기 위하여 팔레스타인 토착민들을 그들의 땅에서 몰아낸 것은 타협할 수 없는 극과 극의 분쟁으로 오늘날까지 지속되고 있다.

1956년, 또 다른 전쟁이 발발했는데, 그때 이스라엘은 낫세르 대통령이 수에즈 운하를 국유화하자 영국과 프랑스와 공모하여 낫세르의 이집트를 공격하였다. 그 결과는 1948년과 같이 아랍의 굴욕과 이스라엘의 승리로 끝났다. 묵은 상처는 계속 곪아가기 시작했다. 1967년, 압도적인 아랍 군대에 둘러싸여 공격 위협을 받고 있던 중, 이스라엘은 피로 얼룩진 20세기 역사상 가장 극적인 선제공격을 감행하였다. 1967년 6월 5일 새벽, 이스라엘 공군은 지상에 계류 중인 이집트와 시리아 공군을 격멸하고, 전적인 제공권을 장악한 상태에서, 이스라엘 북쪽 국경선인 골란 고원으로 시리아군을 몰아내고, 동으로는 요르단으로부터 예루살렘을 점령하고, 남으로는 막대한 타격을 입고 도주하는 이집트군으로부터 가자 지구와 시나이반도 전체를 탈환했다. "보다 커진 이스라엘(Greater Israel)"로 거듭난 것이다.

1968년이 되어서야, 이스라엘은, 국가 창건 이래 처음으로, 국가로서 방어 가능한 국경선을 확보하여 영토적 안전을 보장할 수 있었다. 북으로는, 골란 고원이 안전을 제공해줌으로써 이스라엘의 집단농장의 정착민들이 적의 포탄 세례로부터 자녀들을 안전하게 양육할 수 있게 해주었고, 동으로는 작지만 강한 요르단 군대를 서안(West Bank) 밖으로 몰아내 요단강 너머에 고착시킬 수 있었다. 그리고 남으로는 이스라엘과 이집트 전선 간에 150마일에 걸친 완충 지역이었던 시나이 사막(Sinai Desert)이 새로운 국경선인 수에즈 운하로 대치되었다.

이들 확장된 전선들은 이스라엘에게 정치적·영토적인 안전을 제공해주었지만, 굴복하지 않는 아랍 적대국들과의 마찰로 여리고 성의 흉벽을 따라 설치된 수많은 감시 초소에 병력이 배치되어 방호해야 했다. 이는 작은 나라에게는 병력면에서나 물자 면에서 무거운 짐이 되었다. 또한, 남쪽에서는 구 완충지대의 상실을 가져왔다. 1967년 이전, 이집트군은 유대인 적들을 상대하여 150마일에 이르는 시나이 사막을 가로질러 막아야 했다. 그러나 지금 그들이 할 수 있는 것은 오직 150야드 넓이의 수에즈 운하를 도하하는 것이었다. 이는 1973년 중요한 차이로 나타났다.

6일 전쟁에 참전한 전투원들은 비록 포병전이나 게릴라전 수준이지만, 전투가 다시 발발했을 때 타버린 전차에서 숯이 되어버린 시체들을 그때까지 물로 씻어내고 있었다. 전쟁도 평화도 아닌 처음 6년 동안 이집트는 압박을 가하고 있었기 때문에, 이스라엘은 6일 전쟁 이후 파생된 새로운 전략적 입장과 현실에 따른 비용을 감수해야 했다. 1969년 7월 한 달만도 이스라엘군은 36명이 전사하고 76명이 부상하였으며; 1970년 1월과 7월 사이 거의 500여 명의 사상자가 발생하였다. 이러한 소모율은 오래 지속될 수 없었으며, 1969년 9월, 이스라엘은 아랍 가해자들에게 예리한 교훈을 가르치기 시작했다.

"10일 전쟁"이라고 알려진 전쟁에서는, 이스라엘 군대들이 노획한 이집트 장갑차에 아랍어가 가능한 150여 명을 탑승시켜 수에즈 운하를 도하 기습작전을 감행함으로써 광범한 보복을 단행하였다. 이집트군으로 위장한 이 소규모의 부대는 450여 명의 사상자를 내게 하였으며, 핵심적인 정보를 수집하고, 3개의 대공 레이다 기지를 파괴함으로써 수에즈 마을 지역에 대혼란을 야기했다. 10시간 후, 이스라엘 특공대는 침착하게 재승선하여 작전을 펼쳤으며, 적을 겁주고 모욕하기 위하여, 소련제 최신 T-62 주 전차 2

대를 혼란 중에 포획하였다. 또한, 이스라엘은 1969년 후반에 다시 남단에 위치한 운하를 도하하여 이집트와 소련군 고문관들의 코앞에서 최신 소련제 P-12 레이다 체계를 파괴하였다.

이들 일련의 무력시위의 성공에도 불구하고, 이스라엘은 실질적인 방어 장벽이 필요함을 깨달았다. 이스라엘 육군 참모총장 체임 바 레브(Chaim Bar Lev) 중장은 수에즈 운하를 따라서 일련의 고정된 축성 진지를 구축하고 이 진지에 자기의 이름을 따서 바 레브 라인으로 명명하였다. 결국, 바 레브 라인은 100마일에 걸쳐서 상호 지원이 가능한 모래로 엄폐된 요새 진지의 사슬이 연결되었으며, 여기에는 지하 깊숙한 은신처, 지뢰 지대, 사격용 참호 진지가 교통호, 엄폐된 도로망, 급수 탱크, 엄폐된 전차 진지와 포병 진지가 연결되어 구축되었다. 바 레브 라인은 마지노 라인과 유사한 개념으로 전차 기동전 개념에 입각한 융통성 있는 방어를 보장하기 위한 것이었다. 또한, 고무보트로 운하를 도하하여 은밀히 침투하는 행위를 차단하기 위하여, 몇몇 지정된 요새는 운하 수면에 지하로 연결된 가솔린 파이프와 전화장치를 연결하여 운하를 도하하려고 하는 침입자들을 화장시킬 수 있는 설비를 갖추고 있었다.

이스라엘은 바 레브 라인이 필요했다. 이집트인들의 소모전은 1년 반 이상 지속되었고, 나세르 대통령은 1970년 7월에 휴전을 받아들였다. 이스라엘 사람들은 안도의 한숨을 돌릴 수 있게 되었다: 그들은 이제 매일 아침 일간지에 국경 지역에서 발생하는 전사자들의 숫자를 헤아리면서 살지 않아도 되었다. 양측은 일시적인 소강상태를 활용하여, 이집트는 소련이 제공하는 신형 방공 미사일과 레이다를 전진 배치하였으며, 그들의 목표는 운하 전체를 조밀하게 대공 미사일 벨트를 구축하는 것이었다. 한편 이스라엘은 콘크리트와 자금을 투자하여 바 레브 라인을 구축함으로써 이집트를 만에 견고하게 고착시킬 수 있도록 새로운 조치를 단행하였다. 1971년에 시나이에 방어시설 구축에 소요된 경비는 1970년 물가 기준으로 5억 불(USD)에 달하였다.

이러한 과정에서 이스라엘은 해외에 거주하는 유대인들의 엄청난 자금 기증을 받았다. 1967년 전쟁 이후, 유대인 디아스포라(Diaspora:유대인의 분산)는 민족적 긍지와 양심의 가책, 그리고 종교적 열심의 복합적 감정에 자극을 받아 이스라엘 국가에 세 곱의 헌금을 하였다. 개인적으로, 또는 비정부기구들에 의해서 기여된 금액은 대부분, 미국인들로 부터지만, 1967년 4억 불에서 6일 전쟁 후에는 12억 불로 증가했다. 이러한 수입은, 우호적인 미국의 원조와 더불어, 전쟁비용에 의한 기타 경제 분야의 도산에도 불구하고, 당시 여타의 개발도상 국가들보다 이스라엘 국민의 삶의 수준을 급속히 향상시킬 수 있었다. 역설적이지만, 전쟁은 실제 이스라엘의 국민소득을 급격히 향상시킨 셈이다. 이스라엘은 이를 위해서 해외로부터 현금 지원을 필요로 하였다. 그러함에도 이스라엘은 1972년 국방비에서 6천 8백만 불의 예산 삭감을 하지 않으면 아니 되었다.

또 다른 사건도 이스라엘에 대한 신뢰 향상에 도움을 주었다. 1970년의 "검은 9월"에, 요르단의 국왕 후세인은 갑자기, 국내에서 말썽을 일으키며 활동 중인 팔레스타인 게릴라들을 축출하도록 그의 아랍 연맹 군대의 연대에 명령을 내렸다. 어느 목격자의 말에 의하면, "잘 훈련된 베두인 정규군들은 팔레스타인 테러리스트들을 몰살시켰다… 그들은 정말 잘 훈련된 보병들과 전투를 벌이지 말았어야 했다."라고 술회하였다. 갑자기, 1948년 이후 평온하던 이스라엘 동부 국경인 요르단에서 팔레스타인 게릴라들과 시리아와 레바논이 싸우기 시작했다.

1970년 9월 28일, 이스라엘에게는 더욱 좋은 뉴스가 날아왔다: 이집트의 나세르 대통령이 사망했다. 일격에 아랍 세계에서 아랍 사회주의, 범 아랍 민족주의, 그리고 소련의 주된 우방국이 사라졌다. 그의 후계자는 안와르 사다트로 나세르의 원조 민족주의 이집트 장교 집단의 일원이었다. 분명히 독실한 무슬림 신자인 사다트는 불타오르는 열정과 흥분을 잘하는 나세르와는 달리 인내심이 있고, 사려가 깊은 사람이었다. 시작부터 그는 공개적으로 그의 목표는 전쟁을 해야 할 것이라고 말했다. 그럼에도 불구하고, 사다트는 본질적으로 평화적 해결을 위해서 전쟁과 외교를 병행하는 정책을 채택하는 실용적인 정치인이었다. 그러나 불행하게도, 그는 "1971년은 결단의 해가 될 것"이라고 선언하였다.

사다트의 "결단의 해"는 순조롭지 못했다. 이집트의 외교적 노력은, 많은 점에서 이스라엘이 생각하는 것과 유사한 방향을 추구하고 있었지만, 수용되지 않았고 무시되었다. UN에서의 부진한 협상 결과와 양방의 완강한 태도는 또 다른 소규모위기를 조성하였으며, 드디어 1971년 봄 양측은 운하에 대한 전력을 강화하기 시작하였다. 사다트는 수에즈 운하를 횡단하여 공격할 경우, 이스라엘군에게 완전히 경고된 상태에서 부분 동원된 이스라엘군과 맞닥뜨리게 될 경우를 알고 있었기 때문에, 이집트군에게 싸움을 걸지 않도록 명령하였다. 그러나 그의 내부적 반대 세력들, 특히 소련의 지원을 등에 업은 자들에게는- 이것은 사소한 일이지만 견디지 못하는 최후의 부담이 되어, 반 사다트 쿠데타가 임박하게 되는 도화선이 되었다. 그의 반대세력들은 신임 대통령은 결단의 해에 대전을 치루는 것을 겁먹고 있다고 주장하였다. 대통령은 결단을 하지 않으면 안 되었다.

친소 알리 사브리가 이끄는 음모자들은 오판하였다. 사다트가 그들이 기대했던 대로 이스라엘을 공격하지 않았을지 모르지만, 그것은 결단력이 없어서가 아니라 아주 일반적인 신중함 때문이었다. 그는 4월 25일 열린 아랍 사회주의 연방 중앙회의에서 그의 대다수의 반대파들이 깜짝 놀랄 만큼 신속하고 무자비하게 친소 파벌들에 대항하여 행동을 개시하였다. 일주일이 지나지 않아, 알리 사브리와 그의 음모 동조자들은 가택에 연금되었고, 여타의 이집트 대통령 반대파들은 소리 없이 지하로 사라졌다. 알리 사브리 음모자들을 후원했던 소련은 아무 일도 일어나지 않은 것처럼 모르쇠로 일관하였으며, 소련의 무기와 원조를 필요로 했던 사다트 역시 소련과의 관련성을 묵인하였다. 양측은 상호 이익 즉 역내에서 미국-이스라엘의 영향력 감축을 논의하기 위한 새롭고 조화로운- 신중한 입장에서- 관계 안정을 이루어 나갔다. 새로운 관계를 보증하기 위해서, 사다트는 소련과 향후 15년간 무기 및 경제원조를 위한 우호 및 협력 조약을 맺었다.

그해의 남은 기간에는, 사다트의 전략이 표류하였다. 그는 소련이 망설이고 있었기 때문에 교묘히 속이면서, 모호한 러시아의 원조 약속과 응답이 없는 서신과 호출에 만족할 수밖에 없었다. 모스크바는 부담을 느끼지 않는 것처럼 보였으며, 미국에 대한 사다트의 대응은 역시 침묵으로 일관했다. 이러한 상태가 수주에서 수개월로 이어지면서 1971년은 별다른 성과 없이 지나갔다. 오랜 동안 연기되었던 1972년 2월 모스크바 정상회담도 사다트에게는 실제적인 진전이 없었다. 이집트의 좌절감은 곪아 터지기 시작했다.

사다트는 시간이 다해가고 있음을 깨달았다. "결단의 해"와 그의 지도력에 관한 조크들이 카페나 주점에 있는 익살꾸러기들 사이에서 회자되고 있었다. 전임자였던 나세르와 같이, 그는 유감스럽게도 이집트 지도자는 생존하기 위해서는 행동하지 않으면 안 된다는 것을 잘 알고 있었다. 매일 군의 반대 의견이 증가했고, 거리에서는 소요가 증대되었다. 사실, 그가 브레즈네프 수상과 결론을 내지 못한 정상회담을 위해 모스크바로 가기 직전인 1972년 1월 25일, 카이로의 학생 봉기 대표들에게 보낸 연설문에서 그의 좌절감과 번뇌를 아주 명확히 추적할 수 있는바: "이스라엘과의 전쟁 결심은 이미 끝이 났으며… 이는 빈말이 아니라 그것은 사실이다."라고 했던 부분이다.

다시, 소련은 머뭇거렸으며, 무기 지원은 이루어지지 않았다. 사다트는 이스라엘에 대한 군사 행동의 필요성을 역설하였다. 그러나 소련은 점증하는 초강대국들의 긴장 완화(detente) 정책과 전쟁을 꺼리는 현상을 염려하여 여하한 전쟁 재개도 용인할 수 없었다. 1972년 6월, 사다트는 소련과 별 성과 없는 회담을 지속하였으며, 외교적 활동도 중단하였다. 그는 소련 수상 브레즈네프에게 직접 질문서를 보내고, 그 대답에 따라 이집트-소련 관계가 좌우될 수 있다고 강경하게 경고하였다. 그러나 다시 소련은 이집트 대통령을 모르는 체하였으며, "그 지역 내 긴장 완화"에 대해서만 언급하였다.

안와르 사다트는 공격을 단행하기로 결심하였다. 1972년 여름까지 소련은 이집트에 대규모 군사력을 증강하였다. 카이로의 대공방어를 위해 200대의 소련군 전투기를 배치하였다. 운하 상공에는 지대공 미사일 우산을 구축하기 위해 12,000명으로 추산되는 소련군 특기병을 투입하였다. 이에 추가해서 5,000명의 군사고문관을 배치하였다. 어떤 이집트 장교는 "소련군이 모든 지역에 배치되었다"고 공공연히 인정하였다. 그러나 소련군의 참전은 일반적으로 환영받지 못했다. 이집트에 대한 소련군의 오만과 업신여김은 그들의 문화가 한때 세계를 지배했던 바로 황제의 황금시대를 회상하는 자긍심 넘치는 민족을 분노케 만들었다. 교양 있는 이집트 장교들은 그들과 동급의 소련군 장교들이 무지하고 촌티난다는 사실을 알았다. 또한, 무슬림 세계에서 가장 혐오하는 것은, 소련군들이 이슬람교를 존중하지 않고 있다는 사실이었다.

1972년 7월 8일 사다트는 소련 대사를 호출하여, 모든 소련군은 10일 이내에 이집트를 떠날 것을 통보하였다. 소련 대사 비노그라도프(Vinogradov)가 어리벙벙한 상태에서, 사다트는 자리를 떴다. 후에 그는 "우리 모두는 일종의 전기 충격 같은 것이 필요하다고 느꼈다."라고 술회하였다. 사다트는 그가 소련 대사에게 일침을 가한 것이라고 부언하였다. 7월 17일, 소련군은 짐을 싸고 철수를 개시하였다. 그 축출은 사다트의 국내정치적 입지를 엄청나게 강화하였다. 이집트군은 오만한 고문관들이 떠나는 것을 기뻐하였으며, 이슬람교 사원들은 공개적으로 신을 믿지 않는 이방인들이 떠나가는 것을 보고 즐거워하였다.

한때 누렸던 일시적 행복감과 자유에 대한 감각은 점점 사라져 없어졌지만, 사다트의 염려는 다시 커지기 시작하였다. 그의 형식적 제스처는 이집트의 근본 문제를 해결하지 못했다. 미국으로부터 평화협상 타진(peace feeler)을 기대했지만, 이스라엘은 실리를 얻지 못했으며, 이집트 경제는 군사적 대비를 유지해야 하는데 따른 부담과, 사회적 불안 요소, 국가 지도자에 대한 지나친 관심 집중으로 거의 질식 상태로 압박당하고 있었으며, 그것은 전례 없는 심각한 위협이 되었다. 사다트는 더 늦기 전에 그러한 정체 상태를 탈피하기 위하여 무언가 행동하지 않으면 안 되었다. 1972년 말경, 그는 이스라엘을 공격하기로 운명적 결심을 내렸다.

그가 결심을 내렸다는 최초의 증거는 1972년 11월에 열린 비공개 아랍 사회주의연맹 중앙회의에서 나왔다. 그 순간부터 사다트 대통령은 이스라엘이 점령하고 있던 시나이반도의 상당한 부분을 탈환하기 위하여 수에즈 운하를 건너 전면적 기습공격을 감행함으로써 이스라엘과 장기적 제한전쟁을 재개하기 위한 계획에 착수하였다. 그의 주된 목표는 정치적 목적을 달성하는 것이었다. 이스라엘은 단기적이나마 깊은 충격에 빠질 것이며, 아랍과 이슬람 세계는 이집트가 선두에서 혐오의 대상인 이스라엘과 싸우는 것을 목도하리라고 예견하였다. 또한, 국내적으로는, 사다트의 확고함과 결단력에 박수를 보낼 것으로 내다보았다. 결국, 그것은 모든 면에서 지도자로서 그의 정치적 입지를 강화하는 것이었다.

소련군을 축출하긴 했지만, 사다트는 동맹의 필요성을 견지하고 있었다. 이집트는 자신만의 힘만으로 이스라엘과 싸울 수는 없었다. 사다트는 그의 국가 경영을 위해서 세 가지가 필요했는데: 자금, 무기, 양동 전략이었다. 돈은 석유 부자 아랍국가들에서 얻었고, 특히 리비아의 급진주의자 카다피 대령과 달리 보수 성향을 지닌 사다트를 지지하는 사우디아라비아로부터 획득하였다. 대포와 기타 무기는 소련으로부터 얻을 수 있었지만, 이번에는 대규모 군사고문단은 제외되었다. 끝으로, 양동 전략은 1967년의 굴욕적인 패전 당시 이집트의 동맹국이었던 시리아에 의해서 지원받을 수 있었다. 따라서 1972년 마지막 달 무렵, 사다트 이집트 대통령과 시리아의 아사드 대통령은 두 개의 전선에서 동시에 이스라엘을 기습 공격하기 위하여 비밀리에 군사연합을 구축해 나가기 시작하였다.

이집트 군대는 6일 전쟁에서의 굴욕적인 참패 이후 와신상담했다. 1972년 말, 사다트는 아메드 이스마일(Ismail) 대장을 참모총장에 임명하면서 전쟁 준비에 대한 엄명을 하달하였다. 이스마일은 사교계의 명사도 아니었고, 정치적 인사도 아니었다. 반대로, 그는 매우 유능하고 직업적인 군사지휘관이었으며, 그의 영향력은 신속하게 이집트군의 군사계획담당자들에게 파급되었다. 그의 특출한 전문성은 일찍이 소련 참모대학에서 익혀졌으며, 그 결과 그는 적을 공격하는 방법을 잘 알고 있었다. 그는 과거 일반참모로서 잘 훈련된 경력을 활용하여, 전반적인 상황을 판단하였고, 그는 지혜롭게도 "적 상황" 항, 즉 이스라엘군 항목은 완전히 별개의 평가를 해야 한다고 주장했다.

이집트 일반참모 계획 분야의 견지에서 보면, 이스라엘군은 다섯 가지 강점을 가지고 있었다. 우선 네 가지 강점은: ① 미국으로부터의 무기 공급의 확실한 보장; ② 무기체계의 기술적 우위; ③ 서구적인 훈련기법; 그리고 ④ 제공권의 확보였다. 다섯 번째이자 마지막인 이스라엘의 강점은 이집트가 극복할 수 없는 강점이었다. 이스마일은 그들의 상대인 이스라엘 민족은 수많은 좌절과 실패를 견딜 수 있는 민족으로 설사 최후의 한 사람까지라도 끝까지 싸우리라는 점을 인정하였다. 그는 어떠한 계획도 오직 제한된 목표로 국한되어야 함을 강조하였다. 이집트는 이스라엘을 지중해 바다로까지 밀어내면 아니 된다고 했다.

그럼에도 불구하고, 이스마일은 훌륭한 참모 계획으로 이스라엘의 처음 네 가지 강점들을 무력화시킬 수 있으리라고 판단했다. 더욱 흥미로운 것은, 그가 이스라엘의 잠재적 약점이 될 것이라고 믿고 있는 요소들을 찾아냈다는 것이다. 적의 약점은 항상 적의 강점보다 흥미로운 것이다. 이집트는 이스라엘의 약점을 찾기 위해 오랜 동안 고심 끝에 가장 중요한 한 가지를 발견했는데, 그것은 바로 이스라엘이 연전연승을 거두면서 체득된 교만함과 우월감이 혼재된 자기과신 이라는 치명적 결함을 가지고 있다는 것이었다.

전쟁을 수행하는 양측은 동일한 전쟁을 치루면서도 서로 상이한 교훈을 도출하는 것이 역사의 아이러니라 하지 않을 수 없다. 승자는 반드시 그들의 승리는 천편일률적으로 그들의 탁월한 장군들, 훌륭한 전술, 우수한 장비와 병사들의 빼어난 용기에 기인했다고 말한다. 그러나 패자는 그들의 실수를 골똘히 생각하며, 적의 강점을 주목하고, 적이 어떻게 실제 전쟁에서 이길 수 있었는가? 다음에는 어떻게 문제를 해결하여 승리를 쟁취할 수 있겠는가 하는 것을 고민한다.

이에 대한 예로 영국의 아미앙(Amiens) 전투에서의 대승 이후에 진행된 상황을 살펴보면 이 같은 사실을 입증할 수 있다. 1918년 8월 8일 영국은 1차 대전 후 올더숏(Aldershot) 훈련기지에서 강조한 "실전적인 군사훈련(real soldiering)"을 구현하기 위해, 전차, 항공기, 기계화 포병, 우수한 통신을 통합한 합동작전으로 압도적인 기습공격을 감행하여 협소한 전선을 돌파하여 대승리를 거두었다. 영국은 1918년 이후 그들의 성공을 잊고 있었으나, 이와는 달리, 패전의 고배를 마신 독일은 그로부터 1938년까지 루덴도르프가 명명한 "독일군의 불길한 그날"의 교훈을 연구하여, 20년 전 영국과 호주가 아미앙에서 선보였던 아이디어를 활용하여 '지속적 공격'을 위한 전술, 교리, 장비 등을 개발하였다. 독일은 이를 '전격전(Blitzkrieg)'이라 불렀다.

이와 같이, 승자와 패자의 전투 종료 이후의 대조적인 상황을 숙고한 이스마일은 승승장구하는 이스라엘이 1967년의 연이은 승리에 도취하여 오만에 빠져, 이스라엘군이 세계에서 최고, 최강의 군대라고 호언장담하면서 흥청거릴 것이라고 판단하였다. 이스라엘 군대의 우수성에 대한 긍지는 그 후 1972년까지 실전에서 잘 증명되었으며, 따라서 이스라엘군의 오만의 정도는 더해가기만 하였다. 그러한 오만은 불행하게도 유대민족은 어떤 면에서 아랍민족보다 우수하다는 신념에 뿌리를 두고 있었다. 대다수의 과거 시오니스트(Zionist)들은 아랍민족에 대하여 그들은 "봉건적이고, 시대에 뒤떨어진 전-국수주의적(pre-nationalistic) 민족"이라고 생각하였다. 이러한 사고방식은 시온주의 내에서 보다 유화적인 자유주의자들도 있지만, 체임 와이즈만(Chaim Weizmann)과 블라디미르 자보틴스키(Vladimir Jabotinsky)같은 급진 사회주의적 시온주의자들의 중심인물들이 가지고 있던 핵심적 신념이었으며, 심지어 "이스라엘 건국의 아버지"라 불리는 데이비드 벤-구리온(David Ben-Gurion) 조차도 아랍 세계는 영구적으로 통합될 수 없고, 뒤떨어진 민족이라고 굳게 믿고 있었다. 우생학이 자연과학으로 받아들여지고 있을 당시에는 그러한 신념들이 보다 널리 파급될 수 있었으며, 그들이 주장하는 메아리는 이스라엘 민족의 사고방식에 각인되었고, 오늘날에도 지속되고 있는 실정이다.

이스라엘은 또 다른, 보다 구체적인 약점을 지니고 있었다. 장기전과 대량피해를 감내할 수 있는 전쟁 지속능력의 부재에 추가하여 새로운 차원의 문제가 추가되었는데 그것은 병참선의 신장이었다. 전통적으로 이스라엘은 항상 나폴레옹이 즐겼던 "중앙 돌파(central position)"의 이점을 활용해오고 있었다. 적에게 둘러싸여 있는 상황에서 내선이 짧은 병참선의 이점을 이용하여, 외부의 사방 위협으로부터 적시 적소에 신속하게 병력을 집중할 수 있었다. 그러나 당시는 이스라엘의 전선이 확대되었다. 6일 전쟁의 이점은 한 두 방향으로 지향하기 용이했지만, '보다 커진 이스라엘'이 된 후에는 전략적 문제가 가중되었는데, 그것은 골란 고원으로부터 수에즈 운하까지 기갑여단을 재배치시키는데 72시간 이상이 소요된다는 사실이었다.

이집트 참모진은 다가오는 전투에 대한 작전개념을 발전시키기 전에 이스라엘의 강점과 약점을 다양하게 분석하였다. 작전 계획은 다음과 같이 이집트 정보판단에서 결론을 내린 7가지 주요 개념을 기초로 해서 작성되었다.

1. 이스라엘을 선제 기습공격한다.
2. 적의 역습을 분산시키기 위하여 가능한 한 광범위한 전선에 대규모 병력을 투입한다.
3. 이스라엘 공군을 지상군에 접근하지 못하도록 지상군 상공에 항상 방공우산을 설치한다.
4. 이스라엘 자원 요소들을 넓은 전선에 걸쳐 분산 배치를 강요한다.
5. 방어진지에서 방어력을 강화하여 이스라엘의 역습을 무력화시킨다.

6. 이스라엘에게 대량손실을 강요한다.

7. 이스라엘 무기체계에 대항할 수 있도록 이집트군에게 우세한 최첨단무기를 제공한다.

마지막 요구사항인 기술적으로 첨단무기 도입은 소련의 도움을 얻기 위하여 이집트 사절단을 파견하였는데, 그것은 오래 닫혀 있는 소련의 무기 저장고로부터 최신예 전폭기인 미그 23기를 도입하거나, 아니면 스커드 지대지 미사일을 도입하는 것이었다. 시간이 걸렸으나, 이집트군은 1973년 가을까지는 후에 '바드르(Badr) 작전'이라 불리는 "계획"에 의해서 첨단무기를 장비할 수 있었다.

통상적으로, 광범위하면서도 정교하게 조직된 이스라엘 정보기관은 무언가 음모가 이루어지고 있는 최초의 신호를 잡아내곤 하였다. 아랍 세계에서 활동하는 최고급의 인간정보망들을 운용하고 있는 이스라엘은 어떤 정보 소요가 발생하면 떠들썩하면서도 정통한 출처를 접촉할 수 있었다. 이집트 일반참모부의 작전기획 장교들은 항상 특정한 표적이 되곤 하였다. 그러나 이번에는 무언가 잘못되었다. 이집트는 전보다 보안을 강화하였고, 이스라엘 정보기관은 이집트의 계획은 인지하고 있었으나 점증하는 위협에 전처럼 대응하지 못했다. 이에 추가해서, 수집된 정보는 상당량 자신들의 스스로 느긋함과 많은 오해들로 왜곡되고 말았다. 체임 헤르조그(Chaim Herzog)가 1972-3년 당시의 이스라엘 정보활동에 대하여 쓴 냉소적인 참고 문헌을 보면, "이스라엘은 당시 눈은 있었으나 보지 못했다."고 언급하였다. 그것은 욤 키푸르 전투 준비단계에서 승리감에 도취되어 호언장담하던 이스라엘 정보체제의 자만에서 파생된 결과로 보인다.

문제의 근원을 살펴보면 그것은 이스라엘의 최근 역사와 정치조직에서 쉽게 찾을 수 있다. 이스라엘은 작은 나라이면서 매우 정치적인 나라로서, 선의의 논쟁을 좋아하며 특히 중요한 것은 비례대표에 의한 선거제도를 따르고 있다. 이는 이스라엘 내각을 상이한 관점과 상이한 목표를 가지고 있는 정당들과 불안한 연합을 만들게 하였으며, "이중 노선(dual track)"을 가지는 정부가 출현하는 결과로 나타났다. 그 결과 이스라엘은 공식적으로는 정부를 대변하는 거대하고 불안정한 연립 내각을 보유(이스라엘 국회의 30%가 내각에 포함)하고 있었으나, 실제적으로는 훨씬 작은 소규모 내각이 국가를 운영하게 되었다. 골다 메이어(Golda Meir)는 1973년 수상으로서 이들 두 라인을 운영하면서 국가를 통치하지 않으면 아니 되었다.

1973년 수집된 모든 첩보들을 처리하고 해석하여 전 출처 종합정보 판단을 작성, 수상에게 보고하는 유일한 조직은 육군이었으며, 보다 정확히 말하면 아만(AMAN) 즉, 이스라엘 군사정보국(Isracli Military Intelligence)이었다. 모사드(Mossad), 또는 비밀정보국(Secret Intelligence Service)은 해외 정보를 담당하였으며; 영국의 MI-5나 독일의 BFV에 해당하는 신베드(Shin Beth)는 국내 보안을 담당하였고, 외무부의 연구 및 평가 기관은 외교적 교신들을 취급하였다. 그 외에 다른 모든 정보-신호정보, 기술정보, 전투서열, 군수정보, 대외 연락관들의 출처, 표적획득, 공중정찰 및 외국에 대한 정보판단, 심지어 핵기술정보국(LAKAM: highly secretive Israeli "technical" intelligence service)도 군이 통제하고 있었다.

이러한 특이한 상황은 이스라엘이 최초부터 군사국가로 성장했기 때문이었다. 군사정보(MI)는 항상, 새벽 2시에 시작되는 이스라엘 수상이 주재하는 내부회의에서 정보 브리핑을 담당하였다.

〈"넓혀진 이스라엘" 1967~1973〉

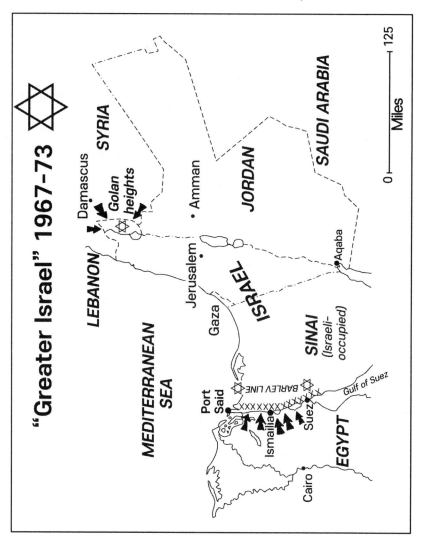

군사국가체제에서 모든 위기는 군사위기로 정의되었다. 심지어는 국방장관이 내각에서 브리핑을 할 때도 군 총사령관은 물론 군사정보의 수장도 배석시켰다. 군사정보(MI)는 지배적인 국가정보기관이었으며, 군복을 입은 그 기관의 수장은 모든 정부와 내각의 일상 업무를 처리하는데 직접적으로 참여하여 필요한 정보를 제공하였다.

이는 정보장교에게 설사 그가 선임이고 또한, 아무리 명석할지라도, 매우 위험스러운 자리였다. 정보장교는 때때로 그들의 정치적 상사들에게 정치적 결과를 고려함이 없이 목표지점과 가끔은 곤혹스러운 진실들을 두려움 없이 발표해야 할 필요가 있다. 1967년과 1973년 사이 정보와 국가정책 간의 엄격한 선이 무너진 사건이 발생하였다. 어떤 평론가들은 그러한 사실이 실제로 존재하지 않았다고 주장한다. 군사정보국(MI)은 후에 국가정보국 (National Intelligence)으로 승격하였다; 그리고 국가정보국은 국가정책의 문제를 다루게 되었다. 따라서 군과 정부의 책임 한계가 모호해지게 되었다. 이렇게 서로 타협해지기 쉬운 관계는 2003년 영국의 토니 블레어 수상이 발견했던 것처럼 엄청난 재앙을 초래하게 된다. 이스라엘 정보기관이 그것을 입증해 주었다. 문제의 진실은 이스라엘 내부 정책수립 기관의 구성에 있었다. 시간이 흐르면서 골다 메이어 수상은 그의 정치적 서클 밖에서 논쟁하기 좋아하는 반대파들을 무시하고 점점 더 소수의 지지층들에게 의존하게 되었다. 이스라엘의 안보정책은 고립되기 시작했고, 과도한 비밀주의, 개인적 관계, 당에 대한 충성도 그리고, 특히 위험한 것은 독선으로 특징지어지는 비밀공작으로 추진되었다. 당시의 골다 메이어의 국정 운영에 대하여 단호하게 비판하던 한 사람, 즉

펄머터(Perlmutter) 교수는 그들은 "근본적으로 자기 자신들만의 독점과 편견에 사로잡힌 집단"이라고 지적하였다. 이러한 내부 집단은 이 같은 사실을 부정하지 않을 것이다; 오직 군과 내각 요원들만이 이스라엘의 안보 요구에 있어서 더할 나위 없이 정교한 핵심을 간파할 수 있을 것이라는 신념을 가진 비공식 실체가 존재하고 있었다는 사실이다. 더욱 불행한 것은, 그 내부 집단은 그들만이 이스라엘의 안보정책을 조정, 통제할 수 있는 유일한 적임자들이라고 믿는다는 사실이었다. 자만에 불법 음모가 가미 되었고, 또한 오만에 "집단 사고"라는 도덕적 경직성이 첨가되었다. 그 집단 내에서는 반대 의견을 제시하는 여하한 비판도 허용되지 않았으며, 그러한 경우에는 국가방위 정책을 결정하는 그룹과 내부 밀실에서 추방되는 위험을 감수해야 했다.

국정 운영의 심장부에서 제도화된 이러한 위험한 체제로, 이스라엘은 1973년 한 해 동안의 이집트의 군비 증강에 대한 최초의 징후를 평가하기 시작하였다. 시작부터 모든 과정이 골다 마이어의 내부 집단에 의한 정치적 고려 사항들로 혼란을 초래하였다. 이들 중 처음은 정치가들과 군 모두 지지를 받고 있던 "집단 사고(group think)"라는 전형적인 실례였다. 1967년, 아랍 육군과 공군은 대파되었다는 사실이 그들의 사고를 움직임으로써, 다음 두 가지 조건이 충족되지 않는 한 그들은 감히 이스라엘을 다시 공격할 수 없을 것으로 판단하였다. 첫째, 이집트는 그들이 이스라엘에 공격을 감행하기 전 이스라엘의 제공권을 극복해야 하며, 둘째, 시리아와 이집트가 연합공격을 해야만 성공할 수 있을 것이다. 두 조건 모두 어디에서도 충족될 수 없었기 때문에 이스라엘은 어떤 위협에도 안전할 것이라고 합리화하였다. 분명히 아랍국들은 재차 공격을 시도할 것이지만, 지금은 아니다. 그들은 아직 강력하게 준비되지 못했다. 이러한 정치적 판단들이 이스라엘의 국가정책이 되었으며, 이를 뒤집는 어떤 반대되는 관점들은 정보에서 도태시켰다; 이는 정치적 열망(political aspirations)이 엄연한 사실들(hard facts)을 혼미케 하는 전형적인 예가 되었다.

이스라엘이 적을 바라보는 놀라우리만큼 오만한 이러한 관점은 고위 국방 계획관들에게 "국가 개념(The Concept)"으로 알려졌다. 그 국가개념은 이스라엘의 새로 확장된 국경선과 연합했을 때 진지한 억지 정책의 일환으로 확산되었다. '더욱 커진 이스라엘'의 압도적인 군사력과 우수한 방어력을 갖춘 방어선들이야말로 실제 참 억지력으로 작용됨으로써 아랍의 공격은 어려울 것이라고 주창되었다. 1967년에 탈취한 영토를 유지함으로써, 영토적으로나 심리적으로 모두, 이스라엘은 적어도 그 지역의 평화 정도는 보장할 수 있는 것으로 보았다. 정복된 영토에 대한 이스라엘의 소유권 주장은 나쁘다고 할 수는 없다. 그러나 이는 지나친 주장이었으며, 그것은 군복을 착용한 정보장교들에 의해서 빙문객들에게 이스라엘 정책으로 공식적으로 표명되었기 때문에 적지 않은 파문을 일으켰다. 정보장교들은 보이지 않는 선을 넘어섰으며, 지금은 "첩보 보좌역이 아니라 정책 대변인"의 역할로 변신했다고 에드워드 러트웍(Edward Luttwak)은 술회하였다.

또 다른 요인들이 1973년 봄과 여름, 이스라엘 군사정보 측에 불리하게 작용하였다. 이미 '국가개념'의 선입견과 지역적 억지라는 잘못된 생각을 안고 있는 부담 속에서, 이스라엘 정보공동체는 그들에게 짐 지워진 "정책"으로 왜곡된 다수의 프리즘들을 개발하지 않으면 아니 되었다. 이들 중 처음은 동원비용이었다. 예를 들면, 1973년 5월, 이스라엘 참모총장 엘라자르(Elazar)대장은 이집트의 공격 징후들을 포착하여 국지동원 명령을 하달하였다. 레바논에서 팔레스타인 해방기구(PLO)의 봉기와 내전으로 인한 지역적 긴장이 고조되었으며, 이는 북이스라엘을 위협했다. 이집트의 본 공격이 최초 5월로 계획되어 있었으나 성사되지 못하였다. 사다트는 레바논 사태라는 악재로 인하여 이스라엘의 국가 위신을 손상시키기 위한 그의 비장한 일격의 가치가 떨어질 것을 우려하여 작전을 연기하였다. 부분 동원 비용은 이스라엘 경제가 감당하는데 버거운 2,000만 불 정도였다. 그 후 모든 이스라엘 정보 분석관들의 마음 뒤에는 "이들 정보징후들은 전쟁과 동원에 관련된 심각한 내용인가?"라는 질문에 대한 답변에 눈에 보이지 않는 부정적인 제동으로 작용되었다. '국가개념'과 여하한 형태의 동원도 고비용이라는 관념으로 인한 '균열된 사고(Flawed thinking)'는 정보장교의 정직성을 부패시키기 시작했는데, "그것은 정치적 판단입니다. 장관님!"이라는 수식어가 뒤따랐다.

이스라엘의 정보판단을 흐리게 한 또 하나의 요인은 이집트의 동원 빈도였다. 3년 전 사다트가 집권한 이후, 이집트의 군대 소집과 부대 재배치에 이르는 최소 세 차례의 긴장 고조가 있었는데, 이스라엘 정보의 수집수단은 모두 위치를 파악하였고 추적하였다. 1971년, 카이로 프레스에 의하면, 전쟁이 임박했으며, 이집트는 동원령을 발령하고, 육군 본부를 사막으로 배치하며, 예비군과 민간 차량들을 소집했으며, 탱크와 부교를 수에즈 운하로 이동시켰다고 보도되었으나. 그러나 무위로 끝나고 말았다.

1972년, 두 번째로 비상이 걸렸을 때는 이스라엘은 예의 주시했지만 다시 허탕이었고, 그때는 민간 동원이 이루어지지 않았으며 부교가 운하로 배치되지도 않았다. 한 가지 차이는 운하의 서안 지역에 갑작스런 축성 활동이 증가된 사실인데, 전차의 입체교차로, 잠재적인 도하지점들 그리고, 보다 높은 이집트 방벽이 바레브 요새에 배치된 이스라엘 신병들이 어리벙벙해서 응시하고 있는 가운데 건설되고 있었다. 그러나 다시 아무 일도 없었다. 이 외에도 두 차례에 걸친 주요 동원이 있었다: 한 번은 레바논에서 전투가 벌어지고 나서 뒤이어 5월에 발생하였고 이때 이스라엘의 엘라자르 총장이 강력하게 반응하였으며, 끝으로 1973년 10월, 욤 키푸르 전쟁 때였다.

규칙적인 동원을 자주 하는 것은 상대의 정보 감시자들에게는 효과가 있었다. 첫째로 그들의 민감성을 줄이는 효과가 있었다 - "아! 이집트가 낡은 속임수를 쓰고 있구나"- 두 번째로는 비정상적인 활동을 정상적 행태로 착각하게 하는 것이다. '국가개념'의 압박에 첨가하여 '늑대와 소년'의 우화에서와 같은 거짓 경보에 대한 방심, 그리고 불필요한 경비를 발생시키지 않아야 되겠다는 마음이 복합적으로 작용하여, 1973년 10월 초 시디트가 네 번째이자 마지막 동원령을 선포했을 때 이스라엘 군사정보체계의 반응이 단호히 침묵했던 것은 무리가 아니었다. 이스라엘은 전에 그러한 모든 것을 목격했었다; 모든 사람이 이집트는 상당한 공군력을 보유하거나 시리아와 전적인 동맹을 하기 전에는 감히 공격해 올 수 없을 것이라고 알고 있었다. 그것은, 결국 이스라엘의 정치-군사 정책이었으며, 국가개념과 동일한 것 이었다.

한편 이집트는 작전명 바드르(Badr)를 지원하기 위한 기만계획을 구사하고 있었다. 그들은 세 가지 진짜 비밀을 은폐하고 있었다: 시리아와 동시 연합공격을 위한 협정; 그들의 기술적 및 기타 전쟁준비; 끝으로 정확한 공격 일시. 마지막 사항은 이집트 지휘관도 몰랐기 때문에 어떤 점에서는 은폐하기가 용이했다. 1973년 기간 중, 사다트는 계속해서 그의 결심을 바꾸어 가면서 "Y-Day"를 연기하였다.

시리아와의 연합공격을 위한 정치적 밀약을 은폐시키기 위하여 이집트와 그들의 북쪽 동맹국은 과거 마키아벨리가 제시했던 전형적인 속임수에 의존했다. 그들은 허위 사실을 조작했다. 4월 1일, 이집트와 시리아군 연합 참모회의에서 비밀리에 최종의 총괄적인 계획이 합의를 보았지만, 한 이집트 고위 장성은 4월 22일 이집트와 시리아 간에 군사적으로 적절히 협력하는 데는 많은 시간 소요가 예상될 뿐 아니라 정치-군사적 문제들이 아직도 군사행동을 제한하고 있다는 문제점들을 심각하게 꺼내 들었다. 또한, 이집트 외교관들이 모든 중동 국가들을 왕래하면서 안와르 사다트 측이 주도권을 점점 자포자기하는 기미가 보이는 일련의 악재들을 노정하면서 1973년 여름 내내 잘못되어가는 조짐들이 지속되었다. 그러나 실제로 사다트는 Y-Day에 그가 필요한 범아랍권의 정치적 지원을 얻기 위하여 나름대로 힘을 결집하고 있었다. 어떤 주도권도 크게 확보하지 못했고; 아무것도 결정된 것이 없었다. 어느 한 관찰자는 "그것은 타고난 도박사가 필사적인 계산을 하고 있는 것처럼 보였다."라고 술회하였다.

정치적 기만의 네트워크는 특히 이스라엘의 동맹이요 후원국에게까지 뻗쳤는데, 미국 대통령 닉슨은 여러 가지 활동 가운데서도 특히 공개적으로 유대인 표를 구애함으로써 1972년 선거에서 승리할 수 있었다. 이집트 외교관 윌리는 미 국무장관 로저스와 그의 후임자인 헨리 키신저로 하여금 정당하면서도 평화적 해결을 보장하기 위한 협상의 필요성을 강조케 함으로써 기만작전을 위한 올가미에 걸려들도록 설득하였다. 그것은 먹혀들었다. 워싱턴에 경보가 울리고 있음에도 불구하고, 헨리 키신저는 결국 군사위협을 거부하는 듯 했다. 정말, 욤 키푸르 전쟁 바로 이틀 전 아바 에반 이집트 외무장관을 만난 자리에서도 두 사람은 모두 두 나라의 전반적인 정보평가로 볼 때, 조기에 전쟁이 발발할 가능성은 희박한 것으로 재확인하였다.

헨리 키신저는 좀 신중해야 했다. 1973년 중반 무렵, 비밀리에 이집트의 전력 증강이 속도를 내기 시작하고 있다는 그의 예하 국무성 정보조사국(INR: Intelligence and Research Bureau)이 생산한 중동 상황에 대한 내부 분석보고서가 있었다. 특이하게도, 그 보고서는 예측성 판단이었다. 정보기관들은 왕왕 예측(정보장교들의 주 임무이지만)하기를 꺼려하는데, 그것은 예측이 잘못될 수 있기 때문이다. 정보 요원은 아무도 "만용"이나, 입증되지 않는 "추측", 최악의 경우, "오판"함으로써 관료주의적 신뢰를 상실하기를 원치 않는다. 영국의 JIC 분석요원들은 만상일지로 "우리는 알다시피 수정 구슬을 사용해서 점을 치지 않는다."는 신조를 가지고 있다. 그러나 워싱턴의 정보조사국(INR)은 달랐다. 베트남 전쟁 중 미국 정보기관들 간에 심각한 내분이 장기간 지속되고 있을 때, 이 기관은 베트남 전쟁이 결정적으로 비관적일 것으로 예측한 일이 있었으며, 후에 그것이 진실로 입증된 바 있다.

1973년 6~7월에 작성된 중동지역 상황에 대한 미국-정보조사국 보고서에서도 그러했다. 비록 INR 보고서가 국가정보판단(NIE: National Intelligence Estimate)의 지위는 갖지 못했지만, 베트남에서 미 군부의 한없이 낙관적인 평가에 함께 맞섰던 옛 친구

CIA로부터 폭 넓은 지지를 받았다. CIA와 국무성의 정보조사국은 모두 1973년 가을에 중동전이 재발할 것으로 예측하였다.(미국방정보본부는, 형식에 충실하여, CIA에 찬성하지 않았다.) 헨리 키신저는 일반적으로 그 자신의 정보전문가들보다 자신의 판단을 더 믿기 때문에, 그의 국무성의 보고서를 무시했을 뿐만 아니라 이스라엘 관계관들과 동맹들에게조차 경고를 하지 않았던 것으로 보인다.

이집트가 그의 두 번째 비밀인 기술적이고 군사적인 전쟁 준비를 은폐하기는 훨씬 어려웠다. 비록 그들이 노력했을지라도, 이스라엘 정보 수집자산들은 곧 그들의 점점 증대되고 있는 전력 건설 부분을 찾아냈을 것이라고 대부분 가정하고 있었다. 예를 들자면, 1973년 늦여름까지, 시리아군은 1972년 전기 간 동안 수입했던 량보다 두 배의 무기를 소련으로부터 수입했었다. 이집트는 훨씬 많은 량을 수입했었다.

이스마일 대장의 계획부서 참모들은 이스라엘은 수에즈 운하를 도하하여 감행하는 여하한 공격도 적의 역습에 봉착할 것이라는 사실을 알고 있었다. 이러한 역습 전술은 이스라엘군의 교리로 만들어졌으며 과거 역습은 거의 항상 성공적이었기 때문이다. 이스라엘의 신속한 역습은 상대방이 어렵게 점령한 진지를 보강하고 있는 동안 두 개의 방망이로 두들겨 패는 것이었다: 다름 아닌 공중의 제공권과 지상의 전차와 장갑차로 구성된 강력한 기갑 전력이다. 이집트는 롬멜의 저서에서 교훈을 찾아냈다. 1941년부터 1942년까지 1년 반 동안 롬멜의 아프리카 팬저군단(Panzer Korps Africa)은 일단 지역을 점령하기 위하여 공격작전을 감행한 다음, 방어 준비를 하여 방어력을 보강함으로써 효과적인 방어작전을 전개하였다. 이에 역습하는 영국군 전차부대의 파상공격을 잘 무장되고 은폐된 독일군 진지와 대전차 장벽에 치열한 공격을 강요함으로써 적을 격파하는 전술을 구사하였다. 롬멜의 성공들은 비록 전략적 공격이 많았었지만, 지상에서의 사막 전술은 근본적으로 방어작전이었다. 이를 위해서 그는 당시 기술적으로 우수한 방어무기들에 의존하였다: 즉 전차와 PAK 포병 차량에 모두 탑재 가능한 탁월한 88밀리 PAK (Panzer Abwehr Kanone) 대전차 평사포와 이보다 소형화된 동류의 57밀리 장신 대전차 평사포 등이었다. 이들에 의해서 영국군 전차들은 개활지에 노출되어 장진하는 동안 한 대씩 조준되어 파괴되었다.

이집트의 전쟁계획은 롬멜의 작전 원칙들을 재생하여 최신화시킨 것이었다. 그들의 계획은 제한된 공격으로 수에즈 운하를 도하하여 교두보를 확보한 후, 이스라엘에게 굴욕적인 후퇴를 강요하는 것이었다. 사다트가 원했던 것은 '예리한 군사적 승리로 정치적인 일격(a political blow by a sharp military success)'을 가함으로써 세계를 떠들썩하게 하는 정치적 반향을 얻는 것이 목적이었다. 이를 실행하기 위해서 이집트는 수에즈 운하 상공과 도하 후 시나이반도로 진격하는 지상군을 엄호하기 위한 지대공 미사일(SAM)로 구성된 방어용 우산이 필요하였다. 그것은 공중의 매와 같이 급강하하는 이스라엘 공군기들을 방어할 수 있는 무기체계였다. 또한, 지상에서는 이스라엘 전차들이 이집트 침략군에게 격렬한 역습을 감행하리라고 예단하였다.

이스라엘의 격렬한 역습을 돈좌시키기 위하여, 이집트 총참모부에서는 가능한 한 많은 소련제 신형 대전차 무기들, 특히 나토에서 명명한 새거(Sagger)로 알려진 신형 대전차 유도탄(ATGM)을 도입하였다. 소형 슈트케이스 크기의 유선 유도 방식의 이 무기는 2인 운반, 1인이 작동하는 무기였다. 평평한 사막 지역에서 사거리 1,500~2,000미터인 이 무기는 1970년 초반까지, 병사 하나가 바위 뒤에 은폐하고 있다가 1마일 밖의 이동 중인 전차를 추적하여 격파시킬 수 있었다. 새거 미사일은, 소련제 로켓 추진 대전차 화기인 RPG-7과 근접하여 운용 시 가공할만한 무기였으며, 공자와 방자 간의 일상적인 전술적 전투에서 일대 전환을 가져다주었다. 모든 보병들이 이러한 무기들을 적절하게 무장함으로써, 그들은 돌연 장거리 전차 사냥꾼이 될 수 있었다.

또한, 이들 방공 및 대전차 무기들은 방어용 무기라는 매력을 풍기고 있었다. 1973년 여름 이집트와 시리아로 향하는 대량의 소련제 무기들을 추적하고 있던 이스라엘 정보 분석관들은 아랍국들은 단지 방어를 위해 재무장을 하고 있는 것이지 이스라엘을 공격하기 위한 것이 아니라고 자연스레 결론을 짓고 말았다. 방어용 무기 획득에 대한 기만이 먹혀들었던 것이다. 이스라엘 정보 분석관들은 이집트와 시리아에서 소련의 비밀 무기인 SAM 6, 1,000여 대가 최일선에 배치되고, 이에 추가하여 조밀한 SAM 3와 구형 SAM 2 미사일 벨트로 보완되고 있던 사실을 식별하고 있었지만, 이를 부정적으로 생각하지 않았다. 아랍국들은 수에즈 운하 상에 세계에서 가장 강력한 방공망을 구축하고 있겠지? 그들로 하여금 막대한 예산을 낭비하도록 내버려 두자!: 이처럼 이스라엘은 상대의 공격 의도를 간파하지 못하고 있었다. 그러나 이집트가 요구했던 모든 무기가 방어용 무기는 아니었다. 사다트와 전임자 낫세르는 둘 다 소련에게 최신 MIG-23 가변익 돌파용 폭격기 판매를 요구하였다. 그러나 소련은, 최근 초강대국이 약소국 간의 전쟁에 빠져들어가 무제한 지원을 했다가 패주한 월남전에서의 미국의 전례를 되풀이하지 않아야 된다는 교훈을 생각하여, 단호히 거절하였다.

지나고 나서 보드래도, 1973년 이집트의 군비 증강의 규모를 완전하게 평가한다는 것은 어려운 일이었다. 이집트 육군은 AK-47 소총으로부터 1973년 10월 전쟁 발발 바로 직전에 도입한 스커드 미사일에 이르기까지 소련의 최신 무기체계로 효과적으로 재무장하였다. 스커드 미사일은 180마일 유효 반경으로 아무런 의심 없이 방어용 무기로 평가되었으나, 그때는 이미 주사위는 던져졌으며, 그들의 존재는 이스라엘에게 이집트 인구 밀집지역으로 종심 공격을 막기 위한 억제 수단으로 보일 뿐이었다. 이스라엘 정보 분석관들의 결론은 아랍국들에게 지원된 대량의 무기와 첨단기술은 방어용이었으며, 최악의 경우, 그것은 이스라엘의 공격에 대한 억제용이라는 것이었다.

이집트가 은닉하려고 했던 세 번째와 마지막 비밀은 공격 날짜와 시간이었다. 체임 헤르죠그(Chaim Herzog)에 의하면, 만약 이집트가 "양 떼 우리에 늑대"가 들어가는 것처럼, 이스라엘이 전혀 준비되지 않은 상태에서 기습을 달성하기 위해서는 완전한 보안 유지가 절대적으로 필요하다고 생각하였다. 공격 일자는 이집트·시리아 동맹국의 비밀 기획부서 내에서 상당한 논쟁의 주제가 되었다. 최후 결심은 놀랄 만큼 늦어진 Y-Day 2개월 전인 1973년 8월에야 내려졌다. 소위 시리아와 이집트 연방 최고 참모부에서 결국 10월 6일을 공격 일자로 합의하였다. 그 이유는 실용적인 차원과 심리적인 차원의 복잡한 결합이었다.

10월 6일은 달 밝은 밤이며, 수에즈 운하의 통상적인 빠른 조류가 충분히 느려져 부교를 설치하고 운하 중앙 부분에 닻을 내리는데 적합한 날이다. 또 하나의 심리적 이유는 이날이 이슬람 세계에서 특별한 중요성을 가진 날이라는 것이다: 10월 6일은 라마단의 열 번째 날이며, 또한 AD 624년 메디나 근방에 위치한 '바드르(Badr) 전투'에서 모하메드 선지자가 승전을 거둔 기념일이기도 했다. 바드르(Badr)전투는 모하메드 선지자를 정치적, 종교적 지도자로 옹립하는 계기가 되었다. 그 상징성은 대단한 의미가 있었다. 그러나 어떤 '정보 결벽주의자(intelligence purist)'들은 이러한 암호명의 선정은 불필요한 위험 소지가 있으며, 보안을 깨트릴 염려가 있다고 주장하기도 한다.

그러나 아랍 세계에서는 제스처의 힘이 때때로 내부의 제한적인 보안의 중요성보다 중요시되고 있음이 틀림없다. "바드르(Badr)"는 이집트와 시리아에 의한 공격이 그저 적대행위를 지속하는 이상의 의미가 있다는 선포적 의미가 있는 것이다; 또한 그것은 정복자 이스라엘에 대항하는 이슬람의 재기를 과시하는 무에진(기도 시각을 알리는 사람)의 호소같이 분명한 메시지가 담겨 있었다. 사실, 그것은 사다트의 공격 목적을 거의 정확하게 요약하고 있는데, 사다트는 국내적으로나 국제적으로 모두 찬란한 군사적 승리를 이슬람 민족에게 안겨주기 위한 제한적이면서도 정치적인 군사작전을 추구하였다. 그것이 곧 바드르가 의미하는 것이었다.

놀랍게도 이스마일 대장의 기획 참모들은 노련한 이스라엘 정보기관으로부터 상대적으로 은폐하기 용이한 공격 일자 선정 방법을 찾아냈다. 즉 그들은 공격 일자에 대한 비밀이 새어 나가지 않도록 공격 일자의 결심을 최대한 늦추었다(7 주전). 이를 위해서 사다트의 내부 보안 기관이 활약했었지만, 결국 비밀은 최선의 방법에 의해서 지켜질 수 있었다 - 즉 '기획자들은 어떤 사람에게도 발설하지 않는(the planners did not tell anybody)' 방법이었다. 심지어 동맹국인 시리아 국방장관도 Y-5 일인 10월 1일에야 통보를 받고 당황할 지경이었다. 이집트는 더할 수 없이 무자비한 보안통제 기준을 설정하여 최소한의 핵심장교에게만 제한적으로 통보하였다. 1단계로 단 14명의 이집트 및 시리아 장교로 제한하였다. 모사드(이스라엘의 SIS)는 그들의 전통적인 정보수집 방법으로 이집트의 가장 깊숙한 내부에서 근무하는 고급장교로부터 비밀자료를 획득할 수 있는 능력이 있다는 점을 고려하면, 이집트는 10명에게 알리는 것조차도 너무 많다고 느끼고 있었다. 따라서 최종적으로 이집트는 이집트 자체의 장교들에게 적용할 수 있는 내부 기만에 기만계획의 상당한 우선순위를 두었다.

전쟁이 끝난 후, 당황했던 이스라엘군이 이집트군 포로에게 얼마나 일찍 공격 명령을 받았느냐고 심문하였다. 그의 대답은 심문관을 깜짝 놀라게 했나. 이십트 하급 장교들과 병사들은 10월 6일 공격 개시 당일 아침에야 알았으며, 그때도 그것은 다음 날까지 일상적인 훈련일이라고 생각하였다는 것이다. 기상천외한 한 예를 든다면, 한 영관급 참모장교는 그의 지휘관이 긴급 참모회의를 소집하자마자 기도용 매트를 가지고 와서 갑자기 무릎을 꿇고 메카를 향하여 기도할 때에야 전쟁이 임박했다는 사실을 겨우 알아차렸다는 것이다. 이보다 더욱 극단적인 경우는, 어떤 이집트 강습 공병 소대는 그들의 고무보트를 상자에서 꺼내 그것을 운하에 운반하라는 명령을 받았을 때에야 그것이 단순한 훈련이 아닌 줄을 깨달았다고 한 사실이다. 제16사단의 한 병사는 운하에서 노를 저을 때 그의 소대장 이브라힘 중위에게 "그래서 오늘 밤 우리는 막사로 돌아가지 못하게 된다는 말입니까?"라고 짐작으로 물었다고 한다. 체임 헤르죠그(Chaim Herzog)에 의하면, "이집트 기획자들은 이스라엘 국방군과 정보기관들을 기만하는 데 성공했을 뿐만 아니라 대다수의 이집트군도 기만하는 데 성공하였다."라고 술회하였다.

1973년 9월 전쟁의 최종 준비가 진행되었다. 이때는 이집트에게 가장 위험한 시기였다. 그때까지 이스라엘의 정보 수집부서는 각종 활동 징후들이 채워지고 있었기 때문에, 유엔에서 합의된 노력들을 통하여 외교적 구실을 만들고 있었다. 그들은 전방으로의 병력 이동, 예비군의 소집, 교량 장비 이동, 탄약 적재, 휴가 중지, 새로운 통신망의 출현, 비정상적인 항공기 정비 등을 주목하고 있었다. 이들 모두는 "공격 징후"들로 특징지어지고 있었다.

그러나 이스라엘 정보기관에서는 전에 그러한 모든 것들을 보아온 사실이라고 생각했을 뿐이었다. 1973년 들어서 이집트는 이미 20회 이상의 훈련 목적의 예비군 동원이 시행되었었다. 이스라엘 분석관들은 금번의 '동원 해제의 집행 연기(deferral of demobilization)'가 그저 이집트의 일시적인 연기라고 들었다고 하는 불운한 이집트 징집병들의 이야기를 주목하고 있었지만, 금번의 이집트군의 동원 해제의 집행 연기는 1973년 들어와서 벌써 세 번째였다 - 그 징집병들은 10월 8일 귀가 예정이었다. 이 책략은 또 다른 '반복행위에 의한 기만 전략(the strategy of deception by repetition)'의 하나였지만 이스라엘의 정보적 반응을 효과적으로 둔화시킬 수 있었다.

그 외에 다른 모든 상황은 정상이었다. 민간차량 동원도 없었고, 민방위 준비도 없었으며, 사다트 자신조차도 9월 26일, 나세르 기념일 연설에서 평범하고 반복적인 내용을 피력하였다: "나는 충분한 대화를 하는 중이기 때문에 전쟁에 관한 주제를 발의하지 않고 있다. 나는 다만 조국의 해방이야말로 선결 과업이라는 것을 말할 뿐이다." 아랍권의 수사법의 기준으로 볼 때 이는 일상적인 내용이었고, 이스라엘 정보 분석에 있어서 정치적으로 비정상적인 내용이 없었고, 정상적인 내용이 아닌 것도 거의 찾아볼 수 없었다. 그러나 이스라엘 정보는 사다트의 연설을 분석하는데 큰 과오를 범하고 말았다. 이웃에게 아무런 해악을 끼칠 의도가 없다고 부드럽게 말하면서, 다른 한편에서는 치명적인 흉기를 뽑는 사람이 있을 수 있다는 사실을 염두에 두고 의심을 해야 했음에도 불구하고, 이스라엘은 이를 간과하였다.

정치·외교적인 관계도 역시 정상 수준을 유지하고 있었다. 9월 중순에 있었던 시리아의 도발로 인한 공중전에서 이스라엘 공군기가 13대의 시리아 전투기를 격추시킨 데 대한 반향이 아직 아물지 않고 있었지만, 점차 진정되기 시작했다. 그러한 상황에서, 시리아가 약간의 추가 병력을 동원하고 골란고원 반대편 남쪽 국경 지역을 서둘러 보강하는 것은 특이한 상황으로 볼 수 없었다. 이는 분명히 이스라엘의 최근 공격적인 공중 매복에 따른 방어적인 조치였기 때문이다. 그 외에, 모스크바 방송은 중동으로 보내는 방송에서 이스라엘 공격이 임박했고 따라서 시리아는 자체 방어를 준비해야 한다는 것을 확인 해주는 듯한 언질을 보냈다.

9월에서 10월로 접어들자 보안과 기만의 땜이 새기 시작했다. 불안해진 미 국무성 내의 워싱턴 정보 분석관들은 키신저에게 아마도 9월 30일경 문제가 커질 것이라고 경고했다. 그들은 키신저의 의중을 고려에 넣지 않았다. 11월 유엔에서 그의 협상이 반드시 성공할 것이라는 확신을 가진 키신저는 그의 부하 전문가들을 믿지 않았다. 미 CIA 국장은 후에 키신저는 자신의 개인적 왕복외교(shuttle diplomacy)에 바빠서 자신과의 긴급한 약속도 할 수 없었다고 불평을 늘어놓았다.

정보 영역에서 영웅이 나오는 것은 드물다. 전장에서 멀리 떨어진 책상에서 이루어지는 지성적인 분석이나 업무들은 전투 현장에서 목숨을 걸고 싸우는 사람들의 역동적인 매력이나 긴박함과는 거리가 있다. 아마도 그래서 그들은 거의 훈장이 수여되지 않는지 모른다. 그러나 목숨을 걸고 싸우는 육체적인 용기는 적절히 보상을 받는다. 그러나 한 사람 진정한 이스라엘의 정보 영웅이 나타났는데 그는 도덕적 용기를 가진 장교였다.

시나이반도에 주둔하고 있는 쉬무엘 고븐(Shmuel Goven) 장군이 지휘하는 남부사령부 정보참모부에 근무하고 있던 한 젊은 이스라엘 정보장교는 성실하게 표준 "징후경보 수집계획"의 세부항목을 채워나가고 있었다. 그는 선입견이나 국가정보판단을 고려하지 않았다. 벤자민 사이만-토브(Benjamin Siman-Tov) 중위는 원칙대로만 이집트군의 전투서열에 대한 정보순환 주기를 따라갔으며, 1973년 10월 1일까지 그는 그가 목격하고 있던 사실이 마음에 들지 않았다. 거의 모든 공격 징후들은 가중되고 있었으며, 대부분의 징후들은 적색이었고, 녹색이나 "확인된 안전상태"가 아니었다. 더욱이, 너무 많은 징후들이 아직도 "수집기관으로부터 응답이 없는 미확인상태"를 의미하는 흑색이었다. 따라서 사이만-토브(Siman -Tov)는 간단한 보고서를 작성해서 그의 직속상관인 게달리아(Gedalia) 중령에게 제출했는데, 거기에는 수에즈 운하

건너편에서 이루어지고 있는 이집트 연합훈련은 객관적인 분석과 가용한 정보 등을 기초로 판단해 볼 때, 임박한 이집트의 공격을 가장한 정말 정교한 기만계획이라고 지적하였다.

명석한 부하 장교를 두는 것보다 짜증나는 일은 없다. 상사들은 그들의 존재를 자신의 신발 속에 있는 모래알 같이 불편해한다. 사실, 지도자의 가장 중요한 시험의 하나는 나름대로 제시한 부하들의 관점일지라도 이에 귀를 기울여주고, 그들이 상부의 관리 방침에 동의하지 않을 때에도, 어떤 분노함이나 질투심, 무시함 등이 없이 그들의 장점을 받아들이는 능력이라고 할 수 있다. 그러나 반항적인 하급 장교들은 직선적으로 야심적인 지휘관과 관리자, 특히 정치 관련자들이나 공공기관의 관료들에게 도전적 자세를 취한다.

역사는 이스라엘 남부사령부 정보처장, 게달리아 중령이 정보회장을 생산할 때 그의 전투서열 장교에게 무슨 말을 했는지 기록이 없다. 기록에 남아 있는 사실은 게달리아가 사이만-토브의 10월 1일 보고서와 10월 3일 후속 보고서를 가지고 무엇을 했는지가 남아 있을 뿐이다. 게달리아는 그가 비싸게 치러야 할 - 용서받지 못할 과오를 범하였다. 통상 이론이 분분한 보고서는 1948~1967년의 이스라엘 육군의 자유스러운 논쟁과 회람의 분위기에서는 과장의 부동의 확인을 받아 상부의 추가적인 의견을 받기 위해 회람되어왔다. 그러나 새로운 육군 사령관인 엘라자르(Elazar) 대장은 모든 일에 있어서 기강을 강조했다. 그는 이스라엘 육군은 다른 나라의 군대처럼 군대다운 군대가 되어야 한다고 강조하였다. 그는 군기확립을 위한 회의를 수차례 개최하였다. 그는 장교단의 보직을 원칙에 입각하여 시행토록 하였으며 경력관리체계를 확립하였다. 엘라자르의 개혁적 조치로 말미암아 게달리아 중령은 그가 동의하지 않았던 부하의 정보 보고서를 묵살하는데 주저하지 않았다. 후일 군사정보국장 자이라(Zeira) 장군은 마침내 1974년 3월에야 그 보고서를 찾아냈다. 그것은 사이만-토브나 게달리아, 정보국장 자이라, 엘라자르 사령관에게는 이미 6개월이나 늦어 쓸모가 없었으나, 진정으로 의미가 있었다고 판단하여, 자이라 장군은 그 젊은 장교에게 현장에서 진급을 시킴으로써 명예를 회복시켰다.

또 다른 기회를 놓치면서, 날짜가 시간별로 임박해 갔다. 10월 5일 새벽 이집트와 시리아는 모두 이스라엘 전선에서 비상 대기하고 있었다. 이집트는 194개 포대와 5개 보병사단 전부를 전선에 배치하였다. 바레브 라인에 배치된 이스라엘 장교들은 공격이 임박했다는 경고를 보고하였다. 그러나 총사령부에서는 이에 동의하지 않고 있었지만, 이스라엘군 내부 회의에서는 치열한 논쟁이 벌어졌다. 한 편에서는, 다이안 국방장관, 기갑군 부대의 감찰감 탈대장 등이 열정적으로 상대국들이 전쟁을 위한 동원령을 선포했다고 주장하였으나, 다른 한 편에서는, 엘라자르 총사령관(추측컨대 5월의 불행한 동원으로 인한 국고 손실을 염려하여)과 그의 군사정보국장 자이르 대장은 모두 이집트와 시리아는 이스라엘을 두려워하고 있기 때문에 그에 대비한 (방어적)동원이라고 강력하게 주장하였다. 아이러니는 사이만-토브의 보고서는 공격에 무게를 두는 입장에서 정보를 제공하였으나, 그 보고서는 남부사령부 정보처장의 비밀 보관함에 잠자고 있어 텔 아비브에 있는 결심수립자에게 도달할 수 없었다는 사실이다.

이스라엘군 수뇌부에서의 의견의 불일치는 10월 3일(Y-3) 수요일, 골다 메이어 수상 주재의 임시 국가안보회의 소집으로 확대되었다. 평상시와 같이 위기회의는 다이얀, 탈, 엘라자르, 자이라의 차장 사헤브, 그리고 비밀정보국장 자미르 등 제복을 입은 사람들이 참석하였다. 그 회의에서는 모든 정보들을 점검하였으며, 비밀 정보를 가지고 있는 자미르의 우려에도 불구하고, 아랍의 증강은 방어용이며, 쉐나우(Schönau) 분쟁에 대한 반응이라는 결론을 내렸다.

얼마나 많은 정치가들이 오지리 국경에서 발생한 모호한 테러리스트 공격에 관심을 집중했는가를 파악하지 않고서는 욤 키푸르 전쟁 발발 전 마지막 주일의 분위기를 이해하기 어렵다. 9월 28일, 두 명의 팔레스타인 해방 기구 대원이라고 주장하는 무장 괴한들이 5명의 유대인 이민자들과 오지리 세관원 한 명을 억류하였다. 그 사건은 아랍 국가들에게 항공기를 요구하는 통상적인 형태와는 달리, 오지리 총리 브루노 크라이스키로 하여금 쉐나우 성에 위치하고 있는 소련-유대인들의 통행 수속 센터를 폐쇄하도록 하는 협상을 성사시켰다. 이스라엘 사람들은 경악했다. 그들 오지리의 이민 정책의 주요한 항목은 항상 북유럽에 살고 있는 독일, 폴란드 지방의 유대인들로 하여금 동양에 사는 스페인, 포르투갈 지방의 유대인들과 왕래를 인정하는 것이었다. 유대인 대학살로 분산된 이들 많은 유대인들은 유럽에서 자취를 감추어 버렸기 때문에 러시아에 거주하는 유대인들이 독일, 폴란드 지방에 사는 유대인들의 유일한 생존자들이었다.

쉐나우 사건은 큰 반향을 일으키는 나쁜 재판사건이 되고 말았으며, 이스라엘의 정치적 행위는 거기에 집착하지 않을 수 없게 되었다. 산적한 국내적인 문제들에도 불구하고, 메이어 수상은 10

월 1~2일, 스트라스부르에 위치한 유럽회의로부터 복귀하던 여행 중, 여정을 전환하여, 특히 오지리 총리(유대인 출신)를 만나 로비 활동을 통하여 그녀의 배신적 유대인 정책을 철회시키고, 팔레스타인 테러리스트의 석방에 항의하였다. 그녀는 마가레트 대처보다 먼저 여성 수상으로 재직하던 여인이었다.

정보 분석관들에게는 이 사건 전체가 일종의 '가면 작전 (*maskirovka*)'이 아닌가 하는 느낌이 든다. 소련군은 수년 동안 모든 가능한 수단을 동원하여 자신의 의도를 가장하는 교리를 발전시켜 왔다. 서방의 군사전문가들은 소련이 적의 관심을 전환하고 기만하기 위하여 정말 얼마나 많은 노력을 했는가를 보고 변함없이 놀라움을 금치 못하였다. 소련군 참모장교들은 그 어느 누구도 기만 작전 계획이나 가면 작전 부록(maskirovka sub-plan) 없이 감히 작전 계획을 완성하지 않는다. 흥미롭게도 이스라엘군만이 이 교리에 소련과 같이 무거운 비중을 두고 있지만, 서방 군 관계자들은 적의 관심을 전환하기 위하여 매우 다양한 자원들을 활용하는 것은 일상적으로 좋은 일이라고 중얼거리는 정도이다.

시리아는 다른 어느 중동 국가들보다 소련 정보기관들과 가까운 관계를 맺고 있다. KGB와 GRU는 다마스쿠스에 강력한 거점을 유지하고 있으며, 시리아 비밀정보기관과 팔레스타인 기구에는 소련의 "사회주의자" 이상론자들과 첩보원들이 요소요소에 침투되어 활동하고 있었다. 시리아 아사드(Assad) 대통령의 바트 아랍 사회당(Baath Arab Socialist Party)은 중동에서 소련의 체제와 가장 가까운 사이였다. 쉐나우사건은, 만일 시리아의 공격 직전 이스라엘의 관심을 전환하기 위하여 적시적으로 일어난 우연의 일치라고 믿는다면, 놀라우리만큼 시간적으로 적시적인 우연의 일치였다. 그 테러리스트는 불상의 팔레스타인 단체라고 주장하였지만, 그들은 시리아군과 그의 비밀기관에 의해서 운영되는 게릴라 조직인 새카(Saïka)에서 선발된 요원이었다. 이와 관련하여 직접적인 증거는 없지만, 결론은 쉐나우사건은 시리아가 예정된 공격으로부터 적의 관심을 전환하기 위하여 정교하게 꾸민 기만작전이었던 것으로 추정된다.

그 노력은 적중했다. 팔레스타인 테러리스트의 석방에 따른 이스라엘 내부에서의 공분은 높아졌다. 9월에 13대의 시리아 제트기를 격추시킨 사실에 이어서, 양국 간의 정치적 위기는 깊어만 갔다. 이스라엘이 쉐나우에 대한 보복을 하지 않겠는가? 10월 3일, 메이어 총리와 그의 각료들은 시리아는 의심의 여지없이 국경을 강화할 것이라고 결론을 내렸다. 이러한 전망에 대한 증거는 골다 메이어 총리가 회의에서 2시간 동안 Schönau에 대해서 언급한 내용에 나와 있다.

10월 4일(Y-2) 사건들은 전쟁에 이르는 최종적 상황으로 전개되었다. 소련인들의 가족들이 시리아와 이집트로부터 철수되었으며 이스라엘 국경 지역에 대규모 전력이 증강되고 있다는 추가적인 정보가 쏟아졌다. 10월 5일(Y-1), 금요일 아침 경보를 접수한 이스라엘 장군들은 골다 메이어에게 보고하였지만, 다이얀 국방장관실에서 이어진 회의에서 그들은 군 일반참모부와 군사정보 판단 결과, 전쟁 가능성이 낮은 것이라는 자문을 수용하였다. 군사정보의 수장인 자이라 대장은 아랍의 군사력 집중은 항공사진정찰 결과, 공격용 또는 방어용으로 볼 수 있으나 진실은 방어용이라고 몇 차례에 걸쳐서 강조하였다. 그러나 만일에 대비하기 위해서 이스라엘 정규군에게 평시의 최고 경보태세인 "C급-경보(C-Alert)"

를 하달하였다. 평시 경보체제의 다음 단계는 전쟁 대비 예비군 동원령 선포였다. 이를 보장하기 위해서, 메이어 여사는 예비군 동원 센터들은 가동시키고 '유대교의 속죄의 날(the Jewish Day of Atonement)'인 욤 키푸르(Yom Kippur), 10월 6일에는 근무자를 배치시켰다.

이스라엘이 이렇게 낮은 수준의 반응을 채택한 주요 이유 중의 하나는 그들의 멘토인 미국이 불과 10일 전에 공격이 임박한 것으로 보인다고 했다가 다시 그들의 위협평가를 낮추었기 때문이었던 것으로 보인다. 미국의 관점으로는, 전쟁은 임박하지 않았으며, 아랍의 움직임은 순수하게 방어를 위한 목적이라고 보았다. 키신저는 전날에 압바 에반(Abba Eban)에게 그렇게 언급하였다.

정보 내부에는 "빙빙 도는 정보(circular intelligence)" 또는 "연쇄반응(daisy chain)"으로 '잘 알려진 증후군(a well-known syndrome)'이라는 것이 존재한다. 이는 어느 한 기관이 한 건의 미확인된 사실이나 평가를 보고하는 경우에 일어나는 현상이다. 그 결과 제2의 기관이 이어서 그 정보를 포착하여 한 건의 확인된 정보로 평가를 반복한다. 최초의 기관은 다른 기관의 보고서에서 그 내용을 보게 되면, 그 기관은 그들이 최초 수집한 정보가 다른 기관에서 확인된 것으로 착각하여 입증된 정보로 간주한다. 전문 용어로 B-6 첩보(B는 "보통 신뢰할 수 있는 출처"를 의미하며, 6은 미확인 첩보를 의한다.)가 갑자기 B-1첩보(한 첩보기관에서 최초로 수집한 첩보가 다른 출처에 의해서 확인되었다는 등급)가 된다. 이러한 증후군은 전문적인 정보 분석 과정에서 존재하는 매우 위험한 현상이며 메커니즘으로서 이러한 현상이 발생되지 않도록 유의하여야 한다.

1973년 이스라엘과 워싱턴 정보기관 간 정보 교류에는 그러한 메커니즘은 작용하지 않았다. 그러나 CIA와 국무성은 이스라엘이 아랍의 전력 증강에 별다른 관심을 기울이지 않고 있다는 사실 하나만의 이유로, 이전에 전쟁 가능성에 대한 높은 평가를 낮은 상태로 조정하였다. 결국, 유사시 가장 많은 피해를 입게 되고, 또한 가장 훌륭한 정보 출처들을 보유하고 있는 당사국 이스라엘이 전쟁 경보로 판단하지 않을 경우에는, 그것은 당시의 가장 중요한 정보 사실로 인정될 수밖에 없었다는 논리가 성립한다. 따라서 미국은 그러한 이스라엘 입장을 받아들여 평가 수준을 낮추었던 것이다.

한편 이스라엘은 미국이 아랍의 전력 증강을 우려하지 않는 것을 보고, 그들은 그들이 전에 내렸던 판단이 옳았음을 확인하는 우를 범하였다. 워싱턴이 평온하다면, 왜 자기들이 걱정해야 하는가? 라고, 10월 5일 메이어 수상과 각료들은 결론지었다. 이것이야말로 전통적이고 위험한 "빙빙 도는 정보(circular intelligence)"의 예가 되었다. 양측은 모두 서로를 신뢰성 있는 출처라고 보고하였다. 모든 참가자들이 10월 5일 회의장을 떠나면서 불안하고 무언가 잘못되어가고 있다는 느낌을 가졌다. 자만(arrogance), 문제가 있는 가정(flawed assumptions), 삭제된 첩보(suppressed information), 빙빙 도는 정보(circular intelligence)와 정교한 적의 기만 작전이 어우러져 이스라엘 정보기관과 정책 입안자들을 안심시켜(to lull) 그릇된 안보 의식에 빠트리고 말았다.

1973년 10월 6일 새벽이 되기 전 전화벨이 울렸을 때, 자이라 장군은 "바로 불길한 소식"이라는 직감을 받았다. 정말 불길하였다. 식별되지 않은 한 출처로부터 숙소로 전화가 걸려 왔는데 "판단컨대 18시경" 이스라엘이 두 개의 전선에서 공격당할 것이라는 결정적인 확인 보고였다. 경보를 받은 자이라는 즉각적으로 이스라엘 총참모장 엘라자르에게 전화로 보고하였다.

그 전화는 한 가지 중요한 점에서 사실과 달랐다: 아랍 공격은 원래 18시로 계획되어 있었으나, 이틀 전에 이집트와 시리아는 실제적인 이유로 합의하여, 공격은 현지 시간 14시 정각으로 앞당겨졌다. 사실, 이스라엘 국가통수기구는 그 전화 경고 이후 7시간밖에 대응할 시간이 없었다.

엘라자르는 자이라의 전화를 받자마자, 그의 상사인 다이얀 국방장관에게 보고했다. 다이얀은 그 경보를 확인하였다: 그는 방금 해외에 있는 개인적인 제보자로부터 역시 방금 전화를 받았다고 말했다. 어떤 전문가는 이 전화는 미 DIA에 있는 다이얀의 유대인 비밀 출처에서 걸려온 것이라고 믿고 있다. 또 다른 확인되지 않은 보고에는 후세인 왕이 유혈 사태를 막아보려고 노력했었다고 하였다. 그것이 사실이라면, 그 왕은 무덤까지 그 비밀을 안고 갔을 것이다. 8시에 수상이 주도하는 위기관리 회의에서는 단 두 가지 결정이 있었으며: 하나는, 아랍의 전력(시리아는 공격대형으로 재배치하고 있는 것으로 보고되었음)을 선제공격하는 것과 두 번째는, 총동원령을 선포하는 것이었다.

그 회의는 두 가지 사항 모두를 채택하지 않는 것으로 결정되었다. 공군에 의한 선제공격은 잘 분산 배치되어 있는 이집트 공군에 대한 승리를 보장할 수 없고, 이스라엘의 주력 자산인 전투기들을 전쟁이 개시되기도 전에 적의 미상의 미사일 방어망에 노출되어 파괴될 위험이 있었기 때문이었다. 동원의 문제에 있어서는, 1956년과 1967년의 전쟁 영웅인 다이얀 장군이 엘라자르의 총동원 요구를 무산시키고, 다이얀의 경박한 방식대로 일부 고급 지휘관들과 전차 예비전력만을 동원하면 충분할 것으로 판단한 데 따라 수정되었다. 격분한 엘라자르는 할 수 없이 부분동원 만을 시행하도록 지시하였다. 사실, 엘라자르는 이 명령을 불복하였으며, 13시 이스라엘 내각이 총동원령을 하달할 때 비로소 자기의 정당함을 입증하게 되었다. 이로 인하여 다이얀은 후일 논쟁에서 많은 비난을 받지 않을 수 없었다.

전후 사후 평가를 에워싸고 있는 각종 비난과 자기 정당화의 소용돌이 속에서 꼭 누가 무엇을 언제 알았고, 누가 어떤 방책을 주장하였는가 하는 다양한 주장들이 얽힌 것을 풀기란 쉬운 일이 아니다. 그것이 중요한 것이 아니라, 우리가 알아야 할 것은 14시에 골다 마이어 수상 집무실에서 긴급 내각회의가 열렸으며, 그곳에서는 그날 18시에 전쟁이 발발할 것인가 아니면 그보다 이른 시간에 전쟁이 일어날 것인가에 대한 심각한 불일치가 있었다는 사실이다. 그녀의 군사 보좌관이 "수상님! 전쟁이 시작되었습니다."라고 보고를 했을 때, 그 회의는 적막해졌다. 이에 놀란 각료들은 멀리서 들려오는 공습 사이렌 소리가 침묵을 깨트렸다고 후일 회상하였다.

욤 키푸르 전쟁은 초기에는 안와르 사다트가 의도했던 대로 정확히 진행되었다. 계획대로, 이집트와 시리아는 14시에 연합 공격을 감행하였으며, 남과 북에서 전략적·전술적 기습을 모두 달성하였다. 이스라엘이 골란 고원에서 최초 전쟁을 감지했던 것은 시리아 전투기들이 갑자기 출현하여 이스라엘 전차병들이 전차에서 하차하여 점심을 먹고 있을 때 전차에 대한 공습을 감행했을 바로 그때였다. 승무원들은 점심을 먹다 말고 그들의 전차로 뛰어들었다. 생존자들의 다음 식사는 그로부터 이틀 후에 보급되었다.

바레브 라인에 배치된 수에즈 운하 경계병들은 점차 대안에서 유쾌하게 떠들어대던 모든 일상적인 민간인들과 왕래하던 군인들이 조용히 사라져버린 사실을 깨닫게 되었다. 이어서 그들은 엄청난 포탄이 지붕위에 작렬하고 여하한 퇴각도 할 수 없도록 불의 장막이 내려쳐지는 것을 알았다. 놀란 병사들은 포연과 먼지 사이로 이집트 강습 보병들을 가득 실고 운하를 횡단하는 수천의 고무보트들을 발견하였다.

바레브 라인은 단지 절반의 병력만 배치되어 있었다. 방어선 간격에 이집트군은 매기루스 도이츠(Magirus Deutz) 고압 급수펌프라는 비밀 무기들을 배치하였다. 평방 인치 당 수백 파운드의 운하 수(canal water)를 마치 래이저(laser) 칼같이 쏟아부어 이스라엘이 심혈을 기울여 축성한 모래 성벽을 절단하였다. 겁에 질린 방자들은 그들의 방어선이 외과적 수술 기법으로 개방되고, 최신 소련제 부교들 위로 수많은 전차와 장갑차 그리고 대포들이 시나이반도로 돌진해오고 있는 광경을 목격하였다. 전체 작전은 불과 3시간이 안 걸렸다.

이집트는 기습을 달성하였다. 그들은 특별 훈련된 공병 팀들을 사전에 도하시켜 연막 차장을 통한 은폐로 이스라엘의 "수상 사격"을 차단시켰다. 운하를 도하한 이집트의 공격은 이스라엘에게 충격을 주었으며, 이스마일의 작전 계획의 훌륭함을 과시하였다. 10월 8일까지, 이집트 군은 수에즈 운하의 동안(東岸) 전체를 장악하였으며 약 10마일 종심 지역까지 진출하였고, 이제 상대의 필연적인 역습을 기다려야 했다. 기다렸다는 듯이, 이스라엘 전차와 하늘의 전투기들은 침략자들을 시나이반도로부터 축출하기 위하여 덤벼들었다. 그러나 이들 둘 다 이집트의 신형 방공 무기들과 조우하였다. SAM 지대공 미사일로 형성된 방공망은 이스라엘 공군기들을 공중에서 산산조각을 냈다. 사막에서는 이스라엘 전차들은 새로운 대전차 미사일 공격으로 파괴되었으며, "손가방을 든 작은 사람들(little men with suitcases)"이라는 별명의 무기로부터 간담이 서늘해지는 살상을 당했다. 일부 피격된 M-48 전차들은 수십 발의 미사일로부터 나온 유도선들로 길게 늘어져 문자 그대로 꽃 줄이 장식되어있는 것처럼 얽혀 있었다. 이스라엘 전차 중 생존자들은 어떻게 경량급 탄약으로 만들어진 바늘처럼 날카로운 탄두가 탄약과 연료가 저장되어 있던 미제 전차의 가장 취약한 부분을 조준했는지 놀라지 않을 수 없었다. 답은 간단했다: 이집트의 기술정보 참모들은 미국의 생산자들에게 대외 판매용 핸드북을 요청해서, 병사들에게 가장 중요한 부위들을 공격하도록 훈련을 시켰기 때문이었다.

북쪽 골란 고원에서 전투가 한창일 때, 남쪽에서는 이집트 작전계획의 취약점이 드러나기 시작했다. 이집트는(제한전쟁 개념에 입각하여) 제한된 목표를 장악했지만, 시나이반도의 작전 종심의 제한으로 인하여, 이제는 수에즈 운하 전체를 방어를 해야 할 입장에서, 어떤 지역에서든지 협소한 지역을 돌파하는 이스라엘의 외과적 공격에 취약하게 되었다. 이스라엘은 전세를 역전시켰다. 10월 15일, 이스라엘군 역사상 가장 과감하고 훌륭히 착상된 반격의 하나로, 전쟁 발발과 동시에 다이얀에 의해서 소집된 애리엘 샤론(Ariel Sharon)대장은 야음을 타 이집트의 남쪽 방어선을 절단하여, 디버소(Deversoir)와 인접한 대 비터 호(the Great Bitter

Lake)의 북단에서 수에즈 운하를 횡단하였다. 계획은 일단 도하 후, 샤론 장군의 기갑부대는 산개하여 이집트의 샘(SAM) 방어 벨 트를 격파하는 것이었다.

그 계획은 기대 이상으로 성공을 거두었다. 10월 16일 01시 35분경, 시나이에 진주한 이집트 2군과 3군 접경 지역에서, 이스 라엘 공병 부대는 운하를 연하여 설치된 철조망을 절단하였다. 새 벽녘에 이르러 이스라엘 기갑부대는 1개 여단이 운하를 도하하여 이집트 종심 3마일까지 진격하였다. 도하 후 그들의 전차는 무난 히 진출하여 시야에 보이는 모든 것들을 사격으로 제압하면서 이 집트 후방에 공포와 혼돈을 조성하였다. 전방에 목표물이 사라지 자, 2개 기갑여단은 북쪽과 남쪽으로 각각 방향을 전환하였다. 10 월 21일, 이스라엘 공수부대는 북쪽에서 카이로로 향하는 도로상 에 위치하고 있는 이스말리아의 외곽에서 전투를 치루고 있었으 며, 남쪽 이스라엘 기갑부대는 수에즈에 위치한 홍해에 도달하였 으며, 바다로 도주하는 이집트 어뢰정 2척을 전차 사격으로 격침 시켰다. 이스라엘 군은 시나이 반도에 있는 이집트 제3군의 생명 줄을 절단함으로써, 이집트로부터 단절시켜 식량, 탄약, 물 또는 희망이 없는 가운데 시나이 사막에 고립시키고 말았다. 10월 24 일에 모든 것은 끝났다. 그 지경에 이르자, 소련과 미국은 그들의 전쟁 중인 종속국들을 지원하기 위하여 핵무기 사용을 경고하기에 이르렀다. 영국의 경고에, 미국은 중동을 침공하려는 준비를 하기 시작했다. 어느 누구도 아랍과 이스라엘 전쟁을 끝내기 위하여 핵 전쟁의 위험을 감수하려 들지 않았다. 결국, 유엔 안보리가 나서 서 이집트에게는 더 이상의 수치로부터, 이스라엘에게는 더 이상 의 살상으로부터 구출함으로써, 휴전 협상을 성사시켰다.

* * *

욤 키푸르 전쟁의 정보 교훈은 다른 전쟁과 매우 상이하다. 참으로 이스라엘의 실패에 대하여는 변명할 구실이 있을 수 없다. 진주만의 실패는 정보조직의 결함이었고; 구정 공세의 실패는 정보기관 간 내부 불화가 원인이라고 볼 수 있다. 욤 키푸르는 이들 중 어느 것에도 해당되지 않는다. 반어적으로, 이스라엘의 1973년의 실패는 1967년의 의기양양 하면서도 압도적인 승전에 직접적으로 기인하였다고 반추해볼 수 있다. 첫 번째 실패 이유는 이스라엘의 모든 정보장교, 정보기관, 지휘관들의 기본적인 과실에 있었다. 이스라엘은 승리에 도취되어 과거의 실수로부터 체득하는 아랍의 능력을 도외시하였다. 그들은 아랍의 새로운 무기체계를 도외시하였다. 무엇보다도, 그들은 새롭게 보강된 이집트의 참모기획능력, 훈련, 그리고 이집트군의 용맹성을 간과하는 우를 범했다. 모든 분야에서 이스라엘은 그의 적을 과소평가했다.

전쟁 종료 후, 이스라엘은 많은 량의 이집트군 지도, 암호 책, 계획문서들을 노획하였다. (다행스럽게도 이스라엘은 영국인들처럼 전장에서 노획한 권총류에서부터 1급 비밀 문서들을 자유롭게 고향 집에 가지고 가거나, 아니면 영국군 훈련기지가 있는 올더숏의 선술집 친구에게 팔아넘기도록 하지 않고, 이스라엘은 노획품을 수거하여 제출하도록 하였다.) 놀랍게도, 이집트 정보기관들은 전쟁 준비에 철두철미하였다는 많은 증거들을 발견하였다. 정말 충격적인 사실은 이스라엘이 사용하던 시나이반도의 모든 지점에 대한 암호와 가명들을 포함한 전쟁 전의 비밀 암호지도를 아랍어로 번역한 서류들을 발견한 것이었다. 전장 스트레스가 있는 통상의 경우에서와 같이, 이스라엘의 무전병들은 평상 언어를 혼합한 절충된 보안 수준으로 교신하였다. 그 결과, 개전 첫 주간에는 시나이반도에서의 이스라엘군의 많은 이동 상황들은 러시아에서 훈련받은 이집트 신호정보 요원들에 의해서 오픈 북(open book)처럼 감청되었다.

적에 대한 과소평가와 자기 과신은 다음으로 곧장 이스라엘의 실수로 이어졌다: 주어진 사실에 입각하여 올바른 결론을 내리지 못하게 하는 이상한 무력함이 나타났다. 그래서 시리아와 이집트에서 동시에 진행된 군사력 증강을 서로 연계시키지 못하였다. 그것이 공격과 관련이 있을 것이라는 어떤 가능성은 그저 대수롭지 않게 무시되어 버렸다. 아랍의 공격 준비를 의미하는 이스라엘의 정치적 기준(징후)에 맞지 않으면 아랍은 공격할 수 없다는 어떤 절대적인 가정이 있었던 것으로 보인다. 이스라엘에게 불행한 일이지만, 이집트는 마이어 내각이 합의한 전쟁 발발에 대한 선결조건을 읽어보지 못했던 것으로 보였다.

이스라엘의 기술정보 역시 이 논쟁에 일조하였다. 1973년 새거(Sagger)와 같은 소련의 대전차 유도미사일(ATGM)과 샘6와 같은 샘(SAM) 지대공 미사일은 새롭고 또한 치명적인 전장 위협으로 알려졌다 - 나토(NATO)는 틀림없이 그들의 암호명을 제공하였고, 추측컨대, 미 국방정보국(DIA)을 통하여 비밀리에 이스라엘에게 많은 량의 정보 자료들을 제공하였을 것이다. 그러나 대담한 기갑부대 운용에 의한 1967년의 승리에 대한 자신감에 넘쳐, 이스라엘은 신형 무기체계들을 단순한 방어용으로 치부해버리고 말았다. 한 이스라엘 정보단의 준사관은 전후, 사무실의 서랍에 들어있던 소련의 신형 미사일에 관한 첩보자료의 페이지들을 한 장 한 장 넘겨보면서 놀라지 않을 수 없었다. 이집트의 신형무기체계에 대한 이스라엘 작전 연구(OR: Operational Research: 군사작전의 과학적인 연구)는 이들의 전장에 미치는 영향 평가를 간과하고 말았다. 추측컨대, 이스라엘은 단순히 시골뜨기 신병들로 구성된 아랍군은 총탄이 빗발치는 전장에서 30초 이내에 대전차미사일을 조작할 수는 없을 것이라고 생각했던 것 같다. 그러나 시나이반도의 지상에서나 골란고원 상공에서 모두 대다수의 이스라엘 병사들은 신형무기의 성능과 적들의 능력의 진실이 무엇인지를 실감하면서 죽어가야만 했던 것이다. 이스라엘의 기술정보는 실패하였다.

끝으로 이스라엘 정보의 중대한 잘못은 사고의 경직화에 있었다. 이스라엘이 초창기 "누구든지 서로를 알았던" 때는 진정한 전 출처(all-source) 토론이 이루어져 결심수립자들과 정보 전문가들 사이에서 자신들의 견해를 자유롭게 개진할 수 있었다. 그것은 긍정적인 효과를 보였다. 어떤 계선을 따라서 어디선가, 군사정보는 배후에서 조종되었으며, 정보를 관료주의화 시켰다. 정보의 계급조직이 형성되었고, 지휘계통이 강요되었으며, 달갑지 않은 목소리는 배제되었고, 무엇보다 위험한 것은 이설이나 다른 견해는 억압되었다는 점이다. 심지어는 10월 4일에도, 정보 수집부대장 조엘 벤 포라(Joel Ben Porat) 준장이 그의 관심 사항을 상관인 자이라 대장에게 보고했을 때에도, 그는 화를 내며 부하에게 호통을 쳤다: "귀관은 수집 업무에나 전념하고, 평가 업무는 평가 책임자에게 맡기세요!"라고. 이처럼 군사정보는 강력한 권력자가 되었으며, 정치적이고 또한 때로는 무능한 조직이 되어 버렸다.

그 결과, 이스라엘에 무엇인가를 사전에 귀띔해주는 역할을 하고, 또한 한 걸음 앞서 나가던 이스라엘의 정보 능력은 또 다른 정보 관료체제로 돌변하였다. 그러나 우방인 미국이나 영국과는 달리, 이스라엘 군사정보는 모든 출처의 정보기관들에 대한 국가적 독점권을 가지고 있었다. 따라서 그의 평가 결과에 도전하는 관료적 라이벌이 존재할 수 없었다; 또한 무엇보다 나쁜 점은 국가 정책위원회나 국가 내부회의에 독점적으로 출입할 수 있는 유일한 권한을 가지고 있어서 정보는 독자적으로 어떠한 정치적 요구든지 수용할 수 있었다.

궁극적으로, 이스라엘 군사정보는 1973년 국가를 곤경에 빠뜨렸다. 모든 출처의 정보 기능을 구비하고 있었음에도 불구하고, 이스라엘 군사정보는 편견, 정치, 편파와 그저 일상적인 오판으로 부패되었다. 이스라엘 건국 초창기로부터 이스라엘 정보의 완전에 가까운 질, 고도의 전문가, 폭넓은 정보자원으로 국가에 탁월하게 기여하였던 점을 고려할 때, "그것은 실패보다 더 나쁜 것이며, 그것은 범죄 행위이다."라고 언급한 보울레이 드 라 뮤드(Boulay de la Meurthe)의 혹평은 냉혹하지만 욤 키푸르로 인하여 돌이킬 수 없게 되었다.

〈Yom Kippur 1973, Suez and Sinai〉

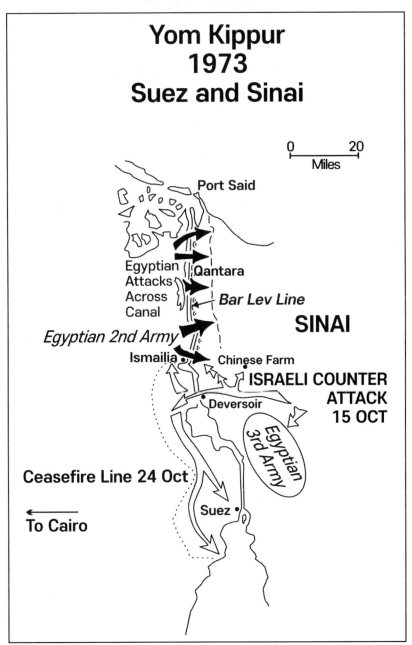

Yom Kippur 1973 Suez and Sinai

0   20
Miles

Port Said

Egyptian Attacks Across Canal

Qantara

Bar Lev Line

SINAI

Egyptian 2nd Army

Ismailia

Chinese Farm

ISRAELI COUNTER ATTACK 15 OCT

Deversoir

Egyptian 3rd Army

Ceasefire Line 24 Oct

To Cairo

Suez

역자 촌평

　1967년 6월 5일부터 11일까지 치러진 제1차 중동전(일명 6일 전쟁)은 이스라엘의 압도적인 승리로 끝났다. 그 후 1969년 9월, 제2차 중동전(일명 10일 전쟁), 1969년 후반, 제3차 중동전쟁을 거쳐 1970년 7월, 휴전이 성립되었다. 전술한 제4차 중동전(일명 10월 전쟁/욤키푸르전쟁)은 1973년 10월 6일, 이스라엘의 유대교 "속죄의 날"에 이집트와 시리아의 연합에 의한 기습공격으로 초전 승리를 쟁취하였다. 이집트는 수에즈 운하를 기습 도하한 후, 수에즈운하 동안 10마일 지역까지 진출, 교두보를 확보하는데 성공하였으나 이스라엘의 역습으로 남쪽 방어선이 무너졌으며, 이때 양국을 지원하고 있던 미국과 소련이 핵무기 투입을 경고하는 가운데 유엔 안보리 중재로 휴전이 성립됨으로써, 10월 24일 사실상 정전되었다. 사다트는 군사적으로는 '제한전쟁'의 승리로, 실추된 아랍 민족의 명예를 회복하는 한 편, 국내적으로는 자신의 정치적 입지를 강화하는 정치적 목적을 달성하였다. 그러나 이스라엘은 6일 전쟁의 승리로 인한 자기 과신과 오만, 상대에 대한 과소평가, 그리고 정보의 실패로 패배하였다.

이스라엘 정보의 실패 요인

　욤 키푸르, 제4차 중동전쟁은 이집트의 기만 전략의 승리요, 이스라엘의 정보의 실패로 요약할 수 있다. 그 이유는 한 마디로 이집트는 기습에 성공하였고, 이스라엘은 상대의 기습에 대한 조기 경보에 실패하였기 때문이다. 이스라엘은 과거 6일 전쟁의 압도적인 승리에 도취되어, 상대의 기만 전략을 과소평가하였으며 "이스라엘은 안전하다."라는 정치적 판단에, 이스라엘 정보가 독자성을 상실하고 오히려 국가정책에 흡수되어 적의 공격 준비 징후마저도 방어준비로 오판함으로써, 결과적으로 기습을 허용하는 꼴이 되고 말았다. 과거의 전쟁에서 연전연승의 명예를 떨치던 이스라엘 정보는 골다 메이어 정부의 밀실 정치/밀실 정보에 공조하여 "이집트는 제공권 장악이 불가능할 뿐만 아니라, 이집트-시리아 연합 공격은 불가능하기 때문에 이스라엘은 안전하다."라는 잘못된 '국가 개념(The Concept)'으로 결집된 '집단사고(groupe think)'에 편승하는 우를 범하고 말았다. 정보가 정책을 선도하지 못하고 정책에 타협한 것은 범죄 행위로 간주될 수 있다. 정보는 수집/처리된 사실(hard facts)에 입각하여 판단되어야 하며, 거기에 정치적 요소나 국가 동원비용 등 비정보적 요소가 개입되어서는 아니 된다.

이스라엘은 상대의 기만 전략을 탐지하는 데 실패하였다. 이집트는 상대의 정보적 반응을 둔화시키기 위하여 '반복행위에 의한 기만 전략'을 구사하였다. 반복되는 동원령 하달, 병력의 전방 배치, 도하 장비 이동, 탄약 분배/적재 등 전쟁 준비를 되풀이하는 상황을 연출하여 소위 이솝 우화에 나오는 '늑대와 양치기 소년' 효과를 극대화하였다. 오만과 편견에 치우친 이스라엘은 이를 극복하지 못하고 결국 결정적 공격 징후를 간파하는 데 실패하였다.(추가적인 기만 내용은 "이집트의 성공 요인" 참조)

이스라엘은 시리아의 '가면 작전'으로 연출되었던 '쉐나우 인질' 사건을 오판하여 시리아의 전쟁 준비를 이스라엘의 보복에 대한 방어적 조치로 오판하였다. 가면 작전은 마키아벨리의 전형적 속임수의 하나로, 소련군에서 적의 관심을 전환하기 위한 기만전술로 발전된 개념으로 시리아는 이 사건으로 전쟁 발발 직전까지 골다 메이어 수상의 관심을 전환시킬 수 있었다.

이스라엘은 방심하여 상대의 신형 무기체계의 위협에 대한 전장 영향 평가(OR: Operational Research)를 소홀히 하였다. 이집트는 소련으로부터 최신 무기인 대전차미사일(ATGM:Sagger), 지대공 미사일(SAM 6), 소련제 부교, 마기루스 도이츠 고압 살수 펌프 등을 지원받아 실전 배치하였으나 이스라엘은 이에 대한 과학적인 연구가 없이 방어용 무기로 치부해버림으로써 실전에서 곤혹스러움을 당하였다.

이집트의 성공 요인

우선 이집트의 국가 지도자인 사다트 대통령의 탁월한 전쟁 지도 능력과 고도의 용병술이 전쟁을 승리로 이끌 수 있었다고 볼 수 있다. 그는 '제한전쟁'이라는 전쟁지도 지침을 하달하고, 탁월한 야전 지휘관을 기용하여, 정확한 적의 위협을 평가하였으며, 고도의 기만 전략으로 기습을 달성하고, 대외적으로는 우방인 소련을 지원세력으로 하여 이스라엘이 불가능하리라 판단했던 시리아와의 동맹을 성사시켰다.

다음은 사다트에 의해서 이집트 참모총장으로 임명된 아메드 이스마일 대장의 정확한 적의 위협분석(5개 항목)과 이에 따른 작전 계획(7대 작전개념)의 수립과 기습 달성이었다. 또한, 그는 2차 대전시 롬멜의 사막 전술을 최신화하여 사막 전술의 핵심인 '선제 공격 후 방어로의 신속한 전환 전술'을 개발, 활용하였으며, 견고한 방어진지에서 첨단 무기체계로 개활지에 노출된 상태로 장진 중에 있는 적을 조준사격으로 격파하였다. 또한, 그는 개전 초기 수에즈 운하 도하 시, 소련제 샘 미사일을 활용, 철저한 대공방어 우산을 제공하여 도하작전의 취약성을 극복하였다.

　세 번째지만 중요한 성공 요인은 정부와 군이 일체화된 합동 기만 작전의 성공이다. 이집트는 적을 기만하는데 국가 지도자와 군 지휘관이 혼연일체가 되어 범국가적 기만계획을 수립함으로써 외교적, 군사적 기만을 적절히 배합하였다. 사다트는 이스라엘이 불가능할 것이라고 확신하고 있던 동맹국 시리아와의 연합작전과 소련으로부터의 첨단무기 도입 등을 최대한 은폐하였으며, 자국의 외교관들을 동원하여 정치, 외교적 수사를 통해 위장도 하고 기만 도 병행하였다. 그는 범아랍권 결속을 위해 자국의 외교관들을 파 견하여 성과 없이 귀국케 함으로써 사다트의 역할에 대한 의구점 들을 외부에 노정케 하였다. 그는 또한 시리아를 통하여 쉐나우 사건을 유발시킴으로써 이스라엘의 관심을 전환하는데 성공하였 다. 한편 이집트 참모총장 이스마일 대장은 군사적인 측면에서 다 양한 기만 작전을 구사하였다. 전쟁이 발발하던 1973년 한 해만 도 무려 20회 이상 국가동원령을 하달하여, 병력을 전방으로 이동 시키고 도하 장비를 운하로 이동하며, 탄약 적재, 새로운 통신망 활동, 비정상적인 항공정찰 활동 등 '반복 행위에 의한 기만 전략' 을 구사함으로써 이스라엘의 정보의 민감성을 둔화시켰다. 또한, 그는 정부와 합동으로 공격일시(Y-Day)를 기만하기 위하여 1년 동안 반복해서 지연시켰으며, 내부 기만을 위하여 핵심 기획자 14 명의 침묵('침묵에 의한 비밀 유지')을 유지시켰고, 심지어 야전 지휘관까지도 작전 직전까지 보안을 강화하였다. 마지막 순간인 H-hour를 기만하기 위하여 최초 계획 시간인 18시에서 14시로 앞당김으로써 적의 반응 시간을 7시간으로 단축시키는 치밀함을 보였다. 앞서 기술한 '가면 전략', '반복 행위에 의한 기만 전략', '침묵에 의한 비밀 유지' 등 소련군 기만 전략/전술의 적시 적절한 배합과 고도의 보안 유지가 이집트의 4차 중동전을 승리로 이끄는 견인차 역할을 했다고 볼 수 있다.

교훈

적의 위협을 평가하는 데 있어서 가장 중요한 기초는 정치적 신념을 배제한 팩트(facts) 위주로 평가해야 한다는 사실이다. 이스라엘은 이집트가 제공권 장악이 불가능할 뿐 아니라 이집트-시리아 연합이 불가능하다는 잘못된 '국가개념'에 기초하여 적의 위협을 오판함으로써 기습을 허용하였다.

인간의 오만과 편견은 정보 실패의 뿌리이다. 이스라엘은 6일 전쟁의 승리에 도취되어, 적을 과소평가하고 자기과신에 집착함으로써 조기 경보에 실패하였다. 정보인은 전·평시를 막론하고 항상 정직하고 성실한 자세로 적의 위협을 평가하여 기습을 방지해야 한다.

손자는 "兵者는 詭道也"라고 전장에서 기만의 중요성을 강조하였다. 이집트는 소련의 기만전술을 십분 활용하여 초전 기습을 성공시킬 수 있었다. 정보 장교는 정보판단 시 적의 '기만 판단'을 병행하여야 한다. 또한, 아군의 공격 작전 시 정보 수집계획과 '정보 기만계획'을 동시에 발전시켜야 한다.

연합작전 시 교전 당사국(이스라엘)의 판단과 정책은 연합국(미국)의 가장 중요한 정보 사실로 수용됨으로 신중을 기해야 한다. 이스라엘 자신이 전쟁 경보를 수용하지 않았기 때문에 미국도 이를 중시하여 전쟁 위험수준을 격하시킴으로써 '연쇄 반응(daisy chain)' 현상을 일으켰다. 이는 동일 국가 정보 조직 내에서도 유사한 상황이 발생할 수 있는 바, 예를 들면, 하나의 정보 출처에서 수집한 첩보를 다른 출처나 기관에서 사용할 경우, 마치 두 개의 상이한 출처에서 확인된 정보로 착각하게 되는 '빙빙도는 정보 (circular intelligence) 또는 연쇄 반응'이라는 정보 증후군이 나타날 수 있으므로 모든 첩보는 출처를 반드시 확인하여 이러한 현상을 시정하여야 할 것이다.

정보를 사용하는 사용자 즉, 국가 지도자나 각급 부대 지휘관은 군의 정보 판단을 존중하고 이에 따른 적시적인 대응을 보장해야 한다. 골다 메이어 수상과 그의 각료들이 설정한 잘못된 '국가 개념'으로 말미암아 건전한 정보 판단을 흐리게 한 우를 결코 범하지 않도록 해야 할 것이다.

신형 무기체계의 작전 연구(OR)나 기술정보 수집은 실전에서 매우 중요하다. 이집트가 소련으로부터 도입한 새거 미사일과 샘 6 지대공 미사일 등에 의해서 산화한 이스라엘 전투원들의 처절한 비명을 잊지 말아야 할 것이다. 북한이 개발하고 있는 핵무기나 미사일 등에 대한 작전 연구가 시급하며, 이에 따른 훈련 및 대응 무기체계 개발이 병행되어야 할 것이다.

사다트가 4차 중동전 시 적용했던 제한전쟁 개념은 한반도에 시사하는 바가 크다. 핵보유국을 자처하는 북한은 다수의 핵무기와 대륙간탄도미사일을 보유하고 있고, 추가적인 개발을 지속함으로써 한미동맹의 근간을 흔들고 있다. 북핵/미사일의 궁극적 목표[8]는 핵 위협을 통한 주한미군의 철수를 종용하고, 핵 위협을 병행한 백

---

8) 박상수, 『탈 냉전기 북한의 대남정책의 성격연구』(서울, 대한출판사, 2011), pp. 228-232.

령도 등 기습적인 제한전쟁(a political blow by a sharp military success) 및 핵 균형 하에서의 대규모 비정규전을 통한 내부 혼란을 조성할 수 있다. 이에 대비하여 동맹 차원에서 전술핵 재배치와 핵기획그룹(nuclear planning group) 설치 등 한국형 상호확증파괴 전략(MAD: massive assurance destruction)9)을 수립해야 할 것이다.

---

9) 최강, "한국판 핵균형 전략을 짜야한다", 『조선일보』, (2021.4.24.), 조선칼럼

09 "우리가 아직 모르는 정보는 없었다." 포크랜드 전쟁, 1982

09 "우리가 아직 모르는 정보는 없었다." 포크랜드 전쟁, 1982

대략 1950년경, 영국의 킹 찰스 가의 화이트홀(Whitehall) 계단에서 비비시(BBC:영국 방송사) 기자가 영국 외무성의 한 관리와 가진 인터뷰에 관련한 재미있는 이야기가 있다. 인터뷰 기자는 어느 고위 관료에게 40년이 넘는 그의 화려한 경력을 자랑하는 기간 중, 무엇이 가장 큰 문제였는가라고 질문한다.

힘프리 경은 "전쟁성이야"라고 지체없이 답변한다. 이에 깜짝 놀란 기자는 왜 전쟁성이 외무성의 문제가 되느냐고 다시 질문한다.

"왜냐하면, 매주 금요일마다 전쟁성에서 일하는 얼빠진 친구 하나가 1급 비밀을 끼고 허겁지겁 달려와서, 지구상 어떤 지역에서 난처한 위기가 발생했다고 말해주기 때문이었소." 그런 다음, 그는 당신들 외무성에서는 그 지역에서 전쟁이 일어나는 것을 막기 위하여 무엇을 하고 있었는가를 물어보곤 했지요. 그들은 아주 쉽게 흥분하는 쉬운 친구들이었소. 나의 역할은 그들의 흥분을 일단 가라앉히고 나서, 외무성은 그 상황을 완전히 통제하고 있으니 걱정하지 말라고 그들의 상사에 알리도록 해주는 것이었소. 그런 다음 우리는 시골에 내려가서 주말을 즐길 수 있었소."

"험프리 경! 그것이 먹혀들어 갔습니까?"

"암! 그렇고말고요! 항상 그랬지요! 흥분하기 좋아하는 형편없는 전쟁성 친구들! 우리들은 매주 그들의 흥분을 가라앉히고, 그들을 안심시켜 보냈지요. 그럼에도 불구하고, 우리는 거의 모든 경우에서 우리가 옳았다는 것이 입증되었지요!"

"험프리 경, 거의 모든 경우에요? 그렇다면 때로는 당신이 틀렸을 때도 있었다는 말씀이군요?"

"아주, 아주 드물게. 사실, 나의 40년 외무성 근무 기간을 통털어서 단 두 차례만 틀렸었지요."

"그게 언제였는데요?"

"음, 회고해보니 … 1914년과 1939년이었지요!"

이 이야기는 외무연방성(Foreign and Commonwealth Office) 인사들에게는 가벼운 미소로 지나칠 수 있을지 모르지만, 1982년 남대서양에서 오랫동안 우호 관계를 맺어온 두 나라가 전쟁으로까지 치닫게 한 정보 논쟁의 모든 내용을 내포하고 있었다.

포클랜드 전쟁은 양국의 자기만족, 오해와 국가정책의 실패의 복합으로 발발되었다. 영국 측에서는, 포클랜드 정책의 실패는 정부 관료들과 다양한 정치 지도자들의 수년간에 걸친 정보 묵살에 직접적으로 기인하고 있다. 포클랜드 전쟁은 한 두 가지의 실수나, 또는 조직의 결함, 또는 열세한 적에 대한 멸시의 결과로 일어난 것이 아니었다; 그 뒤에는 오랜 역사에 걸친 공공 기관의 오만과 자기만족이 깔려 있다.

영국은 그의 주변국들로부터 위선 국가라는 평판을 듣고 있다. 여하튼, 그것은 영국이 말로는 이렇게 하고 행동은 다르게 하기 때문은 물론이고(대중 매체를 통하여 공중도덕을 자주 외쳐대는 것과 같은), 언제든 필요에 의해서 덕을 만들어내는 신기하리만큼 부정직한 행위에 기인한다. 이렇듯, 영국은 받아들이기 어려운 아이디어는 때때로 전혀 존재하지 않는다는 이유로 기각시키거나, 또는 그 당시 현존하는 정책과 완전히 다르다는 이유로 기각시키곤 했다.

한 가지 예를 들면, 1960년대 나토(NATO)가 동독의 서부 국경지대에 배치되어 있을 때, 그들의 예상되는 적은 동독에만 20,000대의 탱크를 보유하고 있던 소련이었다. 그 당시, 모든 사람들은 탱크에 대한 최선의 방어 수단은 탱크라고 믿고 있었다. 그러나 탱크는 고가 장비였기 때문에 나토는 심각한 수적 열세에 놓이게 되었다. 따라서 미국과 서독은 그들의 전술적 취약점을 개선하기 위하여 어떻게 하면 보다 많은 탱크를 확보할 수 있을까 하면서 고민하고 있었다. 그때 영국은 기발한 지적인 묘기를 발휘함으로써, 국방비를 삭감하기 위해 탱크의 열세를 인지하면서도, 새로운 대전차 대응개념을 내세워 경쾌하게 탱크 문제를 처리하였다. 그들의 탱크 전술은 소수의 탱크를 이용하도록 특별히 설계되었기 때문에 많은 탱크가 필요하지 않다는 논리였다. 사실, 탱크는 이미 과다한 경비를 부담하고 있는 국방 예산을 감안한다면 불필요한 낭비로 여겨졌기 때문이었다. 이러한 이중적 사고방식은 그 당시에는 아무도 어리석다고 생각하지 않았으나, 대부분의 외국 옵서버들이 생각할 때는 그것은 기껏해야 자기기만이요, 최악의 경우 순전한 위선이라고 할 수 있는 말장난일 수밖에 없는 것이었다.

사람들이 어떤 현상이 그들의 세계관과 맞지 않을 경우, 그것을 무시하여 마치 그것이 실제 존재하지 않는 것처럼 생각하거나, 또는 그것을 가지고 도망하는 현상에 대한 명칭이 있다. 심리학자들은 그것을 "인지적 부조화(cognitive dissonance)" 현상이라고 명명하는데, 이것은 마치 어린 아이가 귀를 막아버리고 "나는 듣지 않고 있어요, 나는 듣지 않을래요, 그것은 사실이 아니에요!"라고 소리치는 것에 불과한, 이해하기 어려운 심리학 용어의 하나라고 할 수 있다. 이렇듯 아장거리는 어린애들의 짜증과 같은 인지적 부조화 현상은 방관자들에게는 일종의 오락거리나 자극제가 될 수도 있다. 그러나 정보 하는 사람들에게는 그것은 치명적이 될 수 있다. 1982년 영국의 공무원 사회와 정부 내의 인지적 부조화 현상은 포클랜드 전쟁의 주요한 원인이었다. 영국은 많은 정보 경고들을 무시하였는데, 이는 그러한 정보가 영국 정부가 기대했던 바와 일치하지 않았으며, 외무부가 내다보는 세계관과 달랐기 때문이었다. 따라서 영국 군인들은 영국 정부의 관료들의 오판에 대한 막대한 대가를 지불해야 했다.

포클랜드 분쟁의 근원은 1600년 화란의 항해자에 의해서 최초로 기록된 남대서양의 섬들에 대한 소유권과 원격 통치권에 있다고 단순하게 말할 수 있다. 1690년 제임스 스트롱 선장은 두 개의 큰 섬 사이의 해협의 이름을 영국 해군성 장관이었던 비스카운트 포클랜드(Viscount Folkland)의 이름을 따서 명명하고, 작은 군도로부터 남미의 남단의 북동쪽으로 400마일을 항해하였다. 문제가 복잡하게 된 것은, 포클랜드에 최초로 정착한 사람은 부겐빌

이라는 프랑스인으로서, 1764년 그는 동쪽에 있는 도서의 루이스 항구(Port Louis)에 요새를 구축하였다는 사실이다. 그 섬들은 프랑스 사람들에게 자기들의 섬인 세인트 말로(St Malo)를 연상시키기 위하여 아일 말로인(Iles Malouines)으로 처음 알려졌다. 그로부터 1년 뒤인, 1765년, 영국인들이 나타나 프랑스인들이 동 포클랜드에 거주하고 있는지를 모르고, 서 포클랜드에 상륙하여 깃발을 올려 영국의 국왕 조지 3세의 이름의 영토로 주장하고 떠나버렸다. 그들은 결코 프랑스인들이 그곳에 있었던 사실을 몰랐었다.

그로부터 1년 후 최초의 영국 정착민들이 동 포클랜드의 루이스 항에 도착하여, 성대한 프랑스 정착촌을 발견하고 대경실색하였다. 당시 프랑스와 스페인은 상호 동맹을 맺고 있었으며, 따라서 그 지역은 스페인의 세계적 통치하에 떨어지게 되어, 1767년 아일 말로인은 스페인에 이양되어 그 과정에서 아이슬라 말비나로 이름이 바뀌었다. 루이스 항구 역시 푸에르토 솔레다드가 되어있었다. 그 후 3년 만에 스페인은 영국을 축출시켰다. 이에 대한 외교적 논쟁이 뒤따랐으며, 18세기 해양 외교의 치열한 각축전이 개시되었다. 1790년에는 드디어 부에노스아이레스에 스페인의 식민 정부 수립에 대한 합의가 이루어졌으며, 서 포클랜드가 영국령이라고 하는 흔적이 동판 하나로 남아 있었다.

그 후 라틴 아메리카의 스페인 제국이 붕괴함에 따라, 이 섬들은 주인 없는 유기물로 전락되었으며, 지방의 군부 독재자들의 소굴이 되어버렸다. 드디어, 1832년, 미국 전함 렉싱턴 호는 약탈자들을 푸에르토 솔레다드에서 쫓아내고 일방적으로 "모든 정부로부터의 자유"를 선포하였다. 누구의 권한으로 이 선포가 이루어졌는지는 흥미 있는 부분이다. 강력하게 무장된 전함으로 구성된 영국 해군이 이 혼돈의 와중에 진입하여, 1837년, 이 섬들을 영국의 영토로 선포하였다. 라 말로인은 그때 포클랜드섬으로 명명되었다. 그리하여 1982년 4월 1일까지 유지되었다.

그 후, 아르헨티나는 19세기 초반 스페인을 축출했을 당시 그 섬들을 라 말비나로 부르면서 영유권을 주장하였다; 그러나 영국은 그 섬들은 영국의 영토라고 주장하였다. 그 이유는 1837년 이후 지속적으로 그 섬들을 점령하고 있었으며, 또한 더욱 중요한 점은, 그 섬들의 얼마 안 되는 거류민은 영국 시민이었으며, 그들은 한결같이 잔류하기를 희망하였고, 그것은 그들의 권리라고 주장하였기 때문이었다. 포클랜드섬을 방문한 적이 있던 사람들은 누구나 본토에서 너무 멀리 이격되어 있음과 그 황량함에 놀라지 않을 수 없었다고 한다. 1760년대에 거주하였던 스페인의 한 사제는, "나는 이 황량한 사막에서 모든 것을 하나님의 사랑을 위해서 인내하면서 머무르고 있다."라고 말하였다. 그의 이러한 독백은 한 영국 해병 중위가 쓴 "나는 이곳을 내가 전 생애를 살았던 곳 중 가장 혐오하는 곳이라고 선포한다."라는 글과 맥을 같이 하고 있다.

그로부터 200년 뒤인, 1980년대 초에, 또 다른 영국 해병 장교는 기술하기를 그 섬사람들(자신들은 Kelpers 라고 호칭)은 "극소수를 제외하고는 모든 계층에서 대부분 술에 찌들고, 퇴폐적이며, 부도덕하고 나태한 낙후된 집단"이라고 하였다. 이는 가혹하지만 이해할만한 평가였다. 1982년까지 그 섬사람들은 별난 집단으로 시대에 무감각하고, 영국의 세금 지원에 의존하고 있었으며, 그들의 경제적 생존을 위하여 '포클랜드 도서 회사'의 봉건 영주격에 가까운 사람들이었다. 한 영국 노동당 소속 국회의원은 그들을 '회사 노예'라고 기술하였다. 이 작고 자기중심적이며 파괴되기 쉬운 사회는 오직 한 가지 공통점이 있었는데: 그것은 압도적인 다수가 영국에 잔류하기를 희망한다는 것이었다. UN의 민족자결주의 원칙으로 볼 때, 1,800명의 후방 섬사람들이 2억 5천만에 달하는 남미 국가들과 우호적인 외교 관계를 맺고 싶어 하는 입장은 영국의 외무연방성 정책에서 큰 부담이 되었다. 화이트홀에 위치한 외무성에게는 불행한 일이지만, 켈퍼스로 자칭하는 이 섬사람들은 그들의 이해 관계에 일치하지 않는 외무연방성 정책에 유효한 거부권을 행사할 수 있었다.

대영제국으로부터 탈퇴하려는 총체적인 계획을 시행하는 과정에서, 외무연방성은 포클랜드 관리가 다소 부담이 될 것이라는 사실을 간파하고 있었다. 아르헨티나도 똑같이 오랜 동안 말비나 도서를 국가적 명예의 문제임과 동시에 식민지 시대 이후의 고민거리로 남은 영국의 주권의 문제로 간주해오고 있었다. UN을 구성하고 있는 대부분의 국가들은 아르헨티나의 입장과 동일하였다. 양국의 고민은 포클랜드 주민들이 지정학적인 현실을 부정하고 있을 뿐만 아니라 영국의 통치하에 잔류하기를 주장한다는 것이었다. 민족자결의 권리를 보장하고 있는 UN 헌장 제 73조에 의거, 그들은 자결권을 가지고 있고 또한, 그 권리를 행사하기를 단호하게 주장하였다. 1945년 이후 아르헨티나의 여러 정권들의 모호한 정책들을 살펴보면, 그들의 주장을 잘못이라고 말할 수 없다.

1965년 사태가 극도로 악화된 것은, 아르헨티나 입장을 반영한 유엔 결의 2065호가 영국과 아르헨티나 양국에게 문제 해결을 위해 협상을 권고한 것이었다. 유엔의 반식민지 결의에 의한 도덕적 권위에 기초하여, 아르헨티나는 세계적으로 불리한 입장에 처한

영국 외무연방성이 조용히 해결하기를 원하는 문제에 대하여 유엔
-주도 협상에 끌어들이기 위하여 강력하게 압박을 가하기 시작하
였다. 양측의 목적은 분명하였다: 시몬 젠킨스에 의하면, "아르헨
티나는 진정 식민지를 원하지 않았으며, 다만 소유권을 획득하기
를 원했다." 한편 영국은 식민지나 소유권 모두를 원하지 않고 있
었다. 영국은 다만 옛날 선원들이 남겨놓아 걱정거리가 된 거류민
들이 자결권을 주장함으로써 거기에 매달려 있을 뿐이었다. 외무
연방성 입장에서는 그것은 다루기에 피곤한 일이었으며, 게다가
정치적 지원도 받지 못하고 있었다.

논쟁은 거의 17년 동안이나 끌었으며, 전쟁으로 끝이 났다. 아
르헨티나는 분명한 정치적 목적을 견지하는 가운데 장기적인 단일
팀으로 일관성 있게 정책을 추진한 반면, 영국은 정권의 변동으로
협상 팀이 수시로 바뀜으로써 정황이 불리하게 되었다. 또 다른
새내기 영국 외무상이 처음 회담에 임하여 더듬거리자, 오랜 경험
을 지닌 아르헨티나의 협상 대표는 "우리는 불안한 정권과 마주하
고 있다."고 피력하였다.

아르헨티나 협상 입장은 1966년부터 1982년까지 일관하고 있
었지만, 아르헨티나 내부 상황이 변화가 없었던 것은 아니었다.
아르헨티나 내부 상황은 시대에 뒤떨어진 일종의 파시즘으로 고통
을 받고 있었다. 1930년대까지는, 아르헨티나는 영국의 상업적 이
해관계의 범주 안에 포함되어 있었다; 부에노스아이레스 철도망은
영국의 산업혁명 수출의 일부였으며, 북영국 기관차 회사는 아르
헨티나로부터 정기적인 주문을 받고 있었다. 또한, 아르헨티나 육
군은 독일 육군을 모델로 하였으나, 해군은 영국 해군을 모델로
성장하였다. 20세기 초반과 중반에는 수천 명의 이태리, 독일, 스

페인 사람들이 지중해와 부에노스아이레스의 번영, 그리고 금은으로 만든 판금의 천국으로 몰려들었다. 그들은 새로운 아이디어들을 들여왔다.

때 늦은 국가주의와 사회주의 정서를 가속화시키는 이들 새로운 노동자들은 후안 페론 장군에 의해서 구체화되었다. 1945년 아무 희망이 없는 나치 도망자들은 아르헨티나에서 새로운 안식처를 찾으려고 하였다. 페론의 독재는 일당(one-party) 국가무역통일주의에 뿌리를 둔 일당(one-party)파시스트 국가를 구축하여 산업근로자들에게 일자리를 주는 "완전한 민족주의"에 의존하고 있었으며, 강력한 카리스마에 의한 리더십을 지향하였다.

페론의 민족주의 비전은 아르헨티나의 모든 분야에 영향을 미쳤다. 말비나 도서 영유권 문제는 하나의 사소한 국제적 분쟁으로 출발하여 아르헨티나 각급 학교 교과 내용에 포함되고, 아르헨티나 국가 정체성의 근간을 이루면서 모든 계층을 결집시키는 민족운동으로 발전되었다. 한 편에서는 이러한 원색적인 정치적 근본주의와 다른 한 편에서는, 포클랜드섬 주민들의 완고한 주장에 대응하는 영국 외무연방성의 '격조 높은 궤변'은 나약하고, 우유부단하며, 사실과 다른 것으로 나타나기 일쑤였다. 좀처럼 사라지지 않는 영국의 제국주의의 잔재는 식민 통치의 책임을 모면하기를 바라면서, "현실적인(real)" 외교적 해결을 열망하는 외무연방성이 "롤스-로이스식 우월주의 마인드(Rolls-Royce minds)"를 견지함으로써 명백한 낭패로 이어졌다.

영국 외무연방성은 실제 어떠한 책임도 지지 않겠다는 확고한 입장이었다. 정책을 입안하고 "특정 상황에 대한 관점"을 표명하는 것은 영국 정부의 핵심 임무이다. 야망을 가진 모든 사람들이 정치적으로 다루려고 하고, 적어도 장관에게 설명을 하려고 하는 비정치적인 내정 분야에서는, 외무연방성은 항상 설명할 수 없을 정도로 묘한 관료주의의 극치를 보여왔다. 외무연방성은 타 부처들이 행정적 책임을 지고 실제 움직이도록 하는데 의도적으로 매우 지대한 관심을 가지고 있었다. 그것은, 다른 부처들로 하여금 특정한 예산을 받게 하고 그 결과에 대한 비난을 받도록 하는 것이었다. 외무연방성은 아이디어와 정책들을 취급한다. 국방정보부의 한 참모장교는 1980년대 외무성의 '특별히 속 보이는 회의'에 참석한 후, "그들은 매춘부들이다- 영국 정부의 철저하게 살벌한 매춘부들이다. 그들은 살벌한 위원회 책상에 둘러앉아서 그들이 힘을 가진 자들임을 자처하면서 거만을 떨고, 어떤 책임도 지려고 하지 않으면서도 영향력은 행사하려고 한다. 그들은 말하기를, 우리는 정말 결심을 해야 한다. 그들은 앞에 나서지는 않으면서, 우리는 공금을 사용하기 위한 결정을 해야한다 라고 종용했다."라고 혹평을 하였다. 이러한 태도는 종종 불공평하지만, 1980년대 영국 정부에서는 흔히 볼 수 있는 일이었다.

외무연방성의 맹렬한 아르헨티나의 민족주의에 대한 혐오는 한 가지 점에서 타당하다고 할 수 있다: 아르헨티나는 본래부터 불안정했다는 것이다. 그 불안정성은 국가정책을 처리하는 데 있어서 일관성이 없이 자주 변경됨으로써 혼란에 빠뜨리곤 하는 것이었다. 1973년, 노장의 페론이 원색적인 민족주의의 물결을 타고 권좌에 복귀했다. 외무/연방성은 즉각적으로 교묘하면서도 은밀하고 단계적으로 포클랜드를 아르헨티나에 팔아넘기는 협상정책을 입안했다. 그들은 아르헨티나와 새로운 의사소통 협정을 선포하는 대신, 포클랜드 도서와 아르헨티나 본토 간 첫 민항기 취항을 성사시킴으로써, 마치 말비나스 도서를 재합병하는 첫 단계인 것처럼 알기기 위하여, 정장을 한 아르헨티나 해군 제독들과 페론 지지자들이 비행기에서 내려 개선 행렬을 하는 모습을 촬영하여 보도되도록 하였다. 포클랜드 도서 지사는 섬 주민들을 제지하였고, 또한 주둔하고 있던 해병들을 소집했다. 우체국장은 시계바늘이 20년 뒤로 돌려진 것으로 생각하였다. 결국, 그 소동은 잠잠해졌고, 본토와의 새로운 탯줄로서의 민항기 취항은 항상 섬 주민들로부터 그들의 독립을 위협하는 '트로이의 목마'로 의심을 받게 되었다. 부에노스아이레스와 영국정부는 급속히 관계가 냉각되었다.

1976년까지, 아르헨티나는 좌익 게릴라, 몬태너로스와, 정부 내의 새로운 강경 군사위원회가 난립하여 내부적으로 안절부절 하였다. 아르헨티나 군부 실력자들은 반정부 인사들을 엄하게 다스렸으며, 따라서 경찰서의 지하실과 해군 막사들은 구류된 정치적 선동자들로 채워졌다. 콜도바 시장은 민간 동요를 통제할 수 없어 지방 군사령관에게 도움을 요청하였다. 그러자 군대가 갑자기 거리에 주둔하였고, 그들 군은 표면적으로는 시민을 도와야하는 입장이었지만 실제적으로는 좌익 혁명집단과 정치 테러를 제압하려고 하는 기성 정부 측 간의 소위 "더러운 전쟁"에 대한 책임을 감당하는 것이었다. 짧은 머리에 무장을 감춘 젊은 군인들이 험상궂은 얼굴로 미제 포드-팰콘 차량을 타고 대도시들을 배회하면서 저항 인사들을 색출하였다. 이들은 헬기에 만재하여 바히아 데 라 플라타 상공을 떠나 텅 빈 채로 돌아왔다. 실종자들이 갈수록 증가되었으며, 플라자 드 마요 광장의 카사 로사다 밖에서는 울부짖는 여인들이 날이 갈수록 점점 더 많아지고 있었다.

아르헨티나에서 야기되고 있는 사회적 혼란과 정권의 독재화에 직면하여, 포클랜드 도서 주민들의 비타협적인 태도는 점점 커져 갔다. 그들은 1976년 섀클튼 보고서로 이미 분개하고 있었으며, 그 보고서는 그들을 포클랜드 회사의 실제적인 노예로 묘사하고 있었다. 외무/연방성은 이제 그들을 은밀히 아르헨티나에게 인계할 뿐만 아니라 영국 시민들을 전기 곤봉과 고무 몽둥이로 무장한 무자비한 군사독재 세력의 수중으로 팔아넘기려 하고 있었다. 그것은 정치적인 일종의 트럼프 카드였다. 사이몬 젠킨스의 혹평에 의하면, "영국의 노동당이나 토리(보수)당에게 모두, 자본주의의 피해자들을 희생시켜서 부에노스아이레스의 고문자들에게 넘긴다는 아이디어는 생각할 수 없는 일이었다."라고 했다. 런던에서, 포클랜드 도서 로비는 더욱 목소리가 커지고 강력하였다.

논쟁이 지속됨에 따라 그것은 더욱 치열해졌다. 1976년, 아르헨티나는 은밀히 남대서양의 고도 남쑬(South Thule)을 점령해버렸다. 외무/연방성은 이에 대응하지도 못했을 뿐만 아니라 국회에서 문제 제기도 하지 않았다. 아르헨티나는 영국의 소극적 태도에 힘을 얻어 조심스럽게 앞으로 나아갔다. 단 한 가지가 진행을 멈칫하게 했다. 1977년, 제임스 캘러헌 수상이 외무/연방성이 작성한 평가서에 주목하게 되었는데, 이는 아르헨티나가 그들의 주권 행사를 위한 살라미 전술의 다음 단계로 또 다른 엉뚱한 행위를 계획할 가능성이 있다는 내용이었다. 수상은 그의 관료들의 반대를 무시하고, 핵잠수함을 동원하여 아르헨티나의 어떠한 모험행위도 억제하기 위하여 포클랜드 도서 지역에 대한 수색 명령을 하달하였다. (캘러헌 수상은 전 해군 수병이었다.) 이러한 명령에 곤혹스러워하던 외무/연방성 당국은 아르헨티나는 아마도 핵잠수함이 배치되는 것을 모를 수도 있었기 때문에 그 배치는 무의미하며 고

비용이 드는 훈련이라는 것이라고 주장했지만, 그러나 결과적으로 포클랜드 도서에 위협을 증가하던 아르헨티나 해군 활동이 1977년에 갑자기 멈춘 것은 이에 대한 반증이 되었다. 그리하여 위기는 해소되었다. 포함이나 핵잠수함을 파견하는 것은 아르헨티나에 위협이 되었다.

1980년에 들어와서 마가릿 대처(Margaret Thatcher) 수상이 취임하였다. 라틴 아메리카 담당 신임 외무/연방성 장관은 니콜라스 리들리였다. 그는 포클랜드 도서 문제를 일거에 해결하기로 마음먹었다. 그는 포클랜드 로비스트들에게 포클랜드의 법적 소유권을 아르헨티나에게 이양하고, 대신 영국에 99년 동안 임차하는 "임대차 계약부 매각(leaseback: 매각하고 임차하는 방식)"을 제안했다. 정착민들의 생활이 보호될 수 있고 동시에 아르헨티나의 주권 회복의 자부심을 만족시킬 것으로 판단되어, 외무/연방성은 간절히 원했지만, 그것은 실현되지 않았다. 그 제안은 세련되면서도 실제적인 방안이었으나 복잡한 문제를 풀기에는 역부족이었다.

그 제안은 받아들여지지 않았다. 리들리 장관은 포클랜드 로비스트들을 계산에 넣지 않았던 것이다. 1980년 국회는 그 제안을 기각시켰다. 그 과정에서 니콜라스 리들리 장관에게는 정치적으로 생애 최악의 날을 맞이하고 말았다. 리들리는 충격으로 하얗게 되어 소란한 하원을 빠져나왔다. 포클랜드 로비는 눈앞에 보이는 유일한 해결책을 저지하였다. 결국, 도서민들이 이기고 만 셈이 되었다.

아르헨티나는 최후의 시도를 해 보았다. 1981년 뉴욕의 유엔 빌딩 한 개인 사무실에서, 세련미가 있는 아르헨티나 외무차관, 카르로스 카번돌리(Carlos Cavandoli)는 포클랜드 도서민들의 의심을 무마하기 위한 가능한 모든 유인책을 제시하였다. 한 목격자의 말에 의하면, 마치 "그리스도에 대한 사탄의 시험"에 비유될 만큼, 카번돌리는 품위있는 태도로 아르헨티나의 꿈을 이루기 위하여 포클랜드 도서민들의 대표에게 특별한 지역 자치권 부여, 언어, 관습, 돈 문제 등 원하는 것은 무엇이든지 제공하겠다는 모든 유인책을 제시하였다. 그러나 도서민들은 학교, 병원, 도로망 건설 지원 조건에도 불구하고, 그 제안을 거절하였다.

1982년 포클랜드의 어떤 소식통에 의하면, 뉴욕회담에서 아르헨티나는 주권획득을 위하여 어떤 진전이 있기를 간절히 바랐으며, 이를 위하여 포클랜드에 거주하는 "한 가족당 백만불"을 제공하는 것까지도 고려하고 있었다고 한다. 전해진 바에 의하면, 이러한 제안은 도서민들에 의하여 "한 사람당 백만 불"로 역 제안되었으며, 더 놀라운 것은, "그러나 오직 참 도서민들" 즉, 켈퍼스 전통주의자들에 의하여 명백하게 정의될 수 있는 "포클랜드 태생 영국 시민들"로 국한되어야 한다는 것이었다. (이 이야기는 확인되지 않은 단일 출처에서 나왔으며, 그러나 그것이 사실이라면, 주권을 위해서는 엄청난 대가가 따른다는 것을 강조하는 것임에 틀림이 없다. 또한, 아르헨티나의 인내심에 극심한 타격을 주었을 것이다.)

아르헨티나의 고민은 깊어만 갔다. 1981년 아르헨티나는 국내적으로 좌익 반정부 세력들과의 전투에서 승리했지만, 진압 과정에서의 잔인성, 가혹한 고문, 군사적 진압이라는 부정적 유산들이 기억에 남아 많은 문제를 안고 있었다. 따라서 아르헨티나 정국은 거리의 불안과 함께 높은 인플레이션, 대량 실업으로 혼란 상태에 빠졌다. 또한, 군사정부는 아르헨티나의 인접국인 칠레와 케이프혼 주변의 비글 해협에 관련된 매우 어려운 국제적 분쟁에 갇혀 있었다. 간단히 말해서, 로베르토 비올라 장군이 이끄는 집권 군사위원회는 내우외환에 시달리고 있었다. 그럼에도 불구하고, 다음 두 가지 면은 미래의 정치적 환경에서 한 줄기 서광을 비추고 있었다: 첫째는, 미국의 신행정부가 라틴 아메리카의 반공산주의 동맹체를 구축하기 위하여 아르헨티나의 군사위원회가 앞장(국제적으로 상당한 인정과 신뢰를 받을 수있는 기회) 서줄 것을 제의해온 것이며, 또 하나는, 1982년 초, 레오폴도 포츈나토 갈티에리(Leopoldo Fortunato Galtieri) 육군 대장이 이끄는 신군부는 포클랜드 문제를 해결하여 국가적 대외 정책에서 승리할 수 있으리라는 새로운 희망을 가지고 있었다는 사실이다.

갈티에리 군사위원회는 1981년 12월, 국가 최고 권력을 장악하였다. 군사위원회를 구성하는 3명의 위원들은 모두 군사 강경파였으며, 그들은 아르헨티나 문제를 해결하는데 강력한 의지를 갖고 산뜻한 출발을 하였다. 그러나 영국의 "대처(Thatcherite)식" 자유 시장경제 개혁은 실각한 페론주의자들의 임금, 세금, 일자리 구조를 무너뜨렸으며, 아르헨티나의 신임 외무장관 니카노르 코스타 멘데스가 대외 문제에서 단호한 대등성을 주창하면서 복직하게 되었다. 레이건 행정부의 강력한 후원을 등에 업고, 아르헨티나는 이제 국제 분쟁에서 강한 발언권을 가지게 되었으며, 지역의 맹주가 되었다.

갈티에리의 군부는 빠른 시간 내에 실적을 내지 않으면 아니 되었다. 경제 개혁은 고통스러웠으며, 어떤 국가적 승리가 보장되지 않는 한, 도전적인 노조와 여러 당으로부터 야기되는 사회적 혼란이 심각하였다. 남부 지역의 "불만이 가득한 겨울"이 거의 확실시되었다. 매월 140%의 인플레가 지속되어, 2천 8백만 아르헨티나인들의 삶은 1981년 9월의 남부의 여름부터 다음 해 3월까지 거의 절망적인 상태가 되었다. 그 당시 군부의 정책 주도는 필사적이고 정말 화급한 상황이었다; 무엇인가 해내지 않으면 아니 되었다. 포클랜드에 대하여, 갈티에리 군부는 단순한 쌍둥이 전략을 지시하였다: 유엔에서 외교적으로 강력하게 밀고 나가는 동시에, 영국이 외교적 해결 방안에 동의하지 않을 경우, 힘에 의한 도서 점령을 강행하는 것이었다.

1982년 초 영국, 특히 외무/연방성은 아르헨티나 군부가 최후의 카드를 내놓았을 때, 자동차 헤드라이트에 놀란 토끼처럼 꼼짝 못하는 처지가 되어버렸다. 최초로 조급함이 어렴풋이 나타난 때는 유엔에서 코스타 멘데스의 새로운 회담에 대한 준비에서였다. 1982년 1월 아르헨티나의 한 신문 기사는 만약 런던과 다음 협상에서 실패한다면, 부에노스아이레스는 금년에 무력으로 도서들을 점령할 예정이라고 주장했다. 아르헨티나 대표가 뉴욕으로 떠날 때, 그들은 공항에서 일련의 군중에 의해서 야유를 받았다. 영국 외무/연방성은 라틴인들의 과잉 정열쯤으로 무시해버렸다.

오해의 뿌리는 분명했다: 영국은 아르헨티나 군부가 직면하고 있는 국내적 압력을 이해하지 못했고, 아르헨티나는 지난 10년 동안, 영국 정부의 입장을 전혀 이해하지 못하고 있었다. 포클랜드에 대한 영국의 정책의 속내는 늑장을 부리는 것이었다. 아르헨티나 외교부에서는 이를 분명히 알고 있었을 것이다. 일부 외교적 진전이 있었지만, 영국의 외무/연방성이 포클랜드 문제를 처리하려고 나설 때는 언제나 영국에 있는 포클랜드 로비스트들은 불운한 니콜라스 리들리 장관이 당면했던 것처럼, 도서민들이 원하고 있는 사항들을 문제 삼아 저지시키곤 했다. 그럼에도 불구하고, 아르헨티나 입장에서 보면, 영국은 대화를 위한 대화를 할 뿐 실제는 영국이 식민국가의 짐을 벗으려 한다는 암시를 받았다.

이러한 일련의 암시들은 1965-1982년 사이에 집권했던 영국 정부의 일관된 정책은 아니었지만, 말비나 도서에 대한 영유권 문제를 일관되게 주창해왔던 아르헨티나는 그러한 암시들을 믿고 있었다. 아르헨티나는 영국이 영유권을 포기하고 포클랜드 문제로부터 해방되려고 하고 있다는 암시를 믿고 있었다. 드디어 1976년, 아르헨티나는 남샌드위치에 위치한 남슈울을 점령하고 말았다. 영국은 다만 약간의 항의를 했을 뿐이었다. 1970년대에 포클랜드 도서 통신 협정이 조인되었을 때, 아르헨티나 군부는 도서와 본토를 연결하는 항공사인 LADE가 가동되고, 도서의 연료 저장소가 본토로 이전되고, 아르헨티나의 국영 석유회사인 YPF에 의해서 관리될 수 있으리라 생각하였다. 이 모든 사항들이 영국의 외무/연방성에게는 실용적 정치 진전이요, 도서민들에게는 더 나은 삶의 질의 향상으로 받아들여졌다.

1981년, 아르헨티나의 입장을 확인할 수 있는 두 가지 사건이 발생하였다. 대처 정부는 다음 해에 영국 해군의 남대서양 최후 빙하 순시선 HMS *Endureance*호를 퇴역시키고, 대체하지 않을 것이라고 발표하였다. 또한, 소문에 의하면, 아르헨티나 대사관 직원이 영국 외무/연방성에 직접 전화로 이것이 영국이 세심하게 검토하여 결정한 양보의 의미 여부인지를 질문하였다고 한다. 그때 난처해진 외무/연방성 직원은 그것과는 아무 상관이 없으며, 그것은 단순히 국방성의 결정이라고 답변하였다고 한다.-(사실로 확인) 그 당시에는 그 발표가 단순히 정부에서 추진하고 있는 예산 절감정책의 일부로 보여졌는데, 이것은 새로 출범한 토리 정부가 그때까지 밑바닥이 없을 정도로 사용해 오던 국가재정에 익숙해오던 부류에게는 대단한 혐오감을 유발시켰다. (1981년까지 마가릿 대쳐는 역사상 가장 인기 없는 영국 수상이었다는 사실은 잊혀지고, 별로 알려지지 않은 부분이다. 그러나 1983년에 그녀는 선거에서 압도적인 승리를 거두었다.)

그러나 런던에 주재하는 아르헨티나의 해군 무관 알라라 제독에게는, 남대서양에서 영국 전함의 철수는 영국이 더 이상 포클랜드를 방어할 어떤 의사도 없어진 것이라는 분명한 의미로 받아들였다. 또한, 1981년 디펜스리뷰지에 실린 쟌 노트 영국 국방상의 해임을 보자, 이를 계기로 알라라와 아르헨티나에 있는 그의 상관들은 매우 분명한 정치적 시그날로 판단하게 되었다: 롬바르도 아르헨티나 함대 사령관과 변덕스럽지만 열정적인 아르헨티나 군사위원회의 해군 위원인 아나야 제독은 이미 포클랜드를 흡수하는 방향으로 가닥을 잡았다. 아나야는 영국을 매우 싫어하였으며, 말비나도서를 회복하기 위한 해군의 승리는 아르헨티나 해군의 영광이요 그 자신의 일대 영광이라고 생각하던 인물이었다.

아르헨티나가 영국의 (대외정책)으로부터 추정한 두 번째 시그날은 심각한 정치적 오산이었다. 그것은 1981년 공포된 영국의 국적에 관한 법안이었는데, 그 법안은 포클랜드 주민들의 영국 국적을 상실케 하는 내용이었다. 그 법안은 영국 내무성에서 발의하였는데, 이는 식민지에 거주하는 사람들에게 주던 영국 시민권을 조부모 중 한 사람이 영국에서 태어난 사람에게만 국한시킴으로써 이민 홍수 사태를 차단하기 위한 것이었다. 따라서 포클랜드 거주자들은 영국 시민권자 자격에서 배제되는 조문이었다. 역사는 이 특별한 법을 논의하는 과정에서 외무성이 이 법안과 관련된 포클랜드 주민과 대외정책에 야기되는 문제들을 어떻게 처리했는지는 밝혀지지 않고 있다: 그러나 이 법안을 발의한 내무성은 법안 상정 시 포클랜드 주민들에게 크게 관심을 두지 않은 것으로 추정된다.

그러나 아르헨티나에게는, 이 법안이야말로 대쳐 수상과 그녀의 내각이 포클랜드 주민들에 대한 영구적인 거부권 행사가 정교하고도 기술적으로 진행되고 있는 분명한 신호로 보여졌다. 이들 일련의 우발적인 사건과 정책 결정들은 실제로 아르헨티나로 하여금 영국의 일관성 있는 정책으로 상호 관련이 있는 것으로 읽혀졌고, 따라서 영국은 포클랜드로부터의 분명한 이탈을 표명하고 있는 것으로 판단되었다. 영국은 분명히 포클랜드로부터 조금씩 빠져 나가고 있었다.

비록 영국 외무/연방성이 포클랜드 재앙에 대하여 비난받고는 있지만, 공평하게 말하면 1981년 중반기, 니콜라스 리들리 장관과 그의 참모들은 포클랜드 문제를 진지하게 관심을 두기 시작하고 있었다. 그러나 그들은 그들의 관심을 지지하도록 영국 정부 누구에게도 설득할 수 없었으며, 그들 자신들도 아르헨티나가 침략을 감행할 것이라는 가능성을 확신하고 있지 않았다. 빙하 탐사선 HMS *Endurance*호의 퇴역에 대한 외무/연방성의 반대는 국방성으로부터 전형적으로 퉁명스러운 반응에 봉착하였는데: "그렇다면 그 선박을 운용하는 예산을 외무/연방성이 지불할 것인가? 아니면, 국방성 장관의 뜻에 따라야 하지 않겠는가?"라는 국방성 입장이었다.

외무/연방성의 불안한 입장은 영국 정부의 많은 정책에 반영되었다. 국방성은 포클랜드에 대한 아르헨티나의 움직임에 대한 영국의 가능한 방책들을 보고하도록 요구받았으며, 또한 내각의 합동 정보위원회는 위협 평가를 작성 보고하도록 요구되었다. 그러나 두 기관 모두 긴박한 상황이 아니라는 결론을 내렸으며(국방성은 6개월이 지나서야 계획서를 생산하였다), 영국 외무성은 외무/연방성의 요구를 1981년 9월 내각회의 의제로 밀어 넣고 말았다. "협상이 장차 해결 방안이다"라고 캐링턴 경은 주장하였으나, 후에 이것이 그의 (오판으로) 비판 받았다.

영국 외무장관은 그 회의에서 그 앞에 놓여진 1981년 7월의 합동정보위의 보고서에 비록 "합동정보위원회 표현 방식(JIC-speak)"으로 알려진 조심스럽고 완곡한 표현 기법으로 모호하고 다양한 의미를 함축하고 있는 분석 내용이지만, 분명한 경고가 있었음을 확인했어야 했다. 합동정보위의 평가는 아르헨티나가 채택할 수 있는, 전쟁의 규모 확대에 연계된 단계를 포함한 모든 가능한 방책들을 제시하였으나, 외교적이거나 경제적인 방책들에 초점을 맞추었다. 그 평가에서 중요한 것은 아르헨티나가 상호 신뢰를 바탕으로 주권에 대한 이양을 협상으로 해결하려고 한다면, 바람직한 대안은 "평화적인 수단"으로 나올 것이라는 주장이었다.

그러나 합동정보위의 모든 좋은 평가와 달리, 익명의 저자들은 "만약 상대방의 입장이라면" 아르헨티나가 도서의 평화적 이양에 대한 희망이 없을 경우에는, 영국의 이익에 반하는 강압적인 방안 … 그러한 상황에서는, 군사적 행동 … 포클랜드에 대한 전면적 침공을 배제할 수 없는 고도의 위험을 감내해야 할 것이라고 기술하였다."

이는 매우 심각한 일이었다. 불행히도 1981년 9월 누구도 그러한 경고를 주목하지 않았으며, 특히 외무장관은 리들리와 그의

〈The Folklands War 1982, Relative Distance〉

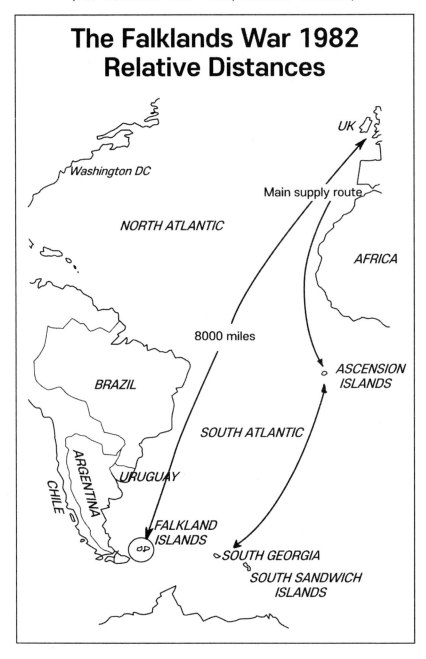

The Falklands War 1982 Relative Distances

UK

Washington DC

Main supply route

NORTH ATLANTIC

AFRICA

8000 miles

ASCENSION ISLANDS

BRAZIL

SOUTH ATLANTIC

ARGENTINA

CHILE

URUGUAY

FALKLAND ISLANDS

SOUTH GEORGIA

SOUTH SANDWICH ISLANDS

남미 담당 부처의 모든 요원들과의 회의에서 가장 관심을 두지 않았다. 그리고 얼마 후에 지쳐버린 리들리는 내각 개편에서 재무성으로 자리를 옮겼으며, 외무성과 남미 담당 부서에서는 부에노스아이레스의 자국 대사에게 우려의 뜻을 타전하였다. 윌리암 대사의 반응은 평범한 어투로 솔직하였으며, 그는 영국의 정책을 "단순한 공상적 낙관주의"로 폄하하였다. 그는 상황을 오직 위험하게만 보고 있었다.: "만약 당국에서 아르헨티나와의 협상을 정말 진지하게 생각하고 있지 않다면, 지금 당장 그렇게 전달하고, 그 결과를 기다리는 것이 바람직할 것이다."라고 1981년 10월 초 회신하였다. 그의 이러한 판단은 어리석지 않았다고 보인다.

카링톤 경이 이 문제를 내각에 회부하지 않기로 결심함으로써 그 문제는 갑자기 중단되었다. 이에 자포자기한 외무성 관료들은 군사적 적대행위를 경고하는 여하한 정보에 집착하는 것은 위험하다고 생각하고 정부 차원의 협상을 강력하게 거절하였다. 1981년 징부 당국은 예산 사감에 강한 집착을 가졌으며, 솔직히 외국에 대한 어떤 모험적 행위는 아예 생각할 수조차 없었다. 또한, 아르헨티나가 무력을 사용한다는 것은 전혀 상상조차 할 수 없는 상황이었다. 그것은 일어날 수 없는 일이었고, 사실, 이러한 사고는 일종의 '인지적 부조화 현상(cognitive dissonance)'이라고 할 수 있었다.

만약 영국 정부가 아르헨티나 군사위원회를 진지하게 받아들이지 않는다면, 수집되고 있던 정보에 더욱 관심을 기울이게 했어야 했다. 1981년 여름으로부터 1982년 침공 시점 사이에 발생했던 모든 난제들 가운데서, 군사위원회는 영국 정부의 평온한 분위기와는 달리 압력과 열망으로 무엇인가 움직이고 있었다. 군사위는 행동을 위한 준비를 진행하고 있었다. 사후에 작성된 프랭크 보고서(포클랜드 전쟁 후 포클랜드 논쟁에 관한 영국 추밀원의 보고서)는 "정부는 조기경보를 하지도 않았을 뿐만 아니라 할 수도 없었다… 포클랜드 침공은 예견될 수 없었다."라고 간단히 처리하였다.

이는 터무니없는 난센스다. 만약 1982년 3월 29일, 전쟁이 발발하기 단 3일 전에 아르헨티나가 공격을 결정했었다면, 육군과 해군은 3일 경고로는 주요 장비들을 선적하지도 못했을 것이다. 상륙작전을 준비하기 위해서는 훨씬 많은 시간이 소요되기 때문이다. 프랭크 보고서는 '의도에 관한 정보(intelligence intentions)'와 '능력에 관한 정보(intelligence capabilities)'의 다른 점을 덮기 위하여 관료적 차단막을 정교하게 세웠다. 아르헨티나군이 해상이동을 위한 항해 명령이 단 3일 전에 하달되었지만, 포클랜드 침공을 위한 전투력을 편조시키고, 계획을 수립하고, 선박과 화포, 보급품, 항공기, 병력을 집결시키는 데는 공격 개시 약 4개월 전에 먼저 결정이 이루어진 결과이었다. 이러한 모든 움직임은 당연히 사전에 탐지되었어야 했지만, 아르헨티나 내부에 영국이 심어놓은 양질의 정보 출처가 결여되어 있었기 때문에, 영국은 아르헨티나의 의도와 능력에 대하여 둘 다 치명적으로 백지 상태가 되었다. 프랭크 보고서의 자위적인 주장에도 불구하고, 영국은 아르헨티나가 무엇을 하고 있었는가에 대하여 충분히 선지하고 있었어야 했으며, 프랭크도 이를 인지하고 있어야 했다.

포클랜드 침공계획은 원래 아르헨티나 해군의 총수인 아나야 제독의 작품이었다. 1981년 12월 9일 사적인 만찬에서, 그는 해군에게 1982년 "말비나 도서 회복"이 허용될 것이라는 약속에 대한 보답으로 비욜라 장군에 대항한 갈티에리 장군의 쿠데타를 지원하기로 밀약하였다. 갈티에리는 이에 동의하고 아나야를 해군 대표로 삼아 군사위원회를 이끌었다. 이렇게 군사독재의 내각이 구성되었다.

이에 따라 세부계획이 소수 인원에 의하여 1981년 12월 롬바르도 함대 사령부에서 작성되었으며, 1982년 1월 12일 군사위원회 고위 기획 참모들에게 극비로 보고되었다. 그러나 민간인에게는 심지어 외무장관에게도 그러한 내용이 보고되지 않았다. 흥미롭게도, 당시 남대서양을 감시하고 있던 영국의 빙하 탐사선 *"Endurance"* 호의 닉 바커 함장은 1982년 1월 25일, 아르헨티나 남단 부근에 위치한 우수아이아 군항에 정기 정박했을 때, 그는 무엇인가 잘못된 것 같은 낌새를 간파하였다. 그는 즉각적으로 아르헨티나 해군이 매우 무뚝뚝한 표정으로 돌변한 것을 상부에 보고하였다. 그러나 영국 해군 정보부 DI4는 이를 포착해내지 못했다.

영국의 해외 정보는 3대 정보기관에서 이루어진다: 첫째는 흔히 MI6라고 알려진 비밀정보국(SIS: the Secret Intelligence Service), 둘째는 국가 신호정보기관인 정부통신본부(GCHQ: Government Communications Headquarters), 그리고 끝으로 국방 정보참모부서인 DIS(Defence Intelligence Staff)이다. 그중 DIS는 대사관에서 근무하는 국방무관을 말하며, 군을 대표하는 기능과 함께 공인된 외교관과 같이 첩보를 보고하는 임무를 수행한다.

1980년대 초기, 냉전이 한창이던 시기에, 아르헨티나는 영국 정보수집 우선순위에서 한참 아래였다. 영국의 국방무관, 특히 해군 무관은 정보를 수집하는 것이 아니라, 오히려 카운터 파트인 아르헨티나 해군의 환심을 얻으려고 노력하던 때였다. 그들의 주

임무는 아르헨티나로 하여금 영국의 방산 장비를 구매하도록 섭외 활동을 하는 것이었다. 아르헨티나 해군은 영국 해군의 빙하 쇄빙선 HMS *Sheffield*호나 HMS *Coventry*와 같은 42형 구축함으로 장비되어 있었기 때문에, 방산 장비 판매 진흥을 위한 관심, 특히 롤스 로이스 선박 개스 터빈의 판매에 있어서는, 주둔국과 영국 대사에게 모두 부담을 주는 정보수집보다 훨씬 높은 우선순위를 두었다. 영국의 비밀정보국 SIS는 주재국에 '신고된' 한 명의 요원에 의해서 활동하도록 하고 있었는데, 그는 아르헨티나뿐만 아니라, 남미 전체를 담당하고 있었다. 또한, 정부통신본부 GCHQ는 신호정보에 집중하고 있었으며, 상기 세 정보기관이 아르헨티나에 대한 총체적인 정보수집 책임을 수행하고 있었다.

사실, 핵심 정보장교로서는 단 두 사람이 있었다. 그중에서 가장 선견지명이 있는 사람은 육군 국방무관 Stephen Love 대령이었다. 포병장교였던 러브 대령은 스페인어를 구사할 수 있었고, 국제적 정보조직과 광범위하게 근무 경험이 있는 정보장교였다. 우연의 일치로, 그는 SIS 지부장인 Mark Heathcote를 알고 있었다. 히쓰코트의 아버지는 20년 전 포병 연대장을 하고 있었으며, 러브 대령이 처음 임관해서 근무하고 있던 부대의 지휘관이었다.

히쓰코트는 SIS의 지부장으로서 인간정보를 담당하고 있었으며, 따라서 그는 인적 출처를 개발하고, 중요 기밀을 입수할 수 있는 사람들을 접촉하고 그들로부터 기밀을 유출해내는 일을 하고 있었다. 모든 신문 기자나 형사들이 아는 것처럼, 그들이 이용하고자 하는 비밀 출처들은 개발하고 지원시키는데 많은 시간이 소요되고, 어려움이 따르는 일이었다. 공작원들을 운용하는 일은 많은 시간과 자금이 요구되었으며, 서로 신경을 곤두세우는 일이었다.

1981년, 영국 정부(Whitehall)의 예산 삭감으로 SIS 운용과 작전이 위축되었다. 공작원은 돈이 있어야 운용된다. 가상적인 제임스본드는 1980년대 초, MI6의 자금 결핍이라는 현실을 결코 견디어 낼 수 없었다.

히쓰코트는 두 가지 문제가 있었다. 첫째는, 그가 '신고된' 정보장교로서, 주 표적이 되는 소련과 동구 공산권에 대한 첩보 활동을 하는 아르헨티나와 협동작전을 하는 것이었다. 아르헨티나 군사위원회는 철저한 반공산주의였다. 히쓰코트에게는 아르헨티나의 공식 연락장교 헥터 할섹치가 있었으며, 그는 아르헨티나 해군 정보기관에서 나온 인물이었다. 따라서 히쓰코트는 공식 연락장교와 함께 행동함으로써 운신의 폭이 제한되었으며, 그는 아르헨티나의 비밀 자료들을 찾기 위해서 아르헨티나의 고급사령부를 목표로 한 정보활동이 매우 어려워지게 되었다. 둘째는, 남미에서의 히쓰코트의 임무가 스페인어를 사용하는 국가들 내에서 광범위하게 전개되었으므로 그의 관심을 끌었다. 히쓰코트의 SIS보고서에는 아르헨티나 군사위원회가 표적으로 포함되어 있었겠지만, 설사 위험을 무릅쓰고 시도했다고 가정할지라도 특별한 성과는 기록에 나와 있지 않다.

영국 국방무관의 보고서에도 비밀정보활동 자료가 나타나지 않았다. 만약 러브 대령이 대사관에 대한 불신을 초래할 수 있는 행동(비밀 공작)을 했더라면, 윌리엄스 대사는 다음 날 부에노스아이레스에서 추방시켰을 것이다. 윌리엄스 대사로 인하여, 어느 국제전문가도 영국에서의 지위가 재앙적인 위험에 빠질 수 있다는 것을 너무 잘 알고 있었기 때문에 자신의 자리를 위태롭게 할지도 모르는 일은 아무것도 하려고 들지 않았다. (윌리엄스는 그의 실용주의적 접근에 대한 벌을 톡톡히 받아야 했다. 전쟁이 끝난 후, 아르헨티나에 대하여 강경한 입장을 취하지 않고 소극적 입장을 취했던 외교관들은 영국이 그 자리를 보장해주지 않는 한 조용히 좌천되었다.) 그러한 사유로 인하여, 국방무관은 정보수집에 신중할 수밖에 없었다.

국방무관들은 그들이 일시적인 군사외교관으로 이례적인 위치에서 일함으로써 대사관의 장기 근무 외교 전문가들 사이에서 활동의 제한을 받고 있었다. 그들은 대사관 내에서 대사를 보좌하는 서열 3위로 인정받거나, 또는 겸손하고 예의 바른 사교계의 명사이거나, 또는, 주재국에 대한 전문가로 인정을 받거나 - 위의 세 가지 장점을 다 구비함으로써 특별히 호의적으로 받아들여지지 않는 한, 외무/연방성 산하 직업 외교관들 사이에서 원만한 근무를 수행할 수 없었다. 만약 국방무관과 대사관의 다른 외교관들과 관계가 단절될 경우에는 왕왕 문제가 발생하곤 했다. 유능한 국방무관은 결코 외무/연방성 직원들보다 앞서 나가지 않도록 사려 깊게 행동해야 한다. 그는 결국 국방성이 아닌 외무/연방성으로부터 평가받고 있는 것이다. 한때 국방무관을 장기간 경험했던 어떤 이는 "외무/연방성 직원들은 다만 당신을 관용하고 있다는 점을 결코 망각해서는 아니 된다. ⋯ 그들은 설사 양말을 제대로 신는 것을 잊어버릴지라도, 그들이 다른 부류의 사람들보다도 현명한 인간이라는 점을 결코 망각하지 않는다. 당신은 그들을 당신에게 호감을 갖도록 만들지 않으면 아니 된다."라고 냉담하게 꼬집었다.

그래서 러브 대령은 그러한 방식으로 접근하였다. 그러나 그는 주재국에 관련된 일건의 보고서들을 지각력이 있고 정확하게 정리할 수 있는 능력이 있었다. 당시 아르헨티나는 군사위원회에 의하여 통치되고 있었기 때문에, 그의 보고서의 정치적 함의는 국방무관이 수행하는 일상적인 차원보다 훨씬 심오하였다. 러브는 단순한 외교관들이 할 수 없는 방법으로 군사-정치적인 견해를 밝힐 수 있었으며, 또한 '군인들 끼리 가지는 국제적 군인 우호감정(the international freemasonry of soldiers)'을 활용하여 군부에 특별한 접근이 가능하였다. 또한, 러브는 언론, 잡지, 라디오와 TV, 각종 무역 잡지와 일간지 등 광범위한 공개 출처 정보들을 통해서 중요한 정보를 발췌할 수 있었다. 이를 통해서 1981년과 1982년 초, 그는 일관성 있고 경보가 될 수 있는 어떤 모략이 진행되고 있음을 간파하기 시작하였다. 런던은 자기만족에 빠져 있었지만, 러브 대령은 그렇지 않았다. 1982년 초 그는 포클랜드가 자기 책임이 아니었지만, 외무/연방성 직원을 설복하여 자비로 포클랜드를 방문하였다.

러브의 1982년 3월 2일자 비밀 보고서는 굉장한 문건이었으며, 말하자면 모범적인 것이었다. 그는 아르헨티나 군부의 점증하는 강경노선에 대한 명백한 경고를 지적하였으며, 또한 영국-아르헨티나 협상이 결렬된 결과로서 갈티에리 장군의 군사위원회가 내 국민을 위하여 대담한 제스처를 해야 할 필요성과 이를 위해서 군사력의 사용과 관련된 명백한 연관 관계를 규명하였다. 러브 대령은 아르헨티나군의 가능한 방책에 대한 적절한 군사적 평가를 계속하였다: 즉 "영국의 활(군대)을 가로지르는 활쏘기(shots across the UK's bows)"전략의 일종으로서; 섬들 내에서 아르헨티나 해군의 무력 시위, 기습 또는 무력 침공에 의한 도서 점령 등의 방책들을 제시하였다. 그는 결론에서, 런던에 있는 상급 외무성 요원의 정치적 입장에서 보면, 나의 견해는 어느 한 부분에 불과할지 모른다. 만약 이론적으로 내 소관 분야가 아닌 영역(내가 알지 못하는 비밀 사항으로 인한 공식 입장에 역행하는 결론 도출)에 대하여 불완전한 지식으로 오판했다면 사과한다는 단서를 첨부하였다. 러브 대령은 그의 입장을 다음과 같이 주장했다. 비록 신문이나 외무 관리의 조소꺼리가 된다 할지라도, "나는 단언컨대, 외교 관계에 결정적 위기가 다가올 것으로 믿기 때문에, 우리 정보인들은 군사위협이 가중되는 이 사실에 대하여 철저히 규명하여야 한다고 생각한다."

러브 대령은 국방부(국방정보참모부서), 국방정보부 4국(DI4, 남미 전담부서), 그리고 포클랜드 담당 외무/연방성 주무관 로빈 피언(Robin Fearn)에게 각각 비망록을 발송하였다. 또한, 그는 포클랜드 주지사, 렉스 헌트(Rex Hunt)에게도 사본을 보냈다. 외무/연방성은 사본 표지에 "대사가 그 비망록을 보내라고 지시했는지 의심스럽다. 이 내용은 이미 모두 알고 있는 사항이다."라고 짜증스럽게 표기했다. 부가적으로 "그래, 그러나 그럼에도 불구하고 그것은 유용한 정보이며 국방부에 보고된 내용이다. 나의 유일한 관심은 이러한 종류의 계획되지 않은 방문은 도움이 되지 않을 수 있다는 것이다." 국방부에 보고된 비망록은 의사록에는 포함되어 있었지만, 국방부 내의 다른 처부에 회람되지 않은 것으로 나타났다. 분노한 러브 대령은 전후 귀국하여 그의 정보 보고서가 회람되지도 않았으며, 또한, 그의 경고에 대한 적절한 조치도 없었던 사실을 발견하고 국방정보참모부에 대하여 대단히 격노하였다.

영국의 비밀정보국(SIS, 일명 MI6)은 남미에서의 공산주의를 저지하기 위해서 아르헨티나와 공조하는데 집중하고 있었기 때문에, 국방무관은 아르헨티나의 언론 보도 내용들에 대하여 분석을 소홀히 하였고, 영국에 대한 어떤 계획된 공격행위에 대한 경고는 상당 부분 영국 정부통신본부인 GCHQ의 신호 정보에 의존하고 있었다. 영국의 신호정보는 당시에 미국과 비밀협정을 맺음으로써 세계 전체에 산재한 신호정보 목표들을 서로 책임을 나누어 수집하고 있었다. 이러한 "영국-미국" 비밀협정은 세계를 분할하여 수집지역을 효과적으로 나누어 정보를 수집하고 있었다. 남미 지역은 미국의 국가신호정보국(NSA)의 수집 책임이었다.

신호정보는 네 가지 구비 조건이 있다: 신호를 수집하기에 적합한 장소, 첩보를 조합하고 해석하는데 필요한 유자격 언어 자원, 표적의 우선순위를 설정하기 위한 분명한 정치적 지령, 그리고 끝으로 타국의 암호 해독 능력이다. 영국의 정부통신본부는 남미에 실제로 수집 기지가 없었으나, 제한된 스페인어를 구사하는 요원이 있었으며, 아르헨티나의 교신을 수집하는 임무는 우선순위가 낮았다. GCHQ의 J부와 K부는 규모가 달랐는데: J부는 소련 진영을, 훨씬 소규모인 K부는 나머지 세계 전체를 담당하였다. 아프리카와 남미를 담당하는GCHQ의 주 기지는 어센션 아일랜드(Ascension Island)에 위치하고 있었으며, 어센션 아일랜드의 화산 분화구 위의 쌍둥이 보트에 케이블과 무선 장비가 설치된 안쪽에 감추어져 있었다.

GCHQ의 유일한 다른 신호정보 수집장비는 1982년 폐기될 예정이었던 빙하 탐사선 "HMS *Endurance*호"였다. 그 함정의 선장, Nick Barker는 "HMS *Endurance*호"의 진짜 무기는 신호정보와 전자전 감청 장비였다고 말했다. 신호정보의 마지막 구비 조건인 국가 암호체계를 해독하는 능력은 네 가지 조건 중에서 가장 높은 보안과 보호가 요구되는 것이었다. 정보기관이 일단 자국의 암호체계가 해독된 사실을 간파했을 경우에는 즉각 그 체계와 장비 및 암호를 변경시켜야 하며, 암호분석관은 모든 작업을 다시 시작해야 한다. 영국은 당시 아르헨티나의 암호를 해독할 수 있었다고 알고 있다. 테드 로우랜드스 전 노동당 외무장관은 전쟁이 발발한 후 연방 의회에서 열린 '비정한 토요 논쟁'에서 그렇게 말했다. 그는 바로 2년 전 장관 재직 시에 "정보 술어로, 아르헨티나는 모든 것이 공개된 바와 다름없는 오픈 북 상태였다."고 의회에서 증언하였다. 우리는 당시 영국 신호정보에서 직접 입수한 아르헨티나의 모든 정치 일정과 결과를 알 수 있었다고 하였다.

미국은 파나마 기지와 부에노스아이레스에 위치한 대사관(거의 확실시되는)에서 감청 활동을 하고 있었다. 여하한 파트너 국가의 신호정보에서도 포클랜드와 관련된 특별한 정보를 입수하지 못했다. 1982년 3월까지, 후에 보고된 내용에 의하면, 많은 정보가 해독되었는데 해군의 전력 증강이 지속적으로 이루어지고 있었다는 내용이었다. 이는 비정상 활동이 아니었다. 신호정보 분석관들과 국방정보부 남미 전담부서에서는 아르헨티나의 해군은 우루과이 해군과 정기적인 연례훈련을 앞두고 있었기 때문에, 위의 전력증강 관련 정보들은 일종의 연합훈련 전 사전 활동으로 정상적인 사항으로 평가하였다.

인간정보 요원이 배치되지 않았고, 국방무관이나 해군무관은 제한 요소와 의전 문제로 활동을 방해받고 있었으며, 신호정보는 모호했기 때문에, 아르헨티나 군사력을 평가할 수 있는 유일한 다른 가능한 수단은 위성이나 항공정찰뿐이었다. 영국은 남대서양에서 공중정찰 자산이 없었다. 브램튼 영국 공군기지에 위치한 합동 공중정찰 정보센터에서는 부유한 미국 사촌의 식탁에서 떨어진 빵

부스러기들에 의존하여 지탱하고 있었다. 미 국가정찰국(NRO: National Reconnaissance Office)은 두 개의 전략자산: 정찰위성과 SR-71 블랙버드(Blackbird)를 보유하고 있었다. 이들 두 미국 공중 출처가 1982년의 처음 3개월 동안 합동 공중정찰 정보센터에 중요 정보를 제공하지 않으면, 영국 국방부나 정보공동체는 아무런 대책이 없었다. 그러한 상황은 그러한 상황에서는 놀랄만한 일이 아니었다. KH11 정찰위성은 북반구에서 주로 소련의 활동을 목표로 하였으며, 남대서양에는 관심을 두지 않았다.

영국의 정보 출처와 기관들이 무기력하고, 일부는 전환되며, 일부는 아예 결여된 상태에서, 영국은 포클랜드라는 폭풍 속으로 장님처럼 비행하고 있었다. 그러나 영국은 정보 공백을 메꿀 수 있는 최후의 희망: 완곡한 표현이지만, 다른 나라의 첩보를 수집할 수 있도록 허용된 "외국 연락장교" 제도가 있었다. 또한, 영국에게는 미국이라는 변함없는 우방이 있었다. 양국 간의 특수 관계는 루스벨트와 처칠 간에 맺어진 정보교류 협정에 기반을 두고 있으며, 이는 미국-영국 정부 간 관계의 변함없는 중추가 되어 왔다.

그러나 불행하게도, 1982년 포클랜드 전쟁의 준비 기간에는, 영-미 관계가 이상하게도 모호하였다. 미국은 그들의 가장 가까운 우방임에도 불구하고, 역할을 하려고 하지 않았다. 왜냐하면, 미국은 아르헨티나에 대한 그들 자신만의 별도 계획이 진행되고 있었기 때문이었다. 아르헨티나의 갈티에리 장군은 당시 남미에서 케이시 미 CIA 국장의 반공산주의 운동의 선봉장이었다. 미국은 반공주의자임과 동시에, 니카라과 샌더니스트(Sandanist)에 대항해서 CIA선봉에 서서 좌익 운동세력들을 강력히 제압했던 경험이 있는, 비교적 저렴한 경비가 소요되는 준비된 인재가 필요하였다.

케이시 국장은 이 계획에 1천9백만 달러를 할당하였으며, 갈티에리가 1981년 11월 워싱턴을 방문했을 때, 그해 12월 22일 그의 전임자 비올라 장군에 대한 쿠데타를 지원하는데 이 금액이 사용된 것으로 거의 확실시된다.

갈티에리 장군과 CIA와의 결속 결과는 영국에 대한 미국의 입장을 방관적 입지로 만들었다. 미국은 영국의 포클랜드에 대한 주장에 노골적으로 냉정한 입장을 견지해 왔다: 몬로 주의의 지구 전체의 반구(半球) 상 요구 사항들은 미국을 그 문제에 대해서 서로 대치되는 입장에 처하게 하였다. 그 결과 미국이 영국 정보의 최후 출처였음에도 불구하고 전쟁이 발발할 때까지는 소극적이었다.

영국의 전 출처 정보를 종합 평가하는 국가 기관은 합동정보위원회(JCS: Joint Intelligence Committee)이었다. JCS는 2차 대전 기간 중 발군의 성장을 하였다. 1939년과 1945년 사이 생과 사를 넘나드는 중대 사건들로 인한 압력은 JCS의 현행정보와 장기정보 평가에 모두 정확성, 집중성, 긴급성을 요구하였으며, 이들 평가 결과는 적절하고 소중하게 사용되었다. 처칠은 전쟁 기간 중 확실한 증거와 정밀한 분석에 기초한 실제적인 사태 예측을 요구하였다. 1945년 이후 냉전 기간 중 발생하는 각종 위기와 경보 상황 속에서, JCS의 기술과 능력은 중단 없이 연마되었다. 그 결과, JCS는 국가 전략정보 평가의 신뢰성 있는 기관이 되었을 뿐만 아니라 각종 상이한 정보기관들의 차이를 원만히 해소하기 위해서 한 테이블에 모여 모든 출처의 정보들을 놓고 여과할 수 있는 메커니즘을 정착시켰다. 이러한 기능은 소기의 목적을 달성하였다. 이와는 달리 미국의 국가정보판단실(US Office of National Estimates)은 영국의 JIC의 탁월한 능력을 부러워할 뿐이었다.

JIC에서 생산되는 익명(출처 은닉)의 보고서들은 분석 과정에서 부처별로 각각 상이한 이견이나 주장을 효과적으로 융합함으로써, 미국이 1960년 이후 골치를 앓았던 정보기관 간 힘겨루기를 예방할 수 있었다.

그러나 영국 행정부 내에서 항상 그랬던 것처럼, 각 부 장관들을 감동시킬 수 있는 영향력 있는 자원에 대한 통제력을 확보하기 위한 무혈의 암투는 치열하였다. 그 투쟁은 단지 JIC 에서 나오는 산물의 알맹이(soul)가 아니라 JIC 자체에 대한 통제력을 확보하기 위한 것이었다. 외무/연방성은 1940년 전쟁성으로부터 그 통제권을 억지로 얻어냈다. 그러던 중 수에즈 운하 사건 이후, 내각 비서실 내부에 새로운 특별 기구가 출현하여 외무/연방성이 아닌 내각을 대표해서 JIC를 관리하고 지시하도록 발전되었다. 그러나 외무/연방성은 JIC의 의장직을 영구적으로 맡게 됨으로써 아직도 심의 과정에서 상당한 영향력을 행사하고 있었다. 이렇듯 외무/연방성은 두 가지 요직을 장악 함으로써 정책에 영향을 미쳤는데, 첫째는 JIC 내 많은 지역별 소위원회, 현용 정보단(CIG: Current Intelligence Group)의 제 1인자로서의 역할과 둘째로, 국가정보의 최종 평가를 주도하는 상임 위원장의 역할이었다. 이는 외무/연방성의 대외 정책을 잘 반영시킬 수 있는 구조였다.

1981년 12월과 1982년 2월 사이 부상되던 정보와 정치적 압력이라는 양대 파고 속에서도 불구하고, JIC는 포클랜드 문제를 중대 이슈로 부각시키지 못했다. 1981년 7월에도 평가 회의는 단일 공개 첩보를 근거로 한 "아르헨티나 군사위원회의 부서 명칭들을 변경하는 정도의 정기 연례보고서 수준"에서 폐회하였다. 1981년 12월 갈티에리의 집권에서도 어떤 긴박한 새로운 JIC 정보평가가 있었다는 증거는 없다. 라틴 아메리카 현용 정보단(LACIG: Latin America Current Intelligence Group)은 1981년 7월부터 1982년 1월까지 18회에 걸쳐서 회의를 가졌지만, 포클랜드 위기가 의제로 채택된 적이 없었다. 오직 1982년 1월 뉴욕에서 열린 양국 협상의 최종 라운드에서, 외무/연방성이 1982년 3월 16일로 예정되어있는 정기 내각 해외 및 국방정책 위원회의 지침서로 활용하기 위한 새로운 JIC 평가서를 작성하라는 요구가 전부였다. 영국은 정보의 결핍을 무마시키기 위하여, 긴장을 완화시키는 쪽을 선택하였다.

아르헨티나는 영국과 같은 그러한 관료적 타성은 문제가 되지 않았다. 아나야 해군 제독의 참모들이 1월 12~13일, 해군 침공계획을 비밀리에 군사기획 요원들에게 보고한 후 남아 있던 일은, 아르헨티나의 병행전략에 대한 군사적 해결 방안이 요구되는 지 여부를 확인하는 것이 전부였다. 1982년 초 유엔에서의 양자 회담이 바람직한 결과가 나올 수 있었던 것이었을까?

1982년 1월의 아르헨티나와 영국 간 양자 회담은 대실패로 끝났다. 영국은 통상적인 장기 외교회담을 제안하여 도서 주민들의 비타협적인 반대를 누그러뜨리는데 수개월의 시간을 벌기 위하여 과거처럼 수완을 발휘하려 하였다. 그러나 어떤 경우에도, 갈티에리 군사위원회는 점증하는 국내외 문제들이 산적하여 더 이상 시간을 끌 수는 없었다. 아르헨티나는 영국이 또다시 머뭇거리고 있고, 협상에 관심이 없다는 것을 간파하였다. 따라서 그 회담은 짧고 김빠진 공동성명으로 막을 내리고 말았다.

부에노스아이레스의 군사위원회는 격노하였다: 그들은 별다른 의미 없는 공동성명을 발표하는 것이 아니라 영국의 외교적 압력에 일침을 가하기를 바랐다. 그러나 영국은 유엔에서 그들의 지연전술이 아르헨티나로 하여금 제2의 전략 즉 군사력을 투입하는 결정적 계기가 되고 있음을 알아차리지 못했다. 놀랍게도, 아르헨티나 정부는 다음 날인 3월 2일, 다음과 같이 일방적인 성명을 발표하였다:

뉴욕 회담에서… 우리 대표들은 말비나 도서에 대한 아르헨티나의 주권을 빠른 시간 내에 인정해 주는 실질적인 결과가 나올 것을 제의하였다. 아르헨티나는 지난 15년 동안 인내심과 신뢰감을 가지고 영국과 협상해 왔다. 우리가 제의한 새로운 체계는 이 분쟁에 대한 조기 해결을 위한 효과적인 단계가 내포되어 있다. 그러나 이 문제가 해결되지 않는다면, 우리는 현행 체계를 끝장낼 권리를 가지고 있으며, 우리의 이익에 부합한 절차를 자유롭게 선택할 권리가 있다.

긴장된 외무성은 즉시 이러한 일방적인 선언에 대한 분명한 입장을 요구하였다. 아르헨티나 외무장관 니카노 코스타 멘데즈와 그의 유엔 협상 대표 엔리크 로스는 둘 다 다시 한번 재확인을 해주었다; 회담이 잘 진행되었더라면, 그러한 문제는 발생하지 않았을 것이다. 이미 때는 늦고 말았다. 영국에서 어떠한 외교적 무마책을 제시했을지라도, 아르헨티나 군사위원회와 특히 해군은 쌍둥이 전략의 다른 한쪽으로 이미 돌아서 있었다. 포클랜드 전쟁의 도화선은 불이 붙고 말았다.

뒤따라 일어난 사건은 순수한 익살스런 연극이었으며, 큰 소동이었다. 그것은 정교한 기만행위였으며, 영국에 대한 시험이었다. 아르헨티나의 일부 애국 상인들이 1982년 3월 19일, 아르헨티나 해군 지원함 부엥 수세소로부터 하선하여 포클랜드 동쪽 800마일 이격된 남조지아의 얼어붙은 섬에 갑자기 상륙하였다. 흥분한 선원들이 아르헨티나 국기를 게양하고, 일제 사격을 한 다음 애국가를 불렀다. 그들 무리의 지도자인 세뇨르 다비도프는 41명의 용사들이 영국의 남극 탐험대들에게 의사와 의료지원을 했던 리드 항구에 정박해 있는 포경선으로부터 폐품을 수집하기 위한 계약을 이행하기 위하여 남조지아에 왔다고 선언했다. 그러자 아르헨티나에서는, 해군 함대 총사령관 롬바르도 제독이 대노하였다: 남조지아에서의 이러한 매우 공적 모험행위가 그의 말비나 도서 침공계획의 보안을 노출시켜 영국을 경고할 수 있다고 우려하였다. 그러나 아나야 제독은 그의 걱정을 달랬다. 결국, 영국은 아무런 반응을 하지 않았다.

영국 외무성은 난감할 뿐이었다. 포클랜드 문제는 "남조지아 위기"로 치부하였다. 아르헨티나 외무성은 철저히 모르는 일이라고 주장하면서, 양국은 통상적인 외교 문서의 교류가 재개되었다. 그러다가 3월 22일 부엥 수세소호와 다비도프 경의 수하들이 남 조지아를 떠났다는 소식이 전해졌다. 그리하여 일단 긴장은 해소되었으나, 10 명의 아르헨티나인들이 해변에 잔류해있다는 비밀이 새어 나와, 그들을 붙잡아 스탠리 항구로 압송하기 위하여 HMS 빙하 탐사선이 남조지아로 방향을 바꿈으로써 긴장이 갑자기 고조되었다.

오직 한 사람 러브 대령은 위기가 고조되고 있는 상황을 간파하고 있었으며, 부에노스아이레스의 관점에서, 외무성 그리고 영국과 아르헨티나의 군에 관련된 일련의 사건들을 관찰할 수 있었기 때문에 상황의 심각함을 더욱 실감하였다. 3월 24일 그는 영국 국방성에 조기 경보의 격상을 통보하였다. 그는 특별히 HMS 빙하 탐사선이 나포될 위험성이 있으며, 잔류하고 있는 아르헨티나인들을 압송하는 행위는 도발 행위로 간주되어 아르헨티나 해군에게 "자국민 구출" 작전을 유발할 소지가 있을 것이라는 경고를 하였다.(그의 동료인 해군 무관은 아르헨티나 함정들이 해상에 대기 중이라는 사실을 경고하였다.)

그러나 러브 대령은 너무 늦었다. 3월 25일 6시, 3척의 아르헨티나 전함이 HMS 빙하 탐사선을 차단하기 위하여 남 조지아로 향하고 있었다. 탐사선의 닉 바아커 선장은 지혜롭게 뒤를 살피면서, 남대서양의 찌푸린 해상에서 아르헨티나 함정들을 회피함과 동시에 탐색하였다. 드디어 카링톤 경은 부에노스아이레스에 있는 그의 국방무관과 같이 깊은 관심을 갖게 되었으며, 대처 수상과 내각에 "충돌이 불가피하게 될 것 같다."라고 아주 억제된 표현으로 경보를 전하였다.

영국의 정부통신본부에서는 아르헨티나 국적인 두 척의 프리깃함(대잠 소형 구축함)이 포클랜드 해역으로 향하고 있으며, 산타페 디젤-전기 잠수함이 특수전 정찰 팀을 도서에 상륙시키기 위해 명령을 받았던 사실을 확인하였다. 이러한 일련의 명령들은 오직 한 가지로 해석할 수 있었을 것이다. 즉 아르헨티나 본토에 있는 푸에르토 벨그라노에 대한 민간인 출입 단속, 900명의 건장한 해병 상륙군을 해군 함정에 탑재, 해상에 위치한 일개 해군 편조부대의 동진, 우루과이 해군과의 합동훈련의 중단, 스탠리 항구에 배치되어있는 영국 해병 전력의 현황에 대한 토의 내용과 비정상적인 공군 활동에 대한 신호정보 보고서 등과 같은 명백한 정보 징후들을 종합해 볼 때, 그것은 "침공"을 의미하였다.

이러한 정보 분석 결과에 따라, 합동정보위원회의 남미 현용정보단은 외무성 주관 하에 3월 30일 아침 회의를 개최하였다. 이러한 모든 정보를 확인했음에도 불구하고, 남미 현용정보단은 '침공은 임박하지 않다'라고 조용히 결론짓고 말았다. 거기에서 전력 증강 부분은 부에노스아이레스에 있는 윌리암스 대사가 "아르헨티나는 분쟁을 야기시킬 의도가 없으며, 그 지역에서 전력을 증강하는 것은 사건과 관계가 없다."고 말했기 때문에 문제가 되지 않는 것으로 설명되었다. 대사의 견해는 그 지역에서 어떠한 군사적 압력도 없었다는 코스타 멘데즈와 로스 양쪽 모두로부터 입수한 결과였다. 영국 대사의 점증하는 질문에 대한 그들의 대답은 이러한 임박한 단계에서도 변함이 없었다- 영국이 신뢰를 가지고 회담에 임하고 있기 때문에, 급작스런 군사행동은 직면하지 않을 것이라고 하는 것이었다. 코스타 멘데즈나 로스는 군사위원회가 정치인들을 불신했고, 또한 보안상의 이유로 군사행동에 대해서는 일체 함구하고 있었기 때문에 더 이상 아무것도 인지할 수 없었으리라고 생각된다.

영국의 국가정보판단이 1982년 3월 30일까지도 그릇된 안보 감각 능력에 매여 스스로를 달래고 있었다는 것은 믿어지지 않아 보인다. 당시 가용한 모든 징후에도 불구하고, 그들은- 또는 당시 합동정보위원회의를 주도했던 외무성 요원들 모두- 전개되고 있는 사실을 철저하게 무시했던 것으로 나타나고 있다. 그 이유는 영국 정부의- 특히 외무성- 현실에 대한 심각한 환상에 기인하고 있다고 보인다. 첫째로, 영국은 아르헨티나를 자극하여 무력 행동을 유발할 수 있는 데 대한 절대적인 두려움을 가지고 있었다. 따라서 군사위협에 대한 정면 대응의 대안으로 "포클랜드 요새"에 수

비대를 파견하는 방안을 기각시킴으로써 (자극적인 정책을 지양하기 위하여) 동시에 예산을 절감하는 정책을 채택하였다. 1981년 영국 정부는 국방비를 절감하는 심각한 진통 속에서(역설적으로, 아르헨티나 해군은 영국으로부터 1981~1982년 사이 영국 신형 항공모함 HMS *Invincible*호를 최저 가격으로 제공받았다.) "관할 지역 내에서 밖으로" 군사비를 투사할 것을 주창하는 정책들을 기각시켰다. 포클랜드에 수비대를 배치하는 방법 외에, 영국이 취할 수 있는 유일한 정책은 외교적 해결 방안뿐이었다. 단순하게 표현한다면 그 외에 다른 대안이 없었던 것이다.

둘째, 외무성은 3월 2일의 아르헨티나의 일방적인 커뮤니케(공식 성명)를 액면 그대로 수용해야 한다고 확신하였다. 커뮤니케에서는, 아르헨티나는 1982년 말로 협상의 마감일을 제공하였다고 명시하였다. 따라서 어떤 주권국가도 이에 반하여 포클랜드를 침공하는 어리석고도 폭력적인 일체의 행동을 자제해줄 것을 강조하였다.

셋째, 영국 정부의 오해는 허위 경보에 대한 두려움이었다. 1977년, 핵잠수함 한 척이 막대한 경비를 쓰면서 남대서양에 배치된 일이 있었다. 이를 두고 국방성은 군사력이 억제력으로 작용한다고 보았으나, 외무성과 기타 정부 부처에서는 소요 경비에 비하여 의미 없는 군사 훈련이라고 간주하였다. 따라서 정보 공동체에서는 과민한 반응을 불러일으키는 행동을 자제하기 시작하였다.

그러나 흥미롭게도, 이러한 군사적 선점 행위는 아르헨티나 군부에게는 두려움으로 반영되었다. 영국 정부의 힘- 핵잠수함들과 강력한 국제 분쟁 해결 의지는 아르헨티나로 하여금 영국의 힘을 통한 도서 정령 의지로 각인- 을 깨닫고, 아르헨티나의 군부는 아르헨티나의 도서 점령을 은밀하게 성공시키기 위해서는 속도와 억제력의 혼합으로 움직여야 한다는 사실을 간파하였다. 그리하여, 아르헨티나 군사위원회는 영국이 해상의 아르헨티나 함대(3월 20~22일)를 위협으로 판단했다고 알았을 때, 영국이 반응하기 전에 선점하기 위하여 신속히 움직였다. 침공 결심은 3월 26일(금요일) 회의에서 이루어진 것이 거의 확실시 되며, 무혈 승리에 초점이 있었다. (그것이 집단적으로 결정되었는지 또는 아나야 제독이 그의 해군의 명예를 회복시키기 위하여 독단적으로 결심했는가 하는 문제는 전혀 확인할 근거가 없다.) 3월 27일(토요일), 코스타 멘데즈는 그 결심을 아르헨티나 고위 외교관들이 모인 긴급 회의에서 발표하였으며, 3월 28일은 일요일이었으므로 다음 날 영국 정부 청사의 업무가 시작될 때까지 관련 정보가 LACIG(UK Latin America Current Intelligence Group: 영국 남미 현용정보단)와 여타 정보 분석관들의 책상에 산더미 같이 쌓이기 시작했다. 일진광풍 같은 최후의 순간의 행동, 브리핑, 경고에도 불구하고, 1982년 4월 2일 아르헨티나 해병들은 동 포클랜드의 동남 해안인 뮬렙 만에 상륙하였다. 발각되지 않은 채로, 그들은 각종 장비를 모아서 스탠리 항구의 외곽지역인 무디 브룩에 이르는 습지가 많은 고지를 횡단하면서 고된 이동을 했으며, 새벽이 되자 그들은 영국 해병들의 막사와 창고들을 기총 소사와 백린 연막탄으로 공격하였다. 그들은 방해받지 않았다. 완전히 경고된 상태에서, 특히 기쁨에 넘치는 아르헨티나 라디오 방송으로 침공이 시작되었다는 포고 하에서, 영국 해병은 총독의 관저 주변에 잘 준비된 방어 진지를 점령하고 있었다. 포클랜드 전투는 시작되었다.

〈The South Atlantic 1982〉

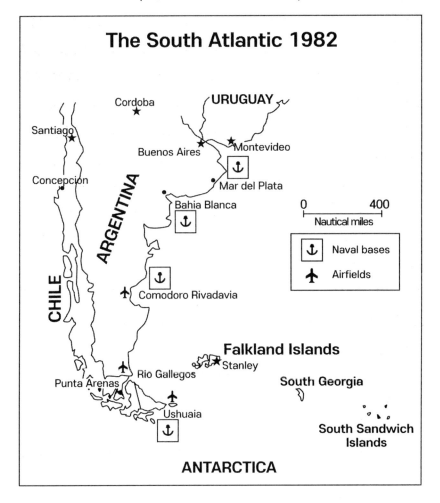

그날 아침 8시 30분, 상황은 끝났다. 퇴로가 없는 가운데, 중화기로 무장한 900명에 포위되어 헌트 총독은 10대 1로 열세한 영국 해병들에게 노출된 상태로 대담하게 조여드는 아르헨티나 해병 중 한두 명을 사살한 뒤, 항복을 명령했다. 자랑스러운 영국 해병들이 아르헨티나 군에 포위되어 두 손을 들고 항복해 오는 모습이

사진에 찍혀 세계로 나갔으며, 영국군에 씻을 수 없는 충격을 안겨 주었다. 후에 영국 장교들은 그들이 그러한 사진을 접했을 때 영국 현역 군인들 사이에서 일찍이 볼 수 없었던 집단적인 분노의 물결이 일었다고 회고하였다. 승리한 아르헨티나군은 영국 해병과 헌트 총독, 그리고 떠나기를 원하는 도서민들을 해외로 이송하였다.

이 사진들은 후에 돌이킬 수 없는 과오가 되었다. 그것은 영국 해병들의 자존심을 자극하여 그들이 당한 수모를 만회하기 위한 복수심을 들끓게 하였기 때문이다. 영국 특수임무 부대가 상륙한 후 포클랜드를 재점령하기 위한 최초의 부대의 일부는 마이크 노먼 소령이 이끄는 원래의 포클랜드 주둔 영국 해병부대인 "8901 해군 파견대" 소속이었다. 작전에 자원자들은 42 코만도 부대의 쥴리에트 중대로 운송되었다. 쥴리에트 중대는 1982년 6월 닉 복스 대령의 부대원들과 함께 2차 대전 이후 가장 훌륭한 보병 야간전투를 감행하면서 헤리엇트 산을 무자비하게 돌격해 들어갔다.

그 침공작전은 부에노스아이레스와 런던에서 아주 대조적으로 반응하였다. 마요 광장에서는 승리감에 들뜬 아르헨티나인들이 그들의 국가를 부르고 국기를 흔들면서 환호하였다. 불과 수개월 전 바로 그 광장에서 있었던 데모 군중들의 총성은 잊혀지고 말았다. 갈티에리 장군에게는, 마치 과거 독재자들이 외국에서 군사적 모험을 통하여 국내적 관심을 전환하여 대중들의 심리를 통합했던 전략이 적중한 것처럼 보였다. 그는 격앙된 어조로 그가 이끄는 군사위원회는 "국민 대중의 의지를 구현"했을 뿐이라고 말하였다. 군중들은 그의 말에 환호하였다.

런던은 충격을 받아 말문이 막혀 버렸다. 설상가상으로, 내각은 문자 그대로, 마비 상태였다. 갑자기 런던과 포클랜드 간에 교신이 두절되었다. "검은 금요일" 온종일, 온갖 의견들이 방향을 잃고 분노로 들끓었다. 화이트홀은 외상으로 깊은 상처를 입었으며, 맥스 해스팅스가 말한 것처럼 "공직자들이나 정치인들은 마치 끔찍한 상을 당하여 애도하는 것처럼 깔린 목소리로 대화"하는 것처럼 보였다. 어떤 목격자는 "모퉁이에서 투덜대는 사람들은 거의 없었고, 그것은 마치 줄리어스 시저가 찔려 죽기 직전의 로마 상원 같았다."고 표현하였다.

마가릿 대쳐 수상은 그녀의 표현대로 "공포의 온실"이 된 외무/연방성에 의해서 야기된 패전의 최고 책임자로서, 그녀는 전쟁을 결심하지 않으면 아니 되었다. 그것은 선택의 여지가 없었다. 금요일의 국가적 재앙을 당하여 우려 섞인 우울한 분위기 속에서, 다음 날인 토요일의 의회는 대단히 중요한 의미를 가지고 있었다. 영국 행정부는 존재감이 땅에 떨어지고 말았다. 1982년의 토리 정부는 이미 결정적으로 인기가 떨어져, 함정에 빠져 상처를 입은 것 같았다.

대쳐는 한 걸음도 물러서지 않았다. 그녀는 하원의 비난에 직면하여, 지나간 실패들을 솔직히 인정하고 영국의 명예를 회복하기 위한 중대 결단을 공포하였다. 헨리 리취 경, 해군제독이자 최초의 해군 위원은 그녀에게 해군은 포클랜드를 재탈환 할 수 있는 능력이 있다고 확신시켜 주었으며(영국 해군의 방위비 삭감을 주장하는 일부 의원들의 주장에서 해군을 지키려는 의도에서), 그녀의 부수상인 윌리암 휘트로는 그녀에게 만약 수상이 물러서 결전을 포기한다면, 일요일까지 모든 직원들은 총 사직을 단행할 것이라고 직언을 서슴지 않았다. 수상은 이에 힘을 얻어 포클랜드를 재탈환하기 위한 대규모 해군 태스크 포스를 파견하도록 명령하였다.

그 공포는 영국의 강경론자들에게는 기쁨이었으며, 세계의 다른 나라에게는 놀라운 소식이었다. 외교가에서는 신중한 입장이었는데, 만약 아르헨티나 군사위원회가 영국이 그렇게 강력하게 대응할 줄 알았었다면 그들이 일차적으로 말비나를 점령하지 않았을지 모른다고 하였다. 그러나 이미 때는 늦었다. 양국 모두에게 심각한 정보의 실패가 있었다. 한 아르헨티나 외교관은 사건 발생 후, "영국이 태스크 포스(Task Force: 특수임무 부대)를 보내리라고는 꿈에도 생각하지 못했다. 만일 우리가 그렇게 예상했더라면, 부에노스아이레스의 회의론자들은 아르헨티나 해군의 침공 제안에 강력하게 반대 했었을 것이다."라고 말하였다.

포클랜드 전쟁의 과정은 잘 기록되어 있다. 영국이 8,000마일 떨어진 외로운 전투를 벌이기 위하여 군수 물자를 동원하여 합동 군사 태스크 포스를 구성하려고 했기 때문에, 극도로 흥분한 외교관들은 외교적 해결을 하려고 시도했다. 그러나 아르헨티나는 그들이 차지한 섬들을 두고 떠나갈 의도가 없었다. 영국의 선정적인 언론들은 당시 "과일 수출이나 차관으로 유지되는 바나나 공화국의 군사 독재"의 손아귀에서 고통받고 있는 섬 주민들의 곤경을 보고 대단히 격노하였다.

그러나 사실은, 그러한 보도는 아르헨티나 점령군에 대한 조잡한 중상이었다. 포클랜드에 온 아르헨티나군은 통치에 있어서 아주 유순하였다. 마리오 벤자민 메넨데즈 육군 준장은 그 섬에서 근무한 경험이 있었으며, 건강하고 친절하며 아주 예의 바른 인물이었으며, 섬사람들을 잘 알고 있었고, 영어를 유창하게 구사함으로써, 여러 가지 면에서 그들의 짧은 통치 기간은 극히 정상적이

었다. 한 섬 주민의 말을 빌리면,

나는 아르헨티나 군이 이곳에 왔을 때, 전혀 두려운 생각이 없었다. 그들은 솔선수범하였으며, 우리들을 조금도 겁박하지 않았다. 우리는 그들의 모습을 거의 볼 수 없었으며, 우리의 생활을 간섭하지 않았다. 내가 정말 놀란 것은 오직 영국의 공수 부대들이 스탠리 섬을 재탈환했을 때였다. 그들은 총기를 휴대한 축구 불량배들 같이 아무데나 총을 쏘고, 약탈하였으며, 심지어는 그들이 나를 겁탈하지 않을까 두렵기조차 했다. 영국군들은 정말 무서웠었다.

사실 아르헨티나 정부가 강요한 사항은 전시의 통행금지 조치나 소등이 아니라, 모든 사람은 우측에서 차를 운행해야 한다는 것이었다. 한 섬 주민이 독재라고 항의했을 때, 아르헨티나 인들은 부드러운 어조로 섬 주민들을 포함하여 모든 사람에게 그것이 안전할 것이라고 설득했으며, 스탠리 섬에서는 만 18세가 된 신병들이 우측 차도에서 트럭을 몰고 있기 때문에 그에 따라야 한다고 말하였다. 가엾게도 섬 주민들은 따르지 않으면 아니 되었다.

그럴지라도, 분명한 사실은 아르헨티나는 무력으로 주권적 영토를 점령했다는 것이다. 뉴욕에서 미국 주도하에 외교적 접촉이 절충되고 있을 동안에는, 영국 해군은 준비태세 만을 갖추고 있었다. 해상 봉쇄로부터 전면적인 공, 지, 해상 전쟁으로 확전되어 감에 따라, 다음 두 달 동안, 전함이 격침되고, 화염에 싸인 전투기가 공중에서 추락하며, 위장한 보병들은 어두운 산지에서 육박전을 전개하였다. 1982년 6월 14일, 드디어 전쟁은 종결되었다; 영국의 국기가 스탠리 섬에 게양되고, 수천 명의 아르헨티나 패잔병들이 추위와 피곤에 지쳐 비틀거리며 스탠리 공항에서 본국으로 호송되었다. 그들의 장교들은 수차에 걸쳐 영국군의 최종 돌격이 감행되기 이전에 도주해버림으로써 아르헨티나 징집병들을 어리둥절하게 만들었으며, 체포한 영국군으로부터 냉혹한 경멸을 받았다.

엄청난 전쟁 경비가 소모되었다. 1,000명이 사망하고 그 두 배의 수가 부상했다. 그 섬들을 재탈환하는데 영국이 흘린 피와 국고는 엄청났다 - 역설적으로 1981년 영국의 이익을 지키기 위해서 남대서양에 쇄빙선 엔듀어런스호나 1-2척의 전함을 배치시키는 것보다 훨씬 많은 경비가 들고 말았다. 전쟁이 끝난 후에는 그 섬을 아르헨티나에 양도하는 것은 생각할 수 없는 상황이 되었으며, 포클랜드 도서민들은 단순히 침략군을 몰아내고 영국군으로 교체하는 것으로 만족해야 했다. 1986년까지 영국은 그들을 방호하기 위하여 많은 자금을 드려 새로운 대규모 공군기지를 3군 합동으로 건설하였다. 이렇게 해서 이제는 그 섬들을 아르헨티나에게 양도하는 것은 불가역적인 사실이 되어버렸다.

지나고 보니, 이 전쟁은 모든 면에서 분명히 회피할 수 있었던 전쟁이었다. 이 분쟁은 쌍방이 상대를 오도함으로써 야기 되었다. 포클랜드 위기와 다수의 다른 국제 분쟁의 차이점은 쌍방 모두 전쟁을 원하지 않았다는 것이다. 쌍방은 명백한 의도가 담긴 신호나 적절한 정보활동으로 사태의 진전을 잘 바꿀 수 있어야 했다.

양국 분쟁의 핵심에는 서로 대립하는 두 가지 문제가 있었다. 영국은 옳건 그르건 간에 아르헨티나인들이 얼마나 강렬하게 멜비나 섬(포클랜드)을 열망하고 있었는지를 간파하지 못했다. 사람들은 전투가 끝난 후, 죽은 아르헨티나 병사들 시체들 속에서 모국에 있는 익명의 학생들이 쓴 위문편지를 발견했는데, 거기에는 "우리들의 용감한 멜비나 용사들에게"라는 제목 하에 구구절절 멜비나에 대한 민족의 간절한 염원과 문화가 뿌리 박혀 있는지를 발견할 수 있었다. 모든 초등학교 학생들은 "멜비나에 있는 나의 큰 형/오빠"라고 자랑스럽게 글을 썼다. 아르헨티나의 위협은 언제나 심각한 것이었다. 영국 대사관이나 국방무관은 그러한 사실을 알고 있었으며 이를 본국에 보고하였으나, 영국 행정부는 이기적이고 냉정하며 왜곡된 프리즘으로 바라봄으로써, 남미의 비등하는 열기는 멀리서 들리는 소음 정도나 희극 작품쯤으로 평가 절하되고 말았던 것이다.

이는 매우 심각한 오산이었다. 그럴수록, 아르헨티나의 위협이 사실일지도 모른다는 가정 때문에, 영국은 허세를 과시했다. 거기에 두 번째 문제가 있었다. 단순하게 표현하자면, 1979~1981년 사이 영국의 대처 정부는 포클랜드를 방어할 대안이 전혀 없었다.

그러나 대처 수상은 침공 후, 하원에서 그 문제에 관여하고 있었다고 연설하였다: "과거에 수차례 침공 위협이 있어왔다. 그것을 믹을 수 있는 유일한 길은 … 대규모 함대를 그 지역에 배치하는 것이었다. 그러나 정부는 그 경비가 엄청나서 도저히 감당할 수 없었다." 그래서, 실제 위협에 직면했을 때, 영국은 그 문제를 해결하기 위하여 즉각적으로 협상도 하지 않았고, 지켜내지도 못했다. 영국은 허세를 부렸을 뿐만 아니라 아르헨티나가 무력시위를 하는지 아니면 영국의 허세를 떠보기 위해서 실제 공격을 했는지조차도 구별하지 못했다.

영국은 1973년 욤 키푸르 전쟁 전의 이스라엘 상황과 다르지 않은 입장이었다. 이스라엘은 이집트에 의해서 수차례 속아왔기 때문에 공격에 대한 전술적 징후들은 고위층에서 무시하기로 결정하였고, 정치적 함의가 있는 전략적 전제 조건들만을 절대적인 적대 행위의 징후(이집트와 시리아와의 동맹과 같은)로 관심을 두었다. 일상적인 아르헨티나의 무력시위에 대항하여, 영국은 한 걸음 더 했다. 그들은 실제 공격에 관련된 지속적인 징후군에 대한 일련의 종합 분석을 시도하지 않았다. 영국은 아르헨티나의 침공은 결코 일어날 수 없다는 신념으로 그 문제를 무시했거나, 아니면 기껏해야 외무성 관리들이 선호하는 정보 징후들만 베끼도록 하였다.(외무성이 양자 회담을 진행 중이기 때문에 아르헨티나 민항기들이 단계적으로 철수하거나 섬에 대항한 어떤 움직임도 없을 것이라고 단정하였음) 이는 정말 어리석고 공상적인 생각이었는데, 특히 아르헨티나는 영국 외무성의 회담 정본을 영국의 젊은 외무성 관리들처럼 꼼꼼히 읽어 보지 않기 때문이었다. 그것이 포클랜드 분쟁의 중심에 자리 잡고 있는 제일 중요한 정보의 실패였다: 외무성은 결코 적의 관점에서 상황을 살펴보지 않으려고 했다. 즉 아르헨티나의 관점으로 포클랜드 위협에 대한 정보 평가를 해보려는 노력을 기울이지 않았던 것으로 나타나고 있다.

그러한 정보 평가는 1982년까지의 상황에서 두 가지 중요한 변화를 돋보이게 하였다: 첫째는, 아르헨티나가 포클랜드의 주권을 회복하기 위한 영국과의 협상을 불신하게 되었다는 점, 둘째는, 영국은 포클랜드에서 손을 떼려고 하는 의도적인 신호를 분명하게 보냈다는 것이다. 도서민들은 더 이상 완전한 영국 시민이 아니었고, 영국 해군 경비함은 재배치 없이 파기되고 있었다. 이 두 가지 사실들은 아르헨티나 입장에서 보면 명백한 메시지였다. 이러한 중대한 시점에, 영토적 주권을 주장하는 보통 국가라면 어느 국가든 남미 대륙 본토와 보다 밀접한 통합을 위하여 자본을 투자하고 경제적 지원을 통하여 섬 주민들의 환심을 살 수 있는 공세적인 정책을 추진했을 것이다.

그러나 갈티에리 장군의 군사정부는 외무성이 즐겨 지적하는 바와 같이, 정상적인 상태가 아니었다. 아무도 그러한 정책을 착안할 만한 아르헨티나 전문가를 필요로 하지 않았다. 군사위원회는 민족주의를 고집하는 권위주의 체제였으며, 국내적으로는 절망적인 경제난에 허덕이고 있었으므로 불만에 찬 국민들의 관심을 외부로 전환하기 위한 돌파구를 모색하고 있었다. 1982년의 상황으로 볼 때, 정치적으로 절망적인 남미 장군들로 이루어진 그러한 그룹에게 그들이 원했던 것을 장기간에 걸쳐 정치적으로 복잡하고 고비용이 드는 방향으로 해결하기를 기대하는 것은 사실상 불가능에 가까웠다. 사고를 전환한다는 것은 그들의 경험과 논리의 측면에서 맞지 않는 것이었다.

다른 많은 비판적 정보 평가와는 달리, 이것은 사후평가는 아니다. 군사위원회의 결점은 누구나 볼 수 있는 현상이었으나, 당시 외교관이나 징보 장교 또는, 다양한 영국의 정보 공동체를 운용했던 외무성과 외무/연방성의 아르헨티나에 대한 전문가들도 그들의 합동 정보 판단이나 다른 국가 판단 문서에 이러한 아르헨티나 군사위원회에 대한 상식적인 판단을 착안하지 못했다.

설상가상으로, 설사 외무성이 1982년 2월 이전, 군사위원회의 행동의 자유가 현저히 제한되고 있다는 점을 놓쳤다 할지라도, 1982년 3월 세뇰 다비도프와 그의 짧은 머리에 건장한 젊은이들이 "폐품 줍는 상인"으로 가장하여 남 조지아에 상륙하여 행진할 때, 그들은 이 차려 놓은 밥상과 같은 아르헨티나의 (침공)경고를 알아차려야 했을 것이다. 만일 영국의 결심을 판가름할 수 있는 리트머스 시험지가 있었다면, 바로 이 사건이 그 시험지였다. 그 상륙이야말로 거의 확실하게 아르헨티나 해군의 묵인하에 사전에 계획된 침공이었다.

다른 한 편, 영국은 처음에는 주저하다가, 비참하리만큼 장비가 갖추어지지 않은 쇄빙선 HMS Endurance호를 파견함으로써 상황을 악화시켰다. 갈티에리 장군에게 최후의 통첩은 보내지 않았고, 영국 외교관들은 유엔에서 그저 온건한 항의 성명을 발표했을 뿐이었다.

그 이유는 간단했다: 영국이 보았을 때, 아르헨티나의 포클랜드 침공에 대한 어떤 징후도 없었으며, 따라서 외무/연방성은 아르헨티나를 자극하거나 영국인들에게 세금을 축내는 어떠한 정책도 제시하지 않았다. 그것은 경제적 유화정책이었다. 유일한 군사적 저지 수단은 포클랜드 주변에 잠수함을 파견하여 잠복 정찰하는 것이었는데, 아르헨티나는 그러한 위협에 반응하지 않았다. 이렇게 대응하는 것은 상당한 비용이 소요되는 것이었지만, 그것은 정치가들에게는 시간을 버는 것이었고, 영국의 허세에 대한 망신을 주는 것을 회피할 수 있었다.

이 어떤 것도 1982년 3월 이전의 영국 정부의 이상한 수동적 행태와 관성을 설명할 수 없다. 그것은 참으로 이상한 집단 심리적 실패였다. 사리에 맞는 유일한 설명을 한다면 그것은 오래전에 알려진 심리적 현상인 "인지적 부조화(cognitive dissonance)"일 것 같다. 그것은 일어날 수 없는 일이었고, 영국 정부가 세계를 바라보는 견해와 맞지 않았으며, 또한 외무/연방성의 더욱 더 완고해가는 각본과도 상이한 것이었다. 그것은 유쾌하지 않은 현실에 대한 "수세적 기피 현상(defensive avoidance)"의 일종이었다. 끝까지, 영국의 포클랜드 정책은 그들이 소망하는 것을 바라면서 기도하는 것 외에

다른 대안이 없었던 것으로 보였다. 그러한 상황에서 어느 기관이나 개인이 바라고 있는 것은 최종적으로 무엇인가 아주 불쾌한 일이 일어나고 있다는 것을 듣는 것이다. 이는 부분적으로, 아르헨티나에 대한 정보 수집의 실패와 영국의 이익을 위해서 필요한 적절한 정책의 선택을 유기한 것으로 설명될 수 있다. 마치 말기 암으로 의심되는 어떤 환자의 경우와 같이, 영국 정부가 최종적으로 듣고 싶어 하는 것은 최악의 두려운 결과를 확인할 수 있는 정확한 진단을 구하는 것과 같은 것이다. 이것이 1982년에 일어난 영국 정부의 '불쾌한 실재에 대한 집단적 거부 현상(the collective denial of an unpleasant reality)'으로 설명될 수 있을지 모른다. 다시 말해서, 일련의 팩트들(a set of facts)을 바라보고, 그 팩트들의 의미가 아니라 그 팩트들의 바로 그 실재(their very existence)를 부정하는 영국의 재능이 일을 그릇되게 하였다고 볼 수 있다.

그러나 정보를 잘못 해석하거나 유기하여 비롯된 자기-기만 현상은 영국에 국한된 것은 아니었다. 아르헨티나의 자기-기만은 어떤 면에서 훨씬 상태가 나빴다. 언론에서 아르헨티나 군사위원회를 단지 생각 없는 민족주의자들로 폄하하는 시도에도 불구하고, 거기에는 영국 정부에 압력을 가하고 그에 대한 결단을 시험해 보기 위해서, 그들의 행동 뒤에는 계산된 전략과 정책의 일부로서 긴장을 고조시키려는 명백한 시도가 있었다는 충분한 증거가 있다. 군사위원회는 사실 리처드 르보의 말처럼, "그들이 향유하고 있었던 민족주의에 대한 열정" 외에 달리 선택할 여지가 없었는지도 모른다. 그러나 그들에게는 방책을 일단 설정하게 되면 그대로 앞을 향해서 나가는 길밖에 없었던 것 같다. 뒤로 물러서는 것은 거의 확실시되는 정치적 재앙일 수밖에 없었다. 지난주에 향유했던 드 마요 광장에서의 승리가 지난달의 반-군사위원회 폭동으로 쉽사리 뒤바뀔 수 있었다. 포클랜드를 아르헨티나에 귀속시키는 것이야말로 민족의 단합과 정치적 정통성을 의미하는 것이었다. 영국인들과 꼭 같이, 갈티에리 장군과 그 동료들은 상대의 의도를 잘못 오해하는데 있어서 기득권을 누렸다. 갈티에리는 한참 후에 인정하기를 "비록 영국이 특수임무부대 투입 같은 반응이 있을지도 모른다고 의심했지만, 군사위원회는 전혀 그에 대한 가능성을 내다보지 않았다. 나는 개인적으로 그것은 거의 의심이 되지 않으며, 전적으로 있음직하지 않다고 판단하였다."

갈티에리는 그럴만한 충분한 이유가 있었다. 영국의 내부 관점은 그에게 알려지지 않았으나 영국의 행태는 이를 대변해주고 있다: 즉 영국은 포클랜드 문제를 단번에 해결하기를 원했다. 부에노스아이레스 주재 타임지 특파원은 아르헨티나 관리들은 1982년 3월의 아르헨티나의 침공에 대한 영국의 대응 실패는 영국이 더 이상 그 문제를 관여하지 않겠다는 분명한 신호라고 믿고 있었다고 보도하였다. 이런 점에서, 영국의 수동적 입장과 무저항 정책이 아르헨티나 군사위원회의 침공 결심의 요인이 되었다.

또한, 갈티에리는 포클랜드가 일단 점령되면 영국이 재탈환 할 수 없다는 모든 전문가들의 의견도 결심에 도움이 되었다. 미국 제독들은 공개적으로 영국의 특수임무부대들은 "너무 약하고, 소규모이며, 또한 목표로부터 멀리 이격되어 있기 때문에" 임무 수행이 불가능 할 것이라고 말하였다. 무엇보다도 중요한 것은, 영국의 특수임무부대는 충분한 공군력의 지원이 결여되었다는 점이었다. 만약 세계적으로 해군 전문가들의 의견이 이렇게 모아졌었다면, 갈티에리가 승리하리라고 믿었던 판단은 용인될 수 있을지 모른다.

그 전쟁이 종료된 후, 불명의 출처가 이러한 특정한 관점을 확인하는 사례가 있었다. 냉전 시기, 영국은 소련과 신중하면서도 대단히 민감한 공식 연락 관계를 유지하였다. 1982년 7월, 한 소련군 장성이 조용하게 그의 영국 파트너에게 어떤 중요한 정보를 교환할 것을 요청하였다. 약간 어리둥절하여, 영국군 장교는 이를 수락하였고, 이 사실을 국방성에 보고하자 국방성에서도 의아하게 생각했지만 소정의 협의를 거친 후, 영국 장교는 영국이 필요로 했던 그 당시의 소련군 장비에 대한 1급 기술정보를 우선순위로 구분하여 요청하였다. 그러자 소련군 장교는 고개를 끄덕여 승낙하였으며, 심사숙고한 후, 특정 소련군 장비의 비밀 성능에 대한 정보를 간결하면서도- 후에 확인되었지만- 매우 정직한 답변을 제공하였다. 그가 답변을 끝냈을 때, 그는 영국 장교에게 향하여: "자, 토바리취, 그러면 모스크바의 소련 국방부의 요구 사항을 전하겠는데: 도대체 당신 나라의 특수임무부대가 실제 포클랜드를 어떻게 재탈환할 수 있었는가?"라고 질문하였다.

갈티에리 장군이 가졌던 최종적인 정보 오판은 지도자로서의 그 자신의 지위에 대한 '거울 영상 효과(mirror image)'이었다. 즉, 한 국가가 상대국에게 국가적 수치와 체면을 손상케 하면 상대국도 적어도 그에 상응하는 보복이 있을 것이라는 정도의 신중한 외교적 배려가 결여되어 있었다. 상대국의 호전적인 인물들이 술집이나 바에서 적과 싸워야 된다는 격한 발언들이 쏟아져 나오고, 설사, 보다 사려 깊은 외무성은 그렇지 않을지라도, 유권자들의 여론을 반영해야 하고 국가의 명예를 되찾지 않으면 그들의 자리에서 불명예로 물러나야 되는 선출직 종사자들의 입장에 대한 심도 있는 분석이 군사위원회에 보고되고 논의되었어야 했다. 그러나 아르헨티나 군사위원회는 영국인들의 성향과 선천적인 공세적 기질 모두에 대한 오판이 매우 심각하였다. 아르헨티나의 정보기관들은 군사위원회에게 포클랜드를 침공할 경우, 영국인들의 성향이나 또는 세계에 산재되어 있는 영국의 다른 식민지 국가들-지브랄탈, 혼듀라스, 벨리제 등-에 미치는 관련성들에 대해서 보고하려 했으나 실패하였다. 아르헨티나 정보기관의 "영국 담당 감시자"들은 영국이 무력에는 무력으로 대응할 수밖에 없다는 근거가 있는 명백한 이유들을 예측하고 있었다. 아르헨티나 군사위는 이러한 영국의 입장에 대한 자국 정보기관의 분석 내용을 보고받고, 명백히 확인했어야만 했다. 휘하의 정보기관에 의해서 비난받아야 할 지도자는 대처 수상뿐만이 아니었다.

＊ ＊ ＊

정보 분석가들에게 포클랜드 전쟁은 무엇인가 실망스럽고 울적한 일면이 있다. 그것은 충분한 전쟁 징후들이 있었지만, 모두 무시되었다는 것이다. 영국 정부기관에 있던 당시의 모든 사람들은 이 전쟁은 결코 일어나지 말았어야할 전쟁이라는 것을 알고 있었다. 또한, 영국군에게는 영국군의 승전으로 말미암아 정말 큰 기쁨이 되었다. 특히, 영국 해군은 꼭 그들의 명예뿐만 아니라 그들의 존재감을 다시 회복할 수 있었던 절호의 기회가 되었다. (반어적으로 생각해 보면, 만일 아르헨티나가 1년만 늦게 침공했었다면, 영국은 특수임무부대(TF)를 편성할 수도 없었고, 참가했던 선박들은 모두 매각되었을 뻔 했던 것이다.) 그러나 일부 언론에서 무어라 말할지라도, 정보공동체는 진실을 알고 있었다는 사실이다:

당시 아르헨티나는 냉전 시대에 후진하는 나라로 간주되었으며, 무시되어 오고 있었다. 소수의 정보 장교들만이 스페인어를 사용하는 국가들이나 또는 소련을 제외한 다른 나라들에 대한 정보 목표에 전문화되어 있었으며, 주목표는 오직 소련이었다.

포클랜드 전쟁의 교훈은 적지 않다. (아르헨티나) 해군 수병들은 선박 안에 설치되어있는 값싼 플라스틱 배선들과 사람들이 입고 있는 값싼 합성수지 제품의 바지들이 적탄에 맞은 선박에서 화염에 얼마나 치명적인지를 터득할 수 있었다. 또한 (아르헨티나) 정보 장교들은 전장에서 Jane's Fighting Ships 화보에 나온 사진들을 급히 복사한 자료나 사설 민간 대공 감시원들의 소장품에서 나온 사진들을 복사한 자료를 구석진 아르헨티나 비행장에서 이륙하고 있는 군용기의 현용 정보로 사용하는 것은 최신 정보로서 전혀 가치가 없다는 것을 배울 수 있었다. 또한, 국방 정보참모 부서에서는 동맹국들의 미사일에 관한 전자전 상세 설명서- 예를 들면, 프랑스의 엑소젯 대함 미사일의 펄스 반복 주파수(PRF: Pulse Repetition Frequency)-가 소련 미사일 못지않게 대단히 중요하며, 더 획득하기 힘들다는 것을 배울 수 있었다. 무엇보다도, 영국 정부는 국가정보판단이 장관의 정책 수립에 직접적으로 영향을 끼치는 실정보로 활용되지 않고, 도움이 되지 않는 감가 정보(discounting intelligence: 사용자의 구미에 맞도록 실정보를 에누리하여 감가된 정보(역자 주))에 높은 관심을 가지는 정부 부서에는 제공되어도 아무 소용이 없다는 사실을 터득하였다. 전쟁의 최초의 피해자는 외무/연방성이 영구적으로 행사해오던 합동 정보위원회(JIC)의 의장직이었다. 프랭크 보고서(Franks Report)는 이러한 폐단을 시정하여 1983년부터 합동정보위원회가 각급 독립된 정보 평가 참모들과 함께 일하는 정보 협조자로서의 책임을 전담할 수 있도록 하였고, 외무/연방성은 단순히 현용정보단의 일부로 격하시켰다.

무엇보다 최고의 가치를 지닌 교훈은 1980년대 중반 모든 나토(NATO)정보 부서의 벽에 갑자기 걸리기 시작한 "전쟁 가능성 곡선(curve of probability" 또는 "위협 곡선(Threat Curve)"(그림 3 참조)이었다.

〈위협 곡선〉

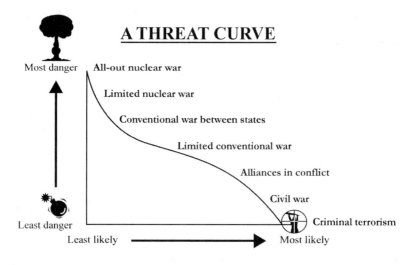

그림 3: 위협곡선은 가장 위험한 위협(예: 핵 전쟁)은 통상 가장 가능성이 희박한 위협을 나타낸다. 테러는 훨씬 가능성이 높지만 국가에 대한 위협의 정도는 미미하다고 본다. 판단이 난이한 부분은 곡선의 중간 지점 이상의 지점인데 - 1982년의 포클랜드 전쟁은 대표적인 예이다. 1999년 세르비아와 코소보에 대한 나토의 공격은 제한적인 군사행동이 전면전으로 확대될 가능성이 농후하다는 사실을 보여주고 있다.

이 그래프는 가장 완고한 정책 수립자들에게까지도 적용 가능한, 적의 위협이 가장 위험한 경우와 정보 측면에서 가장 가능성이 높은 경우와의 관계를 제시하고 있다; 포클랜드 전쟁은 (이 두 가지 요소들의) 정확한 교차점에서 발발하였다. 정보 요구 사항들은 장차 확실하지는 않지만 상당한 근거가 있어 '있을 법한 위험(probable risks)'에 맞게 만들어야지, 꼭 최악의 상황에만 맞추어서는 아니 된다. 대처 수상의 영국 정부는 소련외의 다른 지역에 위험이 있다는 사실을 뒤늦게 깨닫게 되었다. 그리하여 "국외 지역" 분쟁에 대한 연구가 전 세계의 참모대학에서 크게 각광을 받게 되었던 것이다.

마지막으로, 포클랜드 전쟁에서 많은 비난을 받아야 했던 외무/연방성을 빼놓을 수 없는데, 남녀 직원들이 전쟁이 끝난 후 영국군에 근무하는 동료들이 행복감에 도취되어 있을 때 나눈 대화가 주목을 끌었다. 1982년 10월, 영국 해병과 공수부대가 런던 시가를 개선 행진하고 있을 때, 포부가 만만한 외무/연방성 관료 하나가 행렬을 내려다보고 있는 영국 정보 참모부의 한 요원에게 "해리, 이것이야말로 절망적으로 인기 없고 보잘것없는 한 독재자가 국내에서 자신의 인기를 만회하고 난관에서 벗어나기 위하여 외국에 군사적 모험을 감행한 어처구니없는 결과가 아닐까?"라고 자조 섞인 푸념을 뱉어냈다.

그러자 그 요원은 잘 아는 듯이, "찰스, 그래 정말 맞는 말이야. 그렇지, 갈티에리와 군사위원회가 일을 저지르고 말았지"라고 대답하였다.

그러자 그 외무/연방성 직원은 넌더리가 난 듯, "갈티에리? 해리, 나는 지금 마가렛 대처에 대해서 얘기하고 있는 거야!"라고 코웃음을 쳤다.

10 "만약 쿠웨이트가
당근을 키워준다면,
우리는 파멸시키지
않을 것이다."
걸프전, 1991

10 "만약 쿠웨이트가 당근을 키워준다면, 우리는 파멸시키지 않을 것이다." 걸프전, 1991

만약 걸프전이 정보의 실패가 아니라고 한다면, 그것은 틀림없이 귀에 거슬리는 놀랄만한 사건이 될 것이다. 1990년 8월 2일, 사담 후세인의 이라크군이 페르샤 만의 머리 쪽에 위치한 조그마한 독립 산유국 쿠웨이트를 침공했을 때, 세계의 언론과 정보장교들의 반응은 똑 같았다: "믿을 수 없는 일이야!" 일단 충격이 가시고 나자, 서구 정보공동체의 두 번째 반응은 역시 이구동성으로: "알겠니, 이라크 사이즈의 군대로…"

쿠웨이트 침공이 최근에 살펴본 여타의 정보 실패 사례보다 분명하게 보여주는 사실은 정보를 평가하는 데 있어서 능력과 의도 간에 분명한 특이성(차이)이 존재한다는 것이다. 왜냐하면, 1990년 특정 국가가 명백한 임전태세를 갖춘 군사력을 보유한 나라가 있다고 한다면, 그것은 바로 이라크였기 때문이다. 이라크는 당시 5,000대의 탱크와 7,000대의 장갑차, 그리고 3,500문의 야포를 보유하고 있었다. 또한, 영국보다 10배가 넘는 1,000,000명에 이르는 병력을 무장하고 있었다. 이라크는 영국 공군과 육군이 보유한 것보다 많은 전투 헬기를 보유하고 있었다. 이는 정말 대단한 군사력이었다. 따라서 1990년 이라크에 관한 정보 상의 문제는 아주 간단하였다. 세계 제4위의 막강한 군사력을 보유한 독재자, 사담 후세인은 다음으로 무슨 일을 저지를 것인가? 그것은 모든 정보요구들 중에서 가장 어렵고. 위험한 정보요구: 즉, 사담의 의중에는 무엇이 있었는가? 였다.

모든 정보 분석관들과 정부의 전문가들의 과업은 과연 사담의 마음 속을 들여다볼 수 있는가 하는 것이었다. 이를 해낼 수 있는 유일한 길은 사담이 보유하고 있는 비밀문건을 직접 볼 수 있거나 또는, 이라크 대통령에게 위험을 무릅쓰고 가까이 접근할 수 있는 확실한 출처를 개발하는 것이었다.

월남전 이후, 미 정보공동체는 정보수집 분야에서 세계 최고 능력을 자랑하고 있었다. 미국 정보기관들과 동맹국들의 정보수집 능력은 대단한 것이었다. 우주 공간에 있는 각종 위성들과 지상에 있는 마크-1 아이볼(eyeball)에 이르기까지, 미 정보공동체는 잠정적 적국들에 대한 모든 것들을 수집하고 있었으며, 특히 1993년까지는 소련과 공산권 국가들을 끊임없이 감시하고 있었다. 처리 과정에서 그들은 백과사전적인 비율의 광범한 정보 데이터베이스를 상호 대조 분석하였다. 사실상, 미국의 전략항공사령부의 비밀 표적은 "폭격 백과사전(BE: Bombing Encyclopedia)"으로 불릴 정도였다. 1980년대 말 서구 정보공동체에게 가장 영향력있고 인기있는 간행물은 미 국방정보본부(DIA)가 매년 발행하는 '소련 군사력(Soviet Military Power)' 이라는 붉은 색 고급지로 만들어진 핸드북이었다. 정보 전문가에게 이 책자는(워싱턴의 대중 홍보용으로 신문 기자들에게 수년이 지난 후 평문으로 등급이 저하되어 배부되는) 절대적으로 압권이었다: 시베리아 타이가(tiga) 깊숙한 곳에의 비밀 격납고에서 굴러 나오고 있는 신형 지대지 미사일의 위성 사진; 공장을 떠나고 있는 최신 소련제 전차에 대한 클로즈업된 스냅 사진들; 원거리에 위치한 비행장에 인계 중인 미상의 공격용 헬기의 낟알 같은 사진들; 심지어 전에 본 적이 없었던 적기(赤旗) 함대 표지가 된 핵잠수함 상에 장착된 복잡한 신형 레이다 안테나에 대한 장거리 망원 렌즈로 찍은 사진. 거기에는 각종 차트, 비교 도표, 그리고 성능 제원 등 모든 자료가 망라되어 있었다. 소련 군사력은 정보 분석가들의 꿈인 전투서열 및 장비(OOB&E: Order of Battle and Equipment)였으며, 그리고 미 국방정보본부에서 나토의 고급장교들 및 정보참모장교에게 소개되는 순회 브리핑은 과소평가될 수 없는 진정한 흥분의 도가니였다.

소련의 군사력의 가치는 그렇다손 치더라도, 그 책자의 도착은 항상 순수한 기쁨만은 아니었다. 왕왕 신호정보 공동체에서 일하는 냉소적인 자들은 미국의 순회 브리퍼들에게 "당신은 소련의 기도(의도)에 대한 새로운 첩보는 없느냐?"고 질문하곤 했는데, 그때 그들은 난처해 하며, 그러한 분야는 그들이 속한 기관의 책임이 아니라고 분명치 않게 어물쩍 넘기면서, 누가 답변할 수 있겠느냐고 묻곤 했다. 그 순간 술렁거리는 청중들은 그 질의자를 짜증난 얼굴로 응시하면서 강의는 계속되었지만, 여운을 남기면서 기대는 사라지곤 했다. 사실 의도(기도 판단)는 항상 정보하는 사람들에게는 진정한 현실적 도전이었다. 1979년 아프간 침공, 1981년 폴란드 침공, 1989-92년 공산권의 붕괴와 1990년 쿠웨이트 침공 등은 국민이 각종 고가 정보장비와 정보 전문 인력 양성에 막대한 세금을 투입하였음에도 불구하고 정보공동체 전체가 완전히 기습적으로 허를 찔린 희대의 사건들이었다.

(적의)기도(企圖)를 예측하는 문제는 문화적이면서도 실용적 기술의 문제라는 양면성을 가지고 있다. 문화적인 문제는 세상을 내다보는 특정한 방법으로서 우리 현대인들의 정신세계 안에 깊숙이 자리 잡고 있는 것이다. 문제가 처리되기 위해서는 세 가지 뚜렷한 단계가 있다. 첫째는, 문제의 식별 단계가 있고, 둘째는, 일단 문제가 식별되면, 그 문제의 범위를 측정해야 하는 단계가 있어야 되며, 끝으로, 그 문제의 크기를 알게 되면, 그것을 해결하기 위한 해법을 찾아낼 수 있어야 한다. 이러한 유물론적 논리핵심은 문제의 크기: 양을 측정하는데 있다. 그것은 우리들의 삶에 널리 퍼져 있고, 또한 컴퓨터가 셰익스피어의 반복되는 주제들을 분석하는데 씨름을 하고 있는 인문 과학에도 스며들고 있다.

여기에 정보 세계와 관련된 중요한 문제가 있다. 현대 사회는 과학적 방법이 인정받는 세상이나 - 즉 문제를 계측할 수 있어야 한다. 문제를 해결하기 위해서는 계측하지 않으면 아니 된다. 만져서 알 수 있는 실체적인 것이 무형적인 것보다 훨씬 가치를 인정받는다. 특정 사실은 계측될 수 있어야 하고, 입증되어야 하며, 자극적이어야 하고, 전시될 수 있어야 한다. 만져서 알 수 없는 것은 보다 난해하다; 대체로, 그들은 실물로 전시될 수 없거나 각종 회의 석상에서 영상으로 표현될 수 없다.

인간의 본성상, 조직이나 개인은 어렵지 않고 아주 명백히 드러날 수 있는 일을 선호하는 경향이 있다. 예를 들면, 판촉 사원은 그의 사장에게 불평하기 전에 다음 해에는 청색 차가 적색 차보다 잘 팔리게 되는 이유를 증명할 수 있어야 그의 자리를 유지할 수 있는 것이다. 예감이나 직감은 중요하지 않다. 만약 그가 "상사에게 나는 지난 20년간 18번 옳게 추정했으며, 그 확률은 90퍼센트에 달한다."라고 말할 수 있다면, 그 직감은 확률로 측정되었으며, 사실로 입증되었다고 볼 수 있다. 그때 사장은 밝게 미소 지으면서, "이는 좋은 확률인데!"라고 좋아할 것이다.

이는 정보 세계에서도 마찬가지이다. 이와는 상대적으로 탱크나 함정, 그리고 항공기를 세는 것은 비교적 용이한 일이다. 기술적인 문제들은 광범하고 엄청난 비용이 들지만, 시간과 자원과 기술이 지원되면 해결될 수 있는 문제이다. 그러나 기도를 판단하는 일은 훨씬 어려운 문제이다. 기도를 판단하는 것은 수치로 측정될 수 없는 것이다. 정치인이나 외교관들이 칵테일 파티에서 한마디 할 수도 있지만 다음 날 아침에 마음이 변하기 십상이다. 기도는 변화무쌍하고 나약하기 짝이 없는 인간 심리에 따라 달라질 수 있는 문제이다. 예를 들면, 히틀러가 그의 참모총장으로부터 "1939년 8월 31일, 마인 퓌러로 진격할까요?"라고 질문했을 때, "아냐"라고 대답했다면, 세계 역사가 통째로 바뀌었을지도 몰랐을 일이다. 정보에서 기도는 수학에서 "퍼지 이론(fuzzy logic)"과 같이 난해하다고 볼 수 있다.

기도는 판단하거나, 접근하거나, 위험성과 비용 면에서 어려울 뿐만 아니라(설사 그리 할지라도 그것은 양적 측정을 할 수 없기 때문에, 비용-효과적인 보장이 없다), 기도는 측정을 허용하지 않는다. 냉전이 한창일 때, 베를린에서 몇몇 정보기관들은 그들이 고용하고 있는 낮은 수준의 공작원들의 숫자로 조종관(공작장교)들의 효과를 측정하려고 시도하였다. 그 결과, 20명의 공작원들을 고용하여 질적 가치를 고려하지 않고 매달 5건씩의 동독 관련 보고서를 작성케 한 조종관(handler)이, 한 건의 보고서도 내지 못했지만 전쟁 가능성과 관련된 동독의 첩보를 획득할 수 있는 접근선을 확보한 1명의 공작원을 고용한 조종관보다 높게 평가되는 우를 범한 일이 있었다. 또한, 인간정보 자원의 잠재역량의 가치를 매기는 것 또한 지난하다. 환경에 따라서 고집 센 정보기관의 매니저나 예산권자들이 하부 조직의 정보 능력을 평가하는 일이 적의 기도를 탐지하는 일보다 훨씬 용이하다는 사실은 놀랄만한 일이 못된다. 인간정보는 다만 측정하기 어려운 것만은 아니다: 거기에는 성공을 보장할 수 없다는 또 다른 어려움이 존재한다.

인간정보에 관한 두 번째 문제는 본질적으로 실용적인 기술의 문제이다: 그것은 성공하기가 매우 어렵다는 것이다. 한 가지 예만 든다면, 곧 제임스 본드가 고용한 고르디예프스키(Gordievsky) 건이다. 올레그 고르디예프스키는 소련의 KGB 장교로서, 영국의 SIS(MI6)에 의하여 포섭된 영국의 공작원이었으며 6년 동안 활동하였다. 고르디예프스키는 자신과 그의 조종관에게 모두 굉장한 위험이 수반되었다. 하시라도 그는 발각되어 처형될 수 있었다. 그가 보유한 첩보는 계산할 수 없을 정도로 가치가 있었으며, 냉전을 실제보다 더 빨리 종식시킬 수도 있는 것이었다. 고르디예프스키가 KGB의 의심을 받아 밀착 감시당하고 있을 때, 소련 감시요원의 바로 코앞에서 그를 탈출시키는 작전은 사상 유례없는 영국의 극비 "구출(exfiltration)" 작전의 하나였다.

영국에서는 고르디예프스키가 위장 첩자가 아닌 진짜 공작원이라는 것을 절대적으로 신임할 수는 없었다. 그러나 오직 시간만이 그가 진짜였으며, 그것도 사실 100 퍼센트 진짜였다는 사실을 입증하였고, 그의 정보 역시 양질의 정보였다는 것이 확인되었다. 인간정보 작전으로서 고르디예프스키 케이스는 정보의 최고봉으로 인정받는다. 그러나 그러한 공작 자금의 규모는 어느 정도며, 이와 유사한 작전의 성공률은 얼마나 되는가라는 면에서는 의문의 여지가 남는다. 그러나 고르디예프스키 케이스가 단 백에 하나일지라도, 결국 그 1%의 성공률이 그럴만한 가치가 있다는 것으로 인식되고 있다. 결론적으로 인간정보는 측정하기 어려울 뿐만 아니라 실행하기도 어렵다는 것이다. 장관이 "잘 될까?"라고 물었을 때, 정보장교는 다만 어깨를 으쓱하며 "우리는 확실히 그렇게 되기를 희망합니다, 장관님."이라고 진정성 있게 대답할 뿐이다.

모든 정보체제나 절차들은 - 분명히 책임이 있는 기관이지만 - 특히 결과를 입증하기 어려울 때는, 본능적으로 단순히 수량화하는 쪽으로 방향을 바꿀 것이다. 사담 후세인과 그의 쿠웨이트 침공은 이러한 설득력 있고 이해할만한 전문적 편견이 얼마나 단시안적이 될 수 있는가를 증명해주고 있다. 미국과 그의 동맹국들은 세계에서 자장 정교한 정보체계를 보유하고 있었음에도 불구하고, 이 침공으로 기습을 당하고 말았다. 이에 대한 근본적인 원인은 인간정보의 결여에 있었다 - 사담 후세인의 기도를 경고해줄 수 있는 공작원 즉 고르디예프스키 같은 이라크인이 사담 후세인이 이끄는 군사혁명 지휘위원회(RCC: Revolutionary Command Council)에 있었다면, 서구는 사전에 이 침공에 관한 경보를 받을 수 있었을 것이며, 쿠웨이트는 걸프전을 치르지 않고 무사했을 것이다. 그러나 거기에는 고르디예프스키 같은 이라크인 공작원이 없었으며, 사담의 기도를 파악할 수 있는 정말 유능한 인간공작원이 없었던 것이다.

정보의 결핍은 1990년 걸프전에서 있었던 다만 절반의 문제였고, 다른 절반은 사담 후세인이라는 이라크 지도자 한 사람의 개성과 행동의 문제였다. 이란과 이라크 간의 전쟁 시작부터, 서구는 사담 후세인이 지역의 안정을 위협하는 위험성에 대하여 지속적으로 과소평가 하고 있었다. 광신적인 호메이니가 이끄는 신정주의의 시아파 이슬람 정부가 이란 국왕을 전복시킨 이후 이란의 신 혁명체제에 국제적 관심이 집중되었다. 이란의 신체제는 테헤란에 있는 미국 대사관을 점령하고 직원들을 인질로 삼음으로써, 시작부터 미국의 대외정책에 대한 관심을 끌어들였다. 이글 클로우(Eagle Claw) 작전의 재앙, 즉 일련의 사고로 중단된 미국의 인질 구출 작전의 실패로, 고민하던 카터 대통령은 1980년 선거에서 로널드 레이건 대통령에게 패배하고 말았다. 레이건 대통령은 그의 임기에 소련의 도전 후 이란 혁명정부가 그의 대외정책에 있어서 무엇보다 중요한 과제임을 간파하였다. 그것은 미국 해병 중령 올리버 노스라고 하는 국가안보위원회 소속 관계자를 통한 모호한 이란-콘트라 스캔들이었으며, 이는 이란에 억류된 미국 인질을 구출하기 위한 수단으로 니카라과 우익 "콘트라" 게릴라에게 비밀리에 무기를 공급한 사건이었다. 이 사건은 매우 산만하고 복잡한 내막이 있었으며, 이란은 이 사건의 중심에서 처치하기 곤란한 상태로 남아 있었다.

이처럼 불안정하고 이슬람 열정이 고조되는 위험한 상황에서, 1980년 이라크가, 이란 혁명정부를 침공키로 한 결정은 서방 세계의 외교가에 고무적인 돌파구가 되었다. "광적인 회교 율법학자들"과 그들의 "혁명 집단들"은 이라크의 대량 기갑부대와 화력지원부대에 대항하여 목숨을 걸고 격전을 벌였다. 이란이 이라크와의 격전에 붙잡힘으로써, 그 후 8년 동안은 이 지역에 일종의 안정이 회복되었다. 사실 서방 분석가들은 이라크의 이란 침공을 관심 있게 지켜보았으며, 이로 인하여 페르샤만 주변에 산재한 중소 산유국들에게 도움이 된다고 판단하였다. 사담 후세인은 서방에게 호의를 베풀고 있었다.

사담 후세인 타크리티는 서방에게는 비우호적 인물이었다. 그는 북부 타크리트에서 태어나 산악 지형에서 마피아 같은 군사지도자와 그의 추종자들의 통제하에서 자랐다. 타크리트 지방에서는 당시 총기 휴대가 필수였으며, 이는 18세기에 사용되던 결투용으로 쓰이던 검과도 같은 것이었고, 일설에 의하면 그가 12세 되던 해, 자신의 총기로 첫 살인을 자행했다고 전해진다. 사담은 그 후 이라크 아랍 바트 사회당에 입당하여 출세하게 되었으며, 그는 정치적 신념보다는 야망과 세력의 힘에 기반하였다. 사담에게는 아랍의 단결이나 자유, 사회주의 보다는 자신의 권력 장악이 우선이었다. 1970년에 그는 부통령이 되었고, 1979년에는 명목상의 대통령이던 바크르로부터 무혈로 정권 인수를 받아 실세를 과시하였다.

사담은 이란에 대하여 깊은 적의를 가지고 있지 않았다. 1975년 그는 걸프만의 머리 지역에 위치한 샤트 알-아랍(Shatt Al-Arab) 강어귀를 둘러싼 양국 간의 분쟁을 해소시켰던 샤(Shah) 정권과 개인적으로 조약을 맺기로 결론지었다. 그러나 호메이니 혁명으로 현상유지 정책이 깨어지게 되었다. 특히 두 가지 사건이 사담의 감정을 상하게 하여 이란을 침공하게 만들었다: 하나는, 한 이란인이 바그다드 한복판에서 사담의 보좌관인 테릭 아지즈에 대한 암살 기도가 있었으며, 다른 하나는 호메이니가 이라크 다수당 시아파에게 무신론자인 바트 사회당에 대항하여 봉기하도록 끊임없이 요구한 사건이었다. 사담은 그의 정권에 대한 이러한 도전을 용인하지 않고 일격을 가하였던 것이다. 1980년 그는 이라크군 병력의 절반을 동원하여 제한된 보복행위로 혼란에 빠져 약화된 이란을 공격하였다.

새로운 혁명체제의 일관된 주제의 하나는 그들 자신의 과업 수행을 꺼려하는 데 대해서 못마땅하게 여긴다는 점이다. 프랑스 혁명으로부터 러시아 볼셰비키 혁명, 그리고 이란 호메이니 혁명에 이르기까지, 염려하고 있는 주변국들에게 좋은 소식을 확산시키려하는 혁명 세력의 충동은 억누를 수 없는 현상이었다. 동시에 또하나의 일관된 주제는 혁명국가에 대한 인접국가의 분노와 불변의반응은 - 문제의 근원을 공격해서 위험한 이교도들의 영향이 자국에 침투되는 것을 차단하는 것이다. 그리하여 사담의 제1차 걸프전이 시작되었다. 그는 이란 공격 5일 만에 공격을 중단하고 대화를 제의했지만, 이란은 이를 받아들이지 않았다. 호메이니의 이슬람 혁명수비대는 무신론자 이라크 침략군에게 "알라 신"을 부르짖으면서 날려들었다. 사담의 마귀 요정은 마법의 병 속으로 돌아가지 않았다.

그 후 1988년까지, 전쟁 개시 8년 만에 백오십만 명의 사상자를 내고, 1918년 이후 처음으로 대규모 독가스를 사용하면서, 양측은 휴전을 함으로써 소모전을 종식시켰다. 사담은 양대 세계 대전보다 긴 전쟁을 끝낸 후 이라크 재건이라는 과업에 직면하게 되었다. 이라크의 승전이라고 하는 일반적인 견해에도 불구하고(호메이니는 휴전을 가리켜 "마지못해 들어야 했던 독배"로 기술하였음), 승리의 기쁨은 오래 가지 못했다. 테헤란의 우울함은 바그다드 거리의 환호와 대조를 이루었지만, 이라크 경제는 붕괴되었다.

전문가들은 1989년 물가 수준으로 2,300억 불의 경제적 손실을 보았으며, 1980년 수준으로 복구하는 데는 15~20년이 소요 될 것이라고 전망했다. 매년 100억 불의 채무가 발생하였으며, 이라크는 750억 불의 외채- 대부분 사우디아라비아와 쿠웨이트로부터 채무를 떠안게 되었다. 사담은 이 전쟁으로 경제적 파국에 직면하였다.

따라서 사담의 분명한 정책 우선순위는 외채를 청산하고 전쟁으로 팽창한 군대를 감축하는 것이었다. 1980년 당시 18세로 징집되었던 신병들 중, 생존자는 전쟁이 끝날 때는 26세가 되었다. 이란이 최초에는 평화조약에 서명을 거부하였기 때문에 전쟁이 끝난 후에도 이라크 병사들 중 극소수만이 제대할 수 있었다. 사담은 제1차 걸프전이 끝난 후 18개월 동안, 자신의 지위를 유지하기 위하여 다방면으로 시도하였지만 계속 실패하였다. 이미 불안정해진 경제에다 제대한 병사들의 홍수로 실업률이 증가함으로써 경제는 더욱 악화되었다. 게다가 이란은 유엔 평화 회담에서 시간을 끌면서 이라크로 하여금 대규모 병력을 유지토록 압력을 가함으로써 이라크의 국가 경제를 좀먹게 하였다.

사태를 더욱 악화시킨 것은, 사담은 이라크는 시아파 근본주의자들로부터 걸프만 주변국들을 보호하기 위해서 호메이니 정부와 전쟁을 수행해오고 있기 때문에 이라크 전비를 위해 차용해 준 외채를 취소해주기를 종용하였으나 이에 주변 채권국들이 동조하지 않았다는 사실이다. 사담의 이웃 국가들은 전혀 아랑곳하지 않고 전액 상환을 주장하였다. 그는 한술 더 떠서, 1990년 초, 주변 산유국들에게 이라크 부채를 전액 탕감해줄 뿐 아니라 현찰로 300억 불을 즉시 긴급 수혈해 줄 것을 요구하였다. 이러한 원조 요구에 추가하여, 그는 새로운, 보다 위협적인 통지를 하였는데 "만약 걸프 국가들이 이 금액을 제공하지 않으면, 이라크는 이를 획득할 수 있는 방법을 강구할 것"이라고 협박하였다.

이러한 위협과 요구는 이라크가 중동 지역의 총체적인 석유 생산을 감소시키겠다는 정책과 병행되고 있었다. 이 정책의 핵심은 국제 유가를 인상시켜야 한다는 것이었다. 수요와 공급의 기본 법칙은 아주 간단한 것으로 만약 서방 수요자들에게 유류 공급이 부족해지면 유가가 상승하고; 만약 유가가 상승하면, 이라크는 석유 수출국기구(OPEC: the Organization of Petroleum Exporting Countries)의 주요 산유국-멤버로서 많은 돈을 벌어들일 수 있게 된다는 것이었다. 석유 수출은 실제 이라크의 유일한 수입원이었다.

1980~1988년 전쟁 후, 이라크와 이란 양국은 OPEC의 회원국으로서 그들의 전비를 벌충하기 위해서 석유 생산을 감소시킬 것을 요구하였다. 그러나 다른 산유국 회원들은 반대하였다. 설상가상으로, 아랍 에미리트 연합국과 쿠웨이트는 실제 그들의 생산량을 증가시켜 유가를 하락하게 함으로써 이라크로 하여금 추가적인 석유 수익의 기대를 무산시키고 말았다.

당시에는, 정보 분석가조차도 사담 후세인에게 불리한 이러한 복합적인 요소들 - 이라크 국내적 불만, 외채로 인한 국가 부도 사태, 비협조적 인접 국가들의 태도 - 이 얼마나 치명적인 위협이었는지 식별하지 못 했던 것으로 보인다. 바그다드 정가의 팽팽한 음모가 맴도는 가운데 왕관을 쓰고 있는 수뇌에게는 많은 불안이 가로 놓여 있었다. 그는 전후 경제 회복을 달성하지 않는 한 지도자로서 그의 생존이 위험하다는 사실을 인지하고 있었다. 그러한 상황 속에서, 그가 본 것처럼, 엄격하고 비타협적인 인접국들에게 강경 노선을 택한 것은 놀랄만한 일이 아닌 것이다.

놀라운 사실은 지역 안정에 대한 그러한 위험 요소들은 당시에 심각하게 받아들여지지 않았다는 것이다. 결국, 이란과의 전쟁 말기에는 이라크만 무장된 나라로 남게 되었다. 1990년까지 이라크는 아직 무장된 채로 남아 있었지만, 당시에 긴박한 경제난에 봉착했었을 뿐 아니라, 점점 과대 망상적으로 변해가는 독재자의 독단으로 인하여 불만 세력이 증가되고 있었다. 이러한 상황은 해 지역의 부유한 산유국들의 안주된 자기만족 현상으로 인하여 잠재적 폭발 위험이 가중되고 있었다. 만약 걸프 지역 국가들이 이라크 내부의 심각성에 관심을 가지고 있었다면, 1990년 5월 바그다드에서 열린 아랍 정상회의에서 사담의 입장을 충분히 반영했어야만 했다. 사담은 각국 정상들에게 "석유 1배럴 당 가격이 1달러 인하되면… 이라크는 한 해 10억 달러의 손실을 보게 된다."라고 역설했다. 따라서 그는 OPEC 조정 위원회에 배럴에 25달러로 인상시켜 줄 것을 요청했다. 그는 이러한 주장에 호응을 끌어내지 못하자 위협이라는 수단에 호소하였다. 그의 견해로 볼 때, 쿠웨이트와 아랍 에미리트가 생산량을 증가하여 유가를 인하시키는 것은 쿼터 협정을 위반하는 행위이며, 사실상 이라크에 대한 경제전을 선포하는 행위라고 보았다. 거기에 어떠한 오해가 없다는 것을 확신시키기 위하여, 사담은 "전쟁은 군인들이 싸우는 것이지만 … 또한 경제적 수단으로 싸우는 것이다. 그래서 우리는 아랍 형제국들에게 이라크와 전쟁을 하지 않게 되기를 요청하면서 - 그러지 않으면 사실 이라크는 전쟁 외에 다른 방법이 없다. 나는 우리 형제국들이 우리의 상황을 충분히 인식해 줄 것이라고 믿는다 … 그러나 지금 우리는 이러한 경제적 압력을 더 이상 견딜 수 없는 단계에 도달하였다."라고 첨언하였다.

이제 이러한 입장은 그의 체면과 대국민 이미지 손상에 민감한 독재자의 심각한 절규였으며, 채택 가능한 방책이었다. 그 성명서는 밀실에서 작성되었지만, 곧 서방 외교관들이나 이라크 국민들에게 새어 나갔다. 사담의 관심 사항들은 더 넓은 청중들에게 분명하게 경종을 울리고 있었으므로, 어떤 정보 분석가들도 사담의 기도를 파악할 수 없었다고 주장할 수 없었다.

그러나 사담이 당면한 경제적 취약성과 엷게 가려진 위협에 대한 걸프 지역 국가들, 특히 아랍 에미리트와 쿠웨이트의 반응은 무참히 무시하는 것이었다; 그들은 이라크의 채무에 대하여 모라토리움(지급유예)을 선언하지도 않았고, 석유 생산을 감량하지도 않았다. 그 결과 유가는 실제 더 떨어지고 말았다.

사담의 분노와 실망은 극에 달하였다. 1990년 6월, 그는 아랍 에미리트와 쿠웨이트를 "이스라엘의 이익을 제공하는 (반아랍적) 음모"에 가담한 나라들이라고 비난하였다. 이스라엘에 대한 그 언급은 매우 독특했고 불길한 징조를 보였다. 사담은 다른 아랍 국가들에 대항해서 그가 주도하는 "아랍 형제국" 깃발을 올리고 있었다. 닥터 존슨의 유명한 언급에 나오는 "애국심은 악당들의 최후의 피난처이다"라는 말과 똑같이, 이스라엘에 저항하는 운동에 동참하기를 호소하는 아랍의 요청은 통상 하나의 형태 또는 다른 형태의 호전성에 대한 전주곡이며, 특히 사담은 이란과의 전쟁에서 이스라엘과 거래하는 상당한 실용주의를 이미 보여주었다. 그가 이렇듯 처참한 곤경에 처하자 그는 전쟁과 방불한 소음을 만들어내기 시작했다.

그의 이러한 곤경에 추가하여, 1990년대 중반까지 사담은 그가 지닌 채무와 지역적인 문제뿐만 아니라, 서방의 점증하는 비난으로 심각한 압력을 받고 있었다. 이라크는 오랜 기간 프랑스와 특별한 관계를 누려 왔으나 - 소련과 함께, 주요 무기 공급국으로서의 관계 - 여타 서방 국가들은 항상 미온적이고 냉담한 상태였다. 이란과의 걸프전이 일단락되자, 이라크를 지지하던 국가들은 혁명적 이란을 제압하여야 할 필요성을 상실해 갔다 ; 그것은 호메이니 정부의 세력이 쇠약해짐에 따라, 이란은 1989년까지 누구에게도 위협이 되지 못했기 때문이었다. 그러자 강압적인 이라크의 독재 체제가 갑자기 주요 이슈로 부각되기 시작했으며, 사담의 전체주의 체제의 실체가 서방의 섬세한 민주주의적 기호에 거슬리는 존재가 되었다.

특히 영국은 불만을 가질만한 특별한 이유가 있었다. 이란 태생 영국 시민의 한 사람인, 파자드 바조프라는 한 기자가 1990년 봄에 간첩 행위로 체포되어 처형되었다. 런던 위클리 기자인 바조프는 이라크 비밀 로켓 개발 기지를 취재하다가 붙잡혔다. 그의 진정한 목적이 무엇이었는지, 이라크가 주장하는 것처럼 그가 누구를 위한 비밀 공작원이었는지 아닌지는 오늘까지 확실하지 않다. 사담은 바조프의 여권이나 이력을 얕잡아 무시하여 이라크 내에서 다른 스파이 기도나 배반 행위를 근절하기 위한 시범적 조치로서 처형을 명하였다. 내부의 반대 세력을 위협하기 위한 본보기로 바조프의 처형은 먹혀들어 갔을지는 모르지만, 그것은 국제 여론을 자극하여 엄청난 국제관계의 악재가 되어버렸다.

서방 언론들은 이미 이라크에 대한 경고 기사를 쓰고 있었기 때문에, 사담의 처형 타이밍은 아주 악재가 되었다. 제랄드 불이라고 하는 탄도 미사일 전문가가 브뤼셀에서 원인 모르게 암살되었다. 불은 세계적 장거리 미사일 전문가였고, 그가 살해될 당시 이라크는 소위 "슈퍼건"을 제조하고 있었기 때문에, 그 사건은 지대한 관심을 자아내게 하였으며, 특히 이스라엘의 비밀 정보기관인 모사드가 그의 살해 배후로 비난받고 있었다. 이와 때를 같이 하여, 이라크의 신형 슈퍼건의 부품으로 거의 확실시되는 여러 묶음의 고강도 강철관들이 서방의 수중에 들어왔다.

서방의 취재 기자들의 관심을 더욱 자극한 것은, 핵무기 초기 단계에서 사용되는 전자 부품 일부로 주장되는 적송품이 바그다드로 탁송 도중 런던 공항에서 압류된 사건이었다. 슈퍼건 사건에 관심이 집중되던 차에, 그것은 이라크가 마치 중동 전체를 위협할 수 있는 치명적인 신무기를 재무장하는 것처럼 보였다. 결과적으로, 1990년 중반까지 이라크는 대량 살상무기 재무장과 이라크의 인권 유린 기록에 대한 서방 언론들의 집중적인 조명을 받음으로써, 사담은 비난에 시달려야 했다. 그는 갑자기 서방 언론에 "음흉한 공작을 꾸미는 인물"이 되었지만, 복잡한 주제를 쉬우면서도 정교하게 해결하기 위한 기회를 포착하지 못했다. 이란의 적의와 걸프 지역 국가들의 멸시에 이제 서방의 적대와 개인적인 비난까지 가중되었다.

이스라엘의 적대 행위는 이라크의 관점에서 수긍이 갈 수 있는 대목이었다. 1981년 이라크의 오시라크 플루토늄 원자로를 무력화시키기 위한 이스라엘의 정밀 폭격 이후에도, 이라크는 이스라엘을 임박한 위협국으로 분류하지 아니 하였다. 그러나 지금 사담은 이스라엘이 그가 봉착했던 여러 난관들을 악용하여, 이란과의 전쟁으로 약화된 이라크를 공격할 음모를 꾸미고 있다고 단정하기 시작하였다. 사담은 어떠한 이스라엘의 공격도 그의 권력 행사를 종식시킬 것이라고 확신하였다. 이라크 소식통에 의하면, 루마니아 독재자 니콜라이 챠우세스크(최근에 체포되어 그의 부인과 함께 즉결 처형된)의 선례가 당시 사담의 마음 중심에 맴돌고 있었다고 한다.

사담의 편집증은 가중되어갔다. 그는 돌연 "이라크는 이미 대량의 화학 무기를 통제하고 있는 국가로서, 핵무기를 개발했다는 보도는 사실이 아니라고 공식적으로 부인하면서 이스라엘을 향해서 위협을 가하기 시작했다." 그러나 그는, "그들이 감히 이라크를 공격해 온다면, 신의 뜻에 따라 이스라엘의 절반을 살상시킬 것"이라고 공공연한 비난을 덧붙였다. 사담이 왜 이스라엘이 공격을 계획하고 있다고 생각했는지는 오늘날까지 밝혀지지 않고 있다. 이에 대한 가장 그럴듯한 이론은, 사담은 그의 점증하는 국민들의 불만에 대한 국내 문제를 외부로 전환하기 위해서 그러한 위협을 사용하지 않았던가 하는 것이다.

이렇듯 격한 반이스라엘의 과장된 표현은 두 가지 의미가 있었다. 필시 그것은 대부분의 아랍 세계의 급속한 지지를 얻을 수 있었으나, 다른 한편 서방에게는 사담 후세인이 불안한 호전광으로 보이는 계기가 되었으며 충격을 안겨 주었다. 사담은 적극적으로 전쟁을 추구하지는 않았지만, 그들의 우려는 맞아 들어갔다. 사실 그는 1990년 이스라엘과 미국 양국 모두에게 그의 위협적 발언이 사실이라고 확증하기 위한 거보를 내디뎠다. 사담은 "우리는 8년 동안 장기 전쟁을 치렀기 때문에 전쟁이 무엇인지를 알고 있다. 따라서 우리는 전쟁을 원하지 않는다."라고 말했다. 그러한 메시지가 국내로 확실히 전해지도록, 방문하는 영국 외교관에게 재차 언급하였다.

1990년 6월까지, 이라크를 감시하고 있는 서방의 정보 전문가들 간에 경고를 알리는 벨 소리가 크게 울렸어야 했다. 증거는 명확했다: 잘 무장되어 있으면서도 파산 상태가 된 사담 후세인은 두 개의 인접 국가와 이스라엘에게 점점 더 절박한 위협을 가하고 있었다. 이스라엘에 대한 위협은 아랍 국가들에게는 상당한 호응을 얻었지만, 자금 지원은 거의 이루어지지 않았다. 어떤 객관적인 기준으로 보면, 사담은 어쩌면 신 낫세르 같은 입장이 되었으나, 걸프 지역에서 아랍 국가들을 이끌어 가기 위한 지도자로서는 마치 포구가 벗겨진 대포같이 예측 불가능하고 위험한 상태에 있었다. 사담은 그의 자긍심을 지속할 수 없는 곤경에 빠져 있었다. 유일한 의문점은 장차 그가 무엇을 의도하고 있는가였다. 그러나 문제는 그의 호전적인 주장을 입증하는 것이 문제였다.

쿠웨이트 침공 사태는 분명히 근거가 있었다. 이라크는 오랫동안 그의 남쪽에 인접한 조그마한 나라에 대한 소유권을 주장해왔었다. 1871년 이후, 옷토만 머프티, 아브드 알라가 바스라(이라크의 최남단 지방)의 예하 지방으로 쿠웨이트를 지배하고 있을 때, 이라크는 "이라크의 17번째 지방"에 대한 영유권을 주장해왔었다. 쿠웨이트는 석유가 풍부하였고 걸프 지역에서 가장 부유한 나라의 하나이었지만 거의 무방어 상태였으며, 따라서 아시리아 제국의 강대국들에게는 구미가 당기는 대상이었다. 더군다나 사담 후세인 같은 야심가에게는 일거에 경제문제를 해결할 수 있다는 유혹을 뿌리칠 수 없는 대상이었다.

이라크는 쿠웨이트에 대한 영토권을 주장해왔을 뿐만 아니라 전에 침략을 시도한 적이 있었다. 1961년, 실패한 이라크 정부 지도자, 카셈 장군은 쿠웨이트 침공을 위해 동원령을 발령하였다.

그러자 수에즈 동쪽에 이권을 유지하고 있던 영국은, 이라크의 침공을 저지하기 위하여 공공연하게 해병과 탱크들을 쿠웨이트에 상륙시켰으며, 다른 아랍 국가들도 이에 동참하였다. 이러한 무력시위는 효과가 있었다. 영국이 병력을 투입하여 대비하자, 이라크는 물러나고 말았다.

워싱턴을 비롯한 런던, 파리, 모스크바의 정보 분석요원들은 쿠웨이트의 상황을 명확하게 예견할 수 없었다. 마치 강도가 다음 범행을 준비하는 것 같이, 사담 후세인은 쿠웨이트를 침공하기 위한 분명한 동기와 기회, 그리고 적절한 수단을 가지고 있었다. 그뿐만 아니라 이라크는 전에 이미 행동에 옮길뻔한 전력이 있었다. 사담은 곧 무엇인가 조치를 취하지 않는 한, 국내적으로 국가 부도 사태에 직면하게 되고, 다른 사람의 돈을 훔쳐내지 않으면 아니 되는 절박한 다른 독재자와 같이 아랍 세계의 웃음거리가 될 것이 뻔했다. 쿠웨이트는 그야말로 극적인 국제적인 강도 행각의 피해자가 될 운명에 놓이게 되었다. 또한, 사담은 1990년 이른 여름, 정보 분석요원들에게 쿠웨이트에게 개인적인 절망감을 드러냈으며, "이라크의 등을 겨누고 있는 제국주의 시오니스트(Zionist)의 음모"에 대한 쿠웨이트 지도자들, 즉 알-사바 가족들의 무관심에 격분하고 있었다.

그러나 굴욕적인 상황에도 불구하고 아랍의 지도자는 견디어야 했다. 1990년 7월 16일 사담과 혁명 위원회는 비협조적인 인접 국가들과 충돌하기 시작하였다. 타리크 아지즈 이라크 외무장관은 쿠웨이트와 아랍 에미리트가 OPEC의 허용 범위를 초과하여 석유를 생산함으로써 석유 시장에 과잉공급을 초래하는 행위를 적대 행위로 간주하여 비난을 퍼부었다. 아지즈는 정확히 890억 불의 국고 손실을 입었다고 주장하였다. 게다가, 그는 그들의 접경 지역에 위치한 루마일라 지역으로부터 쿠웨이트가 허용 범위를 초과하는 양의 석유를 뽑아 불법 이득을 취하였기 때문에 분명한 전쟁의 원인을 제공하였다고 주장하였다.

이러한 상황에서, 서방 정보인들은 전쟁이 임박한 것을 감지할 수 있었다. 신기한 일은 이라크가 왜 침묵을 하고 있을까였다. 아랍권 정보 해석의 미묘한 뉘앙스를 평가해 볼 때, 서방 정보장교들의 문제의 하나는 언어의 난이도였다. 아랍의 언어적 수사는 서방의 재판소에서 쏟아내는 명백하고 보다 냉정한 어조가 아니었다. 아라비아 언어에서 가장 소름이 끼치는 위협은 다양한 수준의 불만의 언어적 표현에서 나타난다. 과장법이 항상 적용되기 때문에, 아랍 문화에 익숙하지 않는 한, 그 위협이 진짜일 경우에는 정확히 파악하기 어렵다. 분석관들이 당면하는 문제는 소위 냉전기 소련 전문가나 크렘린 문제 전문가들조차 해석이 어려운 소련 "당 대변인"의 발표를 혼자서 해석하는 것과 유사한 점이 있다. 소련은 진실을 호도하고, 신성한 진리를 난해하게 만드는 마르크스주의 언어를 사용하기 때문이다. 아랍 세계는 진짜 위협과 의례적 비난을 분별하는데 또 다른 판단 기준이나 정보 판별 기법이 요구되었다.

이러한 경우에 봉착하여, 당시 정보 분석관들은 정세 변화의 실마리를 찍어내는 데 실패하였다. 1990년 7월 16일, 쿠웨이트 침공 전 17일에 이르기까지, 정보에서는 그같은 심각한 전쟁 위험에 대한 경보를 발령하지 못했다. 이에 대한 밝혀지지 않은 이유로, 이라크가 자포자기로 기울고 있으며, 이라크 지도자는 또 다른 외교적 압박으로 전환하고 있다는 조짐이 있었다고 한다.

The Gulf War 1990-91

그러나 그들은 그렇게 해서는 안 될 일이었다. 1990년 7월 15
일과 16일에 이라크 공화국 수비대 2개 사단이 매우 공개적으로
남으로 이동하여, 쿠웨이트 국경 북방 20마일 지점에 위치한 사막
의 전투진지를 점령하였기 때문이다. 1990년 8월부터 1991년 3

월까지 줄곧 이 문제를 담담했던 미국의 나토 정보 분석관은 후일, 이것이 사담의 의도에 관한 힌트의 일부였다고 언급하였다.

또한, 바로 다음 날, 사담은 자신이 직접 위협을 고조시켰다. 바티스트 혁명 기념일, 대국민 연설에서, 그는 쿠웨이트와 아랍에밀리트를 향하여 직접적인 도전을 하면서, 쿠웨이트가 이라크의 석유를 훔쳐 갔으며, 적대적인 의도로 과다한 생산을 하였고, 쿠웨이트가 먼저 국경을 침범했다고 주장하였다. 그는 후에 그래서 계획된 공격을 감행하였다고 증언하였다. 나중에는, 욕설을 퍼부어대며, 배반자 쿠웨이트인들이 아랍주의를 와해시키기 위하여 서방과 시온주의 제국주의자들과 음모를 꾸몄다고 비방하였다. 그는 양 불량국가들은 즉시 제정신을 차려 평화적인 방법으로 사태를 해결하기를 요구하였으며, 만일 이에 응하지 아니할 경우에는, 우리는 정당방위 차원에서 효과적인 조치를 행동에 옮겨 사태를 바로 잡을 수밖에 없다는 분명한 경고를 하였다.

이는 일종의 최후통첩 같이 들렸다. 그 경고는 특히 이라크의 경제 문제, 정예 전차 사단들의 이동, 그리고 사담의 편집증과 관련시켜 볼 때 정보 분석관들이나 정책 결정자들로 하여금 모종의 조치를 취하도록 자극제가 되었어야만 했다. 사담의 연설에서 핵심적 열쇠는 관련국들이 오해가 있을 수 없다는 사실을 확인시켜 준 결론 부분이었다. 그는 말하기를 "더 이상 대화할 시간적 여유가 없다."; 만일 쿠웨이트가 이라크의 요구 사항을 받아들이지 아니할 경우에는, "오직 후과가 있을 뿐이다."

물론 미국은 병력 이동 상황을 포착했었다. 미국의 국가정찰국이 운용하는 인공위성의 눈을 피해 갈 수 있는 나라는 중동 지역이나 세계 어느 곳도 없었다. 이렇듯 공격적인 연설과 맥을 같이 하는 병력 이동은 미국의 부시 행정부로부터 단호한 경고를 받았으며, 미국은 지역의 우방국을 위해서 전투 준비가 되어 있음을 암시하였다. 그러나 이러한 미국의 신속한 경고는 강력한 무게감이 없었다. 그것은 단지 경고성 발언에 지나지 않았다. 사실 미국의 경고의 의미는 사담은 그의 말대로 행동에 옮기지 않을 것이며, 다만 쿠웨이트 동조 국가들에 대한 영향력을 주기 위한 것으로 오판한 것에 기인한 것이었다.

미 국무성과 CIA는 사담이 허세를 부리고 있으며, 실제 행동에는 옮기지는 아니할 것으로 확신했다; 지금까지 완전히 경보 상태에 있던 쿠웨이트도 미국의 판단에 동조하면서, 그들의 미국 친구들이 상대의 입장을 격화시키지 않도록 자제해줄 것을 요구하였다. 쿠웨이트는 사담은 다만 협상의 한 방편으로 위협하고 있을 뿐이며, 어떻든(대다수의 정보의 실패를 상기시키는 요인) 그들의 행위는 그전부터 그래왔다고 주장하였다. 사담은 과거에도 유사한 위협을 가해 왔다. 따라서 특별한 경보 조치를 하지 않았으며, 미국은 어려운 상황을 더 악화시키는 행동을 하지 않았다. 그러나 쿠웨이트는 한 가지 면에서는 간과했었다. 사담은 과거에도 이와 유사한 행위를 했었지만, 뒤에서는 항상 아랍회의의 결정에 따랐었다. 그는 공식적으로 이와 같은 위협을 조성하지는 않았다. 사담은 그가 선언한 사실을 실천에 옮기지 못할 경우에는, 반시온주의 아랍권의 자칭 리더로서의 입장에서 특히 국내적으로 너무 많은 것을 상실할 위험에 빠져 있었다.

미국은 쿠웨이트의 입장을 반영하여 자국의 공식 입장을 조정하였으나, 내부적인 조치들은 미국의 정보기관과 정책기관들 모두에게 신뢰감을 주지는 못했다. 그러나 미국 정부는 1990년 7월

24/5일, 사담이 이집트의 무바라크 대통령에게 확실히 언급한 것처럼, 사담이 단순히 무력시위를 하고 있는가에 대하여 진지한 의문을 갖기 시작했다. 미국의 KC-135 급유기를 걸프 지역에 배치하기 시작했으며, 대규모 합동훈련을 시행하리라는 발표가 있어 쿠웨이트의 큰 관심을 샀다. 바그다드 언론에는 "외국 군대가 지역에 개입"되고 있다는 경고성 보도가 나오기 시작했다. 쿠웨이트는 "외국 군대"는 두 나라의 상이한 군대 - 즉 미국 또는 이라크 군대로 판단하였으며, 두 나라 모두 개입을 원하지 않았기 때문에 미국에 신중을 기해 줄 것을 강력히 주장하였다.

1990년 7월의 마지막 두 주일에 일어났던 사건들을 회고해 보면, 상황이 어떻게 급속도로 진행되었는지 분명히 드러난다. 국경선 어딘가에서, 사담 후세인은 침략을 개시하기로 결심을 했으나 정확히 공격 개시 시간이 언제였는지는 알 수 없다. 쿠웨이트를 점령하기 위한 장기적인 이라크의 계획에 대한 음모 이론들은 새어 나오고 있었다. 이라크는 항상 쿠웨이트와 쿠웨이트의 석유 자원에 손을 뻗치려는 숙원을 품어 왔으며, 동시에 이를 달성하기 위한 장기적인 능력을 배양해 왔다 - 참으로 이라크는 쿠웨이트를 차지하기 위한 영구적인 군사력을 보유해 왔었다. 행위를 위한 의도는 항상 모든 행위에 이르게 하는 열쇠라고 볼 수 있다. 그래서 침공에 대한 최종 결정은 오래 걸리지 않았다. 분명한 것은 이라크는 7월 15/16일 무력시위가 그저 단순한 시위가 아니었다는 사실이었다. 7월 25일, 사담은 침공을 결심하였으며, 전쟁은 발발되고 말았다.

정보 분석가들에게 두 가지 의문점이 제기된다: 첫째는 이라크의 침략행위는 저지될 수 있었겠는가, 그리고 둘째는 무엇이 사담 후세인으로 하여금 단순 위협 수준에 있다가 전쟁을 감행하는 모험을 감수했겠는가 하는 의문이다. 첫째로 꼽힐 수 있는 정보 징후는 1990년 5월경, 사담이 아랍 에미리트와 쿠웨이트에 대해서 석유 가격 문제에 대하여 구두로 불만을 표시했을 때 이미 폭풍 전야의 검은 구름을 드리게 했다는 것이다. 물론 사건이 일어난 뒤 밝혀진 것이지만, 상식적으로 해석한다면, 지도자는 자만심에 차 있으나, 경제적으로 이미 파산지경이 된 나라에서 또한, 편집증을 지닌 독재자에 의해서 던져진 말 하나로 전쟁이라는 위험을 자초할 나라는 없다는 것이다. 그러나 그 당시 어떤 합리적인 평가도 사담에게 부과된 곤경에 처해 있는 입장을 대변하지는 못 했을 것이다. 그러나 이러한 예비적인 징후들에 추가하여 공격적인 언사들과 가중되는 요구들이 지속적으로 뒤를 이었을 것이다. 1990년 늦은 5월과 7월 사이 어느 시점에, 소수의 정보 징후들은 한두 개의 경보 수준에서 십수 개의 위협 신호로 격상되었다고 여겨진다. 하나의 명백한 패턴이 서구의 정보기관들의 징후경보 상황도에 나타나기 시작했다. 1990년 5-7월 사이, 누군가가 사담이 전쟁으로 가고 있는 사태 추이를 억지했어야만 했다.

사담을 억제시키는 문제는 설사 서방 정보가 분명하게 쿠웨이트를 침공 가능성이 높다고 평가했음에도 불구하고, 미국은 이상하게도 이와는 대조적으로 "상황 확인(clarifications)(역자 주: 미국의 표현 방식)"을 한다고 발표하여 대응의 강도를 약화시키는 오해를 낳음으로써, 외교적 모호성 전략을 채택하고 있었다. 그 한 예로서, 미국은 7월 21일, KC-135 급유기와 함정들을 사담 후세인에 대한 침공 의지를 억지시키기 위해서 걸프 지역으로 이동시킬 때, 해군성의 보좌관은 기자들에게 펜타곤의 입장에서는 그 함정들은 비상사태에 따라 움직이는 것이 아니라 "상황을 확인"하기 위함이라고 언급하였다. 7월 24일에는 펜타곤이 "미국은 걸프 지역의 우방국의 방호 지원을 위해서 관여하고 있다고 언급할 때도, 그 미국 관계자는 미국이 만일 쿠웨이트가 피침 시 미국이 쿠웨이트를 지원할 것인가에 대한 여부에 대해서도 특별히 확인하기를 거절하였다. 이러한 보도 관리는 적절치 못한 것이었다. 미국의 대변인의 "확인"이라는 표현은 외교적 신호 보내기를 강화시킨 것이 아니라 오히려 악화시키고 말았다.

이러한 행위는 혼란을 야기했다. 미국은 과연 1990년 6월 쿠웨이트를 지원하고 있던 것인지 아니면 관심이 없었던 것인지 불분명했다. 만약 몇 년이 지난 후에도 명백히 밝혀지지 않았다면, 그 경우에는 당시의 이라크에게도 분명히 명백하지 않았으리라고 유추된다. 그들은 혼란에 빠졌다. 이것이 미국의 억지 전략 이론에 의한 그 유명한 미국 고유의 '전략적 모호성(strategic ambiguity) 전략'이었단 말인가? – 상대의 공격을 멈추게 하고 또한 재고시키기 위해서 계획된 최종적인 불확실성 전략? 아니면 말로는 쿠웨이트를 지원한다고 하면서 실제 행동은 하지 않는 눈속임이었는가? 미국의 부시 대통령의 참 의도는 무엇이었는가? 드디어 7월 25일 의심할 여지없이 난해한 사담 후세인은 스스로 미국의 의도를 찾아내기 위해서 결심하였다. 그는 황급히 약속 한 시간 전에 바그다드 주재 미국대사와 연락하여 미국의 입장이 무엇인지 확인하고자 하였다. 미국대사, 에이프릴 글래스피는 드디어 지난 2년 동안 그녀가 열심히 찾았으나, 이라크가 회피해 왔던 외교적 목표를 성취할 수 있었다: 그것은 다름 아닌 이라크 독재자와의 1:1 단독 회담이었다.

걸프 전쟁의 이 중요한 회담에 대한 평가는 각각 다르다. 그날 일어났던 결과에 대해서는 두 가지 출처가 있다: 하나는 1991년 3월 20일, 워싱턴 상원 외교위원회에서의 글래스피 대사의 증언록이요, 다른 하나는 미 국무성에서 전혀 논의된 바 없는 이라크가 작성한 공식 대화록이었다. 그 회담은, 옳고 그름을 떠나서, 사담 후세인에게 그가 쿠웨이트로 진격해 나갈 경우, 미국은 어떤 강력한 방법으로 개입하지는 않을 것이라는 인상을 심어 주었던 것으로 보인다. 만일 그렇다면, 그것은 양측 모두 재앙적인 오산이었다. 모든 회담에는 '처음 만난 사람과 성격이 잘 맞는 경우(chemistry)'와 '사람의 마음을 읽는 힘(psychology)'이 있는 것이다. 서방의 자유주의자들이나, 여성 우월주의자들 또는 지식인들에게는 내키지 않는 일이 될지 모르지만, 아랍권 국가에 여성 대사를 보내는 것은 항상 계산된 모험이 뒤따른다. 오직 남성이 권력을 장악하고 있거나, "강력한" 남성이 훨씬 존중받는 문화권에서는 상대가 여성 전권대사일지라도 그가 비범하면서도 강력한 인물이거나 유력한 영향력을 행사할 수 있는 유명 인사라는 역동성을 보여주지 않는 한, 항상 불리한 면이 존재한다. 정치적 방정함은 지방 대학 등에서 일하고 있는 교수진들을 무난하게 만족시킬 수 있을지도 모르지만, 그렇다고 해서 반드시 아랍권 지도자에게도 잘 적용된다고는 볼 수 없다. 일반적으로 외교관들이 업무를 시작하는 초창기에 반드시 배워야 할 교훈 중의 하나는 세상을 그들이 희망하는 대로 처리하려 하지 말고, 있는 사실 그대로 관조하고 업무를 처리하는 것이다. 외교 행위는 외교적으로 성공한 선배들 사이에서 찾을 수 있는 이상주의가 모두 통용되지는 않는다.

글래스피 미국대사는 사담 후세인에게 분명하게 쿠웨이트를 방어하는데 있어서 그녀의 결단과 미국 정부의 결의를 심어주지 못했던 것으로 보인다. 걸프전에 앞서서, 다른 어떤 서방의 오판도 글래스피 대사와 처음이자 마지막이었던 독재자 사담 후세인과의 만남에서 얻은 내용과 같은 세부적인 사항은 발견되지 못했다. 혹 평가들은 그녀가 사담에게 미국은 걸프 지역에서 이라크의 여하한 행동에도 관여하지 않을 것이라는 청신호를 주었을 것이라고 주장하기도 한다. 말할 필요도 없이, 이러한 주장은 후에 그녀(미국 대사)자신이 강력 부인한 내용이었다.

분명한 것은 그렇게 짧은 시간에 이루어진 약속에서 주재국 대사는 워싱턴으로부터 어떤 지령도 받을 수 있는 시간도 없었으며, 따라서 수개월이나 수주 전에 받아 놓았던 기존의 지령 범위 내에서 미국의 이익을 대변할 수밖에 없었을 것이고, 그렇게 급박하게 발전하는 위기에 대처하기에는 역부족이었을 것이라 판단된다. 긴장감이 최고조에 달했던 바그다드의 그날 오후, 불충분한 정보 평가, 계획된 국가정책, 그리고 외교, 경제적인 이라크의 절박한 요소늘이 함께 어우러져 복합적인 운명이 결정되고 말았다. 하지만 7월 25일은 미국이 사담 후세인의 쿠웨이트 침공을 저지하기 위한 정책 수립의 마지막 기회였다는 것이 일반적인 견해이다.

사담은 그의 아랍권 이웃들과 미국에 대하여 장문의 통렬한 비난을 퍼부었다. 특히 그는 이라크의 경제적 궁핍이 얼마나 절박한 것인지를 중점적으로 피력하였으며, 세부적으로 그의 특정한 불만들을 하나씩 하나씩 열거하면서 비난하였다. 그는 미국에 대해서 "쿠웨이트의 이라크에 대한 경제전" 지원을 비난하면서, 약자를 괴롭히는 불량배같이, 고함을 치며 거세게 몰아붙였다: "만일 당신네들(미국)이 우리를 불리하게 압박한다면, 신의 인도를 따라, 우리가 어떻게 대응할 것인가를 알고 있다. 우리 역시 미국에 대항하여 힘으로 압박할 수 있다. 우리가 미국에 대하여 모든 방법을 동원할 수는 없지만, 각국 아랍권들은 개별적으로라도 대응할 수 있을 것이다." 이에 대하여 글래스피 미국대사는 사담이 미국에 대하여 테러 공격을 위협하고 있다는 것으로 이해했다.

글래스피 미국대사는 전형적인 아랍권 국가의 과장이 무엇을 의미하고 있는가에 대하여 냉정하게 대처하였다. 그녀의 고민은 진짜 위협과 과장된 분노를 분별해서, 격노한 이라크 지도자가 그녀에게 던지고자 하는 협상 포인트로서 그 이면에 담긴 건설적인 신호를 식별해내는 것이었다. 그것은 그녀가 기이하고 울화에 차며, 불안하고 교활한 아랍 독재자를 처음 만나서 간파하기에는 어려운 일이었다. 그러나 글래스피는 국무성 지령을 받았다. 그 지령은 여하한 위기도 진정시키고, 사담의 불같은 울화에 기름을 붓지 말라는 것이었다.

글래스피는 후세인을 진정시키기 위해 미국은 이라크에 적대적이지 않으며, 이라크의 이익을 침해하는 음모를 꾸미지 않고 있다고 확실히 언급하였다. 그녀는 "미국 대통령으로부터 이라크와 관계개선을 추구하라는 직접적인 지침"을 받았다고 강조하였다. 미국 대통령은 최근 의회의 (이라크의 참담한 인권 유린에 대한 기록에 근거한) 대 이라크 경제제재 건의를 개인적으로 반대한 사실을 알고 있지 않느냐? 그는 결코 이라크에 대한 경제전을 선포하지 않을 것이다."라고 강조하였다.

그 회담은 회담 전까지는 아주 심각한 결과로 치닫는 흐름으로 고조되고 있었다. 걱정에 싸여, 강권 정치를 행하는 이라크 대통령은 그가 가지고 있는 불만들을 열거하면서 그가 원하는 것을 얻지 못할 경우에는 그가 무엇을 해야 할 것인가를 생각하고 있었다. 에이프릴 글래스피는 기분이 언짢은 아랍 대통령을 안정시키며, 기분을 진정시키면서 실제로 문제가 없을 것이라고 재확인을 하였다. 글래스피는 한 걸음 더 나아가, 워싱턴으로부터 내려온 최근 지령을 인용하면서, 미국은 사담의 유가 하락으로 인한 경제적 고통을 이해하고 있으며, 미국의 석유업체들도 배럴당 25달러 이상 손해를 입고 있는 입장이라고 사담의 고통에 동조하는 발언을 하였다. 사담은 그제야 다소 진정을 했지만, 그는 아직도 쿠웨이트가 OPEC 오일 쿼터를 속이고 있는데 대해서는 단호한 입장을 보이고 있었다. 미국대사는 계속해서 "귀국에서 25년 동안 재직하면서 생각하고 있는" 나의 개인적인 판단은 대통령께서는 형제국 아랍권에서 강력한 지지를 얻어내는 것이 국가적 목표라고 생각합니다. 이 문제는 미국과 관련되어 있지 않습니다."라고 위로했다. "미국은 쿠웨이트와의 국경선 분쟁과 같은 아랍권 내의 분쟁에 대해서는 전혀 관심이 없습니다." 사실, 베이커 미 국무장관은 이 문제에 대해서 국무성 대변인을 통해서 수차에 걸쳐 반복하여 언급하도록 지시하였다.

글래스피 대사는 이어서 세련된 어조로 "대립적이 아니라 친화적인 의미"에서, 쿠웨이트에 대한 이라크의 분명한 의도는 무엇이냐고 반문하였다. 그러자 사담은 입장을 바꾸어 미국 대사의 염려를 달래기 위한 대화로 돌렸다. 그는 분쟁을 평화적으로 해결하려고 한다고 다짐을 하였다; "우리는 쿠웨이트와 만나서 대화하기까지는 아무 일도 하지 않을 것이다. 우리가 서로 만났을 때 일말의 희망이 보인다면, 아무 일도 일어나지 않을 것이다." 그러나 그는 그의 선택을 열어 놓은 상태에서 덧붙이기를, 만일 쌍방 간에 모든 지혜를 동원하여도 해결책이 나오지 않을 경우는 최악의 상태가 될 것이라는 사실은 당연하다. 이것은 아랍식 언어적 수사인가? 아니면 진짜 위협인가? 이 문제는 미국대사 자신이 스스로 판단할 문제이었다. 그것은 그녀가 회담 현장에 있었기 때문이다.

사담 후세인은 그때 미국대사를 방에 남겨둔 채, 위기를 중재하려고 하는 이집트 무바라크 대통령의 전화를 받고 약 30여 분 동안 나가 있었다. 그가 전화를 마치고 돌아왔을 때, 그는 미소를 지으며 "다음 주에 지다에서 쿠웨이트와 이라크 간에 양자 회담을 갖게 될 것이기 때문에 지금은 문제가 없어졌다."라고 말하면서 회담을 마무리 했다.

미국대사가 사담 후세인의 무력 불사용에 대한 약속을 곡해하고 말고는 그리 중요하지 않은 것이라고 그녀는 말했다. 어떤 회담이나 대화에서 전후가 맞지 않은 오해가 있을 수 있지만, 의심의 여지없이 7월 25일, 바그다드에서의 그 회담은 분위기나 내용으로 볼 때, 낙관적이었다. 글래스피 대사는 후에 이라크가 발표한 내용은 80%는 정확했다고 인정하였다. 사실을 말하자면, 사담은 불평을 중얼거리면서도 마음은 진정되고 있었다. 로렌스 프리드만은 사담의 관점에서 볼 때 "미국은 그가 좋은 방향으로 나가도록 우호적인 손길을 내밀고 있었다."고 하였다.

외교라는 것은 위기 시에는 분명하고 정확한 신호를 보내고 있다 할지라도, 그날 오후가 되면 파국에 이를 수 있는 것이다. 바스라로부터 쿠웨이트로 향하는 길과 석유의 부는 이제 개방된 것으로 선언되었을 뿐 아니라, 사담은 개방의 문을 폐쇄할 수 있는 유일한 사람인 미국 대통령이 사담을 도운다면 새로운 대안이 나올 수 있다고 생각하였다. 그러나 사람들은 그 회담의 결과를 평가할 때, 그것은 정보와 외교의 재앙이었다고 결론지었다. 사태를 더욱 악화시킨 것은 아마도 글래스피 대사가 그 회담의 분위기와 결과를 오판했다는 사실이다. 미국과 이라크의 관계가 위기를 벗어났다고 착각한 그녀는 그녀가 계획했던 휴가를 복원시키고, 국무성에 "사담의 중심은 평화적 해결을 원하고 있다는 것이 매우 확실하다."고 회담 결과를 송신하였다. 사담은 기록되지 않은 방식으로 그녀에게 거짓말을 했을지 모르지만 회의 기록은 그 견해를 지지하지 않았다.

마지막 남은 하나의 평화의 기회는 있었다: 이라크와 쿠웨이트 간의 회담은 사우디아라비아 지다에서 7월 31일로 예정되어 있었다. 비록 그 회담에서 쿠웨이트의 총체적 합의각서의 수준에 따라 침략을 중단시킬 수 있을 수 있었지만, 아직 대화의 기회는 있었다. 그러나 그 회담에서 쿠웨이트의 접근 방법은 경솔하게도 최소 수준의 양보를 택하였다. 만일 미국이 이라크에 개입하지 않는다면, 쿠웨이트는 절망이었다. 쿠웨이트 대표는 호의의 표시로 현찰 90억 불을 지원할 것이며, 아울러 이라크의 전쟁 채무 중 쿠웨이트에게 지불할 금액을 탕감할 것을 제안하면서, 이라크는 쿠웨이트의 영토 점령 부분을 영구적으로 철수하는 조건을 걸었다. 이에 이라크 부통령 이자트 이브라임은 깜짝 놀랐었으며, 격노해서 바그다드로 돌아가 버렸다. 쿠웨이트 대표는 다음 회담을 기다리면서 장기적이고 어려운 아랍식 논쟁이 지속될 것이라는 예측을 하였다.

시간은 임박하고 사태 수습은 더디어만 갔다. 요르단의 후세인 국왕은 부시 대통령에게 7월 31일 긴급 전화를 걸어 "이라크가 대단히 격노하고 있으며 그것은 정말 진실"이라고 알려 주었음에도 불구하고 차기 회담을 위한 시간은 기다려 주지 않았다. 미국 대통령으로부터 직접적인 위협만이 사담을 말릴 수 있는 유일한 길이었지만, 미국은 이라크 지도자가 글래스피 미국대사와의 대화에서 평화적 해결을 지향하고 있다고 보고받았기 때문에 미국의 입장은 동요하지 않았다. 이러한 절박한 시점에서도, 쿠웨이트는 아랍의 분노를 초래할 수 있다는 두려움으로, 미국의 도움을 요청조차 하지 않았다. 미국 역시 개입을 꺼리고 있었으며, 특히 이라크 국경에 배치된 100,000명의 이라크 군대에 긴장을 고조시키는 모험을 감행하려 하지 않았다. 사태는 외교적 계산을 앞질러 갔다. 1990년 8월 2일 늦은 시각에, 쿠웨이트는 외침을 받고, 무너져 내렸다.

이라크의 침공 개시 전 수일 동안은 각종 정보 징후들이 사담의 참 의도를 현저하게 드러내고 있었다. 7월 25일 미국대사 글래스피와의 양자 회담과 7월 31일 지다 회담 사이, 이라크군은 남쪽에 있는 군사력을 증강하기 시작했다. 그들은 그들의 전방 사단에 탄약을 포함한 군수물자를 수송하였고, 전차 부대들을 전투대형으로 배치하였다. 워싱턴에서는 정보 분석관들이 즉각적으로 상황 변화를 간파하기 시작하여, 인공위성과 신호정보를 융합함으로써 백악관과 국무성에 이라크의 공격 징후들을 조기경보 하였다. 그 부대들은 "위장된 허세로 보이지 않았으며, 임박한 군사태세에 돌입한 상태"라고 7월 30일 미 국방정보본부에서 작성한 보고서에 명시되어 있었다. 펜타곤과 DIA(미 국방정보본부)는 계속해서 사담은 "이 부대를 사용할 의도가 있는 것"이라고 판단하고 있었다. 이는 객관적 기준에 의한 정확하고 적시적인 조기경보였다.

그러나 미국 행정부의 다른 기관들은 글래스피 대사의 낙관적인 평가를 신뢰하고, 사담의 유연한 공식 연설과 당사자 간 대화가 아직 진행 중인 점을 감안하여, 아무런 조치도 취하지 않았다. 프랑스 측에서조차도 워싱턴 당국이 이라크의 의도에 대하여 특별히 문제가 없는 정보 징후를 수집하고 있는 것으로 인지하고 있었다. 또한, 미국의 국가보안국(NSA)도 이라크의 외교 평가 보고서를 감청한 결과, 과거 국제 분쟁 시 "불개입과 수세적 태도"를 취해 왔던 미국의 동향 평가들이 반영되어 있음이 확인되었다: 1974년 사이프러스 사태, 중국의 티베트 사태와 1979년 소련의 아프간 침공 시, 미국이 뒤에서 관망하면서 개입하지 않았던 예들이었다. 이라크가 과거 미국이 도발에 직면하여 취했던 그러한 일련의 역사 자료들에 깊은 관심을 가지고 있었던 것은 오직 한 가지 이유가 있었을 것이다. 이러한 프랑스 측의 주장이 사실이라면, 그것은 당시에 사담의 진정한 의도와 생각에 관한 또 다른 중요한 정보 징후가 될 것이다.

그러나 이러한 사실들은 모두 아무 쓸모가 없게 되었다. 1990년 8월 2일 이른 시각에, 이라크의 2개 정예 공화국 수비대가 국경을 넘어 쿠웨이트를 침공하였다. 소련제 전차로 무장한 메디나 사단과 함무라비 사단은 남쪽 방향으로 진격하였고, 동시에 쿠 드 메인(coup de main) 작전 부대는 와바와 부비안 석유 도서들을 점령하였으며, 특수전 부대들은 쿠웨이트 시의 핵심 지역들을 공격하였다. 모든 전투는 24시간 내에 종료되었다. 특이하게도, 쿠웨이트는 전쟁 발발 3시간 후에 미국에 도움을 요청하였으며, 그때에도 군사적 지원 요청과 함께 상황을 악화시키지 않도록 하기 위해서 비밀을 유지해 줄 것을 청원하였다.

그들의 청원은 의미가 없었다. 상황은 이미 악화되어 쿠웨이트가 대부분 점령되어 버렸기 때문이었다. 쿠웨이트는 이라크의 일부로 장악이 끝난 상태가 되어버렸다. 그러나 한 줄기 희망의 빛이 보였는데 그것은 전혀 예기치 않은 인간 정보 출처였다. 사우디아라비아 군사 정보국 2 인자가 베두인 복장을 하고, 개전 초기 3일 동안 발각되지 않고 쿠웨이트 안에서 이라크 부대들의 배치 상태, 장비와 점령군의 사기 등에 관한 정확한 최신 정보를 수집한 것이었다. 인공위성 정찰이나 신호정보가 줄 수 없는 내적 통찰력을 통해서 얻을 수 있는 정보를 재래식 인간정보가 제공해 주었던 것이다. 그리하여 첨단 장비에 의한 정보와 재래식 수단에 의한 정보의 융합으로 양질의 정보를 생산해낼 수 있는 중요한 요소가 된 것이다.

이스라엘이 1973년 임박한 적의 공격 징후를 찾아내는 데 실패하고, 1982년 포크랜드 전쟁 전 아르헨티나 군의 전력 증강을 무시했던 영국과 똑같이, 미국도 자국의 외교관들의 오판과 (국내) 정치적 이해관계에 의하여 1990년 이라크의 능력과 의도(기도)에 대한 정보 당국의 정확한 정보판단 결과를 묵살하고 말았다. 그렇다고 할지라도 걸프전에서 정보의 실수에 관한 의문은 어떻게 부시 행정부가 모든 정보 징후들을 묵살할 수 있었는가 보다도 무슨 이유로 그렇게 하였는가에 있다고 되짚어 볼 수 있다. 그 실패의 이유는 분명히 정보 수집이나 융합이 아니라 - 미국은 그 분야(정보생산)에 대해서는 이미 정교하고 방대한 노력이 결집되어 있었다 - (정보사용자들의)정보 분석과 해석에 있었다. 다시 말해서, 이 문제는 미국의 전반적인 정책, 특히 대외정책은 왕왕 중앙 통제되는 것이 아니라, 여러 가지 국내정치 요소들에 의해서 좌우된다는 사실이다. 이들 국내정치 요소들에는 영리 사업과 관련된 이익단체들이 위기의 무게를 (의도적으로) 수용하지 않거나, 반대로 사실 이상으로 심각하게 받아들이는데 상당한 영향력을 행사한다는 사실이다. 1991년 미국의 ABC 방송 기자였던 쟌 쿨리(John Cooley)는 다음과 같이 말했다.

강력하지만 기본적으로 편협한 영리적 이해관계, 즉 이라크에 대한 지속적인 곡물 거래나 국내 경제적 위기와 은행 위기들과 같은 문제들이 관련된 국회의원들 등과 함께 부시 행정부의 눈을 가려, 이라크 사담 후세인의 침략적인 본질과 공세적인 목표들을 바로 보지 못하게 하였다.

쿠웨이트는 공개적으로 미국의 지원 요청을 함으로써 여타 아랍권으로부터 소외당하는 수모를 겪으면서 (연합군의) 지원을 받았다.

이라크는 최소 15,000여 명이 사살되고, 약 30,000여 명이 부상을 당했으며, 이에 대항한 연합군 측은 1,000여 명의 사상자를 냈지만, 이러한 걸프전의 군사적 승리는 어떤 면에서는 실패라고 간주되는 것은 놀랄만한 현상이다. 지상에서 군사작전의 승리와 군수지원의 성공, 분석적이면서도 오히려 우쭐대는 것 같은 공군 브리핑 장교가 시현하는 야간 TV영상으로 공개되는 신 스마트 무기의 정확도 등은 단조로운 성공이라는 느낌을 준다. 사실, 스마트 무기들의 영상은 부분적으로 공개되었다. 사막에서 움직이는 알 수 없는 부대 패치(수장)들에 끈질기게 초점을 맞추는 스마트 탄의 코에 부착된 TV 카메라 영상들의 필름이 끝없이 방영되었으며, 거기에는 사람이 걸어 다니고 있는 교량이 점점 가까워지다가 순식간에 제압되는 장면도 있었다. 마지막 장면은 공포에 질린 이라크인 들이 갑자기 하늘을 쳐다보다가, 순식간에 검은 화면으로 변해 버리는 영상도 있었다. 다행히도 군은 이러한 특별한 기능적 성취 부분을 TV 프라임 타임에 방영하지 않는 지혜를 발휘했다. 그러나 그 후에 일어난 1999년 코소보 전투에서 NATO군의 스마트 탄 공격의 실패들에 대해서는 추정컨대, 스마트 미사일의 제한 사항들을 강조하는데 초점을 두었다.

이러한 모든 군사적 성공과 기술적 성취가 있었으나 안타깝게도, 한 분야에서는 거액의 투자를 했음에도 불구하고 몇 가지 실패한 곳이 있는데: 그것은 바로 '정보' 분야였다. 만약 전장에서의 성공들이 이러한 정보 실패를 덮어 가리지 않았다면, 우리는 전쟁 전과 전쟁 중의 미국과 동맹국들의 정보의 결점들을 훨씬 더 입수할 수 있었을 것이다. 전쟁 발발 오래 전인, 1979년 이란의 혁명 성공으로부터 서방은 사담 후세인이 통치하고 있던 이라크가 지향하고 있던 서방의 이익과 걸프 지역에 대한 위협을 항상 과소평가해오고 있었다. 이라크는 이란과 함께 매우 불안정하였지만, 미국에게는 이란 시아파 근본주의자들의 유가치한 대항마로서 가치를 인정받고 있었다. 미국은 실제 비밀리에 이라크에 정보 및 군사훈련 프로그램 지원을 하였었다.

이는 미국의 정책과 정보 분석에 모두 심각한 실패로 이어졌는데, 걸프 지역에 있는 서방 우방들은 반복해서 사담 후세인의 독재와 군사력, 그리고 집요한 야망은 테헤란의 광란에 가까운 율법주의자들이 꿈꾸는 어떤 것 이상으로 불안정성을 가중시키고 있다고 경고하였다는 것이다. 그러나 알 수 없는 이유로 이 경고는 지속적으로 간과되었으며, 사담은 서방의 정책 입안자들에게 중동의 안정 세력으로 대변되었다. 따라서 당시 특히 1985~1989년, 대다수의 서방 정보기관들은 이러한 극단적인 낙천주의적 오판과 분석의 실패에 대한 무거운 책임을 져야 한다.

이러한 비판은 정보기관들이 걸프전 이전, 이라크에 관한 가용한 정보는 어떤 것도 놓치지 않았기 때문에 정말 가혹한 면이 있다. 반대로, 그들은 열심히 모든 정보를 수집했던 것으로 보인다.

그들은 다만 정보의 '내면적(이면에 숨어있는) 실제 의미'의 중요성을 간파하는데 실패했을 뿐이었다. 후에 한 CIA 요원이 후회하는 듯이 말한 것 같이, "우리에게 절실하게 필요했던 것은 이라크의 군사혁명 지휘위원회(RCC)에 공작원을 한 명이라도 심어놓는 일이었다." 독재자의 유동적인 의도에 관한 정보를 제공할 수 있는 특급 첩자를 심어 놓는 일은 대단히 어려운 일이 아닐 수 없다. 당시에는 불안정한 독재자 사담 후세인이 어떤 일을 벌이고 있는가를 판별할 수 있는 특급첩자는 운용되지 않았다; 서방 당국에 가용한 사실적인 증거는 이미 충분히 확보되어 있었기 때문이다.

서방은 사담 후세인에 대한 원칙에서 벗어난 지원을 했던 오래된 역사가 있었다. 1981년, 이스라엘이 과감하게 프랑스가 이라크에 건설할 중요한 원자력 발전소 부품 적재를 방해하는 마르세유 항구 태업 공격을 시도했음에도 불구하고, 프랑스는 이라크에 오시라크 원자력 발전소를 완공하였다. 이스라엘은 신속히 그 플루토늄 생산시설을 폭파하여 프랑스의 미테랑 대통령을 격노하게 만들었으며, 반대로 미국의 인공위성에 의한 최신 표적 정보를 이스라엘에게 지원해준 카터 대통령에게는 상당한 기쁨을 안겨준 사건이 있었다.

이러한 초기의 실패에도 불구하고 서방은 사담에게 1980년대 전반에 걸쳐 군사지원을 계속하였다. 프랑스는 독자적으로 이라크와 매년 2조 달러 규모의 사업을 진행하였으며, 제1차 걸프전에서는 5.6조 달러 가치 이상의 무기들을 이라크군을 지원하기 위하여 팔아 넘겼다. 또한, 프랑스는 재빠르게 무기 매매에 혈안이 되어있는 미국 회사들을 끌어들였다. 미국은 1982년 이후 엄청난 무기들을 이라크에게 팔아넘겼으며: 헬기, 전함의 엔진, 탄약과 부품들. 미국의 원조는 대 이란전이 교착될 때 더욱 증가하였다. 1984년에는 미국 의회가 "친 이라크 정책"을 승인하였으며, 미국은 이라크를 테러지원국 공식명단에서 제외하였다. 1980년 중반까지 미국은 바그다드 정부에 150,000 톤의 미국산 쌀을 구입할 수 있도록 자유무역 특혜까지 부여하였다.

미국뿐만이 아니었다. 영국이 급히 사담의 필요를 지원함으로써 자국의 이익을 위하여 상업적인 시류에 편승하였다. 이라크가 쿠웨이트를 침공하는 바로 그 순간까지도, 영국은 레이더, 통신 장비, 그리고 놀랍게도, 원자로에 사용되는 플루토늄, 토륨(기호: Th, 번호: 90)같은 위험한 물질들을 포함한 핵 발전용 패키지를 제트 엔진, 포병 사격통제 체계와 빅커사(Vickers) 제품인 신형 로켓 - 발사 포병 미사일과 함께 이라크군에 공급하였다. 이들은 또한 독가스를 만들 수 있는 치명적인 화학물질인 티오디글리콜(thiodilglicol)과 티오닐크로라이드(thionylchloride)와 함께 엠시피(MCP)사가 판매하는 해독제, 픞틸(Piptil)과 신경 가스 반응 억제제를 포함한 물질들을 보급하였다.

정보공동체에 속한 사람들이 모두 살인적인 독재자에게 이러한 치명적인 대량살상무기들을 보급하기 위하여 거래하는 것에 마음 편할 수는 없었다. 1992년 3월 매우 원칙적인 퀘이커 교도인 라빈 로빈슨은 영국 정부의 위선적인 대 이라크 무기 거래를 비판하면서 그가 속해 있는 합동 정보위원회 위원장직을 사직했다.

그러나 그것은 별다른 성과가 없었다. 대 이라크 무역은 엄청난 사업이었기 때문이다. 이보다 더 어두운 사건의 하나는, 1980년대 후반 퇴역한 미국 대사, 마셜 와일리(Marshall Wiley)는 거대 생산업체들, 대기업과 정부로 구성된 미-이라크 무역 포럼을 만들었다. 엑손, 모빌, 벨, 록히드와 제너럴 모터스가 신속하게 서명을 마쳤으며, 미국의 대이라크 원조도 이 반관반민 채널을 통해서 기능이 수행되었다. 그 포럼의 아틀랜타 지부의 이태리 은행에서 4조 달러가 원인을 알 수 없는 상태에서 사라졌을 때, 미 재무성이 사회적 논란을 차단하기 위하여 개입하였다는 사실은 많은 사람들에게 놀랄만한 일이 아니었다.

1988년 말까지, 그 포럼은 미국 정부의 지원하에 공개적으로 바그다드에서 미국 첨단 기술 무역의 주역으로 운영되었다. 이라크에 관한 저술가로 영향력이 있으며 잘 알려진 지오프 사이먼스는, "1980년대 말까지 미국-이라크 무역 규모는 수십 개의 미국 회사들이 참여하여 수조 달러에 이르렀다. 사담의 힘은 미국의 사업가들의 야망에 의해서 키워졌다고 하는 사실은 의심할 여지가 없다."고 언급하였다.

이라크 정부와 잔인한 지도자에 대한 공표되지 않은 미국정부 지원의 정수는 1990년 4월 12일, 미 상원의원과 정부 고위관료로 구성된 미 고위대표단이 이라크를 방문했을 때 일어난 일이었다. 당시 이라크 주재 미국대사 에이프릴 글래스피가 그들과 동행하였다. 모술에 있던 사담과 미 대표단의 회담이 진행되던 과정에서, 글래스피는 실제로 조지 부시 대통령과 1 : 1 직통 전화를 설치하여 대표들의 무역 제안들을 개인적으로 부시 대통령의 승인을 받도록 했다고 알려지고 있다.

이러한 밀접하면서도 지금은 난처해진 정상급 무역관계가 1990
년 사담이 미국 정부는 실제 자기편이라고 판단한 이유라고 생각
된다. 이렇게 깊은 무역관계가 있던 미국이 왜 머지않아 닥칠 위
협을 예견할 수 없었을까?

그러므로 서방은 사담을 파악할 수 있는 충분한 시간이 허용되
었다고 보는 것이다. 따라서 정보 참모진들은 사담의 본성, 심리
상태, 잔인성과 그의 체제의 진정한 본질은 사담이 부통령으로 지
명되고 이라크 내부의 안전 기구의 책임을 부여받았던 1969년부
터 그 이후 상황에 대하여 상세히 알고 있었다고 볼 수 있다. 사
담의 체제와 그의 개인적 성향의 총체적인 발전 과정은 그 이후
이십 년 동안 추적되고 있었다. 서방은 사담이 행한 것은 어떤 것
이든 황당하게 생각할 수 없는 정보를 가지고 있었다. 아라비아와
걸프 지역 연구를 전문으로 하고 있던 한 영국 정보장교의 말에
의하면,

사담은 하나의 충실한 구식 패션의 아랍 독재자였다. 모든 사람들은
그의 직업이 무엇이었고, 그가 무엇을 할 수 있는 능력이 있는 사람인가
를 알고 있었다. 그는 사악하고, 신뢰성이 없으며, 탐욕적이며, 야심적이
고, 그리고 그의 전임자들과 똑같이, 또 다른 이라크의 쿠데타의 최고
지도자가 되고 있다는 것을 몹시 놀라는 사람이었다. 또한, 그는 이란과
의 전쟁으로 인한 재정 파탄과 혼돈, 절망 가운데에서 나온 사람이었다.
그는 또한 체제 전복에 대하여 두려움에 시달리고 있었으며 - 결국, 그
의 국민들에 의하여 쿠웨이트 침공 전 7개월 재임 기간 중 총 3회에 걸
쳐 암살을 시도당했던 인물이었다. 5,000대의 탱크를 가진 정신병자 독
재자가 무방비 상태의 인접 국가를 상대로, 그는 돈이 없다는 구실로,
제 나라를 세계에서 가장 벼락부자 나라의 하나로 만들기 위해서, 두 손

가락으로 상대를 위협하면서, 나가라고 말하는 것이야말로 정말 어처구니없는 일이 아닐 수 없다. 심지어 미국 대사는 그러한 상황에서 그가 은행을 털어도 문제 삼을 사람이 없을 것이라고 말할 정도였다. 그 지역을 상당 기간 동안 연구했던 사람이라면 누구도 그에게 돈을 걸 수 있었을 것이다. 상대의 능력과 의도, 그리고 그러한 사람을 아는 것에 대한 정보판단은 극히 간단한 일이었다. 그러한 상황 속에서 사담은 과연 그 외에 다른 무엇을 할 수 있었단 말인가?

걸프전 참전 당시 부실한 정보판단은 다만 여러 지적 거리 중의 일부였다. 이라크의 침공 당시와 1991년 1월, 전쟁 발발 이후의 후속 전투 과정 중, 작전명 Operation Desert Shield(사막의 방패 작전)와 Desert Storm(사막의 폭풍 작전)에서 양 작전 모두 심각한 정보 실패가 노정되었다.

전쟁 시작 단계에서, 누구도 이라크군의 정확한 규모를 알 수 없었다. (미국의 연합군 사령관) 슈와츠코프(Schwarzkopf) 대장은 1991년 1월 16일, 전쟁 개입 당시 이라크군 규모가 약 600,000명으로 알고 있었다. 후에 실제 규모는 최대 250,000여 명으로 밝혀졌다. 병력 규모의 문제에 추가하여 '이라크군 부대의 전투효과지수(Iraqi unit's combat effectiveness)'에 대한 정보판단 역시 부실하기 짝이 없었다. 당시 입수할 수 있었던 정보는 특히 공화국 수비대는 양호한 장비로 무장되어있고, 전투경험이 풍부하며 충성심이 강하고, 헌신적이며 훈련 상태가 양호하다는 것이었다. 일부 정보 분석관들은 손쉬운 유추 해석으로, 수비대는 가장 강력한 소련제 무기로 무장된 "사담의 친위대(Sadam's Waffen-SS)"로 기술하고 있었다.

이렇듯 이라크군 능력의 오판은 1980년부터 1988년까지의 장기간에 걸친, 고비용의 대 이란 전쟁에서 이라크의 승전을 잘못 해석한 결과에서 비롯되었다. 진실은 제1차 걸프전에서 이라크는 부전승으로 이겼다는 것이다. 따라서 정보판단에 있어서, 이라크는 이란보다 우수해서 승리한 것보다는 이란이 부족해서 패전(이란 군대의 무능과 군 고위층의 리더십 부족으로 인한)했다고 평가해야 함에도 불구하고, 대신 이라크군의 전투경험과 장비, 전문성에 과도한 점수를 부여함으로써 정보 실패를 자초했다고 볼 수 있다. 이러한 이라크 능력의 착각 현상이 1990-1년 걸프전 평가에 파급적인 영향을 주었다고 해석할 수 있다.

지상군 전투 능력에 대한 과대평가는 공군 전투력 평가에서도 더욱 두드러졌는데, 공군의 경우는 비행기 숫자와 동시에 (조종사의 숙련도를 포함한) 능력이 중요시되어야 한다. 숫자로 셀 수 있는 한 국가의 장비만이 중요한 것이 아니라; 그 장비를 사용하는 방법을 알고 있느냐 하는 문제가 또한 중요하다. 다시 말해서 공군력만큼 기술적인 면(조종사와 정비사의 숙련도)이 더욱 중요시되는 분야는 없다.

이라크와 이란은 모두 다량의 미국 및 소련의 복잡한 무기체계들을 보유하고 있었다. (이란 국왕은 심지어 1970년대에 항속거리가 가장 긴 미국의 F-14 전투기를 보유하고 있었다.) 그러나 양측 모두 그 장비들을 잘 사용할 줄을 몰랐다. 이란은 미국의 장비들을 정비할 수 있는 능력이 없었고, 이라크는 (이란의 항공기 정비 능력 결여로) 공중 우세권을 장악했으나, 이란 지상군에 대한 장거리 차단 또는 근접항공지원 같은 협조된 공중공격을 감행할 능력이 없었다. (미국의) 공군 정보장교들은 1981년과 1988년 사이 정기적으로 이러한 전문적인 이라크의 취약점들을 브리핑했었으나, (1991년) 걸프전 이전 고위급 정보판단에는 이러한 심각한 결함들을 강조하지 않았다; 그들은 모두 (강한 인상을 주는) 이라크의 (항공기)숫자들에 대해서만 같은 말을 되풀이할 뿐, 임무 수행능력에 대해서는 언급하지 않았다. 최종 결과는 능력에 관한 정보판단에서조차도 단순한 수량(낟알) 세기(bean-counting)에 불과하였으며, 그것마저도 결함투성이이면서 부정확한 세기에 그치고 말았다. 노련한 정보인의 말을 빌리면, 그것은 고도로 숙련된 전투서열(OOB: Order of Battle) 평가가 아니었다.

1991년 2월 24일 연합군 지상 공격 후 "100-시간 전쟁"의 진행 과정은 근대 서방 정보에 관한 훨씬 많은 문제를 야기했다. 전투의 과정은 잘 기록되어 있었다. 그러나 지상에서 싸우는 전투지휘관들의 전투 임무 수행을 위한 정보 지원 면에서 미국과 서방 정보기관들의 실패에 대해서는 잘 부각되지 않았다. 사우디아라비아에 위치한 미 중부사령부 슈와츠코프 사령부에 지원되는 노력과 자원이 많을수록, 야전 전투부대에는 정보 지원이 적어졌다는 사실은 반어적인 모순으로 보인다. 빈틈없고 약삭빠른 사람들은 이러한 현상을 작전보안의 승리라고 해석할지 모르지만, 이라크 공화국 수비사단과의 기갑부대 전투의 위험과 두려움, 그리고 연막 속에서 50대의 전차로 진격하고 있는 대대급 전투지휘관들에게는 이러한 관점은 어불성설이었다. 크게 실망하고 좌절감을 느낀 영국군 기갑부대의 고급장교는 전쟁이 끝난 후, 9년 전 포클랜드 전쟁의 무시무시한 기억을 떠올리면서, 정보장교에게 "당신은 그때 어디에 있었는가?"라고 물었다. 사단급 부대와 그 상급 부대에 있던 고위 작전지휘관에게는 정보의 유통이 결코 활발하지 못했던

것이 사실이었다. 문제는 오래전부터 문제시 되어오던 정보전파;
전장에서 정보전파가 하급부대에 신속히 이루어지는 것이 정말 대
단히 어려운 일이라는 것이 다시 한번 입증되었다.

그 이유는 두 가지였다.

첫째 이유는 전통적인 문제로서, 대부분의 정보의 수집 출처가
어떠한 수단(신호정보, 공중 영상정보 전자정보 등)으로 수집되었는
가가 비밀 사항이기 때문에 출처를 보안 처리(sanitize: 출처 삭제)
하지 않고는 하급 부대에 내려갈 수 없다는 것이다. "출처 보호"는
참 정보 세계의 예민하면서도 절박한 호소이기 때문이다. 미국의
정보체계에서는 "특수 격리된(Special Compartmentalized)" 정
보로 분류되며, 특수자료 취급 인가자들에게만 열람이 허용되고
있다. 그러한 출처보호에 대한 염려의 이유의 하나는 적으로 하여
금 상대방이 그들의 정보를 얼마나 많이 알고 있는가를 판단하지
못하게 하기 위함이다.

한번 적의 암호를 해석할 수 있는 상대의 능력을 알게 되면, 적
은 그 암호를 변경할 것이다. 그러한 경우에는 상대방은 더 이상
그 암호를 사용할 수 없게 될 것이다. 어떤 비밀은 정말 철저히
보호되어야 한다. 민감한 첩보를 계통을 벗어나서 공개한다는 것
은 정보장교에게 심각한 문제이며, 특히 언론사 기자들의 수집 공
작에 세심한 주의가 요구된다. 그러나 만약 정보가 유일한 비밀
출처로부터만 나온다면, 고가의 정보 기술을 구입하기 위한 국민
세금의 낭비와 신용 추락, 공개의 위험성이 너무 클 것이다. 2차
대전시 영국이 개발한 '울트라(Ultra) 암호도청 및 해독 장비(독일
의 이그니마 암호기에 대한)'는 전형적인 예이다. 1941-2년 전 대
서양 수송단들이 도엔티즈(Doentiz)의 U-보트로부터 울트라 비밀

을 보호하기 위하여 위험을 감수해야 했다. 하나의 수송단을 버리는 것이 미래의 모든 수송단들을 보호할 수 있는 능력을 잃는 것보다 낳기 때문이다. 최근에 발생한 두 가지 예를 들면: 만약 사담의 측근이 바그다드 시간으로 정확히 13시 4분에 미국의 첩보위성이 정확히 27분 동안 이라크 상공을 지난다는 사실을 알았을 경우에는, 그때는 그 후 30분 동안 모든 군사행동이 중단되거나 격납고/차고 등에 대피했을 것이다. 두 번째는, 만약 사담의 혁명 수비대가 쿠웨이트 내 바그다드와 예하 사단장들 간의 모든 대화 내용들이 메리랜드 포트 미드에 위치한 미 국가보안국(NSA) 요원들에 의해서 감청되고, 해독되며, 보통 글자로 복사되고 있는 사실을 의심한다면, 모든 무선통신 체계(주의 깊은 연합국 청취자들에게 기만정보를 흘리기 위해 계획된 기만통신은 제외)들을 그날 밤 안으로 변경했을 것이다. 그러나 고도의 보안을 유지하기 위하여 이라크는 지상 유선망에 의한 전화를 사용했기 때문에 위의 두 번째 문제는 일어나지 않은 것으로 보인다.

걸프전에서 미흡했던 정보 유통에 대한 둘째 이유는 상대적으로 새로운 문제였지만, 베트남전에서는 심각한 문제로 부상하였다. 그것은 간단히 말해서 정보의 홍수 사태가 일어난 것이었다. 한 개의 인공위성의 통과(미국은 6개의 키홀(Keyhole) 인공위성이 가용했으며, 거기에는 구름을 통과하여 볼 수 있는 고해상도 레이더를 장착하고 있었음) 또는 한 대의 사진 정찰 항공기는 정말로 수천 장의 - 한 트럭 분량 - 의 사진들을 촬영할 수 있었다. 이들 항공 사진들은 모두 분석(analize)되고 해석(interprete)되어 적시에 보고되어야 했다.

갑작스러운 기술의 발전은 1944년 당시 처칠 수상이나 아이젠

하우워에게만 보고되던 일종의 극비 정보(secret intelligence)를 모든 대대장들이 볼 수 있는 형식으로 발전되었으며, 열람하는 대대장들은 '2차 회로 영상 전파 체계(SIDS: the Secondary Imaging Dissemination System)'로 불리는 투시기 사용 인가를 받아 접근이 허용되었다. SIDS는 대단히 예리한 팩스(fax)와 유사한 고-해상도, 광학 전송기에 지나지 않았다. 최소 12개가 걸프전에 투입되었으나, 단 4개만 정상 작동되었다. 그러나 SIDS로 말미암아 모든 전투부대들이 이론적으로는 최신 정보를 접할 수 있게 되었다는 의미가 성립된다. 따라서 그들은 그러한 사실을 알고 있었으며, 그래서 정당하게 그렇게 되기를 원하였다.

수백 명의 지상 및 공군 지휘관들이 매일 그들의 표적 사진을 필사적으로 요구함으로써, 표적정보를 밀어 보내기 위한 전파 체계는 붕괴되었다. 전후 미 의회 위원회 증언을 하는 미 중부사령부의 한 정보장교의 말에 의하면:

정보 데이터들은 실시간으로 전파될 수 있었다 … 그러나 (육·해·공 3군) 공통의 통합영상 데이터 전파 체계들의 부족으로 말미암아, 각 구성군(단일 군) 지휘관들은 전방 배치 부대들과 마찬가지로 항상 영상정보에 적시적으로 접근할 수 없었다.

평범한 영어로 말해서, 그 정보장교는 이 육군, 해군, 공군체계는 상호 양립할 수 없게 되어 정보를 적시에 전파할 수 없었다고 했다. 사태를 더욱 악화시킨 것은, 전투가 일단 개시되면, 전파체계는 첩보량의 급속한 팽배로 완전히 붕괴되었다. 광활한 사막으로 형성된 측방을 방호하기 위하여 서쪽 지역에 배치된 미 82 공정사단은 결국, 미 18 군단본부로부터 보다 사단의 좌측에 배치된 프랑스의 차단 임무 사단으로부터 전통적인 그래프 도식과 종이를 사용하여 작성한 더 좋은 정보를 받을 수 있었다고 주장하였다. 정말 전투 현장에서 필요한 부대가 특수 보안 시설(SCIF: Specially Compartmentallized Intelligence Facility) 내에 격리되어있는 특수정보(SI: Special Intelligence)를 획득해야 한다는 오래된 문제는, 세계 각국의 모든 훌륭한 의도와 최상의 기술 향상에도 불구하고, 실제 전장에서 대단히 어렵다는 사실이 입증되었다.

전쟁 중 빛나는 승리라고 볼 수 없는 또 다른 정보의 문제는, 연합정보체제가 이라크가 보유한 지대지 스커드 미사일의 제한된 재고량을 파악하는 "스커드 미사일 대사냥"을 지원하기 위한 정보 지원이었다. 이라크 지도자는 이스라엘을 전쟁에 끌어들여 아랍권을 연합군 측에서 분리시키려는 목적으로 황급히, 그의 미사일들로 정교하게 이스라엘을 공격하였다. 그것은 성공하지 못했지만, 이동 발사대(TEL: Transportable Erective Launcher)에 탑재된 미사일을 찾아 격파하기 위한 연합군의 정보 추적 능력은 참담했다. 한 특수전 장교는 조소하는 듯, "우리는 스커드에 관한 모든 정보를 위해서 괴동물을 사냥하는 편이 나았는지 모른다."라고 회고하였다.

마지막으로 전쟁 기간 중 주요 정보 실패는 1991년 1월과 2월의 중간쯤에 발생한 공군 작전 폭격피해평가(BDA: Bomb Damage Assessment)였다. BDA는 대상 표적의 상태가 제일 좋은 때에는 어려운 것이지만, 공중 표적 선정은 성공 여부를 판단하기 위한 공격 결과의 정확한 평가에 따라 결정된다. 문제는 모래 더미 뒤에 파인 방어진지에 배치된 파괴된 T72 전차가 구멍이 나버린 후에도, 전차의 포탑이 날아가거나 화염이 나지 않는 한 공중에서 보면 전투준비가 된 정상적인 T72와 똑같이 보인다는 것이다.

전쟁 초기 연합 공군들의 전차 파괴의 주장은 과장되었다는 것이 신호정보나 다른 출처로부터 분명하게 확인되었다. 이러한 현상은 전쟁 상황하에서 지극히 정상적이라고 할 수 있다. 공군 항공기 승무원은 항상 과장한다. 그들은 다른 병사들과 같이 피격당하지 않기를 바라기 때문에 임무 수행을 위해서 필요한 것보다 한순간이라도 더 적의 대공 포화 속에 머무르려 하지 않는다. 공평하게 말하면, 400 노트 속도로 공격하는 항공기에서 보면 한 대의 트럭은 한 대의 전차로 보이기 쉽다. 타 출처의 정보와 확인해야 하는 불가피한 정보 교리는 중부사령부의 판단이 너무 줄잡은 어림이라고 생각함으로써, 항공기 승무원들과 상당한 마찰을 유발시켰다. 공군(불평했던 공군)은 시간과 비싼 무기들을 사용하면서 많은 돈을 소비해왔었다 - 그들은 더 좋은 결과를 얻지 않으면 아니 되었다. 1999년 코소보에 위치한 세르비아 전차에 대한 나토의 노력은 실망스럽게도 유사하였다: 공군력은 심각한 제한성이 있다.

이러한 군간 논쟁은 이제 워싱턴의 DIA와 CIA의 비관론자들에게 넘어왔다. 그들은 너무 줄잡은 어림이라는 입장과는 달리, 중부사령부에서 보고된 BDA 결과는 과장되었기 때문에 과장을 줄여야만 한다고 주장하였다. 화가 난 슈와츠코프 사령관은 워싱턴의 전문가들에게 그의 정보참모와 함께 이 문제를 해결하라고 지시했다. 그리고 이어서 중얼거리기를, 만일 그(정보참모)가 이라크군이 1991년 2월 24일 개시한 지상전에서 충분히 약화되어왔다는 정보기관들의 견해에 동의한다고 하면, 전후 그 자리를 유지할 수 있을 것이라고 하였다. 관련 기록에 의거하여, 2월 24일 지상군 공격개시 기준, 최종 확인된 손실률을 보면 흥미로운 점이 있다. 그 시점에서 연합군의 전략공군 공격에 의해서 이라크는 그들이 보유한 전차의 40%, 장갑차의 30%, 약 42%의 포병만 손실을 보았다. 이러한 기록 결과는, (공군의 공격으로) 이라크의 장비의 80%가 파괴되었으며, 전쟁을 공군에게 맡겼다면, 그들 자신의 방법으로 끝낼 수 있었을 것이다라고 하는 일부 공군 요원들의 터무니없는 주장과는 거리가 멀었다. BDA 소동은 전쟁 전 기간을 통하여서나 전쟁 후에도 걸프만과 워싱턴 관계, 지상군과 공군 그리고 입증하는 기관과의 관계에서 상호 편견을 갖게 함으로써 고통스럽게 하였으며, "깜짝 놀랄만한" 모든 기술이 동원되었음에도 정보는 정말 문제가 될 때 올바르게 이해시키지 못했다. 미군에게 적어도 베트남의 망령이 다시 고개를 쳐들고 나오는 것 같았다. 걸프 지역에 있었던 미 해병 고급장교인 월터 부머(Walter Boomer) 중장의 말에 의하면: "나는 베트남에 두 번 파병되었는데, 유용한 정보는 한 번도 얻지 못했던 기억이 난다. 지금도 더 많은 장비를 확보했지만, 아직도 중대 단위까지 임무 수행에 필요한 정보를 내려 보낼 수 없다."

연합군은 걸프전에서 성공했지만, 전투 간 정보의 기여도는 때때로 "결심수립자들이 올바른 결심을 가능하게 할 수 있는 적시적이고 정확한 첩보를 제공해야 한다."는 정의와는 거리가 멀었다고 평가된다.

"진보는 퇴보를 의미 한다"는 말은 다만 과학기술을 겁내는 사람들만의 비명은 아니다. "당신이 요구하는 연결 번호를 아시면

#1을 누르세요."라고 녹음된 메시지 대신, 진짜의 전화 접수원의 목소리를 원해 보았던 사람은 누구나 걸프전의 많은 지휘관들이 미 방위 산업 계약자 측에서 나온 매끈매끈한 정보 장비 판매원들이 팔아넘긴 기술에 대해서 이해할 수 있을 것이다.

군대의 새로운 기술-정보 체계가 실시간과 맞붙어 싸울 때 -실제 작동이 될 때- 첩보는 지상의 작전 지휘관에게 곧바로 전달되곤 한다. 이와 같이 제이-스타(J-STARS) 정찰기는 안전거리 내에서 사막을 가로질러 이동 중인 적 부대의 레이더 영상을 잡아서, 아래에 있는 연합군 사단들의 화력통제소에 직접 레이더 영상들을 전달함으로써, 사수들이 어떤 정보에 무관하게 자기 뜻에 따라 표적을 선정하여 사격할 수 있었다. 즉 "정보"는, 해군 용어로, "행위첩보(action information)(또는 작전적 첩보: operational information)"가 되었다. 그것은 작동하였다.

그러나 정보가, 밀리미터 단위 파장의 합성구경 레이더(SAR) 또는 고급-무선 송신 내용을 감청해서 나온 극비정보와 같이, 초-민감/극비 출처에서 나왔을 때는, 보호되지 않으면 아니 되었다. 꼭 수집 행위뿐만 아니라 융합, 해석, 전파의 모든 정보순환 4단계는 철저한 보안을 유지하며, 전파는 엄격한 구분을 하여 '꼭 알 필요가 있는 자(those with a strict to know)'에게만 전파되어야 했다.

1960년에는, 그것은 소수의 항공사진이나 최신의 신호정보를 의미했다. 그러나 1990년에는, 그것은 단 한 번의 위성 촬영으로 20,000장의 영상들이 쏟아져 나왔는데 거기에는 활주로에 있는 폭탄을 실은 폭격기, "회전하는 장면과 화염에 쌓인 장면", 그리고 몹시 갖고 싶어 하는 표적 사진들이 포함되어 있었다. 전장에서 정보는 더 이상 고도로 훈련되고 특출한 전문가의 영역이 아니었다. 정보는 또 다른 전투의 승리 요소의 하나인 군수 분야와 유일하게 경쟁이 되는 '산물에 대한 분배문제'를 가진 성장산업이 되었다. 걸프전 기간 중, 정보혁명은 군사정보와 군사 참모 체계를 유지하기 위한 투쟁을 강도 높게 벌였으나, 항상 성공적이지는 못했다. 소위 정보화 시대가 도래하였던 것이다.

용광로 같은 전장을 잠시 벗어나서, 사려 깊고 냉정한 교훈들을 살펴보겠다. 만약 전장 정보(battlefield intelligence)와 작전 정보(operational intelligence)가 걸프전 기간 중, 완벽한 수준은 아니지만, 그런대로 양호한 상태라고 본다면, 결국 평범한 외교적 오판과 국가급 수준의 정보 실수가 서방을 전쟁으로 이끌었다고 볼 수 있다. 걸프전 이전에는 기술이나 정보참모 지원체계에 실패는 없었다. 다만 '인물(지도자 개인) 정보(human intelligence)'의 심각한 실패가 있을 뿐이었다. 그 대상은 역시 인물(human)이었다: 바로 사담 후세인, "걸프전의 유일한 주인공"이라고 볼 수 있다. 총체적인 전쟁과 위기보다 우선하는 것은 지도자의 영혼, 불안정성과 그의 행위였다. 그의 개인적인 문제들에 추가하여 석유와 손쉽게 벌 수 있는 돈에 대한 절박한 욕심이라고 설명되고 있다.

걸프 위기는 사실, 하나의 대표적인, 고전적 실수에서 비롯되었다: 즉 하나의 전통적 차원에서의 정보 실패였다. 그러나 그 당시에 가용한 첩보를 사용한다면, 사담에 대해서는 이라크 문제에 전문가였던 퇴역 정보 장교들에 의하여서 만이 아니라 다른 출처에 의해서도 많은 것이 알려져 있었던 것이 분명하다. 정보 실패는 서방의 정보기관들이나 사담의 실패에 한정되지 않았다. 사담의 아랍 우방들도 역시 같은 실수를 범했다. 칼레드 빈 술탄 왕자, 걸프 지역에 있던 연합군 사령관이었던 사우디의 고위 장성은 후에 사담에 대하여 매우 밀착 감시를 해왔던 사우디아라비아 정보기관조차도 역시 잘못 판단하였다는 사실을 알았다고 술회하였다. 전후 그 왕자는 후회하면서, 사담의 격한 기질과 성미, 체제를 아랍권에서 잘 알고 있었음에도 불구하고, 그들 역시 이라크 지도자의 의도를 오판했었다는 것을 인정하였다. 그것은 "인물 정보의 실패"였다. 그 왕자는 사담은 "우리에게 허세를 부렸다."라고 말했다. 정보의 목적은 공자의 허세를 꿰뚫어 보는 것이다.

9년 전 영국과 아르헨티나 분쟁의 기이한 되풀이 현상으로, 심각한 정보 오판과 실수가 걸프전 이전 양측에서도 우연히 발생하였다. 이라크의 정보체계는 서방의 정보체계의 나쁜 실수와 똑같이 지도자들을 오도했다. 이라크의 독재자는 국제문제에 대한 이해가 부족했다는 사실은 분명했다. 그의 혁명 위원회는, 대부분의 독재자들이 선호하는 정책에 '아첨을 일삼는 지지 그룹(sychophantic support group)'으로 설사 사태에 대한 이견이 있을지라도 독재자의 의도에 반하는 진실과 위험을 간언하기를 꺼리는 집단이었다. 정보기관들은 그들의 선호 여부를 막론하고 '있는 그대로의 진실(the unvarnished truth)'을 보고해야 할 책임이 있는 것이다. 정보기관에는 이라크와 같은 독재국가에서 독재자가 듣기 싫어하는 사실도 독재자에게 직언할 수 있는 용기 있는 정보인이 있어야 한다.

시종일관하여 사실과 거리가 먼 오염된 정보에 익숙해져서, 사담은 그가 공격을 감행해도 보복받지 않고 해낼 수 있다는 정치적 사고와 - 일부는 미국 대사의 영향도 간과할 수 없지만 - 그의 군대가 어떠한 전쟁에서도 승리할 수 있다는 잘못된 군사적 신념을 굽히지 않음으로써 대실패로 빠지고 말았다. 그는 두 가지 계산 모두에서 틀렸으며, 다행히도 상처 없이 빠져나올 수 있었다. 그랬을지라도 사담은 걸프전에서 살아남았으며, 많은 사람들을 놀라게 하였다. 무엇이 아랍 세계를 움직이게 하는가를 이해하지 못한 서방 사람들에게는 놀라운 일이지만, 한때 사담은 생존할 수 있었으며 연합군들이 공격하거나 그를 개인적으로 권좌에서 물러나게 하지 않았던 사실을 보았기 때문에, 미국과 그들의 제국주의 동맹들에 대항하여 대승리를 거두었다고 주장하였다.

그의 영웅적인 공화국 수비대가 미국과 그의 추종자들을 바스라 도로상에 죽어 넘어지게 함으로써 바그다드 진격을 거부하지 않았던가? 틀림없이 그는 나팔을 불면서, 내가 여기 있다! 부시와 대처는 어디 있는가? 꺼져라! 라고 객기를 부렸을 것이다. 걸프전의 승자는 1990년대 복수심에 불타는 아폴로 신의 거상같이 반역자들을 제압하고 권력을 강화함으로써 이라크에 군림하였다. 그는 식민지주의를 타파한 그의 군대를 위해서 승전 기념탑을 건립했다. 그의 오래전 전임자인 느부가네살(Nebuchadnezzar) 왕 같이, 그의 영웅적 승리를 영구적으로 기념하기 위하여 새로운 건물에 쓰이는 벽돌에 그의 이름을 찍어 그의 통치를 불멸화 하였다. 그러나 사담은 완전히 그 자신을 현혹시키지는 아니했다. 그는 그의 실패로부터 교훈을 얻어 그의 체제에 입은 피해를 복구하고, 다시 실패하지 않도록 그의 무기 성능을 증강 시켰다. 이라크 군사정보의 수장이었던 한 장교는, "사담의 이론은 전쟁이다. 그는 전쟁 없이는 살 수 없는 인물이다."라고 말했다.

다음 기회에, 사담은 그의 의지를 관철시키기 위하여 대량살상무기, 특히 생화학무기를 개발하겠다고 결심했다. 1990년대 말, 한때 그는 유엔 안보리 산하 무기 감사팀을 이라크에서 추방시킬 때, 그의 무기개발계획을 조금이나마 멈추게 하였다. 걸프 지역 내 불안정의 핵심 요소는 1990년 이전과 같이, 독재자의 망상증과 성격의 불안정성 그리고 손쉬운 석유 자원과 돈벌이의 가망으로 남아있었다.

걸프전은 조지 부시 대통령의 새로운 세계 질서 확립의 첫 시험 무대가 되었으며, 그는 성공을 거두었다. 연합군 측의 활발한 대응은 무력 증강을 바탕으로 한 신 팩스 아메리카나 정책을 지원하는 러시아와 유럽연합의 합세로 세계적 전례를 만들었다. 인명 피해 차원에서 - 이라크를 제외한 - 상대적으로 적었다. 연합군은 전사자 223명과 부상자 697명뿐이었다. 역설적으로, 대다수 연합군의 인명 피해는 대단히 호전적인 젊은 미군 조종사들에서 비롯되었는바: "미 공군기가 공중에서 접근하면, 자기네 우군(연합군)조차도 타격을 피해 숨어야 한다…"라고 하는 옛적 독일군의 D-Day 조크를 연상할 정도였다. 13년이 지난 후에도 미군과 연합군은 그러한 행동을 반복하지 않으면 아니 되었다.

걸프전은 또한 한 국가가 석유 자원과 같은 중요한 이슈를 놓고 이전과 같은 행위를 답습한다고 할지라도, 인접국을 침략하는 공격행위는 그 자체로 국제적 이슈가 되며, 동시에 응징될 수 있다는 사실을 분명히 하였다. 미국의 비밀 국가정책지침서에는, 미국과 서방국가들의 경제적 관심은 "석유 생산국가들이 임의로 생산량을 조작할 위험으로부터 저렴한 석유의 유통을 안정적으로 보장하는 것"이라고 명기되어 있다. 로렌스 코브(Lawrence Korb), 미 국방성 차관보는 1990년, "만약 쿠웨이트가 당근을 키워준다면, 우리는 파멸시키지 않을 것이다."라고 명쾌하게 설명하였다.

미래를 준비하기 위해서는 현재를 이해해야 한다. 현재는 항상 영토 또는 권력에 대한 인간의 욕심과 갈증을 해소하고자 하는 인간의 본성을 반영할 것이며, 자원 전쟁(the battle for re-sources) - 석유, 물 또는 광물 - 그리고 정복에 대한 끊임없는 욕망은 아직도 권력자들의 영혼 깊은 곳에 자리 잡고 있다. 이들 분쟁의 촉진제들은 모든 연령층과 모든 사회에 변함없이 남아있다. 오직 현재와 과거에 대한 지식에 의해서만 우리가 미래를 통제할 수 있는 것이다. 정보는 미래에 나타날 사담(Sadam)과 유사한 인물들에 대한 경보 메커니즘이다.

그들의 능력뿐만 아니라 그들의 의중을 또한 파악해야 한다.

역자 촌평

개관: 프린스턴 대 국제정치학 한스 J. 모겐소 교수는 국제정치를 "힘의 정치/권력정치로 규정하고, 힘으로 뒷받침되지 않는 세계평화는 있을 수 없다."고 역설하면서, "국제정치는 다른 모든 정치처럼 권력투쟁일 수밖에 없다. 또한, 힘은 그것으로 얻으려는 구체적 목적의 설정과 제한에서 상대적으로 형성되고, 최대화된다고 주장하면서, 따라서 각국은 그 국력에 맞는 적절한 역할과 정책을 수립, 시행하는 것이 세계평화의 길"임을 역설한 바 있다.

걸프전(제 1차 이라크전: 1990~1991년)과 제2차 이라크전 (2003~2011년, 8년 전쟁)을 전후하여, 이라크의 사담 후세인과 미국의 입장은 국제정치의 권력투쟁의 냉혹한 현실을 보여주는 하나의 전형적인 사례라 하지 않을 수 없다.

걸프전은 1990년 8월 2일, 이라크군 약 55만 명, 전차 5천여 대, 7,000대의 장갑차, 3,500문의 야포로 쿠웨이트를 침공하여, 1980~1988년까지 이란-이라크 전쟁으로 인한 경제 파탄을 회복하고, 영국의 분할 통치 정책에 의하여 떨어져 나간 석유 위에 떠 있는 섬, 쿠웨이트 토후국을 회복하여, 세계 석유 매장량의 40%를 지배함으로써 중동의 맹주가 되고자 하던 독재자의 정치적 권력욕과 정복욕에 기인하였다고 볼 수 있다.

한편, 미국의 조지 H. W. 부시(아버지) 대통령은 군사력의 투사를 결정하고, 영국과 프랑스의 협조를 받아, 아랍 합동군 포함 33개의 다국적군 84만 4,650명(미군: 53만 2천 명 포함)으로 1991년 1월, 미국이 제시한 점령지역 철수 시한에 불응한 사담의 군대를 공격하여 이라크군을 굴복시킴으로써, 1991년 3.3일, 정전협정에 조인토록 하였다. 다국적군은 당시 쿠웨이트는 물론, 이라크 남부지역(시아파 거주)을 점령하고 시아파가 거주하는 위도 33도 남부와 쿠르드족이 거주하는 36도 북부지역을 '비행 금지 구역'으로 설정하여 이라크군을 통제하였다. 전쟁 결과 전쟁 피해는 이라크군은 15,000명 사살, 30,000명 부상자가 발생하였으며, 다국적군은 약 1,000여 명의 사상자가 발생하였다.

걸프전의 전후 관계 이해를 돕기 위해서 국제정치 측면에서, 관련국 이라크, 미국, 쿠웨이트의 입장과 대응 실태를 살펴봄으로써 독자들의 이해를 돕고자 한다.

이라크의 입장: 이라크는 이란과의 8년 전쟁(1980~1988년)으로 2,300억 불의 경제적 손실을 입었으며, 사우디와 쿠웨이트로부터 750억 불의 외채를 떠안게 됨으로써, 경제적 파국에 직면하였다. 그러한 상황에서, 1990.7.16.일, 쿠웨이트와 아랍 에미리트가 OPEC 허용 범위를 초과하여 석유를 생산함으로써, 이라크는 무려 890억 불의 재정 손실을 입었으며, 특히 접경 지역인 루마일라 지역에서 불법으로 석유를 생산하여 부당 이득을 취함으로써, 이라크에게 전쟁의 원인을 제공하였다.

한편, 사담은 전쟁 개시 1주일 전인 1990.7.25. 주 이라크 미국 대사 글래스피와의 면담을 통하여, 당시 상황과 관련된 이라크의 불편한 입장과 쿠웨이트의 부당성, 그리고 미국의 입장을 타진하였다. 그 결과, 미국은 이라크에 적대적이지 않으며, 미국은 쿠웨이트와의 국경선 분쟁 같은 아랍권 내의 분쟁에는 관심이 없다는 다짐을 받았으며, 사담은 7.31일 사우디아라비아 지다 회담에 마지막 기대를 걸었다.

그러나 마지막 회담이 된 7.31일, 이라크와 쿠웨이트 회담에서 쿠웨이트는 이라크의 실제적 위협을 인식하지 못함으로써, 안일하고 경솔한 태도로 최소 수준의 양보를 선택하여 회담을 결렬시키고 말았다. 그러나 이라크-쿠웨이트 간의 협상 차원을 넘어 사담이 결정적으로 과소평가한 중요한 국제 질서가 있는데, 그것은 "미국과 서방의 경제적 관심 사항이 되는, 산유국들이 임의로 석유 생산량을 조작할 위험으로부터 저렴한 석유의 유통을 안정적으로 보장한다."는 '미국의 국가 정책지침서'이다. 그것은 글래스피 대사의 외교적 표현보다 훨씬 근본적인 미국의 국가이익이라는 점을 놓치고 말았다.

미국의 입장: 역사적으로 미국은 1979년 이란 혁명 성공 이후, 이라크를 대항마로 여겨 이라크의 정보/군사훈련 프로그램 지원을 지속하여, 친 이라크 정책을 펴왔으며, 이라크를 테러 지원국 명단에서 제외하고, 1980년대 중반까지 자유무역 특혜까지 부여하였다. 그 후 1980년대 후반에는 미-이라크 무역 포럼을 결성, 수조 달러의 무역으로 사담의 힘을 키워주었으며, 전쟁이 발발하기 직전인 1990년 4.12일에는 미 고위대표단을 이라크에 파견하여 미국의 조지 부시(아버지) 대통령과 1 : 1 직통 전화로 무역 회담을 조율하는 등 정치, 군사, 경제적으로 우호적 관계를 유지해왔었다.

1990. 7. 30. 미 국방정보본부(DIA)가 작성한 정보 보고서에는, 1990. 7. 25~7. 30일 사이 이라크군은 남쪽에 정예 공화국 수비대 2개 사단 등, 군사력을 증강하고, 전방 사단에 탄약과 군수물자를 수송하며, 전차부대를 전투대형으로 배치하는 정보를 수집하여 이라크의 능력과 공격 기도에 대한 적시적이고 정확한 정보판단 결과를 보고하였다. 그러나 미국 정부는 외교관들의 오판과 국내 정치적 이해관계로 정보 당국의 판단 결과를 묵살하였다. 또한, 지다 회담을 주선한 요르단의 후세인 국왕도 1990년 7월 31일, 이라크-쿠웨이트 회담이 결렬된 직후, 부시 대통령에게 긴급 전화를 걸어 이라크 대표가 대단히 격노하여 회담장을 박차고 퇴장한 사실을 직보하였으나, 글래스피 대사의 평화적 해결에 대한 낙관적 보고에 무게를 두어 별다른 조치를 하지 않았다.

과거 미국의 대외정책을 살펴보면, 미국의 대외정책은 많은 서방국가들과 마찬가지로 국내 정치요소에 의하여 영향을 받고 있다. 즉, 미국의 곡물 거래업자 등 영리적 이익단체들의 이해관계, 국내 경제적 위기와 은행 위기 문제들이 국회의원들과 함께 위기의 무게를 의도적으로 수용하지 않거나, 반대로 사실 이상으로 심각하게 받아들이는데 영향력을 행사하고 있으며, 걸프전의 경우도, 그들 이익집단들이 부시 행정부를 사담의 침략적 본질과 공세적인 목표들을 간과하게 만들었다고 볼 수 있다. 과거 국제분쟁 시미국의 "불개입과 수세적 태도"는 선례가 있는 바, 1974년 발생한 사이프러스 사태, 중국의 티베트 사태, 1979년 소련의 아프가니스탄 침공 시에는 사태를 관망하면서 불개입을 고수하였다. 그러나 미국은 이라크 침공이 현실화 되자, 이라크에 대한 군사적 개입을 통해 자국의 국가이익과 직결되는 세계 석유자원의 안정적 유통과 동구 공산권의 붕괴 이후 미국 중심의 단극체제라고 하는 새로운 국제질서를 구축하는 일대 지각변동을 시도하였다.

쿠웨이트의 대응: 쿠웨이트는 역사적으로 바빌로니아 문명권의 일부로서 영국의 분할통치 이전에는 이라크와 함께 오스만 터키 제국의 일부였다. 인구 420만, 면적 17,818 제곱킬로미터로 이라크 영토의 1/84이지만 세계 제7위의 석유 매장량을 자랑하는 산유국이다. 인접한 이라크는 쿠웨이트의 영유권을 주장하면서 국경 분쟁을 야기하고 있던 중 영국이 철수하고 힘의 공백이 생기자 군사 능력이 취약한 쿠웨이트에 영토적 욕심을 노골화하였다. 그러함에도 불구하고, 쿠웨이트는 1990년 7월 이라크가 국경 지역에 군사위협을 가중시키는 상황에서도 국가 방위에 대한 대비를 소홀히 하였다. 첫째, 1990. 7. 16. 쿠웨이트는 아랍 에미리트와 함께 OPEC 허용 범위를 초과하여 석유를 생산하는 우를 범하여 국가 파산 지경에 이른 이라크에게 890억 불의 손실을 초래케 하였고, 둘째, 1990. 7. 31 지다 회담에서 이라크와 합의각서 수준에 따라 침략을 중단시킬 수 있었음에도 불구하고, 최소 수준의 양보를 선택함으로써 사담을 격노케 함으로써 화를 자초하였다고 볼 수 있다. 또한, 이라크 침공 후 3시간이 경과할 때까지도 미국에 지원 요청도 하지 않았다. 이는 상식적으로 이해가 아니 되는 상황이지만, 미국의 낙관적 태도와 비교해 보면 어딘가 석연치 않은 면이 없지 않다.

교훈

먼저 탈냉전기 신국제질서 차원과 조기경보 차원에서 평가해 볼 때;

이라크의 독재자 사담은 눈앞에 보이는 약소국 쿠웨이트의 석유와 손쉬운 돈벌이에 현혹되어, 미국이 유일 초강대국으로 등장한 새로운 국제 질서에 도전함으로써, 미국이 주도하는 다국적군에 의하여 패망을 자초하였다고 볼 수 있다. 즉, 이라크의 쿠웨이트 침공 시 미국의 참전 의도를 파악하는데 신중하지 못했다. 지도자는 항상 상대국의 능력과 의도를 동시에 파악하여 대비하여야 한다. 따라서 각국 지도자들은 국제정치의 본질인 권력투쟁을 중심으로 하는 권력정치의 메커니즘을 전략적으로 포용하여 자국의 생존과 번영을 추구하는 지혜를 모아야 할 것이다.

다음, 군사정보 차원에서는;

⑴ 전장에서 공군의 피해평가(BDA) 보고는 아군 조종사나 항공기 승무원들이 적진 상공에서 활동하기 때문에 적의 대공포화에 대한 두려움으로 과장되는 경향이 있다는 전제하에 철저한 확인이 필요하다.

⑵ 정보 전파체계는 전시 정보량의 폭발적 증가와 전파체계의 제한으로, 실제 전투를 수행하는 대대급 전투부대 중심으로 처리인력, 장비 특히 실시간 종합수신체계 등을 평시부터 획기적으로 보강해야 한다.

⑶ 정보판단은 수준별로 체계화되어야 한다. 국가급 수준에서는 군사적 위협과 자국의 내부 취약성 평가 그리고 전쟁 대비

태세를 포함한 '전쟁 위험[10]'을 판단하고, 군사적 수준에서는 적 또는 불특정 위협에 대한 '군사력(capability) 평가', 기도(intentions) 판단, 그리고 적의 전략/전술을 포함한 '군사위협'을 판단해야 한다. '군사력 평가'는 부대 구조, 장비 현대화, 부대준비태세, 그리고 전쟁 지속능력 등이 포함되어야 한다.

(4) 적의 기도를 판단하는 문제는 변화무쌍하고 수치로 측정이 불가능한 가변적이고 심리적 문제이다. 따라서 수학의 퍼지 이론(Fuzzy theory)을 적용한 판단 기법 개발, 영국의 007 제임스 본드 같은 초인적 능력을 가진 특수공작요원을 양성하거나, 현실적 방법으로서 '전략적·전술적 징후와 적의 공격 양상 시나리오를 결합한 개략적 기도를 판단하는 방법'이 있다.

(5) 이라크나 북한의 경우와 같이 독재국가에서는 독재자 개인의 '의중·기도'(intentions) 판단이 더욱 중요시된다. 인간의 마음은 본질적으로 변화무쌍하기 때문에 독재자의 의중을 헤아리는 것은 거의 불가능하다. 그러나 마음속 깊은 곳에 숨어있는 의중은 행위(징후)로 표출되기 마련이다. 표출되는 행위(징후)들을 집합하여 대조하면 그의 기도를 짐작할 수 있고, 기도를 파악하면 그에 따른 조기경보를 할 수 있다.

㈎ 북한 독재자의 '의중'을 어림하기 위해서는;

첫째, 그의 개인적 성향 즉, 수령절대주의 등 주체사상

---

10) 박상수, 『탈 냉전기 북한의 대남정책의 성격연구』(서울: 대한출판사, 2011), pp. 213-217.

구현을 위한 정치적 신념11), 핵/미사일에 의한 비대칭전략, 대남 적화전략, 자립적 민족경제, 과대망상증, 확증편향성, 권력욕, 정복욕, 카리스마, 추진력, 친화력, 건강상태, 심리적 불안정성 등

둘째, 북한의 각종 대남 도발 행위 및 전쟁 도발징후

셋째, 독재자 주변의 아첨 그룹(sychophantic support group)에 의한 '있는 그대로의 사실(the unvarnished truth)'과 동떨어진 정보로 오염될 가능성 등 개인적 문제점을 파악하는 것이 중요하다. 특히 독재자들의 일반적인 성향의 하나로서 나타나는 '확증 편향' 현상은 정보인들이 가장 경계해야 할 요소 중 하나이다. 확증 편향은 미국의 사회심리학자 Leon Festinger 가 주장하는 인지 부조화(cognitive dissonance: 자신의 태도와 행동이 일관되지 않고 모순되어 양립될 수 없는 상태를 말하며, 현실과 사실을 자신의 믿음과 생각으로 해석하는 것)에 빠진 사람들은 자신들의 생각과 일치하는 정보만 편향적으로 받아들여, 자신의 견해를 더욱 공고히 하는 현상이다. 과거 스탈린이나 히틀러, 사담 후세인과 같은 독재자들은 정보 생산자들의 정보판단 결과를 신뢰하지 않고, 확증 편향에 치우쳐 자기의 정치적 이익에 맞는 정보만을 선호하고, '정보의 과업(the task of intelligence services)'인 '있는 그대로의 사실 정보(the unvarnished truth)'를 무시할 뿐만 아니라, 해당 정보 수장들을 제거해버리는 경향을 보인다. 정보생산자

11) 박상수, 위의 책, pp.184-203.

와 정보사용자는 상호 입장이 다를 수 있지만, 양자는 모두 확증 편향의 함정에 빠지지 않도록 상호 신뢰와 인간관계를 통해서 이를 극복해야 한다.

(나) 독재자의 내면적 도발 의중은 통상 '전략적 징후(strategic indications)와 전술적 징후(tactical indications)'로 나타난다.

전쟁 도발 징후를 수집하면 적의 공격을 사전 예측할 수 있다. 도발징후는 전략적 징후와 전술적 징후로 대별할 수 있다. 전략적 징후는 축적하면 '전략적 조기경보(strategic early warning)'의 근거가 되며, 전술적 징후는 축적하면 '전술적 조기경보(tactical early warning)'의 근거가 된다. 대표적 전략적 도발징후들을 열거해보면 적국의 사상/이념체계, 동맹 관계, 양국 간 역사적 분쟁 경험, 노동당의 강령 및 정책 노선, 국가 목표, 4대 군사 노선, 대남정책, 전력 증강 실태, 핵/미사일/생화학 무기 개발 및 배치, 기동군단 평시 전방 추진 배치 등이다. 대표적 전술적 징후는 전시 동원령 선포, 평화협상 제안, 증권시장 거래 동향의 급락, 예비 통신망 가동, 예비전력 이동, 후방 특작부대 침투 활동, 잠수함 출현, 전방부대 집결 및 탄약 분배, 포병 화력 전방 추진 및 사격 준비태세, 전방 장애물 제거 및 통로 개척, 전방부대 집결 및 탄약 분배 등이다. 이러한 예상되는 징후들을 망라해서 한미 연합사령부는 한국군 정보기관들과 합동으로 '계절별 시간별 북괴 남침 공격 양상 (Pre-H hour

Scenario)'을 완성하였다. 열거된 전략적·전술적 징후들을 기작성된 공격 양상 시나리오의 시간별 징후들과 대조하면 적의 공격 개시 일시를 포함한 공격 양상을 판단하여 개략적인 전략적·전술적 조기 경보를 할 수 있다. 전략적 조기경보는 수개월-수년 전에, 전술적 조기경보는 수 시간-수일 이전에 가능하며, 북한의 도발에 대한 전략적 조기경보는 수년 전부터 이미 발령된 상태이며, 다만 전술적 조기경보는 정보의 당면 과제로 남아있는 셈이다.

끝으로, 상대국의 문화와 언어적 수사의 차이에 따른 정보 해석의 괴리가 발생한다는 것이다. 아랍권 국가들의 과장법이나 과거 소련의 마르크스주의 언어의 거짓말과 기만에 유의하여 '미묘한 언어의 뉘앙스'를 찾을 수 있어야 한다. 특히, 북한의 경우에도, 분단의 장기화로 민족의 동질성보다 이질성이 축적됨으로써, 과도한 선전, 선동, 허위와 기만, 위협과 폭언 등이 섞여 있다는 점에 유의하여 '북한 언어의 뉘앙스'를 찾아 진짜 위협과 의례적인 비난을 분별할 수 있어야 한다.

11 "우리는 적의 양보를 받아내기 위해서 싸우고 있지 않다: 우리는 적을 궤멸시키기 위하여 싸우고 있다."

사상 최대의 실패?
세계 무역센터 공격과
테러의 세계화

11 "우리는 적의 양보를 받아내기 위해서 싸우고 있지 않다: 우리는 적을 궤멸시키기 위하여 싸우고 있다."

사상 최대의 실패? 세계 무역센터 공격과 테러의 세계화

테러리스트들에게 의도는 전부다.

테러의 성공에는 엄청난 능력이나 특수 무기가 요구되지 않는다. 테러행위는 결과는 엄청나지만, 의사 결정만 이루어지면 실행하는 데는 상대적으로 용이하다. 광신자의 손에 있는 한 자루의 칼이나 단 한 정의 총이 역사를 변화시킬 수 있다. 1914년 사라예보에서 개브릴 프린시프(Gavril Princip)가 오스트리아 황태자를 암살함으로써 1차 대전의 도화선이 되었고 전 유럽체계의 붕괴를 초래하였다. 그 당시에는 그의 행위가 충격이었으나, 그 테러행위는 전쟁 그 자체의 역사와 함께 오래 이어져 온 침울한 잔혹

행위의 하나일 뿐이었다.

1세기 예수 그리스도의 팔레스타인 시절에, "시카리(sicarii)"라고 불리는 유대교 과격파들은 특별한 의심이 가지 않는 로마 군단의 장병들과 그들의 가족들을 막사나 예루살렘 좁은 골목에서 단도로 등을 찌르는 테러를 감행하였다. 이러한 조상들의 시작품을 따르는 스턴 갱(Stern Gang)과 이르군(Irgun)은, 예루살렘 성전과 유대교가 오염되는 것을 방지하기 위하여 점령군을 몰아내고, 유대 율법에 기초한 엄격한 종교체제를 설립하기 위하여 그들 방식의 성전을 감행하고 있었다.

수천 명이 붙잡히고 집권세력에 의하여 십자가에 달려 행인들에 대한 경고로, 그들의 머리 위에는 유대 총독의 선고로 '로마의 정의(Roman justice)'라는 죄명이 적힌 명패가 붙어있었다. 작열하는 태양 아래 3일이 지난 후에는, 로마 간수들이 생존자들의 다리를 부러뜨려 그들의 체중이 부러진 다리로 짓눌려 처참한 고통 속에서 서서히 죽어가게 하였다. 역사적으로, 테러리스트들에게는 체포 시 자비를 기대할 수 없었다; 특이하게도, 로마인들은 최소한 죄수들을 십자가에 처형하기 전 보여주기식 재판을 허용하였다.

그러나 위험하기는 하지만, 빼앗기고 소외된 약자들은 때로는 냉혹하지만 등 뒤에서 찌르는 양날 단도가 앞에서 증기 롤러로 압박하는 것과 똑같이 유효할 수 있으며, 손쉽게 행동할 수 있다는 엄청난 이점을 가지고 있다. 모든 전쟁이 기본적으로 결정적인 정면전투로 승부를 내야 한다는 서구의 개념은 심각한 착각이다. 단기간에 혈전으로 정정당당한 대전을 치루는 것은 고대 희랍의 추수기에 전투 인력 문제를 해결하는 데는 신속하고 비용을 절감할 수 있는 방안이기는 하지만, 꼭 나폴레옹 스타일 모델을 따라야 한다는

"서구식 전쟁방식"은 문제가 있다. 테러에 의한 '귀찮게 구는 전쟁 방식'은 전쟁 그 자체가 오래된 것처럼, 오래되고 피로 얼룩진 역사적 배경을 가지고 있다.

그래서 테러행위는 일종의 새로운 현상이라는 견해는 아주 잘못된 관점이며, 아무튼 테러행위는 폭력적 수단에 의한 압박정책으로 비합법적이거나 비이성적이라는 관념은 둘 다 순진하고 이기적인 발상이다. 고대 로마로부터 폴 포트에 이르기까지 테러는 꼭 특정 개인만이 아니라 모든 사람들을 두려움에 빠뜨리기 위해서 활용되어왔다. 사실은, 좋아하든 좋아하지 않든 간에, 분쟁을 해결하기 위한 인류의 잔혹한 수단의 하나이었다.

오늘날 테러행위에 대한 분명한 입장은 다음 세 가지 범상치 않은 사항의 결합으로 평판이 나 있다. 첫째, 2차 세계대전 이후 성공적인 정치적 폭력의 전통, 둘째, 테러에 대한 이미지를 전파하는 현대 미디어의 확산; 끝으로, 지금까지 전혀 예상하지 못한 방법으로 살육과 공포를 가능케 하는 신기술과 무기의 발달이다. "대의(a cause)"와 함께 하며, 타인을 죽일만한 가치가 있는 중요한 "불만(a grievance)"을 가진 남녀들에게, 테러는 적은 비용으로 그들의 목적을 달성하고 여론화시킬 수 있는 절호의 기회가 되고 있다.

테러행위는 가능한 한 많은 사람들을 겁주고 위협하기 위하여 사람을 죽이거나 불구로 만들어 그들의 정치적 목적을 달성하기 위한 계산된 폭력행위일 뿐이다. 이러한 점에서 폭력(전쟁)은 정치적 수단의 연장이라고 하는 전쟁 자체와는 조금 다르다. 국가 테러행위의 전문가의 관점은 교훈적 가치를 암시해준다: 스탈린은 "한 사람을 죽여서 - 만 명을 두려움에 떨게 하는 것!"이라고 말한 바 있으며, 레닌은 "국가 테러행위의 목적은 아주 단순하게 말해서 겁을 주는 행위"라고 잘라 말했다.

영국의 몽고메리 원수는 그의 회고록에서 테러행위의 목적과 불가피한 논리를 매우 명백하게 보여주고 있다. 그는 1921년 영국의 지배를 축출하기 위한 IRA(Irish Republican Army) 투쟁에서의 경험을 회고하면서, 다음과 같이 기록하였다:

여러 분야에서 이 전쟁(아이리쉬 테러단들에 대항한)이야말로 1차 세계대전보다 훨씬 사악한 전쟁이었다 … 그것은 일종의 살인 운동으로 발전하였으며, 종국에는 병사들이 아주 능숙해지고 결코 물러서지 아니하였다.

대부분의 직업군인들처럼 몽고메리는 테러행위와 행위자들을 혐오하였다. 그는 전투원들과 살인자 간의 차이점을 분명히 하였다. 많은 보통 사람들은 전장에서의 사살행위와 전장이 아닌 곳에서의 살인행위의 차이를 불안과 염려라는 측면에서 동일시하고 있다. 그러나 양자 간의 차이는 상대에 대한 불만의 유무라는 차원에서 현저하다. 테러행위자들은 마음 깊은 곳에서 타오르는 불만이 있는 남녀들이다.

대부분의 테러리스트(사이코패스형 살인자들은 그들이 안고 있는 깊은 상처로 인해 테러리스트가 된다)들을 구동하는 것은 "대의 (The Cause)", 즉, 이성이 있는 인간으로 하여금 인간 본연의 모습을 떠나, 그들의 정상적인 가치관을 버리도록 만들 수 있는 어떤 깊은 불만들이, 테러리스트에게 그들의 행동에 대한 높은 소명의식을 불어 넣어 줌으로써 자연적인 인간의 충동을 초월하여, 균형감각이나 자비심을 절멸시키도록 하는 것이다. "대의"는 남자든 여자든 광신자로 만들 수 있다; 대의와 총을 가진 광신자들은 참으로 매우 위험해질 수 있다. 그들의 "대의"는 그들의 행위를 납득할 수는 있지만 끔찍한 일이다. 그것은 BBC 퍼갈 킨(Fergal Keane) 기자가 밝혔던 것처럼, 설사 곱게 나이 든 회색 머리 할머니들이 그들의 부모로부터 1920년대의 IRA "분규"에 대한 무용담을 듣고 불쾌감이 고조되어, 그들이 신봉하던 천주교 가르침을 일시 중단하고 증오가 가득한 광신자로 전환될 수 있다는 사실을 입증한다.

레닌과 그의 볼셰비키 동지들에게 있어서는, 그들의 불만은 제정 러시아의 권위적인 폭압이었으며, 그들의 대의는 더 나은 러시아를 향한 마르크스주의자의 "불만"은 다양하지만, 항상 거기에는 도덕성과 정상 사회의 법질서를 뒤엎는 타오르는 부정의의 일면으로서, *불만*이 깊게 자리하고 있다. 팔레스타인 사람들에게는 대의가 이스라엘이며; IRA에게는 대의가 얼스터의 6개 주에 있는 영국인들이고; 임신 중절 합법화 반대자들에게는 그것은 낙태 수술을 하는 병원이다. 극단적으로, 그러한 논리는 동물들을 보호하기 위해서 사람을 죽이는 것이 도덕적으로 옳다는 것을 믿는 동물 해방 전선의 전사들을 독려할 수도 있다.

그들의 행위를 이끄는 이러한 논리는 테러리스트들은 정상인과 같지 않다는 것이라고 강변한다. 어떤 이유에서든지 그들의 보편적인 신념체계는 왜곡되거나 비약되어왔다. 그리하여 당신이나 나 같은 정상인은 테러리스트의 마음을 이해하기가 매우 어렵다.

대다수가 사는 사회에 내재하고 있는 대부분의 불만들은 점차적인 반응과 대화의 범주에서 해결되고 있다. 예를 들면, 지역 주민들은 인접 지역에서 계획되고 있는 핵폐기물 처리장 건설을 반

대한다. "내 집 뒤뜰은 안돼!(Not in my backyard!)"라고 고함을 친다; 주민 대책위원회가 구성되고; 공청회가 열리고; 머지않아 지역 및 국가급 정부기관에 투서한다. 저항하는 주민들은 그들 중 제일 큰 소리를 내거나 그냥 보기에 냉혹한 사람을 뽑아서 행동대원과 지도자로 세운다. 그들은 그러한 경우 타당성이 있다. 그들은 또한 시가행진을 하며, 텔레비전에 광고하고 그들을 가로막는 경찰들에게 공격하여 피해를 입히기도 한다. 이처럼 초기 준법 단계는 성과 없이 지나고, 결국 "직접 행동"은 불만에 대한 항거의 일부로 발전된다.

만일 이슈(issue)가 저항세력의 요구를 충족시키지 못하거나 (IRA와 같이 설사 그들이 소수일 경우에도), 불의에 대항하는 저항체계가 작동되지 않으면- 예를 들어 이스라엘-팔레스타인 분쟁처럼- 불만과 "대의"를 품고 있는 저항세력은 고강도 선택에 직면한다. 무슨 이유에서든지 그들이 속해있는 사회와 소원하게 된 상태에서, 그들은 포기할 수도 있고, 또는 무자비한 수단으로 투쟁을 지속해 나갈 수도 있다. 역사적으로 (정부에) 불만을 가진 세력들은 그들이 취할 수 있는 모든 접근 방법이 실패하거나 더 이상 진전될 수 없다고 믿으면 테러행위에 의존하게 된다. 즉 직접 행동은 재빠르게 특정 개인을 표적으로 공격에 옮겨진다; 만일 그 불만이 아직도 해소되지 않고 있다면, 분명한 다음 단계는 적 그룹과 그들의 지지 세력들에게 총공격을 감행하는 것이다. 불만과 저항의 스펙트럼은 테러행위로 고조된다.

이 불만의 형태는 지난 150년 동안의 피어린 테러행위의 진행과정의 집합이다. 러시아 급진주의(The Russian Radicals), 무정부주의(the Anarchists), IRA, 이스라엘 테러리스트 Stern Gang

과 Irgun, 반(Anti)-식민지 운동, 붉은 여단(the Red Brigades), 반(Anti)-베트남 저항 운동, 팔레스타인 저항 운동, 동물 자유 전선 또는 낙태 반대 연맹과 이슬람 광신주의자들: 몹시 상처를 주어 격분시키게 했던 사람들의 명부, 또는 살인하는 것으로 불만을 해결하고자 하는 광신자들은 허다하다. 각개 단체들은 약간의 차이는 있지만, 내용은 항상 유사한 기본 요소들을 포함하는데: 거기에는 깊이 누적되어 온 불만; 그들의 상황이 법적 수단으로 해결이 불가능하고, 아무런 시정 조치가 이루어지지 않는 정치 체제로부터의 총체적인 일탈; 그들은 결국 적으로 하여금 그 정책을 변경하도록 강요하기 위한 매우 공적 폭력에 의존하게 된다.

〈저항의 한계(THE LIMITS OF PROTEST):
불만의 스펙트럼(A SPECTRUM OF DISAFFECTION)〉

그러나 지난 150년을 지나면서 중요한 한 가지 변화는 무죄한 자를 살해하고 감금하는 행위가 줄어들고 있다는 점이다. 그러나 테러리스트들의 행위를 보는 시청자나 공중에 대한 그들의 강경한 태도는 무자비해졌다. 예를 들면, 19세기, 러시아 급진주의자들은 수차례에 걸쳐 무죄한 구경꾼들과 부녀자들 때문에 마지막 순간에 황제에 대한 암살 공격을 중지하였다. 그러나 지금 그들의 계승자들은 시청자들의 참 관심을 끌기 위해서 보다 무자비한 방법으로 무죄한 제3 그룹을 향해 정교한 목표를 선정하여 살해한다- 대중이 아닌 정부를 목표로 한 북아일랜드의 오마그(Omagh)폭탄 테러가 전형적인 예이다.

더 나쁜 것은, 알-카이에다(al Qaʼida) 이슬람 근본주의자들은 적들의 정책을 시험하거나 변경하거나, 또는 소송에서 승소하기 위한 의도가 아니라는 것이다. 그들에게는 관중이 목표가 되며, 세계 무역센터에 대한 허무주의에 가까운 공격은 정부 정책을 변경하려는 압박보다는 서구에 대한 단순한 증오와 경멸의 시위로 보인다는 것이다. 즉, 알-카이에다의 불만은 부정 등을 교정하려는 목적이 아니며, 어느 면에서는 무정부주의자들의 폭력과 유사한 점이 있다. 문제의 핵심은 '불만'과 이를 폭발시키는 도화선 주변을 맴돈다. 제임스 글로버(Sir James Glover) 장군(1970년대 아일랜드 공화국의 과격파들을 진압하기 위한 영국의 보안부대를 성공적으로 지휘한 경험이 있는)은 테러행위와 (특히 정부에 대한) 불만에 대하여 깊이 연구하였던 인물이다. 그는 잠재적인 불만은 언제나 모든 사회에 산재하고 있다는 사실을 믿었으며, 노련한 정치인은 그러한 불만들을 찾아내며, 사회적 불안과 테러행위를 직접적으로 유발시키는 방아쇠를 당기기 전에 위기를 해제할 수 있어야만 한다고 생각했다. 그는 이러한 방아쇠들을 '분쟁의 촉매(the catalysts for conflict)'라고 불렀다. 이러한 촉매들은 테러행위와 같이 인류 자체만큼 오랜 역사를 지닌다. 이들 불만과 분쟁의 촉매 요소의 예는 다음과 같다:

- 생존 – 바르샤바 유대인 강제 거주 지구
- 물 – 요단강 상류
- 식량 보급 – 이스터섬(Easter Island)의 인구 감축 전쟁
- 영토 – 서부 개척민들과 아메리카 인디언
- 천연자원 – Sierra Leone의 다이아몬드/일본의 만주 침략
- 탐욕 – 정복자들, 특히 신대륙 정복자들
- 귀금속과 보석류 – 남아프리카, 1890-1903
- 석유 – 쿠웨이트 1991/Spratley 군도
- 마약류 – 콜롬비아와 마약 카르텔
- 권력 – 히틀러와 체코슬로바키아
- 인민 – 모택동과 중국
- 정치 – 붉은 여단
- 민족 자결권 – 미국의 남북전쟁
- 종교 – 십자군 전쟁
- 이념 – 폴 폿 (Pol Pot)과 캄보디아
- 지배권 – 카쉬미르
- 복수 – 오클라호마 시 폭탄 테러
- 자치권 – ETA와 바스크인(스페인 서부 피레네 산맥 거주자)
- 해게모니 – 체첸
- 자유 – 동티모르
- 언어 – 벨기에의 Walloons 와 Flemings
- 문화 – 알-카이에다와 서구

- 두려움과 의심 - 인도의 힌두와 무슬림
- 빈곤 - 르완다의 투치족과 후투족
- 분규 - 노사관계의 불안
- 계급(투쟁) - 레닌과 (러시아의) 부농

위의 모든 요소는 인류 역사를 통해서 투쟁과 유혈의 참사로 이어졌다. 이 요소들은 놀라리만큼 길지만, 결코 모든 요소를 망라한 것은 아니다. 바델 - 마인호프 갱12)과 붉은 여단 테러리스트 그룹들이 어떻게 옛날식의 불법행위자들이나 문제아들 또는 범죄적 사이코패스와는 전혀 다른 형태의 테러를 자행하도록 적응시켰는가를 살펴보는 것은 예로 들기 괴로운 일이다. 그러나 이들 분쟁의 촉매 요소들이 해결되지 않았더라면, 깊은 불만에 방아쇠를 당겨 테러가 행동에 이르도록 촉매제가 되었을 것이다.

그러한 불만과 그들의 "정의로운" 대의로, 보통의 테러리스트의 면모는 놀라우리만큼 쉽게 구별된다. 그들은 믿음이 있고 "대의"가 있다. 그래서 정의하기를 그들은 옳고 우리는 틀리며, 그들은 우리보다 더 나은 사람이라고 생각한다. 또한, 정의로운 대의를 가진 동지가 됨으로써, 가치관이 없는 적에 대항하는 "투쟁"은 그들의 총체적인 정체성과 존재 가치가 되며, 그래서 "테러 단체"는 곧 그들의 "가족"이 된다. 그 테러 단체는 어떤 희망적인 미래, 즉 대의를 위한 승리가 보장되어 있으며 그 승리가 항상 바로 코앞에 와 있다고 믿는다. 입단한 테러리스트는, 그들이 하고자 하는 것

---

12) 독일의 테러리스트, 안드레아 바델(Andreas Baader)은 특히 우유부단하고 논쟁적인 그의 갱단 회의에서 그는 총을 빼어들고 "하나님을 위해서 논쟁을 멈추라! 당장 나가서 경찰(a policeman)을 죽이자!"라고 소리침으로써 회의를 끝냈다고 전해지고 있다.

들은 나머지 다른 사람들로 하여금 테러리스트가 사람들에게 바라는 무엇을 왜 해야만 하는가를 보여주고, 굴복시키기 위하여 약간의 잔학행위와 살인행위를 하는 것이 전부라고 한다. 테러리스트의 마음은 사실, 임상적으로 자기만족(self-assured)의 사이코패스와 다르지 않다. 보통의 도덕성은 말할 것도 없이, 정상적인 현실은 보류된다.

아마도 테러행위의 모든 것 중 가장 위험한 점은 누구도 테러에 가담하는 그 남성이나 그 여성의 마음을 돌이킬 수 없고, 변경시킬 수 없다는 데 있다. 투쟁은 바로 그들의 삶의 이유이기 때문에, 테러 단체와 대의는 그들의 모든 것이 되는 것이다. 달콤한 이유나 다른 목소리는 배제된다. 그들의 온 인생과 존재는 이제 대의와 문자 그대로 표현해서 범죄적 모의13)에 가담하는 것으로 대변된다. 그래서 그러한 사고방식은 그들과 함께하지 않는 자는 누구든지, 설사 그들 자신의 캠프 안에 있는 온건주의자들까지도 결국 잠재적인 배신자와 적이 된다. 그들의 서클 밖에서 범죄 음모에 미온적인 사람들도 결국 그들과 대의 중 어느 한쪽에 대한 잠재적 배신자가 된다. 그래서 살인과 음모, 편집증과 투쟁이 밤이 낮을 따라가듯 불가피하게 되며, 투쟁은 테러리스트 공동체 내의 파벌 간의 싸움으로까지 확대된다. 테러리즘은 혁명과 같이 어린이들까지 삼키는 경향이 있다. 이슬람 테러리즘은 문자 그대로 이러한 전통적인 방식을 추종해왔다.

---

13) 어떤 단체들은(예로 케냐의 마우마우) 마피아의 전례를 따르고 있으며, 누구든 조직의 새로운 가담자는 입단 전에 주요한 범죄행위를 몸소 실행한 후에 가입시키는 것을 조건으로 하고 있다. 그렇게 함으로써 모두가 되돌릴 수 없는 범죄행위에 참여하고 시행하여 전향하지 못하게 되는 것이다.

✳ ✳ ✳

20세기 후반 아랍 - 이스라엘 분쟁보다 더 첨예한 분쟁은 없었다. 경우가 옳건 그르건 간에, 1968년 이스라엘군의 압도적인 승리 후, 팔레스타인 국민과 그들의 아랍 우방국들은 이스라엘 점령지로부터 군사력으로 이스라엘을 축출할 수 있는 가능성은 희박한 것으로 생각했다. 불결하고 초만원을 이루는 가자 지구와 서안(the West Bank) 천막촌으로 쫓겨나 음울하고 수심에 잠겨, 팔레스타인인들은 무관심한 세계에 그들의 대의를 제시할 다른 방법을 모색하였다. 팔레스타인 해방기구(The Palestine Liberation Organization)의 민병대는 불시에 여객기들을 공중 납치하고 폭파하는 일련의 대담한 일격들을 연속적으로 감행하고 이를 텔레비전의 골든 아우어에 방영시켰다. 세계는 경악하였으며, 굴지의 보험사 중개인들은 손실된 보험금을 계산하며 술잔에 눈물을 흘렸다.

1972년에는, 뮌헨 올림픽에 참가한 11명의 이스라엘 선수들이 납치되고 살해되었으며, 그들 중 5명은 납치되었다. 이때 세계는 공포에 휩싸여 움찔했다; 그러나 PLO의 무장력을 동원한 선전은 대단히 싱공적이있다. 갑자기 세계는 팔레스타인 문제에 대하여 진지한 관심을 가지기 시작하였다. 2년도 아니 되어, 야세르 아라파트(Yassar Arafat) PLO 지도자는 뉴욕 유엔 총회에서 연사로 초청되어, 세계 최고 정치지도자들에게 그의 대의를 주창하였다. 테러리즘이 먹혀들어 갔다.

PLO가 그렇게 화려하게 이끌어 나가자, 다른 단체들이 신속히 뒤따랐다. 1969년, 북아일랜드(영국과 연합하기로 투표했던 얼스터(Ulster) 6개 주)가 지금까지 전개하고 있던 아일랜드 공화국군

(IRA)으로 돌아와 테러행위를 재개하였다. 몸의 발진 증상과 같이, 테러리즘은 세계로 번지기 시작하였다. 아일랜드인으로부터 스페인 바스크인들에게 이르기까지, 바데르 마인호프 갱으로부터 붉은 여단에 이르기까지, "테러리즘"은 불만 세력의 최첨단 수단이 되었다. 그것은 최고조- 또는 최하점에 이르렀는데, 최하점은 1995년, 소수 종교 광신자들에 의한 도쿄 지하철 사린 신경작용제 공격으로 12명의 무고한 여행객을 사망에 이르게 하였다. 그들은 인터넷을 통하여 방법을 찾고, 이를 모방하였다. 일본인 일부 종교 광신자들은 기술, 선전, 죽음과 공포를 결합하여, "세상의 악을 증오하여, 우리는 악마의 멸망을 추구하였다"라는 "인간의 마음을 망연자실케 하는 논리(the mind-numbing logic)"를 적용하려 하였다.

이렇게 테러리스트의 잔학행위가 고조되는 상황에서 변하지 않는 분쟁의 촉매가 하나 있는데: 그것은 다양한 강도로 끓음을 내는 아랍권-이스라엘 대립이다. 그리고, 그 소리가 널리 퍼지면서, 분쟁이 점점 크게 확대되기 시작했다. 1948년 팔레스타인 영토 분쟁으로부터, 세기 말 아랍- 이스라엘 전쟁은 최대로 부풀어진 문화의 충돌로 단계적으로 확대되었다. 식민지 정착자들과 쫓겨난 원주민들 간의 쓰디쓴 지역적 논쟁은 더욱 광범위한 이념적 십자군 전쟁으로 돌연변이가 되면서, 광신적인 이슬람 테러리스트들은 이번에는 그들이 주창하는 성전(Jihad)을 내세워 서방의 세계적인 상업 및 정치적 영향력에 대항하였다. 바야흐로 세계 무대는 대이변을 맞이하게 되었다.

이슬람은 정치적 폭력과 테러리즘의 오랜 전통을 가지고 있다. 참으로, 많은 무슬림들은 코란에 기록되어 있는 대로, 그들의 믿음을 지키기 위해서는 폭력이 합법적이라고 정말 믿고 있다; 또는 적어도 지역 회교 지도자가 그렇다고 말한다면 그렇게 믿는다.

폭발적인 제4의 요소인 선전과 효율적인 현대 기술력의 산소 공급이 이제 사악한 테러리즘의 3대 성공요소에 추가되었다. 알제리로부터 아프가니스탄까지, 이슬람 민병대들은 이제 코란의 축복을 누리고 있다.

이슬람 민병대들은 또한 서방의 자유 민주주의의 취약점을 쉽게 활용할 수 있다는 점에서 서방에 대한 타격에 힘을 얻고 있다. 즉 서방의 국경 개방, 장기간이 소요되는 법적 절차, 표현의 자유, 집회 결사와 거주이전의 자유의 문화는 테러리스트들이 담대하게 공격할 수 있는 긍정적인 여건을 마련하였다. 테러리스트의 대의를 더욱 부채질하는 것은 바로 성행하는 도덕적 모호성이었다. NORAID(IRA 지원단체)가 주관하는 지역 IRA의 '자유 투사들'을 돕기 위한 모금 행사가 아일랜드인 디아스포라의 하나인 보스턴에서 흥겹게 진행됨으로써, 미국 시민들의 아일랜드인의 테러리즘 후원을 중단해달라는 영국의 청원은 묵살되고 말았다. 런던은 고국의 혁명을 모의하는 많은 이슬람 반체제 인사들로 채워짐으로써 일부 교외 지역들은 농담으로 '런던니스탄(Londonistan)'으로 불릴 정도였다.

일부 소심한 정부들은 자국이 테러에 오염되는 것을 방지하기 위한 대가로 이들 위험한 불청객들을 수용하는 정책을 채택하기도 하였다. 많은 정부들은 말썽거리에 휩쓸리지 않기 위하여 테러를 통한 살인자들과 주동자들을 눈감아 주는 것이 낫다고 판단한 것이다.

광신적 이슬람은 서방의 이러한 취약점과 유화정책보다 조금 더한, 연약한 반응들을 주목하였다. 바스크 지역의 스페인과 영국의 대테러 부대들이 활동했던 것처럼, 정부가 테러리스트들에게 강력한 타격을 했을 때에도, (테러리스트들은) 북아일랜드, 런던과 지브랄탈에서 고액의 수임료를 받는 변호사들과 신문 기자들을 몰고 다니며 그들 자신의 보호자인 국가가 사실 법을 어기면서 행동했다는 것을 입증하기 위하여 노력하였다. 그러한 반응을 통해서, 이슬람 테러리즘은 많은 위안을 받았으며, 그에 따라 모의를 지속하였다: 왜냐하면 이슬람은 서방에 대하여 심각한 불만이 있었기 때문이다.

서방에 대한 이슬람의 적대성의 근원적 뿌리는 깊다. AD 632년 마호메트 사망 100년 후, 무슬림 전사들은 중동의 대부분, 서아시아, 북아프리카 연안과 스페인을 정복했다. 그 이후 500년 동안 이슬람은 이전에 역사에 알려지지 않았던 고등 과학과 문학의 문화를 발전시켰다. 대부분의 유럽인들이 질병과 절망과 암흑 속에 빠져 있을 때에, 그들은 천문학, 식물학, 지리학, 수학, 의학, 음악, 시와 야금학 등 모든 분야에서 융성하였다. 1095년까지, 이슬람의 역동적인 문화적, 군사적 팽창은 콘스탄티노플을 향하여 그리고 팔레스타인으로 진격하여 성지로부터 무지하고 남의 말을 잘 믿는다고 생각하는 수천 명에 이르는 크리스천을 축출하기 위한 대장정에 착수하였다. 제1차 십자군 전쟁이 시작되었다.

뒤이은 일곱 차례의 십자군 전쟁은 기독교인과 무슬림 간에 역사적 증오심의 원형(pattern)을 확정하였다. 팔레스타인 지역에 단명의 서방 십자군 왕국이 설립되자마자 1187년 무슬림 지도자 살라딘(Saladin)이 예루살렘을 재탈환했다. 그 후 두 세기에 걸쳐서 생존한 십자군들은 이슬람의 경탄할 만한 인재(wonders)와 학문을 서유럽으로 수입하여 돌아왔다.

　그 역사적 결과는 십자군 전쟁들은 비록 효과적이지 못했지만, 그들의 유산은 서방에서 폭발적인 문예 부흥과 계몽을 가져왔다. 20세기 초까지 서방의 팽창은 옷토만(Ottoman) 제국(구 터키제국)과 이슬람의 모든 전선 - 식민, 경제, 문화, 과학, 무엇보다 가장 위험한 것은 종교 분야 - 에서의 몰락을 가져 왔다. 9세기 전에 군사적으로 패배를 가졌던 곳에서, 서방의 상업과 식민주의가 이제는 알라의 땅에서 식민지를 만들고, 확장하고, 당당하게 지배하게 되었던 것이다. 이는 과거 이슬람의 영광을 재현하려고 하는 진실한 신자들에게는 매우 치욕적인 현상이었다.

　그런데 신흥 아랍권의 '식민지 이후의 지도자들(post-colonial leaders)'은 식민지 시대가 끝나면 진정한 이슬람의 가치관이 지배하리라고 믿어왔던 신자들에게 또 다른 분쟁의 원인을 제공하였다.

　민족주의의 조류는 새로운 아랍 지도자들이 그들의 지배력을 통합하자 진정한 이슬람 국가의 여러 이념들을 일축하였다; 그리고 그들은 전-식민지 시대의 옷토만 체제들처럼 모든 면에서 권위주의적이고 부패하였다. 국가의 근대화 달성과 런던 학계 출신의 "진보적" 경제 발전에 대한 신흥 민족주의 지도자들의 항변은 회교 최고지도자의 말을 압도하였고 그에 귀를 기울이지 않았다. 그러나 진실된 신자들에게 낙원은 서방 스타일의 세속적인 국가는 아니었다. 진리의 길은 이슬람의 이상과 신이 계시한 말씀에 기초한 회교 최고지도자 중심의 믿음의 공동체이었다. 하나된 "신의 왕국"이라는 고대의 개념은 알제리로부터 파키스탄에 이르는 나라들의 이질적인 민족주의 우선에 따라 벌써 형해화 되고 있었다. 이제는 이슬람 세계의 새로운 지도자들은 공개적으로 울라마

*(Ulemas: 회교 지도자)*와 수 세기에 걸친 종교적 가르침과 유산을 무시하고 있었다.

신흥 아랍 민족주의 지도자들은 말로는 신앙심을 보였으나, 본질적으로는 세속적인 지도자들이었다. 표면적인 이유와는 달리 그들은 성직자들이나 이슬람 최고지도자의 오랜 이슬람의 가르침을 무시하고 뻔뻔스럽게 근대적이고 세속적인 행태를 답습하고 있었다.

이집트의 나세르, 아사드 시리아 대통령(Assad of Syria), 이란 국왕(Shah in Iran)에게, 그들의 급진적인 성직자들은 다만 골칫거리에 지나지 않았다. 그들은 민족주의와 이슬람주의 간의 충돌을 무자비한 진압으로 해결하였다. 시리아에서는, 노골적인 반정부세력의 무슬림들은 루비양카(Lubyanka)라는 다마스커스 식 집단으로 흡수되어 조용히 사라졌다. 이집트에서는 '무슬림 형제단(Muslim Brotherhood)'이 해체되었고, 1966년에는, 모하메드의 직계 자손인 Sayyad Qutb, 대 이론적 주창자가 교수형에 처해 졌다; 이란 국왕에 대한 반체제세력인 이란의 시아파들은 - "검은 까마귀"로 경멸하여 일컫는 시아파 최고지도자 포함 - 투옥을 피하여 도주하였다. 탈출한 이란인들의 우두머리는 시아파 최고지도자격인 아야톨라(Ayatollah)인 호메이니(Khomeini) 옹이었다. 이슬람 세계에 서조차도 모스크 회교도와 국가 간에 분명한 단층선이 형성되고 있었다.

수 세기에 걸친 서방의 식민주의와 굴욕에 대항한 타오르는 불만에 국내의 억압에 대한 분노가 또 다른 대의로 추가되었다. 라바트(Rabat)로부터 라왈핀디(Rawalpindi)에 이르기까지 이슬람은 이제 국가와 비밀경찰, 제보자들의 감시를 받으며, 여하한 불만도 국가가 보내는 경고를 의식하면서 조심스럽게 행동해야 했다. 알제의 상점가나, 바그다드, 카이로, 다마스커스, 이슬라마바드에 사는 엄청난 사람들은 독재자들이 지배하는 땅에서 질병과 가난, 무력함 속에서 살아야 했다. 불평등이 도처에 만연되었다. 많은 젊은이들에게는 생존을 위한 길이 보이지 않았다. 그러나 모스크(이슬람교 사원: Mosque)로부터 믿음에 대한 재확신이 돌아왔다: 희망은 이슬람 즉 지구상에 '신의 왕국(God's kingdom)'을 설립하는 것이었다.

모스크는 그 희망이 소리 없이 다가오는 동안 모종의 움직임을 준비해왔다. 회교 지도자들은 국가와 세속의 권력자들에게 유순하게 머리를 조아릴 것을 강요당했지만, 그들은 때가 되면 언제나 설교를 멈추지 않았다. 왜냐하면, 계층의 차이나 민족주의, 문화 또는 언어에 구애됨이 없이 무슬림 세계의 모든 진실한 신도들은 그들의 지배자들의 억압과 공적인 부패의 모든 문제들에 대한 유일한 해결책이 무엇인가를 들어서 알고 있었다.

그들은 모든 사람에게 자유와 정의를 구현하기 위해서는 지구상에 신의 왕국을 건설하기 위한 회교의 성법과 신성한 교과서인 코란을 신봉하는 단일 국가를 세워야만 했다. 간단명료한 현대 언어로 급진적인 무슬림 성직자들은 1960년대와 1970년대에 희망의 복음을 선포하였고, 후-식민지 시대의 이슬람 젊은이들에게 '코란이 우리의 헌법이다'라는 단일 구호를 불어 넣어 불을 지폈다. 현재의 압박으로부터 모스크는 미래에 대한 희망을 품었다.

결국, 더 넓은 세계 무대 위에서 펼쳐지는 사건들은 극단주의자들과 광신자들에게 그들이 기다려왔던 아주 좋은 기회를 제공하였고, 또한 모든 이슬람을 단합시킬 수 있는 천부의 적 - 이스라엘을 만들게 되었다. 역설적인 현상으로 그것은 으뜸이 되는 적인 이스

라엘의 승리로 결과되었으며, 이는 간접적으로 이슬람 무장운동의
발단이 되었다.

1973년 이집트의 사다트 대통령은 수에즈 운하를 넘어 이스라
엘을 공격하였다. 골란 고원과 시나이 지역에서 처절한 전투에도
불구하고, 이스라엘은 그들의 공격자들을 격퇴하였다. 그러나 욤
키푸르 전쟁은 세력의 균형을 이슬람에게 유리한 방향으로 전환시
킨 일련의 사건들이 발생하였다.

수에즈 운하의 봉쇄로 경제적 대혼란이 초래되었다. 석유 가격
이 1971년 배럴당 12달러에서 1970년대 말에는 배럴당 24달러로
급등하였다. 사다트의 바드(Badr) 작전은 석유를 아랍의 강력한 신
무기로 등장시켰다. 석유수출국기구(OPEC: Organization of
Petroleum Exporting Countries)의 석유 수출의 제한은 강화되
었다. 오일 달러가 석유 생산국들의 은행에 쏟아졌으며, 1979년에
는 석유 위기가 서방 경제를 재앙에 빠뜨렸다. 이슬람 세계가 진
정한 글로벌 파워가 되었으며 이는 석유의 덕택이었다.

그 결과 1980년대, 사우디아라비아는 석유수출국기구와 이슬람
세계의 중심이 되었다. 새롭게 발견된 오일 달러의 부를 가지고,
사우디아라비아와 걸프 지역 동맹국가들은 사우디가 주도하는 은
행들을 통해서 대규모의 포교 활동과 수천여의 회교 사원과 세계
적 차원의 이슬람 자선 단체들에게 자금을 지원할 수 있었다.

사우디는 (석유로) 돈을 뽑아 올렸을 뿐만 아니라, 이슬람 세계
에서 또 다른 트럼프 카드를 거머쥐었다. 그들은 또한 이슬람 성
지의 재산 관리인의 직위를 이용하여 거기에 투자할 수 있는 입지
를 만들었다. 상류의 생활을 하면서도 신중한 사우디 지배층 인사

들은 와하브파의 금욕주의 교리와 이슬람교의 규칙을 준수하는 것이 메카의 수호자로서 필수적이라는 사실을 항상 인식하였다. 그들은 체제의 생존을 위해서 엄격한 무슬림으로 행동하는 것처럼 보이지 않으면 아니 되었다. 1986년까지, 사우드 왕은 공식적으로 "성지 관리인"이라는 직위를 가짐으로써, 이러한 엄청난 재력과 국민 대중의 신앙심의 조합으로 사우디는 이슬람 세계의 선망의 대상이 되었다.

그러나 모든 무슬림들이 수니파(Sunni)는 아니었다. 시아파(Shi'ite) 이란이 들고 일어나기 시작했다. 시아파는 이슬람의 약 15%로 구성되어 있으며, 그들은 이슬람에 이르는 진정한 통로는 AD 661년 이슬람 승계와 정통성을 위한 투쟁에서 이슬람 라이벌들에 의하여 피살된 마호멧(the Prophet)의 조카인 알리(Ali)의 가르침을 따르는 것이라 믿고 있다. 회교 최고지도자는 전통적으로 시아파 이슬람에서 신앙적인 면에서나 사회적인 면에서 모두 더욱 강력한 영향력을 행사하고 있다.

1970년대 중반까지는, 이란 비밀경찰의 선전에도 불구하고, 이란의 샤(Shah:이란 국왕의 존칭) 체제는 선동과 불만의 세력들과 대립하고 있었다. 이란의 샤 체제(팔레비 왕조)는 점증하는 두 가지 문세에 봉착하였다. 첫째는, 마르크스 이념과 1960년대의 또 다른 혁명운동에 크게 영향을 받은 투쟁적인 젊은 지식인들 그룹이었다. 고도의 통제된 샤의 전제정치 하에서 민주화의 목소리를 찾지 못해 실망한 상태에서, 학생들은 노동자와 농부들을 붉은 사회주의 혁명에 동원하는 음모를 꾸미고 있었다.

둘째 위협은, 국경을 넘어 이라크의 신성한 시아파 도시 나자프에 망명한 노년의 성직자였다. 그의 이름은 아야톨라 호메이니

(Ayatollah Khomeini)였다.

호메이니의 이슬람 사상에 대한 기여는 주로 그의 "이슬람교의 율법의 지도하에 다스려지는 이슬람 정부" 설립이었다. 서방의 서점가에서는 베스트-셀러로 선정된 적이 없으나, 호메이니의 설교집들은, 회교 신자들에 의해서 지배되며 엄격한 회교의 샤리아 율법(Sharia Law)을 준수하는 "순수한 이슬람 국가(Dar el Islam)"를 만들어야 한다는 이슬람 혁명을 주창하는 내용이었다. 그러한 국가는 당연히 알라의 참뜻과 율법의 미묘하고 까다로운 부분들을 모든 사람들에게 명확히 설명해줄 수 있는 지혜로운 최고 해설자가 필요하였다. (호메이니는 이러한 역할을 담당하기 위해서는 그가 적임자라고 생각하였다.) 이와 같이 샤 체제의 전복을 추구하는 분노에 찬 젊은 중류층 학생들과 드러난 알라의 시아파 말씀이 조합을 이루어 대폭발로 분출되었다.

게다가 1977년 샤 체제는 석유 수익이 떨어지고, 실업자 증가, 증세와 학생 소요로 심각한 곤경에 처하였다. 사바크(SAVAK) 같은 비밀 경찰이 무너지고, 선동은 더욱 격화되었다. 외국에서 호메이니는 간절한 설교를 통해서 불운한 샤 체제를 향해 소름끼치는 저주로 격렬한 공격을 함과 동시에, 신을 부정함은 물론 부패한 독재자에 대항하여 "정통성을 상실하여 상속권이 없는" 이란을 무너뜨리고, 자비롭고 인자한 알라의 이름으로 권력을 쟁취할 것을 독려하였다. 그리하여 망명한 아야톨라는 샤 체제를 반대하는 세력들의 상징적 존재가 되었다. "알라는 위대하다!"라는 외침은 가난한 자, 노동자, 중산층, 학생 그리고 최종적으로 군대까지 - 심지어는 놀랍게도 공산주의자들까지도 - 샤 체제에 대한 절망과 더 나은 미래에 대한 여망, 알라에 대한 헌신 맹세와 호메이니에 대한 충성심으로 연합시켰다. 드디어 1979년 2월, 이란 국왕은 퇴위하고 이집트로 도주하여 망명 생활을 하던 중 사망하였다. 한편 호메이니는 개선하여 그를 흠모하는 테헤란 군중들에게 돌아왔다.

바야흐로 독재 권력을 꿈꾸어 오던, 심술궂고 나이 많은 아야톨라가 이란과 시아파 세계를 다스리게 되었다. 호메이니의 말은 곧 법이었다. 다른 세상의 영성(spirituality)을 증오하며, 무자비하고 획일적인 성정을 가진 호메이니는, 재빠르게 자비하고 인자한 알라의 율례를 그 자신 스스로 엄격한 형태로 만들어 이를 시행하였다. 복수심에 불타는 호메이니가 그의 반대파를 숙청하고, 회교 사원으로 하여금 마구간을 청소한다는 구실로 원수를 갚을 때, 교수형과 총살형 집행자들이 총동원되었다. 정치적 반대파들과 구체제 인사들은 살육되거나 도주하였으며, 동시에 절도범들은 그들의 손이 잘렸고, 동성애자들은 처형되었으며, 사생활이 상당히 복잡한 테헤란의 여인들은 입센 로랑과 디오르에서 쫓겨나 차도르(이슬람 여교도가 사용하는 베일이나 숄로 사용하는 검은 사각형 천)와 부르카(이슬람 여교도의 장옷)로 복귀하였다. 술 종류의 제품들은 수채에 쏟아지고, 모든 서구 자본주의와 퇴폐적 잔재들은 파괴되거나 지워졌다. 이란의 정치는 회교 사원과 동일시하였으며, 중세풍의 관점을 가진 아야톨라는 회교 사원을 지구상에 세운 신의 왕국과 동일시하였다.

그해 안에, 이란은 공식적으로 "이슬람" 공화국으로 선포되었으며, 호메이니는 "알라의 최고지도자"로 옹립되었고, 세상의 모든 반대세력들은 붕괴되거나 중심에서 밀려났다. 이의를 말하는 사제들조차도 투옥되거나 더 나쁜 벌을 받았다. 일촉즉발의 도전적 제스처와 호메이니의 내부 결집력을 과시하기 위하여, 최후적으로

1979년 11월 호메이니의 "이란 혁명당" 소속의 투쟁적인 학생들은 테헤란의 미국 대사관을 폭력으로 점령하였다. 신 이슬람 체제는 서방과 무슬림 세계 전체에게 동시에 충격파를 안겨주었다.

그러나 호메이니는 예상치 못했던 적에 의하여 그의 노선이 제지당하였다. 사담 후세인, "신심이 없는 바그다드의 바티스트"가 국민의 75%가 시아파인 이라크를 압도적으로 지배하고 있었다. "이웃집에 불이 나면 예방 조치를 해야 한다."는 속담을 따라, 1980년 그는 이란을 침공하여, 샤트 알 아랍의 사활적인 석유 수출 시설을 점령하였다. 사담은 또한 호메이니의 광신주의를 우려하여, 불붙기 쉬운 이라크 지붕에 수많은 혁명의 불꽃이 튀기지 않도록 중단시키려는 계산이 있었을 것으로 짐작된다.

호메이니는 그의 혁명노선에 저항하는 치명적 위협에 직면하여, 마지막 수단으로 가난하고 젊은 도시의 노동자 계급과 농민들로 구성된 이란의 광대한 군사력에 눈을 돌렸다. 그들은 보병들이 대부분이었고 그를 권좌에 밀어 올렸던 단순한 신자들이었다. 소외된 이란 중산층들은 이제 손에 잡히는 번영과 진보를 희생하면서, 호메이니가 강조하는 이슬람주의자의 이상이 가져다주는 진정한 혜택에 의구심을 갖기 시작하였다. 즉 종교적인 특혜는 있으나 물질적인 혜택이 보이지 않는 1년의 세월이 지남에 따라, 그들은 회의적으로 변해가고 있었다. 그러자 호메이니는 그들을 새로운 신성한 과업으로 전환시키기 위하여, "믿음을 사수하기 위하여 시아파 개념인 순교(martyrdom)를 하자!"라는 슬로건을 제시하였다.

수십만의 이란 젊은이들이 이라크와 싸우기 위하여 자원하여, 1914-18년 이후 볼 수 없었던 유혈이 낭자한 피투성이 속에서 대굴대굴 굴러다니면서 침략자와 처참하게 싸웠다. 자원병들은 이라크 이랄 케데(Iral Qa'iday army) 군에 정면공격으로 싸워 파리같이 죽어 나갔으나 전진은 중단되었다[14]. 호메이니는 그들의 희생은 불신자 이라크 바티스트에 대항하여 싸우다 희생한 "알라를 위한 순교자들"이라고 떠들썩하게 치켜세웠다. 이란인들의 피, 순교와 희생은 다시 투쟁적인 이슬람의 상징이 되었다.

이슬람 리더십의 정신적 지위가 이제는 신중하고 관대한 사우디로부터 성격이 사납고 혁명적인 이란으로 넘어갔다. 신도들을 향한 새로운 메시지는 분명했다: "경건치 못하고 부패한 지도자들에 대항하여 일어나라, 신의 적에 대항하여 무기를 들라, 성전(Jihad)과 순교(martyrdom)는 승리한다." 피의 이미지와 종교적 열정을 가진 호메이니의 이란은 이란의 혁명을 여타 이슬람 세계에 확산시켰다.

수백만의 아랍과 이슬람 세계에서, 인구의 50%는 30세 이하이며 극빈자인 상황에서, 이란의 무장봉기 호소는 각국에 타격을 주었다. 정부에 불만을 품고 절망 속에서 허덕이며, 이스라엘의 배후를 공격할 방법을 찾아오던 아랍 젊은이들은 레바논과 팔레스타인, 그리고 가자 지구와 서안 지구에서 이슬람 근본주의를 향한 대의를 위하여 대규모 시위를 시작하였다. 처음으로 "알라의 소명"이 반이스라엘 운동으로 뭉치기 시작했다. 그다음에는 이스라엘 국가와 종교에 대한 반대가 하나의 대의로 점화되고 이어서 폭발적인 결과를 낳았다. 이제 이스라엘을 지원했던 누구도 이슬람 신도들의 합법적인 공격목표로 선언되었다.

이란이 지원하는 유력한 운동권인 헤즈볼라(Hizbollah)는 순교의 소명을 호소하였으며, 서방 목표물들에 대항하여 일련의 거대

---

14) 이란-이라크 전쟁(1980~1988)은 1차 대전보다 2배 길었으며, 추정컨대 백만 이상의 사망자가 발생하였다.

한 자살폭탄 테러를 자행하였다. 베이루트에서 한 번의 폭탄 테러로 258명의 미 해병들이 사망하였으며, 웨스턴 전기회사는 (설비와 사무실을) 지방 정부에 맡긴 채로 신속하게 레바논으로부터 철수하였다. 회교의 학자, 교사, 율법 학자와 회교국의 지도자, 회교 사원의 사직승, 도사들은 승전을 선포하였다: 순교와 테러는 막강한 미국조차도 두려움에 빠지게 하였다. 순식간에 호메이니의 이슬람 혁명은 열정이 더욱 고조되었으며, 이란의 국경을 훨씬 넘어서 아랍권을 통합시켰다.

결국에는, 대다수의 성급한 노령자들처럼, 호메이니도 무리하다 실패하였다. 그는 오랜 기간 시아파를 위한 이슬람 성소의 소유권과 관리권에 욕심을 부렸다. 1987년 메카의 하지(hajj)에서 유산된 "자발적인 봉기" 후, 무슬림 세계는 400명의 순례자들의 시체를 발견하고 경악하였으며, 이는 명백히 호메이니의 사악한 범행이라고 맹비난을 퍼부었다. 1988년 이라크와의 장기전에서 전장에서의 소진과 새로운 공세 작전의 시도는 호메이니로 하여금 "독배"를 마시게 하였으며, 결국 그는 체제 생존에 급급하여 사담 후세인과 평화조약에 서명하였다. 그러나 그가 부르짖던 테러와 순교, 성전은 그의 유산으로 남아 있었다. 얼마 후 이슬람 광신주의자들과 투쟁세력들은 새로운 대의를 찾았다.

1979년 급진적인 이슬람 세력들에게는 아프가니스탄보다 더 좋은 대의는 없었다. 1979년 - 호메이니의 혁명과 테헤란의 미국 대사관 폭파사건이 일어났던 같은 해 - 소련은, 혼란에 빠져 있고 시대에 뒤떨어져 있으며, 세계에서 가장 원시적인 나라의 하나로 상호 적대관계에 있던 아프간을 침공하였다.

소련의 침공은, 1979년 12월 26일 '크리스마스 선물의 날'

(Boxing Day: 수고하는 우체국 집배원을 위로하는 날)인 공휴일에, 완벽한 기습 작전으로 개시되어 나토와 세계를 경악에 빠뜨렸다. 소련의 특수전 부대들을 태운 수송기들이 줄을 지어 카불에 착륙하자, 이에 놀란 정보 장교들이 휴가로부터 소집되었다. 아민(Amin) 대통령이 그의 궁에서 피살되고 소련식 공산주의 체제가 설립되었다. 그러나 몇 주가 지나자, 아프간 민족주의자들과 이슬람 열성 세력들이 북에서 내려온 불신자 마르크스주의자에 대항하기 위하여 무자헤딘 전사들을 끌어 모았다. 뒤늦게 소련은 자신들이 담대하고 용감한 적에 대항하는 민족주의 전쟁에 뒤얽히게 되었다는 사실을 깨닫게 되었다. 게다가 그들은 갈수록 잘 무장된 적으로 변모해 가고 있었다. 무자헤딘은 끊임없이 성능이 우수한 기관총, 전문적인 군사 고문들과 치명적인 대헬기 미사일 보급을 받고 있었다. 다름 아닌 미 CIA 지원을 받는 파키스탄이 바로 아프간 저항세력들을 무장시키고 있었으며, 특히 헤즈베 이슬람(Hezb-e-Islam)으로 알려진 이슬람 그룹이 지원하고 있었다. 미국, 한 때 "거대한 사탄"이라고 규탄하던 세력이 이제는 이슬람 근본주의자들을 실제 무장시키고 있었던 것이다. 당시 오사마 빈 라덴(Osama bin Laden)으로 불리는, 세상에 알려지지 않은 사우디 저항세력의 조직책은 미국의 종속 세력의 하나이었다.

빈 라덴은 1957년에 태어났으며, 사우디아라비아의 "성전들(Holy Places)"을 복구시키면서 부를 형성한 예멘 토건 업자의 아들이었다. 오사마의 어머니는 나이 많은 다수의 부인들(이슬람의 일부다처제로 인한)에 의해서 부려지는 "노예 신부"로 고용되어 그의 아버지 집에서 비천한 취급을 받았으며, 그 어린 소년은 그의 어머니의 외아들로서 큰 저택에서 친구도 없이 혼자서 어슬렁거리며 유년 시절을 보냈다. 그러한 유년 시절의 심리적 상처로부터, 결과적으로 엄청난 결과가 초래되었다고 볼 수 있다.

빈 라덴의 청년 시절은 부유한 사우디 청년의 표준 패턴을 따랐던 것으로 보이는 바: 레바논의 대학을 다니며, 그의 친구들과 함께 품행이 단정치 못한 여인들과 술자리에서 흥청거리며, 제다(Jeddah) 거리를 노란색 벤츠 450SL을 타고 연애 상대를 찾아다니곤 하였다. 그렇듯 환락의 플레이보이 시절은 그가 메카 순례를 마쳤던 1977년 급작스럽게 끝났다. 갑자기, 오사마 빈 라덴은 '거듭난 무슬림(a born-again Muslim)'으로 변모했다. 이전에 많은 광신자들이 변화되었던 것처럼, 과거의 정욕에 불타서 저지른 잘못에 대하여 참회하고, 이제는 새로운 종교적 열정으로 경건하고 독실한 신도로서의 길을 모색하였다.

소련의 침공 당시 빈 라덴은 20대 초반이었으며, 그는 신앙심이 깊고, 총명하며, 야망이 있고 부유한 형편이었다. 그는 팔레스타인의 압둘라 아잠(Abdulla Azzam)을 만나 빠르게 매혹되었다. 아잠은 당시 이슬람의 열렬한 설법자였으며, 1980년대 아프간에서의 투쟁을 위한 헌신적인 자원병들을 지원하는 조직을 만드는데 분주하던 터였다. 빈 라덴은 이제 대의와 스승을 동시에 얻게 되었다. 오사마는 아잠의 "봉사 사무소(Office of Service)"에서 자원병을 모집하고, 훈련시키며, 파키스탄과 아프가니스탄의 야영지와 기지에 병력을 이동시키는 기술을 익혔다. 빈 라덴은 유능한 생도이면서 유능한 조직 책임자로 인정을 받았으며, 그 결과 "봉사 사무소"는 30,000여 명의 이슬람 자원 전사들을 세계 각지로부터 획득하여 아프가니스탄으로 파송하였고, 이 과정에서 사우디아라비아 정부 원조와 파키스탄의 군수지원, 미 CIA 정보지원과 스팅거 미사일을 받아냈다.

1989년 소련이 결국 아프간을 포기하자, "사무소"에서 강인하게 훈련된 투사들은 그들 각자의 모국으로 흩어졌다. 이들 "아프간-아랍" 전사들은 이슬람의 적들과 투쟁하는데 있어서 급진적이며, 이슬람의 무장을 주장하고, 성공과 승리의 전력을 가진 자들이었다. 그 후, 이러한 투사들과 아잠의 사무소 요원들로 이루어진 연대 조직망은 알-카이에다(al-Qa'ida), "세포(the cell)"로 조직화 되어, 알라의 이름으로 투쟁하는 그들의 숙명적인 과업 달성을 위하여, 상호간 위대한 소명과 결단에 의해서 뭉쳐진 이슬람 전사요 집행자들로 구성되어, 패자 국제 그룹(a looser international group)으로 성장하였다. 아잠과 호메이니가 분명히 밝혔듯이, 아프간에서의 성전(聖戰: Jihad)과 순교는 지구상에 신의 왕국을 건설하기 위한 시작이었을 뿐이었다.

성취감으로 의기양양해진 빈 라덴은 그의 모국 사우디아라비아로 돌아와 곧 난관에 봉착하였다. 1991년, 사막의 왕국은 외국군 대로, 특히 대부분 미군이 주둔하여 제1차 이라크 전쟁인 "사막의 폭풍" 작전을 분주하게 준비하고 있었다. 코란과 율법을 엄격히 지키는 와하비(Wahhabi) 전통에서 자라난 독실한 빈 라덴은 성전에 매우 근접한 '불결한 외국인들'은 모든 점에서 부패와 오염의 근원으로 생각하였다. 그래서 그는 공개적으로 이를 비난하였으며, 그의 사유 재산과 조직을 사우드 성전의 방호를 위해서 사용하였다. 그러나 이를 달갑게 생각하지 않던 사우디 정부는 빈 라덴과 그의 추종자들을 중대한 도전세력으로 보고, 그를 추방하기 위한 절차를 밟고 있었으며, 1991년, 이에 격분한 오사마는 "알-카이에다" 이름으로 공개적으로 활동하는 '카토움 사무소(Khartoum office)'

를 뒤로 한 채 수단으로 망명하고 말았다.

그러나 알-카이에다 사업은 빈 라덴이 아프간에서 일했던 때와 같이 운영되었던 바: 자금을 모으고, 자원병들을 모집하고 훈련시켰으며, 세계 각지에 병력과 자금을 이동시켜 이슬람의 적들과 투쟁하는데 헌신하는 조직들을 창설하였다. 1992년, 미국이 소말리아를 공격했던 해에는, 이슬람의 적은 더 이상 "무신론자 마르크스주의자들"이 아니었다. 그들은 사라진지 오래였다. 이제 새로운 적은 미국과 팔레스타인에 대한 "우두머리 압제자(arch-oppressors)"인 이스라엘 두 나라가 되었다.

알-카이에다는 공개적으로 소말리아에서 미군과 싸우는 장관급 장교들과 씨족들을 규합하였으며, 1996년, 빈 라덴은 미국에 반대하는 율법적 결정문을 배포하였고, 동아프리카에서 아프가니스탄으로 도주하였으며, 그 조직은 테러 위협단체로서 명백히 정체성이 밝혀진 단체가 되었다. 아프가니스탄 정부는 빈 라덴과 그의 추종자들에게 부족함이 없는 은신처를 제공하였다. 젊은 학생들로 구성된 광신적인 탈레반(Taliban)체제는 그들의 마드라사스(탈레반 자체의 결사 조직의 일종)나 또는 종교학교에서 체득한 선교적 열정으로 불타고 있었으며, 빈 라덴 자신의 와하비 전통과 일치하는 청교도적인 금욕주의를 채택하였다. 그곳 아프가니스탄에서 그는 독실한 신자로서, 조용하고 맑은 정신의 삶을 살면서, 세계적인 살인행위와 대혼란을 획책하였다. 1998년, 알-카이에다는 주아프리카 미국 대사관에 대한 자살폭탄 테러를 시작하였고, 그는 이슬람 신도들에게 총궐기를 호소하면서, 임무가 명시된 이름을 가진 "유대인과 십자군 전사들에 맞서 싸우는 세계 이슬람 성전 전선(World Islamic Front for Jihad against Jews and Crusaders: WIFJ)

창설을 선포하였다. WIFJ는 알-카이에다와 빈 라덴과 뜻을 같이 하여, 테러를 통하여 알라의 전사들을 훼방하거나 그들의 적을 돕는 자들을 팔레스타인에서 몰아내고 살해하며, 아라비아 성지를 외국의 영향으로부터 해방한다는 빈 라덴의 목표를 명쾌하게 추종하였다.

단숨에, 이스라엘, 미국, 서방과 빈 라덴의 세계관에 동의하지 않는 무슬림이 알-카이에다의 합법적인 표적으로 그들의 총기 조준경 안에 들어왔다. 이제 세계적 테러와 "9/11"의 공포를 위한 전선이 공개적으로 박두하였다. 한쪽에서는 알라의 광신적 투사들이 일어나고, 이들은 역사적으로 서방에 반대하는 불만을 규합하였으며, 불만을 품은 수백만의 지지자들과 세계적인 동조 조직망과 접촉하여 무제한의 자금 지원을 받을 수 있었고, 또 다른 한쪽에서는 거대한 사탄과 그의 동맹국들은 군사기지들과 세계적 자본주의를 중심으로 지역적 동조국들과의 네트워크를 형성하여, 유연한 표적들이 노출되어 있음에도 불구하고 이슬람과 이슬람 가치를 모욕하고 있었다.

세계무역센터(WTC) 공격계획은 5년 전부터 추진되었다. 1993년 2월 26일, "유세프(Youssef)"라 불리는 아랍인에 의해서 조립된 1/2톤 트럭 폭탄이 뉴욕의 세계무역센터 아래에서 폭파되어, 6명이 사망하고 1,000여 명의 인명이 부상을 입었다. 그러나 유세프는 도주하였다.15) 그 폭파는 2년 전 사담 후세인의 군대가 쿠웨이트로부터 철수한 날을 기념하여 신중하게 계획되어 성공이 입증된 테러 공격이었으며, 미국 내에 기지를 둔 이라크 공작원에

---

15) "유세프"는 후에 태평양 상공의 12대의 미국 항공기를 동시에 납치 계획을 모의하던 중 체포되었다.

의해서 통제된 것이 거의 틀림이 없다.

유세프의 대형 폭탄은 6층에서 아래로 폭파되었으나, 야마자키의 창의적인 설계와 빌딩 안에서 일했던 수천 명의 작업 종사자들의 수고에 힘입어 (WTC 전체의) 붕괴를 면할 수 있었다. 그러나 WTC의 취약점은 공개적으로 노출되었으며, 피격 후 보다 고층에서 폭파될 경우 점진적 붕괴가 이루어질 수 있다는 가능성을 포함한 광범위한 연구 내용이 언론에 공개되었다. 1993년 공격은 WTC가 구미가 당기는 표적이라는 사실이 증명되었으며, 이에 추가하여 (이슬람의 적대국) 미국과 이슬람 신앙과 배치되는 자본주의라는 양대 산맥을 상징하는 쌍둥이 빌딩이 무너질 수 있다는 예표가 되었다.

결과적으로, 신비의 인물인 "유세프"가 재앙의 청사진을 완성하였다고 볼 수 있다.

✳ ✳ ✳

2000년 즈음에는 CIA가 알-카이에다에 대한 일체를 파악하고 있었다. 2000년 6월 예멘 해상에서 미군 함정 콜(Cole)을 공격하여 17명의 미군 수병들이 살해당한 이후, 세계 정보기관들은 역시 그들이 판에 박히지 않은 수단(콜 함정은 같은 방향으로 항해하는 자살 보트에 의해서 오픈된 상태에서 폭파되었음)으로 자살 폭탄이 준비되어있으며, 잘 협조되고 교활하며 광신적인 조직과 맞서고 있다는 사실을 알고 있었다. 또한, 그들은 잘-방호된 서방의 표적에 대항하여 결정적인 공격을 위한 완전무결한 계획과 실행능력을 갖추고 있었다.

코란 경전은 엄격히 자살을 금하고 있다. 인티하르(*Intehar*), 즉 자살행위는 율법에 반하는 것으로 적혀있다. 그러나 순교 - 샤히드(*shahid*) 그리고, 알라의 대의를 위한 자의적 순교 - 인티샤드(*intishad*)는 용인될 수 있을 뿐만 아니라 칭송받을만한 일로 장려한다. 그러나 모든 무슬림 지도자들이 이에 동의하는 것은 아니다; 헤즈볼라의 셰이크 파드랄라(Sheik Fadlalah of Hizbollah) 조차도 자살 폭탄 행위를 죄악시하였다. 그러나 빈 라덴의 정신적 지주인 아프가니스탄의 팔레스타인 사람, 압둘라 아잠(Abdullah Azzam)은 순교로 얻어지는 영광들에 커다란 강조를 하였던 바: "죽음을 감수하지 않으면 매우 높은 지적체계를 이룰지라도, 영광을 이룩할 수 없다."라고 저술하고 있으며, 다른 곳에서는 "피를 보는 희생없이 현실을 변화시킬 수 있다고 생각하는 사람들은 … 우리 종교를 이해하지 못한다."라고 주장하였다. 순교의 개념은 사실상 이슬람 전통에 깊이 뿌리박고 있으며, 특히 시아파에게는 그러하다.

헤즈볼라는 현대 이슬람계로서는 최초로 자살 폭탄이나 순교정책을 만들었다. 1982년과 1996년 사이, 그들은 스리랑카의 타밀 타이거스의 자살 폭탄을 모방하여 이스라엘에 대항하는 운동을 성공적으로 정착시켰으며, 이는 1945년 일본의 가미가제 조종사들을 모델로 삼았던 것이었다. 팔레스타인 내에서는, 자살공격은 영웅적인 행동으로 묘사하고 있으며, 가족들은 그들의 자녀들의 희생으로부터 명예와 현금 보상을 얻을 수 있었다. 여론 조사 결과는 팔레스타인들의 2/3가 자살 폭탄 공격을 그들의 전술로 받아들이고 있는 것으로 나타났다. 그것은 이스라엘의 주의를 환기(하마스에 의하면, 자살 공격자는 이스라엘 표적들에 대한 공격의

1%의 비율을 차지하지만, 이스라엘 사상자들의 44%가 자살공격에서 발생한다고 주장한다)시킬 수 있고, 동시에 팔레스타인의 대의를 널리 주지시킬 수 있는 두 가지 측면에서 비용 효율적이라고 간주하고 있다.

광신적인 젊은 무슬림들은 많은 사람들이 고학력 소지자들이며, 최소한 10%는 젊은 여성들로 구성되어 있고, 그들은 한결같이 이스라엘 진영과 싸우기를 자원하는 자들이었다. 서구식 마인드로서는 이해하기 어렵지만, 신의 대적들을 순간적으로 쳐부수면서 자신은 즉사하는 것이야말로, 많은 무슬림들에게는 하늘로 가는 보장된 패스포트라고 믿고 있다. 또한, 그들의 희생적 행위에 의해서 그들은 항상 그들의 진정한 정체성을 확립한다; 무가치하고, 중간 정도의 교육 수준이나 젊은 실직자로서가 아니라, 영광스러운 새로운 정체성을 가진 종교심이 강한 전사로, 영생을 보장받을 이름으로 (남기를 소망한다). 이러한 가치관은 서구적 안목으로는 이해하기 어렵지만, 출생 이후 종교적 광신주의로 고취되고 교육받은 감수성이 예민한 젊은이들에게는 유혹적인 선택이 아닐 수 없다. 순교 직전의 며칠 동안은 테러를 관장하는 엄격한 대부(godfathers)에 의해서 이러한 이상을 주입하고 강화시키기 위하여 사려 깊게 관리된다. 멕시코 원주민 아즈텍족들의 인간을 제물로 바치는 의식과 같이, "살아있는 순교자의" '최후의 영광스러운 주간'(final glorious week)은 축제, 처음이자 마지막으로 맛보는 세상의 쾌락, 각지에서 보내온 위로와 존경의 표지, 그리고 사후의 세계에 대한 최후의 감정적인 격려 비디오와 메시지로 절정을 이룬다. 이러한 대중적 경외와 찬사가 넘치는 웹 사이트의 함정에 일단 빠지면, 자살 폭탄 공격자들은 물러서는 일이 없다. 남자이건 여자이건 간에 자기 한 몸을 던져, 대중의 기대에 헌신하게 된다.

알-카이에다의 자살 공격대원은 헤즈볼라와 하마스와 유사한 패턴을 따르지만, 격분을 짓누르고 보다 냉정한 결단으로, 버스 정류장에서 기다리는 불운한 젊은 IDF(이스라엘) 신병들보다는 대규모 표적을 타격한다. USS Cole 테러 이후, 오사마 빈 라덴은 거물이 되어, 세계적인 주목의 대상이 되었으며, 1993년 (세계무역센터) 공격 교훈을 활용하여, 그는 차후 공격 표적을 바로 선정할 수 있었다. 바로 세계무역센터가 손짓하고 있는 셈이었다.

＊ ＊ ＊

2002년 6월, 미 의회는 비록 미국 역사상 최악의 정보 실패(진주만의 비참한 피습을 지칭)는 아닐지라도 국가적인 참사에 대한 상세한 보고를 청취하였다.

출입을 통제한 상태에서, NSA, CIA, FBI의 각 수장과 상원 정보위 의장과 부의장으로 구성된 1급 비밀회의에서 쌍둥이 빌딩에 대한 알-카이에다의 공격 이전, 수개월 동안에 있었던 정보의 실수와 착오에 관한 엄청난 보고를 들었다. 조사 결과, 그 회의에서 알-카이에다가 2001년 9월 11일 민간 여객기를 폭탄으로 사용하여 미국 빌딩을 공격할 것이라는 단 한 조각의 증거나 결정적 단서가 없었다는 사실을 결론지었다. 또한, 여객기들로 세계무역센터와 펜타곤(미 국방성)에 대한 테러리스트 가미가제 공격들은 너무 엄청나서 사전에 예측할 수 없었다는 전통적인 견해의 일치를 보았다. 그 공격은 사전에 예측될 수 없었다는 생각과는 달리, 의회 보고서는 알-카이에다의 음모를 저지할 수 있었다는 핵심 정보가 오히려 너무 많이 있었다고 말해주는 '작은 활자(the fine print: 작은 글자로 쓰여진 불리한 조건 등을 기록한 주의 사항)' 부분을 포착하였다. 안타깝게도, 그러한 부분은 미국 정보기관들에 의해서 무시되고 있었으며, 잘못 처리되었거나 또는 전파되지 않았었다. 세계무역센터와 펜타곤 공격은 사실상 기념비적인 정보 실패의 결과였다.

2001년 9/11 항공기 공격의 정확한 날짜와 시간, 장소에 대한 100% 명확한 정보는 그중 작은 조각 하나도 없었다고 하는 것은 사실이지만, 미국 정보기관들의 오래되고 낯익은 문제들은 다시 되풀이되고 있다는 사실이 의회 청문회의 비밀 증언에서 밝혀졌다.

놀랍게도 미국 정보위원회 위원들은 소위 9/11 피격 이전, 미국 본토에서 유명 빌딩들에 대한 알-카이에다의 항공기 테러 공격이 임박하고 있다는 수십 건의 명백한 징후들을 확보하고 있었다는 보고를 청취하였다.

정보위원회는 진주만 사건 전모와 같은 장황한 설명을 들어야 했다. 정보기관과 법 집행기관인 경찰과 유통이 이루어져야 할 첩보가 교류되지 않았으며; 일부 정보보고서의 핵심이 이해되지도 않았고 추적되지도 않았으며; 수집된 중요첩보가 분석조차 아니 되었으며 그 중요성이 평가되지도 않았다. 피격 후 분석에서, 그것은 미국 역사상 최대의 정보 실패의 하나였다는 사실이 나타나게 되었다. 미국과 다른 나라의 정보기관들은 2001년 9월 세계무역센터 공격의 정확한 시간과 장소는 전혀 식별되지 않았다고 했지만, 미 의회 조사위원회는 그들의 정보기관들은 알-카이에다의 능력과 의도에 관한 다량의 정보들을 사전에 확보하고 있었다고 결론지었다.

알-카이에다의 음모는 오래전으로 거슬러 올라간다. 지난 1994년 12월 알제리로 향하던 프랑스 항공기가 알제리 무장 이슬람 그룹(GAI16))에 의해서 공중 납치되었는데, 그들은 에펠탑 안으로 항공기를 충돌시키려고 계획하고 있었다. 프랑스 특전대가 출동해 공중납치자들을 지상으로 착륙시켜 체포하였지만, 테러리스트의 능력과 의도가 모두 모든 사람들이 알 수 있도록 경종을 울리고 있었다. 1995년 2월, '미 의회 테러와 비재래식 전쟁 특별위원회(US Congress' Special Task force on Terrorism and Unconventional Warfare)'는 알-카이에다는 맨해튼 남쪽에서 공중 납치한 민간항공기를 나르는 폭탄으로 사용하여 테러 공격을 계획하고 있다는 경보를 실제로 배포하였다. 미 정보기관들은 모두 그 보고서들을 접수하여 정식으로 파일에 순서대로 정리하였으며, 추가적인 정보들이 뒤따랐다.

그해 1월, 교황 요한 바오로의 방문에 대비한 사전 보안 조치의 일부로서, 필리핀 경찰은 알려진 이슬람 민병대들의 도움을 받아 한 마닐라 아파트를 난입하였다. 그들이 압수한 서류 중에는, 테러리스트로 수배 중인 한 압둘 무라드가 가지고 있는 컴퓨터에 알-카이에다가 11대의 항공기를 공중 납치하여 동시에 (공중)폭파하거나 또는, 자살 폭탄으로 미국 유명 빌딩들에 직접 충돌하려고 하는 세부 계획들이 포함되어 있었다. 이 계획은 "보진카 작전(Operation Bojinka)"이라는 암호명으로 명명되었으며, 이는 우주 폭발에 대한 세르비아-크로아티아 용어를 따온 것이었다.

이러한 범상치 않은 이야기는 1995년 후반, 파키스탄 정부가 미국에서 지명수배 중인 테러리스트 무라드를 미국에 넘겨줄 때

---

16) GAI: "Armed Islamic Group", Algerian 이슬람 극단주의자 그룹

확인되었다. 심문에서 무라드는 1993년의 신비스러운 세계무역센터 폭파를 주도한 "유세프(Youssef)"의 공범자라는 것이 밝혀졌다. 무라드는 미 연방 수사관에게 자랑스럽게 공개하였는바, 알-카이에다는 미국 빌딩에 항공기에 의한 다이빙-폭격(dive-bomb)을 시도하고 있다는 사항을 진술하였다. 라파엘 가르시아(Rafael Garcia)는 필리핀 국가 수사국을 위하여 노획된 컴퓨터를 디지털 포렌식(Digital Forensic: 과학적 범죄 수사)을 했던 IT 전문가는, 후에 그가 미 백악관, 펜타곤, CIA 본부, 세계무역센터가 포함된 표적 목록을 다운로드 받았으며 이 첩보를 FBI로 전달했다고 밝혔다.

미 FBI는 무라드를 심문하여 그가 미국 표적들을 공격하기 위한 민간 항공기 조종술을 배우라는 명령과 함께 자살 조종사 훈련생이었다는 사실을 자백받았다. 그의 공범자들의 명단을 확보한 미 당국자들은 신속히 1993년 세계무역센터 공격자들의 조사를 종료하였으며, 다시 파키스탄 경찰의 도움으로 "유세프", 제1차 세계무역센터 폭파의 주범이며 영웅들을 이슬라마바드 은신처에서 체포하여 미국으로 이송하였다. 1996년 미국은 그를 재판에 회부하여 종신형으로 미국 감옥에 수감하였다.

제1차 세계무역센터 폭파범에 대한 유죄 판결과 선고일은 (공교롭게도) 9월 11일이었다.

유세프와 무라드는 감옥에 안전하게 수감되면서, 보진카 작전 계획은 CIA, NSA와 FBI의 파일에서 삭제되었다. FBI는 또 하나의 대테러작전의 성공으로 자축하였다. 1986년 CIA가 설립한 '대테러 본부(CTC: Counter Terrorist Center)[17]'는 이를 새로운

---

17) 전통적인 워싱턴 방식으로 FBI는 신속하게 예하 조직으로 국가 대테러기관

정보수집 우선순위에 포함시키려는 어떠한 시도도 하지 않았으며, 급작스레 민간 여객기 조종술을 배우려고 하는 젊은 무슬림에 대한 특별 감시 조치를 지시했다는 기록은 없다. 미국 국내 안전을 담당하는 FBI는 그 사건을 종료시켰다.

그러나 FBI는 1996년 애틀란타(Atlanta) 올림픽 기간 중 특별 공중경보를 발령하여 위협에 대비하였다. 특히 그들은 지방 경찰과 보안 기관들에게 길 잃고 방황하는 농약 살포 항공기들을 유의하도록 경고하였으며, 또한 어떠한 소형 항공기도 공중 납치되어 "올림픽 경기장 안으로 비행하지 못하도록" 강력한 대 공중 납치 대비를 하도록 지시하였다. 변화하는 위협에 대한 이러한 인식은 1999년과 2000년의 연방 비행국(FAA: the Federal Aviation Authority)이 발간하는 연례보고서에서 확인되었으며, 이들 두 보고서는 특히 빈 라덴과 알-카이에다가 "미국 민간 여객기를 노리고 있는 특정 위협"으로 강조하였다. 적어도 항공기를 이용한 공중 공격이 예상된다는 아이디어가 미국의 집단안보기관들 마음속에 깊이 자리 잡고 있었다.

1998년 6월과 2001년 11월 사이, 빈 라덴과 알-카이에다가 미국에 대하여 공격을 준비하고 있으며, 그 공격은 항공기가 사용될 것이라는 무려 17건 이상의 보고서를 확인할 수 있었다. 이러한 보고서들은 이스라엘, 독일, 영국 그리고 파키스탄에서 나온 것들이었다. 그러나 이러한 첩보는 1998년 여름, 미국의 CIA 국장 조지 테닛(George Tenet)이 직접 그의 고급 참모들에게 비밀 브리핑을 했음에도 불구하고, 어떠한 대응 조치나 위협의 재평가는 이루어지지 않았다. 그는 그 브리핑에서 선언하기를 알-카이에다에

인 RFU를 설치하였다.

관하여, "우리는 지금 전쟁하고 있다."라고 하였다. 불행하게도 그는 이러한 역사적인 판단을 반영하기 위해서 국가급 정보수집 우선순위를 변경하는 조치를 하지 못했으며; CIA의 수장으로서 알-카이에다를 대적하기 위한 어떤 추가 자원을 할당하지도 아니했다.

2001년 봄과 여름 동안에도, 알-카이에다가 미국을 타격하고, 아마도 미 본토 유명 표적을 타격하려고 한다는 징후들이 현저하게 증가하고 있었다. 심지어 테러리스트들이 나르는 폭탄으로 항공기를 사용할 것이라는 불길한 증거들이 CIA와 FBI 파일에 쌓이기 시작했다. 전자 통신을 감청하는 국가보안국(NSA)은 분주하게 움직였다. 그들의 제대별 감청 시스템은(모든 교신 내용을 전기청소기로 청소하듯 흡수하여 "테러리즘", "폭탄", "알-카이에다", "간첩 행위" 등과 같은 키 워드들을 분석하는 시스템) 알-카이에다의 교신 내용들을 명확하게 읽고 있었다. 1996년 아프리카의 미 대사관 폭파사건 이후, 알-카이에다는 우선 수집 표적이 되었으며, 9/11사태 후 NSA는 "알-카이에다의 활동 요원들 간의 다중전화기(multiple phone)의 교신 내용을 감청했다"는 사실을 인정하였다. 예를 들면, 1999년 초 알-카이에다의 공중납치자로 의심되는 나와프 알 함지(Nawaf Al Hamzi)라는 한 사람의 이름을 감청하였다. 그 첩보는 파일에 수록되었지만 분명히 전파되지 않았다. 또한, 보다 핵심 요원인 알-카이에다의 작전 계획부장인 아부 주바이다(Abu Zubaida)와 오사마 빈 라덴 본인의 전화도 감청되었다. 2002년 의회 조사과정에서 당혹한 NSA 국장 헤이든(Hayden)은 2001년 5월과 7월 사이 무려 33차례 알-카이에다의 공격에 관한 (정보를 생산하여: 역자 주) 경고를 발령하였다고 안타까워 하였지만 – (정보 사용자는: 역자 주) 대응을 위한 작전행동을 취하지 않았다.

방향을 바꾸어, CIA도 NSA의 그러한 당혹감에 대하여 할 말이 없다. 비록 조지 테닛(George Tenet) 국장이 2001년 여름 "구두로 책상을 치면서 문제를 경고"하고, 그의 부국장에게 대참사를 예언하는 경고를 전파하도록 하였을지라도, 그는 '그의 수준에서 자신이 해야 할 경고(his own warning)'를 실제적으로 행동에 옮기지는 못했다고 전해진다.

CIA는 노련한 현장 경험을 가진 요원의 부족으로 알-카이에다에 관한 인간정보의 거의 전부를 외국인 공작원이나 제보자들에 의존하였다. 설사 있다 해도, 극소수의 미국인 스파이가 이슬람 테러 그룹 내에서 활동하고 있었다. 9/11 이후 익명의 CIA 출처의 말에 의하면, "본부는 주류의 핵심 요원들을 '흘러 지나가는 자리(diarrhoea postings)'로 알려진 한직에는 보직시키지 않는다." 결과적으로, 여러 개의 언어로 기록되어 상호 협조되지 않은 보고서들과 질적으로 우열의 차이가 나는 허다한 보고서가 랭글리(Langley)에 위치한 CIA 본부로 쏟아지는 상황에서, 인원도 부족하고, 과중한 업무 부담을 감수해야 하는 분석관들은 그들로부터 어떤 의미나 이치를 찾기 위해서 고군분투해야 했다. 진실은 CIA의 대테러본부(CTC)내에 아랍어를 구사하는 분석관이 절대 부족하였다는 사실이었다. 대부분의 현존 인력들은 기존의 '국가급 우선 정보요구'들을 해결하는데 과중한 임무가 부여되어 있었다: 사담 후세인의 이라크 내에 설정된 "비행금지 구역(no fly zone)"에 대한 대응 작전, 알-카이에다의 세계적인 동향, 대량살상무기(WMD) 확산, 아프가니스탄, 중동지역 문제와 전 세계적으로 불거지는 다수의 이슬람 민병대 그룹들의 동향 추적. 설상가상으로,

CIA 본부에 재직 중인 분석관들은 누구나 선호하는 "작전/운영 부서(Operations)" 보직과 비교해서 한직으로 간주되었고, 그곳에 보직된 요원들은 단 3년 후에는 자리를 바꾸었다. 그 결과는 다음과 같은 문제를 야기하였다:

'대부분[대테러 본부 분석관들의]은 그들이 목격하고 있는 사건들을 어떤 역사적 맥락에 대입할 수 있는 실력과 능력이 결여되었다 … 그들이 하는 일은 모두 단기적이며 전술적 인 수준이었으며 … 그것은 이해력의 실패였고, 포괄성의 결여이었다.'

1994년과 2001년 사이, 대테러본부는 12건의 특정 보고서들을 분석한 결과, 테러리스트들이 민간 여객기를 공중 납치하여 유명 표적을 목표로 비행을 계획하고 있다는 경고를 발령했다. 몇개의 보고서가 실제로 빈 라덴과 알-카이에다의 이름을 거명하였다. 이들 중 한 보고서는 제보자가 FBI 뉴저지 사무실로 직접 걸어 들어와서 요원에게 제보한 내용이었는데, 알-카이에다가 항공기를 공중 납치하여 불상의 빌딩으로 비행하려는 계획을 하고 있다는 말에 그는 아연실색하였다. 그 제보자는 거짓말 탐지기로 확인 결과, 그의 제보가 사실이라는 것이 입증되었음에도 불구하고, FBI는 다른 기관에 아무런 경고를 하지 않았다. 이는 정말 상상할 수도 없는 일이었다; 실존 세상이 아닌 톰 클랜시의 소설에서나 나올 법한 얘기가 아닌가.

알-카이에다의 의도에 관한 이 모든 단서들이 있음에도 불구하고, 대테러본부와 여타 기관들은 알-카이에다가 여객기들을 폭탄으로 사용하려는 계획을 수집계획에 최신화시키거나 포함시키는 조치를 취하지 않았다. 또한 새로운 중요정보요구(CIRs: Critical Intelligence Requirements)가 발행되지도 않았으며, 요구되지도 않았다. 미 정보 공동체는 분산되고 분권화되어, 일상적인 업무에 만족하며 진행되었다.

사실상 대테러본부는 FBI나 NSA로부터 나오는 정보보고 배부선에서 자주 누락되거나 포함되지 않는 경향이 있었고, 그들은 단순히 심각한 위협 인식의 결여 현상을 은폐하기 위한의회 입막음을 위한 가리개(Congressional fig leaf) 역할을 위하여 존재하였다. 국가급 정찰위성을 활용한 대테러본부의 임무 요청은 보다 중요한 비-테러리스트 표적 임무로 인하여 기각되곤 하였다. CIA는 월 스트리트와 "거대 자금(big money)"과의 악명높은 연결고리가 있음에도 불구하고, 오사마 빈 라덴의 자금과 은행 거래망을 추적하기 위한 시도는 왕왕 인력과 금융전문가의 부족을 구실로 유산되었다. 이러한 문제는 결국 피격 이전 최종 며칠 동안의 치명적인 취약점으로 입증되었다.

2001년이 되면서 보다 많은 문제의 징후들이 수평선 위로 나타나기 시작했다. 대부분의 과로한 정보 분석관들에게조차도, 일부 징후들은 참으로 매우 명백히 부상하였다.

2001년 초 말레이시아 CIA지부는 두 사람의 상급 알-카이에다 테러리스트로 알려진 칼리드(Khalid) 알 미드하르와 나와크 알 하즈미가 말레이시아의 한 아파트에서 만났으며, 그 후 미국으로 여행하고 있다는 사실을 탐지하였다. 이 중요한 두 사람의 만남은 "칼라드(Khallad)"라고 하는 미국 함정 Cole 폭파를 배후에서 조종한 테러리스트임이 미 CIA에 의해서 포착되었다. 칼리드와 칼라드는 동일 인물이었다. 알 함지 역시 포트 미드에 위치한 NSA

에게는 잘 알려진 인물이었다. 신호정보 요원은 1999년 하즈미가 알-카이에다 테러리스트이며, 그가 미국 민항기에 대한 공중납치를 계획하고 있다는 사실을 입증할 수 있는 메시지를 감청하였다. 그러나 그들은 CIA나 FBI에게 분명하게 알려주지 않았다.

　CIA 측에서도, 말레이지아에서 알-카이에다 테러리스트들이 대거 집결하여 작전회의를 하고 있는 이 사실을 감시하고 있었음에도 불구하고, FBI 측에 통보하지 않아 미국 입국자 감시 명단에 두 테러리스트의 이름을 올리지 못했다. 그 결과 FBI와 미 이민국은 이들 두 공중 납치 예정자와 알려진 알-카이에다 테러리스트들을 특별조사 없이 단순 통과시킴으로써 미국으로 입국을 가능케 하였다. 따라서 그들은 로스안젤스(LA)에 있는 알-카이에다의 경리책임자로 식별된 알 바유미와 후에 공중납치자 세 사람 중 하나인 하니 한쥬르와 긴밀 접촉을 할 수 있었다. 이렇듯 완전한 테러리스트 지원팀은 FBI 코앞에서 '지금까지 식별되지 않은 알-카이에다의 미 국내 군수지원망'에 의해서, 기 노출된 두 이슬람 테러리스트들에게 아파트와 의복, 차량, 운전 면허증과 행정적인 각종 지원을 제공하여, 낯선 이국에서 정착하도록 도움을 주었다. 한편, 여기에 관련된 모든 요원들은 조심스럽게 자신들의 수염을 깎고, "서구화"하여 클럽이나 바에서 술을 마시는 모습을 보여주곤 하였다. FBI는 이에 대하여 일상적인 활동으로 간주하고 특별한 관심을 두지 아니 하였다. 이러한 모습이야말로, 그들이 생애 처음으로 미국에 와서 환락가에서 흥청거리는 아랍 젊은이들의 보통 모습은 아니지 않을까?

　CIA나 FBI 어느 쪽도 서방에서의 그 그룹의 특이한 행동을 알-카이에다의 의도와 유추하지 않았다. 후에 어느 FBI 요원은 분노에 찬 목소리로 CIA가 미드하르와 하즈미는 이미 알려진 테러리스트였고, 또한 그들이 다른 알-카이에다 용의자들을 만나고 있다는 사실을 말 해주었다면, "(결과는) 엄청난 차이"가 있었을 것이라고 말했다. (후에 FBI는 적어도 14명의 알려진 테러리스트 용의자들이 서부 해안에서 어슬렁거리던 알-카이에다 요원들과 접촉하는 것이 식별되었다고 인정했지만, 그 보고서에는 "추가적으로 추적된 내용은 없었다.") 후에 연방 항공국은 비통한 심정으로 원망하기를, 만일 알 미드하르와 알 함지가 정부의 요 감시인물로 선정되어있었다는 사실을 통보받을 수 있었다면, 그 두 공중 납치자들은 9월 11일 아침 마지막 '77 항공편'이 펜타곤으로 이륙하기 전에 결코 탑승이 허용되지 않았을 것이라고 하였다.

약점을 잡아 혼내주고 모욕까지 한다면, FBI가 알-카이에다의 서방 조직에 대한 관심을 가졌다면, 그들은 엄청난 사실들을 확인할 수 있었을 것임이 판명되었다. 후에 모든 정보들을 종합해보면, 이 기간 동안 두 알-카이에다 테러리스트들 역시 캘리포니어주, 샌 디에고에 있는 FBI 핵심 첩보원들을 만났다는 사실이 밝혀졌다. 그 의문의 인물은 이름이 밝혀지지 않았으나, FBI가 운용하는 무슬림 제보자였으며, 그의 주 임무는 미국내의 이슬람 테러 행위에 관한 보고를 하는 것이었다. 그러나 이 첩보원은 FBI로부터 그의 새로운 두 사람의 이슬람 지인들에 관한 첩보 보고 임무를 부여받지 못했다. 따라서 그는 이들 두 알-카이에다 요원과 가까이 하지 않을 수 있었고, 그들의 신뢰를 얻기 위한 어떤 시도도 하지 아니 하였다. 그 결과 FBI는 알-카이에다 공중납치자들의 계획을 수집하기 위하여 심어 놓은 유일무이한 제보자로부터 그들 두 테러리스트들에 관한 정보를 수집할 기회를 놓치고 말았다.

이외에도 다른 많은 경고들이 2001년 여름 동안 쇄도하였다. 2001년 7월, 애리조나 주, 피닉스에 위치한 FBI 지국에서는 FBI 본부 대테러실과 뉴욕 지국에 알-카이에다 행동 요원들이 미국 내에서 현재 활동 중이라는 특별 경고 전문을 발송하였다. 그 전문에는 또한 한 비행학교장에 의하면, 두 명의 아랍인들이 "비행하는 기술을 배우는 데는 지나친 관심을 가지지만 이륙과 착륙하는 기술에는 많은 관심을 가지지 않는다."고 경고하였다. 피닉스 FBI 이-메일은 후에 의회 조사위에서 "전자 통신(electronic communication)"으로 유명해졌지만, 다음과 같은 네 가지 특별 조치를 요청하였다:

- 미국 내 모든 비행학교의 외국인 학생들의 배경에 대한 즉각적인 조사
- 미국에서 비행 기술을 배우는 외국인 학생들의 비자(visa) 조사
- 장차 의심되는 활동을 감시하고 보고하기 위한 비행학교와의 정기적 연락망 설치
- 이들 정보보고서의 중요성을 논의하기 위한 CIA와 여타 관계기관들의 긴급 회의 소집

그 "전자통신"은 FBI의 RFU, 뉴욕 지국(미국 내에서 테러리즘에 대한 최고 책임기관), FBI 테러 분대와 FBI의 오사마 빈 라덴 전담분대에게 전송되었다. 그러나 아무도 꼼짝하지 않았다. FBI 본부는 이 정보를 무시했고 아무 조치도 하지 않았다. 그들은, 결국 FBI 변호인이 지적했듯이, "FBI는 법의 집행기관이었을 뿐, 정보 수집기관이 아니었다." 이는 "연방수사국이 담당해야 할 범죄행위가 아니었다."

더한 악재가 등장했다. 2001년 8월 16일, 미니아폴리스 FBI 지국은 지방 비행학교로부터 수상한 아랍인이 미네소타 비행 훈련 과정에 등록하였으며, "대형 상용 민간항공기 비행에 관심"을 가지고 있다고 귀띔을 받았다. 즉각적으로, 공중납치를 준비하는 것으로 의심한 지방 FBI 요원은 그 아랍인, 자카리 마사위를 구류하였으며, 그는 2001년 1월 23일 미국에 입국한 자로 90일 비자를 보유하고 있었다. 그 비자는 5월 22일 만료되었으며, 8월 11일 비행 과정에 등록한 때는 그는 분명히 불법 체류자 신분이었다.

그 지방 FBI는 정식으로 그를 수사하였으며, 소지품으로 정강이받이, 속을 넣은 장갑과 나이프 한 자루를 찾아냈다. 왜 그러한 소지품들을 가지고 있느냐고 물었을 때, 마사위는 "보호"에 필요했기 때문이라고 서투르게 답변하였다. "어떤 보호"인가 라고 물었을 때, "신도는 믿음을 지키기 위해서 싸울 준비가 되어있어야 한다."라고 답변하였다. 그 미니아폴리스 FBI는 그를 구속하고 표준절차에 따라 조사하였다. 그의 비행 교관과 동료 학생들로부터 마사위는 프랑스 태생이라고 알려져 있었고, 그는 항공기 조종사가 될 것이라고 말했지만, 그 역시 이착륙에는 관심이 없고 오직 보잉 항공기 시뮬레이터 비행에만 관심을 보였다고 하였다.

그들은 분명히 장차 항공기 공중납치자를 체포한 것으로 판단하여, 지방 FBI는 FBI 본부에 즉각 보고함과 동시에 외국인 정보 조사법(FISA: Foreign Intelligence Surveillance Act)에 의거한 마사위의 가택 수사와 감시를 위한 법원 명령을 요청하였다. 그러나 FBI의 워싱턴 변호사들은 FISA의 법적 전문성과 FBI의 주 임무는 "법의 집행이지 정보활동이 아니다."라고 하는 똑같은 말로 이유를 들어 법원 명령 신청을 거절하였다.

또 다른 악재는, 그들은 '특정 첩보의 정보 가치(the Intelligence value of the information)'를 완전히 무시했다는 사실이었다. 마사위는 유명한 테러리스트 용의자였으며 수배자였다는 프랑스 당국의 경고에도 불구하고, 그 첩보를 알 미드하스(Al Midhas)나 알 함지(Al Hamzi)의 행동들과 대조하거나 연계시켜 보는 어떠한 시도도 하지 않았다는 사실이었다. 미니아폴리스 FBI는 마사위가 '민간 항공기 작동 매뉴얼'을 수집하는 수상한 행동을 하였고, 한 야지드 무파트가 보낸 서신을 소지하고 있다고 주장하였으나 모두 무위로 끝났다. 아직도 야지드 수파트에 관한 추가 조사 내용이 있었는지는 의문이다? DC에 있는 FBI 본부는 '본부 법무 변호인' 측이 외국인 정보 감시법의 법률적 전문성을 상당 기간 갑론을박하고 있을 때, 거만한 태도로 이러한 경고성 보고서들을 한낱 호들갑일 뿐이라고 무시해 버렸다.

만약 FBI가 "야지드 수파트"가 사실상 유명한 알-카이에다의 재무관이었고, 말레이지아에 알-카이에다의 아파트 소유주였음을 인지하고 있었다면, 보다 강력한 반응을 보였을지 모른다. 이 아파트는 2001년 CIA가 감시하고 있던 알 미드하르, 알 함지와 미 해군 함정 콜을 폭파했던 '칼리드'가 미팅을 했던 곳이다; 그러나 CIA는 FBI에게 전혀 이 사실을 통보하지 않았었다. 지구상에서 최고의 컴퓨터 망을 구축하고 있는 세계 유일의 초강 정보기관 내의 누구도, 심지어 CIA 예하의 대테러본부조차도 그 첩보를 대조하거나 관련 정보들과 연결시켜 보지 않았다. CIA와 FBI는 마찬가지로 각각 다른 행성에서 운영되고 있었던 것처럼 보인다.

2001년 여름이 지나감에 따라, 초조해진 CIA는 함부르크에 기지를 둔 알-카이에다 세포조직의 중요성을 점차 깨닫게 되었다.

독일의 국내 보안 기관인 BfV(German Domestic Security Service, the Office for the Protection of the Constitution)는 CIA에게 함부르크 세포조직의 하나인 모하메드 아타(Moha-med Atta)가 그때 미국으로 이동했다는 사실을 통보하였다. (후에, 9/11 공격 이후 적어도 세 사람의 공중납치 조종사로 추정되는 인물들이 1990년대 함부르크에서 이슬람 급진주의 세포조직의 일부로서 함께 기거하였으며, 아마도 거기에서 알-카이에다에 의하여 포섭되었다는 사실이 밝혀졌다.)

그러나 CIA가 인지하고 있었던 것은, 모하메드 아타는 독일에서 폭약 밀수전력을 가진 유명한 알-카이에다 테러리스트 용의자였고, 또한 이스라엘에서 테러리스트 폭파범으로 활동하는 수배 인물로 알고 있었다. 그가 이렇듯 포악하기로 이름난 테러리스트 조직원임에도 불구하고, 아타는 유효기간이 경과되어 입국 비자가 불법인 상태에서도 미국 입국이 허용되고 자유롭게 활보할 수 있었다는 사실은 (미국 관료주의의) 무능의 소치이며, 한편 불길한 대재앙의 전조가 아닐 수 없다.

CIA가 참으로 세계무역센터 붕괴 이전 알-카이에다의 음모를 알았었는가에 대한 퍼즐은 또 다른 세부내용들을 현미경 아래 함께 갖다 놓고 분석해보면 더더욱 황당하지 않을 수 없다.

만약 그들의 주장이 사실이라고 한다면, CIA와 FBI 어느 쪽도 예정된 알-카이에다 기간 요원 조종사들을 위한 완전한 훈련계획이 플로리다주 베니스에 있는 후푸만 비행학교에서 진행되고 있었다는 사실을 인지하지 못 하였다고 생각할 수 있다. 그러나 그 당시 CIA는 카리브 항공사라는 위장회사의 격납고를 후프만의 비행학교와 같이 사용하고 있었기 때문에, 정말 어떻게 이러한 일이 발견되지 않고 이루어질 수 있었다는 사실은 신비한 일이 아닐 수 없다. 그리함에도 불구하고, 모하메드 아타와 그의 아랍 친구들의 비행훈련은 미 연방당국에게 전혀 발각되지 않은 상태로 진행되었던 것으로 보인다. 이처럼 매우 신기한 우연의 일치는 필연적으로 9/11 전에 CIA는 정말 얼마나 알고 있었는가 하는 의심을 제기하지 않을 수 없다. 아니면, CIA는 미국에 기지를 둔 알-카이에다의 세포에 침투하여 "이중간첩 행위"로 장차 오사마 빈 라덴의 조직에 대항하여 그를 활용하려 하였는가?

CIA는 한편 알-카이에다의 배후의 진짜 지도자와 오사마 빈 라덴은 동일 인물인 칼리드 셰이크 모하메드(KSM: Khalid Sheik Mohammed)라는 사실을 매우 잘 알고 있었다. 알-카이에다 내에서 칼리드 셰이크 모하메드의 별명은 "알 묵타르(al Mukhtar)", "수뇌(the Brain)"라고 불렸으며, 그는 오랜 기간의 테러리스트 전력을 가지고 있었고, 테러를 계획하였다. 또한, 그는 1995년 필리핀의 보진카 배후 주모자로 CIA에게 잘 알려진 인물이었으며, 수배 중인 테러리스트로 1996년 미국 당국에 기소된 자였다. KSM은 세계에서 가장 유명한 수배자의 한 사람이었다.

2001년 봄, 여러 외국 정보기관들은 KSM은 알-카이에다의 핵심 기획자로서 적극적으로 식별되었을 뿐만 아니라, 저명한 미국 표적들에 대한 중대 공격을 실제적으로 조직하고 있는 인물이라고 알려 주었다. 그러나 CIA분석관들이나 CTC는 FBI와 NSA에게 재차 경고를 보내고 이러한 새로운 위협에 대한 새로운 수집계획을 보완하는 대신, 온 여름 동안 KSM의 중요성을 평가하지 않고, 2001년 6월, 미국으로 오는 여타의 테러리스트들에 대한 임무만을 하달하였다.

늦은 7월 이후, 임박한 테러리스트 공격징후들이 빠른 속도로 쌓이기 시작하였다. 이들 정보 징후들은 그 당시 매우 명백하였으며, 지나고 나서 확인된 20/20의 "사후에 알려진 사실로 과거사를 조명하는 현미경(retroscope)"의 이점을 이용한 것이 아니었다. 2001년 9월 까지, 미 정보기관들은 다음 사항들을 알고 있었다:

1. 백악관 대테러 조정관(The White House National Coordinator for Counter Terrorism), 리처드 클라크(Richard Clark)는 모든 정보기관들에게 임박한 테러 공격에 관한 경보를 발령하였다.
2. 국가보안국(NSA)은 알-카이에다가 백악관, 펜타곤, 세계무역센터를 표적으로 삼고 있다는 명백한 정보를 수집하였다.
3. 연방수사국(FBI)은 알-카이에다 테러리스트들이 미국에서 대규모로 실제 활동하고 있다는 사실을 알고 있었다.
4. 중앙정보국(CIA)은 헌신적인 고위급 이슬람 테러리스트들이 제3의 잔학행위를 계획 하고 있고 미국으로 이동하였다는 사실을 매우 잘 알고 있었다.
5. FBI와 CIA는 테러 용의자들이 미국에서 비행교육을 받고 있으며, 그들은 민항기 조 종 기술에 관심이 있다는 사실을 알고 있었다.
6. 알-카이에다는 수년에 걸쳐서 민간 여객기를 날아다니는 폭탄으로 사용하여 미국의 표적들을 공격하는 '보진카 작전(Operation Bojinka)'을 계획해왔다는 다량의 정보들 이 존재하였다.
7. 워싱턴 주재 이스라엘 정보 연락관은 미국 당국에게 공중에서 식별이 가능한 미국의 표적들에 대한 공격이 임박하고 있다는 경고를 해오고 있었다.
8. 러시아 정부는 "강력한 어조로" 미국에게 "미국은 이슬람 테러리스트 항공기로 민간 빌딩을 타격하는 임박한 위험"에 처해 있으며, 25명의 자폭 조종사들이 그 임무를 위하여 훈련을 받아왔다"고 경

고하였다.

9. 프랑스 비밀정보기관(the French Secret Service: DST)은 "아프
   가니스탄으로부터 명령을 받아 수행될 미국에 대한 임박한 테러 공
   격이 예상된다는 매우 특수한 첩보(very specific information)"
   를 제공하였다.

10. 이집트 무바라크 대통령은 8월 말, 백악관을 향하여 공식적으로
    "가까운 장래에" 미국에 대한 공격이 예상된다는 그의 정보기관
    이 수집한 정보를 인용하여 경고하였다.

11. 알-카이에다의 내부 교신에서는 "거대한 사탄인 미국에 대한 임
    박한 히로시마 공격"이 있을 것이라는 경고가 나타났다.

12. 필리핀 정부는 CIA 연락관에게 9월 11일은 "유세프" 투옥에 대
    한 일종의 보복을 위한 기념일이 될 것 같다는 경고를 하였다.

13. 모욕적인 표현으로, 2001년 6월 말 오사마 빈 라덴은 아랍 언론
    에 공개적으로 과시 하였는 바: "앞으로 2개월 내에, 거대한 사
    탄 미국에 대한 공격이 세계를 놀라게 할 것"이라고 하였다. (아
    랍어의 수사법에서 본다면, 이는 틀림없는 테러공격에 대한 의도
    로 고려해야 할 표현이었다.)

알-카이에다가 오랜 기간 염원해오던 보진카 계획이 이제 시행
되고 있다는 이 모든 징후들은 2001년 9월 7일까지 미국 정보기
관의 수중에 있었다. 이날은 "미국 시민들이 오사마 빈 라덴의 알
-카이에다 조직과 연계된 극단주의 그룹으로부터 테러 위협의 표
적이 될지도 모른다."라는 일반적 경고가 발령된 날이었다. 이 경
고에는 테러 위협을 받고 있는 특정 지역이 지정되지 않았으며,
'그 지역은 지금까지 맨해튼 아래쪽이라고 공고되어 온 위협'이라
는 언급도 없었고, 또한 FAA는 공중납치된 민항기를 사용한 '가

미가제'식 실제적 위협이 된다는 사실도 통보받지 못했다.

무엇인가 참으로 큰일이 벌어질 것이라는 두 가지 단서가 9월 11일 사태의 전주(前週)에 나타났다. NSA는 9월 8, 9일경, 빈 라덴과 그의 모친 간의 전화 통화 내용을 감청하였다고 주장하였는데, 그 통화에서 사우디 테러리스트가 말하기를 "이틀 안에 대단히 엄청난 뉴스를 청취할 것이며, 그래서 한동안 통화가 어려울 것"이라고 하였다. 이러한 신호정보는 미국 정부의 극비의 조직으로부터 나왔기 때문에 이를 재확인할 수는 없는 일이지만; 그러나 그것이 사실이라면, 특히 다른 정보와 결합하여 판단해 볼 때, 이는 알-카이에다가 관련된 정말 무엇인가 엄청난 사건이 진행되고 있다는 확실한 증거였다.

두 번째 단서는 좋은 정보의 출처로 잘 알려진, 뉴욕 주식 거래소(the New York Stock Exchange)로부터 무엇인가가 진행되고 있다는 명확한 징후가 보였다.

모든 정보 전문 장교들은 항상 "작전보안(OPSEC)"의 실제적인 취약점이 행정부문에 있다는 것을 알고 있다. 예를 들면, 공격작전을 위하여 사전에 배부되는 지도들은 해당 부대의 예정된 공격 지역을 누설하는 무료 견본이나 다름이 없다. 특히, 돈의 흐름은 작전을 누설시킬 수 있다.

이와 같은 맥락으로 북 아일랜드에서, IRA는 영국의 비밀 정보 요원으로부터 요구되는 "가외 근무수당 청구"에 주의를 기울이는 법을 터득하였다. 가장 위험한 비밀정보 임무에서조차도, 북아일랜드 본부에 근무하는 영국 국방성 민간 공무원들은 "가외 근무수당 청구"를 구체적으로 작성할 것을 주장하였으며, 청구된 경비 사용에 대한 정부 양식을 의심스럽게 자세히 보았다. 그들의 업무는 정보기관에서 비밀리에 엄청난 위험 가운데 근무하는 상등병 하나가 민간 차량을 빌려 쓰는 비용은 말할 것도 없이, 1파인트(0.57리터)의 맥주 값도 납세자들의 돈을 횡령하지 않고 있다는 사실을 확인하는 것이었다. 페니 단위 비용도 "적합한 국방성 청구 양식"에 따라 사용자의 사용 일자, 장소, 시간을 명시할 것을 요구하였다. 차량 등록 부서와 북아일랜드 비용청구 사무실에 심어진 IRA 스파이들은 화이트홀(행정부) 재정부서의 유일한 급소를 신속히 발견하여, 군의 비밀작전에 관한 정보를 찾아내 그것을 사용하여 비밀작전에 참여하는 군인들을 살해하였다.

보진카 작전도 이러한 황금 룰(rule)에서 예외는 아니었다. 공격 개시 1주전에 아주 기묘한 금융 거래가 미국 주식 시장을 휩쓸었다. 만약 무엇인가가 임박했다는 정보가 폭로되면, 그 사실을 알고 있는 사람들은 막바지에서의 주식 거래의 일진 광풍이 금융 시장을 그들에게 유리한 방향으로 흔들 것이라고 주의를 환기시킨다.

"풋 옵션(put option)"은 기본적으로 주식의 미래 가격에 베팅하는 것이다. 아주 적은 비용(증권거래소가 권리 매매시 받는 프리미엄: 역자 주)으로 투자자는 여러 주식을 매수하는 옵션에 서명한다. 그는 계약을 맺고 미래의 어느 시점에서 합의된 고정 가격으로 이 주식에 대해 지불할 것을 보증한다. 이 고정 가격은 일반적으로 계약 당일 시장 가격보다 낮다. 그는 기본적으로 더 싸게 살 기회를 잡고 있는 것이다.

옵션 날짜가 되었을 때, 이 고정 매수 가격이 주식의 원래 가치보다 훨씬 낮다면 투자자는 고가의 주식을 매우 저렴한 가격에 매수하게 된다. 그러나 그가 잘못 판단해서, (고정 매수) 주식 가격이 높다면 그는 매우 큰 손실이 발생하여 엉망이 된다. 본질적으로 투자자는 미래의 주가가 하락할 것이라는 도박을 하고 있는 것이다. 강한 정신력이나 점치는 데 쓰는 수정 구슬이 없는 사람들을 위한 옵션은 미래에 대한 베팅에 불과한 것이다.

WTC 공격 수일 전에 굉장한 무엇인가가 발생하였다. 시카고에서 무려 4,500여 건의 유나이티드 에어라인 항공사의 '풋 옵션'이 9월 10일 서명되었다. 보통 때는 3-40건 정도에 불과하였다. 뉴욕에서는 9/11 3일 전에, 유나이티드 에어라인과 아메리칸 에어라인 항공사의 주가가 폭락하였다 - 이들 두 회사의 항공기들이 쌍둥이 빌딩을 공격하는데 사용되었다. 누군가는 거대한 미국 항공사들의 주가가 폭락하는 기회를 이용하여 거액의 돈을 걸고 있었다. 이는 거대한 규모의 내부자 거래였다.

모건 스탠리(Morgan Stanley) - 불행히도 WTC 빌딩 자체에서 거래했던 - 는 "풋 옵션" 건수가 9월 5일에는 매일 27건의 계약이 WTC 공격 전 3일 동안 무려 2,100 여건으로 급등하였다고 보고하였다. 누구든지 이러한 거래를 혼자 했던 사람은 그들의 옵션을 마감했을 때 1,000,000 달러 이상을 보장 받았다. 한편 메릴 린치(Merril Lynch)는 아메리칸과 유나이티드 항공사에 대한 "풋 옵션"이 1,200% 급등하였다고 보고하였다. 알-카이에다는 실제로 하나보다 많은 방법으로 "의도적인 살상(make a killing)"을 계획하고 있었다. 유럽에서는, 프랑스 거대 보험회사인 AXA같이 경고 태세에 들어간 투자자들은 조정 기관에게 신호를 보내고, 실태를 조사하였다. 그러나 이미 때는 너무 늦고 말았다.

공격을 받고 난 다음의 충격파들은 너무 잘 알려졌기 때문에 재론할 필요가 없다. 2001년 9월 11일 알-카이에다의 제2의 보진카 작전이 실행되었을 때, 일련의 넋을 잃게하는 파괴적인 공격들이 진행되는 상황을 텔레비전 생방송을 통해 본 시청자들은 경악하였으며 세계는 충격에 휩싸였다. 용의주도하게 계획되고 실행된 작전으로, 261명의 승객과 승무원들을 만재한 4대의 미국 민항기들이 동시에 미국의 동부 해상에서 공중납치되었다. 두 대의 민항기가 맨해튼에 위치한 세계무역센터의 쌍둥이 빌딩으로 돌진하여 추락하였다. 또 한 대는 펜타곤 안으로 돌진하였으며, 다른 한 대는 용감한 승객들과 공중납치자들과의 격투 끝에 펜실베니아의 야지에 전복된 상태로 추락하였다. 항공기에 탑승했던 모든 승객과 19명의 공중납치자들이 사망하였다. 펜타곤에서 124명이 사망하고, 2,792명의 근무자들과 62개 국가에서 온 방문객들이 세계무역센터 빌딩 안에서 사망하였으며, 여기에는 418명의 뉴욕 소방요원들과 경찰들이 포함되었다. 총 사망자는 3,030명이었다. 그것은 서방에 대한 가장 잔인무도한 테러행위였다.

세계 종말을 방불케 하는 9/11의 영상물들이 심지어 빈 라덴과 그의 추종자들을 충격케 하였다는 일부 증거들이 있다. 탈레반이 후에 미국의 신중한 보복의 일부로 선정한 자랄라바드로부터 축출되었을 때, 알-카이에다의 비디오테이프가 발견되었는데, 거기에는 빈 라덴도 WTC 공격의 효과에 놀랐었다는 사실을 인정하는 장면이 있었다.

그 피격 후 각계의 비난들이 빗발칠 때, 그 피격은 기념비적인 정보 실패였다고 하는 결론에 이론은 거의 없었다. 다양한 이유들로, 미국 정보공동체는, 1986년 이러한 종류의 행동들을 조종하기 위해서 특별히 대테러본부를 설립하였음에도 불구하고, 그렇게 각고 끝에 수집한 정보 퍼즐들을 종합하는데 완전히 실패하였다. NSA는 테러리스트들이 무슨 짓을 하려는 것인가를 감청하였으며;

CIA는 테러리스트들이 무엇을 하려는 것인가를 알았으며, FBI는 미국 내에서 테러리스트들이 훈련하고 있고 만남을 갖고 있다는 것을 보았다. 어떤 기관도 이들 세 기관들을 연결시키려 하지 않았다. 대테러본부가 주장하는 기관 설립 허가서에도 불구하고, 테러에 대비하기 위한 국가적 차원의 역량을 협조하는 것은 말할 것도 없이, 어느 한 기관도 테러 위협이 증가하는 상황에 대한 징후 경고판을 기록하지 않고 있었다. 2001년 9월 첫째 주까지 미국 정보기관들은 모든 세부적인 계획들을 알지는 못했을지라도, 미국의 유명 표적을 향한 주요한 테러리스트의 항공기 공중납치 공격이 계획되고 있다는 암시를 나타내는, 그들의 수중에 있는 정보보고서들의 진가를 올바르게 인식하지 못했다. 다시 말해서, 어떤 기관도 각종 정보 퍼즐들을 종합 처리하지는 못했다.

진실은 미국 정보공동체는 2001년 9월 이전에는 테러리스트 공격에 적합하게 조직되지도 않았고, 장비도 갖추어지지 않았었다는 사실이었다. 더욱 부정적인 사항은, 미국 정보가 아직도 소통의 결여, 기관 간의 편협성과 경쟁의식, 추가해서 새로운 위협에 대처할 수 있는 유연한 대응 능력을 구비하지 못함으로써, 막대한 예산을 소모하면서도 대통령과 국민들에게 국가적인 위협에 대한 경고라는 으뜸가는 기능을 수행해내지 못했다는 사실이다. 샤이엔산의 미국공군(USAAF) 지휘소 벙커의 거대한 자동화 징후경보 레이다가 핵미사일은 말할 것도 없이 북극 상공의 우주의 온갖 비행체들을 추적하고 있다. 그러나 미국 내에서는, 죽음을 각오한 살인자들이 (핵미사일에 버금가는) 치명적인 공격을 계획하기 위하여 뛰어다니고 있었으나, 이들을 경보할 수 있는 조기경보체제는 존재하지 않았다.

1990년대 후반기 동안 미국의 대테러 역량을 강화하기 위하여 의회에서 승인된 추가 예산조차도 전용되거나 낭비되었다. 비록 대테러 예산이 5조 달러에서 2000년 11조 달러에 가깝게 인상되었으나, 국가적 데이터베이스도 없었으며, 기관들의 컴퓨터는 뒤떨어져 있었고, 가혹하리만큼 분석 인력이 부족하여 분석 결과가 문제가 되었다. 특히, 아랍어 전문 인력은 한심할 정도로 초라하였으며; 아랍어와 아프가니스탄어 자원은 실제 30%밖에 채워지지 않았다. 후에 의회 조사위원회에서 웃음거리가 되었을 때, CTC 본부장은 비방자들의 면전에서 성난 어조로 대들었는데, 9/11 이전 그가 세 가지 사항 즉, 적절한 인력, 적절한 예산 그리고 적절한 정치적 승인을 받은 작전적 지원(operational support)이 구비되었다면, 그는 정말 무엇인가 해낼 수 있었다고 주장하였다. 그러자 그 위원회는 한걸음 물러섰다.

　　그것은 단지 자원의 문제가 아니었다. 미국은 법적으로도 제약을 받고 있었다. NSA는 카불과 케타로부터 오는 알-카이에다의 전송 내용을 감청할 수 있었지만, 특정 법적 허가 없이 미국 내에서의 전송 내용을 감청하는 행위는 이론적으로 현행법상 금지되어 있었다. CIA는 FBI에게 입을 열지 않았으며, FBI는 아무리 위험한 상황이라도 미국 시민권자에 대한 정보 수집은 법적으로 금지되어 있어, 총체적인 대테러 시스템은 완전히 파편화되어 있었다. 또한, 미국의 국가적 대테러 전략은 차치하고, 모든 국민이 신고해야 할 국가적 중심조차 존재하지 않았다. 그러한 상황이었으므로 대통령에게 테러 위협에 관한 국가정보판단(NIE; National Intelligence Estimate)조차도 전혀 보고된 일이 없었다는 사실은 놀랄만한 일이 아니었다. 엄청난 돈, 모든 과거의 교훈과 헌신적인 남녀 요원들의 노력에도 불구하고, 미국 정보는 진주만 이후 40년이 경과된 그 시점에서도, '상호협조가 되지 않는 혼돈상태(an unco-ordinated mess)' 에 머물러 있었다.

사후 검토라는 대혼란의 와중에서, 피격 직후의 며칠 동안 갑론을박하면서, 알-카이에다가 유일한 실존의 용의자였다는 사실이 분명해졌다. 그처럼 잔인무도한 잔학행위에 대응한 미국의 대응에 아무도 경악하지 않았다. 조지 W 부시 대통령은 지구적 테러와의 전쟁을 공개적으로 선포하였다. 미국 대통령은 또한 후속 조치로 북한, 이라크, 알-카이에다와 이란을 "악의 축"으로 명명하여 경고하였다. (이 네 번째 이란을 선택한 것은 위험한 선택으로, 이란의 시아파 체제와 온건주의자들을 다시 분리시키는 결과를 초래하였다. 아프가니스탄에서 탈레반을 내쫓는 데 이란으로부터 신중한 도움을 받은 이후, 이러한 조치는 옹졸하고 지혜롭지 못한 처사로 남게 되었다.)

그러나 미국의 강경한 신정책은 동요되지 않았다. 2003년 봄, 미국과 그의 가까운 동맹들은 중동 깊숙이 과감한 기동으로, 이라크를 점령하고, 독재자 사담 후세인을 구축하면서, 우연의 일치로, 알-카이에다와 그의 이슬람 광신주의자들에게 "수많은 표적을 제공하는 환경"을 조성하게 되었다. 미국 정책은 한 편으로는 이슬람 세계와 대결하면서, 다른 한 편에서는 알-카이에다에게 새로운 테러의 표적으로 미군 병력과 서방의 민간 원조기구들을 그들의 문지방에 털썩 떨어뜨림으로써 한 바퀴를 돌아서 제자리에 돌아왔다.

이제 미국은 새로운 세계대전에 임하게 되었다. 발리로부터 바그다드에 이르는 폭탄 테러, 예멘 인근 해상에서의 프랑스 유조선 공격과 파키스탄에서의 예배 중인 기독교인 공격; 대서양 상공의 민항기 내의 신발 폭탄으로부터 나뭇잎이 무성한 영국 교외에서 일어난 경찰에 대한 흉기 살해에 이르기까지, 알라의 자손들은 서방의 법과 질서를 확립하기 위한 세력들에 대항하여 거대한 세계적인 투쟁으로 맞섰다. 미국, 이스라엘과 그의 동조 세력들에 대한 맹목적인 증오로, 알-카이에다는 자체 조직을 자율적인 지방 광신주의자들로 구성된 지구적 운동으로 변모시켰다. 세계적 무역 기구가 세계 자본주의 체제를 변모시킨 것과 똑같은 방식으로 오사마 빈 라덴과 그의 이슬람 근본주의 추종자들은 테러리즘을 세계화하였다.

지난 30년 동안, 테러리즘은 성장을 거듭하여 오마그(Omagh)와 알마그(Armagh)의 음울한 첨탑들의 한복판에서 수상히 여기지 않는 경찰들을 뒤에서 사격할 목적으로 은밀히 접근하던 겁 많은 아일랜드 사수로부터, 자폭을 두려워하지 아니하며, 무한정으로 지원받는 자금과 총기류, 무선 전화, 인터넷과 타오르는 불만으로 무장한 세계적인 조직으로 발전하였다. 그 조직은 "대의"를 위해서 목숨을 바칠 준비가 되어있는 지지자들과 지금까지 민족 국가들의 전유물이었던 각종 무기들에 접근할 수 있는 무제한에 가까운 세계적 지원자들의 집합소(worldwide pool of supporters))에 언제든지 필요한 사항을 요구할 수 있다.

만일 그들의 미래의 계획에 어떤 의문이 있다면, "신의 당(the Party of God)", 헤즈볼라의 초창기 지도자의 한 사람인, 후세인 마소르(Hussein Massaur)의 섬뜩한 한 마디가 이슬람 테러리트들의 의도를 분명하게 밝혀주고 있다.

우리는 적으로부터 어떤 양보를 끌어내기 위하여 싸우지 않는다: 우리는 우리의 적을 전멸시키기 위하여 싸운다.

역자 촌평

개요

오사마 빈 라덴과 알-카이에다 테러집단은 2001.9/11, 세계무역센터와 미 국방성 건물인 펜타곤을 4대의 민항기를 공중 납치하여, 일본의 가미가제식 자폭공격을 감행하였다. 이에 미국은 알-카이에다와 이란, 이라크, 북한 등 3개국을 테러지원국으로 선포하고 테러와의 전쟁을 감행하였고, 지금도 전쟁을 진행 중이다.

빈 라덴과 이슬람 근본주의자들은 ⑴ 강자에 대한 약자의 '불만(the Grievance)과 대의(the Cause)', ⑵ 이슬람의 '성전(Jihad)과 순교(martyrdom)'에 대한 신념, ⑶ 국제적 연대에 의한 재정지원과 첨단 무기 획득, 그리고 ⑷ 공포감 조성 및 선전의 극대화 등 네 가지 요체를 융합함으로써, 서방의 자유 민주주의 국가들을 적대시하여 테러리즘을 세계화하는데 진력하고 있다. 그들 이슬람 근본주의자들의 진리는 이슬람의 이상과 신의 계시에 따른 "이슬람 최고지도자 중심의 믿음의 공동체" 즉, 하나 된 "신의 왕국(the Kingdom of God)"을 지구상에 설립하는 것이라고 주장한다. 그들은 또한 이러한 목표를 달성하는데 이스라엘과 미국을 이슬람을 단결시킬 수 있는 천부의 적으로 규정하고 있다.

미국의 실패 요인 분석

저자는 미국의 정보기관 CIA, NSA, FBI 등은 9/11 WTC 피격 이전까지 각자의 기능별로 공중 테러공격에 대한 거의 모든 출처의 정보(테러공격목표, 예상공격일자, 공격방법 등)를 수집하였고 이를 필요한 곳에 배부하였다고 주장하였으나, 그들은 정보기관의 특성상 분산되고 분권화되어 각자의 일상 업무에 분주한 나머지, 각 기관의 테러 정보 퍼즐들을 추적하고, 종합하여 대비할 수 있는 국가적 역량들의 컨트롤 타워가 결여됨으로써 엄청난 정보 실패를 초래하였다고 결론지었다.

그러나 역자가 확인한 바에 따르면, 1979년 창설된 미국의 국가정보회의(NIC: National Intelligence Council)는 각급 정보기관들을 감독, 조정, 협의하는 기관으로 각급 정보를 종합하여 국가정보판단서(NIE: National Intelligence Estimate)를 작성하며, 의장인 중앙정보장(DCI: Director of Central Intelligence, 통상 CIA 국장이 겸임)이 국가안보회의에 보고하고 대통령에게 수석 자문 역할을 하는 직책이 존재하고 있었다. 9/11 테러 발생 다음 날인 9.12일 테닛(George Tenet) 당시 CIA 국장은 출근하여 구내 방송을 통하여 "금번 테러는 정보 실패가 아니다. CIA는 알 카에다 위협에 대항하여 노력했을 뿐만 아니라 테러공격 가능성에 대하여 행정부 고위정책결정자들에게 경고했었다."라고 주장하였다. 이에 반해 부시 대통령과 라이스 안보보좌관은 청문회나 인터뷰를 통해서 2001년 8월 6일자 '국가정보판단서'를 받아보고 특별한 조치를 취해야한다는 생각을 전혀 하지 못했다고 진술하였다.18) 이는 그들이 받아본 국가정보판단서의 내용은 '바로 조치를 취할 수 있는 정보(actionable intelligence)'가 아니었다는 것이다. 그러나 저자는 당시에는 테러위협에 대한 국가정보판단도 작

---

18) 서동구, "정보 실패 최소화를 위한 이론적 고찰", 『국가정보연구 제6권 2호』 (국가정보학회, 서울), pp. 105-106.

성되지 않았고, 이와 관련해서 국가안보회의(NSC; National Security Council)도 소집되지 않았다고 기술하고 있다. 이처럼 각 정보기관은 관련 정보를 수집은 하였으나, 국가적 차원의 작전 행동을 추동하는 책임을 지닌 당시 중앙정보장(DCI)이며, 동시에 CIA 국장직을 수행하고 있던 조지 테닛(George Tenet, 1997~2004 재임, 클린턴-아들 부시 대통령)과 예하 대테러본부(CTC)는 최고통치자를 직접 대면하여 정보를 설득하는 국가적 차원의 적극적 대응 조치를 소홀히 함으로써 정보의 실패, 나아가서는 국가 총체적 안보의 실패를 자초하였던 것이다. 한편 테닛의 주장처럼 테러공격 가능성에 대하여 경고를 받았던 대통령이나 고위정책 요원들도 보고되는 정보의 내용만 탓 할 것이 아니라, 이처럼 국가 안보에 심각한 위협이 될 수 있는 정보를 지나치지 말고 의심스러운 내용을 직접 확인하는 조치 즉, 대통령이 이 문제에 관련하여 국가안보회의를 소집하거나, CIA국장을 호출하여 대면보고를 받아내는 적극적 조치가 없었다는 사실은 안타깝고 불행한 일이 아닐 수 없다. 이러한 문제 즉, '정보 생산자와 정보 사용자 간의 연결 문제'는 전·평시를 막론하고 대단히 중요하며, 양자 간 보다 적극적인 상호 이해와 존중이 필요한 부분이라는 점에서 아무리 강조해도 지나침이 없다.

　2001년 여름, 테닛 CIA 국장 자신이 직접 예하 간부들에게 "구두로 책상을 치면서 테러 위협 문제를 경고"했음에도 불구하고, 국가정보위원회 소집이나 국가정보판단서 작성, 국가 중요정보 요구를 포함한 수집계획을 보완해야 하는 사후 조치가 뒤따르지 않았으며, 대통령의 수석 자문관으로서 테러 위협에 대한 국가안보회의(NSC)도 소집하지 않음으로서 작전 행동을 추동하는 국가적 차원의 대비와 연결하는 책임을 유기하였다고 볼 수 있다. NSA는 무려 33회에 걸쳐서 공중테러 위협 경보를 발령했고, CIA는 내부적으로 알-카이에다가 항공기 납치에 의한 유명 빌딩 충돌 공격인 제2의 보진카 작전(제1차 보진카 작전: 1993년 2.26, 아랍인 유세프에 의한 제1차 WTC 차량 폭탄공격)을 계획하고 있다는 정보를 수중에 갖고 있었으며, FBI는 유명 테러리스트들이 미국 내의 비행학교에서 대형 상용 항공기의 비행훈련을 받고 있다는 사실을 알고 있었다. 또한, 미 뉴욕 주식 시장에서는 유나이티드 항공사와 아메리칸 항공사의 주가가 폭락할 것이라는 소문이 퍼져 그들 두 항공사에 대한 풋 옵션이 폭증하는 사태도 벌어졌다.

교훈

- 테러 발생의 4대 요체인 (1) 강자에 대한 약자의 불만과 대의, (2) 성전과 순교에 대한 신념, (3) 국제적 연대에 의한 재정지원과 첨단 무기 획득, (4) 공포감 조성 및 선전의 극대화를 해소하고 예방할 수 있는 국가적·정보적 태세를 구비해야 한다.
- 국가는 테러의 세계화에 대한 대비 차원에서 국가 총체적인 역량을 통합·조정·감독할 수 있는 국가정보판단, 국가안보회의 체제를 내실화하고, 대테러본부를 설치해야 한다.
- 북한은 과거 남한에 대하여 KAL 858기 공중 폭파를 비롯한 테러 국가이며, 스스로 핵 보유국 임을 공개 천명하고 있는 현실적 위협을 감안하여, '북한의 핵/화생무기/사이버 테러 위협'에 대한 국가적 대비에 만전을 기해야 한다. 이를 위해서 국가·군·경찰 정보기관은 북한의 대량살상무기에 의한 테러, 사이버 테러 등에 대한 정보수집 노력을 강화·유통하며,

특히 북한의 '핵 배낭 테러', 화생무기 테러 등에 대비하고, 미국 등 우방국과 테러 정보 교류를 확대해야한다.

- 국가는 정보 노력의 융합·조정·감독을 위해서 9/11 사태 이후 미국에서 발족시킨 미 국가정보국(DNI: Director of National Intelligence)과 유사한 정보/대테러 컨트롤 타워 설립을 검토·발전시킬 필요가 있다.

- 국가는 전술한 영국의 Sir James Glover 장군이 제시한 26개항의 불만과 분쟁의 촉매 요소를 검토, 대비해야 한다.

- 9/11 테러에서 재 노정된 정보 생산자와 정보 사용자 간의 인식의 간극을 극복하기 위하여 상호 노력해야 한다. 먼저 정보 생산자는 정보 사용자가 즉각 조치를 취할 수 있는 (actionable intelligence) 적시적이고 정확하며 예측 가능한 정보를 생산하여야 하며, 긴급시 최종 결정권자에게 대면하여 설득할 수 있어야 한다. 정보 사용자도 정보보고서를 지나치지 말고 의심이 갈 경우에는 생산자를 직접 호출 확인하거나 관계관 회의를 소집하는 등 적극적인 조치를 취해야 한다. 군 지휘관은 정보 사용자로서 생산된 정보를 기반으로 작전 계획을 수립·시행해야 한나. "정보는 지휘관을 위하여, 지휘관은 정보를 주도해야 한다."는 미 육군 정보학교의 슬로건은 상징적 함의가 크다고 볼 수 있다.

- 정보기관들은 기관 고유의 특수한 출처가 노출되지 않는 범위에서, 상호 유통체제를 보완하고, 새로운 위협에 대처할 수 있는 유연한 대응 능력을 제고해야 한다.

- 정보 종사자들은 확인된 정보 외에도 '정보 가치가 있으나 확인되지 않은 단일 첩보'에 대한 관련 첩보를 발굴, 대조, 연

결하는 집요한 추적을 지속함으로써, '단일 첩보의 정보화 기법'을 발전시켜 중요정보 가치가 사장되지 않도록 해야 한다.

- 국가적 대테러 정보 준비를 위하여 국가적 데이터베이스 구축과 어학 자원을 포함한 테러 분석요원을 확보해야 하며, 전 국민을 대상으로 한 주민신고체제를 확립해야 한다.

- 특정 정보기관은 풋 옵션의 폭증 등 국내외 주식시장 정보도 감시할 수 있어야 한다.

12 "우리는 힘으로 무장한 광신자들을 어떻게 처리할 것인가?" 방법은 있는가?

12 "우리는 힘으로 무장한 광신자들을 어떻게 처리할 것인가?" 방법은 있는가?

"진실은 미국이 많은 첩보들을 수집하고 있지만, 아직도 위기 시에 각급 정보기관들을 협조시킬 수 없다는 것이다. 미국은 자신이 가지고 있는 정보 자산들을 관리할 수 없다. 마치 중세의 귀족계급들같이, 거대한 미국 정보기관들은 권력과 대통령이 주재하는 회의에서 영향력을 행사하기 위하여 서로 반목하고 있다."

위의 관점은 9/11 대참사가 일어나기 2년 전인 1999년에 저술된 군사정보의 실패 초판을 인용한 것이다. 그것은 문제의 핵심을 짚고 있는데: "방법은 있는가?"이다. 많은 기회가 있었으나 참담하게 실패하였던 바, 첩보가 무시되는가 하면, 알-카이에다의 치명적인 공격이 진행되고 있다는 사실을 알고 있었음에도 불구하고, 이러한 내용을 타 기관에게 알려주지 않은 행위는 60여 년 전의 진주만 피습 이후에도 미국의 정보 처리 방식이 거의 변하지 않고 있다는 사실을 대변해주고 있다.

그러나 21세기 정보 세계가 당면하고 있는 문제는 정보 환경이 변했다는 것이다. 거대한 관료주의적 정보기관들은 그들이 활동하고 있는 환경은 변했으나, 스스로는 크게 변화되지 않고 있는 듯하다. 미래 정보 환경을 변화시키고 있는 새로운 특징 세 가지는: 기술(technology)의 발달, "정보의 세계화(globalization of intelligence)", 그리고 "정보의 정치화(politicization of intelligence)"이다.

지난 10년만 해도 기술이 아주 급속하게 발전하여, 20년 전에는, 팩스기기 조차도 일반적으로 보편화되지 않았었다는 사실[19]을 기억하기 어려울 정도가 되었다. 지금은 인터넷과 스캐너가 출현하여 팩스 기기는 구시대의 유물로 전락하였다. 신기한 발명품에 심취되어 있는 동안, 한편에서는 신기술이 정보 업무 수행과 정보 사용자에게 정보 산물을 전파하는 두 가지 분야에서 모두 혁명적으로 발전하여 정보체제의 급진적 변화를 추동하였다. 예를 들면, 인터넷과 컴퓨터와 이동 전화를 사용한 문자 통신의 폭발로 - 미국의 NSA와 영국의 GCHQ(Government Communication Headquarters)와 같은 정보기관들은 10년 전만 해도 꿈도 꿀 수 없는 - 만약 그들이 국가를 대표해서 수백만의 타인의 사적 교신 내용을 감청하기 위해서 움직인다면 - 엄청나게 많은 도전에 직면하게 될 것이다.

그러나 기술의 발달은 도전이자, 한편으로는 문제를 해결하는 열쇠를 제공한다. 미국과 영국이 연대하여 컴퓨터화한 신호정보 수집 기관은 현대 컴퓨터 기술을 깊이 연구함으로써, 아주 어려운 문제들을 해결할 수 있게 되었다. 그 시스템은 교신 내용을 청취하려 하지 않고; 다만 들리는 내용을 모두 기록할 뿐이다. 그때

---

19) 시간 기준은 저자가 본서를 개정 출판한 2004년을 기준한 것임

정교한 컴퓨터 프로그램은 정보의 관심이 될 만한 사항의 '핵심 단어들(key words)'을 찾아서 자료를 검색하게 된다: "스파이", "폭탄", "테러리스트", "알-카이에다", "칼라쉬니코프", "하마스", "핵", 등. 이들 핵심 단어들을 포함하고 있는 통신 내용을 조사하는데, 1차 조사된 것을 2차 조사하고, 2차 조사한 것을 보다 상세한 전자 스캔을 통하여 3차 조사하여 더 진전된 핵심 단어들을 찾아낸다 – 추측컨대, "산업 첩보 수집", "핵연료봉", "경기 불황" 그리고 "핵폭탄". 이렇게 충분한 컴퓨터 대조가 이루어지고 나면, 그때에야 정보 장교는 컴퓨터 화면에서 문제된 신호를 분석하게 된다. 미래에는 기술이 더 많은 일을 감당하게 될 것이 불을 보듯이 뻔하다.

기술의 발달은 대량 정보의 수집 문제만을 해결하는 것은 아니다. 한 걸음 더 나아가 정보 순환 주기에서, 정보를 대조하는 임무를 수행하는 요원, 즉 '대조자(collator)'들의 과중한 업무 부담의 문제를 해결해줄 뿐 아니라, 가장 큰 문제인 정보전파의 문제마저도 해결해준다. 정보 대조자들에게, 현대 첩보 기술의 발달은 전임자들이 꿈도 꿀 수 없는 양의 자료들을 저장할 수 있게 해주며, 더욱 중요한 점은, 최고의 보안 상태에서 저장된 자료들 중 필요한 자료들을 찾아내서 검색할 수 있게 해준다. 또한 '정보 분석관(analyst)'들에게는, "전자 두뇌(electronic brain)" 프로그램이 첩보를 기억하여, 과거의 첩보들과 비교하고 변동 사항을 강조해 준다; 그리고 '표적정보원(targeteer)'에게는, 컴퓨터 프로그램이 "정보"를 곧바로 "표적"으로 전환하여, 폭격을 위해서 비행하고 있는 폭격기 조종사의 조종실에 '실시간에 살아 움직이는 표적(real-time, live-target)'을 전시할 수 있게 해준다.

둘째로, "정보의 세계화"는 훨씬 복잡한 문제이다. 이 문제는 각국이 정보를 서로 공유하기를 바라는 요구가 과거보다 훨씬 광범위하게 확산되었다는 의미이다. 한때는 한 국가가 그의 비밀 사항들을 엄격하게 보안 조치를 하였으나, 지금의 동맹국들, 동조국들, 그리고 국제적 동업국들은 가용한 첩보들을 공유하기를 원하고 있다. 연합국들은 적에 대한 모든 정보를 제공받지 않고는 그들 국가의 장병들을 희생시키는 전투에 임하려 하지 않는다. 장차 고가의 귀중한 정보와 핵심 첩보는 훨씬 많이 공유되지 않으면 아니 될 것이다.

문제는 비밀을 공유하는 것이야말로 대부분의 정보기관들이 '가장 혐오하는 금기 사항(anathema)'이라는 것이다. 권력이나 영향력, 예산을 독점하려고 하는 것이 총체적인 존재 이유가 되는 거대 기관들은 그들이 보유한 비밀 진주들을 안전하게 보관하여, 은밀한 자리에서 저명인사나 정기적인 사용자에게만 신중히 보여주는데 안주하고 있었다. 그런데 갑자기, 온 세계가 입이 가벼운 일부 외국인들은 말할 것도 없이, 그들에게 세금으로 예산을 제공하는 국민들에게 조차 공개할 수 없는 민감한 비밀들에 접근할 수 있기를 원하는 세상이 되었다. 따라서 정보의 출처를 보호해야 하는 문제, 알아야 할 필요성과 작전보안의 문제들이 현저하게 부상되고 있다.

정보장교들은 그들의 독점적인 비밀 첩보에 접근하는 위험이 마치 물가 주변에서 신경이 곤두선 가젤이 느끼는 위협처럼 생각되어 꽁무니를 뺄지도 모르지만, 보다 광범위하게 펼쳐지는 정보의 공유요구로부터 도망칠 수는 없게 되었다. 외국의 동업자들과의 합동 정보활동이 상업적 용도뿐만 아니라 군사적인 면에서도 요구되는 세계화된 세상에서는, 정보는 점차 "정보기관들"이 좋든 싫든 간에 공유되는 방향으로 나아가고 있다. 유엔, 연합작전 참가국들, 외국 정부들 그리고 심지어 비정부기구들(NGOs)조차도, 국제적십자사(the Red Cross)와 유엔난민기구(UNHCR) 같이, 핵심 첩보들이 전달되기를 요구하고 있다. 그러나 항상 그렇게 되지는 않았다.

전통적으로 볼 때, NATO 내에서 조차도, 동맹국들에 대한 정보 공유는 지난 반세기 동안 가장 어렵고 말썽이 많은 분야의 하나이었다. 다행스럽게도, 지금은 각국의 다양한 비밀의 민감한 출처에서 생산된 정보들을 융합할 수 있는 정교하고 조심스럽게 관리된 NATO 절차와 체계가 발전됨으로써, 활동 중인 UN과 같이 대등하게 효과적인 '전출처 정보(all-source intelligence for organizations)'를 제공할 수 있게 되었다.

비정부기구들과 관련해서는 그것은 전혀 다른 사안이다. 오래되지 않은 얼마 전에는, 국제적십자사나 유엔난민기구와 같은 거대 비정부기구들은 절대적으로 "정보"와는 아무런 관계가 없었다. 전통적으로, 국제원조기구들은 그들의 목에 꿴 마늘 한 줄을 걸치고, 악마의 눈을 피하기 위하여 액막이로 집게 손가락 위에 가운데 손가락을 포개었으며, 그들의 본부 주변에는 성벽을 세웠다; 정보를 악마나 위험한 흡혈귀로 취급하여 이를 차단하는 여하한 조치를 취함. NGO들은 그들의 선행이 손상되는 두려움으로, "정보"에 의해서 감염되는 행위를 회피하기 위하여 무엇이든 하곤 했고, UN 기구들을 목표로 삼는 불운한 정보장교들을 저주하였으며, NGO 기구로 숨어들어서 NGO를 그들의 정도를 벗어난 거래에 대한 엄폐물로 사용하는 것은 더욱 저주하였다. 분노의 비명은

- 흔히 인위적이지만 - 외교가를 메아리치곤 하며, 또 다른 초열성 정보장교는 희생양으로 면직되기도 한다.

지금은 모든 것이 바뀌었다. 세계화는 한때 지리적인 여건으로 제한되었던 모든 일에서 우리를 연루시키고 있다. 지금은 세계적인 위험이 되는 대량살상무기의 확산, 국제적 마약 거래, 정치적 망명처를 구하는 대규모 이동, 분쟁 예방과 국제협력의 필요성은 NGO들이 이들 공동 문제들을 처리하기 위한 합동 노력의 아주 많은 역할을 담당할 것을 요구하고 있다. 국제기구들과 NGO들은 이제 그들의 과업을 적절히 수행하고, 그들 자신을 보호하기 위해서 그들이 활동하고 있는 국가와 그들과 함께 협동하는 여타 국가의 군사들과 최소한 동일한 수준의 첩보를 필요로 하고 있다. 만약 NGO들에게 최상의 가용한 정보 접근권이 허용되지 않는다면, 그들은 사실상 눈속임을 하려 들 것이다. NGO들은 이제 정보 회의에 참석하여 정보를 공유하기를 바라고 있다.

이러한 모든 정보 공유 현상은 보안에 커다란 문제들을 야기시키고 있으며, 참으로 비밀 공작 활동의 윤리성에 문제가 되고 있다. 국제적 협동을 추구하는 세계에서, 아직도 스파이 행위와 비밀 간첩 행위에 그토록 많은 노력을 기울여야만 할 것인가? 그러나 이리한 의문에 반하여 현대의 정보화 시대에서 다음과 같은 질문이 나온다: 정말 얼마나 많은 정보가 실제로 비밀이고 기밀일까?

진실을 말한다면, 지금은 비밀로 분류되지 않은 공개 출처의 첩보가 가장 큰 단일 출처의 정보가 된다는 사실이다. 이 말은 비밀이 더 이상 필요치 않다는 사실을 뜻하는 것이 아니다. 역으로, 비밀은 항상 필요하기 마련이다; 그러나 미디어(media)는 지금 가장 많은 량의 첩보를 제공하고 있다고 말하는 것이다. NGO에게

나 NGO들에게 정보를 제공하는 책임을 부여받은 자들에게 모두 홍수처럼 넘치는 공개 출처의 자료들은 절대적으로 행운이 되고 있다. 얼마 전까지만 해도 미국이 쥐고 있던 최상급의 비밀인 인공위성 사진들은 지금은 사설 위성회사들로부터 공개적으로 인터넷 구매가 가능해졌다. 지금의 보다 잘 조직된 NGO들은 사전에 관련 예산이 편성되어 "항공사진" 수신을 위한 배부선이 구성되어 있다. 이제는 대부분의 NGO가 필요로 하는 첩보/정보요구들은 속임수나, 관련 사실을 부인 또는 복잡한 "비밀 사항의 위생 처리(sanitization)" 절차에 의존하지 않고 제공될 수 있다. 상업이 세계화되고, 오사마 빈 라덴과 알-카이에다 때문에 테러리즘이 세계화된 세상에서, 기술의 발달과 정보수요의 증가는 서서히 "정보"를 세계화하고 있다.

세 번째 정보의 큰 변화는 "정보의 정치화"이다. 특히 영국에서, 국내정치와 "정부의 관점(government's view)"은 정보의 오랜 덕목인 '불편 부당성(impartiality)'과 '객관적 타당성(objectivity)'을 서서히 손상시키고 있다. 합동 정보위원회(JIC: the Joint Intelligence Committee)가 영국에서 1936년 창설된 이후 줄곧, 영국의 국가정보판단은 정보기관들(SIS, MI5, GCHQ)의 수장, 국방정보참모부(DIS: Defence Intelligence Staff)에 추가하여 외무/연방성(FCO: the Foreign and Commonwealth Office)과 재무성 대표가 중립적인 의장과 함께 앉아서 가용한 모든 정보들을 확인하여, 장관과 결심수립자들에게 보고되어 왔다. 그러한 고위급 회의의 목적은 모든 출처들로부터 생산된 정보들을 망라하여 최상의 정보판단서를 작성할 수 있고, 알아야 할 필요가 있는 고객들에게 전파하기 위한 것이다. 이 시스템은 영국의 독창적인 제도이지만

- 미국, 프랑스, 러시아는 이와는 다른 제도를 가지고 있다 - 그 시스템은 결심수립자들을 위해서 최상의 합의된 정보를 도출하기 위한 국가적 모델로 널리, 많은 국가들에 의해서 활용되고 있다.

그 시스템은 비판과 실패를 모두 내포하고 있다. 워싱턴의 강력하고, 경쟁적인 논쟁의 변증법적인 절차와 경쟁적 기관들의 입장에 익숙한 많은 미국인들에게는, JIC의 산물들은 흔히 온화하고 김빠지며, 합의적인 표현으로, 영국의 한 장관의 말대로 "평범하고 지겨울 뿐인" 내용으로 나타난다. 영국의 삼가서 하는 표현 경향과 성공적인 관료들의 신중함의 조합은 합동정보위원회의의 정보판단을 왕왕 최대공약수보다는 최소공배수로 보이게 만든다. 비평가들은 또한 합동정보위원회의의 실패를 지적하기도 한다: 예를 들어, 1982년의 포클랜드 도서에 대한 아르헨티나의 침공 가능성 여부에 관한 정보판단 시 그와 반대되는 모든 증거들이 있었음에도 불구하고 나약하고 잘못된 평가를 내렸던 사실과 공산주의와 소련의 붕괴를 예측하는데 실패했던 사례를 지적한다. 특히 미국 독자들을 격분시켰던 JIC의 두드러진 특징의 하나는 정보 판단을 진통제처럼 아주 온화하고 가능성을 무엇이든 받아들여 감정을 완화시키는 언어로 작성하여 아주 묽은 술처럼 만들어버리는 습관이 있다는 것이다. 미국의 정책 입안자들은 CYA(Cover Yo' Ass!: 엉덩이 같은 치부를 감추는 행위) 증후군을 재빠르게 찾아내서, 그들의 판단이 모호성이나 얼버무림이 없는 간단명료한 언어를 사용하여 명쾌하게 설명하기를 선호한다. 1997년 영국의 "신노동당" 정부가 선거에서 승리와 함께 모든 것이 변화되었다. 블레어 수상이 이끄는 정부는 미디어를 기술적으로 관리함으로써 반대되는 정책 제시로 (정권 장악에) 성공하였다. "매체는 메시지다"라고 하는

1960년대의 맥클루핸(Macluhan) 원수의 난해한 주장을 새로운 정부가 받아들여, 정부의 이미지와 정책의 시현 수단으로 미디어를 활용할 수 있도록 국민과의 소통을 관리하였다. 곧이어 정부의 공적 업무의 모든 면에서 이러한 정책에 과도한 집착은 공무 집행의 객관적 타당성 면에서 심각한 결과를 초래하고 있다는 비판이 일기 시작했다. 그들의 비판은 옳았다.

노동당 행동대원이자 기자인 알라스테어 캠벨(Alastair Camp-bell)을 다우닝가의 수상 대변인으로의 지명은 화이트홀(미국의 화이트 하우스와 유사한 명칭) 모든 부서로부터 반향이 일어났다. 그는 나약하고 우유부단한 공무원들이 정부를 대변하는 것으로 보았고 이에 분노하여, 캠벨은 경력 공무원들을 지휘 감독할 권력을 요구하였으며, 그 권력이 주어졌다. 2001년 까지 화이트홀의 모든 대변인은 다우닝가의 "스핀 머신(spin machine: 원래의 뜻은 원심분리기나 방적기로, 정부나 정당의 이익을 위하여 선전 및 언론 통제를 담당하는 기구를 의미하는 정치 용어(역자 주))"에 의하여 지명되거나 승인되었으며, 그들은 캠벨과 그의 팀의 명령에 따라야 했다. 따라서 뉴스 관리는 집권화되었으며, 정부가 건네주는 메시지만을 발표하도록 통제되었다. 화이트홀 길가 어딘가에서는 진실이 정치와 "좋은 관리"라는 미명하에 또 다른 피해가 되고 말았다.

문제는 정보 처리에 위기가 도래하였다. 이 문제는 예측 가능한 사실이었던 바, JIC 프로세스는 전적으로 불편부당하며 객관적 타당성을 위하여 설계되었고, 중립적인 정보 판단을 고객에게 제공하는 임무를 부여받아, 화이트홀 의사 결정권자들로 하여금 국가이익을 위하여 사용되도록 하였기 때문이었다. 문제는 다우닝가

10번지의 뉴스 관리팀들이 가장 못마땅하게 여기는 것이 바로 공식 발표에서의 불편 부당성과 객관적 타당성을 수용하는 것이었다. 그들이 원했던 것은 사실을 발표할 때, 정부의 정책이 요구하는 것은 무엇이든지 실을 잡아 늘여서라도 이를 지지하는 방향으로만 발표하라는 것이었다. 이 스핀 닥터들은 본질적으로 정부 선전 요원들이었으며, 나치의 선전상 괴벨스 박사의 지각을 상실한 무의식 상태의 제자들일 뿐이었다.

2003년 봄, 제2차 이라크 전쟁 이전의 시기로 거슬러 올라가 "정보"는 신노동당의 선전 요원들과 분쟁을 회피하려고 노력하였다. 대부분의 정보판단들은 높은 수준의 비밀로 분류되었으며, 따라서 정부 발표들은 대중들에게 거의 공개되지 않았다. 1999년의 코소보 전쟁에서 블레어 수상이 전 유고슬라비아의 전차를 폭격한 것에 대한 이상한 논쟁은 별문제로 하고, 화이트홀 정보기관은 "신문에 난 터무니없는 보도"에 대하여 불평했지만, 조용히 일을 처리하였다. 그러나 2002년 여름이 되자 모든 것이 변했다.

세계무역센터의 폭파 이후 충격의 하나는 미국 대통령 조지 W. 부시의 "테러와의 전쟁"을 선포한 것이었다. 2002년 중반, 탈레반 근본주의적 광신자들의 근거지가 있던 아프가니스탄이 미국의 공습으로 초토화되자, 탈레반과 오사마 빈 라덴은 아프가니스탄의 암벽 길을 넘어 미국의 복수로부터 줄행랑을 쳤다.

조지 W. 부시 대통령은 이제 그의 관심을 1991년 그의 아버지 재임 기간 동안에 미완성되었던 과제 - 사담 후세인의 독재체제에 돌렸다. 2002년 4월부터 8월까지, 이라크 침공을 위한 전쟁을 준비하였다.

블레어 수상은 신속히 영국을 미국의 결정에 연합시켰다. 만약 그가 그의 전임자들과 같이 정말 미국과 독점적인 정보와 핵 연계를 만들기 위한 "특별한 관계(special relationship)"를 유지하고 싶다면, 달리 선택의 여지가 거의 없었다.

영국이 타 주권국가의 영토에 침공하는 미국을 지원하려고 하는 것은 영국 내에서 환호를 받지 못했다. 많은 영국인들은 이라크 침공에 대한 여하한 합법성과 그 배경에 있는 이유에 대하여 모두 심각한 우려를 나타냈다. 탁월한 전직 장성들, 정치가와 정치 평론가들 그리고 특히 BBC 방송은 모두 여하한 전쟁의 목적에도 의문을 가지고 있었다. 사담 후세인이 영국에 정말 무슨 위협이 되고 있는가?

블레어 수상은 회의적인 유럽 연합으로부터 지지와 동맹국들을 규합하는 한편, 외교관들은 유엔에서의 전쟁에 대한 지지를 얻기 위해 노력하였다. 영국과 미국의 외교관들은 사담 후세인은 유엔 안보리 결의를 모욕하고, 교활한 사담이 이라크의 대량 살상무기 수색을 위한 유엔 군축 감시 요원들을 방해하며 기만하고 있다고 경솔하게 주장하였다. 그러나 영국과 미국의 안보리 동조 국가들은 이라크 침공에 대한 '합법적 명분(a legal figleaf)'을 얻기 위하여 유엔 결의를 사용하려는 여하한 시도도 '안된다(Non)!'라고 반대하였다. 결국, 강경한 미국 정부는 이라크를 침공하여 결과가 어찌 되든 후세인체제를 바꾸기로 결단하였다.

그러나 블레어 수상과 그의 정부에게는, 유엔이 이라크에 대한 계획된 공격을 지지하는 것은 고사하고, 전쟁을 묵인하는 것을 거절함으로써 난관에 봉착하였다. 회의적인 영국 대중은 여전히 또 다른 전쟁을 믿지 않았다. 그들은 영국의 이익에 대한 명백한 위협이 없는 불필요한 외국에서의 모험에 영국 군대를 투입할 이유를 찾을 수 없었다. 설상가상으로, 수상이 소속된 자신의 정당마저도 이라크에 대한 여하한 침공 전쟁에 대항하여 강력하게 반대하였다. 구 노동당은 전통적으로 사회주의 이념에 뿌리를 두고 있으며, 인류의 형제애, 전쟁 반대주의, 그리고 무엇보다 심오한 반미 정당이었으며, 특히 단지 합법적[20]으로 인정된 미 공화당 정권 등 모든 면에서 당의 노선과 대치되는 이라크 침공 전쟁에 반대하였다.

유엔의 지지를 받지 못한 사실을 인지한 영국 국민들은 정부가 전쟁에 참여해야 한다는 의무가 없다고 강력하게 믿고 있었기 때문에, 토니 블레어는 방향을 바꾸어 그의 홍보 전문요원들과 뉴스 관리 요원들을 활용하여 여론을 환기시키고자 하였다.

2002년 8월, JIC는 바그다드의 대량 살상무기들에 관한 정보를 보고하도록 임무를 부여받았다. 그것은 1988년 쿠르드족에 대한 독가스 공격 이후, 사담 후세인이 화학무기 공격 능력을 보유하고 있으며, 치명적인 독가스 조병창을 소유하고 있다는 공식 기록의 문제였다; 그는 또한 공개적으로 핵무기 기술에 대하여 위협하기도 하였다. 1981년 이스라엘이 오시라크 핵시설을 파괴한 이후, 그가 오랜 기간 핵탄두를 개발하려는 욕망을 키워 왔다는 사실은 비밀이 아니었다. 게다가, 그는 박테리아전 능력을 개발하는 데 관심을 가졌던 것으로 알려졌다. 이러한 일련의 프로그램들은 바로 대량 살상무기들이었으며, UNSCOM 검열 요원들이 오랜 기간 집요하게 추적하고 있었던 사안이었다. 그러나 이라크는 서방의 많은 전문가들이 동의한 것 같이, 검열관들이 대량 살상무기들을

---

20) 조지 W. 부시 대통령은 선거에서 논쟁의 여지가 있는 다수결로, 공화당이 지배하는 대법원에서 당선을 확정받았을 뿐이었다.

발견할 수 없었던 이유는 그들이 존재하지 않기 때문이라고 주장하였다.

JIC는 2002년 8월, 국방 정보참모부 '특별 전출처 정보팀(a special all-source intelligence team)'이 준비한 모든 보고서들을 접수하였으며, 동년 9월 초에 비밀 판단서를 발간하였다. 그 판단서는 바그다드의 WMD 능력에 관하여 분석한 것이었으며, 그러한 능력은 새로운 사실이 아니라 장차 어떤 시기가 되면 항상 위협이 될 수 있는 잠재력을 보유하고 있다고 지적하였다.

개전 이유를 필사적으로 찾고 있던, 블레어 정부는 이러한 잠재적 위협을 포착하여 정부 홍보 차원에서 JIC 판단의 수정판을 발간키로 결정하였다. JIC는 많은 집단적인 비난을 받았지만 정치적 지배자들의 명령을 받았다는 구실을 들어, 수상을 위해서 위생 처리 후 평문화한 "초안 문건(draft dossier)"을 생산하였다. 정보는 이제 이라크가 영국의 진짜 위협이 되고 있다는 사실로 이에 회의적인 국민들을 설득하는데 사용되어야 했다.

여기까지는, "정보"가 보통과는 다를지라도, 선출된 정치인들 즉 사용자들에 의해서 합법적으로 사용되고 있었다. 그러나 그 이후 일어난 사실은 폭발적 현상으로 발전하여, 적어도 진실의 왜곡과 정보의 정치화에까지 이르렀다.

전쟁 개입 여건을 조성하기 위해서 혈안이 된 10번 가의 수상 직속의 '홍보 전문요원들(spin doctors)'은 JIC의 초안 문건이 그들의 선전 목적을 위해서 설득력이 충분치 않기 때문에 정부 정책을 수행하기 위해서 초안을 변경시킬 것을 요구하였다. JIC는 정치적 야망을 가진 새로운 의장으로 존 스칼렛(John Scarlet)이 부임하면서, 그는 수상의 개인적 선전관으로서, JIC 회의를 국가 정보판단서를 정부 정책에 적합하게 만들 수 있도록 토의하고 수정할 수 있는 기능으로 만들었다. 이제 10번가의 정당에 의해서 지명된 자가 국가 정보판단서를 그들의 입맛에 맞도록 조작하여, 사담의 WMD는 "영국에 대한 (잠재적 위협이 아닌) 임박한 위협"으로 강조하여 이를 발표하고, 영국 국민들이나, 미디어와 의회에 전파하였다. 그것은 먹혀들어 갔다.

2003년 2월에는 제2의 "문건"이 작성되었는데, 이번에는 (추가적인 증거없이) 보다 강화된 WMD 위협을 주장하는 10번가의 정부 측 홍보 전문팀이 공개적으로 직접 생산한 것이었다. 이 문건의 내용은 오래된 사실들을 단순하게 조합하고, 인터넷에서 발견된 10년 전의 박사 학위 논문에서 발췌된 내용들을 급조하여 작성된 것임에도 불구하고, 2003년 3월 주사위는 던져졌으며, 영국은 "사담의 WMD들을 제거하기 위하여", 미국과 함께 이라크 침공전에 참전하였다.

제2의 이라크 전쟁은 영국에서 전혀 인기가 없었다. 많은 사람들이 이 전쟁의 도덕성과 목적에 회의를 품고 있었지만, 증거없이 주장된 WMD 위협이 균형을 잡아 주었다. 핵무기 확산 방지는 영국인들에게 모든 사람이 동의하는 것은 아니지만, 많은 사람들에게 전쟁을 위한 합법적인 대의로 받아들여지고 있었다. 많은 비평가들은 깊은 회의를 품고 있었으며, 그들은 영국이 허위 사실에 속아서 전쟁에 빠져들고 있다고 주장하였다. 특히, BBC 뉴스는 이 전쟁에 대한 국민들의 진정성 있는 의심을 보도하여, 10번가를 격노하게 만들었다.

전쟁 3개월 후 BBC 기자에 의해서 만들어진 그 주장은 수상의 수석 대변인이 회의적인 국민들에게 전쟁 개입을 독려하기 위해서 소위 "교활한 문건"을 조작하였다고 하였으나, 많은 사람들의 주목을 끌지 못했다. 그러나 굉장한 주목을 끈 것은 10번 가의 반응이었다. 불신, 기만, 허위로 가득찬 증거없는 주장들이 양측 간에 난무하였다. 한 불운한 영국의 이라크 WMD 수석검사관이 BBC 보도의 출처로 공개적으로 거명되었다. 그 후 곧이어 그는 정부의 요청에 따라 보안기관으로부터 심문을 받았으며, 경찰의 위협이 가해졌을 뿐만 아니라 급조된 의회 위원회 앞에서 공개적으로 실토하도록 압력을 받았으며, 집에서까지 기자들의 괴롭힘을 받았다. 그의 경력과 생업을 상실하는 두려움과 놀라움, 그리고 외로움으로 절망적인 상태가 된 국방성의 과학자였던 데이비드 켈리 박사(Dr. David Kelly)는 급기야 어느 한적한 산 속에서 팔목을 끊어 자살하고 말았다.

(이 사건으로) 정부에 대한 예기치 않은 후폭풍은 즉각적이고도 극적이었다. 이라크전의 승리는 순식간에 잿더미로 변하고 말았다. 새파랗게 질려, 눈에 띄게 충격받은 수상은 한 기자로부터 공공연하게 "수상님! 당신의 손에 피를 묻혔습니까?"라는 질문을 받았다. 데이비드 켈리 박사의 죽음과 관련된 이어지는 조사는 많은 사람들로 하여금, 사실 영국 국민과 의회는 적어도 사담 후세인의 진짜 위협에 대한 정보판단을 과장하고 왜곡하여 전쟁으로 몰고 간 정부에게 속아왔다는 사실을 조사하는 것과 같아 보였다. 게다가, 영국의 정보 최고 수장은 정치적으로 꼭두각시처럼 행동해왔으며, 정보판단서가 과장되었다는 사실을 알고 있었음에도 불구하고, 이를 못 본 체하고 묵인하여 왔다는 사실이 밝혀졌다. 정보가 정치적 목적을 위하여 위조되었고, 위조된 정보가 사용되어 왔다. 그것은 영국의 정보가 아니었거나, 또는 JIC의 자랑할 만한 시간

은 아니었다.

이러한 정보의 정치화가 영국에서 위험하고 부정적인 현상을 보이고 있지만, 다른 나라도 예외는 아니다. 미국 정보는 흔히 정치적 우선순위에 의해서 영향을 받았으며, 그 예로: 후버(J. Edger Hoover) 대통령의 고의적인 "마피아 무간섭 정책"; 키신저의 캄보디아, 중국, 베트남에 대한 이중적인 판단; 백악관 정보 보좌관이 미국 정보를 빼내기 위한 중국의 노골적이고도 공격적인 정보 공격을 고의적으로 무시한 행위. 이러한 모든 미국의 정보판단은 당시의 권력을 장악하고 있던 정부의 정치적 편견에 의하여 영향을 받았다.

그러나 미국의 정보도 새로운 방법으로 정치화되고 있다. 제2차 걸프전이 일어났던 2003년, 국방성은 백악관의 매파 비서실장의 부추김을 받아, 국방장관과 부통령은 그들 자신의 방법으로 정보를 획득하기로 결심하고, 실제로 펜타곤 안에 '사조직(private)'의 정보 수집 및 평가 기관을 만들었다. 이러한 '특수임무를 위한 비밀 사무소(secret Office of Special Projects)'는 CIA와 국무성의 정보판단이 정부가 바라는 기대에 미치지 못하거나 너무 약하다고 생각하여 이들에 대한 도전으로 특별히 실지하였던 것이다. 이는 대단히 위험한 발상이었으며, 1941년 봄, 스탈린과 그의 정보 심복이었던 고릴리코프(Gorilikov)가 편집증과 무능력에 빠져있는 크레므린 내에서 그들이 동의하는 정보만을 수용했던 사례와 아주 근소한 차이를 보이는 것이었다. 정보는 결코 고위직의 관점을 제시하는 것이 아니다; 정보는 진실이며, 또한 진실이어야만 한다.

기술의 발전이 차원적 비약(quantum leaps)을 이루고, 팽창에 팽창을 거듭하고 있는 통신 역량으로 연계된 지구촌이 형성되며, 정보에게 정치적 수용성을 절대적 명령으로 요구하는 강권 정책 (diktats)이 증가하는 추세에서, 21세기의 정보장교는 냉혹한 도전을 받고 있다. 따라서 그가 남자이거나, 여자이건 간에 급속히 발전하는 환경을 극복하고, 새롭게 출현하는 악성의 적에 분연히 대항해야 한다. 적법성의 문제(수천의 양민을 구하기 위하여 체포된 알-카이에다 테러리스트들을 고문하는 것이 윤리적인가? 이와 관련된 최근의 국제법은 무엇인가?), 기술의 문제(C4I[21]와 사이버 공간을 사용하여 해킹으로 적의 모든 컴퓨터 시스템을 마비시킴으로써 총 한발 쏘지 않고 적을 무력화시킬 수 있는 가능성이 가까운 장래에 가능할 것이다), 그리고 정보기관들과 당시의 정부 간의 관계의 문제가 확대될 것이다.

그러나 정보에게 주어지는 본연의 임무는 변함이 없을 것이다. 첩보 수집은 여전히 필요하기 마련이다. 만약 국가가 - 무슨 분야에서든지- 위험에 처한다면, 그에 대한 방어는 국민과 정부 간의 계약의 일부로서 지상 명령이다. 따라서 첩보는 여전히 대조되고 분석되어 그 중요성을 찾아야 하며, 분석된 첩보는 여전히 알 필요가 있는 사용자에게 적시에 전파되어 결심권자가 행동에 옮길 수 있어야 한다.

비밀공작에 의한 수집 활동은 총체적인 정보 수집의 백분율에서는 감소할지 모르나, 그 역시 여전히 필요하기 마련이다. 자국을 위협하는 적의 비밀스러운 의도가 있는 곳에는, 공작원들이 상대의 가면을 벗겨야 할 것이다. 추측컨대, 다국적 연합이나 다국

---

21) C4I: Command, Control, Communications, Computers and Intelligence.

간의 행동이 요구될 때는 보다 많은 정보가 공유되어야 할 것이다; 그러나 국가는 여전히 자국민의 비밀을 보호할 필요가 있다. 설사 국제법이 국가의 주권 침해를 시도할 경우에도, 정보는 (자국의 이익을 위해서) 본연의 역할을 감당하기 마련이다.

상호 경쟁하는 민족국가가 존재하고 국가들이 자국의 비밀을 보호하고 있는 한, 정보는 대외국 업무, 외교와 국가 간의 관계를 관리하기 위해서 항구적인 기능을 수행해야 한다. 국가는 항상 상호 간첩 행위를 해야 할 필요가 있을 것이다. 인간의 본성과 인간의 반응은 변하지 않기 때문에 21세기에도 정보는 여전히 필요하기 마련이다.

예를 들면, 인간이 느끼는 두려움(fear)은 스탈린이 바바로사 이전에 보여주었던 것처럼, 정보의 실수에서 일관되게 작용될 것으로 보인다. 그러나 '서투른 솜씨로 인한 무능력(bungling incompetence)'은 훨씬 더 널리 번지고 있으며, 잠재적 적에 대한 단순한 두려움보다 높이 자리매김할 것이다; 진주만과 말레이반도는 서투른 실수로 인한 무능력에 추가하여, 동시에 일본인을 멸시하는 업신여김으로 인하여, 적을 '과소평가(underestimating)'하는 '어리석음(the folly)'을 대표하는 사례가 되었다. 9/11이라는 무시무시한 사건도 알-카이에다를 과소평가했던 요소가 포함된다 - "그들은 그렇게 할 수 없었다 … 그럴 수 있었는가?" 이것은 - 적을 과소평가 하는 행위 - 가장 일반적인 주제이며 의심의 여지없이 장차 정보 장교와 그들의 정치적 상사들의 문제로 남을 것이다.

끊임없이 지속하는 적에 대한 과소평가는 정보를 망치는 모든 곳의 중심에 깊이 자리매김하고 있는 공통 요소일지 모른다. 왜냐하면, 적의 의도를 오판하는 원인은 적을 과소평가하는 데서 나오기 때문이다. 거기에 대한 실례들은 허다하며; 그것은 하나의 공통된 현상이다. 포클랜드 전쟁, 걸프전, 욤 키푸르 전쟁, 그리고 WTC 공격에서, 적의 의도는 절망적으로 오판되었는데, 이는 (판단자가) 적군은 그가 오랫동안 준비했으며, 실질적이고 분명한 능력을 배양하였으나 당장 그 일을 착수하지는 않을 것이라고 생각하였기 때문이었다.

'무능', '(정보기관 간) 내부적 불화' 그리고 가상 적군에 대한 '과소평가'의 조합된 결과는 북소리가 울리는 것 같이 일관된 하나의 결과를 초래한다: 거대 정보기관들은 항상 한 가지만 신뢰할 수 있다 - 오판하는 것(to get it wrong). 그것은 놀라운 일관성을 나타낸다. 1991년 걸프전이 끝난 후, 대니얼 모이너핸(Daniel Moynihan)은 뉴욕타임스지에 미국의 정보 제도에 대하여 비난하였는데: "사반세기 동안 CIA는 모든 주요 정치/경제 문제의 분석에서 줄곧 잘못을 저질렀다." 그의 비난은 옳았다.

우리는 이점에 있어서 CIA만의 문제라고는 생각하지 않는다. 1978년 영국의 정보기관들은 이란의 샤(Shah) 체제가 머지않아 붕괴될 것이라는 경보를 예측하기 위하여 신속히 행동하지 않았으며, 1979년 러시아가 아프가니스탄을 침공할 것이라는 사전 경보도 포착하지 못했다. 또한, 거대 정보기관들은 사담 후세인이 쿠웨이트에서 어리석은 무엇인가를 계획하고 있다는 사실도 정치가들에게 강력한 경보를 제공하지 못했다. 적절하면서도 분명한 징후들이 있었음에도 불구하고 - 오사마 빈 라덴 자신으로부터 직접 공식적인 위협을 포함하는 - 미국 정보기관들은 9/11의 위협에 대하여 국가적 경보를 발령하지 못했다. 정보기관들에게 아낌없는 자금을 들였지만, 그들은 훨씬 너무 늦을 때까지 보수를 주어 맡긴 과업을 감당하지 못하여 실패하는 경우가 다반사였다.

그 이후에도 사태는 개선되고 있는 것 같지 않아 보인다. 진실은 모든 거대 정보기관들은 기본적으로 국가 안보의 진정한 요구를 처리하는 것보다 그들 자신의 관료주의적 생존에 더 많은 관심을 가진다는 데 있다. 현대의 정보공동체는 모든 첩보가 실제 무엇을 의미하는가를 찾아내는 일보다 '재치 있는 수집(clever collecting)'에 집착하는 경향이 있다. 하지만, 정보업무에서 보다 중요한 일은 정보의 정확한 해석과 전파라는 사실이다. 게다가, 거대 기관들은 빈틈없는 관료들과 마찬가지로, 그들의 경리관들을 즐겁게 해야 한다는 사실을 알고 있으며, 항상 정치적 상사들이 듣고 싶어 하는 정보만을 제공하려 할 것이다. 그것은 객관적인 정보가 될 수 없으며, 위험한 진전이다.

왜냐하면, 최종적으로, 오직 하나의 질문이 남기 때문이다: 무엇을 위한 정보인가(what is intelligence for)? 정보는 분명히 말해서 책임을 져야 할 사람들에게 정보를 제공하여 그들의 결심을 수립하도록 하는 것이다. 오늘날 정보화 시대를 맞이하여, 이제는 정보가 이러한 임무를 수행하는 방법이 달라졌다. 비밀을 수집하는 옛날의 어려움은 이제는 우리의 코앞을 지나가는 급류같이 쏟아지는 대량의 첩보들 속에서 비밀을 찾아내야 하는 도전으로 바뀌었다. 오늘날의 어려움은 홍수같이 흘러가는 속에서 우리에게 필요한 핵심 요소를 찍어서, 낚시를 하는 것처럼 낚아내는 것이다. 전문 용어로, 이제는 정보 전문가들은 "첩보를 신속히 식별하여, 그중에서 중요 첩보를 도출하고, 결심수립자들에게 활용 가능한 양식으로 제공"할 수 있는 능력을 구비하지 않으면 아니 된다.

21세기가 전개됨에 따라, 진실은 정말로 거기에 있을 것이다 –

우리가 원할 때 다만 누가 그것을 가지고 있는가를 알 수만 있다면 된다는 것이다. 미래의 핵심 정보 요원들은 수집자들이 아니라 관리자들이 될 것이며, 무엇보다 정확한 정보의 전파자가 될 것이다. 실례로, 만약 미 국가정찰국(US National Reconnaissance Office: NRO)이 소형 핵무기를 운반하는 테러리스트 갱에 대한 실시간의, 정확한 위성사진을 소유하고 있을지라도, NRO가 그것을 조치할 수 있는 사용자에게 핵심 비밀 첩보를 전달할 수 없거나, 하지 않으면 아무 소용이 없게 될 것이다.

고비용을 들여서 재치 있게 '수집한 정보가 사용되지 않으면(unused intelligence)', '쓸모없는 정보(useless intelligence)'가 되기 때문에, 전파는 중요한 문제가 되고 있다. 스탈린의 정보 장교들이 아직 살아 있다면, 이 말에 의심의 여지없이 고개를 끄덕이며, 열렬히 동의할 것이다. 그러므로 미국의 대테러본부(CTC)의 분석관들은 9/11의 비참한 사태를 이러한 관점에서 검토하고 있다고 한다.

첩보의 이러한 혁명이 정보를 사용하는 고위직에 어떠한 변화를 주었는가? 그 답은 아직은 아니다로 추정된다. 왜냐하면, 어떤 진주같이 소중한 첩보가 어떤 국가의 지도자나 정책수립자들 앞에 놓이든 간에 그 시스템에 인간이라는 존재가 있는 한, 그때 그 시스템은 허영심이나 유혹에 빠지기 쉬운 인간적 약점에 노출되게 된다; 또 다른 마운트배튼(Mountbatten) 같은 인간은, 그 자신의 개인적인 영달을 위한 야심과 관심을 가지고 '구미에 맞는 정보(proper intelligence)'를 수집하는데 혈안이 되고; 말레이 반도에 있던 영국인처럼 "그러한 일은 내게 일어날 수 없어"라고 생각하는 또 다른 '현실-만족형 공무원(complacent set of civil servants)'이 있으며; 걸프 지역에서 사담 후세인에 의해서 속임을 당한 자들같이, 능력을 의도와 구분하기 위해 듣기 좋은 구식 거짓말과 기만전술을 분별할 수 없는 외교관들도 있다.

문제는 민주주의에서 권력자들이 그들이 받기를 원하는 정보를 정확히 요구하지 않는 경향이 있다는 사실에 있지 않다. 피선된 정치인들은 그들이 고용하고 있는 정보 전문가들에 의존하지 않으면 아니 된다 - 그들은 공무원이나 군에서 근무하는 비선출직 "자문관들"로서- 그들의 자리가 보장되어 있다는 사실을 알고 있는 사람들이다. 정보의 취급과 전파는, 결국 그들 전문가들의 영역이다. 문제는 정보를 오판하는 것은 바로 (이들 정치인들이 고용하는) 정보 전문가들이라는 사실이며, 이에 대한 비난은 흔히 정치가들이 받고 있다는 것이다.

아무튼, 정보의 문제는 더욱 악화될 것이다. 정보의 실패는 장차 매우 고비용을 수반하는 실수가 되기 마련이다. 21세기의 세계는 누가 정말 핵무기를 가지고 있는가, 또는 그들의 생산 시설이나 또는, 그들의 가옥 뒤의 차고에 감추고 있는 다른 대량파괴 수단들에 대하여 밀착 감시를 해야 할 것이다; 왜냐하면, 전쟁을 일으킬 수 있는 세력이 배신한 정부 급으로부터 개인이나 단체들의 손으로 넘어가고 있는 시대에 진입하고 있기 때문이다. 테러리스트들, 마약 운반자들과 모든 종류의 극렬주의자 그룹으로부터 나오는 광신주의자들은 도쿄 지하철에서의 사린 공격에 의해서 증명되었던 바와 같이, 믿을 수 없을 정도의 살상력을 가진 무기들을 곧 입수하게 될 것이다.

설상가상으로, 오늘날 기술은 국경이 없으며, 전자통신기기들과 한때 정부기관의 전유물이었던 보안장비들은 이제는 돈만 있으면 어느 테러리스트 그룹이라도 자유롭게 구입할 수 있게 되었다. 실재하는 테러는 항상 "무기를 가진 광신자"의 것이었다; 이제 테러리스트의 손에 있는 무기는, 그가 불만을 품은 단독 킬러이건, 테러리스트 그룹이건, 또는 호전적인 국가의 지도자이건 간에, 2차 대전의 폭격과 같이 많은 사람들을 쉽게 살상할 수 있게 되었다. 과학의 변질된 발달은 광신주의자들과 테러리스트들에게 대량 살상무기를 만들어주고 있는 것이다. 이는 정말 경악스러운 현상이 될 것이다.

그러나 사실을 살펴보면, 이러한 변화, 기술, 정보화 혁명, 포스트모더니즘 시대에도 불구하고, 진정한 정보의 문제는 크게 변화하지는 않았다. 현대의 정보요구는 오랜, 역사적 정보 수수께끼의 심장부로 거슬러 올라간다. 가장 비용이 많이 드는 정보수집수단은 적이 무엇을 가지고 있으며 어디에 있는가를 말해줄 수 있다; 그러나 우리의 오랜 친구인, "적의 능력과 의도"는 고비용의 기계적 속임수로 "기술화(technologized)"될 수 없는 것들이다. 우리는 여전히 우리의 악마가 무슨 사악한 소행을 꾸미고 있는가를 알려주기 위하여 적진에 들어가서 활동하는 신뢰할만한, 가장 오래된 무기인 스파이가 필요하다.

그러한 역사적인 정보 요구사항들에 대하여 추적한다면, 아마도 BC 510년, 아테네와 스파르타 이전 100년 전의 중국의 장수 손자가 저술한 서적을 인용하는 것이 최선일 것이다.

손자병법에서 손자는 정보와 간첩의 문제들을 주의 깊게 조명하고 있다. 손자는 통찰력과 지각력을 두루 겸비한 인물로서, 꼭 군사문제 뿐만 아니라 그가 살던 당시의 정치가들과 관리들과의 관계 문제를 다루었다. 그가 쓰기를: "100온스의 은을 정보비에 사용한다면, 전장에서 은 10,000온스의 전비를 절약할 수 있다." 고 하였다. 이는 시공을 통해서 입증된 금언이 아닐 수 없다. 그러나 손자는 또한 정보의 중요성에 대한 가장 심오한 통찰력을 글로 표현한 경구를 남겼는데, 이 경구는 모든 나라의 대통령, 수상, 관료, 군사 지휘관의 사무실에 걸려 있다:

만약 당신이 적을 알고, 당신 자신을 알면, 여하한 전쟁에서도 두려워 할 이유가 없다. 만 약 당신이 당신 자신을 알고 적을 모른다면, 승리와 패배를 동시에 경험할 것이다. 그러 나 만약 당신이 당신 자신도 모르고 적도 모두 모르면, 그때는 당신은 바보가 되고, 매전 필패할 것이다.

(If you know the enemy and know yourself, you need not fear a thousand battles. If you know yourself and not the enemy, for every victory you will suffer a defeat. But if you know neither yourself nor the enemy, then you are a fool and will meet defeat in every battle.)

이 경구야말로 정보 실패를 만회할 수 있는 사상 최고의 충고임에 틀림이 없을 것이다!

13 역자 후기:
정보 실패의 본질과 최소화 방안

13 역자 후기: 정보 실패의 본질과 최소화 방안

　지금까지 2차 대전 시 D-DAY, 1944, 노르망디 전역으로부터 2001년 세계무역센터 테러 공격에 이르기까지 10대 주요 전장에서 미국, 영국, 소련, 독일, 일본, 이스라엘, 베트남, 이라크 등의 군사정보활동 전사들을 저자의 관점에서 살펴보았다. 지금은 이러한 저자의 관점을 기초로 역자는 범위를 확대하여 현대 정보 실패의 본질과 정보 실패 최소화 방안을 종합적으로 제시하고 아울러 우리의 정보 주관심지역인 북한을 상대로 한 특수한 정보 환경을 논의해보고자 한다.

I. 정보 실패의 개념 정의

　"정보 실패의 개념을 엄격하게 정의해야만 하는 이유는 먼저 실패의 정확한 책임소재를 찾을 수 있기 때문이다. 예를 들어 정보 실패가 아닌 것을 정보기관에게 책임을 묻는다면 정보기관의 활동에 막대한 지장을 초래하게 될 것이다. 또한 진정한 의미의 정보 실패를 연구해야만 의미 있는 요인분석과 대책이 이루어질 수 있기 때문이다."22) 정보 실패의 개념에 대해서는 다수의 정보학자들이

---

22) 서동구, "정보 실패 최소화를 위한 이론적 고찰", 『국가정보연구, 제6권 2호 2013년 겨울호』, (한국국가정보학회, 서울) pp.101-136.

다양하게 규정하고 있다. 대표적으로 로웬탈(Mark Lowental) 및 슐스키(Gary Schmitt)의 개념 정의를 살펴보면, 먼저 로웬탈은 "정보 실패란 정보과정의 한 부분 또는 여러 부분의 문제로 인하여 국익에 중대한 영향을 미치는 사건과 관련 적시에 정확하고도 완전한 정보를 생산하지 못하는 것"이라고 정의했으며 슐스키와 슈미트는 "정보 실패는 상황에 대한 이해부족으로 정부가 자국의 국가이익에 적절하지 않거나 또는 반하는 조치를 취하도록 오도하는 것"으로 정의하고 있다.23) 종합해보면, "정보 실패란 정보기관이 지휘관이나 정책결정자에게 적시적이고 정확하며 예측 가능한 정보를 제공하지 못함으로써 지휘관이나 정책결정자의 오판을 초래하고 이로 인해 전쟁의 실패나 국가안보이익을 해치게 되는 것을 의미한다."

위와 같은 정보 실패 개념정의를 보완하기 위해 추가적인 개념이 필요하다. 그것은 '사전인지 가능성(knowability)'과 '조치를 취할 수 있는 정보(actionable intelligence)'라는 개념이다. 먼저 사전인지 가능성이란 개념은 장기간의 준비와 활동이 필요한 전쟁의 경우와 우발성이 강한 범죄행위를 구분해야 한다는 것이다. 예를 들어 9·11과 같이 4년 이상 장기간 준비한 전략적 테러행위는 사전인지 가능성이 있다고 판단되나 은행 강도 사건이나 1998년 케냐 및 탄자니아 주재 미국 대사관 폭파사건은 전술적 테러로서 사전인지 가능성이 낮다고 보는 것이다.

두 번째 개념인 조치를 취할 수 있는 정보는 보고를 받은 지휘

---

23) Mark M. Lowenthal, *Intelligence: from Secrets to Policy*, (Washington, D.C.: CQ Press, 2000), Abram Shulsky and Gary Schmitt, Silent Warfare: *Understanding the World Intelligence*, (Washington, D.C.: Brassey's, 2002)

관이나 정책결정자가 즉각 조치를 취할 수 있는 적시적이고 정확하며 예측 가능한 정보이어야 한다는 것이다. 예를 들어 9·11 테러 발생 이전 테닛 CIA 부장은 테러공격 가능성에 대하여 고위정책결정자들에게 경고를 했다고 주장하였으나 부시 대통령과 라이스 안보보좌관은 2001년 8월 6일자 '국가정보판단서(NIE)'를 받아보고 특별한 조치를 취해야한다는 생각을 전혀 하지 못했다고 주장했는데 그것은 즉각 조치를 취할 수 있는 정보가 아니었다는 의미가 내포되어있다. 여기에 정보 생산자와 정보 사용자 간의 엄청난 괴리가 있는 것이다. 먼저 정보 생산기관의 최고책임자인 CIA 부장은 국가정보판단서라는 형식을 빌어 대통령에게 서면보고를 하기보다는 국가안보에 치명적인 긴급정보의 경우, 즉각적인 대면보고를 실시하여 대통령을 설득 즉각적인 조치를 취하도록 했어야만 했다. 다른 한 편, 대통령이나 안보보좌관은 국가정보판단서를 읽고 그냥 지나칠 것이 아니라 정보책임자를 긴급 호출하여 보고를 받거나 국가안보회의를 소집하여 대책을 강구했어야 할 것이다. 정보생산자나 정보사용자는 공히 자신들의 직무를 충실히 했다고 볼 수 없는 사안이라고 볼 수 있다.

위의 2개 개념을 기초로 정보 실패에 대하여 2차적 정의를 내린다면, 사전인지 가능성이 없는 것을 예측하지 못하는 것은 정보 실패가 아니지만 정책결정자에게 정보를 제공했더라도 적시적이고 정확하며 예측 가능한 정보가 되지 못해 실패가 초래되었다면 이는 정보 실패이다. 사전인지 가능성은 정보만능주의의 문제점을 피할 수 있게 해주며 조치를 취할 수 있는 정보개념은 '정보생산자와 정보사용자(정보와 정책)' 간 상호 민감한 관계에 있어서 책임소재를 분명히 하는데 도움을 주게 될 것이다.[24]

II. 정보 실패 이론

1. 정보 실패 불가피 이론

정보 실패 이론은 대별해서 3가지로 분류할 수 있는 바, 첫째, 정보 실패는 불가피할 뿐만 아니라 아주 자연스러운 현상이라고 하는 정보 실패 불가피 이론25)이 있으며, 그 이유는 3가지 요인을 들고 있는데 (1) 분석관의 인지과정상 주관성, (2) 정보생산자와 정보소비자 간 인식의 차이, (3) 정보책임자가 정책결정자에게 정보의 중요성을 설득하는 과정에서 발생하는 병리현상이다. 그는 결론적으로 정보성공 사례 증가를 통해 '정보타율(intelligence batting average)'을 높여야 한다고 주장하였다.

2. 정보 실패 요인이론

요인이론은 정보 실패가 왜, 어떻게 발생하는지에 분석의 초점을 맞추고 있다. 우선 정보 실패가 정보기관 내부에서 발생했는지 아니면 외부로부터 발생했는지에 따라 '내부요인 이론'과 '외부요인 이론'으로 구별한다. 또한 정보활동을 수행하는 주체로서 인간이 지닌 본질적인 약점을 강조하는 '인간약점 이론'이 있으며, 개별 정보기관의 조직문화 또는 정보공동체 전체의 조직문화에 초점을 맞춘 '정보문화 이론'26)이 있다. 버코비치(Bruce Berkowitz)

---

24) 서동구, 『9/11 테러와 미국의 정보 실패 연구–정보문화모델을 중심으로』 (경남대학교 박사논문, 2012.12), pp. 21-22.
25) Richard K. Betts, Analysis, War, and Decision: Why Intelligence Failures Are Inevitable, *World Politics,* Vol. 31, No. 1 (October 1978), p. 62
26) Bruce Berkowitz and Allan Goodman, *Best Truth; Intelligence in the Information Age,* (New Haven and London; Yale University Press, 2000), pp. 147-167.

와 굿맨(Allan Goodman)은 2000년 정보기관에 소속된 직원들의 인식, 태도 및 행동패턴을 정보문화라고 규정하면서 비밀주의(secrecy)와 지혜의 문화(culture of wisdom)를 주요 특징이라고 주장하였다.

제가트(Army Zegart)는 2007년 9·11 테러의 실패요인을 분석하면서 CIA와 FBI의 조직구조, 조직문화, 조직인센티브를 3대 변수로 삼았으며, 그중 조직문화 차원에서는 CIA의 편협주의, 위험회피주의, 변화에의 저항, 알 필요가 공유할 필요를 압도하는 경향, FBI의 범죄수사에 몰입된 사법문화 등을 실패요인으로 분석하였다.27) 그는 또한 2012년 정보문화모델(intelligence culture model)을 연구하면서 CIA의 정보문화를 구체적으로 5가지(애국심, 동료애, 비밀주의, 지혜문화, 공작윤리)로 분석하면서 정보 리더십의 변화에 따라 정보문화가 역기능 또는 순기능으로 작용함으로써 정보역량이 극대화 또는 극소화되는 것으로 보았다.28)

끝으로 정보와 정책 간 민감한 관계에서 발생하는 병리현상 차원에서 '정보정치화(politicization of intelligence) 이론29)'이 있다.

---

27) Amy Zegart, *Spying Blind: the CIA, FBI, and the Origin of 9/11*, (Princeton and Oxford: Princeton University Press, 2007). pp.112-115, pp.123-127.
28) 서동구, *op. cit.,* pp.35-36. 정보 리더십은 정보책임자의 대통령과의 관계, 정보 분야에 대한 사전 지식 또는 경험, 공작부서와의 관계 등 3대 변수에 의하여 변화되며, 정보 리더십이 강화되면 위험 감수, 팀워크, 공작보안, 창의성, 순발력 등 순기능으로 작용하지만, 정보 리더십이 약화되면 위험회피, 지도부 적대감, 폐쇄주의, 책임회피, 도덕적 해이 등 역기능으로 작용된다고 보았다.
29) Robert Jervis, "Why Intelligence and Policy-makers Clash," *Political Science Quaterly,* Vol. 125, No. 2(2010), p.204

3. 정보 실패의 효용성 이론

달(Erick Dahl)은 과거 정보 실패로부터 교훈을 얻어 정보 실패를 예방할 수 있는 효용성에 대해 관심을 갖고 연구하였다. 그는 이를 '사전경고 모델(wake-up calls model)'이라 칭하면서 1993년 세계무역센터 지하주차장 테러사건의 효용성을 분석했는데, 이 사건을 계기로 과거에 해고했던 유능한 공작원(Emad Salem)을 다시 채용, 뉴욕-뉴저지 지역에서 활동하는 테러조직에 침투시킴으로써 더 큰 테러계획(the Day of Terror)[30]을 성공적으로 저지할 수 있었음을 분석하였다. 그는 정책결정자들의 정보적 수용성을 개선하기 위해서는 '정책결정자들이 조치를 취할 수 있도록 상상력이 아닌 굳건한 정보에 기초하여 경고하는 것이 중요하다'고 주장하였다. 또한, 그는 정보기관은 '실패는 성공의 어머니'라는 차원에서 과거의 정보 실패를 경고음으로 여기고 조치를 취할 수 있는 정보를 생산해내는 동시에 정책결정자들과 필요한 관계를 구축함으로써 정보적 수용성을 높여야 한다고 결론을 내렸다. 이상 정보 실패 이론들을 간략하게 살펴보고 지금부터는 정보 실패 최소화 방안을 살펴보겠다.

---

30) 이 테러계획은 'blind sheik'로 알려진 Sheik Omar Abdel Rahman이 주도한 것으로서 뉴욕의 랜드마크인 유엔본부 빌딩, 맨해튼 연방빌딩, 링컨 터널, 홀랜드 터널을 동시에 폭파시키는 계획이었으며, 1995년 10월 10명의 테러 주동자들을 기소하였다.

Ⅲ. 정보 실패 최소화 방안

1. 정보정치화 개선- 정보(생산자)와 정책결정자(사용자)의 상호 관계 정립

젠트리는 정보기관은 첩보를 수집, 분석하여 정책결정자에게 사전경고하고 필요시, 대면, 설득해야 하는 책임이 있지만, 정책결정자는 이 정보를 전략적 맥락에서 해석하고 결정할 뿐만 아니라 외교·국방 관련 부처를 통하여 결정을 시행하는 책임이 있다고 주장한다.[31]

미 육군정보학교에서는, "정보는 지휘관을 위하며, 지휘관은 정보를 주도해야 한다(Intelligence is for the Commander and the Commander drives Intelligence!)"[32]라는 모토를 내걸고 정보와 지휘관의 관계를 규정하고 있으며, 이러한 관계설정은 현대 선진국들의 일반적 추세이다.

모든 군사정보활동은 지휘관의 정보요구를 충족시켜 적의 기습을 방지하며, 정보기만을 통하여 아군의 기습을 달성하고 전장 승리에 기여하여야 한다. 이를 위해서, 지휘관은 '지휘관 정보요구'를 하달함은 물론, 정보활동의 우선순위와 정보자산 운용에 대한 지침을 제공해야 한다.

저비스(Robert Jervis)는 "정보와 정책은 상호 충돌할 수밖에 없는데 이는 특정 대통령의 특이한 성정이나 정보책임자의 무능함

---

31) Jon A. Gentry, "Intelligence Failure Reframed," 『Political Science Quaterly, Vol.123,
No. 2(2008), pp.247-248
32) 이 구호는 미 육군정보학교에서 선정한 미 육군 정보장교들의 좌우의 명이다.

에 원인이 있는 것이 아니라 상호 직무의 특성상 불기피하다."고 간파한 바 있다.[33] 정보가 정책에 너무 가까우면 정보정치화 위험이 있으며 정보가 정책에서 너무 멀게 되면 '정책적 적실성'을 잃어버리는 위험이 있게 된다. 정책적 적실성이란 보고받은 정책결정자가 '조치를 취할 생각을 하게 만들 수 있는 정보(actionable intelligence)' 즉, 수집된 첩보와 분석된 정보의 신뢰도와 완성도가 높아 정보생산자가 자신감을 가지고 직접 대면, 설득할 수 있는 정보를 의미한다. 긴급한 정보의 정책적 적실성을 보장하기 위해서는 정보생산자가 정보사용자를 설득할 수 있는 '대면보고(face to face-report)'가 필수적이다. 따라서 정보는 정책으로부터 고립이 아니라 독립된 상태에서 객관적이고 가치중립적인 분석과 판단을 통하여 정책적 적실성이 있는 정보를 정책결정자에게 제공해야 한다. 그러나 현실세계에서는 정치적 필요에 의해 상호관계가 왜곡되는 경우가 빈발하고 있다. 앞 장에서 언급한 히틀러나 스탈린, 그리고 영국의 블레어 정부의 경우와 같이 정책이 정보를 완전히 무시하는 극단적인 케이스가 있는데 이 경우 당연히 정보 실패를 자초하게 된다.[34]

또한, 정보사용자는 항상 'yes와 no가 분명한 정보'를 요구하는 경향이 있으나, 생산자는 가급적 우선순위와 함께 몇 가지 가능성을 제시하는 것이 합리적이라 생각한다. 상호 간에 마찰이 생기면, 생산자가 사용하는 시간이 증가하여 타이밍을 놓치는 우를 범할 수 있다. 또한, 사용자는 실증주의 학문적 전통[35]에 익숙하여

---

33) Robert Jervis, "Why Intelligence and Policy-makers Clash," Political Science Quarterly, Vol. 125, No2(2010), p. 204.
34) 서동구, "정보 실패 최소화를 위한 이론적 고찰", 『국가정보연구 제6권 2호 (한국국가정보학회, 2013), p.117

모든 정보기관의 분석내용이 일치하기를 바라지만, 이 경우 정보분석의 치명적 오류가 발생될 염려가 있기 때문에 이를 방지하기 위해서는 정보를 주도해야 하는 책임이 있는 지휘관 자신이 최종 판단을 내릴 수 있어야 한다.

정보업무는 매우 어려운 일이기 때문에 완벽하게 수행하기 어렵다. 또한, 정보는 만능이 될 수 없다. 특히 대부분의 정보업무 영역은 항상 모호한 상황에서, 적대적인 지역에서, 제한된 시간과 수단으로, 상대의 대정보 활동을 회피해 가면서 위험한 임무를 수행해야 한다. 지휘관은 이러한 '정보의 한계와 능력'을 인식하고 현실적인 기대를 하는 것이 바람직하다. 사용자와 생산자는 신뢰를 바탕으로 하는 '상호 이해와 존중의 문화'를 조성해 나가는 노력이 바람직하다.

이를 위해서 생산자들은 지휘관 또는 정책결정자들이 정보의 세계를 이해하는 것 이상으로 정책결정자들의 세계를 잘 이해할 수 있어야 한다. 우선 주기적으로 정책부서 고위급 인사들에게 정보정치화 현상의 위험성과 정보적 수용성의 중요성을 교육하고, 다음으로 정보기관 고위급 인사들을 정책부서 직위에 교차 보직함으로써 정책과정에 대한 이해를 증진시키는 동시에 정보가 정책적 적실성을 가져야 함을 깨닫게 해야 한다.36) 정보와 정책 요원들을 교육하기 위해서는 우선 미국과 영국 등에서 이미 시행하고 있는 바와 같이 국가정보 전문연구기관(예: 미 국방정보본부의 국가정보대학교(National Intelligence University), CIA University)을

---

35) 염돈재, "위기상황과 정보수집-북한정보를 중심으로" 『국가정보연구』(서울, 한국국가정보학회)

36) John McLaughlin, "Serving the National Policymaker," Roger Z. George and James B. Bruce eds., cit., p.75.

설치하여 '국가정보학(Intelligence Studies)'을 학문적으로 발전시켜야 한다. 국가정보학은 국가의 정보활동을 체계적으로 이해할 수 있도록 관련지식을 체계화하고, 국가정보활동의 합리성과 효율성을 제고하며, 국가정보 발전을 위한 바람직한 방향을 제시할 수 있어야 한다. 또한, 민간대학 내 국가정보학과 개설 등 국가 차원의 적극적 지원 조치가 병행되어야 함은 물론이다. 부분적이나마 한국 육군에서 발전시켜 시행하고 있는 정보장교의 전투 병과 부대의 지휘관 보직 및 정책부서 보직은 정보사용자와 생산자의 관계를 순기능으로 개선할 수 있는 탁월한 정책이다.

끝으로 보다 적극적인 방안으로 '이스라엘 군 정보부(Military Intelligence Directorate: AMAN)의 개혁'[37]을 참고할 필요가 있다. 이스라엘은 정보 분석관이 정책결정과정에 참여하여 직접 정책대안을 제시할 수 있도록 하였으며, 정책적 적실성을 제고할 수 있도록 정보보고서를 (1) 국가정책 수립 및 집행에 필요한 '국가정보(Relevant National Intelligence: RNI), (2) 적국의 상황 판단을 위한 '고급 전략정보(Strategic Intelligence Superiority: SIS), (3) 작전 및 전술 정보(Operational and Tactical Intelligence Dominance: OTID) 등 세 종류로 구분하여 작성한다.

2. 정보 분석에서 나타나는 인지적 편향성(cognitive bias) 극복 방안

미국의 사회심리학자 리온 페스팅거(Leon Festinger)는 "인간은 합리적 존재가 아니라 합리화하는 존재"라고 정의하면서, 인지

---

37) Yosef Kuperwasser, "Lessons from Israel's Intelligence Reforms," Analysis Paper, No. 14(Oct. 2007).

부조화(Cognitive Dissonance)에 빠진 사람들은 현실과 사실을 자신의 믿음과 생각으로 해석하여 자신들의 생각과 일치하는 정보만 편향적으로 받아들임으로써 자신의 견해를 더욱 공고히 하는 '확증편향'과 '자기 합리화'에 이른다고 주장하였다. 인간은 누구나 확증편향의 경향은 있으나 특히 권력을 독점하고 있는 독재자나 오랜 경험과 신념에 찬 최고사령관은 권력과 직책에 대한 권위적 타성으로 인하여 인지적 편향성이 농후할 수 있다.

과거 정보 분석은 실증주의의 영향으로 인간의 의지의 영향을 무시하고, 인간 인식의 한계를 고려하지 않은 체, 객관성에 입각하여 계량화한 합리적 모델을 만드는데 치우쳐 왔다. 9.11로 대표되는 정보의 실패가 등장하면서 새로운 패러다임에 대한 관심이 높아지고 있다. 실증주의가 합리적 모델을 만드는 데 집중해 왔으나 인식론적 편향을 지닌 인간의 행위를 간과함으로써 정보 실패를 초래하는 요인이 되고 있다. 인지심리학에서 발견한 것은 인간 행위는 전지전능한 능력자의 입장이 아니라, 제한된 지식과 정보 처리 능력을 가진 인간의 입장에서 정보를 수집하고 판단한다는 것이다.

정보 분석에서 실증주의적 경향은 트레블턴(Gregory Trever-ton)의 2009년 저작에서 대표적으로 나타나고 있는 바, 실증주의에서 정보 분석가는 컴퓨터와 같은 "정보 처리자(processor)"로 묘사된다. 정보처리과정에서 데이터와 처리 센서가 중립적인 것과 같이 분석가들도 중립적일 것이라고 가정한다. 올바른 분석을 위해 분석가들은 어떤 의문이나 개인적 편견을 가져서는 안 되며 정보를 중립적인 입장에서 처리해야 한다는 것이다. 이것이 가장 객관적이고 오류 발생을 최소화할 수 있는 방법으로 여겨지고 있다.38)

그러나 켈러(Ann Cambell Keller)는 실증주의의 객관적 정보 처리에 의문을 제기하면서 정보 분석은 경성과학(Hard Science)이 아니라고 주장한다. 즉, 정보 분석은 정확한 정보를 수집하고 이를 바탕으로 객관적인 결론을 내릴 수 있는 자연과학이 아니라는 것이다. 오히려 분석가들은 당시에 지배적인 분석방법과 모델, 그리고 학계에서 논의되는 여러 가지 사안들로 인해 특정정보를 간과하거나 혹은, 특정정보를 강조하는 경향이 있다는 것이다.[39]

한편 심리학의 경험적 실험은 인간의 판단이 어떠한 편향으로 발전하는지를 제시하고 있으며, 심리학 실험결과를 바탕으로 정보를 판단하는 것은 다음과 같은 이점을 가지게 되는 바, 첫째 불확실한 정보를 접하는 분석가들에게 체계적인 사고방식을 전달할 수 있고 이를 통해 불확실성 속에서도 올바른 판단을 할 수 있게 하며, 둘째 다양한 대안적 판단결과를 제시함으로써 정보처리와 분석의 정확성을 높힐 수 있고, 셋째 경험적 기법을 학습함으로써 개별 분석가들의 논리적 추론을 강화할 수 있다.[40] 그러나 이러한 경험적 실험에 기반을 둔 추론은 정보 분석에는 매우 제한적이라는 점도 지적되고 있으나, 실증주의에서 객관적이고 중립적인 행위자를 "단지" 가정하는 것에 비하면 실험적 상황에 기반을 둔 주장은 단순한 가정보다는 현실에 가까운 상황이라는 점에서 새로운 대안으로 등장하고 있다.

---

38) Gregory F. Treverton, 『Intelligence for an Age of Terror』(New York: Cambridge University Press, 2009).
39) Ann Cambell Keller, Science in Environmental Policy: The Politics of Objective Advice (Cambridge, MA;MIT Press,2009).
40) Rose McDermott, "Experimental Intelligence", 『Intelligence and National Security Vol. 26』, No.1(2011).

전문가들은 정보를 잘못 판단하게 하는 다양한 '편향(bias)'과 '지지(bolstering)'에 대해서 논의하고 있다.[41] 편향이란 한쪽으로 치우치는 현상으로, 거울 이미지, 과신, 집단사고, 생생함, 인과적 설명에 대한 선호 등을 들 수 있다. 이러한 편향은 결국 사실과 정보를 잘못 판단하게 하는 오류를 일으킨다.

정보와 관련된 편향이 야기하는 2가지 현상이 있는데 첫째는 필요한 정보를 무시하는 것이며(전례: 바바로사 작전에서의 스탈린의 경우, 디에프 비연합작전에서의 마운트 배튼 중장의 경우 등), 둘째는 획득한 정보의 중요성을 과소평가하는 것이다(전례: 2차 대전 시 말레이반도에서의 영국군의 일본군 평가, 진주만에서의 미국군의 일본 해군 평가 등).

한편, 지지(bolstering)는 분석관들이 자신이 선호하는 가설을 지지해줄 보고나 정보는 기다리면서, 자기가 선호하지 않는 정보는 버리거나 그 중요성을 감소시킨다는 것이다. 이때 자주 활용되는 논리가 "좀 더 기다려 보자!"는 태도이다. 즉, 자신이 지지해줄 정보가 나타날 때까지 기다려서 자신이 선호하지 않는 정보를 사장시킨다는 의미이다.

편향과 지지를 극복하기 위해서는 분석관들이 임의로 기초정보를 제거하거나 가설을 제거하는 것이 불가능하도록 시스템을 만듦으로써 극복할 수 있는 데, 핵심은 컴퓨터를 활용하여 경보 시스템에서 기초정보가 버려지는 경우가 없도록 하거나, 주기적인 분석관 대면 및 화상회의를 통하여 소통하는 것이다. 미국에서는 9·11 이후 정보공동체 마스터 데이터베이스(Intelligence Community

---

41) Sundri Khalsa, 『Forecasting Terrorism』(Lanham, Maryland: Scarecrow Press, 20004)

Master Database)와 테러 예방 데이터베이스(Terrorism Fore-casting Database), 그리고 인공지능을 활용한 테러 예측시스템을 연구, 발전시키고 있다.

그러나 IT기술을 이용한 인공지능도 한계가 있으며, 한계를 최소화하더라도 최종적으로 정책을 결정하는 인간의 오류를 극복할 수 없다는 점이 명확해졌다. 따라서 정보요원은 이러한 정보 분석에서 나타나는 인지적 편향과 IT기술의 한계, 그리고 정책결정 과정의 한계가 존재한다는 현실을 감안하여, 모든 첩보에 대해서 항상 '겸허하고 성실한 자세'를 갖도록 교육되고 훈련되어야 한다는 것이다. 분석관 자신이 터무니없다고 생각되는 첩보나 도저히 믿기지 않는 첩보라고 생각될지라도 과소평가하거나 무시하거나 묵살하지 말아야 한다. 분석관은 입장을 바꾸어 적의 입장에서 생각해보고 이것이 적의 의도적인 기만성 첩보인지를 따져 보고 인내심을 가지고 수집요구를 하거나 유사첩보를 추적해야 한다. 분석관의 유사한 묵살 행위로 판단을 놓치게 한 실례가 있었다. 북한은 1998년 8월, 대포동 1호 미사일 발사 수일 전 인공위성 발사를 준비하고 있다는 첩보가 수집된 바 있었는데, 분석관은 당시 북한 수준으로 위성은 터무니없다고 묵살해 버림으로써 대포동 1호 발사준비에 대한 '정보 부재'라는 오명을 남기게 되었다.

3. 적의 의도(intentions) 판단 능력 개선: 공작발전 백년대계 추진

'전쟁 위험'은 적의 '군사 위험'이 주된 요소로서 위협받는 상대국 내부의 안보적 취약성과 위협에 대한 대응태세에 상응하여 고조 또는 감소된다. 즉 일방이 군사력을 증강하고 공격적 의도를 가지고 있을 때, 상대방이 어떠한 형태로 대응하느냐에 따라서 전쟁 위험이 고조되거나 억제될 수 있다. 또한, 군사위협은 대별해서 적의 '능력'과 '의도'의 두 가지 요소에 의해서 위협의 정도가 예측된다. 능력과 의도는 상호 밀접한 관계가 있으나 항상 동일시되지는 않는다. 적의 능력이 증가되면 일단 적의 의도를 의심하게 되며 정보기관은 적의 의도를 분석하게 된다. 능력은 과학적 수집 수단과 분석으로 비교적 정확하게 평가될 수 있으나 적의 의도는 변화무쌍한 인간, 최고지도자의 영혼 깊숙이 숨어있기 때문에 헤아리기가 대단히 어렵다. 따라서 적의 능력이 증강되면 의도에 무관하게 상응하는 능력으로 대비하며 적의 의도를 판단하게 된다. 즉 국제적으로 세력균형이라는 국제정치 행태가 파생되고 각국은 자국의 안보를 위해서 군비경쟁이라는 방호망을 구축하게 된다. 길핀(R. Gilpin)이 "국제정치는 무정부 상태에서의 권력과 부를 향한 반복되는 투쟁"이라고 말한 것처럼 국제정치도 무한한 권력 투쟁이라고 볼 수 있기 때문이다.

이라크나 북한의 경우와 같이 독재국가에서는 독재자 개인의 '의도/기도' 판단이 더욱 중요시된다. 인간의 마음은 본질적으로 변화무쌍하기 때문에 독재자의 의중을 헤아리는 것은 거의 불가능하다. 그러나 마음속 깊은 곳에 숨어있는 의도는 행위(징후)로 표출되기 마련이다. 표출되는 행위(징후)들을 집합하여 대조하면 그의 의도를 짐작할 수 있고, 기도를 파악하면 그에 따른 조기경보를 할 수 있다.

가. 북한 독재자의 '의도'를 어림하기 위해서는;
첫째, 그의 개인적 성향 즉, 수령절대주의 등 주체사상 구현을 위한 정치적 신념42), 핵/미사일에 의한 비대칭전략, 대남 적화전략, 자립적 민족경제, 과대망상증, 확증 편향성, 권력욕, 정복욕, 카리스마, 추진력, 친화력, 건강 상태, 심리적 불안정성 등을 분석하고

둘째, 북한의 각종 대남 도발 행위 및 전쟁 도발징후를 분석하며

셋째, 독재자 주변의 아첨 그룹(sychophantic support group)에 의한 '있는 그대로의 사실(the unvarnished truth)'과 동떨어진 정보로 오염될 가능성 등 개인적 문제점을 파악하는 것이 중요하다. 특히 독재자들의 일반적인 성향의 하나로서 나타나는 '확증편향' 현상은 정보인들이 가장 주목해야 할 요소 중 하나이다.

나. 독재자의 내면적 도발 의도는 통상 '전략적 징후(strategic in-dications)와 전술적 징후(tactical indications)'로 나타날 수 있다.

전략적 징후는 축적하면 '전략적 조기경보(strategic early warning)'의 근거가 되며, 전술적 징후는 축적하면 '전술적 조기경보(tactical early warning)'의 근거가 된다. 대표적인 전략적 도발징후들을 열거해보면 적국의 사상/이념체계, 동맹 관계, 양국 간 역사적 분쟁 경험, 북한노동당의 강령 및 정책 노선, 국가 목표, 4대 군사 노선, 대남정책, 전력 증강 실태, 핵/미사일/생화학 무기 개발 및 배치, 기동군단 평시 전방 추진 배치 등이다. 북한은 1962년 '4대 군사로선'을 군사정책으로 채택한 이래 장기간에 걸친 전쟁준비를 완료하였고 1995년을 전쟁준비 완료의 해로 선포하였으며, 현재는 '국가핵무력' 완성을 선언하고 대륙간탄도 미

---

42) 박상수, 『탈냉전기 북한의 대남정책의 성격연구』(서울: 대한출판사, 2011), pp.184-203.

사일을 개발하여 미국을 위협하여 주한미군 철수를 종용하고 있다.43) 이러한 비대칭적 군사력의 증강은 주한미군 철수 후 핵무기 위협하에 대남 무력 적화통일을 달성하겠다는 전략적 조기경보의 필요하고도 충분한 조건을 충족시키는 것이다.

대표적 전술적 징후는 전시 동원령 선포, 평화협상 제안, 증권시장 거래 동향의 급락, 예비 통신망 가동, 예비전력 이동, 후방 특작부대 침투 활동, 잠수함 출현, 전방부대 집결 및 탄약 분배, 포병 화력 전방 추진 및 사격 준비태세, 전방 장애물 제거 및 기동로 개척, 전방부대 집결 및 탄약 분배 등이다.

이러한 예상되는 징후들을 망라해서 한미 연합사령부는 한국군 정보기관들과 합동으로 '계절별 시간별 북괴 남침 공격 양상(Pre-H hour Scenario)'을 완성하였다. 열거된 전략적·전술적 징후들을 기작성된 공격 양상 시나리오의 시간별 징후들과 대조하면 적의 공격 개시 일시를 포함한 공격 양상을 판단하여 개략적인 전략적·전술적 조기 경보를 할 수 있다. 전략적 조기경보는 수개월-수년 전에, 전술적 조기경보는 수 시간-수일 이전에 가능하며, 북한의 도발에 대한 전략적 조기경보는 수년 전부터 이미 발령된 상태이며, 다만 전술적 조기경보는 정보의 당면 과제로 남아있는 셈이다.

적의 기도를 판단하는 문제는 변화무쌍하고 수치로 측정이 불가능한 가변적이고 심리적 문제이다. 따라서 수학의 퍼지 이론(Fuzzy theory)을 적용한 판단 기법을 개발하거나, 영국의 MI6나 이스라엘의 모사드 요원같은 초인적 능력을 가진 특수공작요원을 양성하고, 국가적 투자를 보장받는 '공작발전 마스터플랜'44)을 추진하여

---

43) 대한민국 국방부, 『2020 국방백서』,(서울: 국방부, 2020), pp. 10-30
44) 공작발전 마스터플랜은 1998-9년 국군 0000부대에서 발전시킨 계획으로

장기적이고 신뢰성 있는 휴민트 역량을 육성하여야 한다. 일본은 2차 대전 발발 수십 년 전부터 대륙 침략과 동남아 침공을 위해서 대를 이은 현지 휴민트 역량을 부식함으로써 만주국 건설과 말레이 반도, 싱가포르 함락 등 많은 전쟁에서 승전의 발판을 마련하였으며, 이를 통해서 엄청난 전쟁물자 조달을 가능케 하였다.

휴민트 역량은 첨단 기술정보가 대체할 수 없으며, 파괴되기는 쉬어도 재건하는데 장기간이 소요되고 인간이 인간을 이용하는 비밀활동의 취약성에 대한 이해를 바탕으로 휴민트 역량45)이 결정적인 국가안보자산임을 깨달아야만 한다. 미국에서도 정보 경험이 없는 정보책임자가 정치적으로 임명되어 휴민트에 대한 무지와 오해로 휴민트 역량을 파괴시킨 결과 정보 실패가 발생한 사례가 있음을 유념해야 한다.

북한은 정보적 측면에서 알 카에다 조직 못지않은 하드 타깃46)이라는 점에서 대북정보수집기법의 창조적 '융합정보기법(fusion tradecraft)'을 창안해야 한다. 예를 들면 휴민트를 기본으로 기술정보와 정보협력을 융합시킬 수 있다. CIA가 우방국 공작원을 활용하여 감청장치를 테러리스트 본거지에 부착시키는 것이 바로 이와 같은 사례이다. 다양한 초국가적 위협에 효과적으로 대응하기 위해서는 복수의 정보융합기법(휴민트/기술정보/비밀공작/동맹국과 정보협력)을 맞춤형으로 최적화할 수 있도록 발전시켜야 한다.

부대장이 인사/예산권을 부여받아 공작원을 선발, 교육, 보직, 진급, 사후관리 등을 행사토록 하여 휴민트 역량을 대를 이어 획기적으로 토착화시키는 국가적 백년대계임.
45) 서동구, *ibid.*,p.196.
46) 북한, 이란, 이라크, 시리아와 같은 출입이 통제되고 주민통제가 강화된 지역을 거부지역(denied area)으로 분류할 수 있으며 그러한 국가의 지도자를 정보적 침투 차원에서 하드타깃(hard target)으로 볼 수 있다.

우리 정보기관에서도 1997년 금창리 지하 핵시설 사찰, 1998년 남해안 간첩선 포획 등 한미 간 연합정보 작전을 시행하여 소기의 성과를 거두었던 경험이 있다.

4. 적의 거부와 기만(외부요인) 대응방안: 준비된 마인드와 열린 담론의 분석문화 조성

정보장교의 기본적 책무는 적의 기습을 방지함과 동시에 적에 의한 기만을 경계하는 것이다. 기습방지와 기만경계는 동전의 양면관계이다. 손자병법에서도 "병자(兵者)는 궤도(詭道)야(也)"라고 전쟁에서의 기만의 중요성과 위험성을 강조하였다.

기만경계는 항상 비판적인 분석을 통하여 ⑴ 그것은 진실인가? ⑵ 출처의 신뢰도는? ⑶ 정확성은? 등의 질문에서 답을 찾는다. 정보 분석관은 적의 기만 여부를 항상 염두에 두고 실정보와 기만정보를 분별해내는 능력을 구비해야 한다. 브루스와 베네트는 거부와 기만을 극복하기 위해서는 '준비된 마인드'와 '준비된 조직'을 갖춰야한다고 주장했다. '준비된 마인드'는 빠진 첩보와 첩보의 과잉일치 현상47)에 유념하는 등 거부와 기만의 본질에 대한 예리한 이해를 바탕으로 이를 무력화 내지 완화시키려는 분석관의 마음 자세인 것이다. 이와 함께 거부와 기만에 효과적으로 대처할 수 있는 분석문화의 창출을 강조하였다.48) 예를 들어 미 국무부 정보조사국(INR: Bureau of Intelligence & Research)은 CIA

---

47) 첩보의 과잉일치(excessive concordance) 현상은 수집된 첩보들이 지나치게 중복되거나 일치되는 현상을 의미한다.
48) James B. Bruce and Bennet, "Foreign Denial and Deception: Analytical Imperatives," Rozer Z. George and James B. Bruce eds.,*op. cit.*, pp. 133-135.

분석부서에 비해 외압에 영향을 덜 받는 동시에 내부 토론과정에서도 반대의견을 비교적 자유롭게 개진하는 열린 토론문화49)를 가진 것으로 평가되는데 '준비된 조직'의 특성이라고 볼 수 있다.

하틀 브레케와 스미스는 '열린 담론문화(culture of open-handed discourse)'를 주장했는데 이 문화는 3가지 특성을 가지고 있다. (1) 인지적 폐쇄성과 같은 인간의 한계에 대한 겸허한 이해 (2) 누구나 모든 것(정책/전통/기관/통치엘리트)을 비판할 수 있는 자유로운 사고 (3) 기존 가정과 정론적 사고에 회의를 표할 수 있는 비판적 합리주의(critical rationalism)가 그것이다.50) 이와 같은 '열린 담론의 분석문화'가 조성될 수 있다면 거부와 기만 속에서도 희소하지만 유가치한 첩보에 주목하여 위협에 대해 사전 경고할 수 있는 가능성이 높아질 것으로 판단된다. 북한이 역사적으로 다양한 거부와 기만전술을 반복적으로 구사하고 있다는 점에서 정확한 대북 정보판단을 위한 필수적 요소로 주목된다.

또한 반대로, 아군의 작전지원을 위한 다양한 정보기만을 소홀히 해서는 안된다. 아군의 기만계획 수립 시에는 아군 작전에 대한 적의 정보판단 내용을 수집해야 하며, 적의 정보/보안체계를 사전 파악, 무력화시켜야 한다. 전쟁 수행 시에는 국가통수 차원에서 1944년 노르망디 작전에서 영국이 운용하여 성공했던 '런던통제부(LCS: Lodon Control Section)'와 유사한 범국가적 기만기구를

---

49) David Ignatius 는 WP지 기사(제목: "Spy World Success Story", *The Washington Post*, 2004.5.4.)에서 INR 분석의 우수성을 열린 토론문화에서 찾고 있다.

50) Kjetil A Hatlebrekke and M.L.R. Smith, "Towards a New Theory of Intelligence Failure: The Impact of Cognitive Closure and Discourse Failure," *Intelligence and National Security*, Vol. 25, No. 2(April2010), pp. 147-182.

설치하여 적을 기만해야 한다. 여기에는 정보/전자전, 인간정보, 저항세력, IT 전문가, 언론인, 금융전문가, 영상전문가, 관련 외국어 능력 보유자 등이 다양하게 편성되어 기만 목표 달성을 위하여 적절히 조직되고 통제되어야 한다.

5. 정보조직문화 개선방안: 한국의 '국가정보공동체(가칭)' 설치 및 정보책임자 임명기준

가. 국가정보공동체 설치

냉전 붕괴와 남북관계 진전에도 불구하고 북한의 지속적인 핵/미사일 개발로 한반도의 긴장상태는 지속되고 있으며, 다원화되어 가는 안보환경의 변화는 국가안보에 직결된 정보체제에도 영향을 미쳐 군사, 경제, 기술과 테러, 마약 등 정보활동을 다양화 시키고 있다.

지정학적으로 강대국들에 둘러싸인 작은 나라 대한민국은 국력 증강의 노력과 함께 양적 열세를 질적 우세로 극복할 수 있도록 국력의 승수효과(乘數效果)를 달성할 수 있는 국가정보력을 키워 나가야만 한다. 정보는 평화시 전쟁억지와 국가번영에 긴요한 요소이며 전시에는 국가존망을 좌우하는 담보가 되기 때문이다. 한국전쟁 이후 지금까지 군은 한미동맹에 힘입어 미군의 첨단 정보 지원을 무상지원 받아 한반도 전쟁억지의 임무를 감당해오고 있다. 그러나 노무현 정부의 전시작전통제권 환수정책으로 이제 상황이 달라질 수밖에 없는 입장이다. 자주정보 역량을 갖추지 못한 전작권의 행사는 유명무실할 수밖에 없다. 이제 발등에 불이 떨어진 격이 되고 말았으니 예전처럼 무상의 정보지원을 요구할 수 없는 처지에서 차제에 우리가 보유하고 있는 모든 정보자산들을 총체적으로 추슬러 자주정보 소요를 산출하고, 체제를 구축하며 부족한 역량을 확충해 나가는 동시에 전작권 전환과 관련한 대미 협상방안도 마련해야 한다.

바야흐로 정보화시대라는 세계적 추세에 부응하여 산적하는 정보홍수사태는 정보의 질적 향상과 자원관리의 효율화를 끊임없이 요구하고 있을 뿐만 아니라, '국가정보공동체' 개념에 입각한 통합관리의 부재로 정보의 질적 저하는 물론이고 정보기관 간 노력의 중복, 비합리적 경쟁과 관료주의의 병폐가 상존하고 있으며, 정보의 공유와 정치적 중립성이 결여되어 있다는 비판이 노정되고 있는 현실이다.

이러한 현상을 해결하기 위해서는 국력의 승수효과를 달성할 수 있는 국가 자주정보체제를 구축해야 할 것이며, 이를 위해서 먼저 국가 정보컨트롤 타워 역할을 할 수 있는 '국가정보공동체(가칭)'[51]를 설치하여야 한다. 국가정보공동체란 한 국가내의 모든 국가급 및 군사정보기관을 망라하며, 대통령이 임명하는 국가조직에 의해서 총체적으로 융합, 조정, 감독되는 하나의 체제라고 할 수 있다. 격화되고 있는 미·중 대결 구도의 첨단에서 우리의 국가이익과 한미동맹의 일익을 소리 없이 강화할 수 있는 시대적인 요구를 충족시킬 수 있는 국가전략이기도 하다.

국가정보공동체 설립을 위한 주요 추진 개념은 다음의 6가지로 요약할 수 있다. 첫째, 국가정보공동체의 공감대를 형성하기 위하여 우선, 대통령 직속기구로 국가정보위원회를 설치하고, 이를 통

---

51) 9/11 테러 이후, 2004년 12월, 미국의 CIA, FBI를 포함한 16개 정보기관의 정보 융합/총괄을 위하여 설립한 미국 국가정보국(DNI: Director of National Intelligence)은 좋은 선례가 될 수 있다.

해서 개별 정보기관들의 현황파악과 여론을 수렴하여 실정에 맞는 정보공동체를 입안하고, 둘째, 정보공동체의 정보조직은 현 조직들을 모체로 수집기관의 독자성을 회복하면서 인간·영상·신호정보 등의 기능별로 국가급 능력을 갖추도록 보강함으로써 '제 전장체계들의 통합체계화(System of Systems)'52)를 구축하며, 셋째, 대통령과 국가안보회의를 보좌할 수 있도록 국가정보판단과 정보자원관리/전력건설을 전담할 수 있는 체제를 갖추며, 넷째, 낙후된 정보과학기술을 통합 발전시키고, 다섯째, 정보와 보호기능은 조화로운 통합으로 상호 보완하고, 끝으로 충성심, 인격, 지식을 겸비한 최정예 정보인재관리에 역점을 두어야 할 것이다.

나. 정보책임자 임명기준과 감독방안

대통령에 의하여 임명되는 정보책임자는 개별 정보기관이나 정보공동체의 조직문화에 결정적 영향을 미치므로 정보 실패를 예방하는 가장 중요한 해법은 대통령이 최적의 인물을 정보책임자로 임명하는 것이다. CIA 간부 출신 헐닉(Arthur Hulnick)은 정보책임자의 성공요소로 첫째, 정보업무에 대한 사전경험 둘째, 대통령에 대한 접근성 셋째, 인성을 꼽았다.53) 정보책임자의 전문성과 대통령

---

52) 21st Centry Intelligence Technology Symposium: Jan. 9-13, 1995. Intelligence 21, World Wide Intelligence Conference, 31 Jan 1995, Ft. HUACHUCA, ARIZONA. 육군 소장(예) 박상수, 『21C 정보발전방향』, (육군본부연구과제, 2001.11), pp. 1-2,3,4. 미래의 전장체계는 정보 감시 및 정찰체계와 C4I 체계, 그리고 정밀타격체계 등 제전장 체계들의 통합체계로 지향될 것이라는 개념임.
53) Arthur Hulnick, *Fiximg the Spy Machine: Preparing American Intelligence for the 21st Century*, (Westport: Praeger Publishing, 1999), p.195.

과의 신뢰관계는 정보 실패를 최소화할 수 있는 강력한 수단이다. 전문성에 기초한 개혁은 정보문화에 대한 이해를 바탕으로 환부는 도려내면서도 조직의 사기를 진작시키는 합리적 개혁인 것이다.

정보책임자가 낮은 전문성+높은 접근성(대통령)을 가진 경우는 높은 전문성+낮은 접근성(대통령)을 가진 경우보다 오히려 위험성이 크다고 볼 수 있다. 대통령은 이점을 숙지하고 정보책임자를 임명해야 할 것이다. 정보책임자의 인성은 조직의 합리적 운영뿐만 아니라 정보공동체내 여타 정보기관들과의 관계를 발전시킬 수 있는 귀중한 자산이다. 정보책임자의 전문성과 인성의 결합은 정보 실패를 사전에 예방할 수 있는 일종의 강력한 안전장치라고 볼 수 있다.54)

한편 임명된 정보책임자가 정보공동체 운영을 독선적으로 운영하거나 인사전횡 등 문제가 노정될 경우 이를 견제할 수 있는 감독 장치가 필요하다. 미국은 이를 위해 의회 정보위원회에 추가하여 정보기관 출신 원로들의 경험에 기초한 집단적 지혜를 대통령에게 권고하는 대통령정보자문위원회(PIAB: Presidential Intelligence Advisory Board)를 운영하고 있나. 우리도 전문성과 정치적 중립성을 겸비한 원로들이 존재하고 있기 때문에 이러한 제도는 도입할만 하다.

Ⅳ. 결론

지금까지 정보 실패의 본질과 최소화 방안들을 10대 주요전역 사례와 관련 이론들을 중심으로 살펴보았다. 정보 실패의 본질은

---

54) 서동구, *ibid,*, p 125.

순수한 정보자체의 정보적 차원의 실패, 정책적 차원의 실패, 그리고 최고정치지도자의 정치적 차원의 실패로 구분된다. 따라서 최소화 방안도 당연히 이러한 세 수준의 차원에서 복합적으로 개선책이 마련되어야 한다. 전쟁의 실패요인도 대별해서 정보의 실패, 작전의 실패, 그리고 지휘(리더십)의 실패로 구분되어야 합리적이다. 실례를 들면, 지난 8월 31일 단행된 미군의 아프가니스탄 철수 과정에서 정보와 정책 그리고 정치의 세 수준의 분명한 차이와 특징을 명백히 보여 주었다. 마크 밀리(Mark Milley) 미 합참의장은 상원 청문회에서 "아프간 철군은 미국의 전략적 실패"라고 말했다. 로이드 오스틴 국방장관도 "그들의 의견(밀리 의장과 케네스 매킨지 중부사령관은 2500~4500명의 미군 주둔을 권고)을 대통령이 받았고 물론 대통령이 고려도 했다."고 답했다. 밀리 의장은 또 자신은 조언할 뿐이고 "정책결정자들은 그 조언을 따라야 할 의무가 없다."고 잘라 말했다. 결국 대통령의 정치적 결단으로 철군이 단행된 것이었다.[55]

정보 실패를 최소화하기 위한 방안으로는 첩보수집 능력 향상을 위한 공작발전 마스터플랜 추진과 AI를 기반으로 하는 정보분석 능력 향상, 그리고 거부와 기만 대응방안은 정보적·정책적 차원의 해법이며, 정보의 정치화 개선 및 정보기관 감독 개선방안은 정책적 차원의 해법이고, 국가정보공동체 설치와 정보책임자 임명기준은 정치적 차원의 해법인 것이다. 결론적으로 앞에서 제시한 정보·정책·정치의 3대 수준의 방안들을 복합적으로 적용하여 정보생산자와 사용자는 상호 신뢰를 바탕으로 '상호 이해와 존중의 문화'와 '열린 담론의 문화'를 창출해 나가야 할 것이다.

---

55) 조선일보, 2021.9.30. 일자 A14면

끝으로 손자는 용간(用間) 편에서 "애작록백금(愛爵錄百金)하여 부지적지정자(不知敵之情者)는 불인지지야(不仁之至也)니 비민지장(非民之將), 비주지좌(非主之佐)요 비승지주야(非勝之主也)라": 돈을 아끼느라 적정을 알려고 하지 않는 자는 어질지 못함의 극치니 백성의 장수가 아니요 군주의 신하가 아니며 승리의 주인공이 될 수 없느니라라고 하면서 정보비를 아끼지 말라고 경고하였다. 우리는 우수한 정보인력 개발 및 정보능력 향상에 과감한 투자를 함으로써 주변 4강을 압도하는 자주정보체제를 하루 속히 구축하여 동북아전역의 정보우세권을 확보해야 할 것이다. "주변국 안보여건을 고려할 때 유일하게 비교우위를 기대할 수 있는 전쟁억제력은 정보력뿐이다."56) 주변국보다 우세한 자주정보체제를 구축하기 위해서는 반드시 최고정치지도자가 정보의 비전을 제시함과 동시에 미래 스마트한 국방태세를 창조하기 위해 정보조직과 정보요원들이 마음껏 행동할 수 있는 환경을 만들어 주어야 한다. 또한, 정보요원들은 이를 위해서 보다 적극적인 자세로 정책과 정치를 이해하고 활용하여, 최고정치지도자의 역할의 중요성을 깨달아 정보-정책-정치가 win-win하는 꿈을 이루어 나가기를 빌어 마지않는다.

"일의 결국을 다 들었으니 하나님을 경외하고 그 명령을 지킬지어다. 이것이 사람의 본분이니라." (전도서 12:13)

---

56) 임성호, "한국군 정보 자주화의 중요성", 국방일보(2012.2.7.일자 오피니언)

✲

참 고 문 헌

Sources, Notes and Further Reading

There are literally thousands of books on the subjects covered in this book and a positive embarrassment of riches when it comes to records and sources, both primary and secondary. Military Intelligence Blunders draws primarily on the following sources, plus the numerous unsung individuals who, for one reason or another, have preferred to remain anonymous.

On Intelligence

Chandler, David. *The Campaigns of Napoleon*, Weidenfeld & Nicolson, 1967.

Herman, Michael. *Intelligence Power in Peace and War*, Frank Cass, 2001.

JIS (NE), Intelligence briefs (various), 1974~1975.

Marshall-Cornwall, General Sir James, personal interview with the author, Ashford, 1976.

Polmar and Allen. *The Spy Book*, Greenhill, 1997.

SACEUR's Briefing, Exercise WINTEX, NATO, 1979.

School of Service Intelligence, *Intelligence Training* (Restricted), Ashford, Kent, 1974 et seq.

Shulsky, Abram. *Silent Warfare*, Brassey's, USA, 1991.

Urguhart, Brian, personal interview with the author, UNFICYP, Cyprus, 1975.

D-Day 1944

Brown, Anthony Cave. Bodyguard of Lies, New York, Harper & Row, 1975.

Bennett, Ralph. *Ultra in the West*, London, Hutchinson, 1979.

Bennett, Ralph. *Behind the Battle*, Pimlico, 1999.

Cruickshank, Charles. *Deception in WW2*, London, 1979.

Harwell, Jack. *The Intelligence & Deception of the D-Day Landings*, Batsford, 1979.

Haswell, Jock. *British Military Intelligence*, Weidenfeld & Nicolson, 1973.

Hastings, Max. *Overlord, London*, Pan Books, 1985.

Hinsley (ed.). *British Intelligence in the Second World War*, 6 vols, HMSO.

VHoward, Sir Michael. Strategic Deception in the Second World War, London HMSO, 1990 and Pimlico, 1992.

Kahn, David. *The Codebreakers*, Weidenfeld & Nicolson, 1968.

Masterman, Sir John. *The Double Cross System*, Yale University Press, 1972.

National Archive (NA) (formerly PRO) CAB 80/63, CofS (42) 180(0), 21 June 1942.

UK-NA: (PRO) JIC (43) 385(0), 25 September 1943.

UK-NA: CAB 80/77, CofS (43) 779(0) Final, 23 January 1944.

Perrault, Gilles. *The Secrets of D-Day*, English edition, Arthur

Barker, 1965

Skillen, Hugh. Enigma and its Achilles Heel, c/o The Intelligence Corps Museum, Chicksands (by application only).

Tute, Warren, et al. *D-Day*, London, Sidgwick & Jackson, 1974.

Winterbotham, F.W. *The Ultra Secret*, London, 1974.

Barbarossa, 1941

Andrew and Gordievsky. *KGB: The Inside Story*, Hodder & Stoughton, 1990.

Bialer, Seweryn. *Stalin and his Generals*, Boulder, Colorado, USA, 1994.

Bullock, Alan. *Hitler and Stalin*, London, 1991.

Carrell, Paul. *Der RusslandKrieg*, Ullstein Verlag Frankfurt, 1964.

Deacon, Richard. *A History of the Russian Secret Service*, Grafton, 1987.

Erickson, John. *The Road to Stalingrad: Stalin's War with Germany*, London, Weidenfeld & Nicolson, 1993.

Erickson and Dilks (eds). *Barbarossa, the Axis and the Allies*, Edinburgh, 1994.

Finkel, G. 'Red Moles', (unpublished ms), personal correspondence, Calgary.

Halder, Franz. *Hitler as Warlord*, New York, Putnam, 1950.

Harrison, Mark. *Soviet Planning in War and Peace*, Cambridge University Press, 1985.

Hinsley, Sir Harry. *British Intelligence in the Second World War*, abridged edition, London, HMSO, 1993. The official history, originally published in five volumes.

Irving, David. *Churchill's War*; New York, Avon Books, 1987.

Kahn, David. *Hitler's Spies: German Military Intelligence in WW2*, Macmillan, 1978.

Philippi and Heim. *Der Feldzug Gegen SowjetRussland*, Stuttgart, 1962.

Polmar and Allen. *The Spy Book*, Greenhill, 1997.

Seaton, Albert and Barker, Arthur. *The Russo-Japanese War 1941~1945*, London, Arthur Barker, 1971.

Uberberschar and Wette (eds). *Unternehmen Barbarossa*, Frankfurt, 1993.

West, Nigel. *Unreliable Witness*, London, Weidenfeld & Nicolson, 1984.

Whaley, Barton. *Codeword Barbarossa*, Cambridge, MA, MIT Press, 1973.

Pearl Harbor, 1941

Reach, Ed L. *Scapegoats: a Defence of Kimmel and Short at Pearl Harbor*, USNI Press, 2000.

Betts, Richard. *Surprise Attack: Lessons for Defense Planning*, Washington DC, Brookings Institute, 1982.

Burtness and Ober. *The Puzzle of Pearl Harbor*, Peterson, 1962.

Clausen, Henry. *Pearl Harbor: Final Judgement*, New York, Crown, 1992.

Elphick, Peter. *Far Eastern File*, Hodder & Stoughton, 1997.

Kahn, David. *The Intelligence Failure at Pearl Harbor*, Foreign

Affairs, Vol 70, #5, 1991.

Knorr, Klaus and Morgan, Patrick (eds). *Strategic Military Surprise*, New Brunswick, Transaction, 1984.

Prange, Gordon. *At Dawn We Slept*, McGraw Hill, 1981, and Viking, 1991.

Rusbridger, James and Nave, Eric. *Betrayal at Pearl Harbor: How Churchill Lured Roosevelt into WWII*, New York, Summit Books, 1991.

Stafford, David. *Churchill and Secret Service*, John Murray, 1997.

Stinnet, Robert. *Day of Deceit*, London, Constable & Robinson, 2000.

Toland, John. *Infamy, London*, Methuen, 1982.

Singapore, 1942

Allen, Louis. *Singapore*, London, Frank Cass, 1997.

Bauer and Barnett. *History of WW2*, Monaco, Polus, 1966, and Galley Press, 1984.

Crawford, Edward. The Malayan recollections of the late Brigadier V.R.W. Crawford MC. Private correspondence to the author, November 1999.

David, Saul. *Military Blunders*, London, Robinson Publishing, 1997.

Elphick, Peter. *Singapore: The Pregnable Fortress*, London, Sceptre, 1995.

Gilchrist, Sir Andrew. *Malaya 1941*, London, Hale, 1992.

Kırby, *Official History of the War against Japan*, Vol 1,

HMSO, 1957.

Lewin, R. *The Other Ultra*, Hutchinson, 1982.

UK-NA (PRO): CRMC 34300 (G), 19 July 1938 (GOC Malaya, WO 106/2440).

UK-NA (PRO): Defence of Malaya and Johore (GOC Malaya, WO 106/2440).

UK-NA (PRO): 106/2432, 4/38.

Owen, Frank. *The Fall of Singapore*, London, Michael Joseph, 1960.

Shepherd, Peter J. *Three Days to Pearl*, Annapolis, US Naval Institute Press, 2000.

Smith, Michael. *Odd Man Out; The Story of the Singapore Traitor*, London, Coronet, 1994.

Stafford, David. *Churchill and Secret Service*, John Murray, 1997.

Tsuji, Colonel Masanobu. *Japan's Greatest Victory*, Britain's Worst Defeat, Staplehurst, Spellmount Publishers, 1995.

Young, Peter. *World War 1939-1945*, London, Barker, 1966.

Dieppe, 1942

Atkin, Ronald. Dieppe, *1942: The Jubilee Disaster*, London, Macmillan, 1980.

Campbell, John P. *Dieppe Revisited: A Documentary Examination*, London, Frank Cass, 1963.

Churchill Archive, Cambridge (Chu) 4/300a, f196, aide memoire to Molotov, 11 June 1942.

Churchill Archive, Cambridge: Chu4/292, WSC questions to Ismay, 21 December 1942.

Churchill Archive, Cambridge: Chu4/280A, Mountbatten's explanations to WSC, 1950.

Churchill Archive, Cambridge: private correspondence WSC to Mountbatten, Aug-Nov 1950 (various).

Churchill Archive, Cambridge: private correspondence (Chu4/25A) WSC questions (many) on the Dieppe Raid, March 1952.

Churchill Archive, Cambridge: WSC draft ms The Dieppe Raid', *The Hinge of Fate*.

Coward, Nöel. *Future Indefinite*, Heinemann, 1954.

Hough, Richard. *Mountbatten: Hero of our Time*, London, Weidenfeld & Nicolson, 1980.

Maguire, Eric. *Dieppe, August 19*, London, Jonathan Cape, 1963.

UK-NA (PRO): CAB 79/22, Cof S, 234th meeting, 12 August 1942.

UK-NA: CAB 65/31, 115 of 42, 20 August 1942.

UK-NA: CAB 80/36 and 37, CofS minutes (various), April to September 1942.

Private Eye, 12 October 1979 (Grovel).

Royal United Services Institute Journal, article and correspondence, October 1999 to April 2000.

Villa, Brian Loring. *Unauthorized Action: Mountbatten and the Dieppe_Raid*, Toronto, O.U.P., 1989.

The Tet Offensive, 1968

Bonds, Ray. *The Vietnam War*, London, Salamander Books, 1979.

Braestrup, Peter. *Vietnam as History*, Washington DC, University Press of America, 1984.

Colby, William. *Lost Victory*, Chicago, IL, Contemporary Books, 1990.

Fall, Bernard. *A Street Without Joy*, London, Greenhill Books, 1994.

Gilbert, Marc Jason and Head, William (eds). *The Tet Offensive*, Westport, CN, Praeger/Greenwood, 1996.

Gittinger, E. (ed.). *The Johnson Years: a Vietnam Roundtable*, Austin, TX, LBJ Library, 1993.

Historical Division of the Joint Secretariat. *The Joint Chiefs of Staff and the War in Vietnam*, Washington DC, 1970.

MACV (J2): Command briefing, 8 May 1972.

MACV (J2): Command Intelligence Centre Study, Viet Cong Infrastructure, 1 April 1967.

McMaster, H.R. *Dereliction of Duty: Lyndon Johnson, Robert McNamara, the Joint Chiefs of Staff, and the lies that led to Vietnam*, New York, Harper-Collins, 1997.

McNamara, Robert. *In Retrospect: The Tragedy of Vietnam*, New York, Times Books, 1995.

Miller, Nathan. *Spying for America: The Hidden History of US Intelligence*, New York, Dell Books, 1989.

Oberdorfer, Don. *Tet! The Turning Point in the Vietnam War*, New York, Da Capo Press, 1995.

The Recollections of Colonel J.K. Moon, US Intelligence Corps, personal correspondence with the author.

The Recollections of Colonel John Robbins, US Artillery, personal correspondence with the author.

US Department of State. *Foreign Relations of the United States*, US Government Printing Office, 1994.

Westmoreland, William. *A Soldier Reports*, New York, Dell, 1976.

Wirtz, Colonel James. *The Tet Offensive: Intelligence Failure in War*, Ithaca, NY, Cornell University Press, 1991.

Yom Kippur, 1973

Badri, Magdoub and Zohdy. *The Ramadan War 1973*, Dupuy Assoc., VA, 1974.

Barnett, Corelli. *The Desert Generals*, London, William Kimber, 1960, and Bloomington, Indiana University Press, 1982.

Bickerton and Pearson. *The Arab-Israeli Conflict*, London, 1993.

Dupuy, Colonel Trevor. *Elusive Victory*, London, 1978.

Fraser, T.G. *The Arab-Israeli Conflict*, London, 1995.

Handel, Michael I. *Perception, Deception and Surprise; The Case of Yom Kippur*, Jerusalem, Leonard Daw Institute, 1976.

Herzog, Chaim. *The War of Atonement: The Inside Story of the Yom Kippur War*, 1973, Mechanicsburg, PA, Stackpole Books, 1998.

Perlmutter, Amos. Politics and the Military in Israel 1967~1977, Portland, OR, ISBS, 1978.

Recollections of an Israeli Intelligence Officer (name withheld). Private correspondence with the author, 2001.

The Agramat Commission. *A Report into the Failures Before and During the 1973 October War*, Government Printing Office, Tel Aviv, 1975.

The Falkland Islands, 1982

Clayton, Anthony. *Forearmed: A History of the Intelligence Corps*, London, Brassey's, 1993.

Franks, the Right Hon. The Lord. *Falkland Islands Review: Report of a Committee of Privy Councillors*, Cmnd. 8787, London HMSO, 1983. The official British government report on the Falklands War.

Hastings, Max and Jenkins, Simon. *Battle for the Falklands*, London, Michael Joseph, 1983, and Pan Books, 1997.

Keesings Contemporary Archives, 1982.

Middlebrook, Martin. *The Fighting for the "Malvinas": The Argentine Forces in the Falklands War*, London, Viking, 1989, and Penguin Books, 1990.

Moro, Ruben. *The History of the South Atlantic Conflict*, New York, Praeger, 1989.

The Commission for the Evaluation of the South Atlantic Report. *The Rattenburg Report*, Buenos Aires, Circulo Militar, 1988.

The Official Report on the Campaign for the Malvinas and the South Atlantic. *The Calvi Report*, Buenos Aires, 1985, and various Internet websites.

참고문헌 **645**

Thompson, Julian. *No Picnic*, Leo Cooper, 1985.

Van der Bijl, Nick. *Nine Battles to Stanley*, Leo Cooper, 1999.

Vaux, Nick. *March to the South*, Buchan and Enright, 1986.

West, Nigel. *The Secret War for the Falklands*, London, Little, Brown, 1997, and Warner Books, 1998.

Woodward, Sandy. *One Hundred Days*, HarperCollins, 1992.

The Gulf, 1991

Ahn, Da Sang, *A Comparative Assessment of the Gulf War and the Iraq War: Focusing on the Information-based U.S. Military Operations* (Seoul, Yonsei University Dec.3.2003)

Atkinson, Rick. Crusade. *The Untold Story of the Persian Gulf War*, 1994.

Bellamy, *Expert Witness*, London, 1993.

Conduct of the Persian Gulf War: Final Report to Congress, Annex C (Intelligence), Washington DC, US Congressional Record, 1994.

Cradock, Sir Percy. *In Pursuit of British Interests*, John Murray, 1997.

Finlan, Alastair. *The Gulf War 1991*, Essential History Series, Routledge, 2003.

Freedman, Lawrence and Karsh, Efraim. *The Gulf Conflict 1990 -1991: Diplomacy and War in the New World Order*, London, Faber and Faber, 1993.

Report of the Commission on US Intelligence. *Preparing for the 21st Century*, March 1996.

Shukman, Harold (ed.). *Intelligence Services in the 21st Century*, St Ermin's Press, 2000.

Simons, Geoff. *Iraq: From Sumer to Saddam*, London, Macmillan, 1994.

Sultan, HRH Prince Khalid bin. *Desert Warrior*, London, HarperCollins, 1995.

Trevan, T. *Saddam's Secrets*, HarperCollins, 1999.

US Department of Defense, Superintendent of Documents. *Soviet Military Power*, Washington DC, US Government Printing Office, various years.

The Biggest Blunder?

Given the global impact, there are inevitably more books and website articles on the events surrounding "9/11" than most people can cope with. These are the best that I have found and used for this book.

Baxter and Downing. *The Day that Shook the World*, London, BBC, 2001.

Bergen, Peter. *Holy War: Inside the Secret World of Osama bin Laden*, London, 2001.

Bodansky, Josef, et al. *Bin Laden, the Man Who Declared War on America*, 2003.

Channel 4. *Why the Twin Towers Collapsed*, UK TV Documentary, November 2001.

Cooley, John K. *Unholy Wars: Afghanistan, America and International Terrorism*, London and Virginia, 2000.

Hoffman, B. *The Modern Terrorist Mind*, Centre for the Study of Terrorism, St Andrew's University, 1997.

Ibrahim, Sa'd al-din. *The New Arab Order: Oil and Wealth*, Boulder, CO, 1982.

Jurgensmeyer. *Jihad! Terror in the Mind of God*, Berkeley, CA, 2000.

Metzer, Milton. *The Day the Sky Fell: A History of Terrorism*, Landmark Books, 2002.

Petesr, Rudolph. *Islam and Colonialism*, Den Haag and New York, 1979.

Reeve, Simon. *The New Jackals: bin Laden and the Future of Terrorism*, London, 1999.

Roy, Oliver. *The Failure of Political Islam*, London, 1994.

RUSI. 'Weapons of Catastrophic Effect', Whitehall seminar, 2003.

RUSI. 'Homeland Security and Terrorism', Whitehall seminar, 2003.

Sinclair, Andrew. *An Anatomy of Terror*, Macmillan, 2003.

Stern, Jessica. *Terror's Future', Foreign Affairs*, July 2003.

The Encyclopedia of World Terrorism, New York, Armonk Publications, 1997

US Department of State. *Patterns of Global Terrorism*, Langley, 2001 and 2002

US Government Printing Office website. *Congressional Report into the Events of "9/11"*, 2002.

Wilkinson, Paul. *Political Terrorism*, London, 1974.

Will It Ever Get Any Better?

Herman, Michael. *Intelligence Services in the Information Age*, Frank Cass, 2001.

Shukman, Harold (ed.). *Agents for Change: IIntelligence Services in the 21st Century*, St Ermin's Press, 2000.

정보 실패와 은닉

초   판 2021년 11월 15일

지 은 이 COLONEL JOHN HUGHES WILSON

옮 긴 이 박 상 수

펴 낸 곳 대한출판

신고번호 제302-1994-000048호

주   소 서울시 용산구 원효로 68(원효로 4가. 영천B/D 3F)

전   화 02)754-0765

팩   스 02)754-9873

값 38,000원

ISBN 979-11-85447-13-1 03390